Die Dreherei und ihre Werkzeuge

in der neuzeitlichen Betriebsführung

Von

Willy Hippler
Betriebs - Oberingenieur

Mit 319 Textfiguren

Springer-Verlag Berlin Heidelberg GmbH 1918

ISBN 978-3-662-42271-7 ISBN 978-3-662-42540-4 (eBook)
DOI 10.1007/978-3-662-42540-4

Ursprünglich erschienen bei Julius Springer in Berlin 1918

Vorwort.

Vom Werkzeug im weitesten Sinne sagt Max Eyth, der große Ingenieur und Schriftsteller: »Auf dem Werkzeug allein beruht des Menschen Können, denn nichts, was über tierische Verrichtungen hinausgeht, vermag oder versucht er zu tun oder zu machen, ohne dessen Vermittlung.« Auch im Fabrikbetrieb ist das Werkzeug im engeren Sinne das wichtigste Element des ganzen Betriebes, die Hand am Körper der Fabrik, die Werkzeuge sind die Grundmauern einer wirtschaftlich höherwertigen Fabrikation.

Über die Notwendigkeit einer umfassenden Kenntnis der gesetzmäßigen Gestaltung, Herstellung und Anwendung der Werkzeuge braucht daher nicht weiter gesprochen zu werden, die Erwerbung dieser Kenntnisse aber ist für den Betriebsleiter bei der ungeheuren Vielgestaltigkeit der modernen Arbeitsweise nicht leicht. Die Schule kann sie ihm nur in geringem Umfange vermitteln, ihre Ziele liegen in anderer Richtung. Die einschlägige Literatur bietet dem Suchenden wohl eine Menge Material, aber in zerstreutem, zusammenhanglosem Zustande, der ihn zu einer weitausholenden Durcharbeitung nötigt, wenn er sich über eine gerade auftauchende Frage genauer orientieren und das für die Umsetzung in die Praxis Wesentliche und Grundsätzliche herausschälen und in Zusammenhang bringen will. Dazu fehlt aber dem Werkstättenleiter bei dem großen Umfang seines täglichen Arbeitspensums die Zeit.

So ist der Betriebsleiter neben der eigenen Beobachtung in der Hauptsache auf die Erfahrung und Tüchtigkeit seiner Meister angewiesen. Kann er diese auch niemals entbehren, so ist das doch bei der grundlegenden Bedeutung, die das Thema »Werkzeuge und Ausnutzung der Werkzeugmaschinen« für die ganze Arbeitsweise und den Wirkungsgrad seiner Werkstatt hat, ein schwacher Standpunkt. Abgesehen davon, daß die Erfahrungen der Meister oft weit auseinandergehen und nicht selten einer richtigen Grundlage entbehren, so widerspricht die Überlassung dieses Grundstockes der Fabrikation an andere ganz und gar der Stellung des Betriebsleiters. Er darf unter keinen Umständen diesen für eine rationelle Fabrikation ausschlaggebenden Faktor aus der Hand geben und auch nur teilweise den Meistern überlassen, sondern er muß, will er frei sein und in die Fabrikation erfolgreich eingreifen, ihn selbst voll und ganz beherrschen.

Die Werkzeuge und ihre Anwendung bestimmen das Antlitz, den Stil der Werkstatt, er muß ihr diesen Stil geben können, Werkstatt und Meister führen können. Das ist aber nur möglich, wenn er das Gebiet nicht nur in seinen Umrissen, sondern auch in den Details beherrscht. Denn aus dem Beherrschen von Einzelheiten erst erwirbt man sich den Blick für den großen Zug des Ganzen, erwächst das Können, das große Bild zu formen und zu meistern. Nicht Nachtreten in den herkömmlichen Pfaden, sondern der Geist des Vorangehens, des Führens auf eigenem Weg muß den Betriebsleiter beseelen, er muß das fortwährend hebende und drängende Element in seinem Betriebe sein.

Bis heute ist es leider, selbst in sonst bestgeleiteten Werkstätten, noch immer umgekehrt, die Auswahl, Herstellung und Verwendungsweise der Werkzeuge sind das unbestrittene Feld des Werkzeugmachers und Härters bzw. des Meisters, die Materialverwüstung, Geheimniskrämerei, die erstaunlichsten Verstöße gegen die Gesetze der Metallbearbeitung und Systemlosigkeit in der Ausbildung und Anwendung der Werkzeuge sind die ständigen Folgeerscheinungen. Für ein und dieselbe Arbeitsoperation kann man eine wahre »Musterkarte« verschiedener Werkzeuge sehen, und es dürfte wohl wenig Fabrikanten geben, die wissen, welche Summen jährlich auf diese Weise verlorengehen.

In dem Streben nach Unabhängigkeit dem Betriebsleiter eine wirksame Stütze zu sein in allen grundsätzlichen Fragen über die Drehereiwerkzeuge und die wissenschaftliche Ausnutzung der Drehbänke, ihm die Kenntnis von den tatsächlichen Arbeitsbedingungen, die bei der Verwendung des Werkzeuges auftreten, zu vermitteln, ist der Zweck dieses Buches. Es will ihm die Wege zeigen, um das Werkzeug richtig herstellen und ausnützen zu können, und sie ihm so ebnen, daß er mühelos die Nebenwege auffinden und benützen kann in dem so kraftvoll flutenden Leben der modernen Werkstatt.

Das Buch stellt in erster Linie alles unter den Gesichtspunkt des Praktikers, berücksichtigt aber auch die theoretische Seite des Problems in dem erforderlichen Maße, denn die Forderungen an Werkzeug und Werkzeugmaschinen, Leistung, Betriebssicherheit und Vollkommenheit sind heute nicht mehr durch Teilerfahrung allein erreichbar, sondern nur durch wissenschaftliche Durchdringung aller Einzelheiten. Dieses Zusammenwirken von Wissenschaft und Erfahrung zu wirtschaftlichem Zweck ist aber leider gerade auf dem in diesem Buche behandelten Gebiete noch in sehr vielen Werkstätten vollständig verkannt, obwohl doch nur durch solches Zusammengehen die Wirtschaftlichkeit der Arbeit in dem Sinne, daß Werkzeug und Maschine möglichst hohe Dauerleistung aufweisen, zu erreichen ist.

Es kann kein Zweifel darüber herrschen, daß dereinst diejenige Nation im Wettkampfe auf dem Weltmarkt als Siegerin hervorgehen wird, die am wirtschaftlichsten zu arbeiten versteht, und jede vernünftige und unserer deutschen Wesensart angemessene Einrichtung, die hier helfen kann, sollte uns willkommen sein. Viel mehr noch als bisher müssen alle Fortschrittsbestrebungen sowohl in der ausführenden Technik als der sie leitenden Organisation zu systematischer Arbeit nach dem höchsten Gesetz der Werkstatt zielen: Verringerung der Herstellungskosten bei gleichzeitiger Verbesserung des Fabrikates. Die Wettbewerbsfähigkeit der Nation und damit das Schicksal der arbeitenden

Klassen steht und fällt mit diesem Leitmotiv. Die Verkörperung dieses Leitsatzes ist die wissenschaftliche Betriebsleitung, die erste und notwendigste Voraussetzung für ihre Durchführung und Verwirklichung aber ist wiederum die Erstellung richtig geformter und gleichmäßig wirkender Werkzeuge und im Zusammenhang damit die richtige Ausnutzung der Maschine. Beherrscht der Betriebsleiter diese fundamentale Seite der wissenschaftlichen Betriebsführung nicht, sind ihm die Beziehungen zwischen den charakteristischen Eigenschaften der Werkzeugmaschine und der zu leistenden Arbeit, ihrer Durchzugskraft bei verschiedenen Geschwindigkeiten, dem größtmöglichen Vorschub und den entsprechenden Drehzahlen, sowie die richtige Form der Stahlschneide und ihre richtigen Schneidwinkel usw. nicht geläufig, so müssen seine Bestrebungen zur Durchführung wissenschaftlicher Betriebsmethoden immer nur Stückwerk bleiben, er wird nur sehr geringe Erfolge erzielen.

Möge dieses Buch sich dem Leiter des Betriebes, aber auch dem Meister und Werkzeugkonstrukteur als zuverlässiger Ratgeber erweisen in dem Streben nach wirtschaftlicher Arbeitsweise, denn »auf der Schneide des Werkzeuges beruht die Dividende«.

Endlich möchte ich diese Zeilen der Öffentlichkeit nicht übergeben, ohne Herrn Prof. Friedrich an den technischen Staatslehranstalten in Chemnitz besonders zu danken für die freundliche Unterstützung, die er mir hat zuteil werden lassen, dann aber auch den Firmen, die mir in liebenswürdiger Weise ihr Material zur Verfügung gestellt haben.

Düsseldorf.

Willy Hippler.

Inhaltsverzeichnis.

Seite

I. Allgemeines 1
Bedeutung der Werkzeuge 1
Das Material für die Werkzeuge 1
Gleichmäßigkeit in der Leistung 2
Bedeutung der kritischen Temperatur beim Härten 2
Instrumente zum Messen der Temperatur und der Härte 3
Ermittlung der richtigen Härtetemperatur 3
Härtediagramm 3
Ermittlung der richtigen Anlaßtemperatur 4
Erzielung höchster Leistungsfähigkeit des Werkzeuges 4
Prüfung des Pyrometers 5
Verwechselung der Stahlsorten 5
Stahluntersuchung durch Funkenprobe 6
Funkenbilder der Eisen- und Stahlsorten 7

II. Spanleistung und Kraftverbrauch beim Drehen 8
Auswahl der Schnittgeschwindigkeit, Spanquerschnitt und Schneidenform des Stahles als Grundlage für gesteigerte Ausbringung 8
Wissenschaftliche Versuche und Versuchsgrundlagen 10
Beziehungen zwischen Schnittgeschwindigkeit, Spanquerschnitt und Kraftverbrauch 11
Spezifischer Kraftverbrauch 12
Unabhängigkeit der spezifischen Spanmenge von der Schnittgeschwindigkeit 12
Abhängigkeit des spezifischen Schnittwiderstandes vom Spanquerschnitt 13
Leistungssteigerung durch Vergrößerung des Spanquerschnittes 14
Leistungssteigerung durch Vergrößerung der Schnittgeschwindigkeit 15
Wirtschaftlichste Schnittgeschwindigkeit 16
Rippers Versuche über den Zusammenhang zwischen Schnittgeschwindigkeit, Spanquerschnitt, Bearbeitungsfähigkeit des Werkstückes und Schneidenform des Drehstahles vom Standpunkte der Ausbringung 17
Abstumpfung der Schneide bei Kohlenstoff- und Schnellstahl . . 17

I. Versuche mit Kohlenstoffstahl 19
Beziehungen zwischen Lebensdauer des Stahles und Schnittgeschwindigkeit 19
Beziehungen zwischen Lebensdauer des Stahles und Spanausbeute 19
Beeinflussung der Ausbringung durch die Schneidenform 21

II. Versuche mit Schnellstahl 21
Beziehungen zwischen Spanertrag, Schnittgeschwindigkeit, Schnitttiefe und Vorschub und Stahllebensdauer 21

Seite

Beeinflussung der Verspanungsleistung durch die Schneidenform 23
Belastung der Schneide durch schrägen und durch senkrechten Span . . . 24
Die Streiffschen Versuchsergebnisse über Spanhöchstleistung, Vorschub und Schnittiefe . . . 25
Beziehungen zwischen Spanvolumen und Kraftverbrauch 25
Voglers Versuche über spezifischen Kraftverbrauch und wirksame Schneidkantenlänge . . . 26
Endgültige Schnittregeln beim Drehen . . . 26
Umgestaltung der Dreherei auf der Grundlage obiger Forschungsresultate . . . 27

III. Wirtschaftliche Ausnützung der Drehbank . . . 30

Bedeutung der Untersuchung der Werkzeugmaschine auf ihre Leistungsmöglichkeiten . . . 30
Ermittlung der richtigen Schnittgeschwindigkeit . . . 31
Drehzahldiagramm zum Aufsuchen der passenden Drehzahlen . 33
Drehzahltabelle zum Aufsuchen der passenden Drehzahlen . . . 35
Logarithmisches Drehzahldiagramm . . . 35
Ermittlung des Vorschubes . . . 38
Ermittlung der richtigen, vom Spanquerschnitt abhängigen Schnittgeschwindigkeit . . . 41
Der Schnellschnittanzeiger, seine Konstruktion und sein Gebrauch 42
Normalisierung der Drehbänke hinsichtlich einheitlicher Geschwindigkeiten und Vorschübe . . . 48

Untersuchung des Aufbaues der Drehbank . . . 50

Notwendigkeit der Prüfung der Bank auf ihre Wirtschaftlichkeit 50
Nachrechnung des Hauptantriebes auf Einhaltung der geometrischen Abstufung der Drehzahlen . . . 52
Stufensprung und Gruppensprung . . . 53
Drehzahldiagramm der geometrischen und der arithmetischen Reihe 54
Logarithmisches Drehzahldiagramm . . . 54
Gruppensprung . . . 55
Geschwindigkeitsabfall . . . 56
Grenzdrehzahlen . . . 56
Abstufung der Stufenscheibendurchmesser . . . 57
- bei 2stufiger Scheibe . . . 58
- bei 3stufiger Scheibe . . . 58
- bei 4stufiger Scheibe . . . 59
- bei 5stufiger Scheibe . . . 59

Schnittdruck . . . 60
Arbeitsleistung der Drehbank . . . 61
Riemenbeanspruchung . . . 61
Riemenpflege . . . 63
Einfluß der Riemengeschwindigkeit auf die Leistung . . . 64
Leistungsdiagramm . . . 65
Schnittdruckdiagramm . . . 65
Graphische Tafel zur Ermittlung des Schnittdruckes . . . 66
Regelung der Drehzahlen durch Reguliermotoren . . . 67
Umbau eines Transmissionsantriebes in Stufenmotorantrieb . . . 68
Aufbau des Schaltantriebes . . . 69
Umbau fehlerhaft gebauter Bänke . . . 70
Beurteilung der Leistung von Drehbänken . . . 72
Genauigkeitsprüfung . . . 75

Seite
IV. Prüfung der Stähle 76
Versuchsmethoden als Gradmesser für die Qualität der Stähle . 76
Zurichtung der Stähle für den Versuch 77
Das Versuchswerkstück 78
Versuchsdauer 79

V. Die Drehstähle 80
Haupt- und Nebenschneide 80
Schnittbogen und Aufbiegungswiderstand 81
Kräftespiel an der Schneide 81
Entstehung des Spanes 82
Abhängigkeit der Kräfte (Schnittkraft und Vorschubkraft) vom Material und Span des Werkstückes 84
Winkel an der Stahlschneide 85
Anstellungswinkel 86
Keilwinkel 87
Schleifwinkel (Spanwinkel) 88
Abhängigkeit der Kräfte von der Stahlschneide 89
Schnittwinkel 90
Stähle zum Langdrehen 90
Seitenschleifwinkel und Hinterschleifwinkel 90
Abhängigkeit der Spanbildung von der Stellung der Schneide . 91
Überhöhung der Schneide nach der Spitze (Nase) zu 92
Entgegengesetzte Überhöhung 94
Ebene und gewölbte Brustfläche 94
Stellung des Stahles gegenüber der Spitzenhöhe 97
Ausbildung und Stellung der Schneidkante in bezug auf günstigste Schnittverhältnisse 98
Senkrecht zur Werkstückachse stehende Schneide 99
Schräg zur Werkstückachse stehende Schneide 103
Seitlich hochgekröpfte Bogenschneide 104
Vorschubrichtung 107
Wellen- und Bolzendrehen 108
Die Drehbank als Maschine für Massenanfertigung 109
Genaue Dreharbeit 111
Einspannung des Stahles zur Vermeidung des Einreißens . . . 113
Der gebogene Seitenschruppstahl 114
Der normale Schruppstahl 115
Ausbildung der Schneide zum Absprengen harter Gußkrusten . 117
Beizen der Werkstücke 118
Der gerade und der seitlich verkröpfte Schruppstahl 118
Der Gisholtstahl 120
Der Kopfstahl 121
Hartgußstähle 122
Der Spitzstahl 122
Stähle zum Formdrehen 124
Der Pilzstahl 124
Stähle zum Plandrehen 127
Vorschubrichtung beim Plandrehen 127
Höhenstellung des Stahles 127
Schneidenformen zum Plandrehen 128
Der Messerstahl 129
Abstechstähle 131
Die Kühlung der Schneide 134

Seite

Schlichtstähle 136
Breit- und Feinschlichten 137
Ausgleich der Wärmewirkungen beim Schlichten 139
Genaues Runddrehen langer Spindeln 141
Futterarbeit 142
Kühlung beim Schlichten 142
Schneidenformen 143
Höhenstellung der Schlichtstähle 144
Das Konischdrehen 146
Konischdrehen durch Verstellen der Körner 146
Konischdrehen durch Verstellen des Obersupportes 146
Konischdrehen mit Leitlineal 146
Konischdrehen auf der Karussellbank 148
Höhenstellung des Stahles beim Konischdrehen 149
Die Formstähle 149
Forderungen an die Ausbildung der Schneide 149
Vorschubrichtung 150
Einstellung des Kurvenlineals 150
Einstellung des Stahles 150
Formstähle 152
Schneidscheiben 152
Hinterdrehter Rundstahl 154
Berechnung der Profilverzerrung bei Herstellung der Schneidscheiben 155
Graphische Ermittlung der Profilverzerrung bei Herstellung der Schneidscheiben 156
Stahlhalter für Schneidscheiben 158
Stahlhalter für Außendrehstähle 159
Einfachstahlhalter 160
Mehrfachstahlhalter 163
Stähle und Stahlhalter für Revolverdrehen 164
Die Revolverbankarbeit, Arbeitsbereich der Drehbank, Revolverbank und des Halbautomaten 164
Der Abstechstahl 169
Der Schruppstahl 170
Der Tangentialstahl 170
Der Schlichtstahl 172
Der Seitenstahl 172
Profilstähle 172
Stahlhalter zum Abstechen 173
Stahlhalter zum Außendrehen 174
Tangentialstahlhalter 175
Formdrehen auf der Revolverbank 177
Plandrehen auf der Revolverbank 177
Gewindestähle 179
Grundlagen für die Austauschbarkeit der Gewinde 179
Das Flankenmaß 180
Messen des Gewindes 183
Lehren für Gewinde 184
Arbeitsbereich des Schneideisens und des Gewindestahles 187
Der Gewindedrehstahl 188
Das Gewindeschneiden 191
Schrägstellung des Stahles nach dem Steigungswinkel 192
Einstellung des Stahles bei Flach- und Trapezgewinden 194

Seite
Ermittlung des Schneidprofiles 195
Das Schneiden von Flach- und Trapezgewinden 199
Das Schneiden von Schnecken 202
Das Fräsen von Schnecken 204
Der Gewindestrehler 206
Herstellung des Strehlers 208
Das Schneideisen 211
Gewindeschneidköpfe mit Schneideisen 217
Einsetzbare Schneidbacken 219
Selbstöffnende Gewindeschneidköpfe 220
Das Gewindefräsen 223
Die Schmierung 225
Schneiden von Gewinde mit verlängerter Steigung 226
Innendrehstähle 229
Allgemeines über das Ausbohren 229
Schneidenformen 231
Höhenstellung des Stahles 231
Stahlhalter, Bohrstangen 232
Stahlhalter für Revolverdrehen 234
Fräsmesser 235
Herstellung austauschbarer Bohrungen 236
Senker 237
Reibahlen 238
Pendelfutter 238
Quermesser 241
Anwendungsbereiche des Bohrstahles und des Quermessers . . . 246
Einstellung der Quermesser 247
Hohlbohren 249
Nachstellbarer Zweischneider 252
Normalisierte Bohrstanzen für Quermesser 253
Ausdrehen größerer Hohlkehlen 256
Bohren mehrerer Löcher in genauem Abstand nach der Knopfmethode 257
Arbeitspläne, Herstellungs- und Werkzeuglisten 259
Gewindestähle 263
Innenstrehler 264
Schneiden von Innengewinden 264
Gewindebohrer 265
Vorbohren des Loches 267
Nutenform des Gewindebohrers 269
Nutenzahl des Gewindebohrers 270
Hinterdrehte Gewindebohrer 271
Zwei- und dreisätzige Bohrer 273
Bohrer für Flach- und Trapezgewinde 275
Material der Gewindebohrer 275
Messen der Gewindebohrer 276
Schmierung der Gewindebohrer 276
Anwendungsbereich des Gewindebohrers 277
Gewindeschneiden auf der Bohrmaschine 277
VI. Herstellung der Drehwerkzeuge 279
Kohlenstoffstähle 282
Schnellaufstähle 283
Untersuchungen am ungehärteten Stahl 284
Verarbeitbarkeit der Kohlenstoffstähle 286

Seite

Verarbeitbarkeit der Schnellaufstähle 286
Vorbereitung zum Härten 287
Richten des Stahles 287
Abtrennung von der Stange 288
Ausglühen vor dem Härten 289
Härten 290
Anwärmen 290
Einrichtungen zum Erhitzen 291
Abkühlen 294
Härtebäder 295
Abkühlungszeit 296
Teilweise Härtung 296
Kombinierte Härtung 297
Anlassen 298
Fehler beim Härten und Anlassen 301
Schleifen des Schnellstahles 304
Aufschweißen des Schnellstahles 305
Schweißpulver 306
Fertigschleifen 306
Schleiflehren 307
Herstellung der Schneidscheiben 308
Herstellung der Gewindekaliber 308

I. Allgemeines.

In der Einleitung zu seinem »Schnellbetrieb« sagt Riedler: »In der Vervollkommnung der Werkzeuge liegt der größte, aber für den Nichteingeweihten am wenigsten erkennbare Fortschritt, der unaufhaltsam die größten Errungenschaften zeitigt.« In der Tat ist das Werkzeug die allerwichtigste und notwendigste Grundlage zur Verwirklichung des Leitmotives aller Werkstattspraxis, Verbilligung der Herstellung, es ist die Basis für den Aufbau einer wirtschaftlich hochwertigen und gerechten Arbeitsteilung, der Vervollkommnung des Werkzeuges folgt die ihm angepaßte weitergehende Arbeitsteilung. Nicht nur die Fabrikation selbst ruht vollständig auf dem Werkzeug, es übt auch einen unmittelbaren tiefgehenden Einfluß auf die Gestaltung der Werkzeugmaschinen und der übrigen Betriebsmittel aus, es spielt für den Aufbau und die Ausbildung der Werkzeugmaschine eine ähnliche Rolle wie der Dampf für die Dampfmaschine.

Das Material für die Werkzeuge sind der Kohlenstoffstahl (Werkzeuggußstahl) und der Schnellaufstahl, von denen letzterer fast ausschließlich das Feld beherrscht. Nur komplizierte massige Werkzeuge fertigt man der Billigkeit wegen noch aus Kohlenstoffstahl, Stähle für Schlichtarbeiten und solche, wo besonders feine Schnittkanten erforderlich sind, weil Schnellstahl bei falscher Behandlung in den kleineren Abmessungen brüchiger ist als Kohlenstoffstahl. Sonst regiert überall der Schnellaufstahl, er ist das Mädchen für alles in der heutigen Werkstatt.

Der Hauptvorzug des Schnellstahles gegenüber dem gewöhnlichen Werkzeugstahl (Kohlenstoffstahl) ist, daß er gegen Wärme, die sich bei der Spanabnahme bildet, sehr viel unempfindlicher ist, also eine große Hitzebeständigkeit aufweist, weil seine Härtetemperatur viel höher — im Mittel 1250° C — liegt als die des Kohlenstoffstahls, dessen Härtetemperatur ungefähr bei 750° C liegt. Die Erhitzung des Schnellstahles beim Spanabnehmen kann auf 600—700° C, d. h. dunkle Rotglut gesteigert werden, ohne daß sich eine besondere Abnutzung der Schneide bemerkbar macht, während beim besten Kohlenstoffstahl die Schneide bei 250—300° C weich, also unbrauchbar wird. Diese weit größere Unempfindlichkeit des Schnellstahles setzt uns in den Stand, die Mittel zur Vergrößerung der Verspanungsleistungen, Schnittgeschwindigkeit und Spanquerschnitt weit über das bei Kohlenstoffstahl übliche Maß zu steigern, und man kann wohl behaupten, daß der Schnellstahl die Verspanungsmenge der Einheit der Schneide auf das Zehnfache gesteigert hat und damit eine völlige Verschiebung der in die Kalkulation einzusetzenden Faktoren eingetreten ist. Durch seinen Gebrauch sind etwa 25—30% Ersparnisse erzielt worden.

Eine zweite wertvolle Eigenschaft des Schnellstahles ist seine große Festigkeit, die es gestattet, hohe Schnittdrücke auf ihn wirken zu lassen. Diese Eigenschaft ist so hervorstechend, daß man die Schruppdrehbänke nach den Stichelschaftquerschnitten als Funktion des Schnittdruckes abstufen mußte.

Schnellaufstahl ist heute kaum noch als Stahl von bestimmter Zusammensetzung anzusehen, sondern als eine Legierung, deren Prozentsätze in weiten Grenzen variieren können. Er besitzt durchweg einen niederen Kohlenstoffgehaft, wird deshalb auch nie so hart wie ein gewöhnlicher Werkzeugstahl, der einen Gehalt von 1,5% Kohlenstoff aufweist. Der letztere mit seiner hohen aktiven Härte bewährt sich deshalb bei denjenigen Arbeiten, wo nur ganz geringe Wärmemengen frei werden, besser als der Schnellstahl mit seiner relativen Weichheit.

Es ist eine bekannte Tatsache, daß ältere Schnellstähle mitunter auf verschiedenen Materialien recht verschiedene Leistungen zeigen, die zum Ausdruck kommt in der alten Ansicht, daß für jedes Material ein bestimmter Schnellstahl ausgesucht werden müsse; diese Ansicht hatte indessen nur für die älteren Schnellstahlsorten Berechtigung, die neuesten Schnellstähle vereinigen alle nur wünschenswerten Eigenschaften in sich, so daß heute eine Werkstatt nur eine einzige Stahlsorte als Normalstahl zu führen braucht, mit der sie in allen Fällen eine praktisch gleichmäßige Leistung erzielen kann.

Gleichmäßigkeit in der Leistung der Werkzeuge.

Diese Gleichmäßigkeit in der Leistung des Stahles und damit der Werkzeuge ist eine fundamentale Bedingung für die nach neuzeitlichen Gesichtspunkten geleitete Werkstatt, die Umsetzung der Forschungsergebnisse und Lehren über Spanleistung und Kraftbedarf in die Praxis fußt in erster Linie auf dieser Eigenschaft.

Die unbedingt notwendige Gleichförmigkeit ist nur zu erreichen durch eine sorgfältige Auswahl des Stahles, insbesondere aber eine richtige sachgemäße Härtung. Das Problem der Härtung aber liegt zum guten Teil in der richtigen Beurteilung der kritischen Temperatur. Leider ist in dieser Hinsicht noch in den meisten Betrieben alles dem Werkzeugmacher und dem Härter überlassen, die Leistung der Werkzeuge ist daher auch in diesen Betrieben durchschnittlich nur 20—30% von derjenigen, die sein könnte und sollte. Dieser Mißstand wird gar nicht empfunden, weil man gar nicht weiß, wie wenig der Stahl ausgenutzt wird, da man die erreichbare Höchstleistung nicht kennt.

Wie unzuverlässig die bisherige Arbeitsweise, sich nur auf die Erfahrung des Meisters und Härters zu stützen, ist, zeigen die vielen Ausschußhärtungen, die infolge falscher Schätzung der Temperatur nach der Glühfarbe vorkommen, von denen jedoch der leitende Betriebsingenieur kaum ein Zehntel zu sehen bekommt. Es ist durch zahlreiche Versuche klargelegt, daß die Elastizitätsgrenze des Stahles ganz erheblich sinkt, wenn die Härtetemperatur mehr als 30° der geeigneten Hitze übersteigt, die verlangten Temperaturen müssen darum mit einer Toleranz von höchstens 30° C eingestellt werden. Mit den in vielen Betrieben gebräuchlichen verhältnismäßig rohen Methoden der Schätzung ist es aber unmöglich, die Temperatur auch nur auf 50° genau zu halten, ein Spielraum von 100° gilt meist schon als gute Leistung.

Die Wissenschaft hat uns in den Pyrometern oder Pyroskopen, im Skleroskop und in der Brinellschen Kugeldruckprobe Mittel an die Hand gegeben, Auswahl und Härtung des Stahles in beinahe vollkommener Weise zu handhaben: die Pyrometer lassen, wenn sie richtig benutzt werden, eine Genauigkeit der Temperatur in den Öfen bis zu 10° ohne weiteres zu, in der Brinellschen Kugeldruckprobe ist ein ziemlich einfaches, zuverlässiges Verfahren zur Prüfung des Stahles gefunden, das an Stelle der bisherigen Schätzung ziffernmäßige Werte, wirkliche Zahlen setzt. Einfacher noch im Gebrauch, aber nicht so sicher und zuverlässig ist das Skleroskop. Das Arbeiten im Härteraum nach Gefühl war berechtigt und notwendig, solange man nichts Besseres hatte; es kostet dem Betrieb viel Geld, bis es sich der betreffende Arbeiter erworben hat, und geht mit seinem Austritt für die Firma verloren, während die erwähnten beiden Instrumente bestimmte Daten geben, die festgehalten werden können.

Ermittlung der richtigen Härtetemperatur.

Für die Härte des Stahles ist die Temperatur maßgebend, bei welcher die Abkühlung erfolgt. Jene Temperatur, bei welcher der Stahl abzuschrecken ist, um höchste Härte zu erreichen, ohne Einbuße an Elastizität zu erleiden, ist der kritische Punkt, und dieser kann mit Pyrometer und Skleroskop sehr einfach gefunden werden. Es möge dies an einem Beispiel gezeigt werden.

Von der für das herzustellende Werkzeug vorgesehenen Stahlstange sägt man eine Anzahl kleine, gleich große Probestückchen, z. B. acht Stück ab und schleift sie an den Teilflächen glatt und genau parallel. Nachdem sie numeriert, werden sie alle gleichzeitig in den Härteofen gebracht, dessen Hitze von einem Pyrometer gemessen wird. Das mit 1 bezeichnete Stück wird nun bei bspw. 540° C aus dem Ofen genommen und abgeschreckt, das mit 2 bezeichnete bei 590° usw., bis das mit 8 gestempelte Stück von 930° aus abgekühlt wird. Dann reibt man die einzelnen Probestückchen zur Entfernung des Zunders mit Schmirgelpapier ab und prüft nun ihre Härte mit dem Skleroskop. Die Prüfungsergebnisse werden in die Kurventafel Fig. 1 eingetragen.

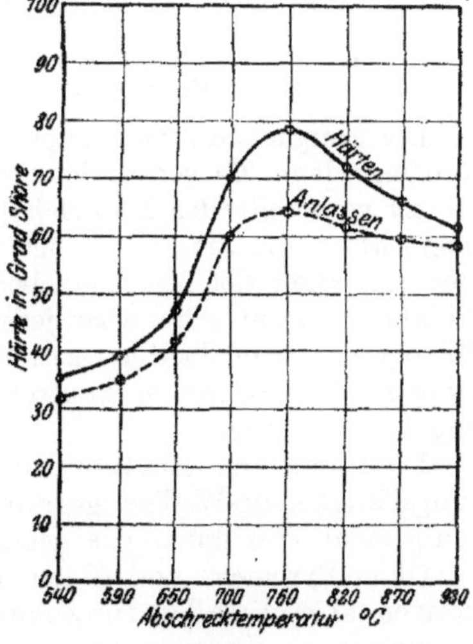

Fig. 1.

Aus dem Diagramm ist zu ersehen, daß der kritische Punkt für die Versuchstahlsorte bei 760 ° C liegt, daß sie also bei dieser Temperatur abgeschreckt werden muß, wenn sie ihre höchst erreichbare Härte aufweisen soll, und die höchste Leistung aus dem Werkzeug herausgeholt werden soll. Wenn das Ablöschen unterhalb des kritischen Punktes stattfindet, so wird der Stahl nicht genügend hart, wird er hingegen oberhalb des kritischen Punktes abgeschreckt, so verliert er an Festigkeit und Zähigkeit, er wird überhitzt.

Bringt man nun alle Werkzeuge der betr. Stahlsorte bei ihrer Härtung auf die durch diesen Versuch gefundene kritische Temperatur, so müssen sie alle die gleiche höchste Härte aufweisen, und es ist damit der grundlegenden Forderung nach unbedingter Gleichmäßigkeit der Werkzeuge Genüge getan.

Vielfach, bei Kohlenstoffstahl fast stets, soll Werkzeugen durch Anlassen eine größere Zähigkeit verliehen werden, indem das gehärtete Stück bis zur Annahme einer bestimmten Anlauffarbe wiedererwärmt wird. Diese Anlauffarbe ist aber eine reine Begleiterscheinung der Erwärmung und läßt auf die wirkliche Härte des angelassenen Stückes keinerlei Schlüsse zu, wenn die ursprüngliche Härte nicht genau bekannt ist.

Bringt man die acht gehärteten Probestückchen gleichzeitig in einen Anlaßofen, läßt sie dunkelblau an und zeichnet die dadurch hervorgerufene, mit dem Skleroskop gemessene Härteminderung in Fig. 1 ein, so erhält man die gestrichelte Anlaßkurve, aus der sich ergibt, daß ein wirkungsvolles Anlassen nur bei Stücken möglich ist, die vom kritischen Punkt aus abgeschreckt sind, ein Unter- bzw. Überschreiten der kritischen Temperatur vermindert die Wirkung des Anlassens.

Ermittlung der richtigen Anlaßtemperatur.

Die geeignetste Anlaßtemperatur herauszufinden ist Sache der Erfahrung, denn die verwendete Stahlsorte, die Werkzeugform, die Art des zu verarbeitenden Materials, die Schnittgeschwindigkeit, der Spanquerschnitt, die Art und Menge des verwendeten Kühlmittels und die Beschaffenheit der Maschine bedingen eine mehr oder weniger hohe Anlaßtemperatur. Da aber jede Anlaßtemperatur einem bestimmten Härtegrad entspricht, hat man sich diesen zu merken, und man kann stets mit dem Skleroskop kontrollieren, ob mit der richtigen Temperatur angelassen wurde.

Die Härte- und Anlaßkurve in Fig. 1 zeigt also, daß die höchste Leistungsfähigkeit des Werkzeuges durch Erwärmen auf die richtige Abschrecktemperatur und durch die geeignetste Anlaßtemperatur erreicht wird.

Ohne Pyrometer und Skleroskop oder Brinellsche Kugeldruckprobe können aber diese Leistungsfähigkeit und die schon betonte Gleichmäßigkeit der Leistung nicht erzielt werden. Ohne diese Hilfsmittel wird man wohl hin und wieder durch Zufall ein Werkzeug hervorbringen, das seine in ihm verborgene Höchstleistung hergibt. Es ist eine bekannte Geschichte, daß ein ohne Prüfungsinstrument arbeitender Härter oft mit einer ihm neuen Stahlsorte keine guten Werkzeuge herstellen kann, obwohl man in einem anderen Betriebe die besten Erfolge mit dem gleichen Stahl hat. Es sind eben Abschreck- und Anlaßwärmen nicht für alle Stahlsorten gleich. Mit Feile und Gefühl lernt man die Charakteristik des Stahles nicht kennen.

Es sei hier noch darauf aufmerksam gemacht, daß die thermoelektrischen Pyrometer wenigstens jeden Monat einmal nachgeprüft werden müssen, ob sie noch richtig anzeigen. Ja selbst neu bezogene sollten vor Ingebrauchnahme erst kontrolliert werden, da nicht alle vollständig richtig zeigen. Diese Kontrolle oder Eichung kann man selbst vornehmen mit Kochsalz, am besten chemisch reinem Chlornatrium, das man in einem Eisen- oder Tontiegel, der unbedingt rein sein muß, weil schon eine geringe Menge eines fremden Stoffes den Schmelzpunkt des Salzes verschiebt, schmilzt und weiter erhitzt bis auf etwa 900° C. Nachdem man vom Pyrometer die Schutzhülse abgenommen, taucht man dasselbe mit der Heißlötstelle in das erhitzte Salzbad und wartet einige Zeit, bis das Pyrometer die Temperatur des Salzes angenommen hat. Jetzt nimmt man den Tiegel vom Feuer und liest alle 10 Sekunden am Galvanometer die Temperatur des allmählich erkaltenden Salzbades ab und trägt die Ablesungen in ein Koordinatensystem, wie Fig. 2 zeigt, ein. Bei einem richtig zeigenden Pyrometer erhält man so eine Kurve, die an der Stelle, wo das Salz erstarrt und infolgedessen eine Zeitlang die gleiche Temperatur behält, eine senkrechte Strecke aufweist. Da nun der Erstarrungspunkt von Chlornatrium genau bei 801° C liegt, so muß diese senkrechte Strecke bei 801° auftreten. Ist das nicht der Fall, so zeigt das Pyrometer nicht richtig an.

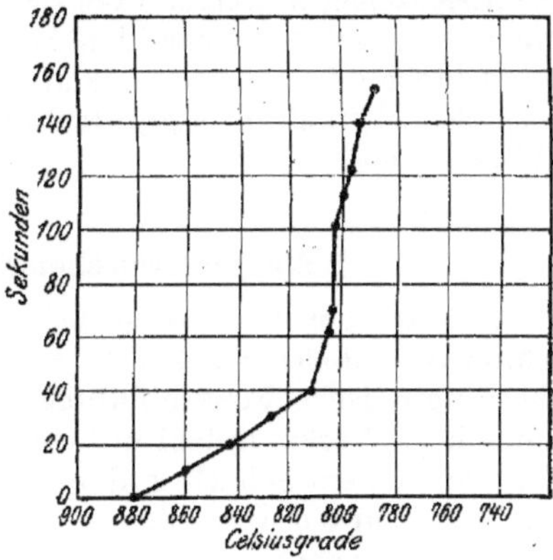

Fig. 2.

War bis vor kurzem das Fehlen einer wissenschaftlich einwandfreien Unterlage für die Beurteilung der Stähle und ihrer Leistung die Hauptursache aller Übel und es eine ziemlich leichte Sache, den Betriebsingenieur durch falsche Anpreisungsmethoden in raffinierter Weise irre zu führen, so ist durch die Aufnahme der genannten Instrumente in den Arbeitsplan der Werkstatt dieser Möglichkeit in wirksamster Weise begegnet, das teure »Probieren ohne Studieren« außer Kurs gesetzt und dem Stahl- und Härteschwindel mit den verhängnisvollen Folgen der Materialverwüstung ein Ende bereitet.

Erkennbarkeit der Stahlsorten.

Bei der großen Verschiedenheit in der Härtung, der Leistungsfähigkeit und dem Preis von Kohlenstoffstahl und Schnellstahl ist es wichtig, sich in der Werkstatt vor unangenehmen Verwechslungen, die sonst immer und immer wieder vorkommen, zu schützen. Zwar wird dieser Eventualität dadurch vorzubeugen gesucht, daß jede Stahlqualität durch Farbanstrich oder Stempelung gekennzeichnet wird. Trotzdem kommt es öfter vor, daß diese Erkennungszeichen verschwinden oder böswillig zum Verschwinden gebracht werden. Der erfahrene Praktiker erkennt in solchem Falle den Schnellstahl schon an der schwereren Bearbeitungsfähigkeit oder dem größeren Gewicht — Schnellstahl hat ein spezifisches Gewicht von 8,7—9, Kohlenstoffstahl ein solches bis 7,8 — oder an dem matteren Glanz, der aber durchaus nicht immer vorliegt. In der Zeitschrift Werkstattstechnik 1907 ist von Eckelt ein Verfahren angegeben, die Stahlart auf Grund des spezifischen Gewichts nachzuweisen; sie kann außerdem auch noch durch die Funkenprobe bestimmt werden, die gleichzeitig Aufschluß über die Qualitäten mehrer Stähle einer Stahlgattung zu geben vermag. Die Härteprobe mittels Brinellscher Kugeldruckprobe oder Skleroskop kann hier nicht helfen, da Kohlenstoffstahl und Schnellstahl im geglühten Zustand durchwegs annähernd gleiche Härte aufweisen.

Stahluntersuchung durch Funkenprobe.

Die Art der Funken ist bei verschiedenen Stählen eine sehr verschiedene. Jeder Stahl hat seine eigene, durch besondere Merkmale charakteristische Funkenbildung, die sofort erkennen läßt, ob man es mit einem Werkzeugstahl mit niedrigem oder hohem Kohlenstoffgehalt oder mit einem Schnellstahl besonderer Art zu tun hat. Dies ist besonders dann ein untrügliches Mittel zur Erkennung einer unbekannten Stahlsorte, wenn man deren Funkenbild mit den Funkenbildern bekannter Stahlsorten vergleicht.

Man verfährt dabei am besten in der Weise, daß man von denjenigen Stahlsorten, deren Zusammensetzung bekannt ist, kleine Musterstücke abschneidet und diese mit einem die Qualität und Herkunft des Stahles bezeichnenden Stempel versieht. Diese Stücke dienen zum Vergleich mit dem neu zu untersuchenden Material. Zur Prüfung kann eine beliebige leichte Schleifmaschine verwendet werden. Körnung und Härte der zu benutzenden Schleifscheibe müssen richtig gewählt und für alle Versuche beibehalten werden. Die Scheibe darf nicht zu breit sein und ist öfters abzudrehen, damit etwaige haften gebliebene Metallteilchen, die das Ergebnis der Untersuchung fälschen können, entfernt werden.

Wird der zu untersuchende Stahl unter leichtem Druck gegen die Schleifscheibe geführt, so werden vom Stahl kleine Spänchen losgelöst, die augenblicklich zum Glühen kommen. Dies sind die Funkenbildner, die man beim Schleifen von Metallen beobachtet. Die aus der Schleifscheibe abgelösten Schleifkörner und der Schleifstaub des Bindemittels glühen dagegen nicht.

Nach diesem Verfahren, das natürlich nur zur rohen Bestimmung von Stählen geeignet ist, lassen sich auch alte gebrauchte Werkzeuge, die aufgearbeitet und wieder gehärtet werden müssen, untersuchen; Stähle, die im Magazin verwechselt worden sind, können nachgeprüft werden, und schließlich gibt die Funkenprobe eine ziemlich zuverlässige Kontrolle darüber, ob die von einem Stahlwerk gelieferten Stähle den früheren Lieferungen oder Mustern entsprechen, wenn man nicht die Prüfung mittels Skleroskop als besser vorzieht.

Schmiedeisen, das kohlenstoffrei ist, hat geradlinige Funken, die nach dem Ende zu anschwellen und stärker leuchten; unmittelbar auf den ersten Tropfen folgt ein zweiter kleinerer von dunkelroter Farbe (Fig. 3).

Bei Flußeisen tritt der geringe Kohlenstoffgehalt durch kleine Stacheln oder Spritzer schon in die Erscheinung (Fig. 4), während die Funkenbildung im übrigen wie oben ist. Dieses Stachelbüschel tritt um so intensiver auf, je höher der Kohlenstoffgehalt ist, und Bermann hat deshalb den Satz aufgestellt: »Die Zahl der stachelartigen, spitzigen, aus einem glänzenden Mittelpunkt explosionsartig hervorschießenden Linien ist dem Kohlenstoffgehalt proportional.«

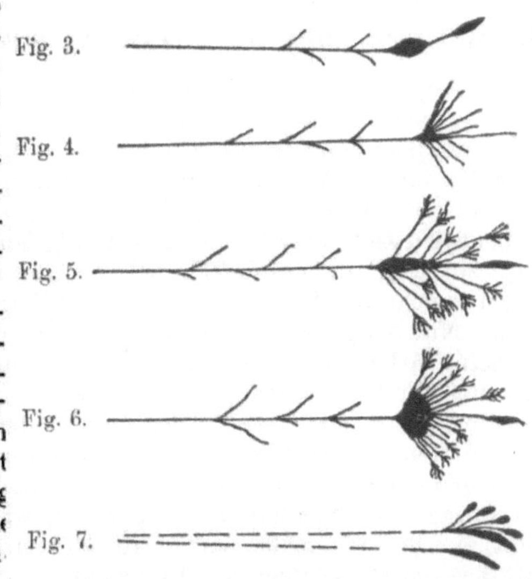

Beim Werkzeugstahl treten die dem Kohlenstoffgehalt eigentümlichen Stacheln in wesentlich stärkerem Grade auf, die Enden der Stacheln sind nicht spitzig, sondern fächerartig (Fig. 5). Die Glühfarbe, die vorher strohgelb war, leuchtet weiß.

Harter Stahl mit hohem Kohlenstoffgehalt zeichnet sich durch ein kürzeres, weiß leuchtendes Strahlenbündel mit dichten, auf den hohen Kohlenstoffgehalt hinweisenden Stacheln mit fächerartigen Enden aus (Fig. 6).

Das Funkenbild des Schnellstahls unterscheidet sich wesentlich von dem des Kohlenstoffstahls, es kann mit keinem andern verwechselt werden. Die Strahlen sind gestrichelt. Auffallend ist die Eigentümlichkeit, daß fast nichts von den Stacheln und Spritzern zu bemerken ist. Der Gehalt dieser Stähle an Chrom und Wolfram geben den Funken das eigenartige Gepräge. Die Strahlen sind geradlinig und von dunkler Glühfarbe und endigen in chromgelben tropfenförmigen Verdickungen (Fig. 7). Dabei ist die Bewegung der Funken eine ganz eigenartige, ihre Geschwindigkeit nimmt in einiger Entfernung von der Scheibe ohne erkennbaren Einfluß ganz plötzlich zu. Die Funkenprobe auch als Maßstab für die Schneidkraft der Scheibe anzusehen, ist nicht allgemein richtig; denn es gibt dieselbe Scheibe auf Stahl eine ganz andere Funkengarbe als auf Gußeisen oder Hartguß. Allgemein zeigt Gußeisen eine dunkelrote Garbe, während Stahl hellgelbe Garbe aufweist. Ein sicherer Anhalt für die Schneidkraft der Scheibe ist dem mit der Schleiferei Vertrauten das Schleifgeräusch.

Jedenfalls ist die Funkenprobe außerordentlich einfach und gibt bei guter Übung zuverlässige Resultate, so daß sie nur empfohlen werden kann. Anfänglich ist es schwierig für den Ungeübten, die verschiedenen Funkenbilder scharf voneinander zu unterscheiden, bald aber wird er in der Lage sein, sie zu trennen und zu beurteilen, und er wird dann die Funkenprobe als ein interessantes Hilfsmittel in seinem Betriebe schätzen und pflegen.

II. Spanleistung und Kraftverbrauch beim Drehen.

Die Anpassung der Werkzeugformen an den beabsichtigten Arbeitszweck geschah früher ohne Kenntnis der inneren Vorgänge bei der Verarbeitung, man ließ sich nur von der Beobachtung und Erfahrung leiten. Über die inneren Vorgänge und das Kräftespiel bei dem Abheben von Spänen war völliges Dunkel gebreitet, es ist eine Errungenschaft erst der neuesten Zeit, diese Verhältnisse wenigstens in den Grundzügen klargelegt zu haben, die uns die Möglichkeit gibt, neu zu schaffenden Werkzeugen gleich von Haus aus die richtigen Formen und Abmessungen zu geben. Nur bei genauer Kenntnis der Arbeitsweise der Werkzeuge und der beim Arbeiten auftretenden Kräfte kann der Kardinalforderung moderner Werkstattspraxis: »Das Werkzeug soll die Maschine und die Maschine soll das Werkzeug ausnützen« entsprochen werden.

Eine Reihe langwieriger Versuche sind von bedeutenden Fachleuten zur Ergründung und Klärung der in Betracht kommenden Faktoren und Fragen durchgeführt worden, zur Klärung des Schnittvorganges selbst, zur Berechnung des wirtschaftlich besten Vorgehens in der Werkstatt zwecks Umsetzung der Ergebnisse in die klingende Münze der Lohnersparnis und schließlich zur Berechnung der Werkzeuge und Werkzeugmaschinen.

Die Einwirkung des Werkzeuges auf das Werkstück besteht in einem Stauchen, Biegen und Abtrennen des Spanmaterials. Außerdem kommen noch zur Geltung die Keilwirkung der Werkzeugschneide, die Reibung der Schneidkante, der Rücken- und Brustfläche des Stahles, wobei nicht weiter erörtert werden soll, ob sich die Schneidkante in den Stoff hineindrängen muß, oder ob sich die Späne schon vor der Schneidkante vom Werkstück lostrennen. Die Vorgänge sind von H. Fischer, Taylor, Nicholson u. a. untersucht worden, den Werkstattsmann interessieren jedoch in erster Linie die Beziehungen zwischen Schneidenform, Schnittgeschwindigkeit, Spanquerschnitt und Kraftverbrauch.

Dem Arbeiter tritt täglich, wenn er ein neues Stück auf die Bank nimmt, die Frage entgegen: mit welcher Schnittgeschwindigkeit soll ich die Maschine laufen lassen, welchen Span soll ich nehmen und welche Form muß der Stahl haben? So einfach diese Frage klingt, so schwierig und verwickelt sind die dabei auftretenden Erscheinungen; es handelt sich dabei, die Beziehungen aufzusuchen zwischen Schnittgeschwindigkeit und Schnittdauer auf Grund der Abnutzung des Drehstahles, zwischen Spanquerschnitt und Schnittgeschwindigkeit, zwischen Spanmenge und Härte des Drehmaterials, zwischen Spanmenge und Stahlquerschnitt und zwischen Schneidform und Kraftbedarf. Diese Beziehungen der einzelnen Komponenten der Drehbankarbeit vom Standpunkte der Ausbringung aus stellen angesichts ihrer Kompliziertheit und der Zeit, die zu ihrer Klärung notwendig war — Taylor glaubte, seine diesbezüglichen Versuche in 6 Monaten zum Abschluß zu bringen, aber er ist damit eigentlich erst nach 26 Jahren fertig geworden —, das schwierigste Problem der Metallbearbeitung dar; die Antwort auf die Frage, welche Meißelform, welche Schnittgeschwindigkeit und welchen Vorschub soll man anwenden, bedeutet in jedem Falle die Lösung einer komplizierten, mathematischen Aufgabe, da der Einfluß von zwölf unabhängigen Variablen bestimmt werden muß, wie Taylor gefunden hat.

Bei der vollständigen Meinungsverschiedenheit, die über allen bisher ausgeführten Versuchen mit Schneidstählen liegt, weil in betreff der Arbeitsweisen und Kriterien für die Untersuchung keinerlei Übereinstimmung zwischen Praxis und Theorie erzielt werden konnte, ist es nicht leicht, aus der Menge widersprechendster Ansichten und Schlußfolgerungen sich ein einigermaßen richtiges und deutliches Bild zu machen: scheint es doch geradezu, daß jeder, der in diesen Fragen gearbeitet hat, etwas anderes herausgefunden hat als seine Vorgänger. Nur demjenigen, der schon tiefer in die Materie eingedrungen ist, können solche durchgreifende Unterschiede in den einzelnen Ergebnissen verständlich werden: ist doch das Problem von den verschiedensten Faktoren abhängig, deren in ihrer Natur liegende Ungleichmäßigkeit das Ergebnis leicht trüben oder direkt entstellen kann. Es sei nur die Stahlqualität als ein vollständig unberechenbares Moment angeführt, die zur Erzielung der Höchstleistung eine individuelle, auf langjähriger praktischer Erfahrung fußende Behandlung beim Härten und Zurichten der Schneiden erfordert, wobei Feinheiten zu berücksichtigen sind, die durch Angabe einer allgemeinen Härtevorschrift sowie die die Schneidform bestimmenden Winkel nicht gefaßt werden.

Gleichwohl sind die bisherigen Resultate von einschneidendster Bedeutung für eine systematische Metallbearbeitung, soll in bezug auf wirtschaftliche und rationelle Ausführung einer Arbeit auf der Werkzeugmaschine der höchste Wirkungsgrad erzielt werden. Ihre Kenntnis ist für den Betriebsingenieur von ungeahntem Vorteil: kann doch bei ihrer Anwendung die Bewertung der Arbeit, die Akkordfestsetzung, auf eine vollständig neue Basis gestellt werden und die Wirtschaftlichkeit des Werkstattbetriebes ganz bedeutend in die Höhe getrieben werden[1]) Das Chaos der bisher vorliegenden Angaben macht es dem Werkstattsmanne aber beinahe unmöglich, sich zurechtzufinden und Nutzen daraus zu ziehen, es ist daher hier meines Wissens zum ersten Male der Versuch

---

1) Siehe Hippler, W.: »Grundlage für die Akkordbestimmung« in der Zeitschr. für Werkzeugmaschinen. 1913. S. 306 u. f.

gemacht, die Angaben in Zusammenhang zu bringen und zur direkten Verwertung und Umsetzung in die Praxis zu verarbeiten.

Die Grundlage für die rationelle Ausnützung der Werkzeugmaschinen und die gesteigerte Ausbringungsmöglichkeit der Werkstatt ist die raffinierte Auswahl der jeweils wirtschaftlichsten Schnittgeschwindigkeiten, Vorschübe und Schnittiefen für jedes Material, jeden Durchmesser und jede Operation unter Anpassung an die Leistungsfähigkeit der vorhandenen Maschinen. Den wechselseitigen Beziehungen dieser Größen untereinander ist für die Billigkeit einer Arbeit die allergrößte Beachtung zu schenken: ist es doch möglich, daß beispielsweise bei Arbeiten mit ungünstigen Spanquerschnitten die Werkzeugmaschine eine Minderleistung von 30—40% ergeben kann, wie von Vogler nachgewiesen wurde.

Von den Untersuchungen in den vorgenannten Fragen sind diejenigen des Amerikaners F. W. Taylor am bekanntesten geworden, der es in zäher, 26jähriger Arbeit versuchte, für die Wahl der Werkzeuge, Schnittgeschwindigkeit und Zuschiebungsgeschwindigkeit möglichst einfache Regeln aufzustellen. Er hat zur praktischen Ausnutzung seiner Ergebnisse einen besonderen Rechenschieber eingeführt, der die Ermittlung der Schnittgeschwindigkeiten für bestimmte Durchmesser des Arbeitsstückes und bei bestimmten Spanquerschnitten erleichtern soll[1]), der aber bis jetzt in Deutschland noch keinen Eingang gefunden hat. Es ergab sich bald, daß der Prüfungsmodus, den Taylor angewandt, zur Beurteilung der Leistung nicht einwandfrei ist. Er hat den Satz aufgestellt, daß derjenige Stahl für eine bestimmte Arbeit der beste ist, welcher eine gewisse konstante Schneidenform, Einspannung usw. vorausgesetzt, bei konstantem Span gewisser Abmessung die höchste Geschwindigkeit während 20 Minuten erreichen ließ, ohne daß nach dieser Zeit die Schneide angegriffen erschien. Diese Grundlage ist eine willkürliche, auf den besonderen Stahlverhältnissen aufgebaute Annahme und kann wieder nur durch für die besonderen Fälle angestellte Vorversuche bestimmt und für Vergleichsversuche verwertet werden. Der Wert seiner Untersuchungen ist heute vielfach ein vorwiegend geschichtlicher, und zwar in einem Grade, daß vieles dauernd wissenswert für den Werkstattsmann bleibt.

An weiteren wichtigen Versuchen kommen in Betracht: Verein Deutscher Ingenieure 1901, Manchester Comittee 1902, Nicholson 1904, Schlesinger 1913, Sawwin 1913 und Ripper und Burley 1913.

Der Verein deutscher Ingenieure[2]) hat bei seinen Versuchen die Schnittzeiten zur Grundlage genommen, desgleichen das Manchester Comittee. Nicholson[3]) mit Dempster Smith brachten zum ersten Male den Meßsupport in Anwendung, mit dem die Schnittkraft nach den drei Richtungen des Raumes gemessen wird, nahmen aber sonst die Schnittzeiten zum Ausgangspunkt ihrer Arbeiten. Schlesinger[4]) hat

---

[1]) Vgl. Taylor-Wallichs: »Über Dreharbeit und Werkzeugstähle«.

[2]) Zeitschr. V. D. Ing. 1901.

[3]) Nicholson, Proceedings of the Institutions of Mechanical Engineers 1904.

[4]) Prof. Schlesinger, in Stahl und Eisen. 1913. Nr. 23.

die Schnittkräfte am Stahl als ausschlaggebendes Kriterium für die Stahlabstumpfung angewendet und die üblichen Werkstättenerscheinungen als damit zusammenfallend festgestellt. Ripper und Burley[1]) bauten ihre Versuche wieder auf die Schnittzeit auf, jedoch auf Grund der Abstumpfung des Stahles, und stellten einige Kraftverhältnisse (wie Taylor) auf. Sawwin[2]) endlich arbeitete genau nach den Taylorschen Grundlagen, also mit Schnittzeiten.

Bei allen Versuchen fußt die Vergleichszahl auf der Abstumpfung der Stahlschneide, wird aber sehr verschiedenartig bestimmt und immer nicht am Stahl selbst, ausgenommen die Versuche Rippers und Schlesingers. Man muß daher bei allen diesen Versuchen auf die alten Werkstättenwege des Probierens zurückgreifen und in beiden Fällen, bei den Kohlenstoff- wie bei den Schnellstählen durch eine Reihe Vorversuche erst die richtigen Versuchsgeschwindigkeiten bestimmen. Hierin aber liegen die vielen zu Täuschungen Anlaß gebenden Momente, auf die sich der Widerstreit der Versuchsergebnisse in erster Linie gründet.

Die Drehleistung wird durch Schnittiefe, Vorschub und Schnittgeschwindigkeit bestimmt, und es ist zur Erzielung der Höchstleistung von einschneidendster Bedeutung, wie diese Größen gewählt werden. Die für die Drehleistung aufzuwendende mechanische Arbeit ist das Produkt: Gesamtschnittdruck mal Schnittgeschwindigkeit und wird zum Teil für die Zustandsänderung verbraucht, zum größten Teil aber in Wärme umgesetzt. Diese Wärme verursacht eine Erwärmung des Spanes, der Schneide und ihrer nächsten Umgebung, sie macht sich weniger bemerkbar als Folgeerscheinung des Schnittwiderstandes, da ihr mit wachsenden Spanquerschnitten gleichzeitig die Wege für ihren Abfluß — durch die kräftigeren Stähle und Nebenteile und die größere Schnittfläche — erweitert werden, sondern mehr als Begleiterscheinung der Schnittgeschwindigkeit, deren Steigerung keinen Einfluß auf die Ableitungswege der Wärme hat, sich daher in voller Stärke durch Temperaturerhöhung fühlbar macht.

Dem Schnellstahl werden stets drei Vorzüge gegenüber dem Kohlenstoffstahl nachgerühmt:

1. Er ermöglicht bedeutend größere Schnittgeschwindigkeiten und ergibt daher eine Zeitersparnis;

2. er gestattet große Spanquerschnitte zu nehmen und verkürzt und verbilligt dadurch die Schrupparbeit;

3. er besitzt eine große Schnittdauer, die das sonst häufige Auswechseln der Drehstähle und die hiermit verbundene Arbeitsunterbrechung vermindert, ferner den Arbeitsbedarf der Maschine ziemlich konstant hält.

Es muß darauf hingewiesen werden, daß der zweite Vorzug eine irrtümliche Auffassung ist: er hat mit dem Wesen des Schnellstahles, wie gleich unten auseinandergesetzt werden soll, nichts zu tun, starke Späne sind auch früher gelegentlich abgedreht worden, und wenn dies nicht

---

1) Prof. William Ripper und G. W. Burley in Engineering. 1913.

2) Prof. Sawwin in Dinglers Polyt. Journal. 1913.

zur Regel werden konnte, so war wohl hauptsächlich die ungenügende Stärke der Werkzeugmaschinen schuld daran.

Auf solch irrtümlichen Auffassungen beruht auch die unrichtige, aber noch öfter aufgestellte Behauptung, der Schnellstahl besitze einen kleineren spezifischen Energieverbrauch (PS-Zahl pro 1 Stundenkilogramm Späne). Prof. Dr. H. Fischer hat in seiner Untersuchung »Über Verwendung des Schnell- oder Rapid-Werkzeugstahles« ausführlich dargelegt, daß der auf die Flächeneinheit des Spanquerschnitts bezogene Widerstand ziemlich der gleiche bleibt, ob man nun Werkzeugstahl mit den hierfür niedrigen, oder Schnellstahl mit hohen Geschwindigkeiten verwendet, daß er insbesondere nicht bei großer Schnittgeschwindigkeit kleiner ist als bei geringer Geschwindigkeit. Die pro 1 PS erzeugte stündliche Spanmenge ist von der Schnittgeschwindigkeit unabhängig.

Bezeichnet

k_s in kg/qmm = spezif. Schnittdruck (spezif. Schnittwiderstand)
k_z » kg/qmm = Materialfestigkeit (Zugfestigkeit)
f » qmm = Spanquerschnitt
v » m/Min. = Schnittgeschwindigkeit
g = spezif. Gewicht des Werkstückes
N » PS = Kraftbedarf,

so ist die Schnittkraft (Schnittwiderstand) in kg

$$W = f \cdot k_s ,$$

wobei angenommen ist, daß für ein bestimmtes Material der spezifische Schnittdruck k_s konstant sei und daher die Schnittkraft (der Schnittwiderstand, Schnittdruck) proportional sei dem Spanquerschnitt. Obgleich, wie wir nachher sehen werden, diese Annahme nicht richtig ist, wird doch, um die Rechnung nicht zu verwickelt zu gestalten, vielfach oder überhaupt nur mit obiger Gleichung gerechnet, und zwar setzt man

$k_s = 2{,}5-3{,}2 \cdot k_z$ bei Flußeisen und Stahl
$k_s = 4{,}5-5{,}5 \cdot k_z$ » Gußeisen

oder auch, unabhängig von der Zugfestigkeit k_z

$k_s = 100-150$ kg bei Flußeisen und weichem Stahl
$k_s = 150-240$ » » mittlerem und hartem Stahl
$k_s = 60-90$ » » weichem Gußeisen
$k_s = 90-130$ » » hartem Gußeisen.

Soll nun Stahl von 50 kg Zugfestigkeit gedreht werden, so ist

$$k_s = 3 \cdot 50 = 150 \text{ kg/qmm},$$

also

$$W = 150 \cdot f.$$

Nun ist

$$N = \frac{W \cdot v}{75 \cdot 60 \cdot 1000} = \frac{150 \cdot f \cdot v}{75 \cdot 60 \cdot 1000}$$

Das Spangewicht G ergibt sich aus

$$G = \frac{f \cdot v \cdot g \cdot 60}{1000} = \frac{75 \cdot N \cdot v \cdot g \cdot 60}{150 \cdot v \cdot 1000} = \frac{75 \cdot N \cdot g \cdot 60}{150 \cdot 1000} \text{ kg}$$

also das Spangewicht pro 1 PS/Stde., wenn $g = 7{,}85$,

$$G_1 = \frac{75 \cdot 60 \cdot 60 \cdot 7{,}85}{150 \cdot 1000} = 14 \text{ kg pro PS/Stde.}$$

Bei einem Wirkungsgrad der Drehbank $\eta = 0{,}75$ ergibt sich also das beim Drehen von Stahl von 50 kg Festigkeit auf 1 PS in der Stunde entfallende Spangewicht zu

$$G_1 = 14 \cdot 0{,}75 = 10{,}5 \sim 10 \text{ kg}.$$

Eine Drehbank mit einem Antriebsmotor von 20 PS muß also bei Vollbelastung 200 kg Späne pro Stunde machen, wenn Stahl von 50 kg Festigkeit zu drehen ist. Für andere Materialien kann das stündliche Spangewicht durch Einsetzen der betr. Schnittfestigkeit k_s und des spezifischen Gewichts leicht berechnet werden.

Auch Taylor kommt zu dem Satz: Der Einfluß der Schnittgeschwindigkeit auf den Schnittwiderstand ist gering.

Dagegen findet Taylor einen erheblichen Einfluß des Spanquerschnittes auf den auf 1 qmm bezogenen Schnittwiderstand in der Richtung, daß große Späne verhältnismäßig geringeren Widerstand leisten als feine Späne.

Demnach ist der Verbrauch an Arbeit für die gleiche Spanmenge beim Schneiden starker Späne geringer als bei feiner Zerspanung. Der Wirkungsgrad der Drehbänke steigt mit wachsendem Spanquerschnitt rasch an.

Taylor ermittelte beispielsweise:

bei einer Schnittiefe von	einem Vorschub von	den spezif. Schnittdruck
4,8 mm	0,39 mm	20800 kg/qm,
4,8 »	3,17 »	18100 » »

Eine weitere Veranschaulichung bilden auch die diesbezüglichen Untersuchungen Prof. Fischers in seinem schon erwähnten Bericht. Er stellte dort verschiedene stündliche Spanmengen pro 1 PS bei verschiedenen Spanquerschnitten einander gegenüber.

Bei einer Schnittgeschwindigkeit 5,8 m/Min. betrug

Spanquerschnitt	stündliche Spanmenge pro 1 PS
5 qmm	9,7 kg
15 »	13,2 »
bei 15 m/Min. Schnittgeschwindigkeit	
7 qmm	10,2 »
21 »	13 »

Aus diesen Zahlen ist zu ersehen, worauf auch vorhin schon hingewiesen wurde, daß der spezifische Schnittwiderstand (k_s) für ein bestimmtes Material nicht konstant ist, wie man früher annahm, und welcher Annahme die noch allgemein gebräuchliche Gleichung für den Schnittwiderstand $W = f \cdot k_s$ zugrunde liegt.

Wie Taylor, Fischer und Nicholson diesen Satz für Dreharbeit, so haben Codron ihn für Bohrmaschinen, Schlesinger und Pockrandt für Schleifmaschinen nachgewiesen.

Aus den Taylorschen Untersuchungen geht weiter hervor, daß der spezifische Schnittwiderstand bei größerer Spandicke, also größerem Vorschub einen kleineren Wert hat als bei geringerem Vorschub. Der spezifische Schnittdruck hängt somit von der Schnittiefe und dem Vorschub ab und wurde von Taylor ermittelt zu

$$k_s = 88 \frac{t^{\frac{14}{15}} \cdot s^{\frac{3}{4}}}{t \cdot s} \text{ kg für weiches Gußeisen}$$

$$k_s = 138 \frac{t^{\frac{14}{15}} \cdot s^{\frac{3}{4}}}{t \cdot s} \text{ kg für hartes Gußeisen}$$

$$k_s = 200 \frac{t^{\frac{14}{15}}}{s} \text{ kg für Stahl,}$$

wobei t = Schnittiefe und s = Vorschub in mm.

Wir werden später bei der Nachrechnung einer ausgeführten Schnelldrehbank auf diese Gleichungen wieder zurückkommen.

Vielleicht die interessanteste und wichtigste theoretische Begründung der Änderung des spezifischen Schnittwiderstandes ist die von Prof. Friedrich[1]), weil sie den Grundstock bildet für den Schnellschnittanzeiger, das Gegenstück zu dem erwähnten Rechenschieber von Taylor, mit dem wir uns weiter unten als eines für neuzeitliche, wissenschaftliche Betriebsführung höchst wichtigen Hilfsmittels noch eingehend zu beschäftigen haben.

Die Gleichungen Taylors sind empirische, denn die theoretische Behandlung des Schnittwiderstandes ist bis jetzt noch nicht unter Berücksichtigung aller bei der Entstehung des Spanes mitwirkenden Umstände durchgeführt. Zusammenfassend kann gesagt werden, daß der Schnittwiderstand abhängt von den physikalischen Eigenschaften des zu bearbeitenden Materials, also von dessen Härte, Festigkeit und Zähigkeit, von der Größe des Spanquerschnittes, von dem Schnittwinkel und der Beschaffenheit der Stahlschneide, endlich auch von der Schnittgeschwindigkeit, wenn auch nur in geringem Maße, von der Form des Spanquerschnittes und von der wirksamen Schneidkantenlänge, welch letzteres aus den Versuchen Voglers (s. Werkstattstechnik 1909) hervorgeht.

Der Umstand, daß der spezifische Schnittdruck bei großen Spanquerschnitten kleiner ist als bei kleinen, weist darauf hin, beim Drehen starke Späne zu nehmen. Wenn man in dem Ausdruck: Verspanungsarbeit = Schnittwiderstand × Schnittgeschwindigkeit den ersten Faktor, den Schnittwiderstand, durch Vergrößerung der Späne wachsen läßt, so tritt infolge der vergrößerten Reibungsarbeit an der Stahlbrust eine Temperatursteigerung auf, die jedoch, wie schon erwähnt, nur gering

[1]) Friedrich, G.: »Über den Schnittwiderstand bei der Bearbeitung der Metalle durch Abheben von Spänen«. Z. V. d. I. 1909. S. 860 u. f.

ist, jedenfalls bedeutend geringer ist als die durch Vergrößerung der Schnittgeschwindigkeit bedingte Wärmeerhöhung, und die auch sofort und zum allergrößten Teil durch die vergrößerten Spanquerschnitte abgeführt wird. Es tritt somit nur eine verhältnismäßig kleine Temperatursteigerung an der Schneide auf, wenn die Stahlbrust glatt geschliffen und die Schneide scharf ist, so daß bei wachsender Spanstärke die vornehmste Eigenschaft des Schnellstahles, hohe Hitzegrade ohne Erweichung der Schneide zu ertragen, nicht ausgenutzt werden kann. Die stärkeren Spanquerschnitte können somit nicht als direkte Folge der Einführung des Schnellstahles angesehen werden, zumal die Biegungsfestigkeit des letzteren gegenüber dem Gußstahl nicht annähernd in dem Verhältnis höher ist, wie die stündlichen Spanmengen der Stähle gestiegen sind.

Die Erkenntnis von der erheblichen Abnahme des spezifischen Schnittdruckes bzw. Zunahme der spezifischen Spanmenge bei steigender Spanstärke hat vielfach zum Ersatz des teuren Schmiedens durch das Ausschruppen aus dem Vollen geführt, das heute als wichtiges Merkmal moderner Werkstattstechnik gilt. Während man früher möglichst genau schmiedete, werden jetzt Schichten bis zu 70 mm im Durchmesser heruntergeschruppt, so daß die fertigen Werkstücke häufig weniger als ½, ja selbst ¼ des hierfür verwandten Materials wiegen.

Das zweite Mittel, um die Drehleistung zu vergrößern, ist, den zweiten Faktor des Produktes: Widerstand × Geschwindigkeit zu erhöhen. Aus dem auf S. 11 über die Drehleistung Gesagten geht hervor, daß eine Erhöhung der Schnittgeschwindigkeit von ungleich größerem Einflusse ist als die Vergrößerung des Widerstandes durch stärkere Späne, da die Wärmemenge mit steigender Schnittgeschwindigkeit ganz außerordentlich wächst (nach Herbert ist sie der 3. Potenz der Geschwindigkeit proportional; s. American Machinist 1910). Da bei steigender Schnittgeschwindigkeit der Stahldruck nicht wächst[1]), somit keine Veranlassung zur Vergrößerung des Stahlquerschnittes und der Nebenteile vorliegt, hat die große Wärmemenge bei weitem nicht die gute Möglichkeit abzufließen wie bei Erhöhung des Schnittwiderstandes bzw. Spanquerschnittes, wo die größere Spanoberfläche und der größere Stichelquerschnitt die Wärme leicht ableiten. Es ist also Gefahr vorhanden, daß der Stahl bei zu großer Geschwindigkeit verbrennt und seine Schneide sofort stumpf wird. Aber nur bei übermäßiger Steigerung der Geschwindigkeit liegt diese Gefahr vor, denn daraus, daß für den Schnellstahl die hohe Arbeitstemperatur absolute Notwendigkeit ist, folgt, daß mit hohen Geschwindigkeiten gearbeitet werden muß, wenn der Schnellstahl ausgenutzt werden soll. Die von Herbert aufgestellten Haltbarkeitskurven beweisen, daß die Haltbarkeit des Stahls in der Hauptsache von der Temperatur, auf welche die Schneide gebracht wird, abhängt, daß sie bei niedriger Schnittgeschwindigkeit sehr niedrig ist,

[1]) Nach Taylor besteht zwischen Schnittgeschwindigkeit und Schnittdruck keine nachweisbare Beziehung, innerhalb der üblichen Geschwindigkeiten ist der Sticheldruck konstant, während im Gegensatz hierzu Nicholson eine Kurve gibt, nach der der Schnittdruck bei wachsender Geschwindigkeit geringer wird.

d. h. die Schnittkante sehr schnell stumpf wird. Wenn die Geschwindigkeit zunimmt, wächst die Haltbarkeit, bis sie bei einer bestimmten, relativ hohen Geschwindigkeit ein Maximum erreicht. Wenn die Geschwindigkeit nun weiter gesteigert wird, so nimmt die Haltbarkeit wieder ab. Es wird also durch Erhöhung der Schnittgeschwindigkeit die vornehmste Eigenschaft des Schnellstahles, seine hohe Hitzebeständigkeit, d. h. Schneidhaltigkeit, ausgenutzt.

Die Schnittgeschwindigkeit kann somit nicht beliebig verändert werden, ohne daß die Drehleistung sich verringert, sondern sie ist als feststehende Größe einzuführen. Diese feststehende Geschwindigkeit, bei der die höchste Leistung erzielt wird, bezeichnet man als die wirtschaftlichste oder auch kritische Geschwindigkeit. Es läßt sich dies graphisch sehr gut verfolgen, wenn man die in Taylor-Wallichs Buch »Über Dreharbeit und Werkzeugstähle« ausgeführten Tabellen über praktische Schnittgeschwindigkeiten durch Hinzufügen der jedesmaligen Spanleistung ergänzt und im Koordinatensystem als Abszissen die Schnittgeschwindigkeiten in m/Min., als Ordinaten die zugehörigen Spanleistungen, d. h. die in der Minute zerspante Materialmenge in ccm aufträgt (siehe Fig. 8)[1]).

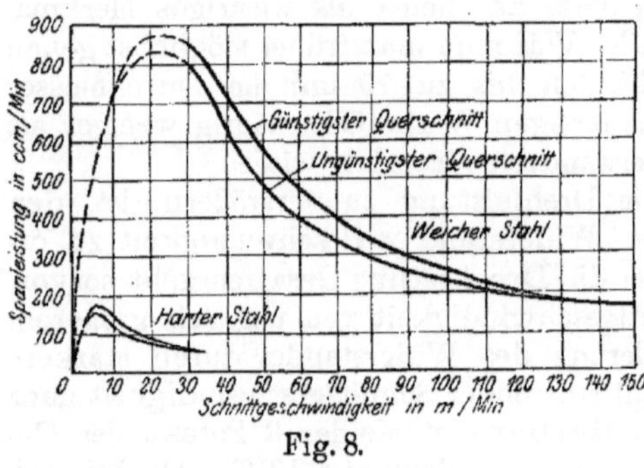

Fig. 8.

Der oberen Kurve ist Tabelle 81 in Taylor-Wallichs Buch zugrunde gelegt: »Praktische Schnittgeschwindigkeit für weichen Stahl, Schaftbreite des Drehstahls $1\frac{1}{4}''$«, der unteren Kurve die Angaben für harten Stahl. Der ausgezogene Teil der Kurven zeigt die Ergebnisse aus den Tabellen. Die Tabellen gehen aber nur bis zu einer Schnittiefe von 12,7 mm bei 2,38 mm Vorschub oder 6,35 mm Tiefe bei 4,76 mm Vorschub. Der größte Querschnitt ist beide Male 30,2 qmm. Werden unter gleichen Bedingungen noch größere Querschnitte untersucht, dann sinkt die Geschwindigkeit noch mehr. Dieses Sinken wird aber bei fortgesetzter Vergrößerung des Querschnitts so erheblich, daß die Leistung ebenfalls sinkt. Wird die Kurve daher für größere Querschnitte mit entsprechend kleineren Schnittgeschwindigkeiten fortgesetzt, so zeigt sie nicht in derselben Weise nach oben, sondern sie läuft abwärts bis zum Nullpunkt, etwa in der gestrichelten Weise.

Daraus geht hervor, daß für jedes Material eine bestimmte kritische Geschwindigkeit die wirtschaftlichste ist, bei der die höchste Leistung erzielt wird. Nach diesem Wert richtet sich die Größe des Spanquerschnittes. Also:

Die wirtschaftlichen Schnittgeschwindigkeiten sind für die verschiedenen Stoffe verschieden.

---

[1]) Siehe Hippler in Z. f. W. 1913. S. 307.

Die wirtschaftlichen Schnittgeschwindigkeiten sind für einen und denselben Stoff bei verschiedenen Spanquerschnitten verschieden, und zwar bei größeren Spanquerschnitten kleiner.

Es gibt also für jeden Spanquerschnitt eine bestimmte, ihm zugeordnete, wirtschaftliche Schnittgeschwindigkeit, unter der man nicht bleiben darf, sonst verringert sich die Spanleistung, und die Lohnkosten steigen, ohne daß ein Ausgleich durch Sparen an Werkzeugkosten entstünde, die aber wiederum auch nicht wesentlich überschritten werden darf, da bei einer Überschreitung von nur 20% die Stahlschneide nur halb so lange, bei 30% nur den vierten bis fünften Teil, hält.

Daß es dabei bei den gewöhnlichen Kohlenstoffstählen (Gußstählen) auf die Art der Zusammensetzung der beiden Schnittkomponenten, Schnittiefe und Vorschub, nicht ankommt, daß die Zusammensetzung aber bei Schnellstahl eine einschneidende Rolle spielt, werden wir noch hören.

Die Leistungssteigerung durch Erhöhung der Schnittgeschwindigkeit erfordert also eine geschickte Anpassung der letzteren an das Werkstück bzw. dessen Materialart und Durchmesser, an den Meißel und dessen Kühlung und an den Spanquerschnitt. Später wird auf diese schwierigen Verhältnisse noch eingehend zurückzukommen sein.

Von den beim Drehen in Betracht kommenden Größen:

1. Schnittwiderstand des Arbeitsmaterials,
2. Schnittgeschwindigkeit,
3. Schnittiefe und Vorschub und ihre Beziehungen untereinander,
4. Anstellungs-, Schneidwinkel und Neigungswinkel der Schneidkante

ist über 1 das Wesentliche schon gesagt, 4 ist im V. Kapitel zu behandeln, während 2 und 3 und die komplizierten Verhältnisse bezüglich des Zusammenhanges derselben uns jetzt beschäftigen sollen.

Über den Spanquerschnitt bzw. seine Zusammensetzung aus Schnittiefe und Vorschub und das Verhältnis wiederum zur Schnittgeschwindigkeit als die den Dreher so sehr interessierenden Faktoren sind bei den einzelnen Forschungsarbeiten zum Teil die widersprechendsten Resultate gefördert worden. Als die interessantesten und die praktischen Werkstattserfahrungen am besten ergänzenden Versuche dürfen wohl die von Prof. Ripper in Sheffield angesehen werden, die das Verhalten der beiden Stahlarten, Gußstahl und Schnellstahl beim Arbeiten nach jeder Richtung hin untersuchten, insbesondere vom Standpunkte der Ausbringung aus den Einfluß der einzelnen Komponenten der Drehbankarbeit, wie Schnittgeschwindigkeit, Schnittiefe, Vorschub, Bearbeitungsfähigkeit der Werkstücke, Form der Schneide usw. klarzulegen suchten.

Es wurde schon darauf hingewiesen, daß bei Versuchen über die Schneidkraft von Drehstählen das Stumpfwerden des Stahles maßgebend für die Vergleichszahl sei. Für Schnellstähle ist das Versuchskriterium einfach, da die Abstumpfung hier eine fast plötzliche ist, die sich durch Blankbremsen bzw. Polieren des Werkstückes statt Schneiden und gleichzeitig starkes Brummen zu erkennen gibt. Der Schnellstahl verliert die Schneidfähigkeit normalerweise durch Schmelzen in der Schneide infolge Erhitzung durch Reibung, die in erster Linie von dem Druck der abgeschälten Späne auf die obere Stahlkante herrührt, die oft eine Vertiefung oder Auskolkung auf der Schneidlippe erzeugen, und zweitens von der Schneidwirkung des Stahles beim seitlichen Vorschub. Unter normalen Arbeitsverhältnissen wird die Wärme sofort beim Entstehen von der Schneidkante abfließen, so daß keine Überhitzung eintreten kann. Andernfalls erfolgt dadurch, daß der Stahl ständig mehr Hitze von der Schneidkante aufnimmt und das Verhältnis der fortgeleiteten zur aufgenommenen Wärme sinkt, ein Schmelzen und Nachlassen der Schneidkante. Manchmal bildet sich bei Schnellstählen wie bei Kohlenstoffstählen eine falsche Aufsetzschneide, die sich ständig abschleift und wieder neu bildet.

Beim Schnellstahl liegt keine fortschreitende Stumpfung wie beim Kohlenstoffstahl vor, denn wenn erst die Schneidkante beschädigt ist, tritt Erhitzen, Schmelzen und Versagen beinahe momentan ein, so daß dieser Augenblick gut zu beobachten ist, indem ein stumpfer Schnellstahl nicht nur nicht schneidet, sondern poliert, oft in Verbindung mit starkem Brummen.

Für Kohlenstoffstahl hingegen ist das Abstumpfen der Schneide schwierig zu bestimmen, weil die Schneide nicht auf der ganzen Länge gleichmäßig stumpf wird und dazu neigt, eine neue Schneidkante anzusetzen, welche die Lebensdauer unbeschränkt zu verlängern scheint. Die Abstumpfung geht jedoch unter deren Spitze weiter. Die falsche Schneide entsteht durch Teilchen vom Arbeitsstück und Stahl, die sich zwischen Späne, Schneide und Arbeitsstück zu einer festen Masse zusammenpressen; sie werden teils durch den Stahldruck, teils durch elektromagnetische Vorgänge erzeugt. Erst nach Entfernung dieser Kante ist die Abstumpfung meßbar, sie wurde von Ripper durch Mikroskop mit rasterartiger Feineinteilung im Okular gemessen. Bei beiden Stahlarten kann man auch die Beobachtung machen, daß der Stahl, nachdem er angestellt ist, nachgeben zu wollen scheint, er verliert seine Schärfe schnell; wenn man ihn aber weiter schneiden läßt, erholt er sich wieder, d. h. er gewinnt seine Haltbarkeit wieder und schneidet lange Zeit, ohne weitere Einbuße an Schärfe zu erleiden. Das Stumpfen der Schneidkanten als Merkmal für die Leistungsfähigkeit des Stahles wird von anderen Forschern bemängelt, die statt dessen als Kriterium den anzuwendenden Stahldruck einsetzen.

Es wurden bei den Ripperschen Untersuchungen zwei Versuchsreihen angestellt, und zwar mit Stählen aus Kohlenstoffstahl und mit Schnellstählen. Um die Ergebnisse beider Versuchsreihen untereinander vergleichen zu können, wurden in beiden Fällen Drehstähle mit gleichem Querschnitt und gleicher Schneidform genommen, 19×13 mm und 152 mm Länge.

I. Versuche mit Kohlenstoffstahl (Werkzeuggußstahl).

Die bei diesen Stählen zulässige Abnutzung — die Normalstumpfung — wurde nach den Vorversuchen auf 0,12 mm festgelegt, ein Betrag, den man beim Gebrauch dieser Stähle bis zum Wiederschärfen zuläßt. Die benutzte Schneidenform ist in Fig. 9 gezeigt. Um die Versuchsdauer, also die zum gleichmäßigen Stumpfen auf der ganzen Schneidkantenlänge erforderliche Zeit, festzulegen, mußten oft drei oder mehr gleichartige Versuche mit demselben Stahl durchgeführt werden. Das Versuchsmaterial bestand aus Stahlknüppeln, das nach seiner Härte in vier Klassen eingeteilt war.

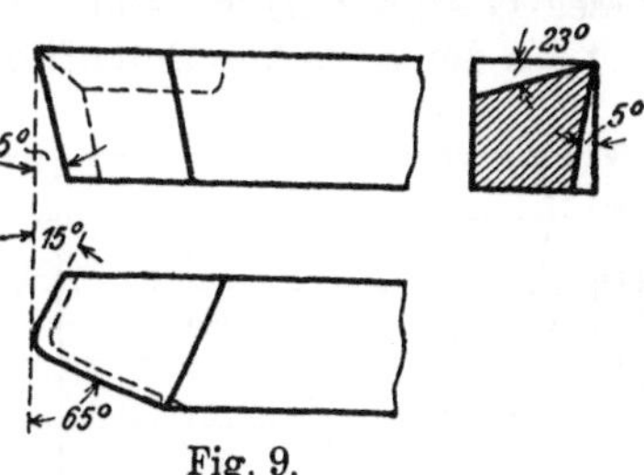

Fig. 9.

Die ersten Versuche galten der Bestimmung des Verhältnisses zwischen Schneidkantenabnutzung und Versuchsdauer als Grundlage des ganzen Versuchsprogrammes, sie wurden mit allen vier Versuchsmaterialien bei verschiedenen Schnittiefen und Vorschüben unternommen. Die Ergebnisse legte man in Diagrammen nieder, von denen Fig. 10 ein Beispiel wiedergibt. Aus diesen Diagrammen zog man die Stahllebensdauer für gleiche Schnittiefen heraus und stellte daraus neue Diagramme mit Linien gleicher Schnittiefe auf, um die Beziehung zwischen Schnittdauer, d. h. Lebensdauer der Stahlschneide und zugehöriger Schnittgeschwindigkeit zu finden (s. Fig. 11).

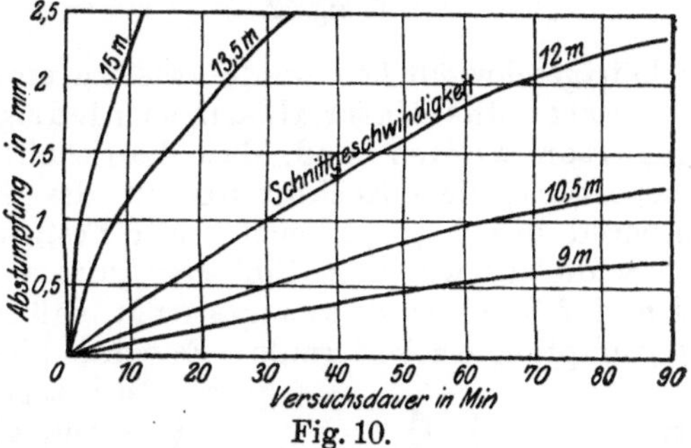

Fig. 10.

Diese hyperbelartigen Kurven haben horizontale Tendenz, das bedeutet, daß es eine Schnittgeschwindigkeit für jeden Spanquerschnitt und jedes Material gibt, bei denen ein Stahl längere Zeit gut arbeitet, während Änderungen um 15 bis 25% den Stahl schnell abstumpfen würden. (Wir haben also hier wiederum den Beweis für das auf S. 16 schon Gesagte.)

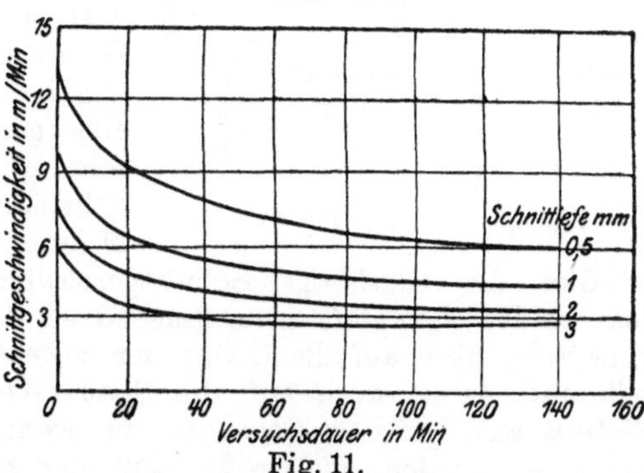

Fig. 11.

Sie zeigen weiter, daß oft eine Verminderung der Geschwindigkeit um nur wenige Meter die Stahlschneide in ihrer Lebensdauer ganz bedeutend verlängert. Dies bedeutet für die Werkstatt, daß man bei Arbeiten, die lange Zeit auf der gleichen Drehbank ausgeführt werden, die Schnittgeschwindigkeit genau festlegen soll, um die Zeit bis zum jeweiligen Stahlschärfen voll ausnutzen zu können. Aus dem Bisherigen geht hervor, daß jedoch das Auffinden dieser Geschwindigkeit sehr eingehende, umfangreiche Versuche erfordert, an deren restlose Durchführung sich die meisten Werkstätten kaum wagen dürften, schon auch, weil es an Zeit und Geld für solche Versuche mangelt. Im Schnellschnittanzeiger von Professor Friedrich ist aber jetzt ein Mittel geschaffen, das diese Schwierigkeiten beseitigt.

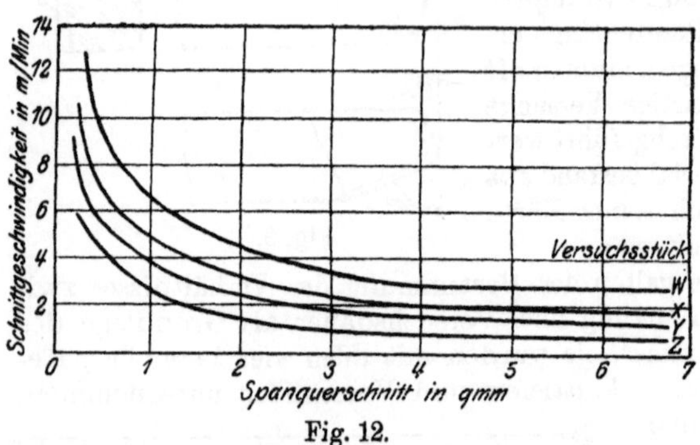

Fig. 12.

Hinsichtlich des Einflusses der Materialhärte auf die Schnittgeschwindigkeit wurde, wie zu erwarten war, gefunden, daß, je härter das Material, um so niedriger die Geschwindigkeit gehalten werden muß, daß die Schnittgeschwindigkeit umgekehrt proportional dem Kohlenstoffgehalt des Drehmaterials ist, also annähernd direkt proportional seiner Festigkeitsziffer.

Schließlich wurde eine Einheitsschnittdauer von 60 Min. angenommen, d. h. der Stahl wurde so angestrengt, daß in einer Stunde die Normalabstumpfung erreicht wurde. Es wurde nun zu jedem Spanquerschnitt die zugehörige Geschwindigkeit gesucht, die in 60 Min. die Normalabstumpfung erzeugt (Fig. 12). Dieses Diagramm zeigt analog dem in Figur 11, daß zu jedem Spanquerschnitt eine genau bestimmte Schnittgeschwindigkeit gehört, welche die Schneide in der Normallaufzeit (60 Minuten) zum Stumpfen bringt; es ist dies die zugehörige Schnittgeschwindigkeit. Ein Wechsel in den beiden Schnittflächenerzeugenden, der Schnitttiefe und dem Vorschub, übte auf die Größe der zugehörigen Schnittgeschwindigkeit und damit auch auf die Spanausbeute keinen nennenswerten Einfluß aus, ganz im Gegensatz zu Schnellstahl, wo, wie wir nachher sehen werden, die Größe jeder der zwei Faktoren der Schnittfläche, Vorschub und Schnittiefe, einen beträchtlichen Einfluß auf die Ausbringung ausübt. Es ist dies ein für die Werkstatt sehr wichtiges Ergebnis. Rechnet man aus diesen Werten die stündliche Spanmenge aus, die ein ganz ähnliches Schaubild zeigt, so ergeben sich die der

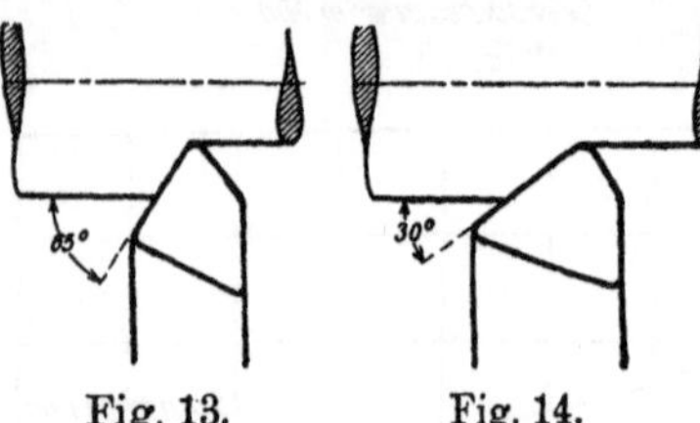

Fig. 13. Fig. 14.

Werkstatt bekannten Erfahrungen, daß mit starken Schnitten und niedriger Geschwindigkeit eine größere Spanmenge ausgebracht wird als bei umgekehrter Kombination. In bezug auf das Werkstückmaterial wurde das der Werkstatt ebenfalls geläufige Resultat gefunden, daß die Menge des zerspanten Materials relativ größer ist bei weichem Material als bei hartem. Endlich wurde durch eine Versuchsreiche die Beeinflussung der Ausbringung durch die Schneidenform untersucht. Zu diesem Zweck wurde unter Beibehaltung aller übrigen Winkel des Stahles der Winkel zwischen Schnittkante und der Drehachse von 65° auf 30° verringert, so daß eine größere Länge der Schnittkante zum Angriff kommt.

Fig. 13 und 14 zeigen dies, wonach sich ergab, daß bei dem gleichen Spanquerschnitt die längere Schneide (Fig. 14) eine größere Geschwindigkeit zuläßt, und zwar fast genau im Verhältnis der Verlängerung der wirksamen Schneidenlänge, woraus eine im gleichen Verhältnis größere Spanmenge folgt. Unter sonst gleichen Verhältnissen sind also längere Schneidkanten bei beabsichtigter größerer Ausbringung anzuwenden, und bei gleichen Vorbedingungen, d. h. gleichen Schnittgeschwindigkeiten und Spanquerschnitten, haben Stähle mit langen Schneidkanten längere Lebensdauer als solche mit kurzen Schneiden.

II. Versuche mit Schnellstahl.

Analoge Versuche unter gleichen Bedingungen, also mit denselben Schneidformen und der gleichen Normallebensdauer von 60 Min. wurden auch für Schnellstähle durchgeführt, obwohl in der Praxis mit Schnellstahlwerkzeugen bis zum Schärfen meist sehr viel länger gearbeitet wird, und zwar, wie die von Ripper aufgestellte Dauerkurve zeigt, begründeterweise, da die Schnittgeschwindigkeit für Normallebensdauer des Stahles von 60 Min. meist nur 5–10% größer ist als die bei einer Lebensdauer von 3–4 Stunden zulässige. Bei diesen Versuchen brauchte die Stahlabnutzung nicht mikroskopisch geprüft zu werden, sondern konnte, wie bereits erörtert, auf andere Weise genau bestimmt werden, da bei Schnellstahl nicht eine stetige Vergrößerung der Abnutzung der Schneide, sondern ein plötzliches Schmelzen und Nachlassen der Schneidkante eintritt, welcher Augenblick erkennbar ist an dem sofortigen Auftreten von Hochglanz am Werkstück.

Die Versuche bestätigen die für die Kohlenstoffstähle gefundenen Ergebnisse auch für die Schnellstähle, dabei wurde aber im Gegensatz zu Nicholson, jedoch in Übereinstimmung mit Taylor, festgestellt, daß die zugehörige Schnittgeschwindigkeit nicht nur von der Größe des Spanquerschnittes beeinflußt wird, sondern daß deren Komponenten, nämlich Schnittiefe und Vorschub, einen verschieden großen Einfluß auf die Spanmenge ausüben. Abweichend vom Kohlenstoffstahl ist beim Schnellstahl der Spanertrag nicht nur von der Schnittgeschwindigkeit und dem Spanquerschnitt, sondern auch von der Zusammensetzung dieses Querschnittes aus Spantiefe und Vorschub abhängig, eine für die Werkstatt sehr wichtige Erkenntnis.

Fig. 15 zeigt das Verhältnis zwischen Schnittgeschwindigkeit und Schnittfläche. Danach kann man z. B. bei 3,2 mm Schnittiefe und 1,3 mm Vorschub mit einer Schnittgeschwindigkeit von 36 m/Min. arbeiten, bei 1,6 mm Schnittiefe und 2,6 mm Vorschub jedoch nur mit 28 m/Min. Dies entspricht einem Verhältnis in der Geschwindigkeit und somit in der Ausbringung von 36 : 28, und zwar zugunsten des kräftigeren Schnittes und des schwächeren Vorschubes. Das umgekehrte Verhältnis der Schnittflächenerzeugenden zu wählen, ist also nicht ratsam, wenn man Wert auf große Ausbringung legt.

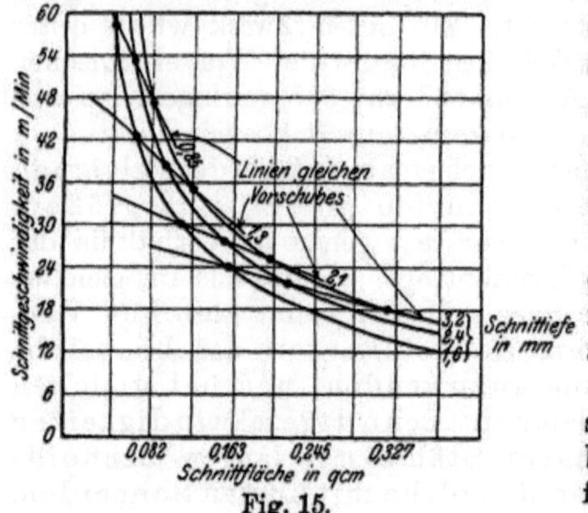

Fig. 15.

Die zugehörige Schnittgeschwindigkeit ist also nicht wie beim Kohlenstoffstahl eine einfache Funktion des Spanquerschnittes, sondern die beiden Schnittkomponenten Schnittiefe und Vorschub haben einen verschieden großen Einfluß, derart, daß die Zusammenstellung: große Schnittiefe bei kleinem Vorschub das größere Spanvolumen ergeben.

Erläutert wird das ungleiche Verhalten der beiden Komponenten, Schnittiefe und Vorschub, in bezug auf die Ausbringung durch die Fig. 16 und 17, die beide einen gleich großen Spanquerschnitt in zwei der möglichen Variationen darstellen. Beim größeren Vorschub, Fig. 16, ist die Berührung zwischen Schneidkante und Werkstück gering, so daß die Wärmeableitung nicht so gut erfolgt wie bei Fig. 17, wo durch die größere Schnittiefe eine längere Berührungsfläche und dadurch eine größere Ableitungsmöglichkeit für die auftretende Wärme vorhanden ist. Das Schmelzen der Schneidkante wird hierdurch länger hintangehalten. Deshalb kann man im zweiten Fall höhere Schnittgeschwindigkeit ohne schnelleres Stumpfen des Stahles anwenden, oder bei gleicher Schnittgeschwindigkeit hat die Schneide Fig. 17 eine längere Lebensdauer als die andere.

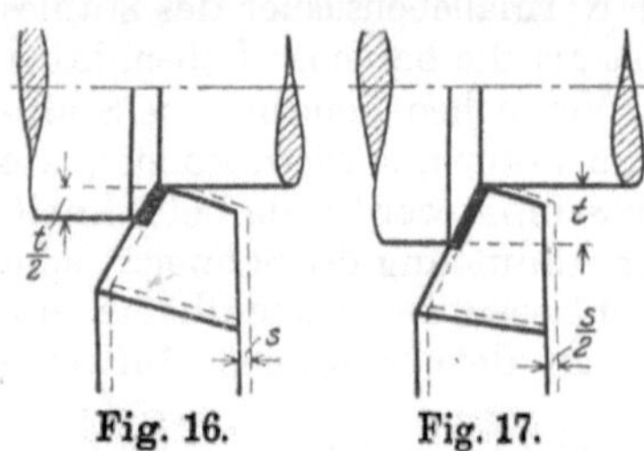

Fig. 16. Fig. 17.

Bezüglich des Verhältnisses zwischen Schnittgeschwindigkeit und Stahllebensdauer wurde auch hier gefunden, daß bei Verringerung der Schnittgeschwindigkeit um nur wenige Meter sogleich eine wesentliche Verlängerung der Lebensdauer eintrat, daß also auch hier die Schnittdauer irgendwie im umgekehrten

Verhältnis zur Schnittgeschwindigkeit steht. Dieses Resultat ist besonders für Schnellstahl sehr beachtenswert, weil gerade hier die Anschauung eingewurzelt ist, daß man mit der Geschwindigkeit möglichst hoch gehen müsse. Die Herbertschen Haltbarkeitskurven (s. S. 15) besagen ja wohl, daß die Haltbarkeit mit zunehmender Geschwindigkeit wächst, aber nur bis zu einer gegenüber dem Kohlenstoffstahl relativ hohen Grenze, die aber absolut genommen durchaus nicht so hoch liegt, wie man sie meistens nimmt.

Wie bei den Kohlenstoffstählen zeigte sich auch bei Schnellstahl, daß die Höchstausbringung mit der niedrigsten jeweiligen Schnittgeschwindigkeit und der größten zugehörigen Schnittfläche zu erreichen ist, wobei die Schnittiefe, wie schon gesagt, einen größeren Einfluß hat als der Vorschub. So erzielt man bei 3,2 mm Schnittiefe und 2,6 mm Vorschub eine Spanmenge von $\sim$ 2290 cdm, während eine gleich große Schnittfläche mit einer Schnittiefe von 2,6 mm und einem Vorschub von 3,2 mm nur 1840 cdm bringt, also ein Verhältnis von 229 : 184, entsprechend einer Differenz von 25%. Bei Annahme einer bestimmten Schnittfläche ist die zugehörige Schnittgeschwindigkeit also abhängig vom Verhältnis zwischen Schnittiefe und Vorschub.

Der hier vorgenommene Versuch mit anderen Schneidformen, entsprechend den Fig. 13 und 14, erwies auch hier die Überlegenheit der längeren Schneidkante in bezug auf die höhere zulässige Schnittgeschwindigkeit und dementsprechend auf die Verspanungsleistung, so daß unter sonst gleichen Verhältnissen längere Schneidkanten, d. h. eine schrägere Schneide, s. Fig. 14, immer vorteilhaft sind.

Schließlich ergab sich noch dieselbe einfache, der Werkstatt bekannte Beziehung zwischen der Zugfestigkeit bzw. der Härte des Arbeitsstückes und der zugehörigen Schnittgeschwindigkeit wie bei Kohlenstoffstahl, indem auch bei Schnellstahl die zugehörige Schnittgeschwindigkeit bei Schnittflächen bestimmter Größe zur Materialhärte im umgekehrten Verhältnis steht.

Die wichtige Beobachtung Rippers, daß eine bestimmte Lebensdauer des Stahles sowohl durch eine hohe Schnittgeschwindigkeit in Verbindung mit kleinem Spanquerschnitt wie durch das umgekehrte Verfahren erhalten werden kann, daß aber die Produkte aus diesen zusammengehörigen Werten, die ja ein Maß für das Spangewicht bilden, nicht gleich bleiben, sondern daß mit niedrigen Schnittgeschwindigkeiten in Verbindung mit großen Spanquerschnitten ein höheres stündliches Spangewicht erzielt werden kann, als umgekehrt, darf jedoch nicht kritiklos in die Praxis übertragen werden. Mit solch starken Spanquerschnitten sind Drücke auf das Werkstück verbunden, die, sofern es sie überhaupt aushält, stark verbiegend auf Werkstück und Maschine wirken und weder für die Genauigkeit der Arbeit noch für die Lebensdauer der Maschine förderlich sind. Es können für solche Arbeitsweise daher nur Schruppbänke in Betracht kommen.

Das Versuchsergebnis Rippers, daß bei bestimmtem Spanquerschnitt die Ausbringung sich bei Verringerung der Schnittiefe und entsprechender Erhöhung des Vorschubes vermindert, und zwar infolge der dabei notwendig werdenden Herabsetzung der zugehörigen Schnittgeschwindigkeit, und umgekehrt, daß bei Anwachsen der Schnittiefe und reduziertem Vorschub die Ausbringung zunimmt, wiederum wegen der höheren zugeordneten Schnittgeschwindigkeit, steht in direktem Widerspruch zu den diesbezüglichen Untersuchungen von Streiff[1]) und Schlesinger[2]). Streiff hat gefunden, daß beim Schruppen sowohl bei bei Gußeisen wie bei Stahl die Höchstleistung an Spänen erreicht wird, wenn man den Vorschub im Verhältnis zur Schnittiefe recht groß macht, im Gegensatz zu Ripper und der in der Werkstatt üblichen Anschauung, daß man mit kleinem Vorschub und großer Tiefe weiterkommt als mit dem umgekehrten, von Streiff empfohlenen Verhältnis. Die gleiche Erfahrung wie Streiff hat auch Prof. Schlesinger gemacht. Ferner schreibt Streiff dem Verhältnis großer Vorschub, kleine Schnittiefe eine geringere Stahlabnutzung zu, weil die ganze Schnittlänge eine geringere ist bei derselben Leistung. Es ist aber anzunehmen, daß hier der Schluß von Ripper, daß Stähle mit langer Schneidkante eine größere Lebensdauer haben, der richtige ist, welche Anschauung auch von Schlesinger geteilt wird. Denn wie aus Fig. 17 hervorgeht, ist die spezifische Belastung der längeren Schneide eine kleinere als die der kürzeren Schneide Fig. 16, bei gleichem Spanquerschnitt, sie wird daher auch länger halten als die kürzere Schneide, und dieses längere »Stehen« wird noch weiter begünstigt durch die bessere Wärmeableitung, wie schon bei Fig. 16 und 17 erörtert wurde.

Daß die längere Schneidkante eine größere Lebensdauer hat, davon kann man sich auch leicht überzeugen, wenn man den Versuch nach der in Fig. 18 angedeuteten Art durchführt, also zwei gleiche Schnittflächen einmal mit kurzer Schneide $A\ B$ mittels des Messerschruppstahles Fig. 71, das andere Mal mit langer Schneide $A\ B_1$ mittels des normalen Schruppstahles Fig. 54 abnimmt. Der Vorschub $A\ D$ ist hier für beide Stähle der gleiche, die längere Schneide ist hier also für den Vergleich noch im Nachteil gegenüber der eigentlich notwendigen Versuchsdurchführung nach Fig. 16 und 17, weil ihre spezifische Belastung größer und ihre Wärmeableitung geringer ist als bei doppelter Schnittiefe (Schneidlänge) und halbem Vorschub. Trotz dieser Benachteiligung der längeren Schneide $A\ B_1$ wird man finden, daß sie länger, und zwar mindestens doppelt länger aushält als die kurze Schneide $A\ B$. Die Ursache liegt in den ungünstigen Spanabflußverhältnissen des Messerstahles gegenüber dem Schruppstahl. Dem erfahrenen Dreher ist denn auch die relativ geringe Standfestigkeit der Messerstahlschneide Fig. 71 wohlbekannt, er nimmt diesen Stahl nur ungern zur Hand.

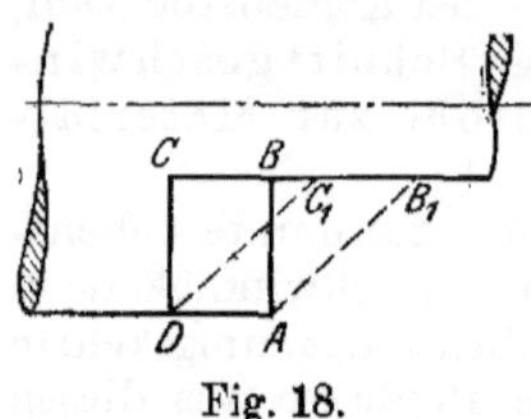

Fig. 18.

[1]) Siehe Werkstattstechnik 1907.

[2]) Siehe Werkstattstechnik 1909.

Aber auch wenn man den Versuch nach Maßgabe der Fig. 16 und 17 durchführt, also beide Male mit dem gleichen Stahl bzw. zwei Stählen mit ganz derselben Schneidform und den gleichen Schnittwinkeln, immer wird man, was meine in zahlreichen Versuchen gewonnene Erfahrung anbetrifft, das Ergebnis finden, daß bei Arbeitsweise nach Fig. 17 die Schneide länger hält als nach Fig. 16.

Zu dem Streiffschen Ergebnis wird man auch geführt, wenn man den Einfluß von Spanquerschnitt und Schnittgeschwindigkeit auf die Größe des Schnittdruckes näher untersucht, da hiervon die Durchzugskraft der Drehbank abhängt. Nach früherem ist der Schnittdruck bei verschiedenen Geschwindigkeiten annähernd derselbe; er ändert sich nur mit den Querschnittsverhältnissen, und zwar schwankt er nach Taylor für Schmied- und Gußeisen von 7500—15 000 kg pro qcm, für Stahl von 10 000—22 000 kg/qcm. Er nimmt nach Taylor für Gußeisen bei abnehmendem Vorschub schnell und bei abnehmender Schnitttiefe langsam zu, für Stahl nimmt er bei abnehmendem Vorschub langsam zu und bleibt bei Änderungen der Schnittiefe annähernd konstant. Nach den in Taylor-Wallichs Buch »Über Drehstähle und Dreharbeit« angeführten Beispielen beträgt für Gußeisen bei einem Querschnitt von 13,5 qmm der Schnittdruck 8650 kg/qcm, wenn die Schnittiefe 25,05 mm und der Vorschub 0,54 mm beträgt. Setzt sich derselbe Querschnitt aus 3,2 mm Schnittiefe und 4,23 mm Vorschub zusammen, so sinkt der Schnittdruck auf annähernd 5400 kg/qcm. Nach diesen Beispielen wird, wenn sich die Bestimmung des Spanquerschnittes hauptsächlich nach der Durchzugskraft der Drehbank richtet, die minutliche Spanmenge wesentlich dadurch erhöht, daß die Schnittiefe klein und der Vorschub groß gewählt wird.

Daß bei der Streiffschen Kombination von Vorschub und Schnitttiefe durch die Verkürzung der wirksamen Schneidkantenlänge gleichzeitig eine Kraftersparnis eintritt, und zwar fast proportional der Schneidkantenverkürzung, wird unten noch besprochen werden. Auf die grundverschiedenen Resultate, die von den einzelnen Forschern hinsichtlich des Zusammenhanges von Spantiefe und Vorschub, Schnittgeschwindigkeit und Ausbringung gefunden wurden, hier noch weiter einzugehen, erübrigt sich, jedenfalls ist hier noch ein Feld, das durchaus noch auf seine restlose wissenschaftliche Durcharbeitung wartet.

Die größte Unwahrscheinlichkeit zeigen die Ergebnisse Rippers betreffs des Verhältnisses zwischen Kraftverbrauch und Ausbringung. Seine Messungen ergaben, daß die Wahl der Querschnittsform, also das Verhältnis Schnittiefe zu Vorschub, keinen Einfluß auf den spezifischen Nettokraftverbrauch hat, d. h. daß das pro 1 PS/Std. zerspante Materialvolumen für das gleiche Werkstückmaterial unabhängig ist von dem Spanquerschnitt, wenn die einzelnen Querschnitte mit den zugehörigen Schnittgeschwindigkeiten arbeiten. Demnach wäre die Ausbringung für eine PS praktisch konstant und vom Standpunkt der Energieersparnis durch Änderung der Schneidverhältnisse nichts zu gewinnen, es würde nur Zeit gespart.

Diesem Ergebnis steht wiederum das von Streiff und Vogler direkt gegenüber, die einen sehr bedeutenden Einfluß von Vorschub und Schnitttiefe auf den spezifischen Nettokraftverbrauch festgestellt haben. Beide gelangten auf Grund ihrer Versuche zu dem Satze, daß sich bei Benutzung kleiner Schnittiefe und großen Vorschubes das höchste spezifische Spangewicht erreichen läßt, daß die Verkürzung der wirksamen Schneidenlänge infolge der geringeren Reibung am Arbeitstück und die Vergrößerung des Vorschubes bei gleichem Spanquerschnitt eine Ersparnis an Kraftverbrauch bedeutet. Vogler insbesondere kommt zu dem Ergebnis, daß der spezifische Kraftverbrauch fast proportional mit der wirksamen Schneidkantenlänge wächst, weil die größere Länge derselben größere Reibung verursacht.

Dieser Satz deckt sich wieder nicht mit dem an Hand der Fig. 18 Gesagten, denn die ungünstigeren Schneidverhältnisse der kürzeren Schneide *A B*, die im V. Kapitel noch näher beleuchtet werden (s. Fig. 71), müßten eigentlich auch den Kraftverbrauch höher werden lassen. Die Verhältnisse sind eben, wie schon betont, noch lange nicht geklärt, die den Schneidvorgang beeinflussenden Momente sind derart vielgestaltig und kompliziert, daß ihre Erfassung und Bestimmung das schwierigste Problem der Metallbearbeitung darstellen. Wir müssen uns eben mit dem bis jetzt Erreichten abfinden.

Bei Abwägung der Ripperschen Forschungsergebnisse und der von Streiff und Vogler lassen sich diese etwa folgendermaßen zusammenfassen: Unter Voraussetzung eines gleichbleibenden Spanquerschnittes wird eine lange Schneidkante bei geringem Vorschub eine längere Lebensdauer des Stahles zur Folge haben als eine kurze Schneide und großer Vorschub, oder für gleiche Lebensdauer der beiden Schneiden wird die lange Schneide infolge der dann größeren Schnittgeschwindigkeit ein größeres absolutes Spangewicht erzielen. Dagegen drückt die kurze Schneidkante bei großem Vorschub den spezifischen Kraftverbrauch herab, was eine Ersparnis an Antriebskosten darstellt.

Hält man an dieser Formulierung fest, so sind für die Bemessung des Spanes zwei Gesichtspunkte vorgezeichnet: entweder größtmögliche Schonung der Stahlschneide oder größtmögliche Ausnutzung der aufzuwendenden Antriebsleistung, also Erreichung eines möglichst großen spezifischen Spangewichts. Je nachdem, welchem dieser beiden Gesichtspunkte man den Vorzug geben will oder muß, hat man die Wahl für Schnittiefe und Vorschub einzurichten, beide Male gleiche Schnittgeschwindigkeit vorausgesetzt.

Bei den gewöhnlichen Verhältnissen in Maschinenfabriken wird die Schonung des Werkzeuges maßgebend sein, für Werkstätten dagegen, die mit hohen Gestehungskosten für ihre Betriebskraft rechnen müssen und bei schweren Drehbänken, z. B. im Schiffsbau, in der Geschützfabrikation, in Stahlwerken usw., wird die Kraftersparnis wesentlicher sein als die Schonung der Werkzeuge.

Im ersten Falle, als dem wohl am meisten zutreffenden, und den wir im folgenden auch, wenn nicht besonders vermerkt, stillschweigend voraussetzen wollen, wird man zu arbeiten trachten nach der Ripperschen Schnittregel: großer Spanquerschnitt mit der ihm zugeordneten niedrigen Schnittgeschwindigkeit, ersterer in der Zusammenstellung: große Schnittiefe mit schräger Schneide (nach Fig. 14 bzw. 69), kleiner Vorschub.

Für die übrigen Fälle, also bei hohen Stromkosten, bei nicht genügender Durchzugskraft der Bank und bei großen, schweren Bänken wird man sich an das zweite Arbeitsprinzip halten: kleine Schnittiefe, großer Vorschub, mit Schneide möglichst rechtwinklig zur Vorschubrichtung (nach Fig. 70 bzw. 71).

Welchen Weg man auch einschlägt, so darf man doch nicht des Guten zuviel tun und sich zu Übertreibungen verleiten lassen, wie man das mitunter beobachten kann in Werkstätten, wo das Spänemachen in allen Fällen als höchstes Ziel neuzeitlicher Arbeitsweise gilt. Gerechtfertigt ist solche Arbeitsweise nur für reine Schruppbänke, wie solche seit einigen Jahren auf dem Markte sind; für die fast noch ausschließlich das Feld beherrschenden Universaldrehbänke sind in sehr vielen Fällen vor allem Güte und Genauigkeit der Arbeit zu berücksichtigen, welchen Forderungen man nach einer allgemeinen Werkstattserfahrung genügt durch kleinen Spanquerschnitt und der diesem zugehörigen hohen Schnittgeschwindigkeit. Denn mit der Schnittiefe wächst auch der Schnittdruck, der das Werkstück zum Zittern bringt, stark verbiegend auf die Maschine wirkt, sich durch das Getriebe fortpflanzt und hier in Verbindung mit den durch die niedrige Geschwindigkeit bedingten hohen Übersetzungen die Reibungsverluste vermehrt. Das gleiche gilt für den großen Vorschub. Ferner kann bei Werkstücken mit kleinem Durchmesser die Schnittiefe so groß werden, daß die Schnittgeschwindigkeit am Umfang die zulässige Grenze übersteigt. Endlich können auch Gründe mitsprechen, die sich mit Rücksicht auf die Herstellung ergeben. Hat man z. B. einen Span von 20 mm abzunehmen, so kann es erwünscht sein, zunächst nur eine Schnittiefe von 10 mm zu nehmen, um Materialfehler zu erkennen. Ist ein solcher vorhanden, so ist es dann noch immer möglich, das Werkstück so aus der Mitte heraus zu versetzen, daß an der Fehlerstelle immer noch eine Zugabe von 18—19 mm bleibt, wodurch der Fehler oft verschwindet. Hauptsächlich aber die Genauigkeit verlangt oft eine entgegengesetzte Arbeitsweise, also kleine Spanschnittflächen bei hohen Geschwindigkeiten, weil die dann auftretenden niedrigen Schnittdrücke keinen ungünstigen Einfluß auf die Lebensdauer der Maschine ausüben. Auf alle Fälle bietet das Einhalten der höchst zulässigen Geschwindigkeit mehr Vorteile als das Streben nach großen Spanquerschnitten, wenn das Werkstück zu Vibrationen neigt. Der Universaldrehbank können aber dauernd hohe Schnittdrücke niemals aufgebürdet werden, weil sie sonst allmählich ihre andere Aufgabe, genaue Arbeit zu liefern, immer unvollkommen erfüllt. Darauf hat schon Prof. Fischer in seiner Arbeit über den Rapidstahl eindringlich hingewiesen, wenn er sagt: »Große Vielseitigkeit der Werkzeugmaschinen ist nur in bestimmten Fällen wirtschaftlich zu rechtfertigen, sie ist im allgemeinen zu teuer.«

Merkwürdigerweise hat dieser Hinweis »Eines schickt sich nicht für alle« bisher mit einigen Ausnahmen noch fast gar keine Beachtung bei den Werkzeugmaschinenfabriken gefunden, die Universaldrehbank ist noch immer das Allheilmittel für alle Zwecke. Dem denkenden Betriebsmanne, der diesen seltsamen Zuständen nachgeht, bleibt es nicht verborgen, daß der Hauptgrund in der Unklarheit liegt, die über diese Punkte in den Kreisen der Verbraucher herrscht. Die Ansprüche der Verbraucher und die Anforderungen, die sie hinsichtlich der Verschiedenartigkeit der Arbeit an die Maschine stellen, sind außerordentlich weit auseinandergehend. Wenn auch bei der Drehbank die vorkommenden Arbeiten und die hierzu erforderlichen Arbeitsbedingungen viel mehr voneinander abweichen als beispielsweise bei einer Fräsmaschine oder Hobelmaschine, so ist der Einwand, die Vielgestaltigkeit und der außerordentliche Wechsel in den Arbeiten der Drehbank verlangen eine gewisse Elastizität der Dreherei, der nur die Universaldrehbank gerecht wird, doch nicht stichhaltig. Die Dreherei braucht, für welche Arbeit es auch sei, eine Bank, die imstande ist, den Schnelldrehstahl in vernünftiger Weise auszunutzen und deren Kraftverbrauch und Anschaffungskosten auch im Verhältnis zu den erzielten Leistungen stehen. Für Maschinen mit großer Spanabnahme, bei deren Anschaffung die stündliche Leistung in Kilogramm Spänen pro Stunde mitbestimmend war, die Forderung dahin zu formulieren, Universaldrehbank mit »höherer Leistungsfähigkeit«, weil man auf ihr »alles machen kann«, ist ganz verkehrt, diese falsche Sucht der Betriebsleute hat die Werkzeugmaschinenfabriken zu Konstruktionen gezwungen, die die Zweckmäßigkeitsgrenze weit überschreiten. Mit der Forderung »Vielseitigkeit und höhere Leistungsfähigkeit« ist eben das Konstruktionsprinzip falsch festgelegt, denn verschiedene Arbeitsvorgänge und verschiedene Werkstücke machen zur Erhöhung der Leistung auch grundsätzlich verschiedene Einrichtungen und Antriebe erforderlich. Es läßt sich dies am deutlichsten an einigen Beispielen klar machen.

1. Eine schwere Welle oder ein ähnliches Schmiedestück kommen in roh verschmiedetem Zustande auf die Drehbank, auf der sie ausgeschruppt werden sollen, wobei je nach Form und Größe des Werkstückes oft sehr große Spanmengen abgenommen werden müssen. Dazu ist nötig, daß die betreffende Drehbank eine sehr große Durchzugskraft besitzt. Dies kann man auf einfache Weise durch Einscheibenantrieb oder beim Stufenscheibenantrieb durch genügend große Stufendurchmesser, schnellaufende Riemen und großes Übersetzungsverhältnis erreichen. Alles andere kommt bei dieser Maschine erst in zweiter Linie. Eine Drehbank, die dieser Anforderung entspricht, ist ohne Zweifel für den vorliegenden Fall eine zweckmäßige Schnelldrehbank, ohne daß sie mit irgendwelchen Finessen ausgerüstet zu sein braucht.

2. Eine glatte oder wenig abgesetzte Welle soll aus gewalztem Material mit 2 oder 3 mm Zugabe herausgearbeitet werden. Bei dieser Arbeit ist es gar nicht möglich, durch Vergrößerung des Spanquerschnitts

eine höhere Leistung zu erzielen, es kann dies vielmehr nur dadurch erreicht werden, daß man diesen kleinen Spanquerschnitt mit einer hohen Schnittgeschwindigkeit abnimmt. Diese Forderung — hohe Schnittgeschwindigkeit bei geringer Umfangskraft — ist natürlich noch leichter zu erfüllen; eine schnellaufende Antriebstufenscheibe, womöglich ohne Räderübersetzung, genügt vollständig, um eine für diesen Zweck einwandfreie Schnelldrehbank herzustellen.

3. Die Planscheibe einer Drehbank soll bearbeitet werden. Dabei kann ein greifbarer Vorteil weder durch große Spanquerschnitte noch durch hohe Schnittgeschwindigkeit erzielt werden, wohl aber dadurch, daß die erforderlichen Wechsel der Spindelumdrehungen, der Vorschübe und der Werkzeuge ohne Zeitverlust vorgenommen werden können.

Diese drei Beispiele zeigen, daß es nicht wirtschaftlich ist, wenn eine Drehbank stets alle Vorteile in sich vereinigt, denn was in einem Falle unerläßliche Bedingung ist, ist in einem anderen Falle direkt nutzlos und unbrauchbar. Die Beachtung des Gesagten zwingt zur Betonung der Spezialdrehbank, der Schruppdrehbank (ohne Leitspindel) und der Bolzendrehbank. Das heutige Bild der Dreherei mit fast ausschließlich Universaldrehbänken entspricht nicht den Anforderungen neuzeitlicher, rationeller Arbeitsweise. Mit der Trennung von Schrupp- und Schlichtarbeit durch Zuweisung letzterer an die Rundschleifmaschine ist noch nicht alles getan, ausgesprochene Schrupparbeit muß auch auf Spezial-Schruppdrehbänken, nicht auf Universaldrehbänken, geleistet werden. Rationelles Drehen verlangt eine weitergehende Unterteilung in Schruppdrehbänke, Bolzendrehbänke und Universaldrehbänke. Daß diese Unterteilung bisher noch so wenig durchgeführt, ist allerdings auch dem Konservatismus der Werkzeugmaschinenfabriken zuzuschreiben, die sich nicht entschließen können, den Bau reiner Schruppbänke neben ihren bisherigen Universalmodellen aufzunehmen. Und doch erlaubt die Spezial-Schruppdrehbank viel besser oder überhaupt nur allein die volle Ausnutzung des kräftigsten Schnellaufstahles hinsichtlich Schnittgeschwindigkeit und Vorschub, ohne aber daß die Erfüllung dieser Kardinalbedingung mit unzulässiger Ungenauigkeit erkauft würde. Auch die Dreharbeitszeit wird verringert, denn ein universeller Dreher wird niemals mit so starkem Vorschub arbeiten, wie der nur seine kräftige Bank bedienende Schruppdreher. Die zum Schlichten und Gewindeschneiden benutzte Universaldrehbank wird dann geschont und behält durch den Fortfall der schweren Schrupparbeiten ihre Genauigkeit unvermindert bei. Daraus ergibt sich, daß die Verwendung von kräftigen Schruppdrehbänken sich nicht nur als ein vorteilhafter Ersatz für die Schmiedearbeit empfiehlt, worauf schon auf S. 15 hingewiesen wurde, sondern auch als Voroperation für das nachher auf einer anderen Maschine vorzunehmende Schlichten der verschiedenartigsten Werkstücke. Endlich bringt es das moderne Rundschleifen mit sich, daß sich als rationellste Bearbeitungsart von Wellen und anderen Arbeitsstücken das Vorschruppen mit großem Vorschub auf der kräftigen Schruppdrehbank und das Fertigstellen auf der Rundschleifmaschine empfiehlt.

Jedenfalls muß sich hier noch ein gründlicher Umschwung vollziehen, dem beobachtenden Betriebsmanne wird es nicht entgehen, wie klägliche Verhältnisse die meisten Drehereien in dieser Hinsicht darbieten. Eine große Anzahl kurzer Bolzen wird jahraus jahrein auf Universaldrehbänken gedreht, ohne daß die Leitspindel auch nur ein einziges Mal zum Gewindeschneiden herangezogen zu werden brauchte, weil die betreffenden Bolzen kein Gewinde aufweisen, und wiederum, wieviel Gewinde wird jahraus jahrein auf solch teuren Universaldrehbänken geschnitten, das ebensogut und viel billiger auf einer Spezial-Gewindeschneidmaschine oder Gewindefräsmaschine geschnitten werden könnte. Wieviel Gewicht, Platz und Anlagekapital könnte da gespart werden, wenn die kurzen Bolzen auf kurzen Bolzenschruppbänken gedreht würden, wieviel größer würde die Schlagfertigkeit der Dreherei, wenn solcherart die vielen Universalbänke ersetzt würden durch die billigeren, ihrer Aufgabe aber entsprechenderen Spezialbänke, ganz abgesehen davon, daß dadurch den Werkzeugmaschinenfabriken die Spezialisierung und Verbilligung ihrer Fabrikation so viel leichter gemacht würde.

Daß eine moderne Dreherei neben dieser geforderten Unterteilung noch nach den Hauptgesichtspunkten, Spitzen- bzw. Langdreherei und Futter- bzw. Plandreherei eingeteilt sein muß, sei nur nebenbei bemerkt.

III. Wirtschaftliche Ausnützung der Drehbank.

Ununterbrochen ist die moderne Werkstatt an der Arbeit, ihre Herstellungsverfahren zu verbessern, durch ausgedehnteste Verwendung von Vorrichtungen, Lehren, Änderung und Aufteilung der Arbeitsoperationen usw. die Fabrikation ständig zu verbilligen, trotzdem kann nicht mit dem richtigen Wirkungsgrad gearbeitet werden, wenn die Werkzeugmaschinen nicht voll ausgenutzt werden in Ermangelung einer systematischen und erschöpfenden Untersuchung und Festlegung der Lesitungsfähigkeit derselben. Soll der höchste Wirkungsgrad bei der Arbeit erzielt werden, so müssen unter Berücksichtigung der Durchzugskraft der Maschine, Schneidhaltigkeit des Stahles usw. die jeweilig geeignetsten Geschwindigkeiten, Schnittiefen und Vorschübe zur Anwendung kommen, alles nicht — wie dies noch meistens geschieht — nach eigenem Gutdünken des Arbeiters oder Meisters, sondern nach wissenschaftlichen Grundsätzen.

Man würde in den Betrieben ganz von selbst zu dieser Forderung nach höchstem Wirkungsgrad der Arbeit kommen, wenn von seiten der Betriebsleitung dem Lohnkonto eine größere Beachtung geschenkt würde, als dies bisher in den meisten Werkstätten noch immer der Fall ist. Die Ausgaben für die Löhne beim Abschluß stellen einen sehr wesentlichen Betrag dar, 30—40% sämtlicher Kosten, und wenn die Geschäftsgewinne die möglichste Höhe erreichen sollen, muß man unbedingt die Löhne nach wissenschaftlicher Methode auf der Grundlage der Berechnung der Laufzeiten als Elementenkalkulation festsetzen und eine Nachprüfung der bisherigen Akkordlöhne vornehmen. Vom

Meister kann das unmöglich verlangt werden, der Ingenieur findet hier ein sehr reiches und dankbares Arbeitsfeld. Die Lohnausgaben sind die Kosten des Einkaufs der Werkstattarbeit. Aber dieser Einkauf, insbesondere die Bestimmung der Akkorde, wird noch immer in den allermeisten Werkstätten gleichsam fahrlässig betrieben. Während man beim Einkauf des Materials durchweg recht sorgfältig zu Werke geht und genau mit allen einzelnen Prozenten, ja deren Bruchteilen rechnet, überläßt man die Verteilung der Arbeit, die Festsetzung der Akkordpreise, vielfach noch ganz allein dem Meister. Von der Befähigung und der Einsicht, der technischen und kaufmännischen Ausbildung des Meisters ist das Lohnkostensystem in solchem Falle abhängig. Viele Betriebe sind eifriger darauf bedacht, daß ihnen nichts gestohlen, keine Schraube oder kein Arbeitsstück falsch verbucht wird, als darauf, die Akkorde richtig festzusetzen. Sie treffen alle möglichen Einrichtungen mit viel Schreibereien und Umständlichkeiten, um die Ausgabe der Materialien zu überwachen, und nennen dies dann Betriebsorganisation und moderne Fabrikbuchführung, aber in der doch noch viel wichtigeren Sache des Akkordwesens wird alles der Vereinbarung zwischen Meister und Arbeiter überlassen, und warum dies? Weil man unbegreiflicherweise dem so sehr wichtigen Faktor der Akkordbestimmung wenig oder gar keine Beachtung schenkt, ja teilweise sogar dafür zuwenig Verständnis hat. Verluste bzw. Mehraufwand an Kosten bis zu 25%, oft aber auch bis zu 50% und sogar noch mehr derjenigen Kosten, welche sich bei der genaueren Berechnung ergeben, sind die Folgen.

Für eine rationelle Arbeit auf der Drehbank, wie überhaupt auf jeder Werkzeugmaschine, treten also zwei leitende Gesichtspunkte auf: 1. die Untersuchung und Festlegung der Leistungsfähigkeit der vorhandenen Bank, und im Zusammenhang damit 2. die raffinierte Auswahl der jeweils wirtschaftlichsten Schnittgeschwindigkeiten, Vorschübe und Schnittiefen als der die Drehleistung bestimmenden Faktoren, für jedes Material, jeden Durchmesser und jede Operation, unter Anpassung an die Leistungsfähigkeit der Bank.

Punkt 1 macht nun keinerlei Schwierigkeit, dafür umso mehr Punkt 2; nach dem Voraufgegangenen kennen wir jetzt wohl die allgemeinen Richtlinien für den richtigen Gebrauch von Schnittgeschwindigkeit, Schnittiefe und Vorschub, um die Ausbringung zu steigern, aber es fehlen die konkreten Werte, mit denen mit Sicherheit gearbeitet werden könnte. Wir kennen nur die sich im Laufe der Zeit durch die Erfahrung als zweckmäßig für die Bearbeitung der einzelnen Materialien herausgebildeten Werte für die Schnittgeschwindigkeiten, deren meist größere Toleranz den denkenden, nach Vervollkommnung strebenden Betriebsmann immer wieder innerlich in eine peinliche Unsicherheit versetzen.

Nach Versuchen, die in Berlin und Manchester angestellt wurden, erreichen beim Abnehmen eines Spans vom Querschnitt f die Schnelldrehstähle die größte Leistung, wenn die Schnittgeschwindigkeit gewählt wird zu $v = \frac{200}{f} + 4{,}5$ m/Min. Nach einer empfohlenen Regel soll der Spanquerschnitt gewählt werden zu $f = \frac{h^2}{6400}$, wenn h die Spitzenhöhe der Bank in mm, jedoch sind auch die besten auf dem Markt befindlichen Drehbänke nicht imstande, diesen normalen Span mit der günstigsten Schnittgeschwindigkeit $v = \frac{200}{f} + 4{,}5\,\text{m/Min.}$ abzunehmen. Es dürfte daher richtiger sein mit $v = \frac{100}{f} + 2{,}25\,\text{m/Min.}$ zu rechnen, falls man von diesen Formeln überhaupt Gebrauch machen will.

Wenn man von dem ursprünglichen Zustand absieht, wo der Dreher nur äußerst selten, wenn überhaupt je, sich bei der Bestimmung der Geschwindigkeiten nach einer bestimmten Norm richtet, sondern sich bloß auf seine Erfahrungen stützt, die er sich in seiner Praxis erworben hat, so ist der Vorgang für das Einstellen der Bank in allen Werkstätten so, daß die Bank auf die aus den bekannten Schnittgeschwindigkeitstabellen (s. beispielsweise Hütte, 21. Aufl. II. Bd. S. 350) entnommene Geschwindigkeit eingestellt wird und mit dieser Geschwindigkeit alle möglichen vorkommenden Spanquerschnitte immer wieder abgedreht werden. Für den gleichen Stoff wird also immer mit der gleichen, konstanten Schnittgeschwindigkeit gearbeitet; ob nun der abzutrennende Spanquerschnitt groß oder klein ist, die Schnittgeschwindigkeit ist stets der Ausgangspunkt. Dies ist aber nach den bisherigen Erörterungen gerade das Gegenteil von dem richtigen Verfahren, demzufolge der Spanquerschnitt als Ausgangspunkt zu nehmen und je nach dessen Größe die Schnittgeschwindigkeit als diesem Querschnitt zugeordnete Größe einzuführen ist, also als mit dem Querschnitt Veränderliche, als Funktion des Querschnitts.

Taylor hat als erster in der richtigen Weise gearbeitet und sich zur Auffindung der zu einem gegebenen Spanquerschnitt zugehörigen Schnittgeschwindigkeit des Barthschen Rechenschiebers bedient. Da aber seine Versuchswerte heute nicht mehr als richtig gelten können, auch sonst seine Grundlagen außerordentlich kompliziert sind, hat dieser Rechenschieber in Deutschland keinen Eingang gefunden, so daß man gezwungen war, in der bisherigen falschen Weise weiterzuarbeiten. Erst durch den in neuester Zeit von Prof. Friedrich aufgebrachten Schnellschnitt-Anzeiger ist es möglich geworden, die Resultate der Forschungen Rippers, Taylors usw. ohne Mühe in die Praxis umzusetzen und damit wirklich die wissenschaftliche Betriebsmethode zur Geltung zu bringen.

Bevor näher auf diesen Schnellschnitt-Anzeiger, der für die wirtschaftliche, rationelle Ausführung der Arbeit auf der Drehbank von größter Wichtigkeit ist, eingegangen wird, muß erst die Entwicklung des bisherigen Verfahrens der Einstellung der Bank durchgegangen werden.

Bei der bisherigen Arbeitsweise kommt es vor allem darauf an, die Bank für die aus den Erfahrungen für den vorliegenden Stoff bekannte Schnittgeschwindigkeit einzustellen. Der Arbeiter kann dies nicht ohne besondere Hilfsmittel, denn da er von vornherein nicht weiß, welche Bearbeitungsfähigkeit das Werkstück hat, wird er meist mit einer sicheren, niedrigen Geschwindigkeit arbeiten und diese auch möglichst wenig wechseln. Die nächste Stufe könnte bereits zu große Geschwindigkeit haben und das Stumpfwerden des Stahles verursachen oder das Zurückwechseln der Geschwindigkeit erfordern.

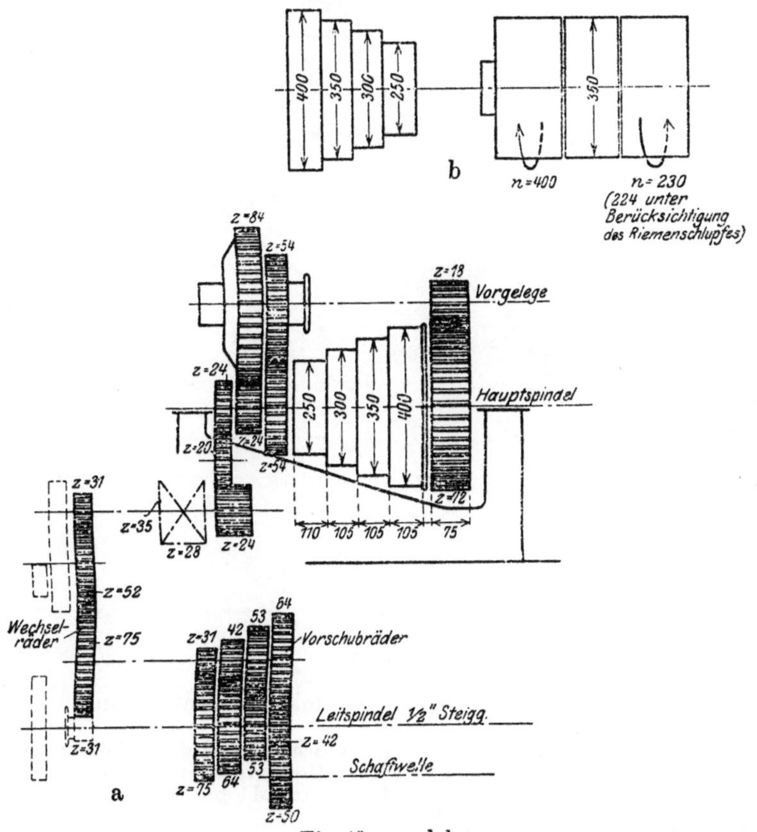

Fig. 19 a und b.

Betrachten wir eine 4stufige Schnelldrehbank mit doppeltem Rädervorgelege nach Fig. 19. Bei 224 Umdrehungen des Deckenvorgeleges berechnen sich die Umdrehungen der Hauptspindel zu

$n_1 = 10 \quad n_2 = 13{,}7 \quad n_3 = 18{,}7 \quad n_4 = 25{,}7$ mit Vorgelege 1 : 14
$n_5 = 35 \quad n_6 = 48 \quad n_7 = 65{,}3 \quad n_8 = 90$ » » 1 : 4
$n_9 = 140 \quad n_{10} = 192 \quad n_{11} = 262 \quad n_{12} = 360$ ohne »

Um dem Arbeiter ein Mittel an die Hand zu geben, damit er von all den verschiedenen Geschwindigkeitsmöglichkeiten der Bank für den jeweilig zu drehenden Durchmesser den richtigen Gebrauch machen kann, den Riemen auf die richtige Stufe legen und das entsprechende

Vorgelege einschalten kann, muß das Drehzahldiagramm Fig. 20 aufgezeichnet werden, aus dem für jeden Durchmesser des Arbeitsstückes und jede gewählte Schnittgeschwindigkeit die einzustellende Drehzahl der Bank ohne weiteres abgelesen werden kann.

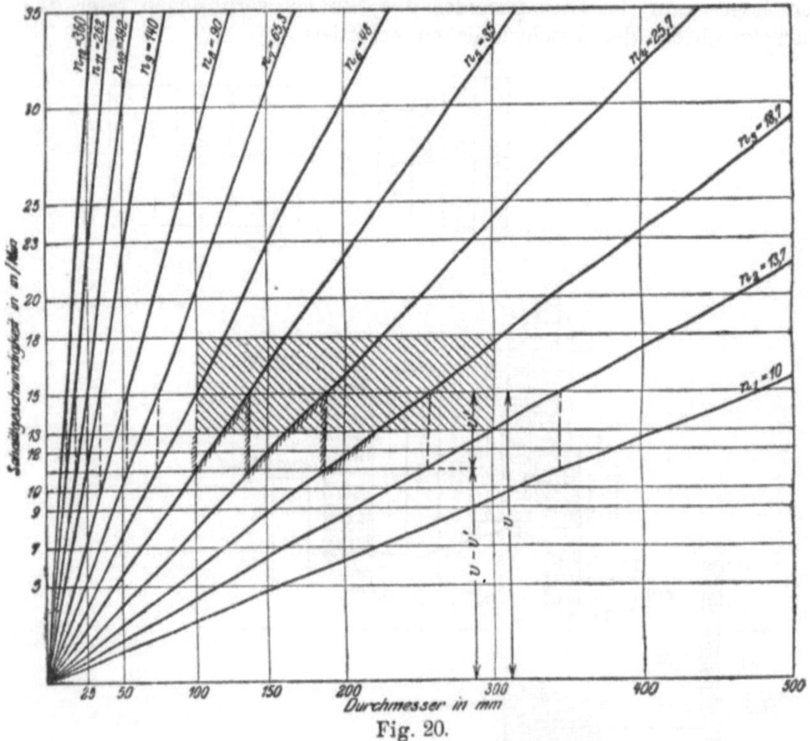

Fig. 20.

Das Drehzahldiagramm Fig. 20 hat folgende Entstehung. Aus der Gleichung

$$v = d\pi n, \quad \begin{cases} v = \text{Schnittgeschwindigkeit in m/Min.} \\ d = \text{Drehdurchmesser in m} \\ n = \text{Drehzahl pro Min.} \end{cases}$$

findet man

$$n = \frac{v}{d\pi}.$$

Sondert man $\frac{v}{\pi} = c$ als Konstante ab, so erkennt man die Formel der gleichseitigen Hyperbel $n \,.\, d = c$, d. h. trägt man im Koordinatensystem d und n als Ordinaten bzw. als Abszissen auf, so erhält man v als gleichseitige Hyperbel.

Setzt man in die Formel $v = d\pi n$ $\quad \pi n = c$ ein, so wird

$$v = d \cdot c,$$

d.h. die Gleichung einer Geraden für v als Funktion von d bei $n =$ konst.[1]).

---

1) Siehe auch Hippler: »Grundlagen für die Akkordbestimmung«. Z. f. W. u. W. Jahrg. 1913. S. 308.

Entsprechend der Gleichung $y = m \cdot x$ der analytischen Geometrie geht die Gerade $v = d \cdot c$ durch den Ursprung des Koordinatensystems. Die Umdrehungszahlen stellen sich somit als Geraden dar, die durch den 0-Punkt gehen. Auf diesen Geraden kann man ablesen, welche Schnittgeschwindigkeit jedem Durchmesser bei einer beliebigen Drehzahl entspricht. Hat man z. B. für ein Material die günstigste Schnittgeschwindigkeit festgestellt, z. B. 18 m, so kann die dem Durchmesser entsprechende Drehzahl abgelesen werden. Zieht man bei $v = 18$ m eine Parallele zur Abszissenachse, so stellt diese Linie die für den genannten Fall höchste Geschwindigkeit dar. Fällt man von den Schnittpunkten mit der Schar von Geraden Lote zur Abszissenachse, so treffen diese Lote die nächstfolgenden Geraden in Punkten, die alle auf einer Parallelen zu der ersten Geraden, also auch zur Abszissenachse liegen, wenn die Drehzahlen eine geometrische Reihe bilden. Diese zweite Gerade stellt also die niedrigste Schnittgeschwindigkeit dar, die durch die angenommene Höchstgeschwindigkeit und durch den Quotienten der geometrischen Reihe bestimmt ist.

Hat der Dreher ein Stück Stahl von 225 mm zu drehen und wird 18 m Schnittgeschwindigkeit pro Min. gewählt, so müßte die Bank $n_4 = 25{,}7$ Umdrehungen machen. Die meisten Arbeiter werden aber mit solch graphischen Tabellen nicht fertig, sie brauchen eine Zahlentafel mit eingefügter Skizze, aus der sie die Lage des Riemens für Herstellung der Drehzahl n_4 erkennen können, und womit sie imstande sind, die geeignete Drehzahl einzustellen, ohne daß sie die zahlenmäßige Größe überhaupt zu beachten brauchen. Deshalb überträgt man die graphisch ermittelten Werte besser in eine Tabelle, wie solche in Fig. 21 für eine andere Bank gezeigt ist, und deren Bedeutung wohl ohne weiteres klar ist. Es fällt hier nur auf, daß die Durchmesser und Umlaufzahlen nicht nur für eine, sondern für zwei Schnittgeschwindigkeiten angegeben sind, wobei die kleineren Geschwindigkeiten bei größeren Spänen, die größeren bei feineren Spänen und beim Schlichten anzuwenden sind. Dadurch wird die vorteilhafte Schnittgeschwindigkeit mit größerer Annäherung erreicht, wenngleich nicht vergessen werden darf, daß diese Annäherung aus den schon erörterten Gründen immer nur eine sehr problematische sein wird und es besonderer Zufall sein muß, wenn für den vorliegenden Spanquerschnitt wirklich einmal die richtige, zugehörige Schnittgeschwindigkeit unbewußt erreicht wird.

Fig. 22 zeigt das Drehzahldiagramm, an Hand dessen die Tabelle Fig. 21 aufgestellt wurde.

Statt die Schnittgeschwindigkeiten v und die Werkstückdurchmesser d im gewöhnlichen Koordinatensystem aufzutragen, wodurch die Drehzahlen als durch den Ursprung gehende Geraden erscheinen, kann man v und d auch im logarithmischen Koordinatensystem auftragen, man erhält in diesem Falle die Drehzahlen als parallele Geraden. Würde man v und n im logarithmischen Koordinatensystem auftragen, so würden die d, und bei Auftragung von n und d die v als parallele Geraden erscheinen. Den letzteren Fall zeigt Fig. 23. Indessen bietet hier das logarithmische Diagramm keinerlei Vorteile gegenüber dem gewöhn-

Drehbank 500 × 1500 mm.

Zeit in Minuten = für 100 mm Drehlänge bei 1 mm Vorschub.

Umdrehg.	460	280	170	124	75	46	34	21	12
Stufe	1	2	3	1	2	3	1	2	3
Vorgelege	ohne			einfach			doppelt		
Zeit	0,22	0,36	0,59	0,8	1,34	2,2	3	4,8	8,4

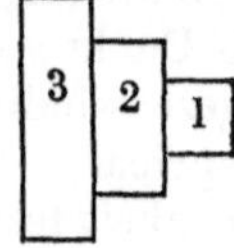

Gußeisen. a) Schruppen $v = 12$ m, Schnittiefe 6–15 mm.

Durchm.	–10	11–15	16–25	26–30	31–50	51–85	85–115	115–180	181–300	301–500
Umdrehg.	460	280	170	124	75	46	34	21	12	12

b) Schruppen Schnittiefe 2–5 mm, und Schlichten $v = 15$ m.

Durchm.	–12	13–18	19–30	31–40	41–65	66–100	101–145	146–225	226–375	376–500
Umdrehg.	460	280	170	124	75	46	34	21	12	12

Stahlguß. a) Schruppen $v = 10$ m, Schnittiefe 6–15 mm.

Durchm.	–8	9–12	13–20	21–25	26–46	47–70	71–95	96–150	151–250
Umdrehg.	460	280	170	124	75	46	34	21	12

b) Schruppen $v = 13$ m, Schnittiefe 2–5 mm.

Durchm.	–10	11–15	16–25	26–35	36–55	56–90	91–115	116–200	201–325
Umdrehg.	460	280	170	124	75	46	34	21	12

c) Schlichten $v = 12$ m, wie Gußeisen Tab. a.

Gußstahl. a) Schruppen $v = 7$ m, Schlichten Schnittiefe 6–15 mm.

Durchm.	–5	6–10	11–18	19–30	31–50	51–60	61–100	101–175	176–500
Umdrehg.	280	170	124	75	46	34	21	12	12

b) Schruppen $v = 9$ m, Schnittiefe 2–5 mm.

Durchm.	–10	11–18	19–25	26–35	36–60	61–85	86–140	142–225	226–500
Umdrehg.	280	170	124	75	46	34	21	12	12

Stahl I bis 50 kg. a) Schruppen $v = 18$ m, Schnittiefe 6–15 mm.

Durchm.	–15	16–20	21–35	36–45	46–75	76–125	126–170	171–275	276–450
Umdrehg.	460	280	170	124	75	46	34	21	12

b) Schruppen $v = 20$ m, Schnittiefe 2–5 mm.

Durchm.	–15	16–25	26–35	36–50	51–75	76–135	136–185	186–300	301–500
Umdrehg.	460	280	170	124	75	46	34	21	12

c) Schlichten $v = 15$ m, wie Gußeisen Tab. b.

Stahl II 50–70 kg. a) Schruppen $v = 15$ m, Schnittiefe 6–15 mm, wie Gußeisen Tab. b.
b) Schruppen $v = 18$ m, Schnittiefe 2–5 mm, wie Stahl Tab. a.
c) Schlichten $v = 13$ m, wie Stahlguß Tab. b.

Stahl III üb. 70 kg. a) Schruppen $v = 13$ m, Schnittiefe 6–15 mm, wie Stahlguß Tab. b.
b) Schruppen $v = 15$ m, Schnittiefe 2–5 mm, wie Guß Tab. b.
c) Schlichten $v = 10$ m, wie Stahlguß Tab. a.

Fig. 21.

V m/Min
30
28
24
20
18
15
13
12
10
9
7
5
$n_1 = 400$
$n_2 = 280$
$n_3 = 170$
$n_4 = 124$
$n_5 = 75$
$n_6 = 46$
$n_7 = 34$
$n_8 = 21$
$n_9 = 12$
25
50
75
100
150
200
300
400
500
d mm

Fig. 22.

Durchmesser mm
10
15
20
25
30
40
50
60
70
80
90
100
125
150
175
200
300
400
500
v = 7
9
10
12
13
15
18
v = 20 m
10
12
15
21
25
30
34
40
46
60
75
100
124
150
170
200
280
460
Umdrehungen/Min

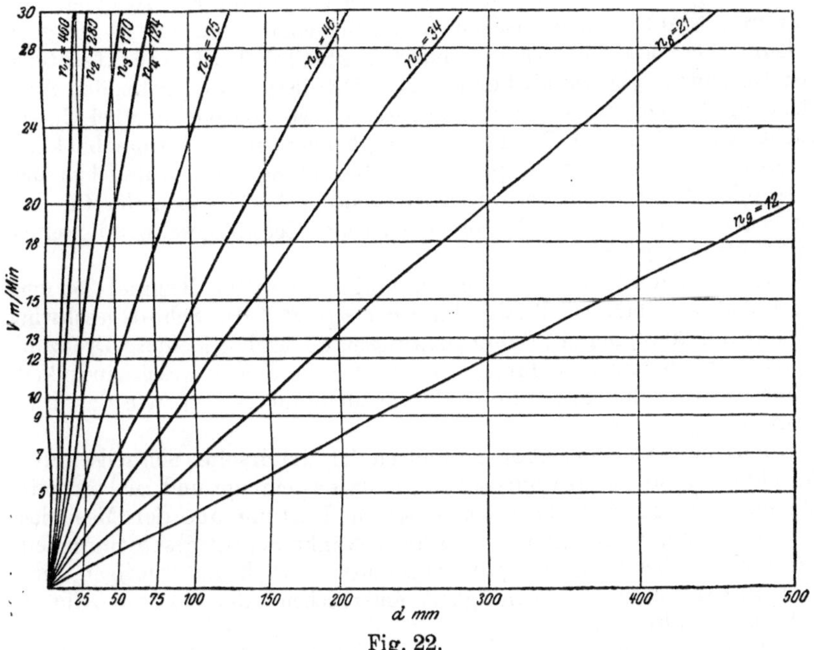

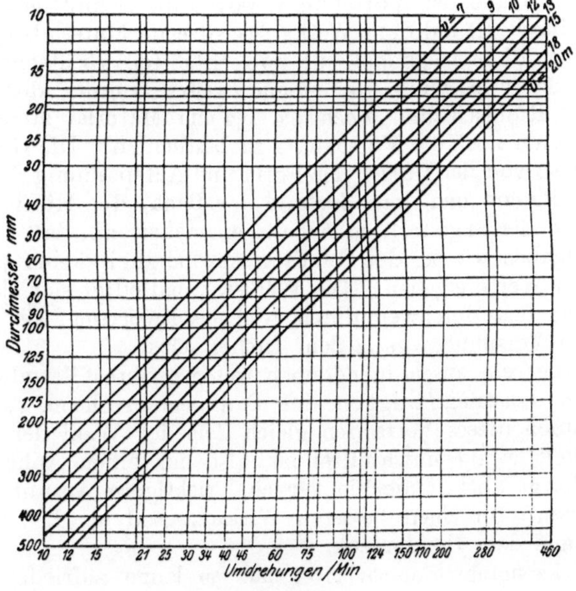

Fig. 23.

lichen, Fig. 22 und 20, vielmehr gibt das Diagramm Fig. 20 einen viel besseren Einblick in die Geschwindigkeitsverhältnisse der Bank, man erkennt hier besser den Geschwindigkeitsabfall und die gute Abstufung der Geschwindigkeiten als bei Fig. 23. Mit dieser weitergehenden Ausdeutung des Drehzahlendiagrammes werden wir uns nachher bei Untersuchung der Drehbank Fig. 19 noch eingehender befassen, augenblicklich interessiert uns nur seine praktische Bedeutung zum Aufsuchen der passenden Drehzahlen, bei deren Anwendung die Grenzen der für das zu bearbeitende Werkstück vorgeschriebenen Schnittgeschwindigkeiten nicht überschritten werden.

Beträgt der Durchmesser bei dem vorhin gewählten Beispiel 250 mm statt 225, so steigt bei Verwendung von $n_4=25{,}7$ die Schnittgeschwindigkeit auf 20 m, man ist daher gezwungen, die nächst kleinere Drehzahl $n_3=18{,}7$ zu nehmen, wodurch aber wieder die Schnittgeschwindigkeit unter die gewollte, d. i. 18 m, fällt, nämlich auf 14,8 m, wie das Diagramm zeigt.

Sieht man von dem schon erwähnten Friedrichschen Schnellschnitt-Anzeiger ab, so ist das Drehzahldiagramm das einzige und bisher beste Mittel, in jedem Fall die höchstmögliche Leistung aus der Maschine herauszuholen, vorausgesetzt, daß die gewählte Schnittgeschwindigkeit der für den betreffenden Spanquerschnitt wirklich notwendigen, uns aber unbekannten Geschwindigkeit entsprechen oder doch möglichst nahe sein sollte.

Ist so von den drei Fragen, die der Arbeiter bei Inangriffnahme einer Arbeit auf seiner Bank zu lösen hat (s. S. 8), die erste beantwortet, so bleibt jetzt als zweite der Spanquerschnitt f. Er ist bestimmt durch die Schnittiefe t und den Vorschub s, wovon die Schnittiefe t wieder gegeben ist durch die auf dem Werkstück sitzende Materialzugabe und die Forderung, diese möglichst mit zwei Schnitten abzutrennen, dem eigentlichen Schruppschnitt und einem zweiten Schnitt, der für das nachfolgende Rundschleifen noch ca. 0,4 mm Material stehen läßt. Es bleibt also nur noch der Vorschub s zu bestimmen. Die Größe desselben hängt so von der Härte, der Form und Aufspannung des Werkstückes, der Bauart und dem Zustand der Bank, der Kühlung, dem Werkzeug und der angestrebten Arbeitsgenauigkeit ab, daß selbst annähernde Angaben wie bei der Schnittgeschwindigkeit keine praktisch verwendbaren Werte ergeben. Die Werkstatt entledigt sich daher der zweiten Frage fast durchweg durch Nichtbeantwortung, sie überläßt die Wahl des Vorschubes ganz dem Dreher selbst.

Es gibt aber ein anscheinend noch wenig geübtes Verfahren, den Vorschub der Leistungsfähigkeit der Bank entsprechend zu finden, wenngleich auch dieses Verfahren gleich dem der Wahl der Schnittgeschwindigkeit wenig einwandfrei ist, also nur einen Anhalt geben kann. Es bürgt aber immerhin für eine richtigere Ausnutzung der Bank und damit für einen besseren Wirkungsgrad als die Wahl des Vorschubes aus dem Handgelenk.

Jede Werkzeugmaschine arbeitet nur so lange zufriedenstellend, als sich die aufgenommene Kraft mit ihrer Bauart vereinen läßt, d. h.

die in die Maschine einzuleitende Kraft hat eine obere Grenze. Schaltet man die Drehbank auf eine für das vorliegende Werkstück angenommene mittlere Schnittgeschwindigkeit an Hand des Drehzahlendiagramms oder der Tabelle Fig. 21, und steigert nun bei konstanter Schnitttiefe schrittweise den Vorschub so lange, bis die Bank gerade noch durchzieht, so ergibt das Produkt von Schnittgeschwindigkeit in m/Min., Schnittiefe t in mm und Vorschub s in mm die Konstante k der effektiven Arbeitshöchstleistung, welche sich nach Belieben auf andere Arbeitsverhältnisse umrechnen läßt. Also

$$v \cdot t \cdot s = k.$$

Der Vorgang sei an einem Beispiel geschildert. Es liege eine Drehbank 250 mm Spitzenhöhe mit Einscheibenantrieb und den in Tafel Fig. 24 angegebenen Vorschüben vor. Die in Frage kommenden Werkstückstoffe sind Gußeisen, Stahl I mit 45—50 kg Festigkeit, Stahl II mit 50—60 und Stahl III mit über 70 kg Festigkeit. Von jedem dieser Materialien wird ein genügend starkes Probestück, etwa 120 mm Ø und nicht zu großer Länge, ca. 500 mm lang hergerichtet und außen leicht überdreht, damit der Durchmesser 120 überall gleichmäßig vorhanden ist. Die Schnittiefe sei für sämtliche Vorschübe zu 10 mm gewählt.

Versuche mit Gußeisen.

1. Schnittgeschwindigkeit $v = 9$ m/Min. gewählt,
   Schnittiefe $t = 10$ mm.

Der Vorschub konnte gesteigert werden bis zu $s = 4$ mm, von wo ab die Bank nicht mehr durchzog, somit $k_1 = 360$.

2. $v = 14{,}5$ m/Min. gewählt
   $t = 10$ mm.

Die Bank ertrug hier einen Vorschub ebenfalls bis zu $s = 3{,}8$ mm, also $k_2 = 540$.

Aus noch weiteren Versuchen, die hier nicht registriert werden sollen, ergab sich, daß als Mittelwert die Konstante $k = 390$ in Betracht kam. Als Wert, bei der die Bank bei Bearbeitung von Gußeisen mit Sicherheit durchzieht, konnte also $k = 300$ gewählt werden, d. h. es wird für

$$\text{Gußeisen } v \cdot t \cdot s = 300$$

woraus sich, da v und t immer gegeben, der Vorschub in jedem Falle leicht errechnen läßt (s. Fig. 24).

Versuche mit Stahl I:

1. $v = 13$ m/Min.
   $t = 10$ mm.

Der Maximalvorschub ergab sich zu $s = 2{,}2$ mm, also $k_1 = 290$.

2. $v = 16$ m/Min.
   $t = 10$ mm
   s_{max} war 1,8 mm, also $k_2 = 290$.
3. $v = 20$ m/Min.
   $t = 10$ mm
   $s_{max} = 1{,}8$ mm, also $k_3 = 360$ usw.

Anzuwendende Vorschübe bei Bank Nr. 209.

v = Schnittgeschwindigkeit in Meter pro Min.
t = Spantiefe (Schnittiefe) in Millimeter
s = Vorschub in Millimeter pro Umdrehung

Gußeisen schruppen $v \cdot t \cdot s = 300$

I. Schnitt 6–15 mm Spantiefe mit $v = 12$ m/Min.

$$\text{Vorschub} = \frac{300}{12 \cdot t} = \frac{20}{t}$$

II. Schnitt 2–5 mm Schnittiefe mit $v = 15$ m/Min.

$$\text{Vorschub} = \frac{300}{15 \cdot t} = \frac{20}{t}$$

Stahl I schruppen $v \cdot t \cdot s = 250$

I. Schnitt 6–15 mm Spantiefe mit $v = 18$ m/Min.

$$\text{Vorschub} = \frac{250}{18 \cdot t} = \frac{14}{t}$$

II. Schnitt 2–5 mm Spantiefe mit $v = 20$ m/Min.

$$\text{Vorschub} = \frac{250}{20 \cdot t} = \frac{12{,}5}{t}$$

Stahl II schruppen $v \cdot t \cdot s = 200$

I. Schnitt 6–15 mm Spantiefe mit $v = 15$ m/Min.

$$\text{Vorschub} = \frac{200}{15 \cdot t} = \frac{13}{t}$$

II. Schnitt 2–5 mm Spantiefe mit $v = 18$ m/Min.

$$\text{Vorschub} = \frac{200}{18 \cdot t} = \frac{11}{t}$$

Stahl III schruppen $v \cdot t \cdot s = 180$

I. Schnitt 6–15 mm Spantiefe mit $v = 13$ m/Min.

$$\text{Vorschub} = \frac{180}{13 \cdot t} = \frac{14}{t}$$

II. Schnitt 2–5 mm Schnittiefe mit $v = 15$ m/Min.

$$\text{Vorschub} = \frac{180}{15 \cdot t} = \frac{12}{t}$$

Vorhandene Vorschübe:

0,25, 0,275, 0,3, 0,325, 0,35, 0,375, 0,40, 0,425, 0,45, 0,475, 0,50, 0,55, 0,6, 0,65, 0,7, 0,75, 0,8, 0,85, 0,9, 0,95, 1, 1,1, 1,2, 1,3, 1,4, 1,6, 1,7, 1,8, 1,9, 2, 2,2, 2,4, 2,6, 2,8, 3, 3,2, 3,4, 3,6, 3,8, 4, 4,4, 4,8, 5,2, 5,6, 6, 6,4, 6,8, 7,2, 7,6, 8 mm.

Fig. 24.

Daher wurde festgelegt

$$v \cdot t \cdot s = 250 \text{ (s. Fig. 24).}$$

Versuche mit Stahl II:

1. $v = 14$ m/Min.
   $t = 10$ mm
   $smax = 1{,}7$ mm, also $k_1 = 240$.
2. $v = 17$ m/Min.
   $t = 10$ mm
   $smax = 1{,}5$ mm, also $k_2 = 250$ usw.

Gewonnen wurde

$$v \cdot t \cdot s = 200 \text{ (s. Fig. 24).}$$

Versuche mit Stahl III:

1. $v = 12$ m/Min.
   $t = 10$ mm
   $smax = 2$ mm, damit $k_1 = 240$.
2. $v = 14{,}5$ m/Min.
   $t = 10$ mm
   $smax = 1{,}6$ mm, damit $k_2 = 240$ usw.

Festgelegt wurde

$$v \cdot t \cdot s = 180 \text{ (s. Fig. 24).}$$

Neben einer Tabelle nach Art der Fig. 21 zur Einstellung der für die gewählte Schnittgeschwindigkeit maßgebenden Drehzahl, auf der an Stelle der Stufenscheibe natürlich die Schalthebelstellungen vermerkt sind, erhielt der Dreher noch die Tabelle Fig. 24, an Hand deren er sich den jeweils erforderlichen Vorschub selbst ausreichnen konnte, und haben sich in der Folge die festgelegten Konstanten durchaus bewährt.

Für die Stufenscheibenbank ist die Bestimmung der Konstanten umständlicher, denn die Leistung der Bank ist hier, wie Fig. 38 für die Bank Fig. 19 zeigt, für die verschiedenen Stufen resp. Drehzahlen verschieden, es müßten also in unserem Falle die Versuche auf allen vier Stufen ohne und mit einem Vorgelege durchgeführt werden.

Hiermit sind die Mittel zur Einstellung der Bank, um die beste Leistung zu erzielen, erschöpft; daß sie eine falsche Grundlage zur Voraussetzung haben, ist schon gesagt. In diese Lücke greift nun eine Vorrichtung ein, die als Gegenstück zu dem Taylorschen Rechenschieber gestattet, auf die einfachste Weise zu einem gegebenen Material und Werkstückdurchmesser die Umdrehungszahl, den Vorschub und die Schnittiefe zu finden, der Schnellschnittanzeiger von Prof. Friedrich.

Auf Grund der aus Fig. 11 zu ziehenden Schlüsse sahen wir, daß der größeren Schnittgeschwindigkeit eine schnellere Stahlstumpfung entspricht, und daß es bei jeder Schneidkombination eine Schnittgeschwindigkeit gibt, bei der die Schneide eine sehr lange Lebensdauer hat, während geringe Änderungen den Stahl in kurzer Zeit stumpf machen. Betrachtet man die von Prof. Ripper vorgelegten Diagramme Fig. 25—28[1]), die die Lebensdauer der Stahlschneide abhängig von

[1]) Siehe »Engineering« Heft 2500 vom 28. XI. 13.

der Schnittgeschwindigkeit zeigen, so ist zu erkennen, daß für die vorliegenden vier Spanquerschnitte der Unterschied der wirtschaftlichen Schnittgeschwindigkeiten für den kleinsten und größten Spanquerschnitt ein sehr erheblicher ist, er beträgt fast durchschnittlich für alle vier Materialien 100% für den kleinsten gegenüber dem größten Querschnitt. Das ist ein klarer Beweis, daß unsere jetzige Arbeitsweise, die verschiedensten, zwischen meist sehr erheblichen Grenzen schwanden Spanquerschnitte mit stets gleichbleibender Schnittgeschwindigkeit bei ein und demselben Material abzudrehen, ganz verkehrt ist. Nur die Tatsache, daß bis zuletzt eine bessere, richtige Arbeitsmethode mit den bisherigen Mitteln eben nicht möglich war, gibt der bis jetzt angewandten Methode die Existenzberechtigung.

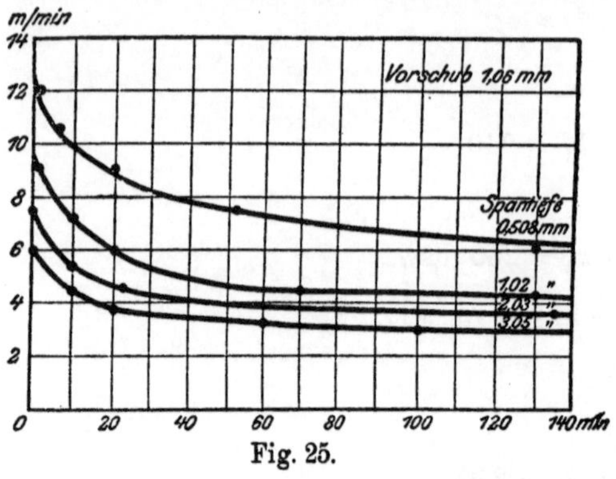

Fig. 25.

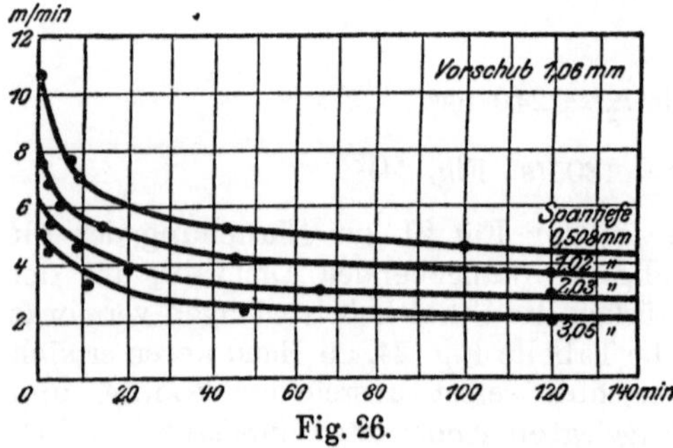

Fig. 26.

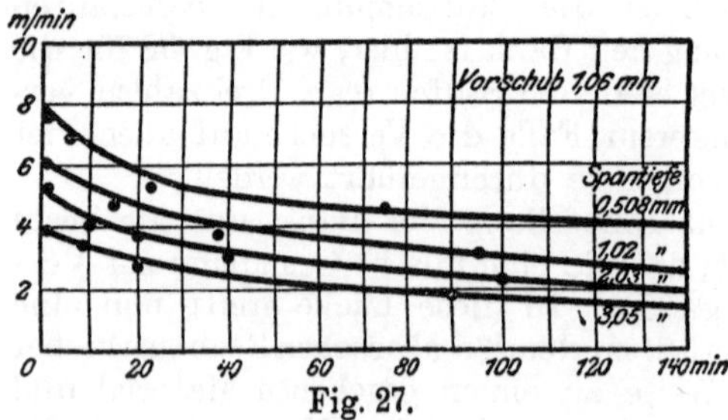

Fig. 27.

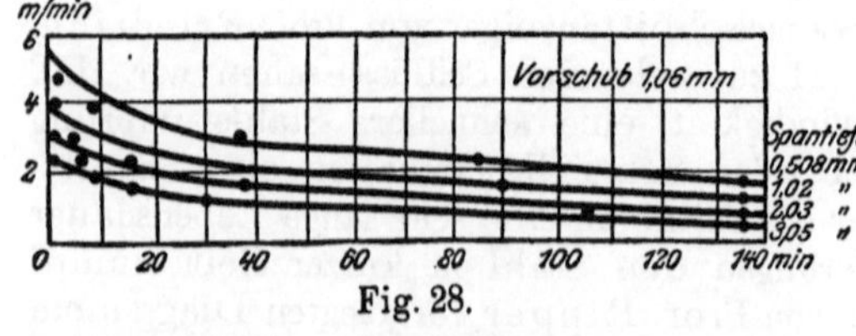

Fig. 28.

Mit dem Friedrichschen Schnellschnittanzeiger ist es nun möglich, beim Drehen mit einem Werkzeug aus Schnellstahl jeden gewählten Spanquerschnitt mit der zugeordneten, vorteilhaftesten Schnittgeschwindigkeit zu nehmen, soweit die Geschwindigkeitsabstufungen der betreffenden Drehbank die Möglichkeit hierzu geben. Die Entwicklung und Begründung der Gleichungen, die dem Anzeiger zugrunde liegen und aus welchen sich der konstruktive Aufbau ergeben hat, sind in den beiden Arbeiten von Prof. Friedrich: »Über den Schnitt-

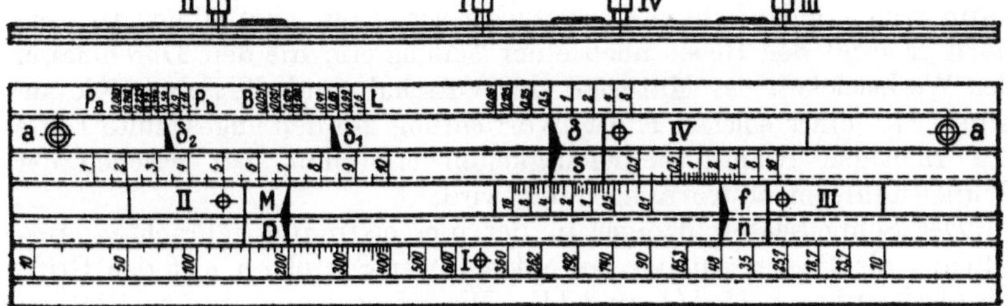

Fig. 29.

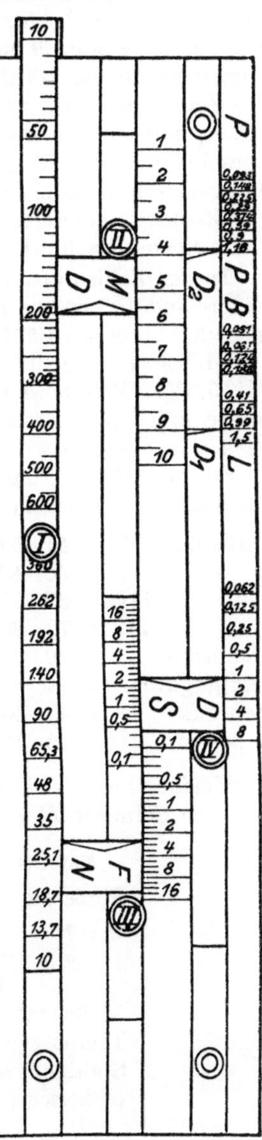

Fig. 30.

widerstand bei der Bearbeitung der Metalle« (Z. V. d. Ing. 1909, S. 860) und »Über die Wärmevorgänge beim Spanschneiden und die vorteilhaften Schnittgeschwindigkeiten« (Z. V. d. Ing. 1914, S. 379) enthalten. In letzterer sind zwei Ausführungsmöglichkeiten dargestellt, während hier zum ersten Male eine verbesserte Ausführung in Form eines Rechenschiebers gezeigt wird (Fig. 29 und 30).

Der Schnellschnittanzeiger fußt auf der physikalischen Bedingung für die vorteilhafte Schnittgeschwindigkeit: »Die Temperatur der Schneide des Schnellstahles soll einen bestimmten Wert nicht überschreiten.« Die Fig. 29 und 30 zeigen ihn eingerichtet zum Gebrauch für die Stufenscheibenschnelldrehbank Fig. 19, er trägt also Teilungen, die die Drehzahlen n_1 bis n_{12} besagter Bank, sowie deren Längs-, Plan- und Bohrverschübe aufweisen. Er kann natürlich auch mit einer allgemeinen Teilung, z. B. für 5—600 Umdrehungen pro Min. versehen und so zur Einstellung verschiedener Drehbänke benutzt werden.

Für Drehbänke mit elektrischem Antrieb durch Reguliermotor kann der Schalthebel des Motors mit dem Schnellschnittanzeiger verbunden werden, indem man die Durchmesserteilung auf einem Kreisbogen anordnet, an dem der Schalthebel mit dem Zeiger D eingestellt wird, und mit dem Zeiger n (siehe Fig. 29) die Druckknopfsteuerung betätigt wird. Auch die Teilungen für die Zeiger M, f und d werden auf Kreisbögen angeordnet. Die Umlaufzahlen brauchen hierbei gar nicht abgelesen zu werden, auch kann die Teilung für diese in Wegfall kommen. Der Arbeiter hat dann nicht Umlaufzahlen einzustellen, wie es bis jetzt üblich ist, sondern er stellt den Hebel nach einer Teilung ein, die den Durchmesser des Werkstückes, das Material, den Vorschub und die Schnittiefe angibt. Mit einer solchen Einstellvorrichtung können ungeschulte Leute die richtigen Schnittgeschwindigkeiten einstellen, bei welchen der Schnellstahl am besten ausgenutzt wird.

Der Schnellschnittanzeiger in der hier erstmalig gebrachten Ausführung als Rechenschieber besteht aus vier Schiebern mit den Griffknopfschrauben *I*, *II*, *III*, und *IV*. Die Schieber sind in dem Rahmen verschiebbar und können durch die Griffknopfschrauben festgestellt werden. *a a* Fig. 29 sind versenkte Schraubenlöcher zum Anbau des Anzeigers an die Drehbank Fig. 19. Die Einstellung geschieht durch die Zeiger *M D*, *n f*, *s d*, d_1 und d_2 (in Fig. 30 sind die Buchstaben *n f*, *s d*, d_1 und d_2 groß anstatt klein geschrieben). $P_a - P_b$ sind die Planverschübe, *B* die Längsverschübe zum Bohren aus dem Vollen, *L* die Längsverschübe zum Drehen. *M* gibt die Materialkonstanten, *D* den Werkstückdurchmesser, *n* die minutliche Drehzahl der Hauptspindel, *f* den Spanquerschnitt, *s* die Schnittiefe und *d*, d_1, d_2 die Vorschübe an.

In der Zahlentafel 2 der Friedrichschen Arbeit über den Schnittwiderstand hatten die dort untersuchten Materialien die Elastizitätsmodule: Gußeisen I 585500, II 1002000, III 1028000, Stahl IV 2090000, V 2110000 und VI 2111000, und die Dehnungen, IV 24,8, V 25,6 und VI 13,2%. Mithin würden sich für diese Materialien als Materialkonstante ergeben: Gußeisen I 7,5, II 5,7, III 4, Stahl IV 7,8, V 6,8 und VI 4,5 (s. Tab. 1).

Für die Bearbeitung auf unserer Schnelldrehbank kommen nachfolgende Materialien in Frage:

Flußstahl	I	mit 45—50	kg	Festigkeit	pro	qmm	und	20—25%	Dehnung
»	II	» 50—60	»	»	»	»	und	15—20%	»
»	III	» 60—70	»	»	»	»	und	10—15%	»
»	IV	» 70—80	»	»	»	»	und	8—12%	»
Nickelstahl		» 90—120	»	»	»	»			
Temperguß		» ca. 35	»	»	»	»	und	5%	»
Stahlguß		» 40—50	»	»	»	»	und	18%	»
Gußeisen		» 12—16	»	»	»	»			

Hierfür finden sich die Materialkonstanten, auf die der Zeiger *M* mit dem Schieber *II* eingestellt wird, zu

Material	Teilstrich für Zeiger *M* (= Materialkonstante)
Flußstahl I, » II	7,5
» III	6,5
» IV	4,5
Nickelstahl	2,5—3,5
Temperguß	7,5
Stahlguß	6
Gußeisen	4—5,5.

Soll nun eine Welle aus Flußstahl II von 200 mm Ø abgedreht werden, und wird als Spanquerschnitt $f = 2$ qmm gewählt, so wird zunächst der Zeiger M mit dem Schieber II auf den Teilstrich M 7 eingestellt, wie dies Fig. 29 zeigt. Dann wird der Schieber I verschoben, bis der Zeiger D den Durchmesser 200 mm angibt, und der Spanquerschnitt mit dem Zeiger f eingestellt auf $f = 2$ qmm. Dadurch findet sich bei n die Drehzahl, auf die die Bank einzustellen ist, und bei der das Abtrennen des Spanquerschnittes von 2 qmm und bei 200 mm Ø mit der wirtschaftlichsten Schnittgeschwindigkeit erfolgt. In unserem Falle also bei der Drehzahl $48 = n_6$ (s. Fig. 29). Je nachdem wie der Spanquerschnitt f gewählt wird, zeigt der Zeiger n eine andere Umlaufzahl an bei demselben Durchmesser, es ist also das für ein richtiges, wirklich wirtschaftliches Arbeiten geforderte Prinzip, bei gegebenem Material und Durchmesser den Spanquerschnitt als Ausgangspunkt zu nehmen und die Schnittgeschwindigkeit und damit die Drehzahl von ihm abhängig zu nehmen, hier vollständig verwirklicht.

Durch den Schieber III wird gleichzeitig die Schnittiefe an dem Zeiger s resp. dem Schieber IV eingestellt, z. B. $s = 4$ mm. Durch die Verstellung des Schiebers IV auf $s = 4$ ist aber wiederum der Vorschub $d = 0{,}5$ mm gefunden, für welchen die Zeiger d_1 und d_2 die entsprechenden, an der Drehbank vorhandenen Vorschübe angeben.

Die Drehbank Fig. 19 weist folgende Vorschübe auf:

Längsvorschübe zum Drehen	L	0,41	0,65	0,99	1,5	mm
» » Bohren a. d. Vollen	B	0,051	0,081	0,124	0,188	»
Planvorschübe	P_a	0,093	0,148	0,225	0,29	»
»	P_b	0,374	0,59	0,9	1,16	»

Die Vorschübe L und P_b sind die gewöhnlichen, die von B und P_a werden durch Umstecken der Wechselräder erzeugt. Wenn die Vorschübe genau nach einer geometrischen Reihe angeordnet wären, so würde sich für diese eine gleichmäßige Teilung ergeben, wie dies bei den Drehzahlen der Fall ist, die, wie später gezeigt wird, nach einer geometrischen Reihe abgestuft sind. Die Teilungen B, L, P_a und P_b und die Zeiger d_1 und d_2 könnten dann wegfallen.

Zur Ermittelung des Vorschubes und der Schnittiefe kann auch ein gewöhnlicher Rechenschieber benutzt werden. In diesem Falle können s, d, d_1 und d_2 und die zugehörigen Teilungen auf dem Schnellschnittanzeiger wegfallen.

Wenn man die in Zahlentafel 4 der Friedrichschen Arbeit »Über den Schnittwiderstand usw.«, die hier mit den aus der Gleichung für die wirtschaftlichste Geschwindigkeit errechneten Werten wiederholt und durch Angabe der Materialkonstanten für die Einstellung des Zeigers M erweitert ist (s. Tab. 1) angegebenen Teilstriche für M, den Werkstückdurchmesser $D = 191$ mm und die angeführten Spanquerschnitte am Schnellschnittanzeiger einstellt, so ergeben sich die Drehzahlen $n = \frac{60\,v}{D\,\pi} = \frac{60}{191\,\pi} \cdot v = \frac{60}{600}\,v = 0{,}1 \cdot v$ gleich $^1/_{10}$ der in der Tab. 1 angegebenen Schnittgeschwindigkeiten. Kleine Abweichungen sind

	f in qmm	2,5	7,5	15	c	M
Gußeisen	I weich	590	440	334	97 400	7,5
	II mittel	312	233	187	87 000	5,7
	III hart	188	155	131	56 500	4
Stahl	IV weich	775	480	350	244 000	7,8
	V mittel	530	330	244	150 000	6,8
	VI hart	248	152	111	97 000	4,5

Tab. 1. Vorteilhafte Schnittgeschwindigkeiten v mm/sek.

praktisch belanglos. Fig. 30 zeigt den Anzeiger eingestellt für Gußeisen II (s. Tab. 1), $f = 2{,}5$, also Zeiger M auf 5,7, und $D = 191$. Zeiger n gibt als Drehzahl ~ 32 an, d. i. $^1/_{10}$ von dem in Tab. 1 aufgestellten Wert $v = 312$.

Da für Flußstahl I Festigkeit und Dehnung dieselben Werte haben wie Stahl V in Zahlentafel 2 der Friedrichschen Arbeit, so kann man für die Konstanten k, w_1 und e auch die gleichen Werte annehmen, die sich aus Zahlentafel 1 und 4 mit Gleichung 5 und 6 ergeben. Daher für Flußstahl I $k = 145$, $w_1 = 55{,}5$ und $e = 150000$. Für $f = 15$ qmm wird die wirtschaftlichste Schnittgeschwindigkeit nach Gleichung 6

$$v = \frac{150\,000}{55{,}5 + 145 \cdot \sqrt{15}} = 244 \text{ mm/Sek.}$$

Bei dieser Geschwindigkeit und beim Durchmesser 191 mm wird die Drehzahl $n = 0{,}1$, $v = 24{,}4$ pro Min. Stellt man am Anzeiger ein: $f = 15$, $D = 191$ und $n = 24{,}4$, so steht Zeiger M auf dem Teilstrich, der bei der Bearbeitung von Flußstahl I festgestellt wird, um für andere D und f die Umlaufzahl n zu finden. Man erhält hierbei die größten zulässigen Schnittgeschwindigkeiten und wird daher eher M etwas kleiner annehmen.

Die Teilungen werden folgendermaßen ermittelt. Nach $v = \frac{D \pi n}{60}$ ergibt sich bei unveränderlicher Schnittgeschwindigkeit, d. h. bei gleichem Material und gleichem Spanquerschnitt der Durchmesser zu $D = \frac{60 \cdot v}{\pi n} = C \,.\, n$, worin C eine Konstante ist. Trägt man n wagrecht und D senkrecht auf, so ergibt sich für v eine gleichseitige Hyperbel. Logarithmiert man aber die Gleichung, so entspricht der Gleichung $\log D = \log C + \log n$ eine gerade Linie. Daher ergeben sich bei gleichen Abständen der aufgetragenen Drehzahlen, die, wie später noch gezeigt wird, eine geometrische Reihe bilden, auch gleiche Abstände für die zugehörigen gerechneten Durchmesser. Z. B. zu den Umlaufzahlen 360, 262, 192, 140, 90, 65, 48 usw. gehören die Durchmesser 30,

41, 57, 70, 106, 146, 200 usw. in gleichen Abständen, wobei die Umfangsgeschwindigkeit den unveränderten Wert $v = \frac{200 \cdot \pi \cdot 48}{60} = 500$ mm/Sek. bei dem auf Fig. 29 angenommenen Abstand der Zeiger D und n hat. Ändert man diesen Abstand, dann gehören andere Durchmesser zu den Drehzahlen und es ergeben sich andere Geschwindigkeiten für andere Werkstoffe oder andere Spanquerschnitte, je nachdem der Zeiger M oder f verstellt wird.

Bei der Teilung für die Spanquerschnitte ist von Gleichung 6 für die Schnittgeschwindigkeit ausgegangen:

$$v = \frac{C}{w_1 + k\sqrt{f}} \text{ oder } n = \frac{C_1}{w_1 + k\sqrt{f}}$$

für die Drehzahlen. Trägt man im Koordinatensystem die Spanquerschnitte wagrecht und die Drehzahlen senkrecht auf, so ergeben sich hyperbelähnliche Kurven. Trägt man aber die Spanquerschnitte nach einer geometrischen Reihe, z. B. 0,5, 1, 2, 4, 8, 16 usw. in gleichen Abständen auf, so geben die zugehörigen Drehzahlen senkrecht aufgetragen nahezu gerade Linien.

Aus dieser Tatsache ergibt sich die Gleichung

$$n = a - b \cdot \log f.$$

Für den vorliegenden Anzeiger ist $a = 60$ und $b = 33$, somit

$$n = 60 - 33 \log f.$$

Es wird z. B. für $f = 1$ qmm $\log f = 0$, somit $n = 60$.

Andere Werte für die Durchmesser oder Drehzahlen, also die Teilstriche für 100, 200, 300 mm Durchmesser werden aus der Aufzeichnung der geraden Linie, die obiger Gleichung entspricht, gefunden.

Die auf S. 44 gegebene Aufstellung der Teilstriche für den Zeiger M entspricht den größten zulässigen Schnittgeschwindigkeiten beim Drehen mit einem Werkzeug aus bestem Schnellstahl. Beim Bohren aus dem Vollen sind kleinere Werte anzunehmen, doch ist ein Bohren aus dem Vollen auf der Drehbank nie rationell, das soll auf der Bohrmaschine oder Bohrbank geschehen.

Für einen anderen als die aufgeführten Stoffe ist die Einstellung des Zeigers M durch Versuch zu bestimmen, indem man bei unverändertem Spanquerschnitt und Werkstückdurchmesser die größte zulässige Schnittgeschwindigkeit durch Steigerung der Umlaufzahl ermittelt. Das Kriterium dafür ist die Abstumpfung der Schneide, was an dem plötzlichen Anwachsen des Schnittwiderstandes zu merken ist. Die höchste zulässige Geschwindigkeit liegt dann etwas unter diesem Wert der Geschwindigkeit. Mit diesem Vorgang macht sich zwar ein einmaliges Nachschleifen der Schneide notwendig, aber er erfordert nur kurze Zeit und dann hat man ja die Konstante zur Einstellung des Anzeigers, durch den ein abermaliges Überschreiten der Höchstgeschwindigkeit vermieden wird.

Mit Hilfe des Schnellschnittanzeigers kann der Dreher erst die Leistungsfähigkeit des Schnellstahles tatsächlich ausnutzen, die Arbeitszeit verringern und das Nachschleifen des Stahles auf das geringste Maß bringen, weil er jetzt mit der für den betreffenden Spanquerschnitt notwendigen Schnittgeschwindigkeit arbeiten kann, was nach den Fig. 25 bis 28 die längste Lebensdauer der Stahlschneide zur Folge hat. Da der Anzeiger nicht nur für die Dreherei, sondern auch für die Fräserei gebraucht werden kann, so ist mit ihm ein bedeutsamer Schritt für eine methodische, auf der ganzen Linie den Wirkungsgrad der Werkstatt hebenden Arbeitsweise getan. Es ist daher einigermaßen verwunderlich, daß in einer Zeit, wo der Ruf nach »wissenschaftlicher Betriebsleitung« zum Schlagwort geworden ist, ein solches für wissenschaftliche Betriebsführung geradezu grundlegendes Hilfsmittel, das durch seine Einfachheit uns in den Stand setzt, mühelos die Ergebnisse der Forschung in die Praxis umzusetzen, außer in einer an der Spitze der deutschen Werkzeugmaschinenindustrie stehenden Firma, noch keine Einführug gefunden hat. Eine Erklärung dafür kann nur in dem Umstande gefunden werden, daß die Bekanntgabe in die Kriegszeit fiel, in der es den meisten Werkstätten an Zeit für Neueinführungen und Versuche fehlte.

Immerhin darf beim Schnellschnittanzeiger nicht vergessen werden, daß er keine Beziehungen zur Leistungsfähigkeit der Bank selbst und dem Kraftverbrauch hat, er gibt keine Gewähr dafür, daß die Bank selbst in ihrem Leistungsvermögen auch voll und ganz ausgenutzt wird. In dieser Hinsicht ist er dem Taylorschen Rechenschieber unterlegen, der auch diese Verhältnisse mit berücksichtigt und regelt. Jedoch ist es, wenn ich recht unterrichtet bin, bisher nicht gelungen, an Hand der ganz dürftigen Angaben über diesen Rechenschieber und seinen Aufbau einen solchen für unsere deutschen Werkstätten zu konstruieren, man kennt ihn nur aus dem Buche Taylor-Wallichs »Über Dreharbeit und Werkzeugstähle«, ohne daß er irgendwo hätte eingeführt werden können, seine mathematische Entwicklung legt einer Verwirklichung zu große Hindernisse in den Weg.

An dieser Stelle sei noch auf ein erstrebenswertes Ziel hingewiesen, die Normalisierung der Werkzeugmaschinen derart, daß alle Bänke gleiche Vorschübe und Schnittgeschwindigkeiten erhalten. Die für einen gegebenen Werkstückdurchmesser und eine zugrunde gelegte Schnittgeschwindigkeit oder die mit Hilfe des Schnellschnittanzeigers ermittelte Drehzahl der Bank wird sich in der Werkstatt immer nur an einigen wenigen Drehbänken, vielleicht nur an einer oder zwei Drehbänken vorfinden, alle anderen werden innerhalb ziemlich weiter Grenzen z. B. 15—50% keine verfügbaren Drehzahlen aufweisen.

Will man nun in jedem Falle auf der Grundlage der wissenschaftlichen Werkstättenleitung arbeiten, so führt dies zur Überlastung gewisser Bänke und zu einer Hemmung des schnellen Ablaufes der Fabrikation, die nachgerade nicht mehr zu ertragen wäre. Man ist daher gezwungen, seine Zuflucht immer und immer wieder zu der üblichen, unwirtschaftlichen Weise der Arbeitsverteilung zu nehmen, daß man die Arbeit gleichmäßig verteilt bei jeweils nächst kleineren Geschwindigkeiten und Vorschüben, wobei man Maschine und Werkzeug nicht genügend ausnutzt.

Diesem Grundübel in der Fabrikation könnte abgeholfen werden, wenn alle Bänke mit einheitlichen Geschwindigkeiten und Vorschüben gebaut würden, jede Schnittiefe bzw. jeder Vorschub innerhalb der Maschinenkapazität könnte gewählt und die Bank möglichst ausgenutzt werden, da jedes Arbeitsstück überall hergestellt werden könnte bei gleich gutem Arbeiten der Maschine.

Durch Normalisierung der Maschinenleistungen würde die Vorkalkulation der Werkstattslöhne ganz enorm vereinfacht, die Arbeitsverteilung würde bedeutend erleichtert und könnte stets auf wissenschaftlicher Basis bleiben, die gesamte Fabrikation würde sich demzufolge schneller abwickeln, was wiederum eine Produktionsvermehrung bedingen würde.

Eine solche Normalisierung der Drehbänke müßte in durchgreifender Weise sich auf folgendes erstrecken:

1. Normalisierung der Drehzahlen und Vorschübe, der Stufenscheiben, und aus ihnen hergeleitet der Höchstleistungen, die auf den Maschinen zu erzielen sind. Dabei wäre zu entscheiden, ob vierfache Stufenscheiben und einfaches Rädervorgelege, oder ob dreifache Stufenscheibe und doppeltes Rädervorgelege vorzuziehen ist. Breitere Riemen und Erhöhung der Drehzahl des Deckenvorgeleges wären die Folge der Bevorzugung der zweiten Ausführung; die Riemenleistung würde erheblich steigen.

2. Normalisierung der Spitzenhöhen und Spitzenentfernungen. Auch die Bettbreite, d. h. der Abstand der Führungsleisten für Spindelkasten und Reitstock, müßte in richtigen Einklang mit der Spitzenhöhe gebracht werden und schneller wachsen als die Spitzenhöhe selbst. Hierbei würde sich gleichzeitig der ganze Bettquerschnitt und vielleicht auch der Längenschnitt für das Bett normalisieren lassen, wobei man zwischen leichten, mittleren und schweren Drehbänken zu unterscheiden hätte.

3. Die Supportführung wäre in bezug auf ihre Länge und Breite, und die Grundplatte des Support in bezug auf ihre Gestalt (H-Form) zu normalisieren. Ebenso würde es gut sein, die vorteilhaftesten Formen der Spannleisten für die Schlittenführungen zu ermitteln und für die Normalbänke vorzuschreiben. Ebenso wären Steigungen und Durchmesser für die Bewegungsspindeln in Längs- und Querrichtung, und endlich die Entfernung der oberen Spannfläche des Supports von der Drehbankachse zu normalisieren, weil von dieser der Querschnitt des auf der Bank verwendbaren Werkzeuges abhängt. Gleichzeitig müßte man, je nach Art der Bank (leicht, mittel oder schwer), geeignete Spannklauen vorschlagen, an denen es noch vielfach fehlt. Besonders bei Hochleistungsbänken werden noch häufig Spannklauen verwendet, die den Stahl nur durch die erzeugte Reibung gegen Verschiebung sichern; mindestens in der Längsrichtung der Bank muß bei schweren Ausführungen der Stahl durch festen Anschlag an der Verschiebung gehindert werden.

4. Für den Reitstock kommt die Ausführung der Pinole, die Art ihrer Festklemmung und Bewegung in Frage. Es wäre hier zu entscheiden, ob die Schraubenspindel innen liegen, oder ob das Gewinde gleich auf die Pinole aufgeschnitten werden soll.

5. Außerdem wäre noch in Frage zu ziehen, ob man die Lagerentfernungen am Spindelkasten und ihre Abmessungen festlegt. Ferner sind die Spindelbohrungen und Spindelgewinde, sowie die Befestigungskonen in den Spindeln zu normalisieren.

Das würde dann die Wege ebnen zu ausgedehntester Spezialisierung und damit Massenfabrikation, wie wir sie in anderen Ländern schon lange sehen. Wenn sie auch wohl nie solche Zahlen erreichen dürfte, wie sie Amerika mit seiner ungeheuren Spezialisierung und Massenherstellung kennt, wo in den Ford-Werken in Detroit, die nur eine Wagentype bauen, schon vor Jahren jeden Tag 800 Automobile fertig wurden, in den Baldwin-Lokomotivwerken in Philadelphia täglich fünf Lokomotiven hergestellt werden, eine Waggonfabrik täglich 100 Wagen liefert usw., so ist es doch ein betrübendes Bild, daß wir uns auf diesem Gebiete auch von England, das doch längst nicht mehr wie früher die Werkstätte der Welt ist, haben überflügeln lassen. Dort ist der Grundsatz, unter keinen Umständen etwas selbst herzustellen, was preiswert gekauft werden kann, schon viel weiter durchgedrungen als bei uns. Beispielsweise werden für die Textilindustrie die Spindeln in besonderen Werken gefertigt und an die Spinnereimaschinenfabrikanten verkauft. Birmingham mit seiner unendlich vielseitigen Fabrikation verdankt einen großen Teil seiner Blüte der weitgehenden Normalisierung, die viele Betriebe hat entstehen lassen, die nur Einzelteile fertigen. Selbst im Schiffbau finden sich Beispiele; am Clyde haben die Schiffbauer gemeinsam derartige Spezialwerkstätten eingerichtet. Dieses Vorgehen der Engländer sollte bei uns endlich die gebührende Beachtung finden.

Um wieviel sich die Herstellung solcher Gegenstände verbilligt, wenn sie in Masse gearbeitet werden, kann jeder ermessen. Dazu kommt aber noch ein Punkt, der gerade hier eine große Rolle spielt. Die Fabriken mit Einzelfabrikation haben, da sie auf Bestellung arbeiten, meist ungleichen Geschäftsgang. Wie durch die infolgedessen dauernd schwankenden Generalunkosten die Kalkulation und damit die Konkurrenzfähigkeit des Unternehmens stark beeinträchtigt wird, ist bekannt. Je mehr es daher möglich ist, durch Vorwegarbeiten einzelner Teile auf Lager in Zeiten stillen Geschäftsganges die Gleichmäßigkeit der Betriebsverhältnisse aufrechtzuerhalten, um so niedriger wird der Jahresdurchschnitt der Generalunkosten, um so billiger also der Herstellungspreis jeder Maschine.

Untersuchung des Aufbaues der Drehbank.

Schon im vorhergehenden wurde eine erschöpfende Untersuchung und Festlegung der Leistungsmöglichkeiten der Drehbank gefordert, es ist immer nur halber Erfolg, wenn man, den modernen Forschungserkenntnissen Rechnung tragend, Schnittgeschwindigkeit und Spanquerschnitt in das rechte Verhältnis zu bringen sucht, die baulichen Verhältnisse der Bank aber immer wieder den Erfolg solchen Strebens herabdrücken. Und andererseits wiederum ist es gar nicht möglich, die Bank ihrem Arbeitsvermögen entsprechend zu belegen, wenn man die in ihr verborgenen Leistungsmöglichkeiten nicht kennt. Gar nicht selten zeigt eine Nachrechnung der Bank dem Betriebsingenieur, daß für die verlangte Leistung der Antriebsriemen zu langsam läuft, er rutscht, muß immer wieder nachgespannt werden, weil man von dem langsamlaufenden Riemen eben Unmögliches verlangt. Da ergibt sich denn in so vielen Werkstätten das Bild, daß die Riemen trotz guter Pflege sehr bald untauglich werden, und der Betriebsingenieur, der sich mit den Grundsätzen über den Aufbau der Werkzeugmaschinen nicht vertraut gemacht hat, kein klares Bild über die Leistung der Maschine hat, kann sich keine Erklärung geben für den starken Verschleiß der Riemen.

Voraussetzung für einen wirklichen Erfolg ist eben, daß die Werkzeugmaschinen in theoretischer Hinsicht richtig aufgebaut sind, selbstredend müssen sie sich auch in gutem Zustand befinden. Erstere Forderung ist bei älteren Bänken fast nie der Fall, indessen kommen auch heute noch immer Maschinen auf den Markt, die hinsichtlich Schnitt- und Vorschubgeschwindigkeit ohne jede theoretische Erwägung konstruiert sind. Soll in einer Werkstatt nach wissenschaftlichen Grundsätzen gearbeitet werden, so müssen zuerst die sämtlichen vorhandenen Werkzeugmaschinen in bezug auf Schnitt- und Vorschubgeschwindigkeit, Festigkeit der Riemenzüge und der Räder nachgerechnet und ev. umgeändert werden. Neben den Geschwindigkeitsverhältnissen sind noch die Schnittkraftverhältnisse auf ihren Sprung zu untersuchen.

Die Grundsätze für den Aufbau der Werkzeugmaschinen sind teils technisch-praktischer, teils theoretischer und teils wirtschaftlicher Art. Dem Betriebsmann sind außer der Genauigkeit die Geschwindigkeitsabstufungen der Angelpunkt, zu Brems- und Schnittversuchen zur Ermittelung des Wirkungsgrades der Bank, des Arbeitsverbrauches für die Erzeugung einer bestimmten Spanmenge usw. fehlt es ihm an Zeit, denn solche Versuche erfordern eine sehr gründliche, eingehende Vorbereitung und Durcharbeitung der Versuchshilfsmittel, ihre Durchführung ist, wenn an das Resultat einigermaßen Anforderungen gestellt werden sollen, äußerst schwierig.

Um die Wirtschaftlichkeit einer Drehbank nachzuprüfen, genügen dem Betriebsleiter die im nachstehenden gegebenen Gesichtspunkte, die an Hand einer Nachrechnung der Stufenscheibenschnelldrehbank (Fig. 19) aufgestellt werden.

Die am Stahl zur Spanabtrennung nötige Schnittkraft wird bei einer von der Transmission angetriebenen Bank durch die Riemen und Zahnräder, bei einer direkt angetriebenen Bank durch einen Stufenmotor und ein Rädergetriebe, oder auch durch einen Stufenmotor, einen Riemen und ein Rädergetriebe übertragen. Die geringste Beanspruchung und demnach die größte Geschwindigkeit im Kraftwege soll bei einer von der Transmission angetriebenen Bank in dem von dem Deckenvorgelege zur Bank führenden Riemen auftreten, und bei einer direkt angetriebenen Maschine in der ersten Übersetzung am Motor liegen. Es ist daher bei der Konstruktion der Bank darauf zu achten, daß die übrigen Räder entsprechend stärker konstruiert werden, je weiter die Geschwindigkeitsverminderung und daher die Kraftvermehrung in dem Übertragungsgetriebe fortschreitet. Vielfach findet man, daß dieser Forderung nicht genügend Rechnung getragen wurde, hauptsächlich bei dem auf das große Zahnrad an der Planscheibe arbeitenden Ritzel, das stets nur aus Stahl hergestellt werden sollte.

Hauptantrieb. Für den Haupt- oder Schnittantrieb verlangten die sehr stark verschiedenen Schnittgeschwindigkeiten, die sich als zweckentsprechend für die Bearbeitung der einzelnen Werkstoffe herausgestellt haben, an sich schon eine größere Anzahl von Umlaufzahlen, wenn die Durchmesser der Arbeitsstücke immer die gleichen bleiben würden. Bei den Hobel- und Stoßmaschinen ist dieser Fall gegeben, nicht aber bei der Drehbank, von der daher gefordert werden muß, daß sie eine genügende Anzahl Umdrehungen hervorbringt, die für verschiedene Materialien unabhängig vom gegebenen Durchmesser die Innehaltung der erforderlichen Schnittgeschwindigkeit an der Arbeitsstelle gewährleisten. Das zwingt zur Beachtung der Gleichung

$$n = \frac{1000 \cdot v}{d\pi}$$

worin n = Umdrehungszahl pro Min.,
v = Schnittgeschwindigkeit in m/Min.,
d = Werkstückdurchmesser in mm.

Wir haben schon früher gesehen, daß für v = konst. obige Gleichung eine gleichseitige Hyperbel darstellt, und man müßte, um für jeden Durchmesser und dann auch für jede Schnittgeschwindigkeit innerhalb der Grenzen

$$n_{min} = \frac{v_{min} \cdot 1000}{d_{max} \cdot \pi}$$

und

$$n_{max} = \frac{v_{max} \cdot 1000}{d_{min} \cdot \pi}$$

der gestellten Forderung gerecht zu werden, eine ununterbrochene Reihe von Drehzahlen erzeugen können, wie dies mit Reibgetrieben möglich ist. Ihrer bekannten Nachteile wegen können solche für unseren Zweck aber nicht gebraucht werden. Man begnügt sich daher damit, die günstigste Schnittgeschwindigkeit mit einer gewissen Annäherung zu erreichen und zwar mit ± 10 bis 15%, woraus hervorgeht, daß jede Drehzahl die vorhergehende nur um etwa 20 bis 30%, allerhöchstens 33,3% übersteigen sollte. Man stuft daher die Drehzahlen nach einer geometrischen Reihe ab, die gegenüber der arithmetischen Reihe, nach der man meist die Stufenscheiben abgesetzt findet, den Vorzug hat, daß der Schnittgeschwindigkeitsabfall, ausgedrückt in % der Schnittgeschwindigkeit, für alle Drehzahlen der gleiche bleibt, wobei der konstante Quotient 1,2—1,3 ist. Mehr als 1,5 soll er nicht betragen. Für die aufgestellte Forderung schafft somit die geometrische Reihe viel günstigere Verhältnisse als die arithmetische Reihe, bei der der Schnittgeschwindigkeitsabfall um so größer wird, je kleiner die verwendete Drehzahl ist. Bei Abstufung der Drehzahlen nach einer geometrischen Reihe stufen sich auch die zugehörigen Drehdurchmesser geometrisch ab.

Es ist also zu untersuchen, ob die Drehzahlen n_1 bis n_{12} der Fig. 19 eine geometrische Reihe bilden.

Die Steigerung bei jeder Stufe, der Abstufungsfaktor oder Quotient der geometrischen Reihe ist

$$\varphi = \sqrt[11]{\frac{360}{10}} = \sqrt[11]{36} = 1{,}37$$

es muß also jede folgende Drehzahl um 1,37mal größer sein als die vorgehende, also

$$\begin{aligned} n_2 &= n_1\,\varphi \;\; = 10 \cdot \;1{,}37 \;\;\; = 13{,}7 \\ n_3 &= n_1\,\varphi^2 = 10 \cdot (1{,}37)^2 = 18{,}8 \\ n_4 &= n_1\,\varphi^3 = 10 \cdot (1{,}37)^3 = 25{,}7 \\ n_5 &= n_1\,\varphi^4 = 10 \cdot (1{,}37)^4 = 35 \quad \text{usw.} \end{aligned}$$

oder einfacher und schneller

$$\varphi = \frac{n_2}{n_1} = \frac{13{,}7}{10} = 1{,}37 \qquad \varphi = \frac{n_8}{n_7} = \frac{90}{65{,}3} = 1{,}38$$

$$\varphi = \frac{n_3}{n_2} = \frac{18{,}7}{13{,}7} = 1{,}365 \qquad \varphi = \frac{n_9}{n_8} = \frac{140}{90} = 1{,}55$$

$$\varphi = \frac{n_4}{n_3} = \frac{25{,}7}{18{,}7} = 1{,}37 \qquad \varphi = \frac{n_{10}}{n_9} = \frac{192}{140} = 1{,}37$$

$$\varphi = \frac{n_5}{n_4} = \frac{35}{25{,}7} = 1{,}36 \qquad \varphi = \frac{n_{11}}{n_{10}} = \frac{262}{192} = 1{,}365$$

$$\varphi = \frac{n_6}{n_5} = \frac{48}{35} = 1{,}37 \qquad \varphi = \frac{n_{12}}{n_{11}} = \frac{360}{262} = 1{,}37$$

$$\varphi = \frac{n_7}{n_6} = \frac{65{,}3}{48} = 1{,}36$$

Es ist also mit ganz geringen Abweichungen, die praktisch nicht von Belang sind, für alle Stufen $\varphi = 1{,}37$, ausgenommen zwischen n_8 und n_9, also beim Übergang zum Rädervorgelege 1 : 4, wo die Abweichung schon auffälliger ist. Das bedeutet, daß der Gruppensprung, d. i. die Übersetzung des Rädervorgeleges, sich dem Stufensprung φ nicht genau anpaßt. Meistens ist dies auch gar nicht möglich, weil die Zähnezahlen es nicht zulassen, jedoch darf der Unterschied 2% nicht überschreiten. In unserem Falle aber ist die Abweichung so gering, daß sie an dieser Stelle als durchaus unschädlich bezeichnet werden muß.

Die Übereinstimmung der tatsächlichen Werte der Drehzahlen mit den theoretisch richtigen Werten nach der geometrischen Reihe ist also mit ganz belanglosen Abweichungen vorhanden.

Besser und übersichtlicher lassen sich die eben besprochenen Verhältnisse überschauen durch graphische Aufzeichnung. Würde man die Umlaufzahlen in ein gewöhnliches Koordinatensystem eintragen, wie dies in Fig. 31 geschehen ist, so erhält man für die nach der geometrischen Reihe abgestuften Umlaufzahlen eine Kurve, während die Verbindungslinie zwischen den beiden Grenzdrehzahlen n_1 und n_{12} die arithmetische Reihe darstellt. Mit diesem Diagramm ist jedoch nicht viel anzufangen, viel wertvollere Aufschlüsse gibt das logarithmische Diagramm, wie es von Prof. Schlesinger[1]) angewandt wurde.

Da bei einer geometrischen Reihe der Logarithmus jeder folgenden Drehzahl um $\log \varphi$ größer ist als der der vorhergehenden, so erhält man durch Auftragen der Drehzahlen in einem logarithmischen Koordinatensystem eine gerade Linie; nach Eintragen der Grenzdrehzahlen ergeben sich damit ohne weiteres die Zwischendrehzahlen n_2 bis n_{11} (s. Fig. 32).

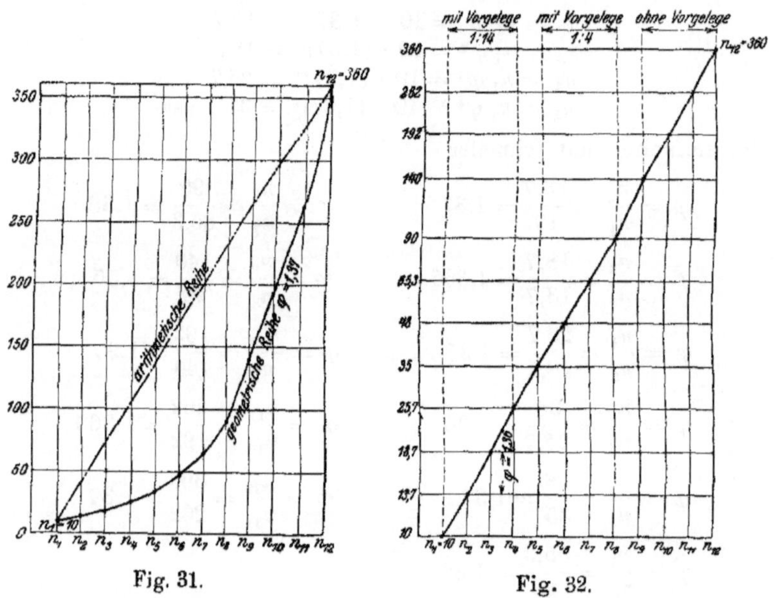

Fig. 31. Fig. 32.

Außer für den Entwurf ist diese logarithmische Darstellung besonders für den Betriebsingenieur zur Kontrolle einer Drehbank sehr wertvoll, sie gestattet einen vorzüglichen Überblick darüber, ob die Auswahl der Abmessungen der Antriebsorgane richtig gewählt, und die richtigen Gruppensprünge berücksichtigt worden sind.

Aus Fig. 32 läßt sich also erkennen, daß die Umlaufzahlen der Drehbank Fig. 19 auf der durch die beiden Grenzdrehzahlen gezogenen Geraden liegen, d. h. geometrisch abgestuft sind, nur zwischen n_8 und n_9 zeigt sich ein schwacher Knick, weil eben an dieser Stelle der Quotient φ nicht eingehalten ist.

Indessen ist auch das Diagramm Fig. 20 für den Entwurf sowohl als auch die Kontrolle ein sehr durchsichtiges Hilfsmittel. Auch aus

[1]) Prof. Schlesinger, Berichte des Versuchsfeldes für Werkzeugmaschinen an der Techn. Hochschule Berlin: »Untersuchung einer Drehbank mit Riemenantrieb«.

ihm kann man sofort ersehen, ob die Drehzahlen auf einer geometrischen Reihe abgestuft sind, und wo ein Sprung außer der Reihe, der sich in der logarithmischen Linie als Knick zeigte, auftritt. Greift man irgendeine Schnittgeschwindigkeit heraus, z. B. $v = 15$m/Min., so steigt v für die Grenzdrehzahl n_{12} zunächst geradlinig an von 0—15 m, welchen Endwert sie bei 12,5 mm Φ erreicht. Steigt der Φ des Werkstückes weiter an, so muß, wenn $v = 15$ m nicht überschritten werden soll, die Drehzahl n_{11} genommen werden. v fällt damit plötzlich auf $v-v'$, und dieses allmähliche Ansteigen und plötzliche Fallen der Schnittgeschwindigkeit wiederholt sich jedesmal, wenn bei einem gewissen Werkstück Φ von einer Drehzahl auf die nächst niedrigere übergegangen werden muß. Da für die geometrische Abstufung dieses Abfallen um v' konstant bleiben muß, so müssen die Schnittpunkte zweier benachbarter Drehzahlen mit den Grenzgeschwindigkeiten v und $v-v'$ senkrecht übereinander liegen. Dies ist in Fig. 20 auch bei allen Drehzahlen der Fall, nur nicht bei n_8 und n_9, woraus zu ersehen ist, daß hier der Sprung außer der Reihe und zwar größer ist als sein Sollwert.

Der Gruppensprung J, d. i. die Übersetzung des Rädervorgeleges, muß bei einer richtig ausgeführten Bank stets einer vollen Potenz des Quotienten φ der geometrischen Reihe entsprechen. Da man von n_4 auf n_8 oder von n_1 auf n_5 durch Ausschalten des Rädervorgeleges, ohne Umlegen des Riemens übergehen kann, so sieht man, daß $\frac{n_4}{n_8} = \frac{n_1}{n_5} = \frac{1}{\varphi^4}$ die Übersetzung des Rädervorgeleges sein muß. Also

$$J_1 = \frac{n_1}{n_5} = \frac{n_2}{n_6} = \frac{n_3}{n_7} = \frac{n_4}{n_8} = \frac{1}{\varphi^4}$$

$$J_1 = \frac{10}{35} = \frac{1}{3{,}5} \text{ als tatsächlicher Gruppensprung}$$

$$J_1 = \frac{1}{\varphi^4} = \frac{1}{1{,}37^4} = \frac{1}{3{,}5} \text{ als zu fordernder Gruppensprung.}$$

Hier stimmt also der an der Bank vorhandene Sprung mit dem geforderten überein, während es beim anderen Vorgelege nicht der Fall ist da hier

$$J_2 = \frac{n_1}{n_9} = \frac{n_2}{n_{10}} = \frac{n_3}{n_{11}} = \frac{n_4}{n_{12}} = \frac{1}{\varphi^8}$$

$$J_2 = \frac{n_1}{n_9} = \frac{10}{140} = \frac{1}{14} \text{ als tatsächlicher Gruppensprung}$$

$$J_2 = \frac{1}{\varphi^8} = \frac{1}{1{,}137^8} = \frac{1}{12{,}41} = \sim \frac{1}{13} \text{ als zu fordernder}$$

Gruppensprung, gegenüber dem geforderten Wert ist also ein Fehler von 7% vorhanden, der aber noch vernachlässigt werden kann. Im allgemeinen wird der Betriebsingenieur bei Durchrechnung seiner Bänke finden, daß sich die Rädervorgelege in sehr vielen Fällen nicht in die geometrische Reihe einfügen, daß die Übersetzungen durchweg zu groß gewählt sind, wodurch wie in unserem Falle zwischen der ersten Serie von Drehzahlen, die bei eingeschaltetem Vorgelege entstehen, und der zweiten Serie, die ohne dasselbe arbeitet, eine zu große Zunahme entsteht. Wenngleich diese Abweichungen von den theoretisch wünschenswerten Drehzahlen nur sehr gering sein dürfen, so gibt es eben doch Fälle, wo mit Rücksicht auf die Einhaltung von Achsenabständen und die Umfangsgeschwindigkeit der Räder von der strengen Einhaltung einer geometrischen Reihe abgesehen werden muß. Jedoch darf der Unterschied, wie schon erwähnt, höchstens 2% betragen.

Der Geschwindigkeitsabfall v' wird um so größer, je größer der Quotient φ der geometrischen Reihe gewählt ist. Nach Fig. 20 sinkt die Schnittgeschwindigkeit von v auf $v - v' = v\frac{n_2}{n_3} = \frac{v}{\varphi}$, der Schnittgeschwindigkeitsabfall ist somit $v' = v - \frac{v}{\varphi} = v\left(1 - \frac{1}{\varphi}\right)$ oder in % von v:

$$\text{Schnittgeschwindigkeitsabfall } A = \frac{\varphi - 1}{\varphi}.$$

Für unsere Schnelldrehbank Fig. 19 wird $A = \frac{1{,}37 - 1}{1{,}37} = 27\%$, d. h. beim Übergang einer Drehzahl auf die nächst niedrigere fällt die Schnittgeschwindigkeit bei gleichbleibendem Φ um 27%, was als guter Wert angesehen werden kann, denn bei Drehbänken werden $A = 20 - 33{,}3\%$ zugelassen, was, wenn man die Gleichung $A = \frac{\varphi - 1}{\varphi}$ nach φ auflöst, $\varphi = 1{,}25$ und $1{,}5$ entspricht. Über $\varphi = 1{,}5$ soll man also nicht hinausgehen.

Bei Fig. 19 ist als größter Dreh-$\Phi = 500$ mm angegeben und wenn man als kleinsten Dreh-$\Phi = 20$ mm annimmt, so bewegen sich die Schnittgeschwindigkeiten in den Grenzen von 15 und 23 m/Min., da

$$v_{min} = \frac{n_{min}\, d_{max} \cdot \pi}{1000} = \frac{10 \cdot 500 \cdot 3{,}14}{1000} = 15{,}7 \text{ m/Min.}$$

$$v_{max} = \frac{n_{max} \cdot d_{min}\, \pi}{1000} = \frac{360 \cdot 20 \cdot 3{,}14}{1000} = 22{,}6 \text{ m/Min.}$$

Die Grenzdrehzahl $n_{min} = 10$ ist also etwas zu hoch gewählt, indem z. B. bei Gußeisen die d_{max} nicht mehr mit der hierfür zulässigen Schnittgeschwindigkeit geschruppt werden können, da dieselbe für Gußeisen $v = 12$ m/Min. ist. Dieser zu schnelle Gang der Bank macht sich hauptsächlich auch beim Innenbohren unangenehm bemerkbar. Der langsamste Gang ohne Verwendung der Vorgelege, also $n_1 = 140$ ist im allgemeinen zum Innenbohren zu hoch, was zur Folge haben kann, daß beim Schlichten die Bohrung nicht zylindrisch, sondern nach hinten enger wird, weil der Stahl infolge der zu hohen Schnittgeschwindigkeit sich zu viel abnutzt. Schaltet man zur Erreichung der richtigen Schnittgeschwindigkeit das Vorgelege ein, so wird die Bohrung durch die Zahnmarkierung unsauber.

Die kleinste Drehzahl nimmt man für Drehbänke kleiner als für Karussellbänke und zwar wählt man n_{min} so, daß der größte Drehdurchmesser mit $v = 10 - 6$ m/Min. gedreht wird. Das Verhältnis von n_{min} zu n_{max} wird bei Drehbänken gewählt zu 1 : 20 bis 1 : 50 und mehr, bei Karussellbänken zu 1 : 12 bis 1 : 20, selten mehr. n_{min} muß für Karussellbänke größer genommen werden, so, daß der größte Drehdurchmesser mit $v = 12 - 15$ m/Min. bearbeitet wird, weil man sonst die nötigen Bohrgeschwindigkeiten nicht herausbekommt.

Wie aus Fig. 20 ersichtlich, werden auch bei Einhaltung einer geometrischen Reihe die Intervalle für die Werte der wirtschaftlichen Schnittgeschwindigkeit bei größeren Werkstückdurchmessern bedeutend größer als für kleine. Wollte man diesen Nachteil der geometrischen Reihe umgehen, so müßte man ganz von einer Reihe absehen, denn bei der arithmetischen Reihe tritt er in noch viel höherem Maße ein.

Die Stufenscheiben findet man fast durchweg arithmetisch abgestuft, obwohl dies strenggenommen nicht richtig ist, weil eine arithmetisch abgestufte Stufenscheibe nur annähernd geometrische Reihen der Übersetzungsverhältnisse ergibt. Jedoch weichen bei Stufenscheiben mit großer Stufenzahl, deren Durchmesser eine arithmetische Reihe bilden, die Umlaufzahlen nur wenig von einer geometrischen Reihe ab. Bei einer 5stufigen Scheibe von 200, 250, 300, 350 und 400 mm $\varnothing$ und 120 Umdrehungen der Vorgelegewelle würden sich, wenn beide Stufenscheiben auf der Vorgelegewelle und der Hauptspindel gleich groß genommen werden, und die größte und kleinste Drehzahl der Hauptspindel auf $n_{max} = 240$ und $n_{min} = 60$ festgelegt werden, die Drehzahlen der Hauptspindel ergeben zu

$$n_1 = 240. \quad n_2 = 120 \cdot \frac{350}{300} = 168. \quad n_3 = 120 \cdot \frac{300}{250} = 120.$$

$$n_4 = 120 \cdot \frac{250}{350} = 86 \text{ und } n_5 = 120 \cdot \frac{200}{400} = 60.$$

Die Fig. 33, die man auch als Drehzahlkurve bezeichnen könnte, zeigt die Abstufung graphisch; die Drehzahlen 60, 120 und 240 stimmen genau, statt 86 müßte 84,84, statt 168 aber 169,68 erzielt werden, um genau eine geometrische Reihe zu erhalten. Die Abweichung ist so gering, daß sie für die Werkstatt ganz ohne Belang ist.

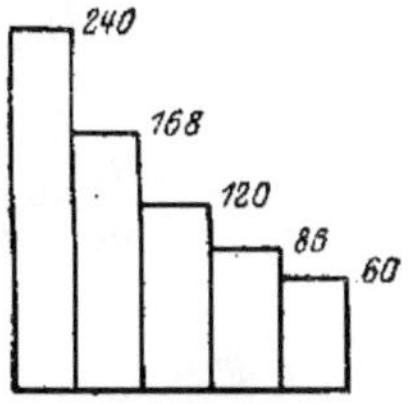

Fig. 33.

Stuft man die Übersetzungsverhältnisse endgültig nach einer geometrischen Reihe ab, also nach

$$i_1 \,.\, i_2 = i_1 \varphi, \; i_3 = i_1 \varphi^2, \text{ usw.},$$

so ergeben sich unter Einhaltung der Bedingung, daß die Summe der Durchmesser miteinander arbeitender Stufenpaare konstant sein muß, und der Regel, daß von zwei miteinander arbeitenden Stufendurchmessern der eine nie mehr als doppelt so groß sein darf, wie der andere, weil sonst der Umschlingungsbogen zu ungünstig würde, woraus sich wiederum von selbst die Forderung gleicher Abmessungen für beide

Stufenscheiben ergibt, deren äußere Stufenpaare dieses Grenzverhältnis $^1/_2$ nicht überschreiten dürfen, folgende Verhältnisse.

Bei gleichen Stufenscheiben sind die Stufendurchmesser

$$\frac{d_I}{d_1} = \frac{1}{\sqrt{\varphi^{m-1}}}, \quad \frac{d_2}{d_{m-1}} = \frac{1}{\sqrt{\varphi^{m-3}}}, \quad \frac{d_3}{d_{m-2}} = \frac{1}{\sqrt{\varphi^{m-5}}} \text{ usw.,}$$

wenn m die Stufenzahl bedeutet.

Für die 2stufige Scheibe gilt somit (Fig. 34)

$$\frac{d_I}{d_1} = \frac{1}{\sqrt{\varphi^{2-1}}} = \frac{1}{\sqrt{\varphi}} \quad \text{und} \quad \frac{d_{II}}{d_2} = \frac{\sqrt{\varphi}}{1}$$

Nun ist bekanntlich

$$\frac{d_{max}}{d_{min}} = \sqrt{\frac{n_{max}}{n_{min}}}$$

oder

$$\frac{n_{max}}{n_{min}} = \left(\frac{d_{max}}{d_{min}}\right)^2$$

daher

$$\varphi = \frac{n_2}{n_1} = \left(\frac{d_1}{d_2}\right)^2 = \left(\frac{2}{1}\right)^2 = 4.$$

Also

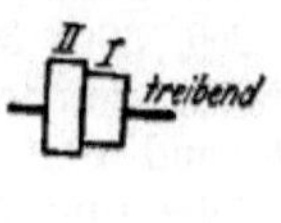

Fig. 34.

$\frac{d_I}{d_1}$	$\frac{d_{II}}{d_2}$
$\frac{1}{\sqrt{\varphi}}$	$\sqrt{\varphi}$
$\frac{1}{2}$	2

$\varphi = 4.$

Für die 3stufige Scheibe gilt (Fig. 35)

$$\frac{d_I}{d_1} = \frac{1}{\sqrt{\varphi^{3-1}}} = \frac{1}{\varphi}; \quad \frac{d_{II}}{d_2} = \frac{1}{\sqrt{\varphi^{3-3}}} = \frac{1}{1}.$$

$$\frac{n_3}{n_1} = \left(\frac{d_1}{d_3}\right)^2 = \frac{2^2}{1} = 4; \quad \varphi = \sqrt{\frac{n_3}{n_1}} = \sqrt{4} = 2.$$

Also

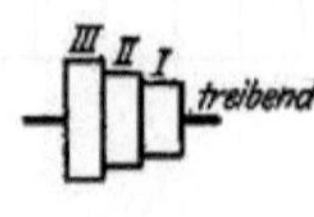

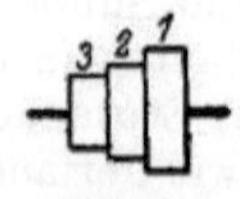

Fig. 35.

$\frac{d_I}{d_1}$	$\frac{d_{II}}{d_2}$	$\frac{d_{III}}{d_3}$
$\frac{1}{\varphi}$	$\frac{1}{1}$	φ
$\frac{1}{2}$	1	2

$\varphi = 2.$

Für die 4stufige Scheibe gilt (Fig. 36)

$$\frac{d_I}{d_1} = \frac{1}{\sqrt{\varphi^{4-1}}} = \frac{1}{\sqrt{\varphi^3}}; \quad \frac{d_{II}}{d_2} = \frac{1}{\sqrt{\varphi^{4-3}}} = \frac{1}{\sqrt{\varphi}}$$

$$\frac{n_4}{n_1} = \left(\frac{d_1}{d_4}\right)^2 = 4; \quad \varphi = \sqrt[3]{\frac{n_4}{n_1}} = \sqrt[3]{4} = 1{,}59.$$

Also

$\frac{d_I}{d_1}$	$\frac{d_{II}}{d_2}$	$\frac{d_{III}}{d_3}$	$\frac{d_{IV}}{d_4}$
$\frac{1}{\sqrt{\varphi^3}}$	$\frac{1}{\sqrt{\varphi}}$	$\sqrt{\varphi}$	$\sqrt{\varphi^3}$
$\frac{1}{2}$	$\frac{1}{1{,}25}$	1,25	2

$\varphi = 1{,}59.$

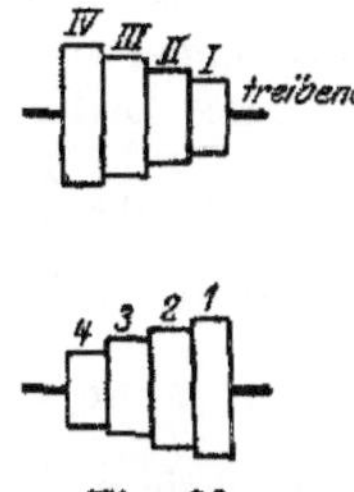

Fig. 36.

Für die 5stufige Scheibe gilt (Fig. 37)

$$\frac{d_I}{d_1} = \frac{1}{\sqrt{\varphi^4}} = \frac{1}{\varphi^2}; \quad \frac{d_{II}}{d_2} = \frac{1}{\sqrt{\varphi^2}} = \frac{1}{\varphi}; \quad \frac{d_{III}}{d_3} = \frac{1}{\sqrt{\varphi^0}} = 1$$

$$\varphi = \sqrt[4]{\frac{n_5}{n_1}} = \sqrt[4]{4} = 1{,}414.$$

Also

$\frac{d_I}{d_1}$	$\frac{d_{II}}{d_2}$	$\frac{d_{III}}{d_3}$	$\frac{d_{IV}}{d_4}$	$\frac{d_V}{d_5}$
$\frac{1}{\varphi^2}$	$\frac{1}{\varphi}$	1	φ	φ^2
$\frac{1}{2}$	$\frac{1}{1{,}414}$	1	1,414	2

$\varphi = 1{,}414.$

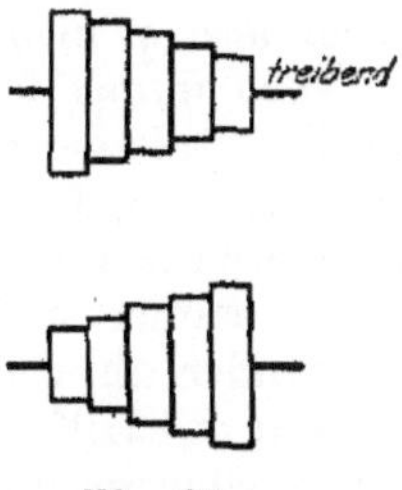

Fig. 37.

Bei gerader Stufenzahl verhalten sich also die mittleren Durchmesser wie $\frac{1}{\sqrt{\varphi}}$ und $\frac{\sqrt{\varphi}}{1}$, die links und rechts anschließenden wie $\frac{1}{\sqrt{\varphi^3}}$ und $\frac{\sqrt{\varphi^3}}{1}$. Bei ungerader Stufenzahl verhalten sich die mittelsten wie $\frac{1}{1}$, die anschließenden wie $\frac{1}{\varphi}$ und $\frac{\varphi}{1}$, wie $\frac{1}{\varphi^2}$ und $\frac{\varphi^2}{1}$ usw.

Für die 4stufige Scheibe nach Fig. 36, bei der das Verhältnis zwischen größtem und kleinstem Stufendurchmesser gemäß den aufgestellten drei Bedingungen $=\frac{2}{1}$ ist, würde sich bei $\varphi = 1{,}59$ schon ein größter Schnittgeschwindigkeitsabfall von $A = 37\%$ ergeben, also ein schon zu großer Wert. Man hat daher das Grenzverhältnis für die 3- und 4stufige Scheibe stets kleiner als $\frac{2}{1}$ zu nehmen und auch für die 5stufige Scheibe ist dies noch zu empfehlen, da bei dieser $A = 29{,}2\%$ ergibt, also immer noch ziemlich hoch.

Diese Bedingung ist bei unserer Schnelldrehbank Fig. 19 auch eingehalten, da $\frac{400}{250} > \frac{2}{1}$. Sie ist, wie leicht zu erkennen, arithmetisch abgestuft, es ist, wenn a die Abstufung der Durchmesser ist,

$$a = \frac{d_{max} - d_{min}}{m-1} = \frac{400-250}{3} = \frac{150}{3} = 50 \text{ mm}.$$

Daß sie nicht geometrisch abgestuft ist, ist leicht zu erkennen, wenn man ihre Verhältnisse nach der zu Fig. 36 gegebenen Tabelle nachrechnet. Es ergibt sich dann

$$\frac{250}{400} = \frac{1}{\sqrt{\varphi^3}} = \frac{1}{\sqrt{1{,}37^3}} = \frac{1}{1{,}6} \qquad \frac{300}{350} = \frac{1}{\sqrt{1{,}37}} = \frac{1}{1{,}17}$$

$$\frac{350}{300} = \sqrt{1{,}37} = 1{,}17 \qquad \frac{400}{250} = \sqrt{1{,}37^3} = 1{,}6,$$

oder einfacher, da $i_2 = i_1 \varphi$,

$$\frac{400}{350} = 1{,}14 \qquad \frac{350}{300} = 1{,}17 \qquad \frac{300}{250} = 1{,}2,$$

es ist also φ nicht gleichbleibend.

Noch immer fehlt es vielen Betriebsleitern an der Erfahrung und der Kenntnis der einschlägigen Verhältnisse, sie werden gut daran tun, sich sorgfältig darum zu kümmern, ob die Drehzahlenreihen ihrer Werkzeugmaschinen auch die richtige Anordnung aufweisen.

Bei keiner andern Maschine hängt der Kraftbedarf von so viel Umständen ab, wie bei der Werkzeugmaschine. Genaue Bestimmungen sind nur mit Hilfe von Messungen möglich. Die Berechnung ergibt daher nur Annäherungswerte. Es gibt zwei Wege, die Berechnung aus Schnittdruck und Schnittgeschwindigkeit, oder die Berechnung aus Spanleistung und Leergangsarbeit.

Um die für ein bestimmtes Schnittverhältnis, z. B. beim Drehen von Stahl von 50 kg Festigkeit mit $v = 12$ m/Min. Schnittgeschwindigkeit, in die Bank einzuleitende Leistung zu finden, muß erst der Schnittdruck W ermittelt werden.

Nach den Angaben der Erbauerin soll die Bank bei $v = 12$ m/Min. Schnittgeschwindigkeit und Stahl von 50 kg einen Spanquerschnitt von 18 qmm bewältigen. Das ergibt, wenn man nach den Angaben auf S. 12 $k_s = 2{,}5 \cdot k_z$ nimmt,

$$W = f \cdot 2{,}5\, k_z = 18 \cdot 2{,}5 \cdot 50 = 2250 \text{ kg},$$

folglich ist die Leistung an der Schnittstelle, da $v = 0{,}2$ mm/Min.,

$$N_1 = \frac{W \cdot v}{75} = \frac{2250 \cdot 0{,}2}{75} = 6 \text{ PS}.$$

Da die Bank zwei Vorgelege hat und man für das einzelne Vorgelege einen Wirkungsgrad 0,9 annehmen kann, also als Gesamtwirkungsgrad $0{,}9 \cdot 0{,}9 = 0{,}81$ erhält, so stellt sich die durch den Riemen in die Bank einzuleitende Leistung auf $N_2 = \frac{6}{0{,}81} = 7{,}4$ PS.

Diese Maximalleistung gibt der Riemen bei der größten auftretenden Riemengeschwindigkeit $v_{r\,max}$ ab, also wenn er auf der kleinen Stufe 250 $\varnothing$ der Hauptspindel liegt und die Bank 360 Umdrehungen macht. Es ist

$$v_{r\,max} = \frac{0{,}25 \cdot 3{,}14 \cdot 360}{60} = 4{,}7 \text{ m/Sek.},$$

also die vom Riemen zu übertragende Kraft

$$P = \frac{75 \cdot N_2}{v_{r\,max}} = \frac{75 \cdot 7{,}4}{4{,}7} = 118 \text{ kg}.$$

Die Werkzeugmaschinenfabriken rechnen mit einer pro 1 cm Riemenbreite zu übertragenden Kraft von

$p = 6-8$ kg bei kleinen Bänken,
$p = 11-12$ » » mittleren »
$p = 16-18$ » » großen »

Der Riemen für unsere Bank ist 100 mm breit, es ist also mit einer Kraft von $p = 11{,}8$ kg auf 1 cm Riemenbreite gerechnet, einem Wert, der fast $3\frac{1}{2}$mal so groß ist als der von Gehrckens[1]) zugelassene. Diese Riemenbeanspruchung stellt sich aber noch ungünstiger, wenn der Riemen mit der ungünstigsten Geschwindigkeit $v_{r\,min}$, also auf der Scheibe 400 mm $\varnothing$ läuft, d. h. bei

$$v_{r\,min} = \frac{0{,}4 \cdot 3{,}14 \cdot 140}{60} = 2{,}94 \text{ m/Sek.}$$

Der Riemenzug wird hier

$$P = \frac{75\, N_2}{v_{r\,min}} = \frac{75 \cdot 7{,}4}{2{,}94} = 189 \text{ kg}$$

und die Riemenbeanspruchung

$$p = \frac{189}{10} = 18{,}9 \text{ kg pro 1 cm Breite},$$

d. i. fast das $5\frac{1}{2}$fache des von Gehrckens zugelassenen Wertes, der für den bei unserer Bank vorliegenden Steilbetrieb noch um 20% niedriger werden müßte.

Es muß hervorgehoben werden, daß die maximale Riemengeschwindigkeit von 4,7 m recht gering ist, wenn man bedenkt, daß man für

[1]) s. Hütte, 21. Aufl., I. Bd., S. 818.

Stufenscheibenbänke heute im Mittel 8—10 m/Sek., aber auch 15 m/Sek. und mehr nimmt, für Einscheibenantrieb bis 30 m/Sek. Der letztgenannte Wert ist jedoch schon das alleräußerste und dürfte im allgemeinen die normale Grenze 18 m/Sek. sein. Es ist eben dabei die Gleitgeschwindigkeit der betr. Welle im Lager zu berücksichtigen, die für gewöhnliche Rotgußlager bis 2 m/Sek. betragen darf, für Ringschmierlager 3—$3^1/_2$ m/Sek., und für Kugellager 3—5 m/Sek.

$N_2 = 7{,}4$ PS. ist der Kraftbedarf für den Schnittantrieb, unter Berücksichtigung des Schaltantriebes würde man $N_2 = 8$ PS. annehmen müssen, der Riemenzug würde dann

$$P = \frac{75 \cdot 8}{2{,}94} = 204 \text{ kg}$$

und $p = 20{,}4 = \sim 20$ kg/cm werden.

Der Kraftbedarf, den der Vorschub verschlingt, berechnet sich aus: $\frac{\text{Vorschubkraft} \cdot \text{Vorschubgeschwindigkeit}}{75}$, wobei Vorschubkraft $= 0{,}5$ bis $0{,}8$ Schnittdruck gesetzt werden kann.

Der Riemen wird also rutschen und öfters nachgespannt werden müssen, doch ist dieser Übelstand noch als einigermaßen geringfügig zu betrachten, denn wenn sich der Betriebsingenieur einmal der Mühe unterziehen würde, die Beanspruchung der Riemen seiner Bänke nachzurechnen, würde er gegenüber den Werten von Gehrckens oft eine 10—20fache Überbelastung finden, zum mindesten aber bei allen Stufenscheibendrehbänken eine Überanstrengung wahrnehmen, die kaum unter den Wert unseres Beispiels heruntergehen dürfte. Beim Einscheibenantrieb ist es infolge der höheren Riemengeschwindigkeit sehr viel besser, hier trifft man durchwegs auf so geringe Überschreitungen, daß sie wohl zugelassen werden können.

Es darf indessen wohl behauptet werden, daß die von Gehrckens angegebenen Werte der Höchstspannungen zu sicher sind, sie sind für Transmissionsriemen angebracht, bei Drehbankriemen dagegen, weil diese nicht dauernd mit ihrer Höchstbelastung laufen, wenn auf der Bank außer geschruppt auch fertig gedreht wird, werden in der Praxis höhere Beanspruchungen gewählt, und man kann die von Gehrckens angegebenen Belastungen ohne weiteres verdoppeln. Noch höher zu gehen, ist nicht ratsam, weil sonst die Gefahr des Riemenrutschens auftritt und damit die Bank nachläßt. Die meisten Werkzeugbrüche, besonders gilt das für Bohrer, Fräser und Abstechstähle, haben darin ihren Grund.

In den meisten Taschenbüchern und Kalendern findet sich noch immer beim Riemen die Rechnung nach Quadratzentimeter Querschnitt, einer durchaus falschen Anschauung über das Wesen des Riementriebes entspringend. Wie das Diagramm auf S. 73 in Heft 132 der »Forschungsarbeiten des Vereins deutscher Ingenieure« zeigt, ist die Berechnung nach qcm Querschnitt nicht richtig, denn die dünnen Versuchsriemen von Gehrckens übertrugen nach Zentimeter Breite nahezu das Dreifache von dicken Riemen.

Für die schnelle Nachprüfung der Riemen wurde von Taylor bzw. von seinem Mitarbeiter Barth ebenfalls ein Rechenschieber konstruiert, der aber wie der schon erwähnte Taylorsche Rechenschieber in Deutschland meines Wissens noch keinen Anklang gefunden hat.

Der Einscheibenantrieb entlastet die Riemen gegenüber dem Stufenscheibenantrieb ganz erheblich, so daß die Stufenscheibenbank nur da unbedenklich am Platze ist, wo relativ geringe Kräfte zu übertragen sind, dagegen bei großen Bänken und wenn es sich um ausgesprochene Schruppleistungen handelt, wird man nur dann zu ihr greifen, wenn sehr große Geschwindigkeiten des treibenden Riemens vorliegen.

Die Anstrengung, die der Riemen zu erdulden hat, verlangt unbedingt eine sorgfältige Pflege desselben, es ist wohl zu beachten, daß neben der schon erwähnten Gleichmäßigkeit der Leistungsfähigkeit des Stahles diejenige der Transmission ein Eckpfeiler für wissenschaftliche Ausnutzung der Werkzeugmaschine ist. Die Instandhaltung der Transmission, richtige Riemenspannung und Riemenpflege sind ein erstes Erfordernis für wissenschaftlichen Betrieb. Zur dauernden Konservierung des Riemens gehört ein gutes Riemenfett, das bezweckt, daß der Riemen auf den Scheiben besser haftet bzw. mehr durchzieht und geschmeidig erhalten bleibt. Ferner darf das Riemenfett die Riemenfasern nicht angreifen und den Riemen am allerwenigsten verschmutzen oder verkleistern. Auch soll die Konsistenz bei verschiedenen Temperaturen möglichst immer die gleiche bleiben, sonst leidet der gleichmäßige Lauf der Riemen.

Mit den kauflichen Riemenschmieren wird man in den meisten Fällen keine ermutigenden Erfahrungen machen, man stellt sich daher ein Riemenfett am besten selbst her. Es muß harz- und säurefrei sein, es kommen nur Fette von reiner Qualität in Betracht. Klebrige Zusätze wie Harz oder Kolophonium sind unbedingt zu vermeiden. Nicht jedes Öl oder Fett ist brauchbar, gewöhnliches Mineralschmieröl, wie überhaupt mineralische Öle und Fette, alte verunreinigte oder säurehaltige Fette oder Mineralien, die freie Fettsäuren enthalten, dürfen nicht verwendet werden.

Ein vorzügliches Riemenfett erhält man aus 1 Teil Bienenwachs und 10 Teilen Klauenfett. Man schmilzt zuerst langsam das Bienenwachs und setzt unter stetem Umrühren langsam das Klauenfett zu. — Ein gutes Riemenfett ergeben ferner 1—2 Teile heißer Talg und 3 Teile Tran, auch hier ist auf gründliche Durchmischung bei der Zusammensetzung zu achten. Statt dieser Mischung kann auch reiner Rindertalg allein verwandt werden. — Weitere Rezepte sind: 2 Teile Rohtalg, 1 Teil technisches Rizinusöl und 1 Teil Fischtran, zusammengeschmolzen und so lange umgerührt, bis sie erkaltet sind und eine feste Masse bilden. — In 4 kg Rizinusöl werden 800 g Talg geschmolzen, worauf dieser Masse unter stetem Umrühren und natürlich im warmen Zustande 16 g Gummipulver und 80 g fein gepulverter Borax zugesetzt wird. Aufgetragen wird dieses Riemenfett mit einer weichen Bürste. — 9 Teile Leinöl und 4 Teile fein gebeutelte Bleiglätte läßt man mit etwas Wasser so lange kochen, bis das Gemisch anfängt, eine zähe Masse zu bilden.

Darauf läßt man die Masse etwas erkalten und fügt dann, aber immer noch im warmen Zustande, so viel Terpentin- oder Rüböl hinzu, bis die Masse einen sahnenartigen Charakter annimmt. Unter stetem Umrühren läßt man sie dann vollends erkalten.

Ein Riemenfett kann natürlich nur von guter Wirkung sein, wenn es in die Lederzellen ordentlich eindringen kann. Die Riemenporen müssen also offen sein, d. h. der Riemen muß ganz sauber sein, also gründlich gereinigt werden. Zwecks Reinigung wäscht man ihn mit lauwarmem Seifenwasser oder mit einer schwachen, lauwarmen Sodawasserlösung tüchtig ab, bis er ganz sauber ist, bürstet ihn darauf in einem Bade reinen, ebenfalls lauwarmen Wassers ab und reibt ihn dann tüchtig ab und läßt ihn sorgfältig trocknen. Völliges Durchweichen des Riemens ist möglichst zu vermeiden. Halb getrocknet wird er mit dem Riemenfett auf beiden Seiten eingefettet, aber nicht übermäßig.

Ist der Riemen zu stark durchfettet und infolgedessen zu weich, so entfettet man ihn durch Auftragen eines dicken Breies aus gepulvertem Ton (Pfeifenerde) mit Benzin. Nach Eintrocknen dieses Breies wird das aufsitzende trockene Pulver abgebürstet.

Daß die Stufenscheibe bei Verwendung auf Schruppdrehbänken, ganz abgesehen davon, daß der Riemen mehr rutscht als bei Einscheibenantrieb, da er nicht so stark angespannt werden darf, nicht immer die besten Resultate ergibt, zeigt auch Fig. 38. Wenn der Riemen auf der Stufe 400 Φ, also mit $v_{r\,min} = 2{,}94$ m/Sek., läuft, so wird die Leistung der Bank entsprechend kleiner und zwar im Verhältnis

$$\frac{N_{max}}{N_{min}} = \frac{d_{max}}{d_{min}} = \frac{v_{max}}{v_{min}}.$$

Also

$$N_{min} = \frac{v_{min} \cdot N_{max}}{v_{max}} = \frac{2{,}94 \cdot 7{,}4}{4{,}7} = 4{,}6 \text{ PS}.$$

Die Leistung an der Schnittstelle wird $4{,}6 \cdot 0{,}81 = 3{,}7$ PS.

Der Schnittdruck verringert sich auf

$$W = \frac{3{,}7 \cdot 75}{0{,}2} = 1390 \text{ kg}$$

und für $k_s = 2{,}5\, k_z$ erniedrigt sich der Spanquerschnitt auf

$$f = \frac{1390}{2{,}5 \cdot 50} = 11 \text{ qmm}.$$

Nimmt man $k_s = 3\, k_z$, so wird

$$f = \frac{1390}{3 \cdot 50} = 9{,}3 \text{ qmm}.$$

Bei größeren Schnittgeschwindigkeiten als unserer Untersuchung zugrunde gelegt, also beim Drehen weicherer Materialien, wird der Schnittwiderstand noch kleiner und damit auch der Spanquerschnitt.

Diese Tatsache der geringeren Spanleistung wird von der Werkstatt oft übersehen und nicht bedacht, daß die Bank die vom Erbauer angegebenen Höchstleistungen nur hergibt, wenn der Riemen die vorgeschriebene Geschwindigkeit hat.

Bei der Leistung $N_{min} = 4{,}6$ PS. ist natürlich die Umfangskraft des Riemens die gleiche wie bei $N_{max} = 7{,}4$ PS., nämlich

$$P = \frac{75 \cdot 4{,}6}{2{,}94} = 118 \text{ kg}.$$

Soll die Bank bei obiger Riemenlage statt 11 qmm Span 18 qmm nehmen, so kann dies natürlich nur unter entsprechender Überanstrengung des Riemens geschehen, die Beanspruchung desselben wird hier auf 18,9 kg/cm Breite anwachsen, wie schon vorhin gezeigt wurde.

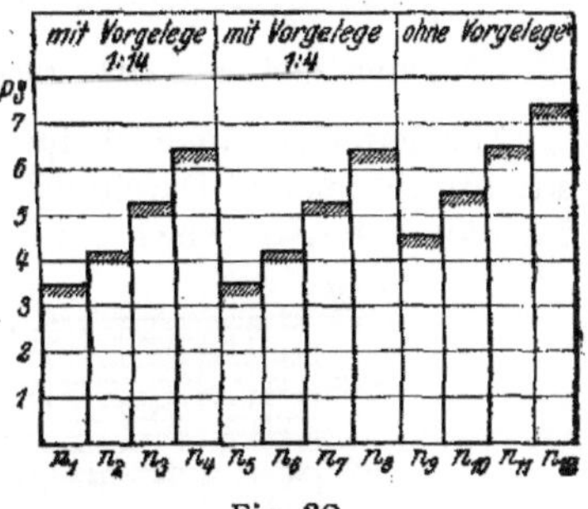

Fig. 38.

Je nach der Riemenlage ist also die Drehbankleistung eine verschiedene, sie ist bei n_{12} am größten, nämlich 7,4 PS., bei n_9 am kleinsten, nämlich 4,6 PS. Durch Einschalten des Rädervorgeleges 1 : 4 würden diese Leistungen noch etwas kleiner um den Betrag, um den das Vorgelege den Wirkungsgrad herabdrückt, beim Vorgelege 1 : 14 sind die Leistungen dieselben wie bei Vorgelege 1 : 4.

Der Einfluß der wechselnden Riemengeschwindigkeit ist deutlich zu erkennen aus Fig. 38, welche zeigt, daß beim Übergang von n_4 auf n_5 und von n_8 auf n_9 ein sturzweises Abnehmen der Schnittleistung stattfindet. Dieser plötzliche Abfall ist aber an der Stelle zwischen n_4—n_5 für die Werkstatt unangenehm, da für das am meisten auf der Bank zur Verarbeitung kommende Material, Stahl II, für den die Schnittgeschwindigkeiten nach Fig. 21 zwischen 13—18 m/Min. schwanken, gerade bei den für Schruppleistungen in Betracht kommenden Werkstückdurchmessern von 100—300 mm (300 Ø als größter unter dem Support freigehender Durchmesser) die Drehzahlen n_2 bis n_6 in Frage kommen; das sind aber gerade die mittleren Drehzahlen, zwischen denen der Leistungsabfall auftritt. In Fig. 20 ist durch Schraffur der Teil hervorgehoben, der den angeführten Schruppleistungen entspricht.

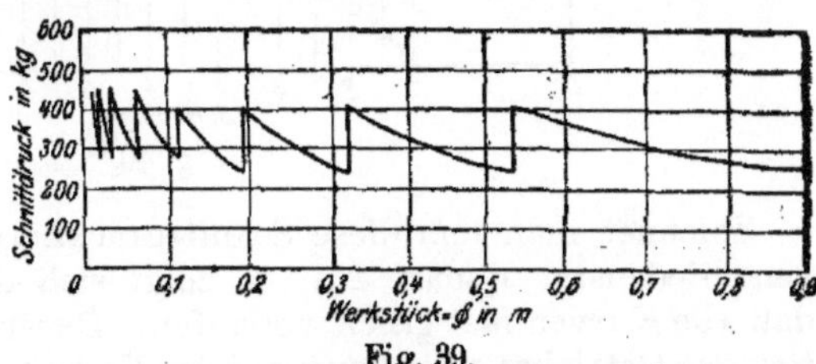

Fig. 39.

An Bänken, bei denen dieser Leistungsabfall zu groß ist, kann es vorkommen, daß der Riemen auf einer Stufe noch gut durchzieht, auf der nächsten aber plötzlich zu rutschen anfängt, wobei natürlich alles Nachspannen des Riemens nicht viel Zweck hat, die Beanspruchung desselben ist dann eben zu groß.

Um die Sprünge der Schnittkraftverhältnisse besser zu erkennen, trägt man die größten Schnittkräfte im Ordinatensystem als Ordinate und den Durchmesser des Arbeitsstückes als Abszisse auf (Fig. 39). Der größte Schnittdruck W berechnet sich hierbei aus folgender Gleichung:

$$W = P \cdot \frac{d}{D} \cdot i \cdot \eta, \quad \text{worin}$$

P den maximalen Riemenzug,
d » Riemenscheibendurchmesser,
D » Durchmesser des Werkstückes,
$\frac{1}{i}$ das Übersetzungsverhältnis der Rädervorgelege,
η den Getriebewirkungsgrad bezeichnet.

Aus dem Diagramm ist das allmähliche Ansteigen des Schnittdruckes mit abnehmendem Durchmesser des Werkstückes zu erkennen, ebenso das plötzliche Abnehmen bei Einschaltung einer kleineren Stufenscheibe.

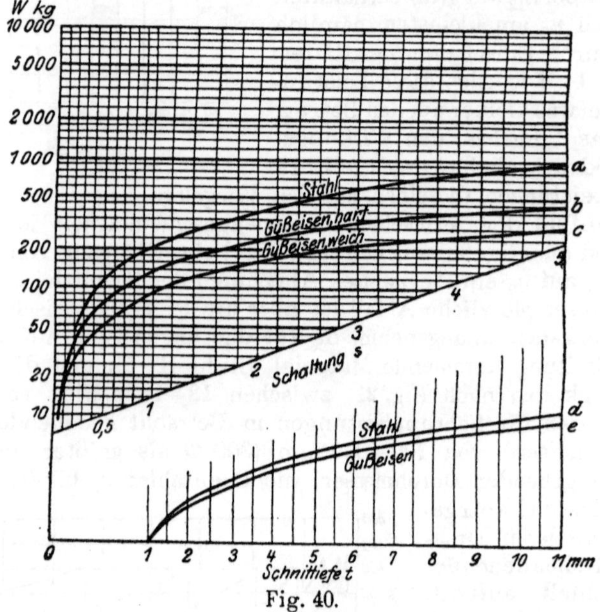

Fig. 40.

Zeichnet man nun diese Schnittdruckkurven für eine Reihe Bänke verschiedenster Bauart auf, so zeigt sich das interessante Ergebnis, daß alle Kurven fast gleich verlaufen. Daraus folgt, daß die Konstruktion des Getriebes einer Bank auf den Verlauf des Maximalschnittdruckes keinen Einfluß hat. Für die Auswahl einer Bank kommen daher nur die Anschaffungskosten, bequeme Bedienung, Betriebssicherheit und Wirkungsgrad in Frage.

Wenn Schnittiefe und Vorschub bekannt sind, kann übrigens der Schnittdruck W auch genauer ermittelt werden nach den auf S. 14 schon gegebenen Taylorschen Formeln

$$W = 88 \cdot s^{\frac{3}{4}} \cdot t^{\frac{14}{15}} \text{ kg für weiches Gußeisen,}$$
$$= 138 \,.\, s^{\frac{3}{4}} \cdot t^{\frac{14}{15}} \text{ » » hartes »}$$
$$= 200 \,.\, s^{\frac{14}{15}} \cdot t \text{ » » mittelharten Stahl.}$$

Zur leichteren Auffindung des Zerspanungswiderstandes sind diese Formeln graphisch in logarithmisch geteiltem Netz aufgetragen (Fig. 40), und zwar stellen die Kurven a—e dar:

a) $200 \cdot s^{\frac{14}{15}}$, b) $138\, s^{\frac{3}{4}}$, c) $88\, s^{\frac{3}{4}}$, d) t und e) $t^{\frac{14}{15}}$.

Setzt man den oben angegebenen Spanquerschnitt $f = 18$ qmm zusammen aus $t = 9$ und $s = 2$ mm, so hat man die durch d bestimmte Ordinate für $s = 2$ mm anzusetzen und liest ab $W = 3500$ kg, also erheblich mehr als der auf S. 61 erhaltene Wert.

In neuerer Zeit ist es der Elektrotechnik gelungen, Elektromotoren zu bauen, die selbst bei niedrigen Drehzahlen günstige Wirkungsgrade ergeben, durch den Gleichstromnebenschlußmotor ist die für den Werkzeugmaschinenbau so wichtige Regelung der Drehzahl von Elektromotoren ziemlich befriedigend gelöst.

Die Leistung eines Reguliermotors ist für dasselbe Modell von der verlangten Drehzahl abhängig, derart, daß mit steigender Leistung die Drehzahl abnimmt, jedoch nicht proportional, weil die Wärmeabführung des Motors bei abnehmender Drehzahl infolge der geringeren Luftzirkulation vermindert wird.

Die Feldschwächung, die durch den Nebenschlußregulierwiderstand erfolgt, gestattet ein beinahe verlustloses Hochregulieren der Drehzahlen des Motors und durch den Wendepolstufenmotor, der schon für Erhöhung der Umlaufzahlen im Verhältnis bis zu 4 : 1 und mehr gebaut wird, ist man in der Lage, zwischen die infolge der Stufensprünge der Stufenscheibe entstandenen großen Lücken unterteilende Geschwindigkeitsstufen einzuschieben, deren Drehzahlen dann natürlich auch geometrisch angeordnet werden müssen.

Da für Elektromotoren ein Abfall der Drehzahlen von 5—10% als zulässig gilt, hat es keinen Sinn, zu kleine Sprünge von φ zu fordern und man ermittelt φ am besten aus

$$A = \frac{\varphi - 1}{\varphi} \geqq 10\% .$$

Durch den Reguliermotor erreicht man also eine Erhöhung der größten und eine Erniedrigung der kleinsten Drehzahl der Werkzeugmaschine. Die Regulierung wird dabei so verteilt, daß bei einem Regulierbereich des Motors von 1 : 2 die zu erzielenden Grenzdrehzahlen

$$n_{max} = \sqrt{2} \cdot \text{größte in der Bank vorhandene Drehzahl,}$$
$$n_{min} = \frac{1}{\sqrt{2}} \cdot \text{kleinste » » » »}$$

bei Regulierbereich 1 : 3

$$n_{max} = \sqrt{3} \cdot \text{größte in der Bank vorhandene Drehzahl,}$$
$$n_{min} = \frac{1}{\sqrt{3}} \cdot \text{kleinste » » » » usw. wird.}$$

Die Bedeutung des Reguliermotors für die Hobelmaschine und für größere Werkzeugmaschinen, wo Gruppenantrieb nicht in Frage kommen kann, ist nicht anzufechten, für mittlere und kleine Werkzeugmaschinen dagegen ist seine Anwendung meines Erachtens zu kostspielig. Für solche Bänke stellt sich der Stufenräderkasten immer noch ein gut Teil billiger als der Reguliermotor.

Der Vorteil des Stufenmotors für den Antrieb größerer Werkzeugmaschinen läßt sich am besten an einem Beispiel zeigen. Es werde eine Karussellbank von 3 m Drehdurchmesser mit Transmissionsantrieb angenommen, auf der in der Hauptsache Guß- und Stahlgußstücke bearbeitet werden, wofür Schnittgeschwindigkeiten von 10—20 m/Min. in Frage kommen. Die mit dem Transmissionsantrieb erzielten Drehzahlen der Planscheibe sind:

Riemen auf Stufe	Mit Zahnradübersetzung	Ohne Übersetzung
1	0,63	7,5
2	1,07	10,3
3	1,2	14
4	1,5	18,5
5	2	24,3
6	2,7	32,3
7	3,8	45,5

Der Geschwindigkeitszuwachs von Stufe zu Stufe ist also 36%, zwischen der höchsten Geschwindigkeit mit Zahnradübersetzung und der niedrigsten mit bloßem Riemenantrieb sogar 100%. Nun sind für die verschiedenen in Betracht kommenden Drehdurchmesser und Schnittgeschwindigkeiten die zugehörigen Drehzahlen:

Durchmesser mm	Schnittgeschwindigkeit m/Min. 9	12	15	18	20
	Drehzahlen/Min.				
300	9,5	12,7	15,9	19,1	21,2
600	4,8	6,4	7,9	9,5	10,6
900	3,2	4,2	5,3	6,4	7
1200	2,4	3,2	3,9	4,8	5,3
1500	1,9	2,6	3,2	3,8	4,2
1800	1,6	2,1	2,6	3,2	3,5
2000	1,4	1,9	2,4	2,9	3,2
2400	1,2	1,6	2	2,4	2,7
2700	1	1,4	1,7	2,1	2,4
3000	0,9	1,3	1,6	1,9	2,1

Wenn man die in dieser Tabelle aufgestellten Drehzahlen mit den Drehzahlen des Transmissionsantriebes in obiger Aufstellung vergleicht, so sieht man, daß bei 900 mm Ø Schnittgeschwindigkeiten zwischen 12 und 18 m nicht zu erreichen sind, und bei 1200 mm Ø Schnittgeschwindigkeiten zwischen 15 und 20 m ebenfalls nicht erzielt werden können.

Die auf der Maschine zu leistenden Arbeiten erfordern nun aber gerade Schnittgeschwindigkeiten zwischen 10 und 20 m und ein großer

Bruchteil der Arbeiten ist auf einem Durchmesser von 900 bis 1200 mm auszuführen. Um nun wirtschaftlich drehen zu können, wurde ein Stufenmotor an Stelle des Transmissionsantriebes eingebaut, dessen Drehzahl von 375 auf 1500 pro Min. geändert werden kann, also mit einem Regulierbereich von 1 : 4. Der Motor ist mit 16stufigem Schalter versehen, mit dem nun folgende Drehzahlen erreicht werden können:

Schalter auf	Drehzahlen bei eingeschalteter Übersetzung	Drehzahlen ohne Übersetzung
1	1,1	5
2	1,21	5,5
3	1,32	6
4	1,45	6,6
5	1,60	7,3
6	1,75	7,9
7	1,95	8,7
8	2,1	9,5
9	2,3	10,4
10	2,53	11,5
11	2,77	12,6
12	3,04	13,8
13	3,34	15,2
14	3,66	16,7
15	4,01	18,2
16	4,4	20

Bei dieser Anordnung sind die Geschwindigkeiten in 32 Stufen mit 10% Geschwindigkeitszuwachs pro Stufe von 1,1 bis 20 veränderlich. Vergleicht man diese Drehzahlen mit den vorhin für die Schnittgeschwindigkeiten 9 bis 20 m aufgestellten Drehzahlen, so sieht man, daß praktisch jede Drehzahl für jeden in Betracht kommenden Durchmesser erzielt werden kann, weil der Drehdurchmesser zwischen 900 und 3000 schwankt und der größte Teil der Arbeiten auf Durchmessern zwischen 900 und 1500 mm ausgeführt wird. Mehr als 20 Umdrehungen sind nie erforderlich, weil Durchmesser von 300 und weniger auf der Bank nie zur Bearbeitung kommen, und Drehzahlen unter 1,1 sind ebenfalls nutzlos.

Es waren demnach von den 14 bei Transmissionsantrieb möglichen Drehzahlen 5 überhaupt unnötig, während die übrigen 9 Drehzahlen nur in sehr wenig Fällen wirksam ausgenutzt werden konnten. Es ist also durch den Reguliermotorantrieb eine beträchtliche Zeitersparnis gewonnen, durch die sich die Kosten der Umänderung in $1\,^1/_2$ Jahren vollständig bezahlt gemacht haben.

Schaltantrieb. Entgegen dem Haupt- oder Schnittantrieb können beim Schaltantrieb, weil hier die Durchmesser vom Werkstück ohne Einfluß sind, die Vorschübe auch nach einer arithmetischen Reihe angeordnet sein in den Fällen, wo alle Drehzahlen der getriebenen Schaltwelle von einer einzigen treibenden Welle mit gleichbleibender Drehzahl abgeleitet werden[1]). In allen anderen Fällen ordnet man

[1]) s. Adler: »Umlaufreihen bei Werkzeugmaschinen«, Z. V. d. I. 1907.

möglichst den Schaltantrieb nach einer geometrischen Reihe an, jedoch ist das bei Drehbänken, wo der Schaltantrieb auch für das Gewindeschneiden eingerichtet sein muß, nicht immer möglich, eine der Reihen innezuhalten. So bildet z. B. das Nortongetriebe weder eine geometrische noch eine arithmetische Reihe, weshalb es für den Schnittantrieb nicht zu gebrauchen ist. Der Sprung der Reihe für die Schaltvorschübe soll natürlich kleiner sein als der für die Drehzahlen des Schnittantriebes.

Die Vorschübe der Schnelldrehbank Fig. 19 sind nicht geometrisch abgestuft, doch soll, um den Umfang des Buches nicht zu sehr wachsen zu lassen, von einer Durchrechnung hier abgesehen werden, sie ist ohnedies einfach und bietet keinerlei Schwierigkeiten.

Wenn man bedenkt, daß infolge anderweitiger Beschränkungen, die hauptsächlich von der Werkstatt in ihrem Streben nach Normalisierung und Verbilligung der Fabrikation ausgehen, es fast nicht möglich ist, eine Werkzeugmaschine zu bauen, die allen theoretischen Forderungen voll entspricht, so muß also gesagt werden, daß die Schnelldrehbank Fig. 19 durchweg günstige Verhältnisse aufweist.

Im Kraftmaschinenbau ist es seit Jahren üblich, die Maschine vor der Übernahme auf das eingehendste auf Leistung usw. zu untersuchen, ob nun die Maschine schon in der Werkstatt auf dem Prüffelde solchen Leistungsversuchen unterworfen wurde oder nicht. Im Werkzeugmaschinenbau ist diese für den Käufer so wichtige Praxis leider noch lange nicht die Regel. Er begnügt sich mit der vom Fabrikanten angegebenen Höhe des Kraftbedarfes, um dementsprechend Aufstellung und Kraftzuleitung vornehmen zu können, allenfalls nimmt er noch eine beschränkte Genauigkeitsprüfung vor, weiter nichts. Nur in großen fortschrittlich geleiteten Werken kontrolliert man die stündlich erzeugte Spanmenge, nach der man den Wert der Maschine beurteilt, den Kraftverbrauch und fragt nach dem Wirkungsgrad. Die richtige Durchführung von Leistungsversuchen, bei denen die Abbremsung der eingeleiteten Kraft entweder durch Zerspanungsversuche oder durch Reibung mittels Pronyschen Zaunes erfolgt, ist allerdings auch ungleich schwieriger und kostspieliger und nimmt viel mehr Zeit in Anspruch als solche im Kraftmaschinenbau. Deshalb ist es für den Betriebsmann wichtig, sich an Hand der vorgezeichneten Nachrechnung der Bank so weit als möglich ein klares Bild zu machen, um Vorzüge und Schwächen der verschiedenen Fabrikate erkennen und bei Neuanschaffungen die gewonnenen Erkenntnisse berücksichtigen zu können. Wenn Zeit und Umstände es ermöglichen, kann er an Hand der Nachrechnung fehlerhaft gebaute Maschinen in Ordnung bringen und so für seinen Betrieb die günstigsten Verhältnisse schaffen. Derartige Abänderungen fehlerhaft durchkonstruierter Bänke sind meist mit verhältnismäßig geringen Kosten durchzuführen, wenn der Betriebsleiter sich nur genügend in die Konstruktion der Werkzeugmaschinen vertieft, die in seinem Betriebe stehen.

Wie dabei vorzugehen ist, geht aus dem Bisherigen hervor. Haben wir beispielsweise eine 4stufige Drehbank mit doppeltem Vorgelege, deren errechnete Drehzahlen in dem logarithmischen Feld Fig. 41

die gebrochene Linie ergeben, weil die Drehzahlen nicht geometrisch abgestuft sind, sondern von n_1 bis n_4 wachsen, dann einen häßlichen Sprung rückwärts auf n_5 machen, von n_5 bis n_8 wieder gleichmäßig ansteigen, von n_8 bis n_9 einen ganz belanglosen Unterschied aufweisen und schließlich bei n_{12} plötzlich wieder abfallen auf n_{13}, so besteht die Aufgabe darin, die Drehzahlenreihe so abzuändern, daß sie auf die gerade, gestrichelte Linie zu liegen kommt, die natürlich mit ihren Endpunkten n_1 und n_{16} so gewählt werden muß, daß die dadurch bedingte Umänderung der Bank am einfachsten ausfällt. Zunächst ist schon ohne weiteres ersichtlich, daß von den Drehzahlen n_8 und n_9 eine zu entbehren ist, da sie zu nahe beieinander liegen.

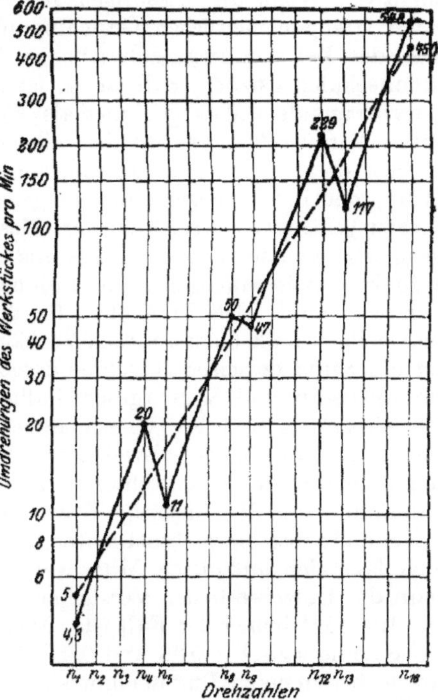

Fig. 41.

Des weiteren hat man sich klar zu machen, daß an dem häßlichen Verlauf der Drehzahlenkurve die Antriebscheibe oder -scheiben die Schuld nicht allein tragen können, denn durch Änderung der Durchmesser derselben würde man nur erreichen, daß die Zickzackkurve sich parallel zu sich selbst nach oben oder unten verschöbe, ohne ihren Charakter zu ändern.

Für die Abänderung kommen somit stets die beiden Stufenscheiben auf dem Deckenvorgelege und der Hauptspindel, für die nur ein Gußmodell benutzt werden soll, das Rädervorgelege und die Scheiben auf der Transmission in Frage. Ob diese Teile sämtlich geändert werden müssen oder nur ein Teil von ihnen und welcher, ist leicht durch die Nachrechnung der φ für die Grenzdrehzahlen, für die Übersetzung des Rädervorgeleges und für die Stufenscheiben zu erweisen. In unserem Falle ist zwischen dem φ aus den beiden Grenzdrehzahlen und dem aus der Übersetzung des Rädervorgeleges ein so geringer Unterschied, daß er wesentliche Fehler in die Reihe nicht hineinbringen kann, folglich muß der Fehler bei dem durch die Stufenscheiben vermittelten Stufensprung liegen. Mit anderen Worten, die Durchmesser der Stufenscheiben sind nicht in Übereinstimmung mit den Zähnezahlen des Rädervorgeleges zu bringen, und man wird sich entschließen müssen, entweder die Stufenscheiben beizubehalten und das Rädervorgelege abzuändern, oder umgekehrt. In unserem Falle ist die geometrische Reihe lediglich durch Abänderung der beiden Stufenscheiben und der Scheiben auf der Transmissionswelle zu erreichen.

Wenn vorhin gesagt wurde, daß man die Leistungsfähigkeit der Drehbank nach der stündlich erzeugten Spanmenge und dem Kraftverbrauch bemißt, so macht es die in weitesten Kreisen herrschende Unklarheit und Verwirrung notwendig, im folgenden den Begriff »Leistungsfähigkeit« einer Werkzeugmaschine noch näher zu erläutern und zu untersuchen, was man darunter alles verstehen kann und wie Leistungsangaben zu bewerten sind.

Wie schon erwähnt, ist die stündliche Spanmenge, die auf der Maschine abgenommen werden kann, eine sehr beliebte Form der Leistungsangabe. Wenn die Messungen für die verschiedenen Fabrikate alle nach streng einheitlichen Gesichtspunkten vorgenommen worden sind, wie das bei den wissenschaftlichen Untersuchungen der technischen Hochschulen usw. der Fall ist, so ist diese Art der Leistungsangabe in hervorragendem Maße geeignet als Wertung der Maschine. Weil aber diese Voraussetzungen für den allgemeinen Fall nicht gegeben sind, so hat diese Form der Leistungsangabe auch nicht den praktischen Wert, der ihr im allgemeinen beigemessen wird. Zum Vergleich der Leistungsfähigkeit verschiedener Maschinenfabrikate sind sie unzuverlässig, weil sie nicht das Ergebnis einer auf gemeinsamer Grundlage aufgebauten Rechnung oder nach einheitlichen Grundsätzen angestellter Versuche sind. Die Versuche, die diesen Angaben zugrunde liegen, sind vielmehr alle unter anderen Verhältnissen angestellt worden. Selbst bei einer und derselben Maschine ergeben sich bei verschiedenen Drehdurchmessern und Schnittgeschwindigkeiten, verschiedener Form der Schneidkanten und bei verschiedenen Schnittiefen und Vorschüben sehr stark voneinander abweichende Resultate. Man kann nun allerdings aus einer Reihe einzelner Versuche Mittelwerte über den Schnittwiderstand und über diejenige Kraft, die zum Abnehmen von 1 kg Späne pro Stunde bei einem bestimmten Material notwendig ist, aufstellen, doch läßt sich mit diesen Mittelwerten praktisch nicht viel anfangen, wenn die Einzelwerte der Versuchsreihe in sehr weiten Grenzen liegen, wie dies fast immer der Fall ist. Wenn z. B. der Kraftbedarf pro kg und Stunde zwischen 0,06 und 0,2 PS. schwankt, so ist der Wert eines daraus berechneten Durchschnittskraftbedarfs doch sehr zweifelhaft. Die Unzuverlässigkeit derartiger Angaben tritt aber noch krasser zutage, wenn man bedenkt, daß die Begriffe »Höchstleistung« und »Dauerleistung«, die doch bei der Leistungsangabe in irgendeiner Form berücksichtigt werden müssen, von jedem anders definiert werden, und zwar so, wie es ihm gerade paßt. Ein objektiver Vergleich zweier von verschiedenen Seiten gemachten Angaben über das erreichbare stündliche Spangewicht ist daher gar nicht möglich.

Ein anderer Maßstab für die Leistungsfähigkeit ist die Durchzugskraft, gemessen bei Hobelmaschinen an der Tischfläche, bei Drehbänken an einem bestimmten Drehdurchmesser, also allgemein am Angriffspunkt des Werkzeuges. Dieser Maßstab ist schon korrekter als der erstere, weil er als Grundlage den Riemenzug und die Übersetzungsverhältnisse des Antriebsmechanismus hat. Wenn man dabei angibt, wieviel Riemenzug pro cm Riemenbreite der Rechnung zugrunde liegt, so lassen sich mit diesen Angaben immerhin Vergleiche anstellen, wenn auch, wie sich nachher zeigen wird, die Durchzugskraft allein für die Beurteilung der Leistungsfähigkeit noch nicht genügt. Sonderlich beliebt ist diese Form der Leistungsangabe gerade nicht und zwar wohl deshalb, weil der Begriff Durchzugskraft für das Vorstellungsvermögen unpraktisch ist. Jemand, der nicht tagtäglich mit diesen Zahlen zu tun hat, weiß eine derartige Angabe kaum richtig einzuschätzen, er kann im Augenblick nicht beurteilen, ob 1000 kg Durchzugskraft bei einer bestimmten Maschine viel oder wenig ist. Mit dem stündlichen Spangewicht dagegen kann man den Werkstättenleitern schon viel mehr imponieren, weil sich jeder dabei etwas Greifbares vorstellen kann.

Wie schon erwähnt, ist die Durchzugskraft allein noch kein Maßstab für die Leistung, denn sie ist keine Arbeitsleistung, sondern nur ein Teil derselben; der andere Faktor ist die Geschwindigkeit, bei welcher diese Durchzugskraft verfügbar ist, denn erst das Produkt aus Kraft und Geschwindigkeit gibt eine Arbeit. Diese Grundregel der Mechanik wird vielfach außer acht gelassen, was dann zu Mißverständnissen und Trugschlüssen Anlaß gibt. An einem Beispiel läßt sich dies am besten klarmachen.

Die Antriebsverhältnisse einer Drehbank mit Einscheibenantrieb und Räderkastenspindelstock seien so, daß bei einer Gesamträderübersetzung von 1 : 10 am größten Drehdurchmesser über dem Bett 800 kg zur Verfügung stehen. Schaltet man nun dem Räderwerk eine weitere Räderübersetzung im Verhältnis 1 : 2 vor, und sei es auch nur, um die Anzahl der Drehzahlen der Hauptspindel zu erhöhen, so verdoppelt sich damit auch das Gesamtübersetzungsverhältnis und die Durchzugskraft. Trotzdem man also durch den Riemen dieselbe Arbeit in die Maschine einleitet, ist die Durchzugskraft doppelt so groß wie vorher. Dieser scheinbare Widerspruch klärt sich aber sofort auf, wenn man die Schnittgeschwindigkeit berücksichtigt, denn in demselben Maße wie das Übersetzungsverhältnis größer wird, sinkt die Schnittgeschwindigkeit, aber die geleistete Arbeit, das Produkt aus beiden, bleibt dieselbe. Mit diesem Beispiel, das eigentlich selbstverständlich ist, soll nur gezeigt werden, daß man auch bei der Beurteilung der scheinbar einwandfreien Durchzugskraft vorsichtig sein muß. Als besondere Präzisierung findet man bei Drehbänken manchmal noch die Angabe »Durchzugskraft am größten Drehdurchmesser«, obgleich diese Angabe auf die Leistungsfähigkeit nicht den geringsten Einfluß hat. Kraft mal Durchmesser gibt eben keine Arbeit, und nur die Arbeit kann in diesem Falle etwas nützen. Es müßte also außer der Durchzugskraft in kg noch die Schnittgeschwindigkeit und der Riemenzug angegeben sein. Nur wenn die Angaben in der Weise gemacht werden, lassen sich einwandfreie Vergleiche anstellen.

Im allgemeinen kann man sich aber auch ohne diese genauen Angaben ein für die meisten Fälle ausreichendes Urteil über die Leistungsfähigkeit bilden, wenn man aus Riemenbreite und Riemengeschwindigkeit die in die Maschine eingeleitete Arbeit berechnet; diese Arbeit gibt die Maschine auch wieder her, allerdings nach Abzug der Reibungsverluste in den Getrieben, welche insbesondere bei den Räderkästen sehr verschieden sein können. Wenn man außer dieser in die Maschine eingeleiteten Arbeit noch darauf achtet, ob die Drehzahlen günstig gewählt sind, d. h. ob sie alle gut abstufen und in praktisch brauchbaren Grenzen liegen, so erhält man ein gutes und sicheres Bild über die Leistungsfähigkeit der Maschine, soweit es sich um deren Durchzugskraft handelt.

Die Beachtung der Drehzahlen ist insofern von Wichtigkeit, als man auch bei einem Spindelstock, der durch die Abmessungen der Stufenscheibe und das Übersetzungsverhältnis durchaus nicht den Charakter eines Hochleistungsspindelstockes hat, mit Hilfe einer sehr hohen Riemengeschwindigkeit ganz ansehnliche Leistungen erzielen kann. Der Fehler solcher Antriebe ist der, daß die ganze Drehzahlenreihe zu hoch liegt, denn einerseits sind die paar höchsten Drehzahlen nicht verwertbar, und andrerseits fehlen zum Drehen größerer Durchmesser die niederen Drehzahlen. Aus dieser Tatsache ist für den Stufenscheibenantrieb zweierlei zu folgern: Erstens, daß die Riemengeschwindigkeit nicht nach Belieben gesteigert werden kann, und daß eine hohe Riemengeschwindigkeit bei Universaldrehbänken nur in Verbindung mit einer großen Räderübersetzung einen guten Antrieb ergibt. Da aber auch die andern für die Leistungsfähigkeit maßgebenden Faktoren, große Stufendurchmesser und große Riemenbreiten, wegen der Spitzenhöhe der Drehbank und wegen des bequemen Riemenumlegens verhältnismäßig eng begrenzt sind, so ergibt sich daraus die Grenze der Leistungsfähigkeit des Stufenscheibenantriebes überhaupt, wenn man die Steigerung nicht auf Kosten anderer wichtiger Forderungen durchführen will. Beim Räderkastenantrieb liegen die Verhältnisse günstiger, weil man durch sinnreiche Räderkombinationen viel eher von einem schnellaufenden Antriebsriemen auf eine günstige Drehzahlenreihe kommen kann.

Aus dem bisher Gesagten geht nun hervor, daß die Leistungsverhältnisse einfach und klar liegen, sofern man sich dabei mit der Leistung in PS. oder mit der Durchzugskraft begnügt. Unzuverlässig und unklar wird die Sache erst, wenn man aus diesen Werten den Spanquerschnitt und die Spanmenge zu bestimmen versucht, weil zu dieser Rechnung die eine unbekannte Größe, der spezifische Schnittwiderstand, fehlt, den man bisher trotz aller Versuche noch nicht so hat festlegen können, daß man ihn für die Allgemeinheit zu Leistungsberechnungen verwenden könnte.

Ein weiterer Maßstab für die Leistung einer Maschine ist die Produktionsfähigkeit für ein bestimmtes Arbeitsstück. Diese Form der Leistungsangabe ist gegenwärtig eine sehr geläufige, aber auch diejenige, die zu den meisten Differenzen zwischen Käufer und Lieferanten führt. Das hat seinen Grund darin, daß diese Angaben am einfachsten kontrolliert werden können, und daß die Ansichten darüber, ob ein Gegenstand im Sinne der Garantiebedingungen fertig ist oder nicht, bei vielen Arbeiten weit auseinandergehen. Dazu kommen oftmals noch Meinungsverschiedenheiten, ob und welche Nebenarbeiten in die Garantiezeit einzubeziehen sind, sowie der passive Widerstand von Arbeitern und Meistern, was den Nachweis der garantierten Leistung erschwert.

Wenn diese Leistungsgarantien trotzdem so häufig gefordert werden, so liegt dies daran, daß die Angaben für den Betriebsleiter sehr wertvoll sind, und daß sein Risiko bei der Anschaffung der Maschine, soweit die Rentabilität in Frage kommt, auf ein Minimum beschränkt wird. Vor allen Dingen kann er an Hand der garantierten Arbeitszeiten den mit der Maschine erreichbaren Fabrikationsgewinn errechnen und mit diesem zahlenmäßigen Gewinn die Anschaffung der Maschine leichter als auf irgend eine andere Weise begründen. Andrerseits kann er auch, nachdem der Lieferant die Leistung nachgewiesen hat, von seiner Werkstatt unbedingt verlangen, daß diese Arbeitszeiten auf die Dauer annähernd eingehalten werden. Er ist also nach allen Seiten gedeckt. Aber nicht nur das, er kommt auf diese Weise auch zu vorteilhaften Arbeitsmethoden.

Da nun aber auch bei dieser Form von Leistungsangaben Bedingungen gestellt werden und Verallgemeinerungen vorkommen, die über das Ziel hinausschießen, so soll noch kurz untersucht werden, inwieweit derartige Garantieforderungen berechtigt und für den Käufer von Wert sind.

Für Automaten und Halbautomaten ist die Angabe der Produktionsfähigkeit beinahe selbstverständlich, weil bei diesen alles automatisch erfolgt und dadurch die Arbeitsdauer mit Sicherheit vorausbestimmt werden kann. Auch bei Revolverbänken ist es nicht sehr schwierig, die Arbeitszeit festzulegen. Je mehr aber die Tätigkeit des Arbeiters selbst für die Arbeitszeit mitbestimmend ist, desto unsicherer werden die Angaben. In dieser Beziehung ist auch wieder die Drehbank diejenige Werkzeugmaschine, bei der diese Arbeiten am vielseitigsten sind. Das Wechseln der Schnitt- und Vorschubgeschwindigkeiten, das Ein- und Umspannen der Werkzeuge und Arbeitsstücke sind alles Arbeiten, die durch die Leistungsfähigkeit gar nicht und durch sonstige Einrichtungen an der Maschine nur zum Teil gefördert werden können, und die unter Umständen mehr Zeit beanspruchen als die Spanabnahme selbst. Wenn das letztere der Fall ist, sollte entweder nur für die reine Arbeitszeit ohne Nebenarbeiten garantiert, oder es muß, falls dies nicht genügt, für die Gesamtarbeitszeit ein größerer Spielraum gewährt werden. Alle diese Angaben werden aber insofern subjektiv beeinflußt sein, als bei der Festsetzung der Garantiezeiten je nach den guten oder schlechten Erfahrungen, die die Lieferanten auf diesem Gebiet schon gemacht haben, mit mehr oder weniger Vorsicht zu Werke gegangen wird.

Sind die Antriebsorgane auf ihre Geeignetheit nachgeprüft, so bleibt bei Einstellung einer neuen Bank noch die Prüfung auf ihre Genauigkeit. Die dabei anzuwendenden Methoden mit Hilfe des Fühlhebels können hier als den Rahmen des Buches überschreitend nicht näher beschrieben werden, in dem schon erwähnten Forschungsheft von Prof. Schlesinger: »Untersuchung einer Drehbank« sind Winke dafür gegeben. Die besseren Werkzeugmaschinenfabriken nehmen eine solche Genauigkeitsprüfung schon vor dem Hinausgehen der Bank in ihren Werkstätten vor, wobei die gefundenen Ungenauigkeiten in ein Revisionsattest

(Fig. 42) eingetragen werden, in dem die zulässigen Toleranzen vorgeschrieben sind.

Firma Drehbank Nr. .... Mod. .... Fabr. Nr.			
		Zulässige Toleranz	Bemerkungen
Das Bett ist auf seiner ganzen Länge hohl	—	0,02 mm	auf 2000 mm Länge
ballig . . .	0,01	0,02 »	» 2000 » »
Die Prismenführungen sind parallel bis auf	0,00	0,02 »	» 2000 » »
Zur Prismaführung des Bettes weichen ab:			
a) die Achse des Spindelkastens seitlich . .	0,01	0,02 »	» 300 » »
vertikal . .	0,00	0,02 »	
b) die Achse des Reitstockes seitlich . .	0,00	0,02 »	» 300 » »
vertikal . .	0,01	0,02 »	
Differenz zwischen Spindelstockachse vertikal . .	0,02	0,01 »	
seitlich . .	0,00	—	
Maschine dreht in der Planrichtung hohl.	0,02	0,02 »	» 300 » »
Der Bund der Arbeitsspindel schlägt	0,00	0,01 »	
Der Konus » » »	0,01	0,02 »	» 300 » »
Datum		Unterschrift	

Fig. 42.

IV. Prüfung der Stähle.

Beim üblichen Vergleichsversuch läßt man das Versuchsmaterial mit konstanter Schnittgeschwindigkeit laufen und den Stahl bis zum Stumpfwerden in normaler Weise arbeiten; dabei gilt die Stahllebensdauer als Gradmesser für die Qualität. Dieser Versuchsmodus kostet aber wegen seiner ziemlich langen Dauer viel mehr Geld als die von Taylor aufgebrachte Methode, den Stahl bei konstantem Querschnitt usw. innerhalb 20 Minuten zum Stumpfen zu bringen, wobei die erreichte Schnittgeschwindigkeit als Gradmesser gilt. Man braucht hier stets mehrere gleiche Stähle für jede Stahlsorte (4—8 Stück).

Wesentlich anders ist das von Ripper angewandte Verfahren »mit wachsender Schnittgeschwindigkeit«. Der Stahl arbeitet bei dem angenommenen Stahlquerschnitt mit der Anfangsgeschwindigkeit von 9 m/Min., die für eine Normalversuchsdauer von 20 Min. zulässig ist. Die gleichen Querschnitte sind für sämtliche Stähle einer Versuchsserie zu verwenden. Nach jeder Minute wird die Schnittgeschwindigkeit um ein bestimmtes gleiches Maß, und zwar 0,3 m/Min., erhöht, bis der Stahl stumpf ist. Die erzielte Spanmenge gilt als Maßstab für die

Stahlqualität. Es darf nicht vergessen werden, daß für diese Versuche Maschinen nötig sind, auf denen schnelle Geschwindigkeitswechsel in regelmäßig abgestuften Beträgen vorgenommen werden können.

Auswahl des Stahles. Durch Vergleichsversuche sucht man einerseits die Leistungsfähigkeit der Stähle zu erproben, anderseits einen Maßstab für die Güte der verschiedenen Marken zwecks richtiger Auswahl für bestimmte Zwecke zu gewinnen. Für den Betriebsingenieur, von dem man doch unmöglich verlangen kann, daß er ein Spezialist in der Metallurgie des Stahles oder dessen Behandlungsweise ist, ist es nicht leicht, wenn er vor die Frage gestellt wird, für seine Werkstätten eine Entschließung bezüglich Stahl zu treffen, da die Erreichung der Kenntnisse, die man von einem modernen Betriebsleiter heute verlangt, ein Lebensstudium für sich ausmacht, welche die Stahlfrage nur als Teilstudium tangieren können.

Eine wichtige Stütze dabei ist das Skleroskop oder die Kugeldruckprobe, jedoch ist zur befriedigenden Lösung der Frage der Versuch nicht zu umgehen. Wissenschaftlich oder allgemein gültige und praktische Normen besaß und besitzt man auch heute noch nicht. Gewarnt werden muß vor allem vor den Rekordversuchen, bei welchen man dem Betriebsleiter Drehversuche vorführt, bei denen man die Werkzeugmaschinen auf das allerhöchste beansprucht und Schnittverhältnisse anwendet, wie sie in normalen Betrieben ein Unding sind. Durch derartige Versuche will man dem Betriebsleiter bloß Sand in die Augen streuen.

Bei Versuchen über die Leistungsfähigkeit eines Stahles muß darauf gesehen werden, daß das Werkzeug nicht vom Stahllieferanten fertiggestellt zur Probe gesandt wird, sondern daß es im eigenen Betriebe unter Beobachtung der vom Lieferanten gegebenen Behandlungsvorschrift hergerichtet wird.

Hat man mehrere Stahlsorten, von verschiedenen Lieferanten herstammend, und will man sie auf ihre Leistungsfähigkeit prüfen, so geht man in folgender Weise vor:

Nachdem alle Stähle durch entsprechende Stempelung vor Verwechselung geschützt sind, wird die Schneide zugerichtet und dabei haben sich die folgenden Schneidwinkel bewährt:

für harten Stahl mit ca. 70 kg Festigkeit:

Keilwinkel $\beta = 60°$, Anstellwinkel $\alpha = 6°$ (s. Fig. 50),

für weichen Stahl mit ca. 50 kg Festigkeit:

Keilwinkel $\beta = 55°$, Anstellwinkel $\alpha = 6°$,

für gewöhnliches Gußeisen:

Keilwinkel $\beta = 65°$, Anstellwinkel $\alpha = 6°$.

Bei der Zurichtung des Stahles dürfte sich die Anwesenheit des Vertreters des Lieferanten immer empfehlen, weil man dadurch vor falschen Maßnahmen in der Behandlung und Zurichtung geschützt wird. Man sehe sich aber dabei stets vor, daß die sattsam bekannten Bestechungs- und Schmierversuche beim Härter usw. nicht einreißen können, daß der Härter zugunsten einer Stahlmarke es nicht unternimmt, durch allerlei Kniffe beim Härten die übrigen Stahlsorten in ihrer Leistung zu beschränken, oder der Dreher an der Versuchsdrehbank durch ungenügende Einspannung und Anstellung des Stahles und andere Schliche eine geringere Leistung vorzutäuschen versucht. Erstaunlich geschickt sind oft all diese Schwindelmanöver angelegt, so daß es dem Betriebsingenieur gar nicht so leicht wird, dahinter zu kommen, er wird sie nur entdecken und verhindern können, wenn er mit der Behandlung und Härtung des Stahles und den Anwendungsbedingungen des Werkzeuges auf der Maschine vollständig vertraut ist.

Als Werkstück ist eine ca. 300—400 mm starke und 2000—2500 mm lange geschruppte Welle aus unter der Presse geschmiedetem und dann geglühtem Stahl von ca. 70 kg Festigkeit zu verwenden. Eventuell ist die Erprobung außerdem auf einer 350—400 mm starken und 2000 bis 2500 mm langen, ebenfalls vorgeschruppten, jedoch weicheren Welle mit ca. 50 kg Festigkeit zu wiederholen. Schließlich ist der Versuch noch auf einer vorgeschruppten, sandfreien, gußeisernen Welle, möglichst gleicher Härte, von ca. 400 mm Φ und ca. 2000—2500 mm Länge zu wiederholen.

Von den Stahlwellen nehme man, wenn irgend angängig, Analysen von der Oberfläche sowie ca. 100 mm von der Achse entfernt auf Kohlenstoff, Mangan, Silicium, Phosphor und Schwefel. Von beiden Enden der Welle mache man Zerreißproben. Überdies sind die Werkstücke an verschiedenen Stellen ihres Umfanges mit dem Skleroskop auf ihre Härte zu prüfen. Die sich bei der Untersuchung ergebenden Härteunterschiede sowie evtl. vorhandene harte Stellen, Sand oder Schlackeneinschlüsse sind bei der Beurteilung der Leistung der Messer zu berücksichtigen.

Als Schnittiefe nehme man 5 mm, als Vorschub $1\frac{1}{2}$ mm. Die Überhöhung der Messerschneide über dem Wellenmittel nehme man zu 3% des Wellendurchmessers, wenn man es nicht vorzieht, den Stahl auf Spitzenhöhe zu stellen.

Als Schneidenform wähle man die in Fig. 54 oder 87 dargestellte und stelle den Stahl gegenüber dem Werkstück so ein, daß die Schneidkante *A B* mit der Mantellinie des Werkstückes einen Winkel einschließt von

30°	bei hartem Stahl von ca. 70 kg Festigkeit,	s. a. S. 103.
50°	» weichem Stahl von ca. 50 kg »	
40°	» mittelhartem Gußeisen,	

Hinsichtlich der Schnittgeschwindigkeit kann man sich an das Vorbild Taylors halten, und dieselbe ist dann also so zu wählen, daß die Schneiden der schnitthältigsten Stahlmarke nach einer durchschnittlichen Schnittdauer von 20 Min. stumpf werden. Diese Schnittgeschwindigkeit wird durch entsprechende Vorversuche ermittelt, die nicht in die endgültigen Versuchsergebnisse einbezogen werden.

Die so ermittelte Schnittgeschwindigkeit wird bei allen an einem Werkstück zu erprobenden Stählen beibehalten. Sie ist an dem jeweils abgedrehten Teil der Welle zu messen. Alle Messungen haben mit demselben Geschwindigkeitsmesser zu erfolgen.

Als Zeichen für das Stumpfwerden der Schneide gilt das Erscheinen einer glänzenden, durch Glattbremsung entstehenden Fläche am Werkstück und das Aufhören der Spanabnahme.

Bekommt die Schneide eines Stahles beim Härten einen Riß, der sie für das Drehen unbrauchbar macht, oder bricht die Schneide beim Drehen, so gilt der bevorstehende, bzw. der betreffende Drehversuch als abgeschlossen und das Messer darf erst wieder beim nächsten Versuch verwendet werden.

Die Stähle sind stets in derselben Reihenfolge und möglichst an demselben Durchmesser am Werkstück anzusetzen, und zwar hat, nachdem der Stahl A der ersten Firma einmal gearbeitet hat, der Stahl A der nächsten Firma an demselben Werkstück einmal zu arbeiten, dann der Stahl A der dritten Firma usw. Sind die Stähle A sämtlicher Firmen an einem Werkstück einmal erprobt, so sind die Stähle B an demselben Werkstück in der gleichen Reihenfolge zu erproben. Hierauf sind wieder die nachgeschliffenen Stähle A an demselben Werkstück in der gleichen Reihenfolge wie früher usw. zu erproben, bis sämtliche Versuche an dem Werkstück durchgeführt sind.

Mit jedem Stahl ist achtmal zu schneiden. Nach dem ersten Stumpfwerden sind die Schneiden nachzuschleifen, nach dem zweiten Stumpfwerden neu zu härten und zu schleifen und dann wieder nachzuschleifen. Hierauf hat ein vollständig neues Herrichten der Schneide durch Herausschleifen der Schneidenform oder, falls nicht zu umgehen, ein neues Herausschmieden der Schneide und die Wiederholung des Schleifens bzw. Härtens in der oben angegebenen Reihenfolge stattzufinden. Vor dem Ansetzen eines Stahles ist die von dem vorhergehenden Versuch an dem Werkstück vorhandene hart gebremste Stelle zu beseitigen.

In das Versuchsprotokoll sind folgende Daten aufzunehmen:

Erzeugungsfirma und Marke des Stahles, wenn möglich Analyse jedes Stahles, Spanquerschnitt, Schnittgeschwindigkeit, Schnittdauer, Angaben über die Werkstücke, Bemerkungen über etwaige harte Stellen in den Werkstücken und sonstige Vorkommnisse, wie z. B. unreiner Schnitt, Erzittern des Werkstückes usw.

Von einer Kühlung der Stahlschneide ist wenigstens bei Schnellstählen abzusehen, da durch die Kühlung der Schnittvorgang nicht geändert und die Schnittdauer bei allen Stählen gleichmäßig erhöht wird. Etwas anderes wäre es, wenn bei einer bestimmten Stahlmarke die Vorschrift auf Kühlung des Stahles lauten würde, während aber bei den Schnellstählen immer gerade das Gegenteil gerühmt wird.

Von jeder erprobten Stahlstange behalte man ein Stück zurück, das als Standardmuster für die Zusammensetzung des Stahles für spätere Lieferungen dienen soll.

Hat man sich auf diese Weise für eine bestimmte Stahlmarke entschieden, so ist sehr zu raten, mit dieser Marke nach einigen Monaten aus einer neuen Lieferung einen Kontrollversuch anzustellen, um festzustellen, ob der Lieferant dieser Stahlsorte immer dieselbe Ware unter demselben Namen verkauft. Nach den früheren Erörterungen ist es klar, daß beim Härten das Skleroskop bzw. die Kugeldruckprobe zu diesem Kontrollversuch ebenfalls heranzuziehen ist.

V. Die Drehstähle.

Die günstigste und wirtschaftlichste Ausführung der Dreharbeit verlangt die richtige Wahl der Schnittgeschwindigkeiten und Vorschübe und des Drehstahles. Von der richtigen Formgebung der Schneide aber ist der Nutzeffekt der Arbeit in demselben Maße abhängig wie von der Anordnung und Behandlung der Maschine, ist es doch z. B. allbekannt, daß durch Stumpfwerden der Schneide der Schnittdruck auf das Zwei bis Dreifache steigen kann.

Die Grundform des schneidenden Teiles des Drehstahles ist der Keil. Die an diesem Keil auftretenden Kräfte beim Abtrennen des Spanes sind für die Ausbildung und Stellung des Keiles maßgebend, und daher muß das Kräftespiel beim Abdrehen eines Spanes näher betrachtet werden. Um dabei einfache Verhältnisse zu erhalten, wird zunächst eine gerade wagrechte Hauptschneide ohne Nebenschneide angenommen (Fig. 47), wie es beim Abdrehen einer runden Scheibe oder eines schmalen Bundes oder beim Einstechen mit einem Kopfstahl vorkommen kann, d.h. das Werkzeug soll in Schnittebenen untersucht werden, die parallel zur Schnittrichtung liegen, also in zur Werkstückachse senkrechten Ebenen.

Zur näheren Beschreibung der Bezeichnungen Haupt- und Nebenschneide dient die Fig. 43. Als Hauptschneide ist jener Teil AB der Schneidkante zu verstehen, der mit der Vorschubrichtung oder beim Langdrehen mit der Achse des Werkstückes den Winkel φ_h einschließt,

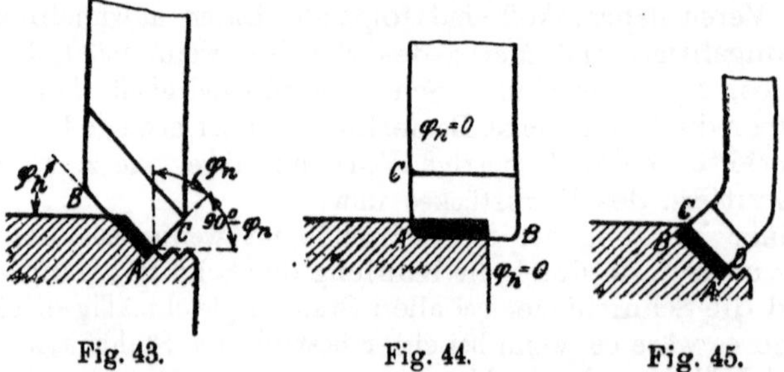

Fig. 43. Fig. 44. Fig. 45.

als Neben- oder Seitenschneide jener Teil BC der Schneidkante, der mit der Senkrechten zur Vorschubrichtung, oder beim Langdrehen mit dem Querschnitt des Werkstückes den Winkel φ_n einschließt. Die φ_h und φ_n können verschiedene Werte erhalten und bei gekrümmter Schneidkante auch veränderlich sein (Taylor-Stahl).

Bezeichnet man den Teil B der Schneide, der in der Vorschubrichtung vorn liegt, als voreilend, den anderen als nacheilend, so kann die Nebenschneide nacheilend sein wie in Fig. 43, oder voreilend nach Fig. 44, oder der Stahl kann eine vor- und eine nacheilende Nebenschneide erhalten nach Fig. 45. Zwischen Haupt- und Nebenschneide ergibt sich ein einspringender Winkel an dem bearbeiteten Werkstück, der je nach dem Übergang von der Haupt- zur Nebenschneide eckig oder abgerundet ist. Hiervon ist auch die Form des Schnittbogens abhängig, der beim Spanschneiden die Spanschnittfläche erzeugt.

Obzwar der Schnittwiderstand vom Spanquerschnitt und vom Schnittbogen hauptsächlich abhängig ist[1]), wird er durch die Form des Spanquerschnittes noch insofern beeinflußt, daß der Aufbiegungswiderstand verschiedene Werte erhalten kann, je nachdem der Span im Sinne der längeren oder kürzeren Seite des Querschnittes gebogen wird. Außerdem ist es von Einfluß für den Schnittwiderstand, in welcher Weise der Span durch die Haupt- oder Nebenschneide von dem Werkstück abgetrennt wird. Hierbei kommt auch das Abfließen des Spanes und die Spanbildung in Betracht. Endlich sind auch noch die Schneidwinkel zu berücksichtigen. Immerhin kann gesagt werden, daß der Schnittwiderstand sich zusammensetzt aus dem eigentlichen Verspanungswiderstand und aus dem Spanaufbiegungswiderstand.

Obgleich Kraft und Gegenkraft oder Wirkung und Gegenwirkung einander gleichen und voneinander abhängig sind, hat man sie doch wie das Bild und das Spiegelbild zu unterscheiden, indem sie an verschiedenen Teilen und oft in verschiedener Weise zur Erscheinung kommen. Ein besonderes Beispiel bildet hierzu der Schnittwiderstand. Auf der einen Seite kommt die Schnittarbeit bei der Spanbildung in Betracht und die hierbei auftretenden Widerstände. Auf der anderen Seite treten diese Widerstände als Gegendrücke an der Werkzeugschneide auf. Bei der Spanbildung kann man verschiedene Vorgänge und Widerstände unterscheiden, wie Druck, Stauchung des Spanmaterials, Abscherwirkung, Keilwirkung der Werkzeugschneide, Aufbiegungswiderstand und Reibungswiderstand. Außerdem sind die Widerstände von den Eigenschaften des zu bearbeitenden Stoffes, von der Größe des Spanquerschnittes, von den Schnittwinkeln und der Stellung des Werkzeuges, von der Beschaffenheit der Schneidkante und von der Form des Spanquerschnittes und der Schneide abhängig. Den größten Einfluß auf dieselben aber hat der Spanquerschnitt und die Spanschnittfläche, wie Prof. Friedrich in seiner Abhandlung über den Schnittwiders and nachgewiesen hat.

Im weiteren wird das Kräftespiel an der Stahlschneide und seine Anordnung, wenn die Schneidkante ihre Lage und die Schneidwinkel ihre Größe ändern, zu erörtern sein.

Die Wirkung des Schnittwiderstandes auf das Werkzeug kann man mit den Kräften vergleichen, die bei einem Keil mit ebenen Seitenflächen auftreten. Die Fläche des Keiles bzw. der Schneide, über die der Span abfließt, heißt Brustfläche, die Fläche, die gegen die Schnittfläche liegt, Rücken- oder Kopffläche. Nach Fig. 46 wirken auf die Seitenflächen des Keiles, die den Keilwinkel β bilden, die Normaldrücke N_B und N_R

[1]) s. Friedrich: »Über den Schnittwiderstand usw.« in Z. V. d. Ing. 1909.

senkrecht zu den Flächen und die Reibungswiderstände $\mu_B \cdot N_B$ und $\mu_R \cdot N_R$ (wo μ_B und μ_R die Reibungszahlen sind) in den Flächen der Druckrichtung des Keiles entgegengesetzt. Diese Kräfte setzen sich zu den Kräften R_B und R_R zusammen, die die Reibungswinkel ϱ_B und ϱ_R mit den Normaldrücken einschließen. Diese geben bei ihrer Zusammensetzung die resultierende Kraft R_K, die den Keil zurückdrängt.

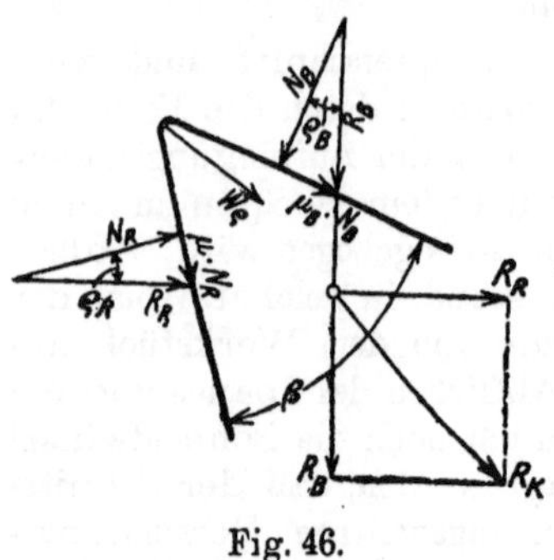

Fig. 46.

In gleicher Weise wirkt der Schnittwiderstand auf die Brust- und Rückenfläche der Werkzeugschneide in der Nähe der Schneidkante ein. Wird noch der Widerstand W_S, der auf die Schneidkante A wirkt, hinzugefügt, so gibt die Fig. 46 sämtliche Kräfte an, die auf die Hauptschneide des Werkzeuges einwirken. Nach Fig. 46 wird der Normaldruck N_B auf die Brustfläche durch den Spandruck bewirkt, das zum Stauchen, Abscheren und Aufbiegen des Spanes aufgewendet wird. Der Normaldruck N_R gegen die Rückenfläche und der Widerstand W_S an der Schneidkante entsteht durch die Anpressung gegen das Werkstück, die beim Eindringen der Schneidkante senkrecht zur Vorschubrichtung oder senkrecht zur Achse des Werkstückes erfolgt. Setzt man R_K und W_S zusammen, so ergibt sich eine Kraft R, die sich nach Fig. 47 in eine wagerechte Kraft H_l und eine senkrechte Kraft V zerlegen läßt. Alle Kräfte liegen hier in einer zur Werkstückachse senkrechten Ebene. Wenn daher das Werkzeug zur Werkstückachse senkrecht eingespannt ist, so bewirkt H_l einen Druck in der Längsrichtung des Stahles, ein vertikales Biegungsmoment.

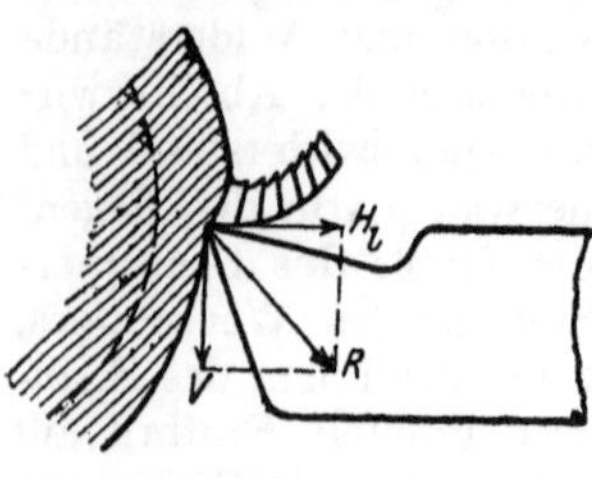

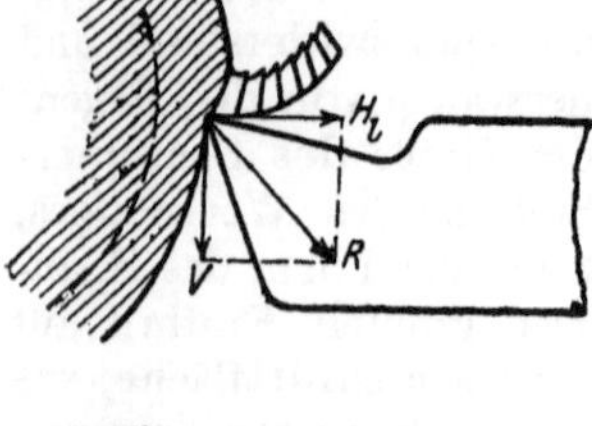

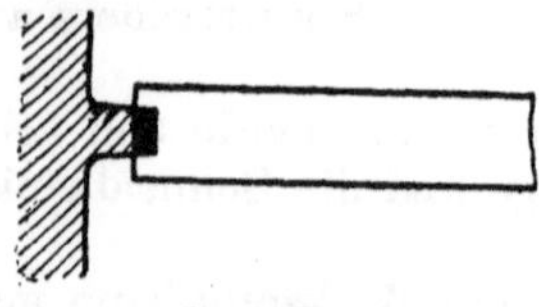

Fig 47.

Beim Beginn des Spanschneidens wird unter der Voraussetzung, daß der Druck der Schneide groß genug ist, damit die Schneidkante in das Material eindringen kann (sonst verursacht sie nur Reibung an der Oberfläche des Werkstückes), das Spanmaterial vor der Werkzeugbrust zunächst gestaucht, bis der Stauchungsdruck gleich ist dem Scherwiderstand in der sich bildenden Gleitfläche, in welcher das Material nach oben ausweicht. Bei sprödem Material bricht der Span hierbei ab. Bei zähem Stoff aber bildet sich ein zusammenhängender Span, der meist die entstandenen Gleitflächen erkennen läßt, wie Fig. 47 zeigt. An der Außenfläche, die sich über die Brustfläche des Stahles hinwegschiebt, ist der Span glatt, an der Innenfläche schuppig. Die Unebenheit der Rückseite des Spanes läßt sich in folgender Weise erklären. Wenn das Material in der Gleitfläche nachgibt, verringert sich der Stauchungsdruck. Die Stauchung hat also während des Gleitens nachgelassen und nimmt erst wieder zu, wenn das Gleiten aufhört, bis der Stauchungsdruck wieder dem Gleitwiderstand gleichkommt. Es wechseln also Stauchen und Gleiten ab, wodurch in kleinen Abständen sichtbare Gleitflächen entstehen, so daß die Rückseite des Spanes rissig oder gerippt erscheint. Die Vorderseite des Spanes gleitet entlang der Brustfläche des Werkzeuges und bleibt gewöhnlich glatt. Der Stauchungswinkel der Gleitflächen ist öfters Gegenstand der Untersuchung gewesen[1]), für unsere weiteren Betrachtungen ist er nicht von Interesse.

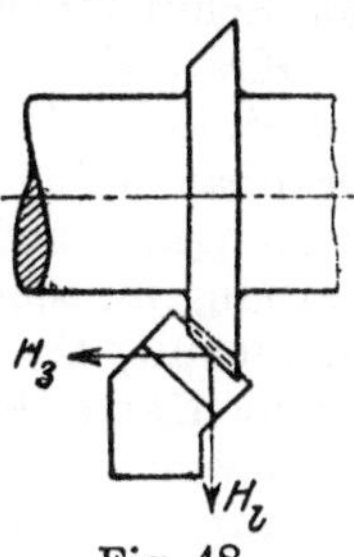

Fig. 48.

Der Zerspanungswiderstand drückt die Werkzeugschneide in das Material hinein, bis der Querschnitt des verdrängten Materialstreifens am stehengebliebenen Material so groß geworden ist, daß der infolge des Zusammenpressens dieses Streifens auftretende Gegendruck, der sich aus N_R und W_S zusammensetzt, hinreicht, um weiteres Eindringen der Werkzeugschneide zu verhindern. Am Werkzeugrücken entlang muß das zusammengedrückte Material mit der Schnittgeschwindigkeit v gleiten und hierbei darf infolge der Reibungsarbeit nicht mehr Wärme erzeugt werden, als Material und Werkzeug abzuleiten imstande sind. Die hier auftretende Wärme ist eine sehr beträchtliche, zu ihr gesellt sich noch die durch das Gleiten des Spanes an der Werkzeugbrust auftretende Reibungswärme, die zusammen allmählich in Werkzeug und Werkstück eine unzulässig hohe Temperatur erzeugen würden, wenn nicht durch ausreichende Kühlung, glatten Schliff der Stahlschneide, starke Abmessungen des Stahles und insbesondere auch gute Anlage des Stahles in großen Flächen gesorgt wird, daß die Wärme schnell auf die größeren Massen des Stahlhalters und des Schlittens übertragen wird. Der so oft anzutreffende amerikanische Stahlhalter genügt dieser Forderung lange nicht so gut wie der viel kräftigere gewöhnliche deutsche Stahlhalter (Spannpratze), ganz abgesehen von der viel ungünstigeren Beanspruchung der Klemmschraube des ersteren.

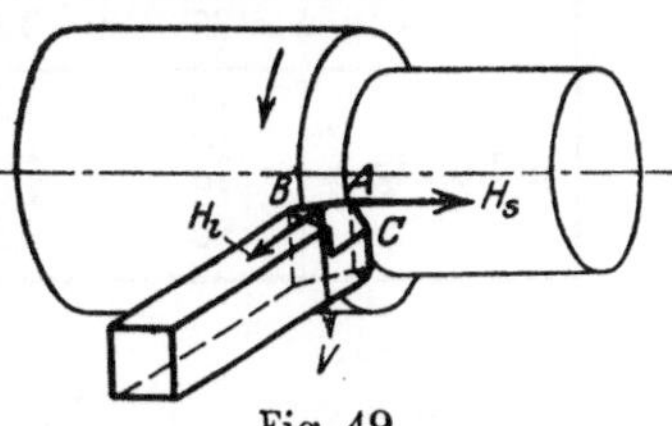

Fig. 49.

Die auf die Schneide des Stahles wirkenden Kräfte R_K, W_S und R lagen in einer zur Schneidkante senkrechten Ebene, und da diese parallel zur Werkstückachse angenommen war, zur Werkstückachse senkrechten Ebene. Bei der Bearbeitung größerer Flächen verwendet man nun gewöhnlich einen Stahl, dessen Haupt- und Nebenschneide gegen die Vorschubrichtung geneigt ist, wobei die Nebenschneide gewöhnlich nacheilend ist (s. Fig. 43). Die Zerlegung von R in wagrechte und senkrechte Seitenkräfte ergibt jetzt außer H_l noch eine wagerechte Seitenkraft H_s (Fig. 48), die den Stahl nach der Seite abdrückt und biegt. Bezüglich der Kräfte, die auf die Nebenschneide wirken, gilt das für die

[1]) s. Z. V. d. I., 1907, S. 1072.

Hauptschneide Gesagte. Die Kräfte setzen sich zu einer Gesamtresultierenden zusammen, die im allgemeinen wieder in die drei Kräfte H_l, H_s und V zerlegt werden kann (Fig. 49).

Wird der Drehstahl als gegeben vorausgesetzt, so hängt die Größe der drei senkrecht zueinander stehenden Kräfte V, H_s und H_l vom Material des Arbeitsstückes und vom Span ab, dagegen nur wenig von der Schnittgeschwindigkeit.

Kraft V, der Schnittdruck im engeren Sinne, ist bei weitem die größte der drei Kräfte. Sie bestimmt im wesentlichen die Größe des in die Drehbankspindel einzuleitenden Momentes, bzw. im Verein mit der Umfangsgeschwindigkeit die einzuleitende Arbeit, die außer V noch die Reibung im Spindelkasten überwinden muß. V ist bei gleichem Spanquerschnitt für jedes Material verschieden, und zwar um so größer, je größer Härte, Festigkeit und Zähigkeit des Materials ist. Ihre Berechnung wurde schon an früherer Stelle behandelt. Der Stahl wird durch sie auf zweierlei Weise beansprucht, indem einmal die Schneide auf Abscheren bzw. auf Biegung, dann der Schaft auf Biegung mit dem Moment V mal freitragende Länge des Stahles, beansprucht wird.

Kraft H_s, die Vorschubkraft, bestimmt die Arbeit, die in das Vorschubgetriebe einzuleiten ist, und kann im Mittel zu $v/_8$—$v/_4$ angenommen werden. Den Stahl beansprucht sie auf Abscheren bzw. Biegung, den Schaft auf Biegung.

Kraft H_l kann im Mittel zu $V/_3$ bis $V/_2$ angenommen werden. Die Schneide beansprucht H_l entsprechend H_s.

Das Biegungsmoment für den Stahlschaft ist nur gering.

Schneidenform	Schnittiefe mm	Vorschub mm	V	H_s	H_l	Spanquerschnitt qmm
siehe Fig. a	10	3,2	1	0,58	0,12	32
	10	1,6	1	0,39	0,15	16
	18	1,6	1	0,3	0,15	29
	25	0,8	1	0,3	0,2	20
siehe Fig. b	10	3,2	1	0,26	0,1	32
	10	1,6	1	0,3	0,15	16
	18	1,6	1	0,25	0,16	29
	25	0,8	1	0,23	0,21	20

Tab. 2.

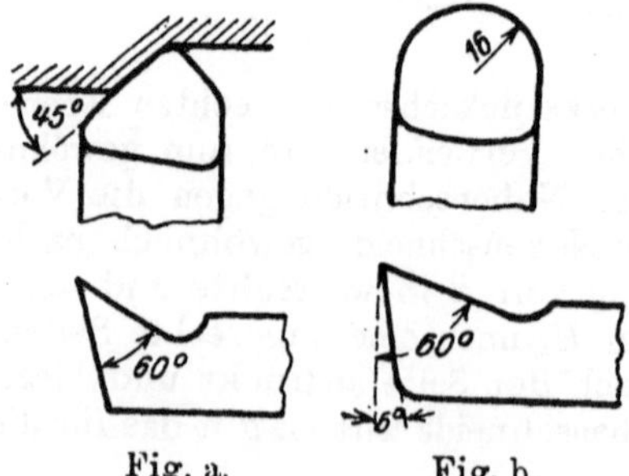

Fig. a. Fig. b.

Wird das Material des Arbeitsstückes und der Span als gegeben vorausgesetzt, so hängen die Kräfte V, H_s und H_l in erheblichem Maße von der Form und Stellung der Schneide ab. Gibt man der Kraft V den Wert 1, so zeigt die Tabelle 2, die nach den Untersuchungen von Dempster-Smith zusammengestellt ist, den proportionalen Wert der anderen beiden Kräfte.

Über die Abhängigkeit der Kräfte von den Winkeln der Stahlschneide wird auf S. 89 noch Näheres berichtet.

Sowie die Schnittarbeit hauptsächlich vom Spanquerschnitt und von der Spanschnittfläche abhängig ist, so wird auch der Gesamtdruck auf die Schneide des Werkzeuges hauptsächlich von diesen Größen abhängig sein. Die Verteilung aber auf die Brust- und Rückenfläche und der Anteil des Gesamtdruckes, der auf die Stauchung, Abscherung, Aufbiegung und Reibung zu rechnen ist, wird je nach der Form des Spanes, der Schneide und bei verschiedenen Schnittwinkeln sehr verschieden sein.

Ebenso wird es sich nicht gut vorausbestimmen lassen, welcher Anteil des Gesamtdruckes als Vorschubwiderstand in der Richtung des Vorschubes, der der oben angeführten wagrechten Seitenkraft H_S entspricht, anzunehmen ist, da besonders die Größe der Reibungszahlen und der Flächendrücke an der Werkzeugschneide noch unbekannt ist.

Von der Verteilung des Gesamtdruckes kann man sich aber ein ungefähres Bild machen, wenn man die Zusammensetzung und Zerlegung der Widerstände an der Schneide in der oben angegebenen Weise verfolgt und insbesondere berücksichtigt, daß die Widerstände in Ebenen liegen, die auf den entsprechenden Teilen der Werkzeugschneide senkrecht stehen.

Um die Änderung des Kräftespiels, wenn die Schneidwinkel des Stahles ihre Größe und die Schneidkante ihre Lage ändern, verfolgen zu können, gehen wir wieder von Fig. 47 aus, d. h. von der Annahme, daß die Schnittrichtung parallel zur Schnittebene ist, also vom Kopfstahl (s. Fig. 92). Die hierbei auftretenden Winkel an der Stahlschneide sind nach Fig. 50:

der Anstellungs- oder Ansatzwinkel α,
der Keil-, Meißel- oder Zuschärfungswinkel β,
der Span-, Spanabgangs- oder Schleifwinkel γ und
der Schnittwinkel δ.

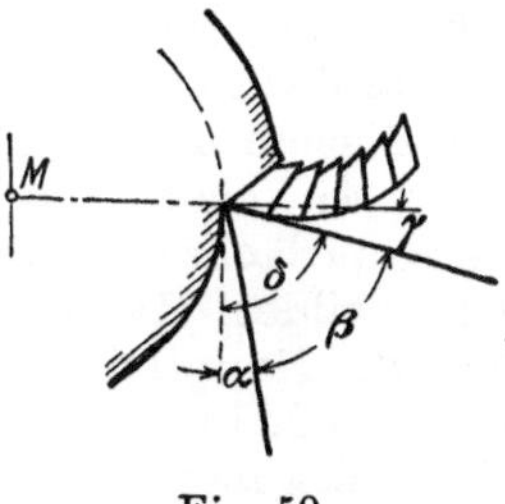

Fig. 50.

Über die Ausbildung dieser Winkel und die sich daraus ergebende Lage der Schneidkante herrschen selbst in der neuesten Literatur noch mancherlei falsche Ansichten, so daß es nicht verwunderlich erscheint, wenn in den Werkstätten in dieser Hinsicht die verworrensten Verhältnisse anzutreffen sind, insbesondere was den Schleifwinkel γ anbelangt. Der Betriebsingenieur, der diesem Punkte in seiner Dreherei nachgeht, wird fast bei jedem Meister und Dreher eine andere Meinung finden, von denen natürlich jeder die seinige als in langjähriger Praxis erprobt für die einzig richtige hält. Der eine verlangt den Schleifwinkel γ nur als Seitenschleifwinkel (in Fig. 50 tritt γ nur als Hinterschleifwinkel auf, beim gewöhnlichen Schruppstahl nach Fig. 43 und 49 kann er als Seitenschleifwinkel allein oder in Verbindung mit dem Hinterschleifwinkel auftreten), d. h. er verlangt eine wagrechte Schneidkante, der andere will einen Seitenschleifwinkel mit Hinterschleifwinkel, also mit

Überhöhung der Schneidkante nach der Nase zu, der dritte behauptet, daß nur der Seitenschleifwinkel mit negativem Hinterschleifwinkel, d. h. mit Überhöhung der Schneide nach der entgegengesetzten Richtung zu, das Richtige sei, der vierte verwirft prinzipiell jegliche Wölbung (Hohlkehle) der Brustfläche usw. Hinsichtlich der Stellung der Schneide huldigt der eine nur der Stellung senkrecht zum Vorschub, der andere ausschließlich der stark schrägen, der nächste wieder der weniger schrägen Lage, der eine verwirft des anderen Standpunkt, keiner kann die Richtigkeit seiner Behauptungen irgendwie nachweisen, die meisten, oft sonst tüchtigen Dreher verwickeln sich bei ausgiebiger Aussprache über diese Punkte mit ihren Erfahrungen und den von ihnen daraus gezogenen Folgerungen allmählich in Widersprüche. Kurz und gut, es herrscht in diesen Punkten ein wahres Chaos.

Aus Fig. 50 läßt sich auf den ersten Blick erkennen, daß die den Keil in das Werkstück hineinpressende Kraft um so kleiner sein kann, je kleiner der Keilwinkel β gemacht wird, daß aber andrerseits der Spandruck auf die Brustfläche und der Rückdruck auf die Kopffläche mit dem kleineren $\sphericalangle \beta$ größer werden und damit auch die Reibung, ferner, daß, je größer α ist, um so leichter der Spandruck die Keilspitze umbiegen und sie dabei tiefer als gewünscht in das Material drücken, sie zum »Einhaken oder Einschnappen« bringen oder sie ganz abbrechen kann. Schon daraus läßt sich die Bedeutung der Schneidwinkel für ein gutes Arbeiten und besonders für die Standhaftigkeit der Schneide ersehen. Die nähere Betrachtung aber fördert noch eine ganze Reihe wichtiger Erkenntnisse zutage.

Um das Einhaken des Stahles zu verhüten, muß der Druck gegen den Rücken des Stahles gleich oder besser größer sein als der auf die Brust wirkende. Das wird durch den Anstellwinkel α geregelt, den die Kopffläche des Stahles (der Rücken) mit der Tangente an die Schnittfläche bildet. Denn dieser Winkel bestimmt die Länge des Weges, auf dem die Hauptreibungsarbeit und demgemäß die Erwärmung erfolgt, seine Größe in Verbindung mit der des Krümmungsradius der erzeugten Werkstückoberfläche bestimmt außerdem den Querschnitt des vorübergehend vom Stahlrücken verdrängten Materialstreifens und damit die Größe des Rückdruckes auf die Kopffläche, der das Einhaken zu verhindern sucht. $\sphericalangle \alpha$ dient also zur Verminderung der Reibung am Stahlrücken, ist demnach um so größer zu halten, je rauher die Schnittfläche ist, also für Schruppstähle größer als für Schlichtstähle. Ferner muß α um so größer sein, je größer der Vorschub ist. Bei den der Fig. 50 zugrunde liegenden Verhältnissen wird die entstehende Arbeitsfläche kein Kreis, sondern eine Spiralfläche, deren Tangente im Berührungspunkt des Stahles um so mehr von der Senkrechten des Kreises abweicht, je größer der Vorschub ist. Noch mehr tritt dies in Erscheinung beim Längsdrehen (s. Fig. 49), wo die Arbeitsfläche eine Schraubenfläche wird, deren Tangente wieder sich um so mehr gegen die Drehachse neigt, je größer der Vorschub wird. Weiterhin ändert sich beim Langdrehen der Neigungswinkel auch mit dem Durchmesser, indem er bei kleinerem Durchmesser größer wird. Der $\sphericalangle \alpha$ darf also von vornherein nicht zu klein genommen werden, andrerseits aber wächst mit seiner Größe auch die Neigung zum Einschnappen der Schneide (bei gleichem δ), weil die Anlagefläche des vorübergehend vom Stahlrücken verdrängten Materialstreifens klein und der Druck des Schneidenrückens auf eine verhältnismäßig kleine Fläche verteilt wird, wobei die wechselnden Materialwiderstände den Schneidenrücken entsprechend in das Material eindrücken oder einschnappen lassen. Als allgemeine Regel hat also zu gelten, daß α den kleinsten Wert erhalten muß für das Schruppen starker Zylinder und den größten für das Ausdrehen enger Bohrungen. Beim Plandrehen auf Karussellbänken macht man α etwas größer als beim Langdrehen, weil der Stahl sonst drückt. Gegenüber dem Hobeln müssen, um Einhaken des Stahles zu verhüten, die Anstellwinkel beim Drehen stets kleiner sein (bei gleich starken Spänen) als beim Hobeln.

Taylor empfiehlt für Werkstätten, in denen die Stähle in der Werkzeugmacherei von einem besonderen Schleifer oder auf einer Schleifmaschine mit Winkeleinstellung (Gisholt-Schleifmaschine) geschliffen werden, 6° als normalen Anstellungswinkel. Stellt man, wie noch allgemein üblich, den Stahl beim Schruppen über Spitzenhöhe, so ist, wie später gezeigt wird (s. Fig. 64), 6° das geringste Maß, unter das nicht gegangen werden kann außer bei Hartguß. Es ist nicht richtig, wenn manche den $\measuredangle \alpha = 3°$ als empfehlenswert hinstellen. Wesentlich höher geht Schlesinger[1]), der bei seinen Versuchen über Drehstähle 11° als Norm anwandte (s. a. Fig. 86). In Werkstätten, wo jeder Arbeiter noch seine Stähle selbst schleift, ist ein Anstellwinkel von 9—12° zu empfehlen, über 12° sollte unter gewöhnlichen Verhältnissen nicht gegangen werden (ausgenommen Gewindestähle), weil sonst der Stahl anfängt einzuschnappen, er hat nicht mehr genug Halt am Rücken, wird bald stumpf. Als gute Verhältnisse kann man ansehen rechts- und linksgekröpfte Schruppstähle 8°, für gerade Schruppstähle 11—12°, für Abstechstähle 12° und für Gewindeschneidestähle 15°.

Der Keil- oder Zuschärfungswinkel β, den die Brustfläche des Stahles mit seiner Kopffläche bildet, ist durch das Werkstückmaterial vorgeschrieben. Je spitzer derselbe ist, desto schwerere Späne können genommen werden, desto leichter fließt der Span ab, desto mehr verringert sich aber auch die Widerstandskraft der Schneide, sie bricht leichter aus und hakt auch leichter ein. Nach Nicholson ist bei $\beta = 54°$ der Kraftverbrauch am geringsten, weil bei diesem Keilwinkel der Schnittdruck ein Minimum wird. Doch hat dann die Schneide nicht Widerstandskraft genug, sie muß zu oft nachgeschliffen werden. Daher muß für $\measuredangle \beta$ die allgemeine Regel dahin aufgestellt werden, daß für die Bemessung seiner Größe nie der Kraftverbrauch vorangestellt werden darf, sondern die Widerstandsfähigkeit und Schnitthaltigkeit müssen stets die leitenden Gesichtspunkte sein. Für spröde Materialien (also bei Brockenspänen) müssen daher die größten und für geschmeidige Materialien (also bei Schälspänen) kleinere Meißelwinkel angewandt

[1]) s. Schlesinger, G.: »Die Fortschritte deutscher Stahlwerke bei der Herstellung hochlegierter Schnellarbeitsstähle« in Stahl u. Eisen, 1913.

werden. Prof. Friedrich hat in seiner Arbeit über den Schnittwiderstand zum ersten Male die Berechnung über die Größe des Keilwinkels durchgeführt. Der Schnittdruck, die Vorschubkraft und der Rückdruck auf den Stahlrücken sind stets an der Arbeit, die Schneide abzubrechen, diesem Bestreben sich wirksam entgegenzustemmen, muß Winkel β genügend kräftig sein. Durch die hohe Erhitzung des Materials der Schnelldrehstähle bei deren Härtung ist die äußerste Schneide empfindlicher gegen Abbrechen als beim Kohlenstoffstahl. Jedes plötzliche Zurückziehen des Stahles aus einer Anstellung bewirkt leicht ein Abbrechen der Schneide. Man ist daher gezwungen, während des Drehens des letzten Endes des Werkstückes den Stahl ganz allmählich zurückzudrehen, bis die Schneide frei geworden ist. Taylor gibt im allgemeinen $\beta = 68°$ den Vorzug. Nach ihm haben für weichere Stahlsorten, wie etwa 40—45 kg Festigkeit, größere Keilwinkel als $\beta = 61°$ eine Verringerung der Schnittgeschwindigkeit und eine Zunahme des Kraftverbrauchs zur Folge. Wegen der Schwächung der Schneide soll aber β niemals kleiner als 61° sein, eher größer, und zwar umso mehr, je härter das Material ist. Für Hartguß geht man aus diesem Grunde bis zu $\beta = 86-90°$. Bei Gußeisen muß β größer werden, als bei weichem Stahl, weil der Spandruck sich wegen der geringeren Dehnbarkeit des Gußeisens auf die Nähe der Schneidkante beschränkt und die Schneide, trotz geringerer Erhitzung, eine größere Abnutzung erleidet. Immerhin gehe man selbst bei harten Materialien nicht über $\beta = 75°$, da bei noch stumpferen Winkeln der Span zu schwach, und dann die Spanleistung eine zu geringe wird.

Der Schleifwinkel γ beeinflußt besonders die Spanbildung und den Spandruck, dann die Größe des Schnittdruckes. Der Schnittdruck V hängt außer von dem zu zerspanenden Material und der Spanstärke ganz besonders von der Größe des Schleifwinkels γ bzw. dem Schnittwinkel δ ab. Dieser Winkel stellt ein Maß dafür dar, um welchen Betrag der Span von seiner Bewegungsrichtung abgelenkt werden muß, um an der Brust des Werkzeuges entlang gleiten zu können. V ist um so größer, je größer δ oder je kleiner γ ist. Je nach der Größe von γ erzielt

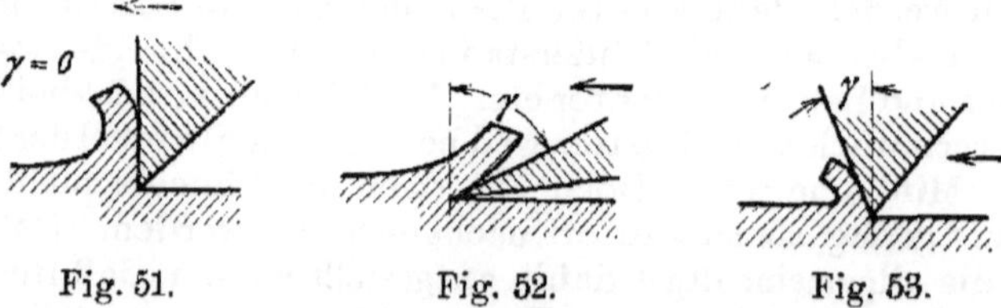

Fig. 51. Fig. 52. Fig. 53.

man einen Brockenspan (Fig. 51) oder einen Schälspan (Fig. 52), bei negativem Winkel γ (Fig. 53) würde das Werkzeug nicht schneiden, sondern quetschen (Wirkung des Schabers). Fig. 51 und 52 zeigen also, daß ein großer $\measuredangle \gamma$ einen Schälspan, ein zu kleiner $\measuredangle \gamma$ einen Brockenspan erzeugt. Da $\gamma = 90° - (\alpha + \beta)$, α aber durch das Material vorgeschrieben ist, so hat man es in der Hand, durch richtige Verteilung der Größen von $(\alpha + \gamma) = (90° - \beta)$ zu verhindern, daß ein Haken (bei zu kleinem Wert von γ und großem Wert von α), noch ein Rattern, d. h. Herauspressen des Stahles aus dem Werkstück (bei zu großem Wert von γ und kleinem Wert von α) auftritt.

Der Schnittdruck V wächst natürlich nicht nur mit Kleinerwerden von γ, sondern auch, wenn die Schneide stumpf wird; jedoch sucht die Schneide durch Ausweichen und Verkleinern des Querschnittes das Anwachsen von V zu verhindern.

Die Vorschubkraft H_S wird um so geringer, je größer der Spanwinkel γ ist, da mit γ der Spandruck in der Achsenrichtung wächst und so den Gegendruck von der Schneide vermindert. Werden Spandruck und Gegendruck gleich, so wird die Vorschubkraft $H_S = 0$, d.h. das Vorschubgetriebe ist vollständig entlastet. Dieser Zustand ist keineswegs günstig, da der Stahl dann unruhig arbeitet und starke Neigung zum Saugen hat. Es darf auch deshalb γ nicht zu groß genommen werden.

Gegenüber dem Hobeln werden bei gleich großen Keilwinkeln β wegen $(\alpha + \gamma) = (90° - \beta)$ größere Schleifwinkel γ entstehen, der Span also beim Drehen besser abfließen als beim Hobeln.

Bei der Unsicherheit und Verwirrung, die über den Einfluß und die Wirkung des Spanwinkels γ in der Werkstatt herrschen, ist später noch ein längeres Verweilen bei ihm notwendig.

Jeder Schruppstahl (bei den Schlichtstählen liegen die Verhältnisse anders) muß an seiner arbeitenden Kante, der Schnittkante, zwei Hinterschliffe haben, wenn sie auf Schnitt stehen soll. Bei dem Abstechen und Einstechen geht die Schnittrichtung bzw. der Vorschub direkt in das Werkstück hinein, welcher Fall den Erörterungen über das Kräftespiel an der Schneide (s. Fig. 46 und 47) und die Schneidwinkel (s. Fig. 50) zugrunde gelegt war, und die beiden Hinterschliffe werden demnach hier erzeugt durch den Anstellwinkel α und den Schleifwinkel γ. Hier muß also der Schleifwinkel γ direkt in der Richtung der Stahlachse liegen, wie das bei den Abstechstählen (s. Fig. 109) und dem Kopfstahl (s. Fig. 92) der Fall ist. Der Schleifwinkel γ hat demnach hier den Charakter eines Hinterschleifwinkels, der stets in den Meißelschaft hineinführt und ihn so schwächt. Bei den Abstech- und Einstechstählen (Kopfstählen) hat der Hinterschleifwinkel sonst keinen ausgesprochenen Nachteil für den Stahl, da er hier nur für sich allein vorkommt.

Die Schruppstähle mit Haupt- und Nebenschneide (Fig. 43) haben aber meist die Aufgabe, parallel zur Achse des Werkstückes zu drehen (Fig. 49), und da die Schneidwinkel immer senkrecht zur Schneidkante gemessen werden, so erhält dieser Schruppstahl den Anstellungs-, Keil- und Schleifwinkel hauptsächlich in der Richtung der Achse und nicht senkrecht zu ihr. Es tritt also nun der Anstellungswinkel α zweimal auf und zwar in der durch die Kante Ad gehenden Ebene senkrecht zur Werkstückachse und in einer zur Schneidkante AB senkrecht stehenden Ebene und führt in letzterem

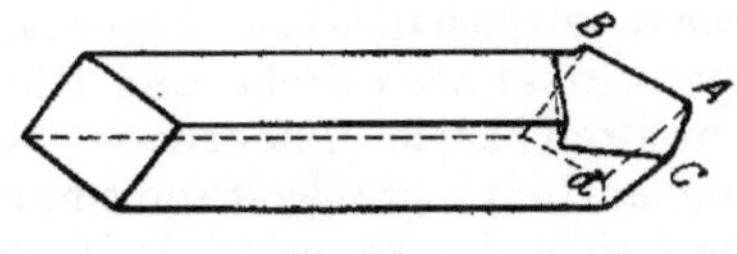

Fig. 54.

Falle auch den Namen »seitlicher Ansatzwinkel« (Fig. 54). Keilwinkel β und Schleifwinkel γ werden selbstredend ebenfalls in der Ebene senkrecht zur Schneidkante AB gemessen.

Der Schnittwinkel $\delta = \alpha + \beta$ ist meist kleiner als 90°, nur für Abstechstähle, Hartguß und manche Weichmetalle macht man ihn nahezu 90°. Für Schruppstähle ist er kleiner zu halten als für Schlichtstähle, was aus dem Voraufgegangenen leicht zu ersehen ist.

In Tabelle 3 sind die Winkel an der Stahlschneide zusammengestellt, wie sie sich in der Praxis erprobt haben. Sie sind in erster Linie der Materialbeschaffenheit des Werkstückes anzupassen, für hartes Material stumpfer als für weiches, für zähes anders als für sprödes zu nehmen. Es sind Erfahrungswerte, die, wenn die Umstände es erfordern, bedeutend geändert werden können. So werden z. B. an Revolverbänken zum Schruppen relativ kleine Winkel, also schwache Schneiden verwendet. Als gute Mittelwerte nehme man α bei Schruppstählen, Flußeisen, Stahl und Gußeisen 10°, bei Schlichtstählen 6°, beim Messerstahl (Fig. 71) 10°, beim Abstechstahl 10°, beim Innendrehstahl 10°; den Keilwinkel β bei Schruppstählen für Flußeisen und Stahl 64°, bei Schlichtstählen 70°, bei Seitenstählen 60°, bei Innendrehstählen 64°, für Gußeisen und harten Stahl bei Schruppstählen 72°, bei Schlichtstählen 80°, bei Seitenstählen (Messerstählen) 68°, bei Innendrehstählen 70°.

Material des Werkstückes	Anstellwinkel α		Keilwinkel β		Schneidwinkel δ	
	Schruppen	Schlichten	Schruppen	Schlichten	Schruppen	Schlichten
Flußeisen und weicher Stahl	6–12°	2–6°	54–68°	bis 70°	$<90°$	$<90°$
Gußeisen und harter Stahl	5–10°	bis 5°	66–75°	bis 90°	$<90°$	$<90°$
Hartguß	3–6°	bis 3°	85–90°	bis 100°	$\leqq 90°$	$\leqq 90°$

Tab. 3.

Stähle zum Langdrehen.

Da, wie erwähnt, die Spanbildung und der Spanabfluß in der Hauptsache vom Schleifwinkel γ beeinflußt werden, die richtige und leichte Abführung des Spanes aber eins der Haupterfordernisse jeder spanabhebenden Tätigkeit ist, so daß, wo ihr nicht entsprochen wird, von einem wirtschaftlichen Arbeiten keine Rede sein kann, so muß der Spanwinkel nach Größe und Richtung so ausgebildet sein, daß diesem Abwälzen keine Hindernisse entgegenstehen, daß insbesondere der Spanaufbiegungswiderstand immer den kleinsten Wert aufweist. Über die Größe des Spanwinkels ist schon das Nötige gesagt, es tritt jetzt somit die Frage auf, wie der Schleifwinkel in bezug auf Richtung ausgebildet sein muß, ob die Brustfläche nur seitlich in der Richtung der senkrechten Ebene zur Schneidkante AB hinterschliffen sein soll, wie dies bei dem Stahl in Fig. 49 und 54, der in Fig. 55 noch einmal in der

Projektion dargestellt ist, der Fall ist, so daß der Stahl nur reinen Seitenschleifwinkel hat, oder ob die Brustfläche außerdem noch nach rückwärts, in der Richtung der Stahlachse hinterschliffen sein soll, wie dies Fig. 56 zeigt, so daß der Stahl gleichzeitig einen Hinterschleif- und einen Seitenschleifwinkel aufweist. Im ersteren Falle verläuft die Schnittkante *A B* wagrecht (Fig. 49, 54 und 55), im zweiten Falle ist die Nase *A* der Schnittkante überhöht gegenüber *B*, oder wenn der Hinterschleifwinkel negativ ausgebildet wird, kommt *B* der Schneidkante höher zu liegen als *A* (Fig. 56).

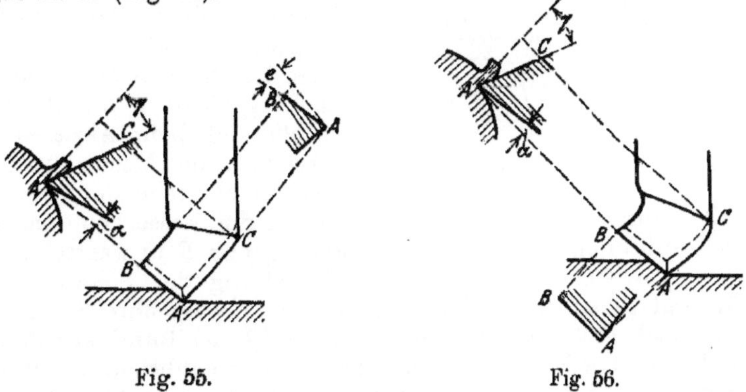

Fig. 55. Fig. 56.

Zur Lösung dieser Frage müssen wir uns eingehender mit der Spanbildung selbst befassen.

Es ist eine jedem Dreher wohlbekannte Tatsache, daß ein guter, möglichst zwangloser Spanabfluß ein Maßstab ist für das richtige Arbeiten des Werkzeuges, indem ein günstiger Drehvorgang einen ruhigen, gleichmäßigen Spanabgang mit sauberer Arbeitsfläche und ruhigen Gang der Bank zeigen muß. Die Entwicklung des Spanes ist dann richtig, wenn er sich schön schraubenförmig ringelt, weil dadurch die Schneidkante gleichmäßiger belastet wird, als wenn der Span in kurzen Stückchen abplatzt und abfliegt, wodurch die Schneide fortwährend schwankende Schnittbelastung erhält, die sie sehr anstrengt. Natürlich hängt das noch in erster Linie von dem Werkstückmaterial ab bzw. von dessen Zähigkeit und Homogenität, so daß z. B. Schweißeisen, das meist mit Adern durchsetzt ist, keinen spiraligen Span liefert, sondern die Späne fliegen beinahe wie bei Guß in kurzen Stücken ab. Auch Wasserkühlung übt hier einen etwas ungünstigen Einfluß aus, indem ein bei trockenem Schneiden langgelockter Span durch einen auf die Spanwurzel geleiteten kräftigen Wasserstrahl das Bestreben zeigt, sich kurzlockiger zu winden und früher abzubrechen.

Der Span läuft stets senkrecht zur Schneidkante ab, von der Stellung der letzteren zum Werkstück hängt es neben dem Spanwinkel γ somit ab, ob der Span möglichst leicht und zwanglos auf einem die Dreharbeit erleichternden Wege abgeleitet wird. Wenn nach Fig. 47 ein schmaler Bund bei wagrechter Schneide abgedreht wird, so ergibt sich eine ebene Spanspirale, bei geneigter Schneidkante entsteht eine schraubenförmige

Spanlocke, die rechtsgängig ist, wenn nach Fig. 57 die Schneidkante nach links geneigt ist, linksgängig bei nach rechts geneigter Schneidkante nach Fig. 58 (die Neigung der Schneidkante ist in Fig. 56 durch das Maß *e* ausgedrückt). Die Spanlocke läuft also bei wagrechter Schneidkante *AB* nach Fig. 55 in sich selbst zurück, verwickelt sich dadurch und bricht endlich ab, während sie bei geneigter Schneidkante (*AB* in Fig. 56) nach einer Schraubenlinie abläuft. Man kann das Rollen der Spanlocke auch mit dem Kräuseln eines Papierstreifens vergleichen. Hält man die Kante eines Taschenmessers senkrecht zur Längsrichtung des Streifens, so rollt sich beim Abziehen desselben zwischen Messer und Daumen die entstehende Spirale in sich selbst zusammen. Bei schräger Richtung der Messerkante entsteht eine schraubenförmige Locke. Die Zerlegung von *R* in wagrechte und senkrechte Seitenkräfte ergibt bei Überhöhung der Schneide nach Fig. 57 und 58 außer H_l (Fig. 47) noch eine wagrechte Seitenkraft H_S, die noch größer wird, wenn nach Fig. 48 der Bund kegelförmig abgedreht wird, oder die Schneidkante zur Vorschubrichtung geneigt ist. Wenn hierbei die Schneidkante wagrecht ist, so ergibt sich wieder eine ebene Spanspirale. Wenn die Schneidkante nach links geneigt ist, so ergibt sich nach Fig. 59 eine nach rechts gewundene Spanlocke, bei der Neigung nach rechts eine links gewundene, nach Fig. 60. Im letzteren Falle wird der Span mehr um seine schmale Seite gebogen und daher wird der Aufbiegungswiderstand größer.

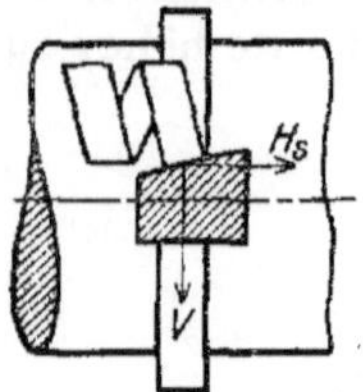

Fig. 57.

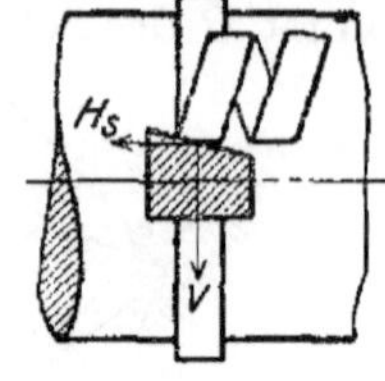

Fig. 58.

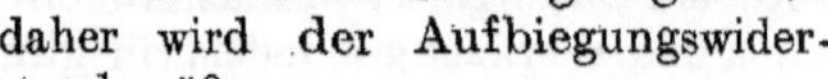

Bei Verwendung eines Stahles mit gegen die Vorschubrichtung geneigter Haupt- und Nebenschneide (Fig. 49) erfolgt die Spanbildung in ähnlicher Weise wie beim kegelförmigen Abdrehen des Bundes, nur erhöht sich der Schnittwiderstand durch Hinzukommen der Nebenschneide. Die Richtung für das Abfließen des Spanes wird durch die Nebenschneide gleichfalls beeinflußt, so daß sie von der Senkrechten auf die Hauptschneide um so mehr abweicht, je größer der Schnittbogen für die Nebenschneide ist. Wenn die Hauptschneide gegen die Horizontale geneigt ist, so wird der Schnittwiderstand größer bei dem Aufbiegen des Spanes in der Richtung der längeren Seite des Spanquerschnittes, insbesondere wenn der Span hierbei von der Seitenschneide abgerissen werden muß.

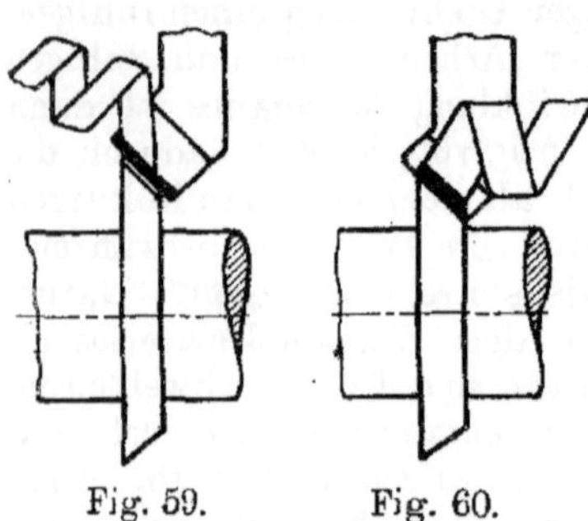

Fig. 59. Fig. 60.

Daraus ergibt sich, daß wenn nach Fig. 61 der Schneidenpunkt *A* (die Nase) gegenüber *B* überhöht wird (s. a. Fig. 56), der Span nicht mehr so leicht abfließen kann, wie bei wagrechter Schneidkante nach Fig. 55, da bei solcher Überhöhung der Span auch nach der Richtung der längeren Seite des Spanquerschnittes vom Werkstück weg gebogen und hierbei von der Nebenschneide abgerissen wird. Daraus folgt auch, daß der Vorschubwiderstand H_S bei Überhöhung der Stahlnase A größer ist gegenüber dem Vorschubwiderstand bei wagrechter Schneidkante. Die Schneide bekommt durch die überhöhte Nase einen regelrechten »Schnabel«, infolgedessen sie stets Neigung hat, in das Werkstück einzureißen, »einzuschnäbeln«, es entstehen die bekannten Furchen oder Riefen im Werkstück, die um so stärker auftreten, je größer die Überhöhung e (Fig. 56), d. h. je größer der Hinterschleifwinkel gegenüber dem Seitenschleifwinkel genommen wird.

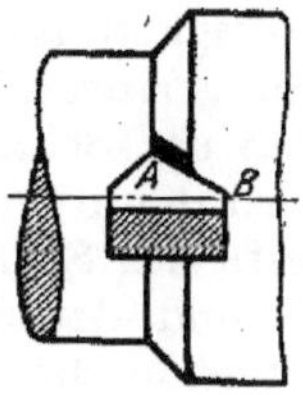

Fig. 61.

Nur wenige, ganz besonders witzige Dreher kennen die Schädlichkeit dieses »Schnabels«, wenngleich sie keine innere Begründung dafür geben können. Nach dem Vorangegangenen ist das auch nicht weiter verwunderlich, denn die Herleitung dieser Begründung der Schädlichkeit des Schnabels ist nicht ohne weiteres einfach und meines Wissens hier zum ersten Male versucht. Der weitaus größte Teil der Dreher mißt dem Schnabel entweder überhaupt keine nachteilige Bedeutung zu oder bevorzugt ihn sogar, und auch in der Literatur findet man allgemein, so z. B. auch bei Taylor[1]), die Behauptung, daß durch Überhöhung des Schneidenpunktes A das Abgehen des Spanes erleichtert werde. Die Irrigkeit dieser weitverbreiteten Meinung dürfte durch das Voraufgesagte bewiesen sein. Für zähe, nicht zu harte Materialien, z. B. Stahl bis höchstens 70 kg Festigkeit, ist die wagrechte Schneidkante die einzig richtige, mit andern Worten, der Spanwinkel γ darf nur als reiner Seitenschleifwinkel, ohne Hinterschleifwinkel, ausgebildet sein.

Gibt man dem Stahl nur einen Seitenschleifwinkel, d. h. wagrechte Schneidkante, so kann er immer ohne Schwierigkeit und viel öfter nachgeschliffen werden, ohne daß er dadurch geschwächt wird. Hingegen wird bei gleichzeitigem Vorhandensein eines Hinterschleifwinkels der Anschliff nicht so oft vorgenommen werden können, und er wird auch schwieriger, besonders wenn der Seitenhinterschliff nicht eben, sondern hohl ausgeführt wird, wie dies für weichen und mittelharten Stahl nötig ist. Ein besonderer Nachteil aber ist beim Hinterschleifwinkel, daß man immer in den Stahl hinein schleifen muß, um so mehr, je steiler der Winkel gehalten wird, wodurch der Stahl in seiner Widerstandsfähigkeit geschwächt wird. Öfter als man gemeinhin denkt, reißt der Stahl an der schwächsten Stelle durch; wenn man die durch den Hinterschliff hervorgerufene Querschnittschwächung durch Durchkröpfen des Stahles beseitigt, so erkauft man dies auf Kosten billiger Herstellung, denn das vor dem Herrichten der Schneide erforderliche Durchkröpfen muß im Schmiedefeuer geschehen, was eine gute Geschicklichkeit des Schmiedes voraussetzt.

[1]) s. Taylor-Wallichs: »Über Dreharbeit und Werkzeugstähle«.

Bis jetzt hat der Hinterschleifwinkel nur Hindernisse aufgeworfen, während der reine Seitenschleifwinkel die Arbeit erleichtert und auch der Neigung des Stahles unter dem Schnittdruck nach einer Seite hin abzubiegen, entgegenwirkt, so daß der resultierende Druck mehr auf die Grundfläche des Stahles, gerichtet ist. Trotzdem gibt es aber Fälle, wo mit dem Seitenschleifwinkel ein geringer Hinterschleifwinkel verbunden sein muß. Bei hartem Gußeisen und hartem Stahl über 70 kg Festigkeit ist es richtiger, die Schneidkante nicht wagrecht, sondern mit geringer Neigung nach der anderen Seite zu auszuführen, so daß also der Schneidenpunkt A gegenüber B tiefer zu liegen kommt; es wird dann der Span nach dem Werkstück zu, also nach der schmalen Seite des Spanquerschnittes gebogen. Der Span fließt daher leichter ab und der Schnittwiderstand wird geringer. Dadurch behält die Schneide, die, wie wir wissen, bei Gußeisen und bei hartem Stahl stärker angestrengt wird, länger ihre Schärfe und damit das Werkstück seinen Durchmesser. Der aufmerksam beobachtende Dreher kann das deutlich erkennen, wenn bei langen Arbeitsstücken hinter dem Stahl die mitgehende Lünette folgt. Bei wagrechter Schneidkante wird infolge der größeren Abnutzung das Werkstück bald dicker im Durchmesser und sucht in der Lünette zu fressen, während bei Neigung der Schneidkante im angegebenen Sinne diese Nachteile viel später oder überhaupt nicht auftreten.

Die angedeutete Überhöhung, die durch einen negativen Hinterschleifwinkel erzeugt wird, darf aber immer nur gering sein, weil sie einen abstoßenden Druck des Stahles gegen das Werkstück zur Folge hat, der mit der Neigung der Schneidkante wächst. Nicht stark genug gebaute oder schon ein wenig leicht gehende Supporte fangen an zu zittern, wodurch wiederum die Stahlschneide zerstört wird, ja bei zu starker Überhöhung des Schneidenpunktes B gegenüber der Stahlnase A wird der abstoßende Druck so stark, daß das Werkstück auf den Körnern frißt, bzw. bei fliegender Einspanung aus seiner zentralen Lage gedrängt wird.

So oft die Schnabelschneide in den Werkstätten anzutreffen ist, so wenig bekannt scheint die Schneide mit negativem Hinterschliff bzw. ihre Vorteile zu sein, abgesehen von Taylor, von dem sie verworfen wird, ist sie meines Wissens überhaupt nirgends in der Literatur erwähnt.

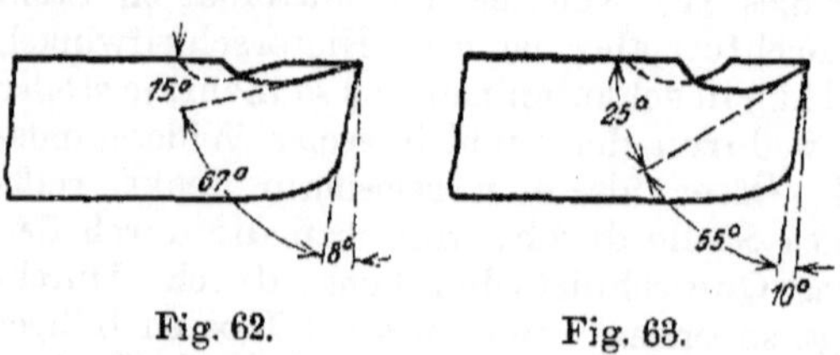

Fig. 62. Fig. 63.

Der Seitenschleifwinkel γ ist als ebene Hinterarbeitung auszubilden bei spröden und harten Werkstückmaterialien, also für Gußeisen und evtl. sehr harten Stahl, nach Fig. 54 bzw. Fig. 62, weil hier der Span sich nicht rollt, sondern in kurzen Brocken abplatzt. Er ist dagegen hohl auszubilden für alle weichen und zähen Materialien, wie weichen Stahl, Stahlguß (Fig. 63), so daß AC in Fig. 55 und 56 nicht eine Gerade, sondern eine gewölbte Linie wird und zwar um so stärker gewölbt, je weicher das zu bearbeitende Material ist, und in geringem Maße auch harten Stahl, weil bei diesen Stoffen der Span sich je nach der Härte mehr oder weniger rollt und dieses Aufrollen durch die gewölbte Brustfläche noch unterstützt wird, denn das hohle Ausarbeiten der Brustfläche kommt einer Vergrößerung des Spanwinkels γ gleich, wodurch nach früherem (Fig. 52) der leichte Spanabfluß begünstigt wird.

In manchen Werkstätten herrscht die Ansicht, daß die Brustfläche überhaupt keine Hohlkehle enthalten dürfe, um den Stahl nicht zu schwächen, denn durch die Hohlkehle wird der Keilwinkel β kleiner, die Schneide also in ihrer Widerstandsfähigkeit etwas geschwächt, und weil durch die Hohlkehle bei dem jetzt üblichen Aufschweißen eines Schnellstahlplättchens auf den Stahlschaft dieses dann nicht so lange vorhält. So berechtigt diese Einwände sind, so verkennen sie doch ganz und gar die Wichtigkeit der Hohlkehle für den leichten Spanabfluß, indem doch durch ihr Vorhandensein der Span nicht so plötzlich aus seiner Richtung abgebogen wird, und damit also der Spanaufbiegungswiderstand sich verkleinert. Dieses allmähliche Ablenken des Spanes aus seiner Richtung ist aber von grundlegender Bedeutung für den leichten und zwanglosen Spanabfluß, und die erfahrenen Dreher, denen dieser Umstand wohl bekannt ist, geben deshalb der Schneide, auch wenn sie sehr harten Stahl zu drehen hat, eine, wenn auch geringe Hohlkehle, schwächen also lieber die Schneide etwas, nur um das Abrollen des Spanes zu begünstigen. Denn ohne Hohlkehle ist bei harten Werkstückmaterialien die größere Stauchung des Spanes an der Abtrennstelle so sehr fühlbar, daß der Stahl und der Support oft anfangen zu zittern und dann die Stahlschneide, trotz ihrer größeren Stabilität, in kurzer Zeit stumpf wird. Eine mehrjährige Beobachtung dieser Verhältnisse zwingt mich zu der Ansicht, daß der Seitenschleifwinkel, außer bei den ausgesprochen spröden Materialien, wie Gußeisen und Rotguß, wo der Span sich nicht rollt, für alle Stahlsorten als Hohlkehle ausgeführt werden muß, also auch bei hartem Stahl. Bei diesem muß sie allerdings das kleinstmögliche Maß haben, um die Festigkeit der Schneide nicht zu sehr zu schwächen, sie kann aber auch klein sein, weil der Span des harten Stahles ohnehin weniger das Bestreben zum Rollen als zum Abplatzen hat. Aber ganz fehlen sollte sie nicht, weil sonst die größere Stauchung des Spanes die Schneide noch eher abstumpft, der Stahl drängt dann, er schneidet, wie der Dreher sagt, am Rücken, und die Bank fängt an zu zittern.

Weiche Stoffe, wie Kupfer, Blei, Zink usw., verlangen einen großen Seitenschleifwinkel, damit die Schneide fein und scharf wird. Bei einem für weichen Stahl gültigen Seitenschleifwinkel würde die Schneide nicht imstande sein, einen richtigen Span abzuheben, es würde zu Klumpenbildungen kommen. Zur besseren Unterstützung der feinen Schneide macht man den Anstellungswinkel α möglichst klein, jedoch ist man damit an enge Grenzen gebunden, weil bei diesen Stoffen das Werkstück am Stahlkopf leicht drückt. Auch eignet sich hier unter Umständen der Schnellaufstahl nicht so gut wie der Kohlenstoffstahl, der eine

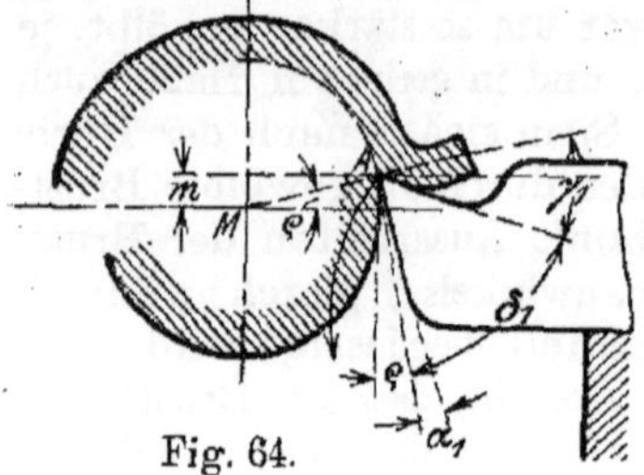
Fig. 64.

größere aktive Härte besitzt und dadurch eine feine Schneide besser bewahrt als Schnellstahl. Indessen haben sich die neueren Schnelldrehstähle ebenso gut bewährt. Die Schneide muß öfter auf dem Ölstein abgezogen werden, damit sich keine falsche Aufsetzschneide bilden kann, die die abgedrehte Oberfläche riefig machen würde. Zum Kühlen und Schmieren wird meistens Seifenwasser oder eine Emulsion benutzt, für Kupfer ist am besten süße Kuhmilch, sie ergibt eine glatte Drehfläche.

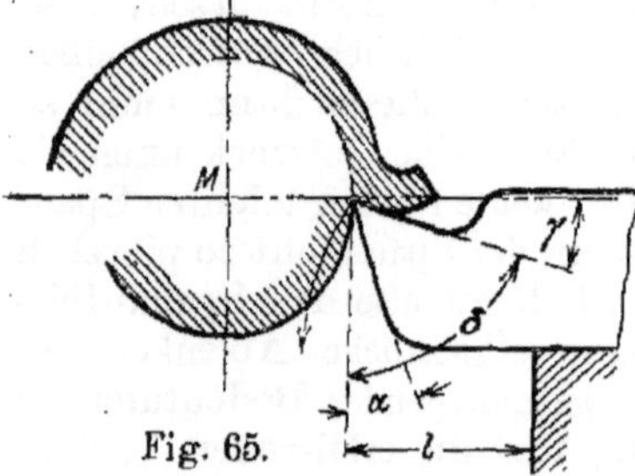
Fig. 65.

Bei Rotguß, Zinkbronze, Messing und Deltametall darf infolge der ausgesprochenen Sprödigkeit dieser Metalle der Stahl überhaupt keinen Schleifwinkel γ erhalten, eher muß γ ein wenig negativ werden.

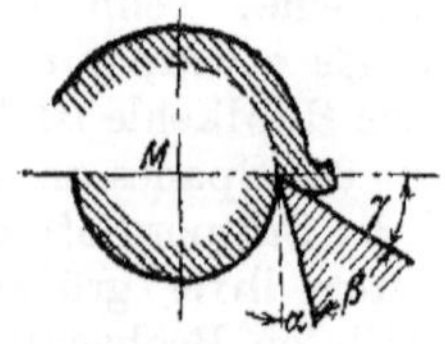
Fig. 66.

Bei der geringen Aufmerksamkeit, die man in so vielen Werkstätten der Ausbildung und Pflege der Stahlschneide widmet, indem man es jedem Dreher überläßt, sich seinen Stahl nach Gutdünken zu schleifen, trifft man nur allzuoft auf Schneiden, deren Wölbung im Seitenschleifwinkel (Fig. 63) zu kurz ist, so daß der Span nur kurz nach abwärts geführt wird und dann sofort wieder ansteigen muß, so daß der Span gegen diesen Anstieg stößt und sich staucht. Bei unerfahrenen Drehern kann man mitunter beobachten, daß der Span gegen den Stahlhalter stößt, sich staucht und verklemmt. Daß der Schliff des Stahles vor allem auch sauber und glatt sein muß, ist eigentlich selbstverständlich, ohne diese Grundbedingung ist ein gutes Arbeiten von vornherein ausgeschlossen. In Werkstätten, in denen das Stahlschleifen noch nicht zentralisiert ist, wo jeder Dreher seinen Stahl selbst schleift, und das sind noch recht viele, ja vielleicht die meisten, kann man in dieser Hinsicht oft recht miserable Schneiden sehen.

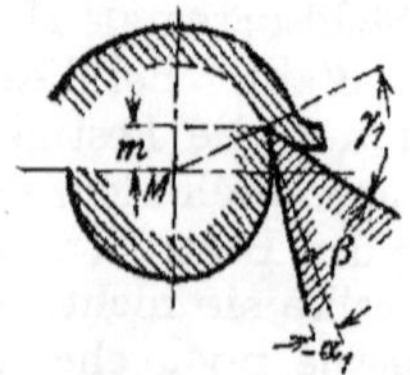
Fig. 67.

Die Betrachtungen über die Schneidenwinkel hatten, wie aus Fig. 50 hervorgeht, zur Voraussetzung, daß der Stahl in Höhe der Werkstückachse, d. h. auf Spitzenhöhe,

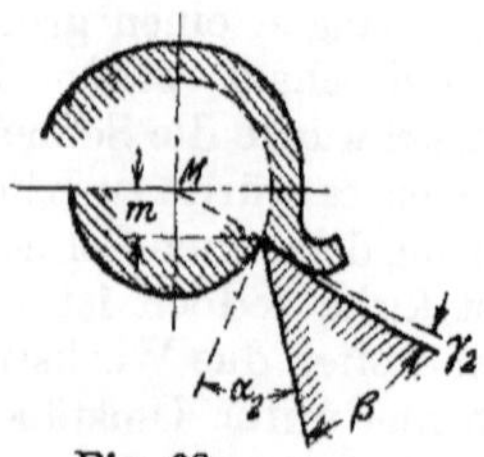
Fig. 68.

eingestellt ist. Bei gleichem Stahl, also bei gleichbleibendem Keilwinkel β, ändern sich aber die Winkel α und γ mit der Lage des Werkzeuges gegenüber dem Werkstück, weshalb man die beiden letzteren im Gegensatze zum Keilwinkel β, der den Werkzeugen eigentümlich ist, auch als die »Arbeitswinkel« bezeichnet. Es ist nun die Frage, ob durch ein Verändern der Arbeitswinkel, also durch Verstellen des Stahles gegenüber der Spitzenhöhe, günstigere Schnittbedingungen gewonnen werden können. Die Veränderung der Arbeitswinkel ist aus den Fig. 64 bis 68 ersichtlich, man erkennt aus Fig. 64, daß bei Stellung über Spitzenhöhe der Anstellwinkel α und der Schnittwinkel δ kleiner, dagegen der Spanwinkel γ größer werden als bei Stellung in Spitzenhöhe nach Fig. 65. Bei starker Überhöhung m kann der Anstellwinkel α sogar negativ werden, wie dies in Fig. 67 dargestellt ist. Nach früherem bewirkt der größere Spanwinkel γ einen leichteren Spanabfluß, während der kleinere Schnittwinkel δ einen guten Halt am Stahlrücken, der ein Einhaken verhindert, zur Folge hat; andererseits wissen wir aber auch, daß ein großer Wert von γ und ein kleiner Wert von α ein Rattern hervorruft.

Stellt man den Stahl unter Spitzenhöhe nach Fig. 68, so wird der Anstellungswinkel größer und der Spanwinkel kleiner, ja letzterer kann sogar negativ werden. Wegen des verkleinerten Spanwinkels erhalten wir dann einen Brockenspan, der die Schneide mehr anstrengt, und wegen des größeren Anstellwinkels sucht der Stahl einzuhaken.

Unter Spitzenhöhe darf der Stahl somit niemals gestellt werden, aber auch Stellung über Spitzenhöhe hat neben der Gefahr des Ratterns noch Nachteile, die die eben geschilderten Vorzüge im Verein mit einem weiteren oft behaupteten, wonach der Druck auf den Stahl eine schräge Richtung erhält, und damit das auf den Support übertragene Drehmoment kleiner wird, das das Zittern des Stahles einschränkt, etwas in den Hintergrund drängen. Der Schnittdruck hat das Bestreben, den Stahl nach unten abzudrücken, während umgekehrt der Stahl nach oben strebt, diese beiden Gegenkräfte führen eine stetige gegeneinander wirkende Schwingung von Stahl und Werkstück herbei. Beide bleiben, wie der Dreher sagt, immer im Prozeß miteinander. Bei einem plötzlichen Anwachsen des Schnittdruckes infolge harter Stellen usw. federt der Stahl um seine Einspannungsstelle, er reißt in das Werkstück ein. Fig. 64 läßt aber erkennen, daß dieses Einreißen bei Stellung über Spitzenhöhe tiefer geht, als bei Stellung auf Spitzenhöhe (Fig. 65), der Stahl ist auch mehr in Gefahr abzubrechen.

Um das Einreißen des Stahles infolge harter Stellen zu vermeiden, kröpft man die Schlichtstähle nach einem Gänsehals (s. Fig. 116), damit sie leicht von den harten Stellen abfedern und so nicht in das Werkstück einreißen können.

Da indessen beim Schruppen ein etwaiges Einreißen des Stahles nicht so sehr von Nachteil ist, weil es auf Sauberkeit und genauen Durchmesser ja hier nicht so sehr ankommt, es vielmehr in erster Linie auf eine möglichst leichte günstige Spanabhebung ankommt, so stellt man den Stahl beim Schruppen doch stets über Spitzenhöhe, und zwar für

Schmiedeeisen etwas mehr als für Gußeisen. Die Größe m der Überhöhung schwankt zwischen $^1/_{10} - ^1/_{20}$ vom Werkstückdurchmesser. Beim Plandrehen und beim Innendrehen ist der Stahl ebenfalls über Spitzenhöhe zu stellen.

Bei einer ganzen Reihe von Arbeiten, wie Gewindeschneiden, Fasson-, Kegel- und Hinterdrehen, bei allen Dreharbeiten, bei denen das Werkzeug an einer Schablone oder einem Leitlineal eine bestimmte Form herstellen soll, und schließlich beim Abstechen ist die Stellung des Stahles gegenüber dem Arbeitsstück von vornherein festgelegt, indem bei allen diesen Arbeiten die Schneide genau auf Spitzenhöhe eingestellt werden muß, da bei jeder anderen Lage, über oder unter Spitzenhöhe, die Durchmesser und damit das Profil des Werkstückes verzerrt ausfallen würden. Diese Verzerrung wird um so augenfälliger, je kleiner der Werkstückdurchmesser ist. Übrigens gibt es auch einen Fall, wo der Stahl unter Spitzenhöhe stehen muß, nämlich bei Herstellung von Schneidscheiben (s. S. 155).

Der vorhin angegebene Grenzwert der Überhöhung zu $m = 0{,}1\,d$, wobei d = Durchmesser des Werkstückes, ist eigentlich schon viel zu hoch gegriffen. Nach Fig. 64 ist nämlich $\sin \varrho = \frac{m}{AM} = 0{,}2$, also $\measuredangle \varrho = \sim 12°$, so daß also α größer sein müßte als 12°, damit es noch einen positiven Wert erhält. Das ist aber (s. Tab. 3) für die allgemeinen Fälle schon der höchstzulässige Grenzwert. Es ist deshalb m kleiner zu nehmen, jedoch nicht unter $m = 0{,}05\,d$, da für diesen Wert $\measuredangle \varrho = \sim 6°$ wird, also $\measuredangle \alpha$ hierfür immer mehr als 6° betragen muß.

Selbstredend wird man den Stahl so kurz wie möglich einspannen, um das Biegungsmoment: Schnittdruck mal freitragende Länge möglichst gering zu halten, weil dieses den Stahl zum Zittern bringt, das Zittern und Vibrieren des Stahles aber der schlimmste Feind der Schneide ist, der mehr als mancher annimmt zur Abstumpfung und Zerstörung der Schneide beiträgt. Allerdings behindert in manchen Fällen der kurz gespannte Stahl den freien Spanabfluß, indem der Span dann gegen den Stahlhalter stößt.

Bisher wurden von den in der wagrechten Ebene möglichen Stellungen der Schneidkante nur zwei Fälle in den Kreis der Betrachtung gezogen, die Schneidkante parallel zur Achse des Werkstückes (Fig. 47) und die Schneidkante schräg dazu (Fig. 49). Um die für das wirtschaftliche Schruppen günstigste Schneidenform herauszufinden, müssen auch noch die Verhältnisse bei den beiden anderen Möglichkeiten, der Schneidkante senkrecht zur Werkstückachse und der Bogenschneide untersucht werden.

Um möglichst günstige Schnittverhältnisse zu erzielen, müssen zwei Bedingungen erfüllt werden. Erstens soll die Arbeit für die Einheit der Spanmenge möglichst klein sein, um an Kraftverbrauch zu sparen, zweitens soll die Normalschnittgeschwindigkeit möglichst groß sein, um an Arbeitszeit zu sparen. Die erste Bedingung wird erfüllt, wenn der spezifische Schnittwiderstand möglichst klein ist. Bei bestimmter Größe des Spanquerschnittes ist dies dann der Fall, wenn unter sonst gleichen Umständen die Spanschnittfläche oder die Schnittbogenlänge möglichst klein wird. Die zweite Bedingung erfordert für große Schnittgeschwindigkeit bei guter Wärmeableitung eine große Spanoberfläche oder bei einem bestimmten Spanquerschnitt einen großen Umfang der Spanquerschnittfläche. Durch diese Punkte ist in großen Umrissen die Form und Stellung der Stahlschneide schon vorgeschrieben, als weitere Gesichtspunkte für die Schneidenform kommen noch hinzu: geringste Kosten für das Herrichten und Schleifen, evtl. Herstellung einer genauen und glatten Drehfläche und schließlich Anpassungsfähigkeit an die verschiedensten Arbeiten.

Hinsichtlich des Herrichtens der Schneide geht heute allgemein das Streben dahin, möglichst wenig, bzw. gar keine Schneidearbeit zur Herstellung der Schneide zu leisten, weil das Herumschmieden an der Stahlstange der Güte niemals zur Verbesserung gereicht, im günstigsten Falle nichts daran verdirbt. Man schleift ohne Feuerbehandlung und ohne Schmieden die Schneide direkt aus der Stange heraus, was obendrein noch billiger ist.

Beim Nachschleifen des stumpf gewordenen Stahles hat der erfahrene Dreher den Grundsatz, möglichst nur die Kopfflächen der Haupt- und Nebenschneide nachzuschleifen, die Brustfläche aber unbehelligt zu lassen. Ihm ist eben die grundlegende Bedeutung der Ausbildung der Brustfläche wohl bekannt, er sucht daher nicht ohne Not an einer richtig ausgebildeten Brustfläche herumzuschleifen, um sicher zu sein, daß sie unverändert bleibt.

Eine genaue und glatte Drehfläche kommt beim Schruppen, besonders seitdem man die Rundschleifmaschine zur selbständigen Bearbeitungsmaschine erhoben hat, die das vorgeschruppte Werkstück zum Fertigstellen übernimmt, in nur sehr geringem Grade in Frage, da für die Wirtschaftlichkeit des Schleifens die rauh geschruppte Oberfläche Bedingung ist.

Hat der Stahl wagrechte Schneidkante und wird er, wie in Fig. 49 bzw. 69 angedeutet, eingestellt, also mit seiner Achse senkrecht zur

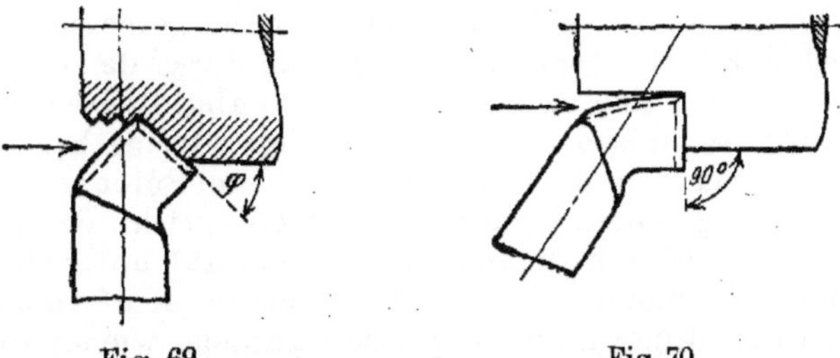

Fig. 69. Fig. 70.

Werkstückachse, so rollt sich, wenn die Schneidkante noch, wie in Fig. 49 bzw. 69 schräg zur Werkstückachse, bzw. zur Vorschubrichtung steht, der Stahl als ebene Spirale ab und wird an dieser Abrollung vom Werkstück in keinerlei Weise behindert. Je mehr nun die Schneidkante der Senkrechten zur Vorschubrichtung genähert wird, also gegen den Span gestellt wird, desto mehr wird derselbe, da er stets senkrecht zur Schneidkante abfließt, sich dem schon abgedrehten Teil der Werkstückoberfläche nähern und so sich an derselben einseitig reiben. Die Reibung zwischen Span und abgedrehter Werkstückoberfläche wird am größten, wenn die Schneide senkrecht zur Vorschubrichtung steht, nach Fig. 70 wird der Span durch die starke Reibung gestaucht, dadurch und durch die größere spezifische Belastung der Schneide wird diese verdorben. Bei hartem Stahl, z. B. Gußstahl, ist diese Reibung so stark, daß der Span ordentliche Risse an der abgedrehten Oberfläche erzeugt. Diese viel geringere Standhaftigkeit der senkrecht zur Vorschubrichtung stehenden Schneide ist schon bei den an Fig. 18 anknüpfenden Erörterungen vorgebracht worden, das schlechte Standhalten der senkrechten Schneide Fig. 70 gegenüber der schrägen Fig. 69 ist um so auffälliger, je größer der Vorschub ist, also an größeren Bänken, wo stets mit schweren Schnitten gearbeitet wird. Den an solchen Bänken stehenden Drehern ist die geringe Leistungsfähigkeit dieser Schneide meist auch wohlbekannt, sie stellen den Stahl nie ohne besondere Not senkrecht zum Vorschub, sondern stets in normaler Weise, also nach Figur 69 an.

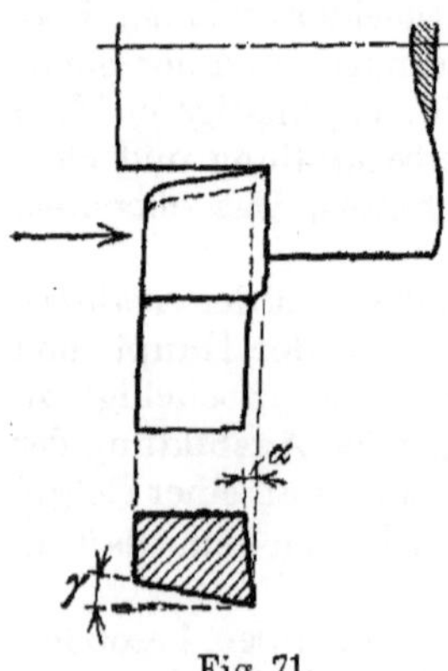
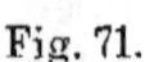

Fig. 71.

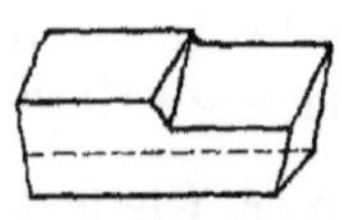

Fig. 72.

Nun gibt es aber eine Reihe Fälle von Langdreharbeiten, wo ein zur Vorschubrichtung senkrecht stehender Span zu nehmen ist, es hat dann der gegen den Span senkrecht gestellte normale Schruppstahl Fig. 70 zwei Nachteile, indem die Nebenschneide auf ihrer ganzen Länge mit dem Werkstück in Berührung ist, oder falls sie das nicht soll, muß sie entsprechend beigeschliffen werden, und zweitens die Einspannung des Stahles eine ungünstige wird, da bei plötzlich auftretendem größerem Vorschubwiderstand als Folge harter Stellen im Material dieser den Stahl zurückzudrehen sucht, ihn also zwingt, in den schon abgedrehten Teil hineinzureißen, wie das später an Hand der Fig. 80 eingehender erklärt wird. Die Umgehung dieser Übelstände führt zum Seitenstahl Fig. 71 und 72. Bei gegebenem Spanquerschnitt entspricht der Seitenstahl oder, wie er auch vielfach genannt wird, Messerstahl, unter allen übrigen Stählen am vollkommensten den für geringsten Kraftverbrauch pro Einheit der Spanmenge notwendigen Bedingungen, wie sie vorhin aufgestellt wurden, kleinstmögliche Schnittbogenlänge, die sich zusammensetzt aus der wirksamen Schneidenlänge und dem wirksamen Teil der Abrundung an der Stahlnase. Später (bei Fig. 104) wird noch einmal auf den Messerstahl zurückzukommen sein.

Aus Fig. 43 wissen wir, daß die Hauptarbeit von der Hauptschneide zu leisten, daß aber der Nebenschneide auch ein Teil, wenn auch nur ein sehr geringer, zufällt, der natürlich vor allem von der Stahlnase *A* bewältigt werden muß. Es bedarf keiner weiteren Erklärung, daß sie ihrer Beanspruchung um so weniger gewachsen sein wird, je spitzer sie zugeschliffen ist, sie wird dann in kürzester Zeit stumpf und vermehrt den Widerstand. Je größer aber die Abrundung gemacht wird, desto stabiler und kräftiger wird die Nase, desto besser kann sie die Wärme ableiten, desto länger behält sie also ihre Schärfe, der Stahl arbeitet ruhiger. Immerhin ist man auch hier in der Wahl etwas beschränkt, weil eine zu starke Abrundung den Stahl wieder zum Zittern bringt. Es ist als feststehend anzusehen, daß die Nebenschneide auch eine nachschlichtende Wirkung auf das stehenbleibende Material ausübt (in Fig. 69 ist das stehenbleibende Material durch die Rillen angedeutet), so daß also die abgedrehte Oberfläche durch eine gute Abrundung glatter wird. Hauptsächlich aber um die Spitze genügend kräftig und scharf zu halten, muß sie beim Schruppen gut abgerundet sein, weniger der glatten Oberfläche wegen. Nur wenn die Ecken der Ansätze möglichst weit ausgedreht werden sollen, macht man die Rundung wieder kleiner. Je stärker die Stahlspitze abgerundet, desto mehr erlangt, bei geringer Schnittiefe, der Stahl die Vorzüge der Taylor-Schneide (Bogenschneide), wie das später noch erörtert wird.

Wir sehen, daß die Anforderungen an den Stahl hinsichtlich geringsten Kraftverbrauches denen gerade zuwiderlaufen, die in bezug auf ein gutes leichtes Arbeiten an ihn gestellt werden müssen. Streiff und Vogler verlangen, daß die Schneidkantenlänge, die in das Material einzudringen hat, im Verhältnis zum Spanquerschnitt möglichst kurz ist, mit anderen Worten, die Schneidkante muß möglichst steil angestellt werden, also nach Fig. 70 oder 71, da beim schrägen Schnitt nach Fig. 69 bei gleicher Schnittiefe die Schneidkante länger wird, und demzufolge, daß die Stahlnase nicht mehr als notwendig abgerundet wird, da die zu große Abrundung nur die Schneidkantenlänge vergrößert. Diese Forderungen stehen in direktem Widerspruch mit den Tatsachen, daß beim Schruppen der Stahl mehr leistet, wenn seine Nase eine große Abrundung hat und wenn er einen schrägen Span nach Fig. 69 nimmt, während die senkrechte Schneide des Seitenstahles infolge der geschilderten Spanreibung doch eigentlich mehr Kraft verbrauchen müßte, der größeren Spanreibung und dem frühzeitigen Abstumpfen nach zu schließen. Dabei ist das frühere Nachgeben des Seitenstahles gerade bei den von Streiff geforderten großen Vorschüben am augenscheinlichsten. Die Streiffsche Schnittregel verlangt den Seitenstahl Fig. 71 oder 72, der erfahrene Dreher aber nimmt ihn nicht ohne Not zur Hand, er arbeitet stets nach Fig. 69. Auch in den Stahlwerken, wo infolge der Größe der Bänke der Kraftverbrauch die anzuwendende Schnittregel vorschreibt und nicht die längere Haltbarkeit der Schneide, ist der Seitenstahl nicht beliebt.

Trotzdem ist an der Richtigkeit der Versuchsergebnisse von Streiff und Vogler nicht zu zweifeln. In manchen Gegenden ist an kleinen und mittleren Bänken die Arbeitsweise gang und gäbe, den gewöhnlichen Schruppstahl Fig. 54 nach Fig. 70 gegen den Span zu stellen, weil, wie die Erklärung der betreffenden Dreher lautet, die Bank dann besser durchzieht, was in der Tat auch der Fall ist. Allerdings sehen die betreffenden Dreher irrtümlich den Grund für den besseren Durchzug der Bank darin, weil der Span kürzer ist als bei schräger Schneide nach Fig. 69. Es ist ihnen schwer begreiflich zu machen, daß der Span bei schräger Schneide dafür auch dünner wird, daß der Spanquerschnitt derselbe bleibt (vgl. Fig. 18) und damit auch die Gesamtbelastung der Schneiden, weil bei gleichem Vorschub und gleicher Schnittiefe die Flächeninhalte des Rechteckes $A\,B\,C\,D$ und des Parallelogrammes $A\,B_1\,C_1\,D$ gleich sind. Daraus folgt für die senkrechte Schneide, daß ihre spezifische Belastung eine größere ist, woraus sich eben im Verein mit dem ungünstigen Spanabfluß das frühzeitige Verderben derselben ergibt. Wie schon im II. Kapitel auseinandergesetzt, muß die Werkstatt sich eben mit solchen Widersprüchen abzufinden suchen, einer späteren Zeit ist es vorbehalten, die äußerst komplizierten Vorgänge beim Spanschneiden vollständig zu klären und die bis jetzt ungelösten Widersprüche zu entwirren. Nirgends dürfte der sichtende Geist wissenschaftlicher Urteilskraft nötiger sein als auf den hier behandelten Gebieten, wo das aus reiner Anschauung und einer erdrückenden Fülle von Einzelerscheinungen hervorquellende Material allenthalben sich zu blinden Massen häuft, die günstigenfalls zu Bruchteilen von Einzelnen genützt werden.

Als auffällig muß es bezeichnet werden, daß ausnahmslos alle Dreher, die gern den Span senkrecht abnehmen, dazu stets den gewöhnlichen Schruppstahl Fig. 54 verwenden und vom Seitenstahl nichts wissen wollen, weil er nicht so viel aushalte, wie sie behaupten. Bei gleichen Verhältnissen, also gleichen Schneidenwinkeln, Querschnitt usw., ist nicht zu ersehen, warum der Seitenstahl nicht genau dasselbe leisten soll wie der gegen den Span gestellte Schruppstahl, seine Schneide gibt doch an Festigkeit und Wärmeableitungsvermögen dem Schruppstahl nichts nach. Eine große Anzahl Versuche, die ich dieserhalb gemacht habe, ließ stets das Ungerechtfertigte dieser Behauptung erkennen, für senkrechten Span ist der Seitenstahl besser als der gegen den Span gestellte normale Schruppstahl, auch schon deshalb, weil hier beim normalen Schruppstahl die freitragende Länge stets größer sein muß als beim Seitenstahl, falls man nicht den zum Schruppen ungeeigneten amerikanischen Stichelhalter verwenden will.

Die Streiffsche Schnittregel mit ihrem Charakter, geringe Schnitttiefe bei großem Vorschub, ist nur schwer in Einklang zu bringen mit dem Grundsatz, mit möglichst wenig Schnitten zu arbeiten, möglichst mit einem einzigen Span zu schruppen. Die neuzeitliche Werkstatt schmiedet nicht mehr, wie im II. Kapitel dargelegt wurde, möglichst genau, sondern roh mit starker Materialzugabe, und auch die Gießerei ist in vielen Fällen nicht in der Lage, so genau mit möglichst wenig Bearbeitungszugabe zu gießen, meist ist sie sogar daran interessiert, möglichst schwer zu gießen (durch die Entwicklung der Flächenschleifmaschine geht das neueste Bestreben allerdings wieder dahin, auch Gußflächen, die bisher gehobelt oder gefräst werden mußten, zu schleifen, womit von der Gießerei eine entsprechend geringe Materialzugabe gefordert wird). Die unangenehmen Eigenschaften der Gußkruste verlangen geradezu eine reichliche Materialzugabe, weil sonst der Stahl auf der Gußkruste kratzen würde, in welchem Falle er sofort stumpf würde. Später (s. Fig. 89) werden diese Verhältnisse noch eingehender erörtert. Es ist dies vielleicht der schwächste Punkt der Streiffschen Schnittregel und streicht den Seitenstahl aus der Reihe der Schruppstähle.

Es bleiben sonach für die allgemeinen Verhältnisse (abgesehen von der noch zu erörternden Bogenschneide) nur noch die Schneide Fig. 54, die bisher schon als normale Schruppschneide bezeichnet wurde. Wenn, wie das die Natur dieses Stahles verlangt, der Stahlschaft senkrecht zur Werkstückachse steht (Fig. 49 und 69), so ist die Schneide gegen das Werkstück um den Winkel φ geneigt (Fig. 69), man nennt sie daher auch schräge Schälzahnschneide. Mit einer vorhin als notwendig erkannten guten Abrundung der Stahlspitze entspricht sie ganz der zweiten Bedingung für ein gutes Spanschneiden, großer Umfang der Spanquerschnittfläche bei einem bestimmten Spanquerschnitt, wie sie überhaupt ohne weiteres als die gegebene Stahlform für die Rippersche Schnittregel zu erkennen ist, woraus sich von selbst ergibt, daß sie für das Schruppen die beste Stahlform ist, und dafür bisher mit Recht als Normalform bezeichnet wurde.

Bei einer Neigung der Brustfläche um den Seitenschleifwinkel γ entsteht auch an der Nebenschneide AC ein Neigungswinkel $\gamma_1 < \gamma$ und zwar $\operatorname{tg} \gamma_1 = \operatorname{tg} \gamma \cdot \cos \omega$, der dadurch entstehende Neigungs- und Schnittwinkel genügt, um die kleine Arbeit der Nebenschneide AC zu leisten. Das Fehlen dieser Winkel würde die Kraft H_l (Fig. 49 und 93) vergrößern.

Ripper hat bewiesen, daß bei gleichem Spanquerschnitt die längere Schneide, also bei kleinem Winkel φ, eine größere Geschwindigkeit zuläßt, damit die Spanausbeute vermehrt, gegenüber der steileren Schneide bei größerem Winkel φ. In bezug auf die Schnittarbeit haben sich die Winkel $\varphi = 30-45°$ als die günstigsten erwiesen und wird φ in den Werkstätten meist 45° ausgeführt (s. a. S. 78). Dagegen ist dieser Winkel in bezug auf erschütterungsfreien Lauf des Werkstückes nicht günstig. Das Arbeitsstück wird durch die Reaktion des Schnittdruckes V und die Reaktion der Kraft H_l (Fig. 49) durchgebogen, es gerät in Schwingungen, federt, zittert oft so stark, daß ein ausgesprochenes Ruppeln auftritt, das ein Weiterarbeiten unmöglich machen kann. Zu den Reaktionsdrücken gesellt sich noch weiter als verbiegende Kraft die aus der Vorschubkraft H_S entstehende Komponente H_3, indem H_S sich nach Fig. 73 zerlegt in die beiden Komponenten H_1 und H_2 und sich aus der weiteren Zerlegung von H_1 die verbiegende Kraft H_3 ergibt.

Die Größe von H_3 folgt aus

$$H_3 = H_s \cdot \sin \varphi \cdot \cos \varphi .$$

Bei $\varphi = 45°$ wird $H_3 = {}^1/_2 \cdot H_s$,
» $\varphi = 90°$ » $H_3 = 0$,
» $\varphi = 0°$ » $H_3 = 0$.

Bei $\varphi = 90°$, also beim Seitenstahl, treten nur die vorerwähnten Reaktionsdrücke als verbiegende Kräfte auf, während die Vorschubkraft keinerlei verbiegende Wirkung hat. Je mehr nun die Schneidkante von der Senkrechten abweicht, desto größer wird H_3, um bei 45° einen Höchstwert gleich der halben Vorschubkraft zu erreichen. Bei Arbeitsstücken, die eine im Verhältnis zum Durchmesser große Länge haben, wo also die Gefahr des Vibrierens im Vordergrunde steht, ist es besser, einen steileren Winkel zu nehmen und die größere Spanausbeute zugunsten eines erschütterungsfreien Ganges zurückstehen zu lassen, weil Vibrationen der gefährlichste Feind der Schneide sind. Bei Arbeitsstücken, deren Länge kleiner ist als das 12fache vom Durchmesser, bei denen also Erschütterungen nicht zu befürchten sind, wird man die Rücksicht auf größtmögliches Spanvolumen der Schonung der Schneide voranstellen, den Winkel φ also zu 45° nehmen. Daher kommt es auch, daß viele Dreher bei langen Arbeitsstücken den Schruppstahl gegen den Span nach Fig. 70 stellen, weil dann das Arbeitsstück nicht so leicht ruppelt, bei Vorschüben bis 1 mm tritt ja die geringere Standfestigkeit der senkrechten Schneide nicht so auffällig hervor.

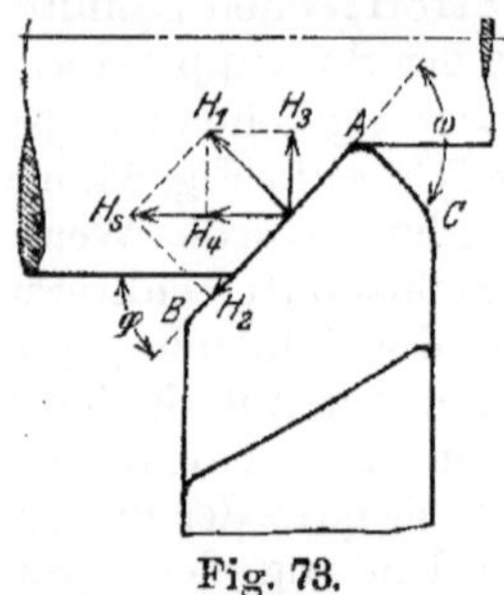

Fig. 73.

Aus dem Winkel φ, der Schnittiefe t und dem Vorschub s leitet sich die Spanbreite b und die Spanstärke g ab, es ist

$$g = s \cdot \sin \varphi \text{ und } b = \frac{t}{\sin \varphi}.$$

Taylor hat als Normalschneidenform die seitlich hochgekröpfte **Halbrundschneide** aufgestellt (Fig. 74) als die nach seiner Behauptung wirtschaftlichste und für die Werkstatt geeignetste. Bei dieser Bogen-

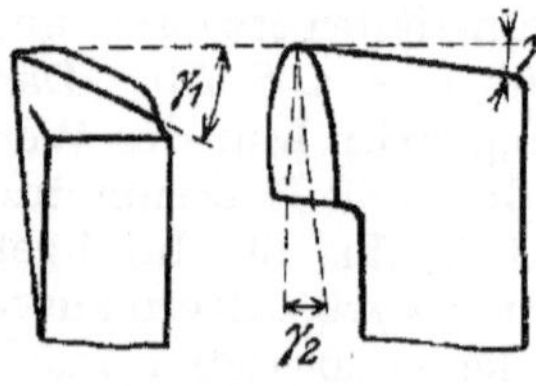

Fig. 74.

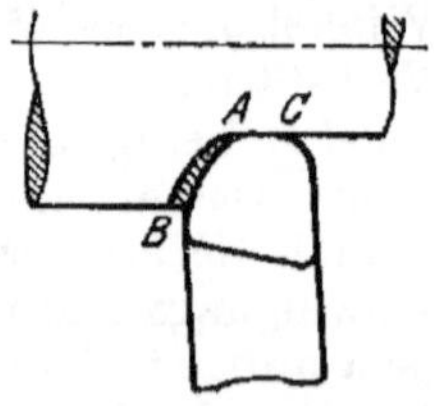

Fig. 75.

schneide wird der Spanquerschnitt kommaartig, man legt den Seitenschliff der Brustfläche so, daß am Teil AB der Schneide (Fig. 75), der als Hauptschneide anzusehen ist, die Winkel $\alpha\ \beta\ \gamma$ ungefähr die in der Tabelle 3 angegebenen Größen haben, während sie an der Nebenschneide AC, die mehr einen Schlichtspan zu nehmen hat, kleiner sind. Die Bogenschneide ergibt einen Span von überall wechselnder Stärke, so daß der Spanquerschnitt nach der Nebenschneide hin sich verjüngt. Das ergibt gegenüber der gewöhnlichen Schruppschneide, die einen

Span von überall gleichmäßiger Stärke abhebt, den Vorteil, daß die Stahlnase bedeutend kräftiger ist, also länger scharf bleibt, daher den Durchmesser des Werkstückes bedeutend länger konstant hält, und weiter, daß die abgedrehte Oberfläche glatter und sauberer wird. Schließlich hat die Bogenschneide noch den Vorteil, daß sie nicht so leicht zum Vibrieren neigt wie Stähle mit gerader Schneidkante, wie Nicholson nachgewiesen hat und auch aus Tab. 2 hervorgeht. Fig. 74 stellt den Taylorschen Schruppstahl für Gußeisen, harten und weichen Stahl dar. Als Anstellungswinkel nimmt Taylor für alle drei Materialien $\alpha = 6°$, als Seitenschleifwinkel $\gamma_1 = 14°$ für Gußeisen und harten Stahl und 22° für weichen Stahl, als Hinterschleifwinkel γ_2 für alle drei Stoffe 8°.

Wenn auch die Bogenschneide eine saubere Drehfläche zur Folge hat, weil der Span sich nach der Seite der Schneidkante hin verjüngt, welche für die Einhaltung des Durchmessers verantwortlich ist, und dadurch dieser Teil der Schneidkante geschont wird, so dürfte die Bogenschneide doch, weil heute für das Schruppen saubere Oberfläche gar nicht einmal erwünscht ist, wenn geschliffen werden kann, von allen modernen Werkstätten abgelehnt werden, besonders in der Taylorschen hochgekröpften Ausführung, weil sie dem Grundsatze, möglichst kein Herumschmieden an der Schneide, zuwiderläuft und eine bogenförmige Schneide auch nicht so leicht zu schleifen ist, wie eine gerade.

Von den Anhängern Taylors wird ihr noch besonders nachgerühmt, daß sie infolge ihres ziehenden Schnittes durch den nach der Spitze zu kontinuierlich schwächer werdenden Spanquerschnitt eine größere Schnittgeschwindigkeit zulasse und damit bezüglich Spanausbeute leistungsfähiger sei als die normale Schruppschneide bei gleichem Vorschub und gleicher Schnittiefe. Das ist aber ein Irrtum, auch stellt Taylor eine solche Behauptung in dieser Form gar nicht auf, er spricht von einer größeren zulässigen Schnittgeschwindigkeit nur in dem Falle abnehmender Schnittiefe.

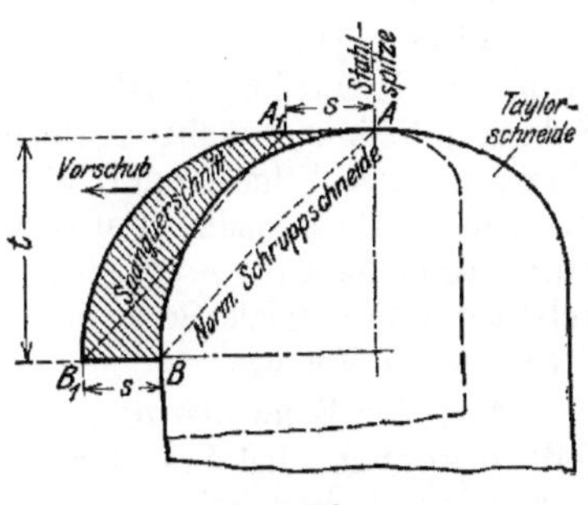

Fig. 76.

Der Beweis ist nach Fig. 76 leicht zu führen. Nach den früheren Erörterungen über den Zusammenhang von Spanquerschnitt und Schnittgeschwindigkeit ist die dem Spanquerschnitt bei A der Taylor-Schneide zugeordnete wirtschaftlichste Schnittgeschwindigkeit am größten, nimmt nach außen (nach B zu) infolge der größer werdenden Spanstärke immer mehr ab, um an der Schneidenstelle B den kleinsten zugeordneten Wert zu erreichen. Beim Drehen kommt nun selbstredend nur die für B zulässige Schnittgeschwindigkeit in Frage, also die gleiche, wie sie auch für die normale Schruppschneide in Betracht kommt, mit anderen Worten, die zulässige Schnittgeschwindigkeit ist für beide Schneidenformen gleich und damit auch die Spanleistung. Die bei der

Taylor-Schneide nach der Stahlspitze zu zulässige wachsende Schnittgeschwindigkeit kann gar nicht zur Geltung gebracht werden, im Gegenteil, beim Drehvorgang nimmt wegen des nach A zu sich vermindernden Durchmessers von selbst die Schnittgeschwindigkeit ab, der hinsichtlich Schnittgeschwindigkeit der Taylor-Schneide mögliche Vorteil kann gar nicht ausgenutzt werden.

Dagegen wird durch die Tatsache der nach A zu geringer werdenden Schnittgeschwindigkeit im Verein mit dem sich verkleinernden Spanquerschnitt die Taylor-Schneide nach der Spitze zu mehr geschont als die normale Schruppschneide. Wohl hat auch letztere durch die abnehmende Geschwindigkeit nach der Spitze zu weniger zu leiden, aber doch nicht in dem Maße, weil nur die geringere Geschwindigkeit als schonendes Moment auftritt, nicht auch gleichzeitig die Spanstärke. Zwar ist der Spanquerschnitt inhaltlich bei beiden Schneiden gleich groß, aber während die spezifische Schneidenbelastung der normalen Schruppschneide überall konstant ist, nimmt sie bei der Taylor-Schneide nach A zu stetig ab, um an der Spitze theoretisch sogar den Wert Null zu erreichen.

Aus Vorstehendem ergibt sich die Folgerung, daß außer an der Stelle B, die Taylor-Schneide eine größere Widerstandsfähigkeit gegen Abstumpfung besitzt als die normale Schruppschneide, und zwar übertrifft sie die letztere an Standfestigkeit nach der Spitze A zu immer mehr. Auch ihr Wärmeableitungsvermögen ist größer. Sie braucht somit nicht so oft nachgeschliffen zu werden, hat also von dieser Seite aus gesehen doch eine größere Leistungsfähigkeit. Indessen kann dieser Vorzug wiederum, wenn man neuzeitlich arbeiten will, nicht genügend zur Geltun gebracht werden. Einmal schon verschwindet der Vorzug um so mehr, je flacher der Bogen der Schneide genommen wird, und die bequeme Herstellung fordert ihn, dann aber geht er mit zunehmender Schnittiefe immer mehr verloren, also gerade beim Arbeiten nach der Ripperschen Schnittregel, wo große Schnittiefen Bedingung sind, und die wir als für normale Werkstattsverhältnisse maßgebende Schnittregel aufgestellt haben. Je größer die Schnittiefe ist, um so vorteilhafter arbeitet der normale Schruppstahl, um so mehr verliert der Taylor-Stahl seine Vorzüge.

Aus der Betrachtung der Fig. 76 geht dies deutlich hervor. Sie läßt erkennen, daß bei der Taylor-Schneide die Verminderung des Spanquerschnittes bei großer Schnittiefe von B nach A zu auf einem ziemlich langen Teil der Schneide nur gering ist, mithin auf diesem Teil der Schneide die Belastung praktisch die gleiche ist, also beide Stähle gleichwertig sind. Erst auf der übrigen Schneidenlänge kommt die größere Standfestigkeit der Bogenschneide zur Geltung, allein da das nur etwa $^3/_4$ der ganzen Schneidenlänge ausmacht, verliert sie ihre Bedeutung.

Für die Streiffsche Schnittregel, kleine Schnittiefe, großer Vorschub, würde die Taylor-Schneide ihre Vorzüge durchsetzen, aber da diese Schnittregel als nur am Platze erachtet wurde bei notwendiger Rücksichtnahme auf Krafterspamis, wozu weitere Voraussetzung kleinstmögliche Schnittbogenlänge war, so kann sie wegen ihrer Bogenform auch für diesen Fall nicht die gegebene Schneidenform sein.

Wir haben somit als beste Schruppschneide die in Fig. 54 dargestellte erkannt, wenn es auf eine möglichst hohe Spanausbeute, ohne Rücksicht auf Kraftverbrauch und auf eine möglichst lange Lebensdauer der Schneide ankommt, dagegen die in Fig. 71 bzw. 72 gezeichnete Schneide als die gegebene erachtet, wenn Sparsamkeit an Kraftverbrauch im Vordergrunde steht, oder wenn die Bank für eine betreffende Arbeit etwas schwach ist und daher schwer durchzieht. Mit diesen beiden Schneidformen dürfte man im allgemeinen allen Anforderungen an ein wirtschaftliches rationelles Drehen gerecht werden. Sofern nicht besondere Umstände dies nötig machen, wird die Werkstatt mit diesen beiden Formen auch auskommen, mehr Schneidformen beim Schruppen zu verwenden, ist nicht zu empfehlen, weil die Bereitstellung stets fertiger und vollkommen übereinstimmend hergestellter Stähle große Schwierigkeiten mit sich bringt. Trotzdem findet man in vielen Werkstätten an Schruppstählen die verschiedensten Schneidenbildungen, von denen nicht wenige ganz und gar keine Berechtigung haben und ihr Dasein nur der Unkenntnis und Kritiklosigkeit verdanken. Gar nicht so selten kann man sehen, daß in der gleichen Werkstatt für ein und dieselbe Arbeitsweise vier bis fünf Stähle, alle mit verschiedenen Schneidenformen, in Gebrauch sind, entsprechend dem verschiedenen Geschmack der Arbeiter oder Meister. Die Zahl der Stähle, die ein Dreher an einer mittleren Bank benötigt, ist ohnedies schon groß genug und sollte nicht unnötigerweise durch allerlei Schneidformen noch mehr in die Höhe geschraubt werden. Unbedingt erforderlich sind, und zwar je für rechts und links: der normale Schruppstahl, der gerade Seitenstahl, der gebogene Seitenstahl, der gerade Abstechstahl, der gekröpfte Stechstahl, der Flachgewindestahl, der Spitzgewindestahl, der Trapezgewindestahl, der gekröpfte Spitzgewindestahl, der Bohrstahl, der Hakenstahl, der Innengewindestahl, der Innen-Trapezgewindestahl, der Innen-Flachgewindestahl, verschiedene Radiusstähle. Für den Vierkantrevolver ein nützlicher Stahl ist noch der Seitenschruppstahl. Hierzu kommen noch der Kopfstahl und die Schlichtstähle. Eine unangebrachte Vielgestaltigkeit verletzt den Gedanken der Wirtschaftlichkeit, Einfachheit und Übersichtlichkeit, der verlangt, mit möglichst wenig Stahlformen auszukommen und diese Formen dann für möglichst viele Arbeiten zu verwenden. Der Segen einer weisen Beschränkung auf diesem Gebiete wird bald nach allen Richtungen hin empfunden werden, schnellere, exaktere und zuverlässigere Herstellung, größere Bereitschaft und Billigkeit sind die wohltuenden Folgen.

In allen Werkstätten kann man die Beobachtung machen, daß der Dreher beim Schruppen von normalen kurzen Zylinderflächen den Stahl nach links schaltet, er bewegt sich vom stillstehenden Reitstockkörner zum Spindelstockkörner hin. Dieser Fall wird vom linken Schruppstahl erledigt, dessen Hauptschneide AB, wie in Fig. 54 und 73 gezeigt, auf der linken Seite des Stahles liegt (in vielen Werkstätten heißt dieser Stahl auch rechter Schruppstahl). Der rechte Schruppstahl, dessen Hauptschneide auf der entgegengesetzten Seite liegt, muß angewendet werden beim Drehen längerer Wellen, wo der dabei notwendige mitlaufende Setzstock zum Schalten vom Spindelstock zum Reitstock hin zwingt. Der gewöhnliche und am meisten vorkommende Fall des Arbeitens mit dem linken Schruppstahl ist aber nicht als einwandfrei anzusehen, die Bank bzw. ihr wichtigster Bestandteil, der Spindelstock, wird vielmehr geschont, wenn mit dem rechten Schruppstahl vom Spindelstock nach dem Reitstock hin gedreht wird. Beim Wellen- und Bolzendrehen hat man als Regel festzuhalten: Schruppen, dann Stirnseiten abstechen und spiegeln, in den neugewonnenen Körnern fertig drehen. Der Vorgang ist folgender:

Wellen, die abgesägt oder auf der Abstechmaschine abgestochen werden, läßt man 2—5 mm länger, und zwar gibt man

	bis	30	mm	⌀	insgesamt	2	mm	an	Länge	zu,
von 30	bis	50	»	»	»	3	»	»	»	»
» 50	»	80	»	»	»	4	»	»	»	»
» 80	»	120	»	»	»	4	»	»	»	»
» 120	»	200	»	»	»	5	»	»	»	»
	über	200	»	»	»	5	»	»	»	»

geschmiedete Wellen macht man 5—10 mm länger als Fertigmaß, dann werden sie unter der Richtpresse, nicht auf der Drehbank, gerichtet und dann auf Zentriermaschinen zentriert. Hier muß der Winkel der Versenkung jenem der Körnerspitzen genau gleich werden; ist dies nicht der Fall, so trägt der Körner nur auf einem Kreise statt auf einem Kegel, der Druck, der durch das Drehen erzeugt wird, wird also anstatt von einer Fläche nur von einer Kante aufgenommen. Diese drückt sich ein, so daß die Welle nicht mehr in unveränderter Stellung gehalten wird und sich beim Drehen verschiebt, was Ungenauigkeiten zur Folge hat. Da ferner die Druckflächen an den Körnerspitzen zu klein sind, so wird das Öl herausgedrückt; um ein Anfressen zu vermeiden, muß ein schwächerer Span genommen werden. Das nicht sachgemäße Zentrieren verhindert also die volle Ausnutzung der Drehbank und bietet keine Gewähr für genaue Arbeit. Das erste Werkzeug beim Zentrieren ist der Anbohrer, dann folgt der Versenker.

Beim Schruppen gibt man, um dem Verziehen der Wellen Rechnung zu tragen, bei Wellen bis 2 m Länge $1^1/_2$ mm, über 2 m Länge bis $2^1/_2$ mm im Durchmesser für den Fertigschnitt zu. Abgesetzte Wellen sind in den Längenmaßen stets am dicksten Absatz um das beim Abstechen, Absägen oder Schneiden zugegebene Maß länger zu drehen, und diese Zugabe kann sowohl auf beide Seiten des Absatzes verteilt oder nur an einer Seite belassen werden. Dabei muß stets, um Stahlwechsel zu vermeiden, umgespannt werden.

Die letzte Operation ist das Abstechen und Spiegeln. Sie vor das Schruppen zu verlegen, wie man das öfter beim Drehen besonders schwerer Wellen, Kolbenstangen usw. beobachten kann, ist immer falsch, weil sonst der noch übrig bleibende Teil des Körners sich größer mahlt. Z. B. kann die Welle Fig. 77 auf dreierlei Weise gedreht werden. Abstechen und Spiegeln der Stirnfläche an der Reitstockseite, so daß für Abstechen der anderen Stirnfläche nur 1 mm Zugabe bleibt. Überschruppen 798 mm lang, umspannen, die andere Stirnfläche abstechen und spiegeln, 598 mm überschruppen, ebenso Bund. Dann 598 mm fertigdrehen und Bund außen fertig drehen. Schließlich wieder umspannen und 798 mm fertigdrehen und beide Bundseiten abflächen.

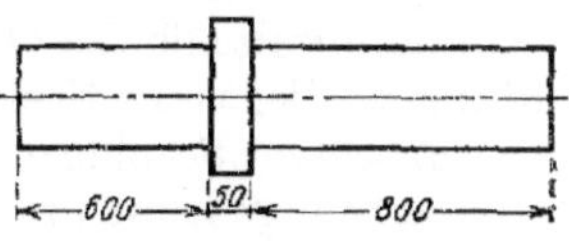

Fig. 77.

Die zweite Art ist: Überschruppen 798 mm, Lünette untersetzen und Abstechen der Stirnfläche. Ist die Welle vom Stahlwerk mit Körnerputzen geliefert und kommt dieser dabei in Wegfall, dann Neuzentrieren in der Lünette. Umspannen, Überschruppen 598 mm, Abstechen und evtl. Neuzentrieren. Das zweite Verfahren ist besser als das erste, erfordert aber mehr Zeit. Die Dreher wählen gern das zweite Verfahren, damit sie beim Zonenandrehen die Welle nicht verderben können.

Das dritte, kürzeste und richtigste Verfahren ist: Ganze Welle überschruppen, Lünette untersetzen und Stirnfläche abstechen (und evtl. Neuzentrieren), umspannen, andere Stirnfläche abstechen (und evtl. Neuzentrieren). Dann zwischen den Spitzen fertigdrehen.

Das Drehen von Achsen, Wellen, Zapfen, Bolzen u. dgl. ist eine von denjenigen Arbeiten, welche sich zur Normalisierung und zur Bearbeitung auf Spezialmaschinen, wie Bolzendrehbänken und Spezial-Wellendrehbänken (Lo-Swing-Drehbank) besonders eignen. Ein schönes Beispiel hierfür bieten die Ankerwellen, auf deren Bearbeitung später bei Besprechung der Mehrfachstahlhalter näher eingegangen wird. Leider ist aber die Normalisierung der Wellen und Bolzen noch sehr wenig durchgeführt und für allgemeine Verhältnisse auch nicht so leicht zu erreichen, so daß heute der Dreher auf seiner Bank noch immer alle Drehbankarbeiten ausführt, wie Lang- und Plandrehen, Gewindeschneiden, Bohren usw. Dieses Verfahren wurde schon an früherer Stelle als keineswegs wirtschaftlich gekennzeichnet, denn die verschiedenen Einstellungen, welche beim Übergang von einer Arbeit zur andern nötig sind, verursachen Zeitverluste, die weder durch die Geschicklichkeit und den Fleiß des Arbeiters, noch durch die Maschine selbst wettgemacht werden können. Man würde eine viel höhere Leistung erzielen, wenn man die Drehbankarbeiten in Klassen einteilen und die verschiedenen Operationen auf einer besonderen, für diesen Zweck geeigneten Maschine vornehmen würde, z. B. das Bohren und Plandrehen auf einem Senkrechtdreh- und Bohrwerk, das Gewindeschneiden auf einer Spezialgewindeschneidmaschine oder Gewindefräsmaschine usw. Für das Langdrehen in Massen läßt sich aber auch die Schnelldrehbank durch Anbringung von Mehrfachausrückvorrichtungen für den selbsttätigen Lang- und Planzug für eine wirtschaftliche Fabrikation einrichten und ihre Leistungsfähigkeit bei Bearbeitung von Wellen mit Absätzen wesentlich erhöhen. Nach erfolgter Einstellung der Anschläge beim ersten Stück erübrigt sich dann die weitere Verwendung von Meßwerkzeugen, wodurch nicht nur schnellere, sondern auch genauere Arbeit ermöglicht wird. In gewissem Sinne werden Arbeitsvorteile erzielt, wie sie nur die Revolverbänke bieten, ohne aber die Vorzüge der Support- und Spitzendrehbank preisgeben zu müssen. Ein Beispiel hierfür ist die in Deutschland viel verbreitete Lodge- und Shipley-Schnelldrehbank, bei der die geschilderte Arbeitsart durch Spezialanschlagstangen mit den einzelnen Absätzen der zu drehenden Welle entsprechenden Einschnitten für den Längszug und durch eine Anschlagwalze für die Querausrückung ausgeführt wird. Die Anschlagstangen dienen an Stelle der einzelnen Längsanschläge zum Drehen der Absätze, Schultern und Bunde, und zwar ist für jede Welle eine solche Stange notwendig. Der Vorteil dieser Anschlagstangen leuchtet ein, wenn man bedenkt, daß dadurch die einzelnen Maße ein für allemal genau eingehalten werden, daß man nicht nötig hat, bei jeder neuen Einstellung der Bank auch die Einzelanschläge einzustellen, also mit Sicherheit absolute Austauschbarkeit erreicht. Allerdings ist diese Arbeitsweise nur bei ausgesprochener Massenfabrikation von Wellen angebracht.

Indessen auch für geringere Stückzahlen kann, soweit nicht schon die Revolverbank in Frage kommt, die gewöhnliche Drehbank mit Vorteil ausgenutzt werden, indem man auf ihr, abweichend vom vorbesprochenen Beispiel, nacheinander die einzelnen Arbeitsstufen in allen Werkstücken erledigt. Daraus ergibt sich der Vorteil, daß der Stahl für eine Reihe nacheinander zu drehender maßgleicher Teile nicht verstellt oder ausgewechselt zu werden braucht, denn für jede Dreharbeit hat als Grundsatz zu gelten, wiederholtes Einstellen und jedes Umwechseln des Stahles nach Möglichkeit zu vermeiden, weil es den Dreher aufhält. Ferner braucht bei diesem operationsweisen Drehen bei Werkstücken mit großen Durchmesserunterschieden die Geschwindigkeit nicht so oft gewechselt zu werden, an Stufenscheibenbänken eine Wohltat für den Dreher und gleichzeitig große Zeitersparnis. Ein Beispiel möge das Gesagte erläutern. Wenn das Drehen von 25 Stück Kolbenstangen nach Fig. 78 vorliegt, so zerlegt man die Bearbeitung in sechs Operationen wie folgt: Erst wird an sämtlichen Kolbenstangen der größte Durchmesser, also der Fuß an den Stellen *a* und *b* fertig gedreht, wobei der Fuß in der Reitstockspitze ruht. Es ist allgemeiner Grundsatz, möglichst den größten Durchmesser zuerst abzudrehen, weil sich auf diese Weise der Körner am leichtesten und genauesten einläuft und bei den nachfolgenden kleinen Durchmessern Vibrationen auf das geringste Maß heruntergedrückt werden. Für die dann folgenden Operationen werden die Kolbenstangen umgespannt und in einer Operation die Hohlkehlen *c* geschruppt, der Hals *d*, Konus *e* und Schaft *f* in einer weiteren Operation geschruppt. Dann wird auf sämtlichen Stangen das Gewinde *d* geschnitten, dann an allen Stangen der Konus *e* fertiggedreht und zuletzt in einer Operation Schaft *f* und Hohlkhele *c* an sämtlichen

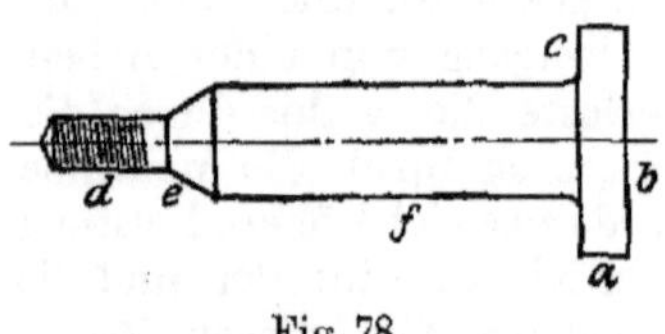

Fig. 78.

Stangen fertiggedreht. Dabei brauchen nur bei Vornahme einer neuen Operation jedesmal an der ersten Stange Durchmesser und Drehlängen gemessen und eingestellt zu werden, die Drehlängen werden durch Längsanschläge, oder wenn die Bank solche nicht besitzt, durch Zeichen am Bett, die Durchmesser durch die Skalenringe der Supportspindeln oder auch durch eine auf den Schlitten aufgesetzte Brücke mit Stellschraube festgelegt. Bei öfterer Wiederholung empfiehlt sich zum Einstellen des Stahles auf Durchmesser eine auf der Reitstockpinole sitzende Speziallehrscheibe mit einer Anzahl gehärteter, stufenförmig angeordneter Stahleinsätze, deren Höhe den verschiedenen abzudrehenden Durchmessern entspricht. Die Einstellung des Drehstahles geschieht hier derart, daß er mit seiner Schneide an den entsprechenden Stahleinsatz wie an einen Anschlag herangekurbelt wird.

Es ist durchaus nicht immer einfach, die Arbeiten unter dem Gesichtspunkt günstigster Herstellungsbedingungen und größter Genauigkeit der richtigen Bank zuzuweisen. Sollen sie auf Drehbänken, Revolverbänken oder Automaten gemacht werden? Viele der Werkstücke gehören klar unterscheidbar auf die eine oder die andere der erwähnten Maschinen, und für den Betriebsleiter besteht kein Zweifel darüber. Es gibt aber noch eine Menge Werkstücke, welche nicht so klar zu unterscheiden und dementsprechend zuzuteilen sind. Der eine wird diese Arbeiten auf die eine Maschine nehmen, der andere auf die andere, und man wird finden, daß man selbst seine Meinung über diesen Gegenstand von Zeit zu Zeit ändert. Es ist sogar nicht zu bestreiten, daß ein gut Teil dessen, was schlechthin als Drehbankarbeit bezeichnet wird, nicht auf die Drehbank gehört, sondern besser einer Bohrmaschine zugeteilt wird. Dies ist unbedingt zutreffend für alle die Arbeiten, welche ein verwickeltes, sich selbst führendes und selbst zentrierendes Werkzeug erfordern, d. h. bei denen die Genauigkeit des Schnittes mehr durch die Beschaffenheit des Werkzeuges als durch die Maschine bestimmt ist. Die kostbare Genauigkeit einer hochklassigen Drehbank ist in solchen Fällen meist weggeworfen und die Bohrmaschine wäre das folgerichtige Bearbeitungsmittel.

Jedenfalls läßt sich die moderne Schnelldrehbank unter Zuhilfenahme von Mehrfachstahlhalter und Revolverkopf sehr vorteilhaft für die Massenbearbeitung einrichten, und sie hat dann gegenüber den Spezialmaschinen den Vorteil größerer Präzision. Im allgemeinen bietet das Aufspannen zwischen den Spitzen oder auf genauen Dornen hinsichtlich der Genauigkeit kaum zu übertreffende Vorteile, es ist das schnellste bekannte Verfahren, um die Werkstücke auf der Maschine zu wechseln, und mit einigen Einschränkungen auch das genaueste Verfahren, um hintereinander Späne abzuheben, die sowohl miteinander, als auch mit einem vorher gebohrten Loche genau konzentrisch sind. Jedoch bietet für Wellenstücke auch die Einspannung einerseits im Dreibackenfutter, an der anderen Seite im Reitstockkörner Vorteile gegenüber der Lagerung zwischen zwei Spitzen. Dabei spannt man die Stücke ins Dreibackenfutter, drückt sie mit der Reitstockspitze gegen die hintere Anschlagfläche der Backen und spannt fest. Dieses hat folgende

Vorteile: Das Arbeitsstück liegt mit einer Schulter gegen einen Ansatz der Backen, wodurch hinsichtlich der Längenmaße eine hohe Genauigkeit erreicht wird. Bei der Aufnahme zwischen Spitzen ist es praktisch unmöglich, die Versenkung für die Spitzen so gleichmäßig zu halten, daß bei fest eingestellter Drehlänge alle Stücke, die zu einer Serie gehören, auf Längenmaß genau maßhaltig werden. Man vermeidet die bei Verwendung ungelernter Arbeiter ziemlich große Gefahr, daß das Werkstück durch eine Druckstelle unter der Drehherzschraube unbrauchbar wird. Lange Stücke sind auf diese Weise besser gelagert als zwischen Spitzen. Das zeigt sich nicht nur bei Schrupparbeit, sondern auch bei feineren Arbeiten, z. B. beim Gewindeschneiden. Bei Reibungsrädern z. B., wie sie im Werkzeugmaschinenbau vielfach gebraucht werden, ist es unbedingt nötig, daß die Reibungsflächen *a* zur Bohrung *b* genau laufen (Fig. 79). Meist wird die Bearbeitung auf gewöhnliche Art auf der Planscheibe vorgenommen, also fliegend, mit dem Resultat, daß das Rad nach Fertigstellung schlägt. Richtiger ist schon das Aufpressen auf einen Dorn, doch auch das sichert noch kein einwandfreies Laufen, weil durch das Aufpressen das Werkstück sich stets verspannt. Bei Arbeitsstücken, deren Kreisflächen mit größtmöglicher Genauigkeit zu deren Bohrung bearbeitet sein müssen, müssen sog. tote Drehdorne angewendet werden, die feststehen, während sich die Arbeitsstücke auf denselben drehen. Die Führung dieser Dorne darf nicht in Körnerspitzen, sondern muß in Büchsen erfolgen, weil diese Führung widerstandsfähiger ist, sich besser schmieren läßt, und das Werkstück bei starken Schnitten nicht der Gefahr ausgesetzt ist, daß es durch Ausspringen des Dornes aus der Körnerspitze verdorben wird. Dementsprechend ist der tote Dorn mit seinem konischen Schaft in dem Konus der Reitstockpinole befestigt und an seinem anderen Ende als Lagerzapfen ausgebildet, mittels dessen der Dorn in einer Büchse der Spindelbohrung geführt wird. Das Rad, dessen Bohrung *b* auf dem Dorn genau paßt und sich auf demselben frei drehen kann, wird auf den Dorn geschoben und auf der Nabe ein Mitnehmerring befestigt, der seinerseits von der Mitnehmerscheibe mitgenommen wird. Das Rad wird also vollkommen spannungsfrei gedreht. Das Wichtigste an der ganzen Einrichtung zur Erzielung durchaus genauer Reibungsflächen ist das genaue Ineinanderpassen des Dornes und der Bohrung einerseits und des Lagerzapfens und der Laufbüchse andrerseits.

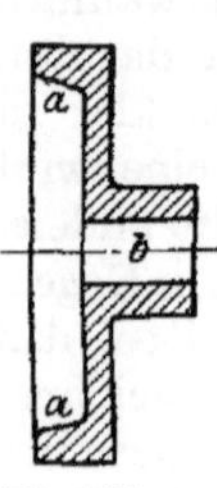

Fig. 79.

Das gewaltsame Eintreiben der Dorne in die Arbeitsstücke sollte überhaupt ganz vermieden werden. Der Dorn sollte so groß gemacht werden, daß er bequem in die Bohrung des Arbeitsstückes hineinpaßt, und über seine ganze Länge mit einer Abflachung versehen werden. Zwischen diese und die Bohrung wird ein Stahldraht geschoben, der beim Anstellen des Drehstahls sich fest zwischen die Abflachung und die Bohrung klemmt und somit als Mitnehmer dient. Diese Befestigungsart widersteht durchaus den stärksten Stahldrücken, eine Beschädigung der Bohrung und eine Formveränderung ist bei nicht zu dünnwandigen

Werkstücken ausgeschlossen. Die Drehdorne für dünnwandige Büchsen sind am einen Ende mit einem kleinen Stift zu versehen, der in einen entsprechenden, in die Büchse eingegossenen Schlitz eingreift und so als Mitnehmer wirkt.

Die Dornfrage und ihre Behandlung ist überhaupt für die moderne Werkstatt ein sehr wichtiger Punkt, hat doch die Arbeitsteilung immer mehr das Prinzip in den Vordergrund gerückt, die Bohrung auf halbselbsttätigen Bohrbänken, auf Revolverbänken oder senkrechten Bohrwerken mit Spiralbohrer, Bohrstahl, Senker, Vor- und Fertigreibahle herzustellen und die übrigen Dimensionen auf dem Dorn zu drehen.

Für genaue Arbeiten, besonders wenn die Hauptspindel infolge Abnutzung schon etwas Lose in ihren Lagern hat, ein Zustand, der ja allmählich bei jeder Bank eintritt, weil durch das Gewicht der Planscheibe und der Werkstücke sich die untere Lagerschale des Vorderlagers und die obere des Schwanzlagers ausarbeiten, ist es wieder richtiger, ganz besonders bei fliegend eingespannten Werkstücken, vom Reitstock nach dem Spindelstock zu zu arbeiten. Darf das fliegend eingespannte Werkstück keinerlei Schlag haben, der unbedingt durch das Überhängen der Planscheibe auftreten wird, so muß die fliegende Einspannung überhaupt vermieden und das Werkstück auf einem Dorn zwischen den beiden Spitzen bearbeitet werden, damit der Druck des Reitstockes die Lose der Hauptspindel aufhebt. Unsichere Verhältnisse hinsichtlich spielfreien Laufes der Hauptspindel müssen auch allmählich auftreten, wenn das Gewinde der Hauptlagerschalen und der Ringmuttern zum Nachstellen als Spitz- statt als Flachgewinde ausgeführt ist. Zur Erreichung stets dichten Schlusses muß dieses Gewinde Flachgewinde sein, bei minderwertigen Fabrikaten kann man aber immer noch Spitzgewinde antreffen.

Ein sehr wichtiger Punkt für gute Arbeit, insbesondere aber für ein langes Scharfbleiben der Schneide ist, daß sie gegenüber dem Werkstück in horizontaler Richtung eine solche Stellung einnimmt, daß sie bei einer etwaigen durch den Vorschubwiderstand bewirkten Drehung des Stahles nicht in das Werkstück hineingedrückt wird und dadurch in das Material einreißt. Der normale Schruppstahl Fig. 54 muß daher stets so eingespannt werden, daß seine Achse senkrecht zur Werkstückachse steht (Fig. 80 *a*). Würde man den Stahl so einstellen, daß seine Achse nach Fig. 80 *c* in der Richtung des Vorschubes zur Werkstückachse geneigt ist, so würde, wenn es dem Vorschubwiderstand gelingt, den Stahl infolge mangelhafter Einspannung im Stichelhaus etwas zu drehen, derselbe unbedingt in das Material einreißen, denn seine Schneide beschreibt bei solcher Drehung einen Kreis um das Stichelhaus als Mittelpunkt. Steht dagegen die Stahlachse senkrecht zum Werkstück, so wird bei einer Schwenkung des Stahles um das Stichelhaus die Schneide

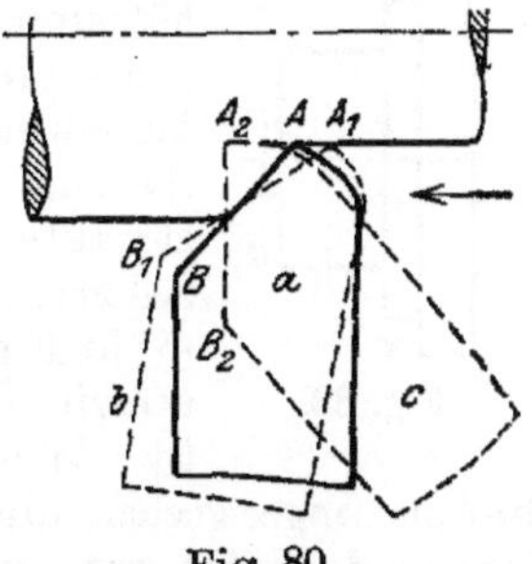

Fig. 80.

vom Werkstück abrücken, sie kann nicht einreißen. Noch sicherer verhütet man dieses Einreißen, wenn man den Stahl eine Kleinigkeit entgegengesetzt zum Vorschub geneigt einspannt nach Fig. 80 *b*.

Das Einreißen der eben geschilderten Art kommt, wenn der Stahl nicht in der geforderten Weise eingespannt wurde, sehr leicht vor, besonders bei harten Stellen im Material, mit Recht ist es vom Dreher gefürchtet, weil es die Schneide verdirbt, ganz abgesehen vom Werkstück. Es wird später gezeigt werden, daß durchaus nicht alle Stähle in der richtigen Weise eingespannt werden können, es gibt Schneidenformen, die direkt zu einer falschen Einstellung zwingen, bei denen also die Gefahr des Einreißens nicht zu umgehen ist.

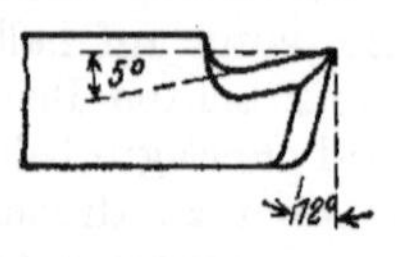

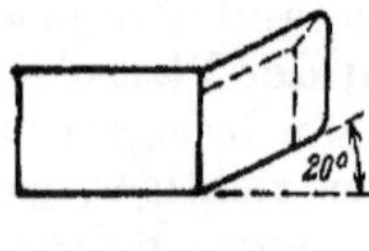

Fig. 81.

Ein solcher Stahl ist der später behandelte Kopfstahl. Wird der normale Schruppstahl an Stelle des Seitenstahles zur Abnahme eines senkrechten Spanes verwandt, so ist er, wie wir schon wissen, ebenfalls an diesen Übelstand gebunden. Außer den schon bekannten Gründen hinsichtlich Kraftverbrauch kommt der senkrechte Span in Frage, wenn die Absicht obwaltet, bei dem so kurz wie möglich gespannten Werkstück so nahe wie möglich bis an die Spannklauen heranzudrehen, um nach dem Umspannen nicht mehr überdrehen zu müssen. Außer dem Seitenstahl Fig. 71 oder dem gegen den Span gestellten normalen Schruppstahl kämen für diese Arbeit noch in Betracht der Kopfstahl, der hierfür aber, wie noch gezeigt wird, allerlei Mängel aufweist, und der gebogene Seitenschruppstahl Fig. 81. Infolge seiner eigentümlichen Gestaltung liegt hier die Hauptarbeit auf der Stahlnase, und zwar etwa auf der Strecke *a*—*b* Fig. 82. Das kennzeichnet schon die Schwäche dieses Stahles, er kann keinen kräftigen Span nehmen, ist also eigentlich kein Schruppstahl, er ist nur für Schnittiefen bis 3 mm, höchstens bis 5 mm angebracht, also in der Hauptsache ein Fertigdrehstahl. Entsprechend seiner Wirkungsweise weist er gegenüber den bisher besprochenen Stählen (abgesehen vom Taylor-Stahl Fig. 74) den charakteristischen Unterschied auf, daß er neben dem Seitenschleifwinkel auch noch einen Hinterschleifwinkel (5° in Fig. 81) haben muß, also mit den dem Vorhandensein des letzteren entsprechenden Mängeln behaftet ist. Wenn diese Umstände ihn auch als einen überhaupt ungeeigneten und überflüssigen Stahl erscheinen lassen, so ist er doch für gewisse Arbeiten von Vorteil, aber immer nur zum Fertigdrehen. So wird man bei einem Arbeitsstück mit kurzen Absätzen (Fig. 83) den auf den Schruppschnitt folgenden zweiten und eventuell dritten Schnitt mit dem gebogenen Seitenschruppstahl erledigen, weil die Absätze *a*, *b* und *c* mit dem normalen Schruppstahl

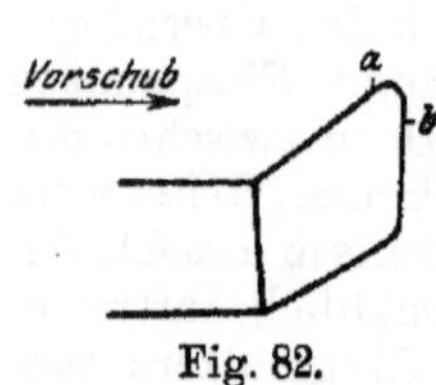

Fig. 82.

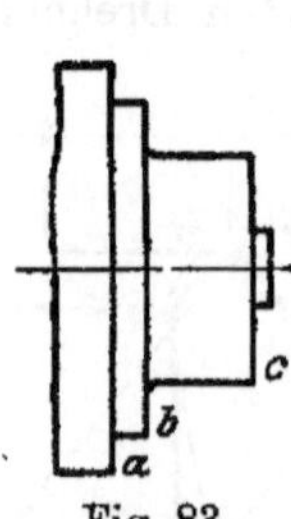

Fig. 83.

oder dem Kopfstahl nur mit Schwierigkeiten fertiggedreht werden können. Die Stirnflächen der Wellen, Bolzen usw. werden immer am vorteilhaftesten so bearbeitet, daß zum Schruppen der Kopfstahl, dann der gebogene Seitenschruppstahl Fig. 81 genommen wird, wenn nicht der im Wege stehende Körner der Maschine Veranlassung gibt, einen Messerstahl (Fig. 104) zu verwenden, dessen vordere Kopffläche ent-

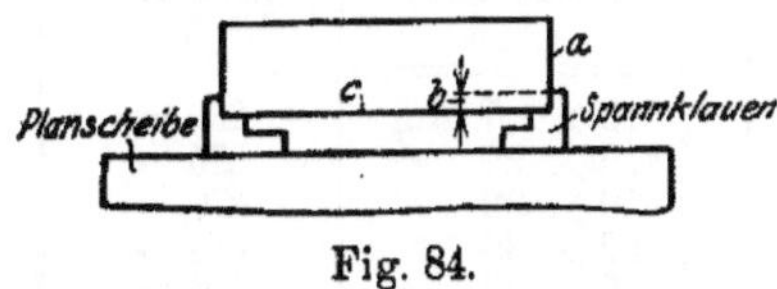

Fig. 84.

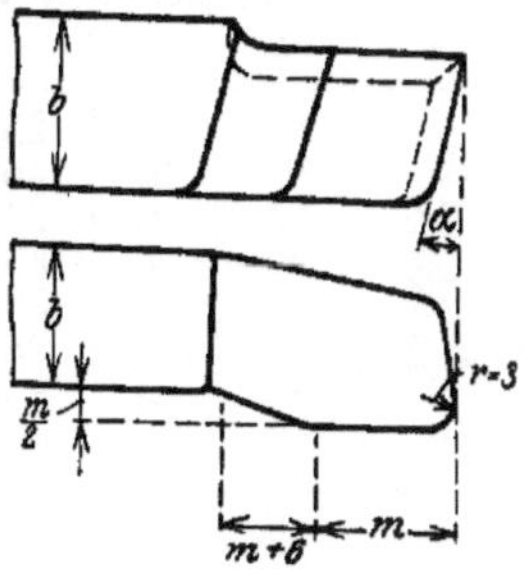

Fig. 85.

sprechend dem Maschinenkörner abgeschrägt ist, um möglichst bis an diesen Körner heran drehen zu können. Das erfordert einen Wechsel des Stahles, der aber hier nicht zu umgehen ist, weil zum Schlichten der Stirnflächen der Kopfstahl nicht taugt. Für einen schnellen Stahlwechsel dürfte der Hufeisenformstahlhalter (Spannpratze) der beste sein.

Wenn es gilt, möglichst bis an die Spannklauen heran zu drehen, weil dann meist beim Überdrehen der Stirnseite c die von den Klauen gefaßte Zone b (Fig. 84) von selbst in Wegfall kommt, oder wenn, wie das oft auf Karussellbänken der Fall ist, die Klauenkasten ein Hindernis sind, um mit dem normalen Schruppstahl die Fläche a durchzuschruppen, mit andern Worten, wenn zum senkrechten Schruppspan gegriffen werden muß, so bewährt sich in diesen Fällen am besten der in Fig. 85 gezeigte Schruppstahl. Bei einem Querschnitt 40×40 mm ist das Maß $m = 12$ mm zu nehmen. Er ist so einzuspannen, daß seine Achse bzw. Schneide m senkrecht zur Schnittrichtung liegt. Beim Schruppen der Mantelflächen von Dampfkolben, Planscheiben usw. ist er entschieden allen andern Stählen hinsichtlich Bewältigung großer Vorschübe, Standhaftigkeit der Schneide und Sauberkeit des Schnittes überlegen.

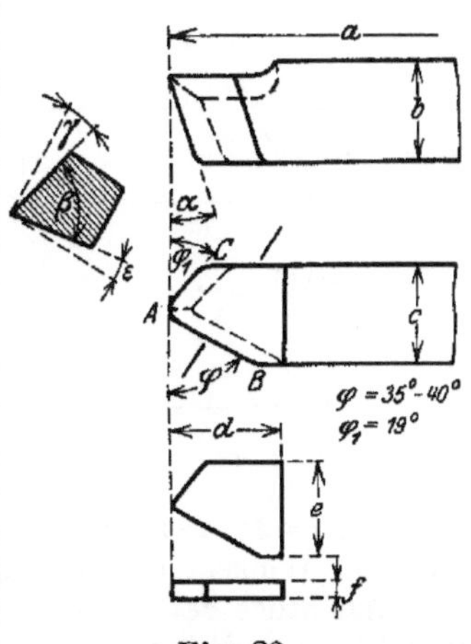

Fig. 86.

Die Beachtung der an den normalen Schruppstahl gestellten Forderungen führt zu dessen Ausbildung nach Fig. 86. Gleichzeitig ist hier noch das aufzuschweißende Schnellstahlplättchen gezeigt. Tabelle 4 gibt günstige Werte für die Dimensionen an. Nach Taylor ist der rechteckige Schaft mit $b = 1{,}5 \cdot c$ besser als der quadratische, und gibt derselbe folgende Verhältnisse als empfehlenswert an (Tab. 5). Man wird sich bei Festlegung der anzuwendenden Schaftquerschnitte auch noch nach den bei den Stahlwerken gangbarsten Dimensionen richten. Wenn die Verwendung des Stahles in Stahlhaltern (s. Stahlhalter für Außendrehstähle S. 159) in Betracht kommt, wird man sich noch nach den Lochquerschnitten der käuflichen Halter richten.

Abmessungen					
a	*b*	*c*	*d*	*e*	*f*
in Längen von 250 bis 350 mm	25	15	25	15	6
	25	20	25	20	6
	25	25	25	25	6
	30	20	30	20	8
	30	30	30	30	8
	35	30	35	30	8
	35	35	35	35	8
	40	40	40	40	8

Tab. 4.

Querschnitt des Schaftes $b \times c$	Länge des Schaftes *a*
13 × 7 mm	280 mm
16 × 25 »	325 »
19 × 32 »	370 »
22 × 35 »	415 »
25 × 38 »	460 »
32 × 48 »	550 »
38 × 57 »	640 »
44 × 67 »	720 »
50 × 76 »	800 »

Tab. 5.

Für die Winkelgrößen sind in Tab. 3 Durchschnittswerte angegeben. Im allgemeinen ergeben die in Fig. 87 eingetragenen Winkel gute Verhältnisse. Prof. Schlesinger gebrauchte bei seinen schon erwähnten Versuchen den Stahl Fig. 86 mit den Winkeln $\alpha = 11°$, $\beta = 67°$, $\gamma = 12°$, $\varepsilon = 11°$ (d. i. der in der Vorschubrichtung liegende Anstellungswinkel), $\varphi = 40°$. Es fällt hier der große Anstellungswinkel $= 11°$, besonders aber der geringe Seitenschleifwinkel $\gamma = 12°$ auf. Ripper nahm für seine Versuche $\alpha = 5°$ und $\gamma = 23°$ (s. Fig. 9), jedenfalls ist für den allgemeinen Fall $\gamma = 12°$ zu gering, $\gamma = 20°$ nach Fig. 87 dürfte den meisten Verhältnissen gerecht werden. Winkel ε macht man stets $= \alpha$.

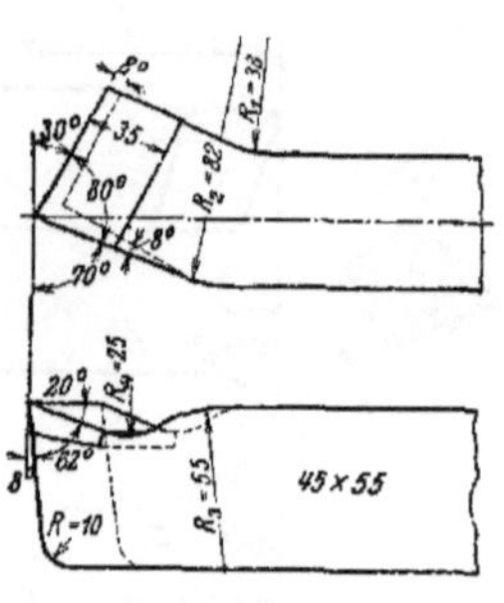

Fig. 87.

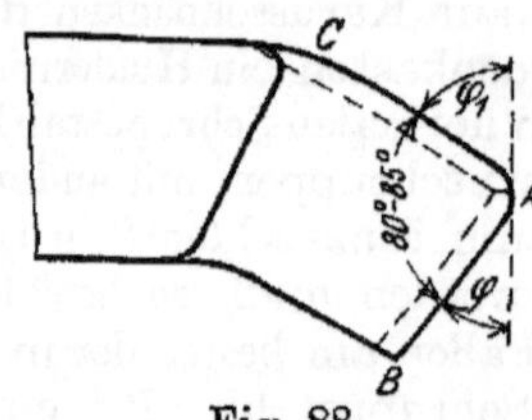

Fig. 88.

Hinsichtlich des Winkels, den die Haupt- und Nebenschneide *A B* und *A C* einschließen, treten zwei ihn bestimmende Forderungen auf. Erste und Hauptforderung ist: er muß so groß sein, daß eine rasche gute Ableitung der beim Arbeiten auftretenden Wärme stattfinden kann. Wenn man sich die Schneidformen in den Werkstätten besieht, wird man immer wieder finden, daß sehr viele gegen diese wichtige Forderung verstoßen, daß der Winkel *B A C* (Fig. 88) zu klein genommen ist. Die Wärme, die sich von der Nase *A* aus strahlenförmig nach hinten auszubreiten sucht, kann bei einem kleinen, spitzen Winkel

BAC natürlich nicht so leicht nach hinten abfließen wie bei einem großen, stumpferen Winkel, die Schneide muß sich infolgedessen bald über das zulässige Maß erwärmen, sie gibt in ihrer Schärfe nach, wird stumpf. In Fig. 86 ist $BAC = 121°$ bzw. 126°, jedoch gerät dann die Nebenschneide AC in Konflikt mit der abgedrehten Oberfläche des Werkstückes, wenn der Stahl gegen den Span gestellt werden soll, und das ist meist noch die zweite Forderung bei Bemessung des Winkels BAC, die Nebenschneide darf bei Anstellung des Stahles senkrecht gegen den Span nicht an der abgedrehten Oberfläche reiben. Der Winkel muß daher $< 90°$ sein, am besten macht man ihn 80—85°, wenn der Stahl auch gegen den Span gestellt werden soll.

Sind so sämtliche Dimensionen festgelegt, so müssen in einem geordneten Betriebe auf Konstruktionszeichnungen oder in Betriebsnormalien alle Stähle niedergelegt werden, eine selbstverständliche, aber in den weitaus meisten Werkstätten nicht beachtete Maßregel. Nach diesen Zeichnungen werden in der Werkzeugmacherei die Stähle massenweise hergestellt bzw. wieder aufgearbeitet, andere, nicht auf Zeichnungen festgelegte Formen kann und darf es dann nicht geben. Daß auf strenge Durchführung dieser Maßregel gesehen werden muß, braucht nicht besonders begründet zu werden, je vollkommener sie durchgeführt wird, desto größer wird der Vorteil sein. Es wird sich dann bald zeigen, mit welchen sehr erheblichen Unkostenauslagen die bisherige Systemlosigkeit und Willkür für die Werkstatt verbunden war. Viele Werkstätten könnten mit einem Bruchteil der bisherigen Anzahl Stähle auskommen. Wie viele Betriebsleiter dürfte es wohl geben, die wissen, was die bisherige Mißwirtschaft mit den Werkzeugstählen sie kostet?

Wiederholt wurde darauf hingewiesen, daß ein senkrechter Span in Frage kommt, wenn es auf geringsten Kraftverbrauch oder auf gute Durchzugskraft der Bank ankommt. Indessen liegt täglich in der Werkstatt noch der Fall vor, der ein Anstellen des Stahles gegen den Span verlangt, ohne daß der Seitenstahl (Fig. 71) in solchem Falle gerechtfertigt wäre, d. i. wenn das Werkstück eine ausgesprochen harte Kruste besitzt, wie das bei Gußeisen und Stahlguß sehr häufig vorkommt. Bei der normalen Anstellung des Schruppstahles nach Fig. 69 arbeitet die harte Kruste leicht eine kleine Einbuchtung, ein Loch, in die Schneide, ruiniert sie also. Der steiler stehenden Schnittkante aber kann sie nicht so leicht etwas anhaben, und zwar um so weniger, je mehr die Stellung der Schneidkante sich dem rechten Winkel nach Fig. 70 nähert. Es faßt dann die Stahlnase unter das weiche Material und sprengt mehr den Span ab, noch bevor eine Schneidwirkung an der äußeren Kruste zur Wirkung kommt. Noch ausgesprochener tritt ein Absprengen statt Abschneiden ein, wenn die Schnittkante über 90° hinaus in einem stumpfen Winkel mit der Außenkante vom Werkstück eingestellt wird, wenn also die Stahlnase gegenüber den übrigen Punkten der Hauptschneide voreilt.

Mit einer derartigen Einstellung des normalen Schruppstahles sind jedoch zwei recht unangenehme Übelstände verbunden. Einmal hat, wie das bei Fig. 80 c ausgeführt wurde, der Stahl stets Neigung, in das Werkstück einzureißen, das andere Mal führt die Stellung senkrecht gegen den Span oder gar mit voreilender Stahlnase zu einer Verkleinerung des Winkels BAC, also zu einer Erschwerung der Wärmeableitung und damit evtl. zum Verderben der Schneide. Hier schafft nun der Stahl Fig. 89 Abhilfe. Bei normaler Einspannung des Stahles, also Stahlachse senkrecht zum Werkstück, haben wir hier die voreilende Stahlnase, die unter das weiche Material faßt und den Span absprengt. Da die Stahlspitze die meiste Arbeit zu leisten hat, muß sie gut abgerundet sein, durch die schräge Strecke n wird sie in ihrer Festigkeit gestützt und vor zu großer Abnutzung bewahrt. Als Maß m kann 33 mm genommen werden bei einem Schaftquerschnitt von 40 × 40 mm.

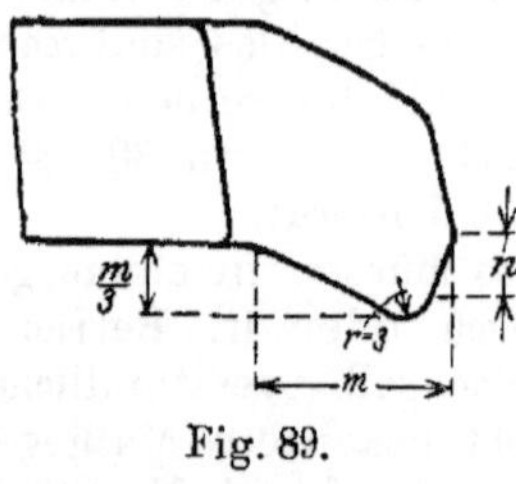

Fig. 89.

Die Kruste ist überhaupt ein schlimmer Feind des Stahles. Hat sie Sandstellen, so steht auf ihr kein Stahl, weder Kohlenstoff- noch Schnelllaufstahl. Besonders letzterer ist gegen die sandigen Bestandteile der Gußkruste oft empfindlicher. Durch Beizen mit verdünnter Salzsäure oder Schwefelsäure (30%ige Salzsäure mit den fünffachen Raumteilen Wasser oder die billigere 90%ige Schwefelsäure mit den zehnfachen Raumteilen Wasser) kann man diesem Übelstand begegnen, es muß dann aber das Werkstück nach dem Beizen sehr sorgfältig mit Wasser ausgewaschen werden, denn die etwa in den Poren oder sonstwie zurückgebliebene Beizflüssigkeit begünstigt stark das Rosten. Bei Gußkörpern mit engen, unzugänglichen Kanälen, z. B. Dampfzylindern, ist doppelte Vorsicht nötig, wenn die Kanäle von dem Wasserstrahl nicht gut zu erreichen sind, da sich dann die Beizflüssigkeit festsetzt und dann noch spät hinterher Eisensalze zum Vorschein kommen, die durch den Dampf in die Kolbenlaufbahn mitgerissen werden und Verheerungen anrichten können.

Gegenstände, die durch ihre Formgebung schon beim Gießen der Gefahr von Spannungen ausgesetzt sind, wie beispielsweise Handräder, reißen leicht in der Beize durch die sich entwickelnde Wärme, worauf man unbedingt schon bei der Konstruktion zu achten hat. Man führt aus diesem Grunde die Handräder besser mit ungerader Speichenzahl aus.

Bei Schmiedematerialien kommen durch den Zunder oft ähnliche Beschwerden für die Stahlschneide auf, hauptsächlich bei gezogenem Material, wie es auf der Revolverbank verarbeitet wird. Hier leistet die Beize sehr gute Dienste, sie schont den Stahl ganz bedeutend.

Immerhin ist das Beizen teuer und gesundheitsschädlich. Durch sachgemäße Sandaufbereitung in der Gießerei kann noch viel getan werden, um die unangenehmen Eigenschaften der Gußkruste zum Verschwinden zu bringen.

Bevor nun weitere in der Werkstatt vorkommende Schruppstahlformen in den Kreis unserer Betrachtung gezogen werden, bliebe noch ein Vergleich zwischen den beiden üblichen Ausführungen des normalen

Schruppstahles, dem geraden Schruppstahl nach Fig. 54 bzw. 86 und dem seitlich verkröpften Schruppstahl nach Fig. 87. Erstere Form hat als sinnfälligsten Vorteil gegenüber der zweiten den, daß die Schneide ohne Feuerbehandlung und ohne Schmieden aus der Stange herausgeschliffen ist, bei massiver Ausführung des Stahles ein sehr beachtenswerter Vorzug, worauf schon früher hingedeutet wurde. Leider kann man in den meisten Werkstätten noch immer sehen, daß diesem wichtigen Faktor für die Güte und Haltbarkeit der Schneide nur wenig oder gar keine Beachtung geschenkt wird. Der seitlich verkröpfte Schruppstahl hat dagegen den Vorteil besserer Materialausnutzung, kräftigerer Schneide und mannigfacherer Verwendbarkeit. Die ziemlich schräge Schnittkante beim geraden Schruppstahl wird durch Kaltabsägen der betreffenden Ecke hergestellt, die als nutzloser Abfall verlorengeht. Wird aber, wie beim seitlich gekröpften Schruppstahl, die schräge Schnittkante eben durch das seitliche Beischmieden erzeugt, so ist kein Stahlverlust vorhanden, ferner fällt dadurch auch die Schneide kräftiger aus und kann die Wärme leichter ableiten. Weiter ist klar, daß bei gleichem Schaftquerschnitt die Schnittkante beim geraden Schruppstahl nicht so lang ausfallen kann wie beim seitlich verkröpften Stahl, wenigstens bei dem als richtig erachteten Hochkantprofil des Schaftes. Hier würde der gerade Schruppstahl eine zu kurze Schneidkante erhalten, also sich in Widerspruch befinden mit der für größtmögliche Ausbringung und längste Lebensdauer als notwendig befundenen langen Schneidkante. Schließlich macht die Bogenkröpfung den Stahl Fig. 87 universeller, man kann mit ihm leichter bis an Ecken und Hohlkehlen herankommen, ihn nicht nur zum Langschruppen verwenden, sondern auch zum Planschruppen von Werkstücken, die zwischen Spitzen gehalten werden, wo also der Stahl nur in Richtung des Vorschubes eingespannt werden kann und nicht senkrecht dazu.

Gegenüber diesen Vorzügen hat der im seitlichen Bogen verkröpfte Stahl den Nachteil des leichteren Einreißens und Einhakens in das Material (s. Fig. 80), des etwas schwierigeren Aufschweißens von Schnellstahlplättchen, besonders aber der zum Verkröpfen notwendigen Schmiedearbeit, die immer teurer ist als das direkte Herausschleifen. Muß der Stahl massiv sein, so kommt insbesondere noch der Nachteil der Feuerbehandlung des Stahles hinzu.

Bedenkt man nun, daß es heute nur noch in den seltensten Fällen notwendig sein wird, massive Stähle zu verwenden, weil aufgeschweißte Stahlplättchen bei Verwendung eines guten Schweißpulvers (s. unter VI) und sachgemäßer Ausführung der Schweißung auch bei stärksten Schnitten und Stößen unbedingt halten müssen — eher muß der schmiedeeiserne Schaft durchreißen, als daß das Schnellstahlplättchen abplatzen darf, wenn alles richtig gemacht ist —, so ist wohl dem seitlich verkröpften Schruppstahl der Vorzug zu geben vor dem geraden, wenngleich er etwas teurer ist. Muß aber der Stahl einmal ausnahmsweise massiv sein, so wäre der gerade Schruppstahl vorzuziehen. Im Interesse nicht zu großer Vielgestaltigkeit wird man erwägen müssen, ob man nicht auch dann den seitlich gekröpften Stahl beibehalten will. Es wird dies von den örtlichen Einrichtungen, der Geschicklichkeit des Werkzeugschmiedes in der Behandlung des Stahles, in letzter Linie aber von der Empfindlichkeit des Stahles gegen Warmbehandlung abhängen.

Schon früher wurde an Hand der Fig. 73 der Satz aufgestellt, daß bei langen, dünnen Arbeitsstücken, wo die Gefahr des Vibrierens auf der Hand liegt, der Winkel, den die Schneidkante mit dem Arbeitsstück bildet, größer als 45° zu nehmen sei. Will man die entsprechend steilere Anstellung des Schruppstahles Fig. 86 umgehen, so müßte man die Schnittkante AB unter dem größeren Winkel, z. B. 60° aus dem Schaft herausarbeiten, die ganze Schneide würde dadurch zu schmal und schwach, sie würde zu geringe Festigkeit und Wärmeableitungsvermögen erhalten. Kröpft man zur Umgehung dieser Übelstände den ganzen Schaft unter besagtem Winkel seitwärts, so führt dies zur Schruppstahlform Fig. 90, vielfach auch **Gisholtstahl** genannt. Dieser Stahl ist in manchen Werkstätten als Schruppstahl sehr beliebt und tritt dann nicht nur als Rivale des bisherigen normalen Schruppstahles auf, sondern hat ihn verschiedentlich sogar zu verdrängen gewußt, mit Unrecht, wie gleich gesagt sein soll. Er verdankt dann sein Herrschertum eben der Kritiklosigkeit und Gewohnheit, denn eine vergleichende Betrachtung der Fig. 87 bzw. 88 und 90 läßt sofort erkennen, daß der Gisholtstahl ein normaler Schruppstahl mit vertauschter Schneidkante ist, d. h. in Fig. 88 wird AC zur Schneidkante. Macht man noch $\varphi_1 = 65°$ und $\varphi = 25°$, also fast wie bei Fig. 87, so hat man den Gisholtstahl Fig. 90. Bei gleicher Schnittgeschwindigkeit, Schnittiefe und gleichem Vorschub ist aber die arbeitende Schneidkantenlänge erst halb so groß wie die des normalen Schruppstahles, die spezifische Schneidenbelastung also doppelt so hoch, mit anderen Worten, die Lebensdauer der Gisholtschneide ist entsprechend den Ripperschen Forschungsergebnissen geringer, der Gisholtstahl leistet nicht so viel wie der normale Schruppstahl. Eine ganze Reihe vergleichender Versuche hat mir das immer wieder dargetan. Der Gebrauch des Gisholtstahles in allen Fällen an Stelle des normalen Schruppstahles ist also ganz unberechtigt und drückt die Leistungsfähigkeit der Dreherei herab. Tüchtige erfahrene Dreher kennen die geringere Leistungsfähigkeit des Gisholtstahles sehr wohl, sie greifen viel lieber zum normalen Schruppstahl, wenn er in der betreffenden Werkstätte zu haben ist. Nur in dem eingangs erwähnten Falle der Gefahr des Vibrierens des Werkstückes, d. h. bei steilem Span ist er im Vorteil, weil er nicht wie beim normalen Schruppstahl zur Einspannung gegen den Span zwingt, somit nicht einreißen kann. Ein Vorteil ist allerdings dem Gisholtstahl weiter noch eigen, der besonders beim Schruppen auf der kleinen Bolzendrehbank in die Erscheinung tritt. Für diese Bänke kommen Stähle von relativ kleinem Schaftquerschnitt in Frage und für hochkantige Stähle reicht dann oft die Schneidkantenlänge des normalen Schruppstahles nicht aus, wenn an

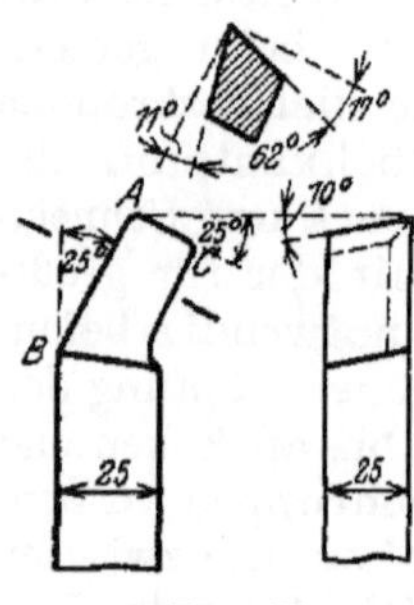

Fig. 90.

dem zu drehenden Bolzen, was sehr oft der Fall ist, beträchtliche Schnitttiefen zu nehmen sind. Hier springt dann der Gisholtstahl mit seiner längeren Schnittkante helfend ein, man findet ihn daher in Werkstätten, wo sonst der normale Schruppstahl vorherrscht, gern in der Bolzendreherei.

Von direkter Unkenntnis der Anforderungen an einen Drehstahl zeugt es, wenn der Gisholtstahl nach Fig. 91 hergerichtet ist, wie man das gar nicht so selten sehen kann. Mit einer derart geschwächten, die Wärmeverteilung erschwerenden Schneide ist schon gar keine Schruppleistung zu erzielen.

Schließlich findet man an Gisholtstählen oft, daß ihre Brust keine Hohlkehle enthält, also nicht gewölbt ist. Für die auf S. 94 erörterten Fälle ist eine gewölbte Brustfläche selbstredend ebenso nötig wie beim normalen Schruppstahl.

Mit den bisher erörterten Stählen sind die für das gewöhnliche Längsschruppen notwendigen Formen erschöpft. Trotzdem finden sich für diese Arbeit in den Werkstätten noch einige andere Schneidenformen, die wir nun auf ihre Existenzberechtigung prüfen wollen.

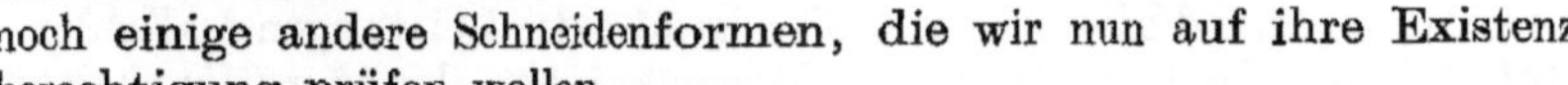

Fig. 91.

Da ist zunächst der **Kopfstahl** Fig. 92. Die Schneidkante desselben ist wagrecht und der Spanquerschnitt trapezförmig, die Winkel α, β und γ sind an der ganzen Schneide gleich, da die Brustfläche eine in der Richtung R unter γ geneigte Ebene ist. Die Kante $b-c$ hat keine Schneidwinkel, arbeitet daher nicht günstig.

Die normale Schruppschneide Fig. 54 ergibt bei einer Neigung der Brustfläche um γ in Richtung R (Fig. 93) auch an der Kante AC (Fig. 54) einen Neigungswinkel $\gamma_1 < \gamma$, und zwar $\operatorname{tg} \gamma_1 = \operatorname{tg} \gamma \cos \omega$ (Fig. 93) und der dadurch entstehende Neigungs- und Schnittwinkel genügt, um die kleine Arbeit der Kante $b-c$ zu leisten.

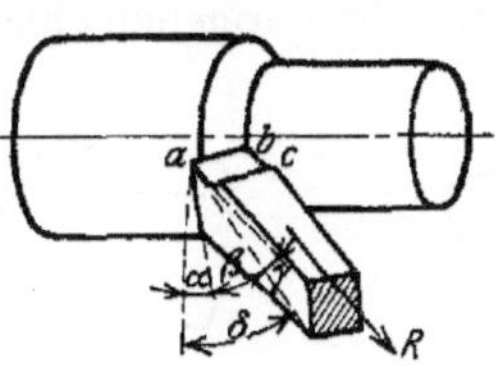

Fig. 92.

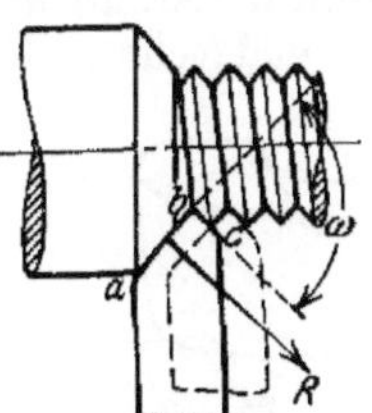

Fig. 93.

Nach den voraufgegangenen Ausführungen ist es ohne weiteres klar, daß der Kopfstahl kein Stahl zum Langdrehen ist, er ist der ausgesprochene Einstechstahl und für Einstecharbeiten ist er der beste. Es ist daher nicht zu verstehen, daß er in so manchen Werkstätten zum Langdrehen benutzt wird, oft sogar mit einer gewissen Vorliebe, besonders wenn das Werkstück eine harte Kruste hat. In keinem Falle reicht er an den normalen Schruppstahl heran, besonders die Ecke b wird früh stumpf. Weiter gehört er zu denjenigen charakteristischen Stahlformen, die beim Langdrehen (und auch beim Plandrehen) infolge der dabei notwendigen Art der Einspannung die Gefahr des Einreißens in das Werkstück direkt als Folge haben (s. Fig. 80), weil er immer nur gegen den Span gestellt werden kann. Daß Herstellung und Nachschliff seiner Schneide, die ohne Schmieden und unter sehr geringem Materialverlust direkt aus dem Schaft ohne Schwierigkeiten herausgeschliffen werden kann, unübertrefflich einfach sind, darf bei den sonstigen Nachteilen nicht Grund sein, ihn als gewöhnlichen Schruppstahl zu verwenden. Nur in einem Falle ist er dem normalen Schruppstahl etwas voraus: beim Plandrehen von Stirnflächen, wenn das Werkstück zwischen Spitzen gehalten ist, ist seine Einspannung eine stabilere als beim normalen Schruppstahl.

In neuester Zeit sind auch Hartgußstähle aufgekommen, die den teuren Werkzeugstahl ersetzen sollen. Tatsächlich sind ihre Herstellungskosten ca. 80% niedriger, nach meinen Erfahrungen dürften sie jedoch bei Maschinenstahl und Gußeisen in keinem Falle auch nur an die Kohlenstoffstähle heranreichen, geschweige denn an Schnellstahl. Sie sind nur für weiches Flußeisen von 40 bis höchstens 50 kg Festigkeit zu gebrauchen, und hier erreichen sie ungefähr die Leistungen des Kohlenstoffstahles. Größere Schnittgeschwindigkeiten als 15 m/Min. halten sie nicht aus. Sie sind demnach nur für manche Fälle als brauchbare Nothelfer anzusprechen. Zum Gießen des Hartgußstahles wird mit Hilfe eines Holzmodelles für den Schaft eine Sandform hergestellt, während für die Schneide eine gußeiserne Kokille dient, die aus zwei mit Paßstiften zusammengehaltenen Platten besteht. Da die Kokille ein guter Wärmeleiter ist, kühlt sich die Schneide schnell ab und wird hart, während der im Sand gegossene Schaft sich langsam abkühlt und weich bleibt. Wenn beim Drehen die Schneide verbraucht ist, so wird der Stahl umgeschmolzen.

Mitunter sieht man auch Schruppstähle nach Fig. 94, 95 und 96, denen dann die Aufgabe zufällt, nach beiden Seiten hin zu schruppen, links und rechts. Es ist nach dem Voraufgegangenen ohne weiteres

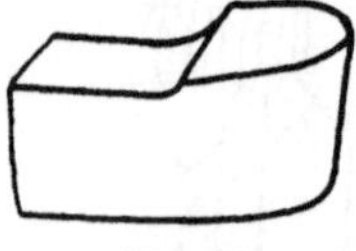
Fig. 94.

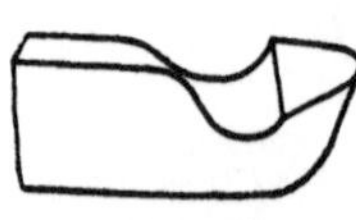
Fig. 95.

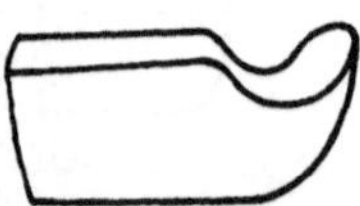
Fig. 96.

klar, daß diese Formen direkt unsinnig sind, weil sie keinerlei Seitenschleifwinkel, mit anderen Worten keinen Schnitt in der Vorschubrichtung haben, und ihrer Aufgabe gemäß, nach beiden Richtungen hin zu arbeiten, auch keinen Schnitt haben können. Solche beiderseitige Schruppstähle sind als Spielerei zu betrachten und sollten in einer gut geleiteten Werkstatt gar nicht vorkommen, leider aber trifft man sie nur zu oft an. Daß die Einkehlungen vom Schmied hergestellt werden müssen, diese Einkehlungen zudem noch den Stahl schwächen, so daß er leicht federt, sei hier nur nebenbei bemerkt. Es darf auch nicht vergessen werden, daß, falls man bei Fig. 96 die Schneide durch aufgeschweißte Schnellstahlplättchen herstellen will, diese Plättchen durch die Einschnürung nach dem Schaft zu schwächer werden müssen, so daß nach öfterem Nachschleifen der Stahlbrust die Schnellstahlschneide immer dünner wird und damit starken Spänen nicht mehr widerstehen kann. Schließlich ist die Schneide dieser Stähle auch ungünstig gestellt hinsichtlich Wärmeableitung.

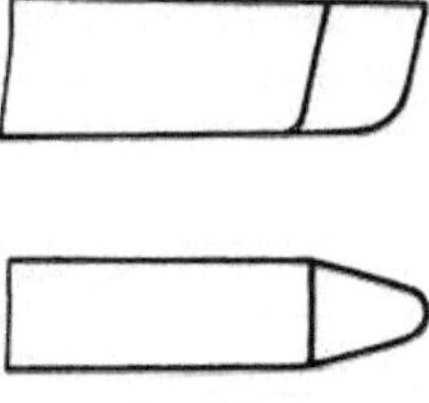
Fig. 97.

In Stahlwerken trifft man auch Spitzstähle mit löffelartig hohler Brustfläche zum Schruppen nach beiden Richtungen; diese eignen sich dann schon besser zum Schruppen als die Ausführungen nach Fig. 94—97.

Nicht wenig Werkstätten gibt es, in denen Spitzstähle in einer der Ausführungen Fig. 94—97 gern zum Schruppen benutzt werden, trotz der geringen Leistungsfähigkeit. Seine Universalität für die verschiedensten Arbeiten wiegt die geringe Leistung nicht entfernt auf und ist daher keine Entschuldigung für seinen Gebrauch.

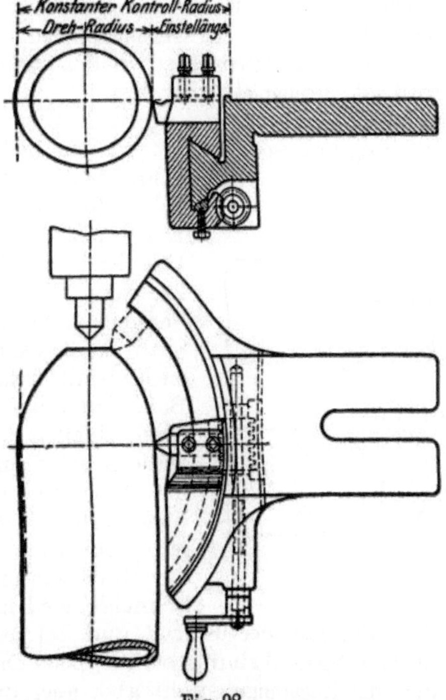

Fig. 98.

Dagegen hat er beim Fertigdrehen mit Schnittiefen bis höchstens 2 mm und feinem Vorschub gegenüber dem normalen Schruppstahl unleugbar den Vorteil der saubereren Arbeit, selbst wenn die Nase des Schruppstahles stärker abgerundet ist als der Spitzstahl. Wo der normale Schruppstahl, wie mit dem Okular deutlich erkennbar, im Werkstückmaterial reißt, ergibt der Spitzstahl eine schöne glatte Drehfläche, sein Span ringelt sich leicht und frei zu einer langen Locke, während hier der normale Schruppstahl einen kurz gelockten Span macht. Zur besseren Ausnutzung der Universalität des Spitzstahles ist dann der amerikanische Stahlhalter vorzuziehen.

Wird aber fertiggeschliffen, so daß keine saubere Drehfläche Bedingung ist, dann sollte man den Spitzstahl unbedingt vermeiden und den Fertigschnitt mit dem normalen Schruppstahl erledigen, um den Stahl nicht wechseln zu müssen.

Schließlich tritt in der Werkstatt noch ein Fall des Längsschruppens auf, der an die dazu verwendete Schneide hinsichtlich ihrer Ausbildung besondere Anforderungen stellt, d. i. das Formdrehen. Betrachten wir z. B. das Drehen der Granate Fig. 124, so erkennen wir ohne weiteres, daß bei Gebrauch des normalen Schruppstahles, wenn nicht ein Radiendrehapparat nach Fig. 98 verwendet wird, seine Schneide ununterbrochen in der Stärke wechselnde Späne nehmen muß. Beim Drehen von rechts nach links und normaler Stahleinspannung in Fig. 124 ist zuerst die wirksame Schneidkantenlänge am größten, wird beim Weiterschalten nach links immer kürzer, wobei der Span immer steiler wird. Das hat zur Folge, daß die Aufbiegung des Spanes und somit seine Abrollung in fortwährend veränderter Richtung vor sich geht, also immer ungünstiger werden muß, und daß weiter die Belastung der Schneide immerzu variiert. Die Bedingungen für eine möglichst günstige Spanabhebung können also höchstens nur in einem Punkte der Kurve gegeben sein, in allen übrigen Punkten der Kurve sind sie nicht erfüllt, und das um so weniger, je mehr die betreffenden Punkte von dem ersten abliegen. Die dabei noch weiter ins Gewicht fallenden Faktoren werden später bei Fig. 124 noch eingehender gewürdigt werden. Besser ist schon die Schneidenform Fig. 71 bzw. 72, weil hier der Unterschied in den wirksamen Schneidenlängen nicht so groß ist, prinzipiell aber krankt er in dem betrachteten Falle an den gleichen Übeln wie der normale Schruppstahl. Sollen diese Nachteile der ungünstigen Spanabtrennung und der wechselnden spezifischen Schneidenbelastung nicht auftreten, so muß die Schneide Kreisform erhalten, wir erhalten den Kugelstahl Fig. 99, auch Radiusstahl genannt. Der leichteren Herstellung und besonders des leichteren Nachschleifens wegen bildet man die Schneide auswechselbar aus nach Fig. 100, solcher Stahl heißt dann auch Pilzstahl. Die Schneide ist hier mit ihrem konischen Hals ohne jede weitere Befestigung in den Stahlhalter eingesetzt, das Nachschleifen der Kugelfläche geschieht mittels Ballenscheibe auf der Universal-Werkzeugschleifmaschine, zu welchem Zweck die Schneide mit dem Konus in der Hohlspindel oder in einem entsprechenden Halter befestigt wird. Infolge der Kreisform und der kugeligen Aushöhlung der Schneide sind hier die Forderungen für eine in allen Punkten der Kurve und bei jeder Stellung des Stahles gleich günstige Spanabhebung erfüllt, beim Drehen nach Schablone (Fig. 124) oder mit Zugstange, nicht aber auch die der gleichmäßigen Schneidenbelastung, denn die vom Span beanspruchte Bogenlänge wechselt auch hier ständig zwischen einem Maximal- und Minimalwert. Soll auch letzterer Forderung noch entsprochen werden, so bedarf es einer Vorrichtung, die dem eingespannten Stahl neben seiner Längsbewegung gleichzeitig noch eine zweite Bewegung erteilt derart, daß seine

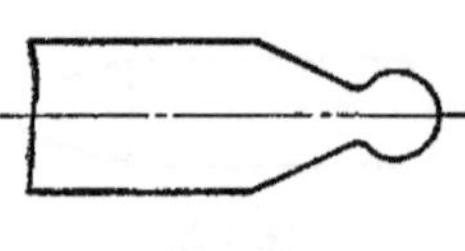
Fig. 99.

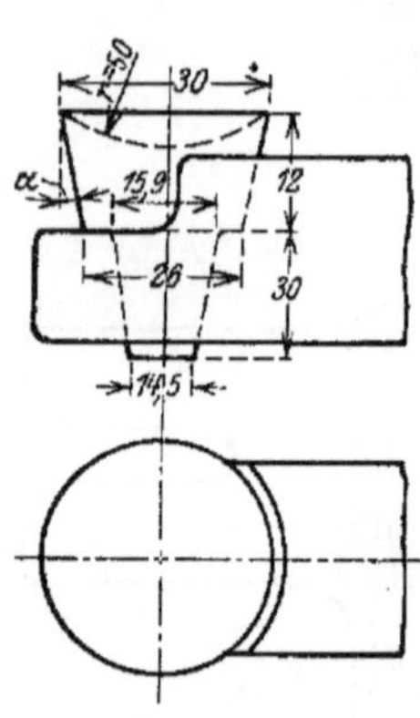

Fig. 100.

Achse stets durch den Mittelpunkt der zu drehenden Kurve geht, wie dies beim Radiendrehapparat Fig. 98 der Fall ist. Allerdings verliert dann wieder der Pilzstahl seine eben gerühmten Vorzüge, denn bei Verwendung eines derartigen Apparates ist nicht mehr der Pilzstahl, auch nicht der vorhin erwähnte Seitenstahl Fig. 71 oder 72, sondern nur der normale Schruppstahl der vorteilhafteste, wenn bloß nach einer Richtung gearbeitet wird; soll nach beiden Richtungen gearbeitet werden, so muß natürlich ein Spitzstahl verwendet werden, dessen geringer Leistungsfähigkeit wegen es meist besser ist, nur nach einer Richtung hin zu schruppen und leer zurückzukurbeln.

Immerhin ist aber ein Radiendrehapparat nur für einfache Kreisbögen verwendbar, wogegen für alle anderen Fälle das Kurvenlineal verwandt werden muß, und dann ist eben der Pilzstahl der allein gegebene Stahl.

Mit den im Voraufgegangenen erörterten Schruppstählen sind alle für den normalen Werkstattbetrieb zum Längsschruppen erforderlichen Schneidenformen und ihre hinsichtlich wirtschaftlicher Arbeit notwendigen Ausbildung besprochen. Eine richtig ausgebildete Schruppschneide ist für die Wirtschaftlichkeit der Arbeit von größter Bedeutung, da die günstigste Ausnutzung einer Werkzeugmaschine dann erreicht wird, wenn sie voll belastet ist, d. h. bei richtiger Form und Schärfe des Stahles einer durch Schnittiefe und Schnittgeschwindigkeit zum Ausdruck kommenden derart hohen Beanspruchung unterliegt, daß die in ihr auftretenden Spannungen so hohe sind, daß sie eben noch ohne Schaden dauernd auf sie wirken können. Selbstverständlich kann von einer derart hohen Belastung der Maschine nur beim Schruppen Gebrauch gemacht werden, weil die folgenden feineren Schnitte niemals eine so hohe Kraftleistung benötigen. Deshalb die große Wichtigkeit einer richtigen und sauber blank geschliffenen Schruppschneide. Nach Möglichkeit vermeide man alle sogenannten zwischen Schrupp- und Schlichtschnitt gelegenen Mittelfeinschnitte, sie sind immer unwirtschaftlich, sondern beschleunige auch den Schlichtschnitt in bezug auf Schnittgeschwindigkeit und Vorschub so weit, wie es die verlangte Genauigkeit und Schönheit der Arbeit zuläßt. Gerade die Unklarheit hierüber trägt oft wesentlich zur geringeren Ausnutzung der Maschine bei. Wenn z. B. eine Riemenscheibe nach dem ersten Schruppschnitt so bearbeitet wird, daß der zweite Schnitt flach und breit wird, also auch mehr oder weniger bloß überschruppt wird, so hat die Scheibe weder an Schönheit noch an Genauigkeit etwas eingebüßt gegenüber der auch häufigen Bearbeitungsweise, bei der der zweite Schnitt ein Mittelfeinschnitt ist, also flach und eng. Der zweite Schnitt nach letzterem Fall beansprucht aber eine ungefähr $^1/_3$mal größere Arbeitszeit, die Gesamtkosten stellen sich dementsprechend, besonders bei Herstellung einer größeren Anzahl, höher.

Die wirtschaftliche Bedeutung der Schrupparbeit hat auch zu einer wichtigen Arbeitsteilung geführt, bei welcher der Leitgedanke moderner Fabrikation: Verbilligung der Herstellung bei gleichzeitiger Erhöhung der Genauigkeit, treffend zum Ausdruck gebracht ist. Die Dreharbeit wurde früher und wird leider in manchen Fabriken auch heute noch von ein und demselben Dreher auf der gleichen Bank vollständig erledigt, indem das Werkstück auf ein und derselben Drehbank vorgeschruppt und dann fertig geschlichtet wird, meist unter Zuhilfenahme von Feile und Schmirgelkluppe. Die Drehbank hat also zwei Arbeiten, die Gestaltungsarbeit durch Schruppen und die Vollendungsarbeit durch Schlichten auszuführen, deren Charakter grundverschieden ist; die erste Arbeit ist Grobarbeit, die zweite Präzisionsarbeit. Beide stellen grundverschiedene Anforderungen, die zu vereinigen in einer Maschine immer unwirtschaftlich sein muß, und Prof. Fischer sagt daher mit Recht: »Große Vielseitigkeit der Werkzeugmaschine ist nur in bestimmten Fällen wirtschaftlich zu rechtfertigen, sie ist im allgemeinen zu teuer. Um sparsam zu sein, muß man die Maschinen begrenzteren Zwecken anpassen.«

Es ist schon ein Fortschritt, die Schrupp- und Schlichtarbeit jede für sich von je einem besonderen Dreher auf zwei Bänken, der Schrupp- und der Schlichtbank, vornehmen zu lassen. Diese Arbeitsteilung stellt sich bis 20% billiger, aber es gibt ein noch besseres Verfahren, das sich bis 40% billiger stellt, das Schruppen auf der Schruppbank und das Schlichten auf der Rundschleifmaschine. Dieses letzte Verfahren erlaubt so recht ein wirtschaftliches Schruppen, denn das Rundschleifen ist am vorteilhaftesten, wenn das Werkstück mit recht großem Vorschub vorgeschruppt wurde, so daß es ausgesprochene gewindeförmige Drehfurchen erhält. Zum Messen beim Schruppen bedient man sich am besten besonderer Schrupptoleranzlehren und dreht vor Beginn des eigentlichen Schruppens eine kleine Fase mit Handvorschub an, die zum Messen dient, da man auf den Drehfurchen mit ihren Graten nicht messen kann. Als Vorschub beim Schruppen nehme man je nach der Schnittiefe 2—4 mm, bis zu welcher Grenze bei den meisten Schnelldrehbänken die Zugspindel gebraucht werden kann, in äußersten Fällen, sofern die Widerstandsfähigkeit des Werkstückes es zuläßt, kann man sogar bis 6 mm gehen, wozu dann meist die Leitspindel eingeschaltet werden muß, falls man nicht auf einer richtigen Schruppbank arbeitet, die gewöhnlich mit Vorschüben bis zu 7 mm ausgerüstet ist. Solch hohe Vorschübe sind nur auf der Schruppbank mit ausreichender, kräftiger Wasserkühlung von Wert, sonst würde sich infolge der bei dem hohen Vorschub auftretenden Wärme das Werkstück unbedingt werfen und müßte vor dem Schleifen erst gerichtet werden. Daß aber dadurch die Wirtschaftlichkeit des Schleifens verloren gehen muß, leuchtet ein. Bei solch schweren Schruppschnitten setze man niemals die Bank direkt still, sondern schalte vorher den Vorschub aus und lasse die Bank dann noch eine volle Umdrehung machen, bevor man den Stahl zurückzieht, sonst bricht die Schneide aus. Wirtschaftliches Schruppen kann nur Erfolg zeitigen, wenn der Stahl richtig, d. h. bei seinem kritischen Punkt gehärtet wurde und eine richtige, sachgemäße Schneide hat, die den darüber entwickelten Gesichtspunkten entspricht.

Stähle zum Plandrehen.

Bisher wurden nur Stähle zum Langschruppen behandelt. Sie werden im Prinzip stets senkrecht zur Maschinenachse bzw. Werkstückachse eingespannt, ihr Vorschub parallel dazu entlang des Werkstückes verlangt den Seitenschleifwinkel am Stahl, damit die arbeitende Kante Schnitt erhält, während ein Hinterschleifwinkel als entbehrlich bzw. als nachteilig erkannt wurde. Demgemäß hatten alle besprochenen Schruppstähle bei der soeben genannten Einspannung einen regelrechten Seitenschleifwinkel mit Ausnahme des Kopfstahles (Fig. 92), der bei obiger Einspannung keinen Seitenschleifwinkel, dagegen einen ausgesprochenen Hinterschleifwinkel besitzt. Um diesen letzteren gewissermaßen in einen Seitenschleifwinkel zu verwandeln, mußte beim Langschruppen der Kopfstahl gegen den Span gestellt werden.

Nun liegen beim Plandrehen, wenn das Werkstück nur an der Planscheibe gehalten und der Reitstock ausgeschaltet ist, die Verhältnisse ebenso wie beim Langdrehen, nur daß der Vorschub senkrecht zur Achse erfolgt und daher die Stähle gegenüber der Stellung beim Langdrehen um 90° verdreht, also parallel zur Achse eingespannt werden müssen. Es geht also das Plandrehen genau so vor sich wie das Langdrehen, nur daß alles um 90° verschoben ist; demzufolge behält auch für das Plandrehen alles bisher über Schruppstähle zum Langdrehen Gesagte volle Geltung und die Normalform Fig. 87 ist im allgemeinen auch hier die geeignetste, die allen Anforderungen entspricht.

Als Grundsatz ist festzuhalten, daß man beim Plandrehen von innen, dem Mittelpunkt der Fläche aus, nach außen drehen soll und nicht umgekehrt. Der Grund dafür ist in dem seitlichen Ansatzwinkel α zu suchen, dem hier eine größere Bedeutung als beim Langschruppen zukommt. Während α beim Langschruppen bei gleichem Material eine konstante Größe bleibt, muß es beim Planschruppen größer werden, wenn man vom Umfang außen nach der Mitte zu dreht (Fig. 101), als bei umgekehrter Arbeitsweise, wo α kleiner gehalten werden kann (Fig. 102). Der Grund liegt, wie aus den Fig. 101 und 102 zu sehen ist, darin, daß beim Arbeiten von innen nach außen der Span sich von der seitlichen Ansatzfläche des Stahles entfernt, während er beim Drehen von außen nach innen nach der Ansatzfläche zuläuft. Das bedeutet aber, daß bei sonst gleichem Seitenschleifwinkel γ die Stahlschneide einen kräftigeren Querschnitt erhalten kann beim Drehen von innen nach außen, während sie im umgekehrten Falle durch das größere α einen kleineren Querschnitt erhalten muß, also nicht so stabil werden kann.

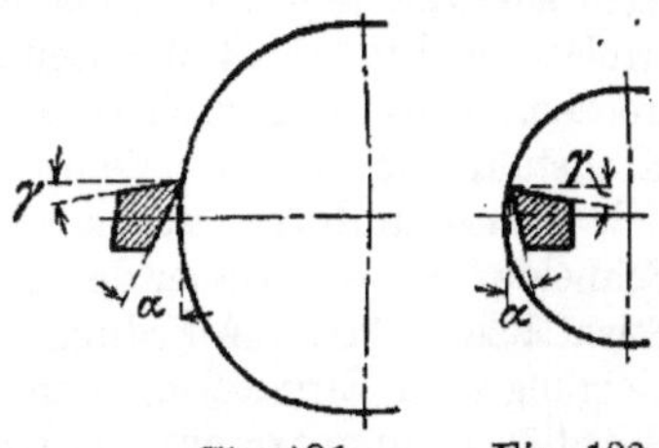

Fig. 101. Fig. 102.

Eine wichtige Ausnahme gegenüber dem Langdrehen besteht beim Plandrehen in der Höhenstellung des Stahles. Wenn, wie als Regel aufgestellt, von innen nach außen gedreht wird, so muß der Stahl etwas über Spitzenhöhe gestellt werden, da er dann beim Federn nach unten vom Span abrückt, wie aus Fig. 102 zu sehen ist, also nicht in das Material einhakt. Geht man mit dem Stahl von außen nach innen, so würde er bei Überhöhung, wie Fig. 101 zeigt, in das Material einhaken, er würde »saugen«. Daß mit der Überhöhung der seitliche Ansatzwinkel α größer werden müßte, also die Schneide immer schwächer würde, läßt Fig. 101 ebenfalls erkennen. In diesem Falle muß also der Stahl wie beim Langdrehen auf Spitzenhöhe gestellt werden.

Sehr beliebt unter den Drehern ist zum Planschruppen der Kopfstahl (Fig. 92), jedenfalls aber ganz zu Unrecht, denn wenn seine Ungeeignetheit beim Längsschruppen schon dargetan wurde, so folgt aus der vorhin erörterten Analogie zwischen Längs- und Planschruppen, daß er für das Planschruppen ebensowenig Vorzüge haben kann. Wie beim Langdrehen muß er auch zum Plandrehen stets gegen den Span gestellt werden, reißt also auch hier ein. Sein wesentlichster Nachteil beim Plandrehen aber ist, daß er nur von außen nach innen drehen kann, also der vorhin erwähnten Regel zuwiderläuft.

Es gibt jedoch eine Reihe Planarbeiten, bei denen eine Einspannung des Stahles, wie für das Plandrehen aufgestellt, also parallel zur Achse der Maschine, nicht möglich ist, und es folgt daraus schon der Schluß, daß die dafür als richtig geltenden Stähle Fig. 87 oder 86 hier nicht zu gebrauchen sein werden. Zu solchen Planarbeiten gehört das Abdrehen von Stirnflächen, wenn das Werkstück an der betreffenden Stirnseite im Körner ruht. Hier wäre der für das Plandrehen normalen Stahleinspannung der Reitstock im Wege, der Stahl muß daher quer zur Maschinenachse wie beim Langdrehen eingestellt werden. Während aber beim Langschruppen der Meißelschaft quer zur zu drehenden Werkstückfläche steht, ebenso beim eigentlichen Plandrehen, so muß beim Abdrehen der Stirnfläche der Meißelschaft in der Richtung der Stirnfläche liegen, es darf also der Stahl den Seitenschleifwinkel nicht quer bzw. schief zum Meißelschaft haben, wie bei Fig. 87 oder 86, sondern er muß oder wenigstens soll ihn in der Richtung des Meißelschaftes haben. Das Abdrehen einer solchen Stirnfläche ist ja im Grunde eigentlich schon mehr eine Einstecharbeit, bei der der Vorschub in das Werkstück hinein erfolgt, mithin muß der Seitenschleifwinkel zum Hinterschleifwinkel werden. Diese Eigenschaft hat am vollkommensten der schon bekannte Kopfstahl (Fig. 92), von dem schon auf S. 121 gesagt wurde, daß er eigentlich nichts anderes ist als ein Abstechstahl mit besonders kräftiger Schneide, er stellt daher den geeignetsten Stahl zum Plandrehen solcher Stirnflächen dar. Allerdings, er hat auch hier wieder wie immer die Neigung zum Einreißen, denn er kann nicht genau in der Richtung der Stirnfläche eingespannt werden, sondern muß stets etwas schräg dazu stehen. Diese Schräge kann aber hier viel geringer sein, also mehr nach der Parallelen zur Stirnfläche hin, als beim Langdrehen, es ist also mit dem Einreißen nicht so gefährlich.

Der einzige Stahl, der außer dem Kopfstahl zum Abdrehen solcher Stirnflächen noch in Frage kommt, ist der Stahl Fig. 87, der so eingestellt werden kann, daß ein Einreißen nicht zu befürchten ist. Die äußerst einfache Herstellung und Nacharbeitung der Kopfstahlschneide gibt ihr jedoch in jedem Falle den Vorzug vor der seitlich verkröpften Schneide Fig. 87. Hat außerdem die Stirnfläche noch eine besonders harte Kruste wie bei Stahlguß, so ist der Kopfstahl voll und ganz im Vorteil, da man dann auch den Stahl Fig. 87 gegen den Span stellen, also ihm Gelegenheit zum Einreißen geben würde.

Zu Planarbeiten der geschilderten Art gehört auch das Abdrehen von Ringflächen an breiten tiefen Einstichen, weil hier wegen der Form des Arbeitsstückes ebenfalls von der für normales Plandrehen maßgebenden Stahlstellung kein Gebrauch gemacht werden kann. Für das Einstechen der Nute ist, wie bei den Abstech- und Einstechstählen auseinandergesetzt wird, wiederum der Kopfstahl der gegebene Stahl und schon, um ein Ausspannen desselben und Eisnpannen eines anderen Stahles zu vermeiden, wird man auch die beiden Ringflächen *aa* mit dem Kopfstahl fertigstellen und ihm dabei etwas abgerundete Ecken geben, damit er die Ringflächen besser schlichtet (Fig. 103). Muß das Schlichten derselben aber sehr sauber sein, wie bei Kolbenringnuten, so nimmt man dazu besser einen Messerstahl nach Fig. 104, der von außen nach innen gehend mit großem Vorschub schneidet. Seiner schwachen Schneide wegen ist dieser Messerstahl nicht eigentlich als Schruppstahl zu gebrauchen, sondern eignet sich wie der Stahl Fig. 81 mehr für Mittelfein- und Feinschnitte. Mit diesem Stahl statt nach einwärts von der Seite her den Span zu nehmen, wie man das öfter beobachten kann, ist niemals richtig, weil dann die Ringfläche leicht schief statt winklig ausfallen kann, denn die zu große wirksame Schneidkantenlänge bewirkt leicht ein Abgehen des Stahles entgegen der Vorschubrichtung.

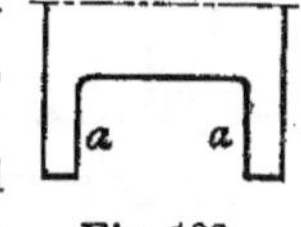

Fig. 103.

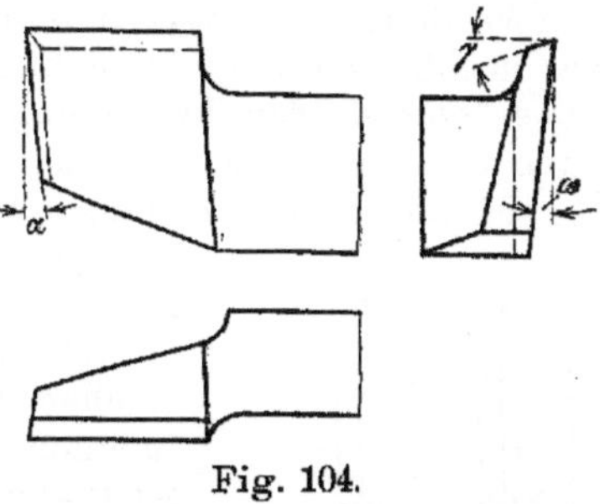

Fig. 104.

Folgende Schnittwinkel für den Seitenstahl haben sich gut bewährt (s. Fig. 104):

	Stahl	Gußeisen	Messing
Anstellwinkel α	10°	10°	10°,
Seitenschleifwinkel γ	20°	12°	20°,
Meißelwinkel β	60°	68°	60°.

Für geringe Ringhöhe *a* kann man wohl ohne Gefahr auch von der Seite her schneiden, muß dann aber die Schneidkante ganz gerade schleifen und sie genau winklig zur Werkstückachse einstellen. Bei beträchtlicher Ringhöhe aber, wie in Fig. 103, schleift man die Schneidkante so, daß nur ihr vorderer Teil schneidet, und stellt dann den Stahl wie oben senkrecht zur Achse zu nach Fig. 106.

Vollständig verkehrt ist die Einspannung gegen den Span nach Fig. 105, der Stahl würgt hier in das Werkstück hinein und verkleinert dessen Durchmesser.

Ebenso falsch ist es, Absätze nach Fig. 107 drehen zu wollen, der Stahl würgt hier ebenfalls in das Material. Der Stahl muß hier nach Fig. 108 eingespannt werden.

Natürlich muß für die beiden Ringflächen je ein rechter und linker Seitenstahl zur Anwendung kommen, und dieser Umstand im Verein mit der komplizierten Schmiedearbeit, die er erfordert und die immer einen schwierigen Punkt für den Seitenstahl bildet, lassen es geraten erscheinen, ihn wo irgend möglich zu umgehen und nur den Kopfstahl zu benutzen. Ist dieser auch zum Schlichten nicht eigentlich ein geeigneter Stahl, so hat dies aber nicht viel zu besagen, weil beim Schlichten von einem eigentlichen Span nicht gut gesprochen werden kann und daher die bisher entwickelten Grundsätze für die Ausbildung der Schneide nicht so in den Vordergrund zu treten brauchen und auch gar nicht können, wie wir nachher bei den »Schlichtstählen« sehen werden. In jedem Falle ist es geraten, den Messerstahl Fig. 104 ganz fallen zu lassen, was ohne weiteres möglich ist, da mit dem gebogenen Seitenschruppstahl Fig. 81 alle Arbeiten durchgeführt werden können, die sonst dem Messerstahl zufallen würden. Nur für einen, schon auf S. 115 angezogenen Fall ist sein Gebrauch gerechtfertigt und geboten, wenn es gilt, beim Drehen und Spiegeln der Stirnflächen an Wellen möglichst nahe an den Körner der Maschine heran zu kommen.

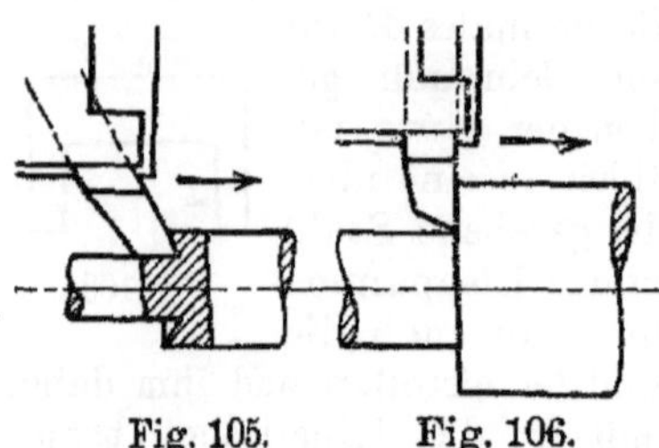

Fig. 105. Fig. 106.

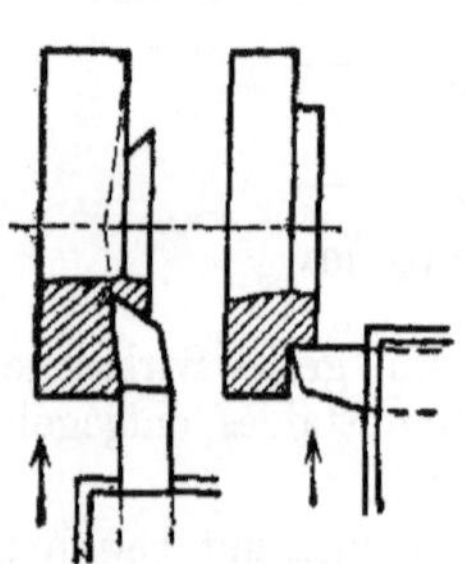

Fig. 107. Fig. 108.

Für das Planschruppen sei hier noch einer Vorsichtsmaßregel gedacht, die so oft in den Werkstätten übersehen wird. Bei plattenförmigen Werkstücken aus Gußeisen und Stahlguß ist möglichst die Trichterseite zuerst abzudrehen, weil diese Seite am meisten die Veranlassung zu Ausschuß infolge starker Porosität gibt. Man hat in solchem Falle dann wenigstens Zeit und Geld für das Überdrehen der anderen Seite gespart. Auch beim Hobeln ist das wohl zu beachten.

Weiter sei hier noch ganz allgemein ein Mittel zur Verbilligung der Dreharbeit erwähnt, wie es besonders auf Karussellbänken anwendbar ist, die **Hilfsplanscheibe**. Während des Selbstganges der Bank spannt man das nächstfolgende Arbeitsstück schon auf einer besonderen Planscheibe auf und richtet aus; ist das erste Werkstück fertiggedreht, so braucht die Hilfsplanscheibe bloß vor die Originalplanscheibe der Bank vorgesetzt werden, die sonst extra erforderliche Zeit zum Aufspannen und

Ausrichten ist gespart. Nicht nur in der Dreherei, sondern noch mehr in der Hobelei lassen sich durch dieses Prinzip sehr ansehnliche Summen sparen, und es ist sehr zu verwundern, daß es anscheinend bis heute nur in ein paar Werkstätten bekannt ist.

Abstech- und Einstechstähle.

Die Abstechstähle kommen, wenn man von Revolverbänken und Automaten absieht, nur selten auf der gewöhnlichen Drehbank zur Verwendung, für sie hat man besondere Abstechbänke. Ihr Hauptkonkurrent ist das Sägeblatt bzw. die Kaltsäge, die beide ihre Anhänger haben. Beim Abstechen von Rund-, vier-, sechs- und achtkantigen Stangen dürfte die Abstechbank aber der Kaltsäge immer voraus sein, wenn auch weniger hinsichtlich der Geschwindigkeit, als vielmehr der Genauigkeit der abgestochenen Stirnflächen, die höchstens um 0,05—0,1 mm hohl sein dürfen, was mit einer Säge nicht zu erreichen ist. Indessen ist die Abstechbank nur für Werkstücke bis etwa 175 mm Durchmesser rentabel, darüber hinaus muß sie der Säge den Platz einräumen, den ihr dann auch die seit einigen Jahren auf den Markt gebrachten Abstechkopfbänke wohl kaum streitig machen können. Der heikelste Punkt der Abstechstähle ist ihre schwache Schneide (Fig. 109), so daß sie immer in Gefahr sind, abzubrechen. Die Schneidscheiben, die man bei Revolverbänken zum Abstechen benutzt, sind in dieser Hinsicht stabiler (s. unter »Formstähle«), können aber nur für geringe Werkstückdurchmesser verwendet werden, da sie sonst zu teuer würden. Dazu muß die Schneide, wie Fig. 109 zeigt, sich nach rückwärts noch verjüngen, damit beim tiefen Einstechen der Stahl hinter der Schneide freigeht, wodurch aber die ohnedies schon schwache Schneide noch mehr geschwächt wird. Nur bei Revolverabstechstählen fehlt diese Verjüngung nach hinten. Die Schneide beliebig stark zu machen, ist nicht angängig, weil dadurch am Werkstück ein unzulässiger Materialverlust eintreten würde. Hat der Abstechstahl die in Fig. 109 gezeichnete Form, so muß die Schneide aus dem vollen Meißelschaft herausgeschmiedet werden, ein sehr fühlbarer Nachteil, da das Aufschweißen einer Schnellstahlschneide beim Abstechstahl unzuverlässig ist, sie wird ihrer schmalen, geringen Auflage wegen beim Arbeiten zu leicht abplatzen. Man nimmt deshalb in vielen Fällen seine Zuflucht zu Abstechstählen aus konisch gewalztem Flachstahl, der käuflich zu haben ist und nur an der Stirnseite entsprechend anzuschleifen ist, um den Anstellwinkel α zu erhalten. Diese sind dann natürlich auch nicht hinter sich verjüngt. Es braucht hier nichts geschmiedet zu werden, man muß solche gewalzte Stähle aber in besonderen Stahlhaltern einspannen (s. unter »Stahlhalter für Außendrehstähle«).

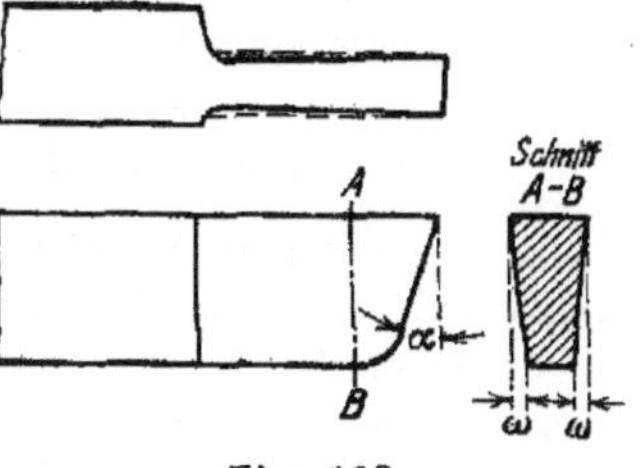

Fig. 109.

Die Gefahr des leichten Abbrechens des Abstechstahles wird umgangen, wenn er federnd nach Fig. 116 ausgebildet wird, er verträgt dann schwere Schnitte, muß aber gut gekühlt werden (meist durch Seifenwasser), wie das überhaupt für alle Abstechstähle Haupterfordernis ist.

Die Zustellung des Abstechstahles erfolgt nicht entlang des Werkstückes wie beim Langschruppen, sondern in das Werkstück hinein, er darf daher nur den Hinterschleifwinkel haben, keinen Seitenschleifwinkel (Fig. 110). Nur auf Revolverbänken gibt man ihm noch einen geringen Seitenschleifwinkel, um gleichzeitig die Stirnfläche des Werkstückes etwas zu spiegeln. Da aber die infolge ihrer geringen Breite schon schwache Schneide durch den Hinterschleifwinkel noch mehr geschwächt wird, sieht man außer bei weichen zähen Materialien wie Kupfer, in vielen Fällen von diesem ganz ab wie in Fig. 109, macht also den Schneidwinkel 90°, für Gußeisen wohl auch etwas kleiner, dagegen für Rotguß und Messing in jedem Falle größer. Gute Verhältnisse ergeben die Winkel (Fig. 109):

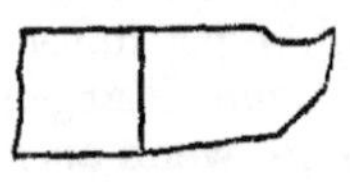
Fig. 110.

	Stahl	Gußeisen	Rotguß
Anstellwinkel α	10–12°	10–12°	12°,
Hinterschleifwinkel	12–15°	1°	0°,
seitl. Ansatzwinkel ω	3°	3°	3°.

Um das seitliche Abgehen des Stahles (Hohlschnitt) zu vermeiden, schleift man auch die Brust leicht löffelförmig aus.

Der Querschnitt muß auf beiden Seiten nach unten konisch zulaufen wie in Fig. 109, nicht bloß auf einer Seite, wie man manchmal sehen kann. Für das Abstechen nahe an einem Bund muß der Stahl natürlich rechts- bzw. linksgekröpft sein. Einstechstähle für bestimmte Nutenbreite, z. B. für Kolbenringnuten, findet man mitunter auch geschlitzt nach Fig. 111, um sie nach Abnutzung wieder auf die verlangte Breite nachstellen zu können. Abgesehen davon, daß sie nur zum Fertigstechen vorgestochener Nuten zu gebrauchen sind, ist ihre Anwendung nicht zu empfehlen.

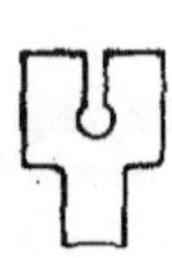
Fig. 111.

Alle Ab- und Einstechstähle müssen stets genau auf Spitzenhöhe eingestellt werden, bei Überhöhung rattern sie sonst in das Material hinein, sie schnappen ein.

Die beiden Ecken der Schneide müssen möglichst scharf gehalten werden, weil sie am meisten leiden und durch ihre Abrundung eine stark Reibung und infolgedessen Wärmeentwicklung stattfindet. Deshalb ist beim Abstechen immer mit reichlicher Wasserkühlung zu arbeiten oder besser Seifenwasser, um den Span geschmeidig zu machen. Die Kühlung wirkt um so besser, je kleiner die Späne genommen werden. Die neueren Abstechbänke arbeiten mit zwei Stählen, vorn und hinten, wodurch die Leistung verdoppelt wird.

Die höchsten Leistungen erzielt man, wenn man die beiden Abstechstähle an verschiedenen Durchmessern ansetzt, also einen Stahl vor-, den anderen nachschneiden läßt. Dem vorschneidenden Stahl gibt man Halbrundschneide, dem andern eine gerade Schneide, die um $^1/_2$ mm breiter gehalten ist als die halbrunde, wodurch dieser Stahl für den ersten freischneidet. Will man von der Halbrundschneide absehen, also beide Stähle mit gerader Schneide verwenden, so macht man wieder den Vorschneider schmäler als den Nachschneider, läßt den letzteren erst eine Fase anschneiden, damit die Oberfläche rund wird, und setzt jetzt den Vorschneider auf diese Fase an. Dabei läßt man gleichzeitig den Nachschneider einmal leer umlaufen, so daß er dem Vorschneider um eine Vorschubstärke nacheilt. Statt solchen Vorgehens die Stähle seitlich gegeneinander zu versetzen, so daß jeder der beiden einen schmäleren Schnitt nimmt als die Nut breit ist, ist gefährlich, da die Späne nicht immer frei herausfallen können, sich vielmehr leicht zwischen Nut und Stahl klemmen und dadurch den Stahl abbrechen.

Soll noch ein Putzen für den Körner stehen bleiben, in welchem Falle nicht vollständig durchgestochen werden kann, so ist die Schneide zweckmäßig halbrund zu halten, damit der Putzen in seiner Längenmitte am schwächsten wird und mit Sicherheit an dieser Stelle und nicht etwa an der Wurzel abbricht.

Sind breite Nuten wie in Fig. 103 einzustechen, so kann die Schneide des Abstechstahles entsprechend auf den ganzen Schaftquerschnitt verbreitert werden, wir erhalten den Kopfstahl (Fig. 92). Der Kopfstahl ist somit der gegebene Stahl zum Einstechen breiter Nuten, er ist nichts anderes als ein verbreiterter Abstechstahl, nur daß er diesem gegenüber seiner kräftigeren Schneide wegen einen ausgesprochenen Hinterschliff zum Abrollen des Spanes erhalten kann.

Als richtiger Einstechstahl hat der Kopfstahl noch einen Nachteil: seine Schneide müßte sich, genau wie der Abstechstahl Fig. 109, zwecks Freischneidens nach rückwärts etwas verjüngen. Diese Verjüngung durch beiderseitiges Beischleifen oder Beischmieden nach dem Schaft hin zu erzeugen, ist nicht angängig, da bei jedem Nachschliff die Schneide immer schmäler würde. Seine Zuflucht zum Anstauchen der Schneide zu nehmen, ist wohl bei aufgeschweißter Schnellstahlschneide von keiner nachteiligen Bedeutung, bei massivem Stahl aber wäre das Anstauchen direkt gefährlich, da gestauchter Stahl beim Härten zu gern reißt. Man sieht daher von der Verjüngung ganz ab.

Noch breitere Nuten sticht man an der einen Seite mit dem Kopfstahl ein, daneben mit dem gleichen Kopfstahl usf., bis die verlangte Breite erreicht ist. Dabei geht man in der Tiefe nicht gleich auf Fertigmaß, sondern läßt noch $^1/_2$ mm Material stehen, das dann mit dem Kopfstahl mit Längsvorschub weggenommen wird. Dieser schwache Schlichtspan kann vom Kopfstahl ohne weiteres bewältigt werden, obgleich er für diese Operation nicht der richtige Stahl ist. Man spart dadurch den Stahlwechsel.

Die Kühlung der Schneide.

Wir haben schon früher gesehen, daß die Wärmeentwicklung beim Spanschneiden die verderblichste Rolle spielt. Die Gefährlichkeit der Wärme sucht man durch Wasserkühlung möglichst auszuschalten. Die seit alten Zeiten angewandte Kühlung durch einfaches Auftropfen von Wasser auf die Schnittstelle, die auch heute noch in sehr vielen Werkstätten zu finden ist, ist vollständig wertlos. Es muß ein tüchtiger Wasserstrahl mit geringer Geschwindigkeit zugeführt werden, um ausgiebige Kühlung zu erreichen. Die Kühlpumpe macht es erforderlich, die Kühlflüssigkeit zu wiederholter Verwendung durch Wasserrinnen, Sammelkasten mit Einrichtung zum Abscheiden eingedrungener Späne aufzufangen, es muß ein Kreislauf der Flüssigkeit für wiederkehrende Benutzung hergestellt werden. Es ist durchaus nicht gleichgültig, wie man den Flüssigkeitsstrahl auftreffen läßt. Kühlt man den Stahl von hinten, d. h. da wo der Span abfließt, so kann man beobachten, daß die Späne alle mehr oder weniger kurz sind (sie tropfen), während bei einem guten Anschliff der Stahl Spiralen bringen muß. Durch die erstgenannten kurzen Späne bekommt nun die Stahlschneide fortwährend schwankende Schnittbelastung, die die Schneide in kurzer Zeit verdirbt. Läßt man dagegen das Kühlmittel auf das Material, kurz vor dem Schneidenschnitt, also auf die Spanwurzel aufstoßen, so bleibt die Schneide dauernd im Schnitt, wobei der Span leichter in langen Spiralen abrollt. Die Lebensdauer der Schneide wird durch die gleichmäßige nicht schwankende Schnittbelastung um das zwei- bis dreifache erhöht, die Leistung wird durch die mögliche größere Schnittgeschwindigkeit selbst bei Gußeisen, wie Taylor fand, um 16—40% gesteigert.

Die Wirksamkeit einer ausgiebigen Kühlung ist direkt sinnfällig, Späne, die sich ohne Kühlung gelb und sogar blau färbten, zeigen bei kräftiger Kühlung oft noch keinerlei Anlauffarbe.

Bei Gebrauch des Schnellstahles ist für jegliche Art von Kühlung vor allem darauf zu achten, daß der Strahl sofort angestellt wird, nicht erst, wenn der Stahl schon einige Zeit trocken gearbeitet hat und also schon recht heiß geworden ist, wie das so außerordentlich häufig zu beobachten ist. Es wird dabei vergessen, daß warm gewordener oder gar erhitzter Schnellstahl nicht mit kaltem Wasser in Berührung kommen darf, seine Schneide bekommt dadurch bestenfalls Haarrisse, bei erheblicherer Erhitzung aber besteht die Gefahr des völligen Reißens oder Berstens. Die Nichtbeachtung dieser Forderung bedeutet immer eine gefährliche Manipulation mit kostbarem Material. Man hat daher bereits Anordnungen getroffen, die Schneide mittels Luftstrom zu kühlen, wie es der Stahl beim Härten benötigt.

Beim Schruppen bedeutet ausgiebige kräftige Kühlung nicht nur bei Schmiedeisen, sondern auch bei Gußeisen eine Erhöhung der spezifischen Leistung des Schruppstahles und Verbesserung der Kraftausnutzung, im Gegensatz zum Schlichten, wo nur bei Schmiedeisen, dagegen nicht bei Gußeisen gekühlt werden darf. Ähnliche Verhältnisse liegen beim Schleifen von Gußeisen auf der Rundschleifmaschine vor, wo man nur kühlt, um den Schleifstaub niederzuschlagen, beim Innenschliff muß auch diese Kühlung fortfallen.

Zum Schruppen von Gußeisen nimmt man Sodawasser in einer etwa 5%igen Lösung. Der Zusatz von Soda verhindert das Rosten, es darf aber nur die gewöhnliche kristallisierte Soda verwendet werden, kaustische Soda greift den Lack und Spachtel der Maschine an. In allen Fällen hüte man sich vor zu viel Sodazusatz, denn diese überzieht dann die Bettwangen, Führungen usw. mit einer feinen Haut, die das leichte Gehen der aufeinander gleitenden Teile beeinträchtigt oder z. B. den Bettschlitten ganz zum Festsitzen bringt. Für Schmiedeisen ist ein Ölzusatz zum Sodawasser sehr geeignet (etwa 1 kg Soda und $^1/_4$ kg Öl auf 16 l Wasser oder 2 kg grüne Seife, 3 kg Soda auf 100 l Wasser), das Öl wird durch die Soda verseift und macht das Wasser weich, so daß es die Reibung vermindert und neben Kühlung gleichzeitig eine glättende Wirkung ausübt. Besser ist es beim Schruppen von Schmiedeisen noch stärker fetthaltige Flüssigkeiten anzuwenden, die nicht nur kühlen und glätten, sondern auch den Span an der Abreißstelle geschmeidig machen. Hierzu eignen sich die wasserlöslichen Bohröle oder Emulsionen oder auch Seifenwasser oder direkte Öle, von denen manche noch den Vorzug der Schonung der Schneide haben, indem sie gleichzeitig Schlacken- und Sandstellen im Material auflösen.

Besondere Rücksichtnahme auf die Eigenschaften der Kühl- und Schmiermittel verlangt die Revolverbank wegen des Gewindeschneidens. Die Schmierfähigkeit tritt hier besonders in den Vordergrund, und man nimmt für Flußeisen und Messing Bohröl oder Seifenwasser, für Stahl und Stahlguß dagegen Rüb- oder Lardöl oder gekochtes Schweinefett. Maschinenöl ist hierzu nicht zu gebrauchen, es verdampft zu leicht, der Gewindebohrer schneidet dann trocken, Fressen des Gewindes und Abbrechen der Bohrer sind die Folgen. Für Gußeisen nimmt man Bohröl oder Rüböl, doch erzielt man mit einer Mischung von Wachs und Talg sauberere Gewindelöcher.

Bohröle kann man sich übrigens auch im eigenen Betriebe sehr billig herstellen, falls man über einen Ölreiniger, der ja in keiner Werkstatt fehlen sollte, verfügt. Man benutzt hierzu das von der Transmission und der Lagerschmierung aufgefangene Tropföl, das aber säurefrei sein muß. Die Prüfung auf Säuregehalt geschieht in der Weise, daß man eine Probe Tropföl mit Wasser gründlich durchschüttelt, dieses längere Zeit stehen läßt, bis das Wasser sich auf dem Boden des Gefäßes angesammelt hat, und dann in dieses abgesetzte Wasser blaues Lackmuspapier eintaucht, nachdem man das auf dem Wasser schwimmende Öl vorher abgegossen hat. Bleibt das Lackmuspapier blau oder färbt es sich nur schwach, so ist das Tropföl säurefrei und kann zu Bohröl verarbeitet werden, färbt sich das Papier aber rot, so enthält das Öl Säure und kann zu Bohröl nicht gebraucht werden. Nach günstigem Ausfall der Untersuchung ist das gereinigte Tropföl mit alkalischem Wasser gut durchzukochen, und man erhält dann ein gut brauchbares Bohröl, das genau so rostschützend wirkt, wie die käuflichen, teuren Bohröle.

Schlichtstähle.

Beim Schlichten kommt es nicht wie beim Schruppen auf eine möglichst hohe spezifische Spanausbeute an, sondern nur auf Genauigkeit und Sauberkeit des Arbeitsstückes, die um so besser erreicht werden, je geringer die Schnittiefe genommen werden kann.

Als Schlichtstahl war der Schnellstahl ursprünglich den größten Anfeindungen ausgesetzt, man wollte die eigentümliche Erfahrung gemacht haben, daß seine Leistungsfähigkeit wesentlich sinkt, wenn Feinspäne genommen werden, und behauptete demgemäß, daß Schnellstähle gar nicht in der Lage seien, Schlichtoperationen auszuführen. Der Vorteil des Schnellstahles liege lediglich im Vor-, nicht aber im Fertigarbeiten, weil er bereits nach einigen Minuten seine scharfe Schneide verliere und dadurch eine rauhe Oberfläche erzeuge. Man dürfe deshalb den Schnellstahl nur zum Schruppen gebrauchen, während für das Schlichten der Kohlenstoffstahl das allein Richtige sei. Nun ist es ja bekannt, daß im allgemeinen der letztere eine größere aktive Härte hat als der Schnellstahl, und in den ersten Jahren nach Einführung des Schnellstahles waren obige Behauptungen sicher richtig, für die heutigen vervollkommneten Schnellstähle aber sind sie es nicht mehr, sie decken sich, was meine Erfahrungen anbetrifft, nicht mit der Wirklichkeit.

Das Schlichten bedingt im allgemeinen eine bedeutend höhere Schnittgeschwindigkeit als das Schruppen, und da nach Früherem die die Stahlschneide zerstörende Wärmesteigerung in erster Linie, ja man kann sagen fast ausschließlich, eine Funktion der Geschwindigkeitssteigerung ist, so muß der Schnellstahl bei seiner viel größeren Hitzebeständigkeit eine größere Schneiddauer haben, seine Schneide muß länger unversehrt bleiben als die des Kohlenstoffstahles, es kann demzufolge auch von rauher Oberfläche des Werkstückes nicht die Rede sein. Sicherlich dürfte man auch anderwärts diese Erfahrung bestätigen, daß auch beim Schlichten der Schnellstahl dem Kohlenstoffstahl überlegen ist.

Um für meine Wahrnehmungen auch den Nachweis zu führen, habe ich die Abnutzung der Schneide beim Schlichten gemessen. Zu diesem Zwecke wurde auf der Stahlbrust eine feine Strichmarke eingeritzt und die Entfernung derselben von der Schneidkante vor Beginn des Versuches mit Hilfe des Komparators gemessen. Aus der Differenz dieser Entfernung und der nach beendetem Versuch ergab sich also die Schneidenabstumpfung.

Als Versuchsmaterial diente Siemens-Martin-Stahl. Zuerst wurde auch Gußeisen hinzugezogen, jedoch war hier der im Material vorhandenen harten und weichen Stellen wegen ein klares Bild nicht zu erlangen. Die Versuche zeigten bei Schnellstahl stets eine geringere Abnutzung als bei Kohlenstoffstahl.

Die allgemeine Charakteristik der Schlichtdreherei, die erhöhte Schnittgeschwindigkeit, wird in sehr vielen Fällen, meist aus Unkenntnis übertrieben, durchaus nicht alle Fälle rechtfertigen eine größere Schnittgeschwindigkeit als beim Schruppen, ja es gibt nicht wenig Fälle, wo die Geschwindigkeit sogar unter der des Schruppens genommen werden muß. Weil ein Werkstück um so sauberer wird, je geringer die Schnittgeschwindigkeit und damit die Wärmeerzeugung ist, so werden vom einsichtigen Betriebsleiter geringere Drehzahlen gefordert werden, wo es auf absolute Sauberkeit der Dreharbeit ankommt. Bei größeren Drehzahlen und entsprechend geringeren Vorschüben leidet die Sauberkeit der Oberfläche. Natürlich spielt für die Bemessung der Schnittgeschwindigkeit neben dem Material auch die sonstige Formgebung eine erhebliche Rolle, so z. B. wenn Unterbrechungen in der Drehfläche vorkommen, wie dies infolge der Spannuten bei den Planscheiben, Stoß- und Fräsmaschinentischen usw. der Fall ist. Das Material sucht hier den Stahl beim jedesmaligen Ansetzen nach Überschreitung der Nute abzudrücken und dies um so stärker, je größer die Schnittgeschwindigkeit ist. Um eine ebene Fläche ohne Buckel zu bekommen, muß die Drehzahl wesentlich verringert werden.

Die Schlichtstähle sowohl als Außen- wie als Innendrehstähle haben in der modernen Werkstatt, die das Schlichten durch das viel wirtschaftlichere Schleifen ersetzt hat, sehr an Bedeutung verloren, und das ist gut so, denn der Schlichtstahl hat in bezug auf die an ihn zu stellenden Anforderungen keine so vollkommene Schneide, wie sie dem Schruppstahl gegeben werden kann.

Für das Schlichten mit dem Stahl gibt es zwei Methoden, das Breitschlichten mit großem Vorschub und das Schlichten mit ganz feinem Vorschub, das mehr als ein Feindrehen anzusehen ist. Die Arbeitsverhältnisse der Schneide beim Schlichten sind ähnlich wie beim Schruppen. Bei letzterem leidet die Schneidkante bei weitem nicht so sehr durch Vergrößerung des Vorschubes wie durch Vergrößerung der Schnittgeschwindigkeit. Daher die Streiffsche Regel, die Spanausbeute bei geringer Schnittiefe durch Verstärkung des Vorschubes zu erhöhen. Der Vorschub beim Schruppen kann aber meist nicht bis zur Grenze der Wirtschaftlichkeit gesteigert werden, weil das Werkstück von dem groben Vorschub zu sehr zittert, man geht dann mit dem Vorschub bis zur zulässigen Grenze und erhöht die Schnittgeschwindigkeit. Je größer der Vorschub, desto mehr muß die Stahlnase abgerundet werden. Je flacher diese Abrundung wird, so daß sie mehr in eine Parallele zur Drehachse übergeht, desto schwächere Späne können angestellt werden, so daß im letzteren Falle mehr ein Schaben stattfindet, wir haben das Schlichten mit hohem Vorschub, das Breitschlichten. Auch hier neigt das Werkstück bei dem breiten Vorschub zum Zittern, was natürlich viel gefährlicher ist als beim Schruppen, weil dadurch weder eine saubere noch eine genaue Oberfläche, diese beiden Hauptforderungen für das Schlichten, zu erreichen sind. Verträgt das Werkstück infolge ungünstigen Verhältnisses von Länge : Durchmesser einen hohen Vorschub ein für allemal nicht, dann nimmt man einen ganz feinen Vorschub und erhöht die Geschwindigkeit. Der Stahl hierzu darf nur ganz wenig abgerundet sein (Fig. 112), wir haben das Feindrehen. Der Stahl hat in diesem Falle eine geringere Lebensdauer als der für den Breitschlichtschnitt. Für das Feindrehen gibt man dem Stahl (Fig. 112) einen geringen Seitenschleifwinkel in der Vorschubrichtung, während dieser beim eigentlichen Schlichtstahl für Breitschnitt, wie nachher ausgeführt wird, vermieden werden muß.

Der Stahl Fig. 112 gleicht hinsichtlich Ausbildung seiner Schneide fast ganz der des Spitzstahles Fig. 97, und tatsächlich ist, was auch aus dem an dortiger Stelle Gesagten hervorgeht, der Spitzstahl der gegebene Stahl für das Feinschlichten. Seine Nase braucht dabei nur wenig abgerundet zu sein entsprechend dem feinen Vorschub.

Das Feinschlichten wird hauptsächlich auf der Bolzendrehbank angewendet, wobei meist mit so großen Schnittiefen gearbeitet wird, daß ein Fertigschlichten mit der zugehörigen geringen Schnittiefe nicht mehr erforderlich ist. Solche Arbeit ist eigentlich mehr ein Mittelding zwischen Schruppen und Schlichten, das den Vorteil hat, daß die einfachen Bolzen mit nur einem Schnitt fertig werden. Die Bolzendrehbank gewährt hier die Vorteile der Revolverbank, indem der Stahl für eine Reihe nacheinander zu drehender maßgleicher Teile nicht verstellt zu werden braucht.

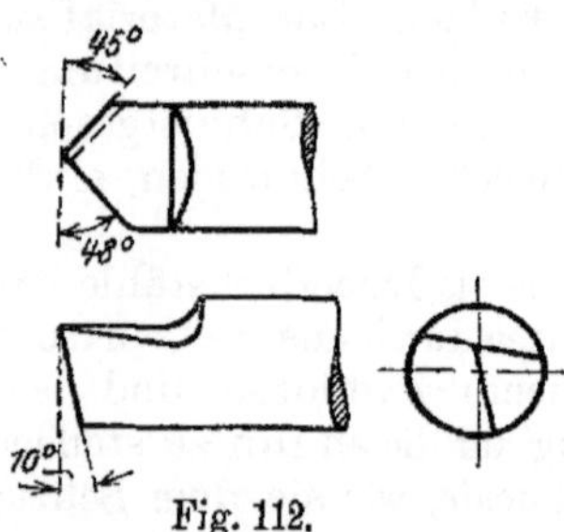

Fig. 112.

Im allgemeinen aber verwendet man die andere Schlichtmethode mit Breitvorschub, also mit breiten, geraden, zur Drehachse parallelen Schneiden, besonders auf Gußeisen, da hier ein großer Vorschub ein besseres Aussehen des Stückes zur Folge hat. Indessen gibt es noch genug Fälle, bei denen wieder zum Feindrehen gegriffen werden muß, vor allem beim Schlichten von Rotguß, Messing und Kupfer, weil hier ein großer Vorschub in das Material einreißen würde, weiter bei sehr harten Materialien, wie den graphitarmen Eisen der Automobilzylinder, die niemals so leicht zu bearbeiten sind wie ein dunkles graphitreiches Eisen, insbesondere nicht mit breiten Schlichtmessern. Hier ist überhaupt das Ausschleifen das einzig richtige Verfahren. Solche Ausnahmen gibt es auch beim Schlichten auf der Hobelmaschine. Das Schlichten beispielsweise der V-förmigen Prismenführungen der Hobelmaschine, die eine sehr hohe Genauigkeit erfordern, muß mit dem Spitzstahl erfolgen. Obwohl nur ein Schlichtspan genommen wird, würde der durch einen breiten Schnitt auf den Halter erzeugte Druck so groß, daß der Stahl durch das Spiel im Support und in der Querführung nachgeben und alle Materialbewegungen mitmachen würde, die infolge des Ausgleichs der durch die abgeschruppte Kruste frei gewordenen Spannungen auftreten. Durch den relativ spitzen Stahl und den feinen Vorschub wird weiter das Material aufgerauht, läßt sich also gut schaben, so daß die Führungen äußerst genau werden. Würde man aber mit einem Breitschlichtstahl arbeiten, so wäre es nicht möglich, die Führungen überall gut und gleichmäßig tragend herzustellen. Man kann sich davon leicht überzeugen, indem man den Tisch wendet, so daß das rechte Tischprisma in der linken Bettführung liegt. Die durch Feinschlichtschnitt hergestellten Führungen tragen dann gleich gut. Oder man nehme von einem grob geschmiedeten oder gegossenen Stück auf der einen Hobelmaschine einen kräftigen Schruppspan und einen feinen Schlichtspan und wiederhole dasselbe an einem andern Stück auf der andern Hobelmaschine. Beim Vergleich wird man finden, welcher Unterschied in bezug auf die gehobelte Fläche zwischen beiden Stücken besteht.

Ebene Führungen dagegen, wie die Drehbankwangen, schlichtet man mit Breitvorschub. Man schruppt sie erst aus, löst dann das Werkstück, damit die durch die Entfernung der Gußhaut eingetretenen Spannungen sich ausgleichen können, treibt die lose gewordenen Unterlegkeile wieder leicht an und spannt von neuem fest. Dann schlichtet man je nach der Wangenbreite mit 60—70 mm Vorschub vor und schlichtet zuletzt mit etwa 20 mm Vorschub fertig.

Überhaupt sind die Spannungen im Werkstück stets ein Störungsmoment, das beim Schlichten nie vernachlässigt werden darf. Fertig geschlichtete Wellen, selbst von starkem Durchmesser, die dann noch genutet werden, verziehen sich unbedingt. Die Nuten sind daher vor dem Schlichten einzuarbeiten, was allerdings für das Schlichten wieder Nachteile hat, die beim Schlichten auf der Schleifmaschine fortfallen, indem dann die Nuten mit Holz ausgefüllt werden können, auch ein besonderer Vorzug des Schleifens. Auf der Hobelmaschine genau geschlichtete Platten werfen sich, wenn noch weitere, selbst geringfügige Operationen darauf folgen, z. B. das Bohren eines kleinen Loches.

Es hat deshalb für Arbeitsstücke mit großer Genauigkeit der Grundsatz zu gelten, daß von allen daran vorzunehmenden Bearbeitungen das Schlichten an letzter Stelle kommen muß. Fehlerfreie Aufspannung ist beim Schlichten von viel größerer Bedeutung als beim Schruppen, damit zu den schon vorhandenen Materialspannungen nicht noch Zusatzspannungen hinzukommen. Auch beim Schlagen mit dem Hammer sei man sehr vorsichtig, besonders bei Gußeisen; hier ruft jeder Schlag, auch ein leichter, sofort Spannungen hervor.

Wenn sehr hohe Genauigkeit verlangt wird, ist der Feinschlichtstahl gegenüber dem Breitschlichtstahl immer im Vorteil, insbesondere auch wegen der bei hohem Vorschub größeren Wärmeentwicklung, die das Arbeitsstück zum Werfen bringt, wenn der Reitstockkörner nicht gelockert wird. Dieses Lockern, das der Wärmeentwicklung angepaßt werden muß, ist aber durchaus nicht so einfach, es fordert schon einen geschickten Dreher mit Gefühl. Auch beim Schlichten mit feinem Vorschub, dem Feindrehen, tritt infolge der an dasselbe gebundenen höheren Schnittgeschwindigkeit meist eine solche Wärmeentwicklung auf, daß sie nicht ohne Schaden übersehen werden kann. Daher muß bei jedem Schlichten, gleichgültig ob mit großem oder feinem Vorschub, unbedingt darauf geachtet werden, daß man nicht genau auf Maß oder Länge drehen darf, wenn das Stück warm ist, es würde sonst im erkalteten Zustande zu schwach bzw. zu kurz sein, besonders dann, wenn das Toleranzmaßsystem sehr enge Grenzen hat. Wieviel Wellenstücke, Bolzen usw., die nachher im Revisionsraum als unter Maß Ausschuß werden, sind auf dieses Konto zu setzen, ohne daß sich der Dreher im Augenblick erklären kann, wie das zuging, er hatte doch richtig gemessen, die Maximalseite der Toleranzlehre ging ohne Druck über das Stück und die Minimalseite schnäbelte gerade leicht an.

Eine weitere der Wärmeentwicklung entspringende Vorsichtsmaßregel ist, die Drehbank niemals mitten in einem Schlichtschnitt anzuhalten, wogegen sehr oft gesündigt wird, denn es ist klar, daß die Wärmeänderung, die das Anhalten im Gefolge hat, auch Ungenauigkeiten im Stückdurchmesser haben muß, das fertige Stück zeigt einen Absatz. Wenn man ferner noch bedenkt, daß besonders beim Schlichten längerer Wellenstücke mit dem Schlichtstahl infolge der ja erst allmählich zur vollen Höhe sich steigernden Wärmeentwicklung ein überall genau gleicher Durchmesser gar nicht möglich ist, ein Nachteil, der durch die Abnutzung der Stahlschneide noch verschärft wird und dann mit Feile und Schmirgelkluppe wieder gutgemacht werden soll, so ersieht man, daß das Schlichten mit Stahl große Geschicklichkeit und Erfahrung beim Dreher voraussetzt und es also sehr unrationell sein muß, Schruppen und Schlichten auf der gleichen Bank vorzunehmen. Aber auch eine Arbeitsteilung nach dem Gesichtspunkte, beide Operationen getrennt auf zwei entsprechenden Drehbänken zu erledigen, ist unvollkommen wegen der oben geschilderten Genauigkeitsmängel, die jedem Schlichtdrehen anhaften, diese mit Feile und Schmirgel zu eliminieren ist unmöglich, Feile und Schmirgelkluppe müssen da, wo geschliffen werden kann, aus der modernen Dreherei verschwinden. Die Verwendung der Feile erfordert größte Vorsicht und Sachkenntnis, das Befeilen zylindrischer Stücke ist auch im besten Falle ein verwerfliches Vorgehen, wenn Genauigkeit und Rundlaufen gewahrt werden sollen. Man denke nur an die für die Herstellung eines Festsitzes wichtige Tatsache, daß gedrehte und nach Rachenlehren fertig gefeilte Wellen sich viel leichter in ihre Bohrungen eintreiben lassen als geschliffene, mit derselben Lehre hergestellte Stücke.

Genauigkeitsarbeit, eine Kardinalforderung für die Fabrikation, kann nur erreicht werden durch Ersatz des Schlichtens auf der Drehbank durch die Rundschleifmaschine, die als selbständige Bearbeitungsmaschine die Vollendungsarbeit übernimmt. Außer Verbesserung des Fabrikates in bezug auf Genauigkeit und Verbilligung der Fabrikation hat das Schleifen auch immer ein saubereres Aussehen zur Folge, das Werkstück ist gleichmäßig hell glänzend. Eine mit dem Stahl geschlichtete und der Schmirgelkluppe polierte Welle dagegen ist grauschimmernd, weil sich die Schmirgelkörner in die Poren der Welle eindrücken; dadurch muß sich eine solche Welle gleichzeitig im Betrieb stärker abnutzen als eine geschliffene. Wo immer auf der Drehbank geschlichtet wird, vergesse man nicht, daß Schlichtarbeiten bei eingerückten Vorgelegen nie so sauber werden wie bei direktem Riemenantrieb, weil der Zahneingriff sich mehr oder weniger auf dem Werkstück abzeichnet. In dieser Hinsicht ist also die Stufenscheibenbank der Einscheibenbank überlegen.

Die Forderungen nach Sauberkeit und Genauigkeit erheischen bei vielen Werkstücken noch allerlei Vorsichtsmaßregeln und verlangen ein solches Maß an Erfahrungen, daß nicht jeder Dreher zu solchen Arbeiten befähigt ist.

Beim Schlichten von Rädern, Schwungrädern usw. dürfen z. B. nicht gleichzeitig zwei Schlichtstähle auf den verschieden breiten Flächen *a* und *b* (Fig. 113) angesetzt werden, denn sobald der Stahl über die schmale Fläche *a* gelaufen ist, markiert sich das auf der breiten Fläche *b*, sie bekommt einen Absatz.

Lange Spindeln, die nicht geschliffen werden können, dreht man folgendermaßen mit einem einzigen Schnitt vor und gleichzeitig fertig. Vor der Lünette wird ein Schruppstahl, hinter der Lünette ein Spitzstahl eingespannt, so, daß sie unabhängig voneinander für sich nachgestellt werden können, wozu also der Oberschieber zwei Schwalbungen und zwei Stahlhalter haben muß. Die Lünette darf nicht wie üblich Backen, sondern muß eine Gußbüchse haben, die, wenn ihre Bohrung ausgeleiert ist, auf den nächst größeren Durchmesser aufgebohrt werden kann, so daß immer nur die kleinste Sorte Büchsen neu ersetzt zu werden braucht. Gearbeitet wird mit sehr feinem Vorschub, etwa $^1/_2$ Zehntel, die rohe Spindel darf nicht viel Übermaß haben, etwa 3—5 mm, weil bei einem starken Span der Schruppstahl zu stark vibrieren und dadurch ein richtiges Schlichten verhindern würde. Als Kühlmittel nimmt man Öl, das der Spindel den bekannten Mattglanz verleiht.

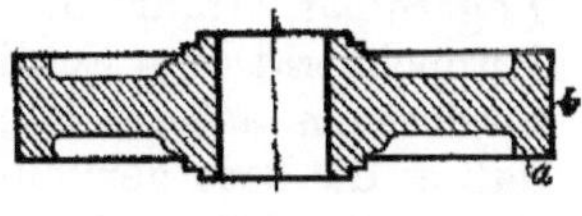

Fig. 113.

Eine solche lange Spindel genau rundlaufend zu drehen, ist auch kein leichtes Stück Arbeit. Zunächst gilt es, eine Lagerstelle 1 für die Lünette anzudrehen (s. Fig. 114). Diese Lagerstelle wird man aber fürs erste nicht genau rund bekommen, es wird sich stets bei der Prüfung mit dem Fühlhebel ein Schlag in der Lagerstelle zeigen, und zwar an der Stelle *b*, wenn bei *a* der Span angesetzt wurde. Bevor nun aber dieser Schlag nicht aus der Lagerstelle 1 herausgebracht ist, wird selbstredend die ganze Welle niemals rundgedreht werden können, sie würde in ihrer ganzen Länge auf der Seite *b* Schlag aufweisen. Zur Beseitigung des Schlages bei 1 wird bei gleichbleibendem Umdrehungssinn der Bank der Stahl bei *b* angesetzt und die Lagerstelle 1 wieder leicht überdreht. Der Fühlhebel wird dann trotzdem wieder bei *b* Schlag zeigen, aber schon in geringerem Grade. Um nun aber die Stelle gänzlich schlagfrei zu bekommen, muß in einiger Entfernung von 1 eine zweite Lagerstelle 2 angedreht werden, wobei 1 in der Lünette läuft, und bei der in gleicher Weise vorgegangen wird wie bei 1, denn auch sie wird bei *b* Schlag aufweisen, wenngleich wiederum in noch geringerem Grad als bei 1. Dieser Vorgang wiederholt sich nun wechselweise so lange, bis die Lagerstelle 1

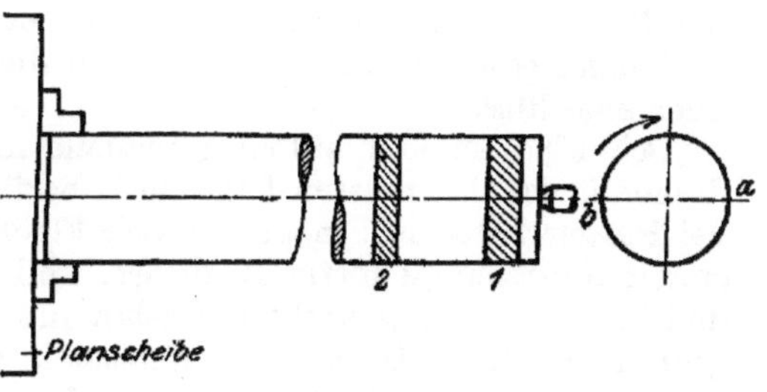

Fig. 114.

vollständig schlagfrei ist, erst dann kann die Spindel genau rundlaufend auf ihrer übrigen Länge gedreht werden. Es ist klar, daß dies schon ziemliche Geschicklichkeit vom Dreher fordert, und besonders wenn die Spindel noch Nuten bekommt, die in diesem Falle vor dem Fertigdrehen eingearbeitet werden müssen, wird die Arbeit schwierig. Bei den Bohrspindeln mit innenliegender Transportspindel für Zylinderbohrwerke ist es oft eine Arbeit von mehreren Tagen, die Lagerstelle für die Lünette genau rund zu bekommen.

Abgenutzte Bänke setzen der genauen Schlichtarbeit selbstredend Schwierigkeiten in den Weg. Wenn die Hauptspindel Lose in ihren Lagern hat, so führt das bekanntlich zum Ruppeln der Bank, und dieses Ruppeln tritt beim Schlichten stärker auf als beim Schruppen und verhindert ein sauberes Schlichten. Der Dreher hilft sich meist dadurch, daß er die Bank verkehrt umlaufen läßt, wodurch die Hauptspindel in ihre untere Lagerhälfte gedrückt wird, der Druck also in den Spindelstock hinein geht. Die Bank arbeitet dann ruhig, aber das öftere Anwenden dieser Maßregel führt allmählich zum Ruin des Bettschlittens und Supports, besonders wenn sie auch beim Schruppen gebraucht wird. Aus diesem Grunde sind Spindellager mit Spitzgewinde, wie sie mitunter immer noch anzutreffen sind, unbedingt zu verwerfen, es sollte nur Flachgewinde Anwendung finden. Der Bettschlitten der Drehbank wird mittels Leiste und Stellschrauben auf leichten und doch schließenden Gang auf dem Bett eingestellt. Abgesehen davon, daß dies kaum in vollkommener Weise möglich ist, wird durch die Abnutzung bald ein gewisses Spiel auftreten und die Leit- oder Zugspindel wird ein Ecken des Bettschlittens bewirken. Es darf daher beim Fertigdrehen und Schlichten der Span erst dann angesetzt werden, nachdem die Bank bei eingeschalteter Leit- oder Zugspindel schon einige Umdrehungen gemacht hat, sonst bekommt das Werkstück leicht ein Loch oder eine Rille.

Schließlich sei noch auf einen Umstand hingewiesen, der beim Fertigdrehen in den allermeisten Fällen nicht berücksichtigt wird. Grundsatz bei Futterarbeiten ist, möglichst viele Flächen des Werkstückes in der ersten Aufspannung fertig zu drehen, weil alle nach dem Umspannen und Neuausrichten gedrehten Flächen nie ganz genau zu den vorher gedrehten laufen. Hat nun das Werkstück, z. B. ein Stirnrad, nach dem Drehen noch weitere Operationen auf anderen Maschinen durchzumachen, hier das Zähnefräsen, so müssen die in der ersten Aufspannung gedrehten Flächen vom Dreher gekennzeichnet werden, damit diese und keine anderen vom Fräser als Ausgang für das Aufspannen und Ausrichten auf der Räderfräsmaschine genommen werden. Der Fräser wird das Rad mit derjenigen Nabenstirnfläche und evtl. Kranzstirnfläche auf die Abwälzmaschine aufspannen, die in der ersten Aufspannung gedreht wurde, weil diese Flächen mit der ebenfalls in erster Aufspannung hergestellten Bohrung genau laufen. Das derart aufgespannte Rad wird beim Verzahnen keinerlei Schlag aufweisen.

Wie beim Schruppen ist auch beim Schlichtdrehen reichliche Kühlung von größter Wichtigkeit, um die Wärmeentwicklung in genügenden

Grenzen zu halten. Die Kühlflüssigkeit soll aber beim Schlichten auch noch die Werkstückoberfläche glätten, also die Sauberkeit erhöhen, sie muß daher fetthaltig sein. Bohröl, Seifenwasser, Terpentana usw. sind hierzu sehr geeignet, desgleichen Simplicit (4 kg auf 100 l Wasser). Während aber beim Schruppen Kühlung auch für Gußeisen von ausgezeichnetem Vorteil ist, darf dieses Material nur trocken geschlichtet werden. Die Kühlflüssigkeit macht nämlich die Oberfläche des Gußeisens so glatt, ja gewissermaßen glasig, daß der Schlichtstahl mit dem feinen Span kaum angreifen kann, und danach noch die Feile zu gebrauchen ist meist gar nicht möglich, sie gleitet an der glasigen Oberfläche ab.

Das Schlichten auf der Drehbank ist natürlich nicht durch das Schleifen zu ersetzen bei all den Werkstücken, die infolge ihrer Größe nicht mehr auf die Schleifmaschine gehen. Diese Werkstücke gehören dann meist auf die Kopfbank oder Karussellbank, und es wird von ihnen auch solche Genauigkeit und Sauberkeit meist nicht verlangt. Die Glätte der Schlichtfläche erhöht man hier, indem man nach dem Schlichten mit dem Stahl ein Stück Schmirgelstab in den Stahlhalter einspannt und mit diesem poliert. An die Maßgenauigkeit solcher Schlichtflächen dürfen natürlich wie gesagt keine besonderen Anforderungen gestellt werden.

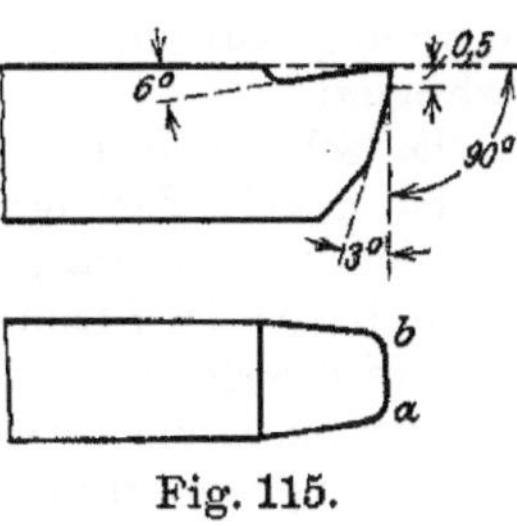

Fig. 115.

Die Schlichtstähle für Breitvorschub unterscheiden sich von den Schruppstählen wesentlich dadurch, daß sie in der Richtung ihres Vorschubes keinen Seitenschleifwinkel haben, dagegen einen regelrechten Hinterschleifwinkel (s. Fig. 115). Diese Eigentümlichkeit macht sie dem Kopfstahl (Fig. 92) sehr ähnlich und man kann in Werkstätten, in denen jeder Dreher sich seinen Stahl noch selbst anschleift, sehr oft sehen, daß der Dreher sich einen Kopfstahl zum Schlichten herrichtet, indem er durch Schleifen den Hinterschliff desselben mildert und die Ecken der Schneide abrundet.

Da der Schlichtstahl stets so eingespannt werden muß, daß seine Schneidkante parallel zur Drehachse steht, und er sonst wie der Schruppstahl am Werkstück entlang und nicht in dasselbe hinein arbeitet, so müßte er eigentlich den Seitenschleifwinkel in der Vorschubrichtung haben, die Schneidkante würde dadurch aber ansteigen, sie würde den gefürchteten »Schnabel« bekommen und in das Werkstück einhaken. Darf somit der Schlichtstahl in der Vorschubrichtung nicht auf Schnitt stehen, so hat hier die Verletzung dieser Hauptbedingung für jeden Stahl nicht so große Bedeutung, da beim Schlichten der Span bzw. die Schnittiefe immer so gering ist, daß die Spanabhebung mehr einem Schaben gleichkommt, ähnlich etwa wie beim Rasieren. Je weniger steil der Hinterschliff, desto feiner wird der Span, desto mehr schabt der Stahl.

Bei Gußeisen, wo man immer mit grobem Vorschub von mindestens $^2/_3$ der Schneidkantenlänge arbeitet, fängt der Stahl leicht an zu zittern;

man vermeidet dies dadurch, daß man nach Fig. 115 die Schneidkante zuerst auf $^1/_2$ mm ohne Unterschnitt und dann mit 3° Unterschnitt herstellt. Dadurch schneidet der Stahl auch bei hoher Schnittgeschwindigkeit frei und sauber, ohne Zittermarken. Nicht nur für Außenschlichtstähle, sondern auch für Innenschlichtstähle und Maßmesser ist es bei Gußeisen stets von Vorteil, die Stahlbrust wie in Fig. 115 auf eine kleine Strecke, $^1/_2$—1 mm unterhalb der Schneidkante ohne Unterschliff zu lassen, der Stahl schneidet dann immer sauberer und leichter.

Der Hinterschleifwinkel kann eben wie in Fig. 115 und 117 oder für Schmiedeisen auch gewölbt sein, es spielt bei der kleinen Spanstärke aber gar keine Rolle, welche Ausführung man wählt.

Die Schneidkantenlänge *a—b* (s. Fig. 115 und 117) hängt davon ab, welchen Vorschub man zum Schlichten nimmt bzw. welchen Vorschub die Maschine hergibt. Die neueren Schnelldrehbänke haben Vorschübe bis 8 mm in etwa 40 Abstufungen, selten mehr. Die Schneidkante macht man um $^1/_3$ länger als der Vorschub beträgt, es soll diese Verlängerung das Nachschneiden besorgen, indem sie nach erfolgtem Vorschub noch in die vorher geschlichtete Zone übersteht und somit das Auftreten von Vorschubgängen oder Rillen, wie sie beim Schruppen zum Bild gehören, verhindert.

Die Schlichtstähle müssen immer genau auf Spitzenhöhe gestellt werden, manche Vertreter der Überhöhung für Schruppen geben solche auch dem Schlichtstahl, wenn auch in geringerem Maße. Es ist aber klar, daß dann der Stahl viel mehr Neigung zum Saugen hat, das Werkstück wird weder rund noch sauber. Da diese Neigung wenn auch in stark vermindertem Grade auch bei Stellung des Stahles in Spitzenhöhe besteht, so gibt man zur noch weiteren Verringerung dieser Gefahr dem Stahl Federung, damit er bei plötzlich auftretenden größeren Schnittdrücken durch harte Stellen usw. leicht vom Werkstück abfedert, somit einem Einhaken ausweichen kann. Weiter hat solch federnder Stahl den Vorzug, daß er schwachen Arbeitsstücken die Federung nimmt, also in zweifacher Hinsicht auf saubere und maßhaltige Oberfläche hinwirkt. Andrerseits aber gibt die Federung dem Arbeitsvorgang eine gewisse Unsicherheit, so daß sie nur in der Hand eines geschickten Drehers ihren Zweck erfüllt, einem mittelmäßigen Dreher aber nicht gegeben werden kann. Wenn das Werkstück absolut rund sein muß, also für große Genauigkeit, sind federnde Stähle überhaupt nicht zu gebrauchen. Auch sonst hat der federnde Schlichtstahl empfindliche Nachteile. Wird die Federung durch einen Gänsehals, der dann immer möglichst hoch sein muß, bewirkt, so erfordert dies so viel Schmiedearbeit, daß der Stahl immer, oft ganz erheblich, an Güte einbüßt, Fig. 116. Erzeugt man die Federung durch Einkerbung des Schaftes nach Fig. 117, so gibt es nach öfterem Nachschleifen ein größeres Stück Abfall. Von beiden Ausführungen

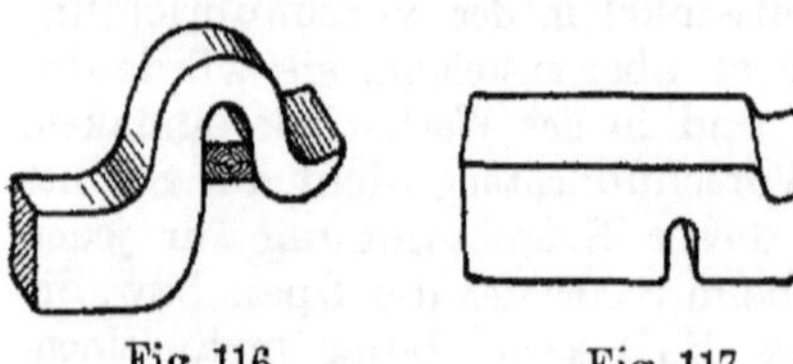

Fig. 116. Fig. 117.

sollte man absehen und die Federung nach Fig. 118 in einen besonderen Stahlhalter legen, der dann einfach den Schlichtstahl aufnimmt. Es braucht dann nicht am Stahl herumgeschmiedet zu werden und man hat alle die Vorteile, die ein Stahlhalter bietet (s. unter »Stahlhalter für Außendrehstähle«). Alle federnden Stähle müssen im Hals durch ein Stück Hartholz abgestützt werden, damit bei nervigem Material der Stahl besser Widerstand leistet. Das Schlichten harter Schmiedestücke, z. B. Radreifen, auf der Karussellbank stößt oft auf große Schwierigkeiten, es versagt meist der Federstahl Fig. 116—118. Hier bewährt sich der Stahl Fig. 119, dessen Schneide um das Maß 0,0831 *d* zurücksteht, wobei *d* = Drehdurchmesser. Fig. 119 zeigt einen Breitschlichtstahl, dessen Schneidkante die Breite des Radreifens hat, so daß also kein Vorschub in Frage kommt. Die Auflagefläche des Stahles muß durch die Achse der Bank gehen.

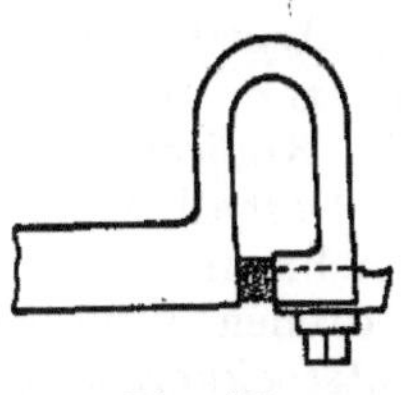

Fig. 118.

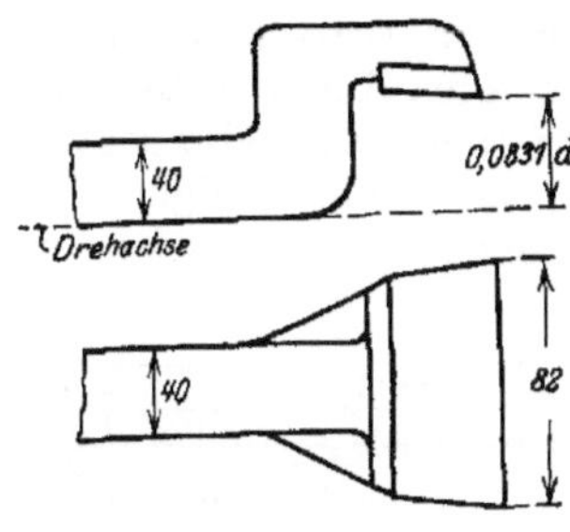

Fig. 119.

Ist schon beim Schruppen eine scharfe Schneide von Wichtigkeit, so noch viel mehr beim Schlichten, weil sich durch das Fehlen eines Seitenhinterschleifwinkels der Stahl sonst leicht vom Werkstück abdrängt.

In mangelhaft organisierten Werkstätten, wo das Schleifen des Stahles jedem Dreher selbst überlassen bleibt, herrscht die Unsitte, daß sich die Dreher Schruppstähle, die ihnen gerade zur Hand liegen, zu Schlichtstählen umschleifen, um nach getanem Schlichten wieder einen Schruppstahl daraus zu machen. Daß das an und für sich kein rationelles Arbeiten sein kann, braucht nicht erst bewiesen zu werden. Schlimmer ist noch, daß beim Umschleifen der Kürze, Einfachheit und Bequemlichkeit dieser Manipulation vom Dreher oft so erhebliche Konzessionen auf Kosten der Richtigkeit der neuen Schneide gemacht werden, daß der Stahl seiner neuen Aufgabe nur mehr nahekommt und unsaubere Arbeit und erhöhter Kraftverbrauch die Folge sind. Das Umschleifen der Stähle ist unter allen Umständen ein schwerer Fehler, und wenn der Arbeiter auch durch größere Aufmerksamkeit oder sonstwie unsaubere Arbeit zu vermeiden suchen wird, weil sie ihm vom Revisor nicht abgenommen wird, so hat er doch kein Urteil über den Kraftverbrauch.

Das Konischdrehen.

Konstruktiv stehen sich sowohl der zylindrische als der konische Zapfen hinsichtlich des Anpassungsvermögens an die Konstruktionen in jeder Weise gleich, es bieten sich hier ebensowenig irgendwelche Vorteile wie Nachteile. Ein zylindrisch sauber hergestellter Zapfen bietet absolute Sicherheit auf gutes Tragen, solide Befestigung und somit auch auf Haltbarkeit. Ein konisch hergestellter Zapfen bietet für Sicherheit und Haltbarkeit dieselbe Garantie, erfordert aber in der Herstellung viel mehr Geschicklichkeit und ist viel teurer als ein zylindrischer Zapfen. Das Einpassen eines schlanken Konus in ein vorgebohrtes Loch ist immer eine schwierige Arbeit und darf nur den geübtesten Drehern übertragen werden, da zum Schluß auch heute noch immer zur Feile gegriffen werden muß. Konische, sich in Lagern drehende Zapfen neigen sehr zum Fressen. Deshalb sollte man, wenn angängig, vom konischen Zapfen Abstand nehmen.

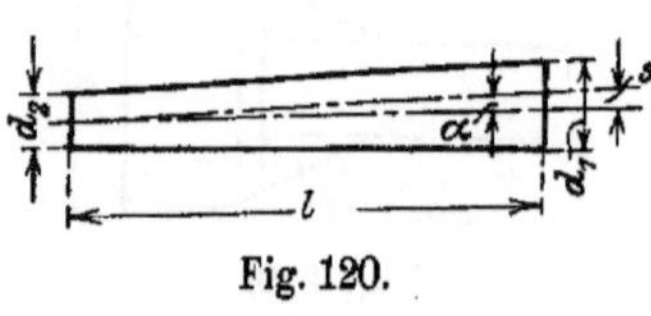

Fig. 120.

Konisch drehen kann man, indem man den Reitstockkörner zum Spindelstockkörner versetzt, damit die Mantellinie parallel zur Bank zu liegen kommt. Die Verschiebung des Reitstockkörners beträgt (Fig. 120)

$$s = \frac{d_1 - d_2}{2}.$$

Da durch die versetzte Reitstockspitze die Körneraussenkung am Werkstück verdorben wird, ist dieses Verfahren möglichst zu umgehen, jedenfalls aber nur für ganz schlanke, lange Konen zu gebrauchen.

Ein anderes Verfahren ist, die Drehscheibe im Werkzeugschlitten auf den Kegelwinkel α (Fig. 120) einzustellen und den Aufspannschlitten mit der Kurbel schräg zur Bank zu schalten. Dieses Verfahren ist völlig einwandfrei, kommt aber nur für kurze Konusse in Frage. Das Schalten, das von Hand geschehen muß, kann auch durch Selbstgang mittels Ratsche ersetzt werden. Der Kegelwinkel α bestimmt sich aus

$$\operatorname{tg} \alpha = \frac{d_1 - d_2}{2\,l}.$$

Gewöhnlich besitzt die Scheibe, auf der der Aufspannschlitten sich dreht, eine Gradskala und der Winkel α kann ohne weiteres eingestellt werden.

Fehlt aber die Gradeinteilung, so muß das Bogenstück, um das der Aufspannschlitten zu drehen ist, ermittelt werden aus

$$\frac{\alpha}{360} = \frac{\text{Bogenstück}}{\text{Umfang der Drehscheibe}}.$$

Der dritte Weg ist das Drehen nach dem Leitlineal. Das Leitlineal ist dabei auf den Kegelwinkel α einzustellen, und die Bank besorgt dann das Konischdrehen selbsttätig. Ist das Werkstück teilweise zylindrisch und daran anschließend konisch zu drehen, so kann infolge des Werfens beim Härten die genaue Herstellung des Leitlineals aus einem Stück in gewöhnlichen Werkstätten Schwierigkeiten bereiten. Man teilt in diesem Falle das Lineal in zwei Stücke an der Stelle, wo der Konus beginnt.

Das Konischdrehen ist den meisten Drehern geläufig, wenn sich, wie in Fig. 120, der Konus auf die ganze Werkstücklänge erstreckt. Schwierigkeiten aber bereitet ihnen das Aufsuchen der richtigen Schräge beim erstgenannten Verfahren, wenn das Werkstück wie in Fig. 121 nur auf einem Teil seiner Länge konisch verläuft. Sie verstellen dann den Reitstock nach Augenmaß und probieren so lange, bis sie die richtige Schräge erwischt haben, was natürlich sehr zeitraubend ist. Nur einigen wenigen Drehern ist die Berechnung der Verstellung des Reitstockes oder Supportes bekannt, und diese tun damit so geheimnisvoll wie die alten Härter mit ihren Spezialrezepten. Im günstigsten Falle rechnet solch ein Dreher seinen Rat suchenden Kollegen unter möglichster Geheimniskrämerei die Verstellung aus, und es gibt nicht wenig Werkstätten, wo ein solcher Dreher die ganzen übrigen Dreher als ständige »Kundschaft« hat.

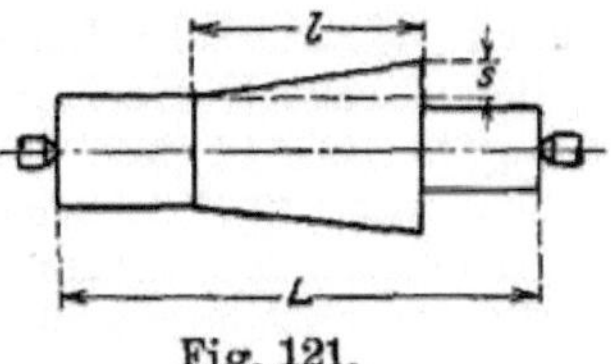

Fig. 121.

Die Verstellung der Reitstockspitze kann sehr einfach berechnet werden aus

$$\text{Verstellung} = \frac{L}{l} \cdot s.$$

L = ganze Länge des Werkstückes, l = Konuslänge.

Für das zweite Verfahren, wenn der Support verdreht wird, bleibt die dafür genannte Formel für den Kegelwinkel auch für Fig. 121 bestehen. Da indessen die Ausrechnung des Winkels mit den trigonometrischen Tafeln den meisten Drehern nicht zugemutet werden kann, sei noch eine andere Formel angeführt, die nicht nur für das Konischdrehen, sondern auch für das Konischhobeln auf der Hobelmaschine Geltung hat:

wenn der Support verdreht wird,

$$\text{Verstellung} = \frac{D \cdot 2s}{4l} = \frac{Ds}{2l},$$

wobei D = Durchmesser des Supportflansches. Das Resultat ist die Sehne auf dem Supportflansch, um welche der Support zu verdrehen ist.

Diese letztere Formel ist aber strenggenommen nur zu gebrauchen bei normalen Steigungen. Bei großer Konussteigung geht man besser zeichnerisch vor in der Weise, wie es nachfolgendes Beispiel zeigt (Fig. 122).

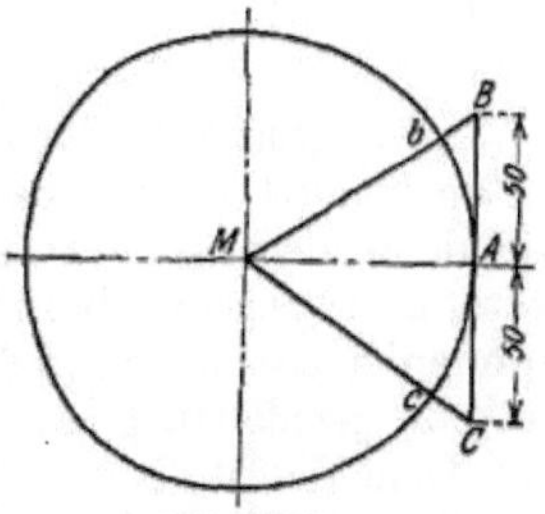

Fig. 122.

Ist ein Konus 50 : 60 zu drehen, so zieht man im Punkt A des Kreises vom Durchmesser des Supportflansches eine Tangente und trägt auf ihr beiderseits die Steigung = 50 mm ab. Die so erhaltenen Punkte B und C verbinde man mit dem Mittelpunkt M des Kreises, wodurch man den Konus MBC von 50 mm Steigung bei 60 mm Länge erhält. Die Schnittpunkte b bzw. c der Verbindungslinien MB und MC mit dem Kreis ergeben das Maß Ab, das auf den Supportflansch zu übertragen ist.

Beim Konischdrehen mit dem Leitlineal (Konuslineal) berechnet sich die Verstellung des Lineals nach

$$\text{Verstellung} = \frac{L_1 \cdot 2s}{4 \cdot l} = \frac{L_1 \cdot s}{2l},$$

wenn L_1 = Länge der Leitschiene.

Beim Konischbohren erfolgt die Berechnung der Supportverstellung genau wie beim Drehen konischer Bolzen, Zapfen usw.

Schwieriger ist die Aufgabe des Kegeldrehens auf der Karussellbank mit Benutzung des horizontalen und vertikalen Vorschubes zu gleicher Zeit[1]). Der Neigungswinkel des Schlittens wird hier folgendermaßen bestimmt (Fig. 123): Sind der Achsenwinkel α der Drehfläche sowie der selbsttätige horizontale Vorschub h und der vertikale v bekannt, so erhält man, wenn der Werkzeugschlitten senkrecht steht, einen Neigungswinkel der Drehfläche gegen die Horizontale $= \delta$, also gegen die Vertikale $= 90 - \delta$. Wird der Schlitten um den Winkel x schief gestellt, so kann man dadurch den Winkel δ der Drehfläche verändern, und wenn man den Schlitten nach der richtigen Seite um das richtige Maß neigt, kann man es erreichen, daß der Winkel $\delta = \beta = (90 - \alpha)$ wird, also der Winkel $90° - \beta = \alpha$, wie es verlangt ist.

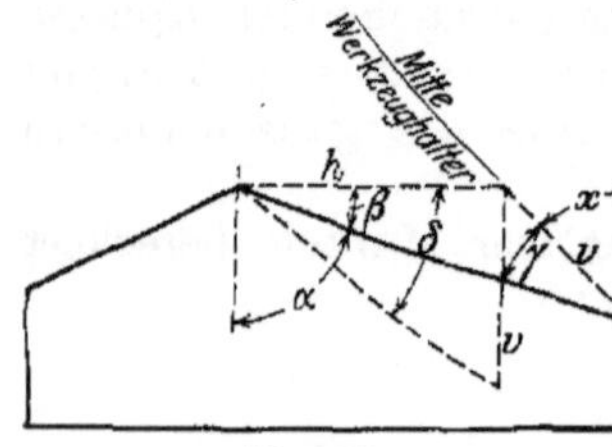

Fig. 123.

Nun ist

$$\sin \gamma = \frac{\sin \beta \cdot h}{v},$$

woraus der Winkel γ und mit diesem der Winkel x berechnet werden kann. Es ist

$$x = 90° - (\beta + \gamma).$$

Im allgemeinen wird dieses Verfahren bei Karussellbänken auch selten benutzt, man verwendet auch hier zum Konischdrehen das Leitlineal, an dem sich dann der Stößel führt. Man berücksichtige dabei stets, daß besonders bei nicht mehr ganz neuen Bänken infolge der vorhandenen Lose im Stößel die Bank beim Spanansetzen erst eine kurze Strecke gerade statt konisch dreht so lange, bis der Stößel vollständig auf Druck steht.

Eine moderne Werkstatt wird selbstverständlich ihre Konusse weitgehendst normalisieren und sich Konusdorne hierfür auflegen. Ein solcher Konus ist dann leicht und genau zu drehen, indem der Lehrdorn in die Maschine gespannt und auf dem Support ein Fühlhebel befestigt wird; der Zeiger des Fühlhebels muß genau auf Spitzenhöhe stehen und

[1]) s. Werkstattstechnik 1914.

der Support wird dann so lange hin und hergefahren und verstellt, bis der Zeiger keinen Ausschlag mehr gibt. Dann ist der Support auf die richtige Schiefe eingestellt.

Daß der Stahl beim Konischdrehen genau auf Spitzenhöhe stehen muß, wurde schon früher betont. Diese Vorschrift ist hier von besonderer Bedeutung, da bei Stellung über oder unter Spitzenhöhe keine genaue Kegelfläche mehr, sondern eine hyperbolisch gekrümmte Fläche entsteht. So manches mangelhafte Passen des Konus in seinem Loch, das zu zeitraubenden Nacharbeiten zwingt, ist auf die Außerachtlassung obiger Regel zurückzuführen. Weiter ist noch auf einen anderen Punkt zu achten, daß die Körner der Bank genau fluchten. Ist dies nicht der Fall, und nur zu oft kann man das antreffen, so stimmt natürlich die Berechnung nicht, der gedachte Konus wird falsch.

Die Formstähle.

Das Formdrehen kann geschehen a) mit Formstahl, bei dessen Anwendung weniger Geschicklichkeit und Zeit erforderlich ist, der aber nur dann rationell ist, wenn Mengenanfertigung vorliegt, weil der Stahl bei komplizierten Formen sehr kostspielig ist. Sein Feld ist daher die Revolverbank und der Automat.

b) nach einer Lehre. Dieses Verfahren verlangt mehr Zeit und zum Teil auch Geschicklichkeit und ist daher nur bei Einzelarbeiten anzuwenden oder wenn sich passende Formstähle nicht verwenden lassen. Der Dreher arbeitet entweder mit einer Blechschablone unter ständigem Vergleich mit dem Werkstück oder der Support gleitet zwangläufig an der Schablone entlang. Letzterer Fall kommt wieder mehr bei größerer Stückzahl in Betracht.

Die Anordnung eines Kurvenlineals zeigt Fig. 124. Für die Ausbildung der Stahlschneide ist hier maßgebend, daß der Stahl gegen den Span gestellt werden muß, aber so, daß er bei plötzlich auftretender Vergrößerung des Vorschubwiderstandes vom Werkstück abgehen kann, wie dies schon bei Fig. 78 auseinandergesetzt wurde. Ist er daran durch unrichtige Einspannung verhindert, so wird sofort die Rolle in der Leitkurve zwängen, der Stahl reißt ins Material. Durch die Stellung gegen den Span wird dieser ferner zu einer derartigen Abrollung gezwungen, daß er beim eventuellen Abrücken des Stahls vom Werkstück diesen nicht packt und zurückzuhalten sucht, wodurch wiederum der Stahl einreißen würde. Zum Drehen der Kurve in Fig. 124 ist demnach die Stahlform Fig. 71 bzw. 72 besser als der normale Schruppstahl Fig. 87, weil ihrer normalen Einspannung der Vorteil eignet, daß sich der Stahl vom Werkstück leicht abbewegen kann, und weil sie die geforderte Spanabrollung zur Folge hat, so daß der Span den Stahl nicht am Abrücken hindert. Würde man z. B. den Stahl Fig. 87 benutzen, so würde dieser bei normaler gerader Einspannung nicht gegen den Span stehen, beim Bestreben vom Werkstück abzurücken würde er vom Span zurückgehalten und einreißen. Einer Einspannung gegen den Span würden wiederum die Supportverhältnisse entgegenstehen, er würde nicht sicher genug gespannt werden können. Aus den auf S. 124 schon erörterten Gründen ist der Pilzstahl Fig. 100 der eigentlich richtige Stahl, wenn mit Kurvenlineal, oder falls die Kurve ein Kreisbogen ist, mit schwingender Zugstange gearbeitet wird.

Weiter ist es beim zwangläufigen Fassondrehen mittels Kurvenlineal nicht gleichgültig, nach welcher Richtung hin man den Stahl transportieren läßt, ob nach dem Spindelstock oder dem Reitstock zu. Der Stahl muß immer nach der Richtung hin arbeiten, daß der Druck der Rolle am Kurvenlineal den Span unterstützt, sonst ist die Gefahr des Einreißens des Stahles gegeben. So manches Kurvendrehen wird deshalb nie sauber, weil dieser Vorschrift aus Unkenntnis nicht entsprochen wird.

Das zwangläufige Kurvendrehen birgt noch eine ganze Reihe Klippen, die zu umgehen von den Drehern meist ganz falsche und verkehrte

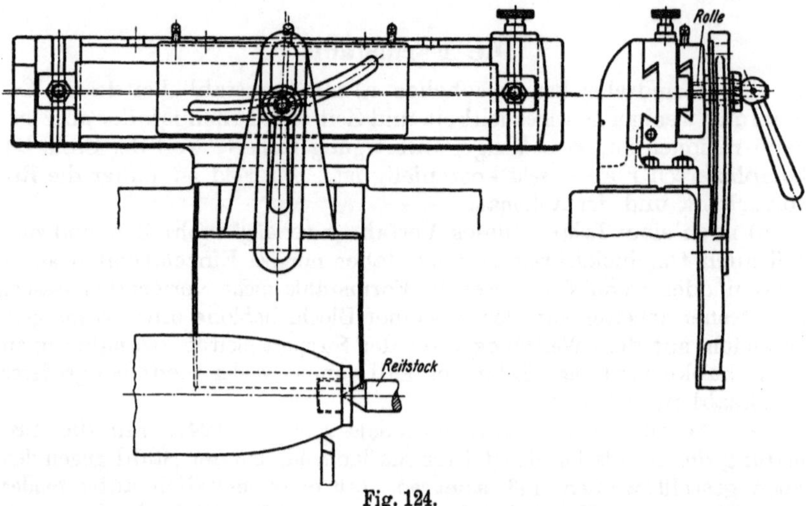

Fig. 124.

Maßregeln unternommen werden. Als erstes kommt in Betracht die richtige Einstellung der Leitkurve, sie muß längs und quer zum Werkstück ausgerichtet werden. Die Mittellinie des Kurvensupports muß durch den Anfangspunkt *d* der Kurve (Fig. 125) und den Mittelpunkt *M* der Leitkurve (Fig. 125) hindurchgehen, die Symmetrielinie des Kurvenbalkens muß senkrecht zu *d M* und gleichzeitig parallel zum Drehbankbett laufen. Ist die Leitkurve auf diese Weise ausgerichtet, so wird der Balken festgestellt und darf keineswegs mehr aus dieser Lage gebracht werden. Nur zu oft kann man sehen, daß der Dreher, wenn er am Werkstück nicht die richtige Form herausbekommt, dies durch Drehen der Leitkurve um ihren Zapfen *D* (Fig. 125) zu erreichen sucht, natürlich vergeblich, denn das Werkstück wird erst recht falsch durch diese Maßnahme.

Nun wird die Stahlspitze, wie Fig. 125 zeigt, genau auf den Anfangspunkt *d* der Kurve, der durch einen Körnerschlag am Werkstück bezeichnet ist, eingestellt. Es muß natürlich zu diesem Zweck der zylindrische Teil des Werkstückes bis zum Anfang *d* der Kurve bzw. ein Stückchen darüber hinaus auf Maß fertiggedreht sein. Weiter muß auch der Endpunkt der Kurve genau bestimmt sein, indem in Fig. 124 die Endfläche des Werkstückes auf Maß abgestochen und ein Körnerputzen eingeschraubt ist mit einem Bund, dessen Durchmesser gleich dem endgültigen Durchmesser des Werkstückes an dieser Stelle ist. Der auf *d* eingestellte Stahl wird nun so weit zurückgezogen, daß er mit der Materialschicht für die Bearbeitung, die in Fig. 125 durch die Kurve *a* angedeutet ist, nicht in Konflikt kommt und der Bettschlitten nach dem Ende der Kurve bzw. des Werkstückes transportiert. Wird jetzt der Obersupport um das zurückgezogene Maß wieder zugestellt, so muß die Stahlspitze auf die linke Kante des Körnerputzenbundes (Fig. 124) auftreffen. Tut dies der Stahl nicht, so ist er im Obersupport bzw. im Stahlhalter nicht richtig eingespannt, keinesfalls aber darf man durch Verstellen der Leitkurve nachhelfen wollen, wie das fälschlich oft zu beobachten ist. Ist nämlich der Stahl, wie in Fig. 125 übertrieben gezeichnet, schief eingespannt (gestrichelt gezeichnet), so schneidet er nicht die richtige Kurve aus, er muß so lange verstellt werden, bis er genau auf Anfangs- und Endpunkt der Kurve trifft.

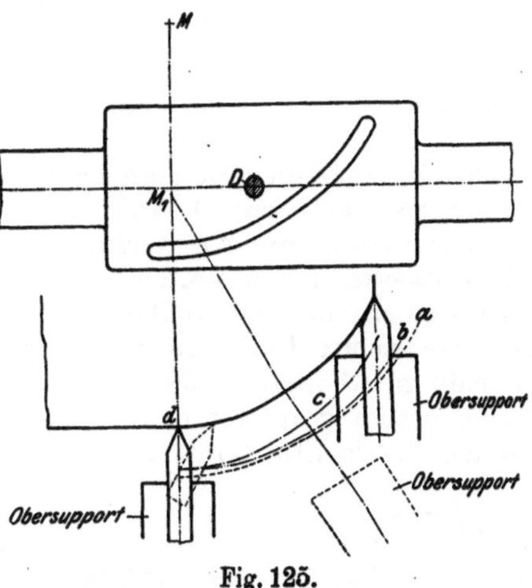

Fig. 125.

Ist dies bewerkstelligt und nimmt man nun den ersten Span von rechts nach links, so zeigt sich, daß der anfangs kräftige Span immer schwächer wird, indem jetzt der Stahl auf der Kurve *c* schneidet. Dieser unangenehme Umstand kann aber leicht behoben werden, indem man den Obersupport so verdreht, daß, wenn seine Achse die Werkstückkurve in zwei gleiche Hälften teilt, diese Achse durch das Zentrum M_1 der Werkstückkurve geht. Der Stahl schneidet dann auf der Kurve *b*, die einen fast gleichmäßig starken oder doch bedeutend gleichmäßigeren Span liefert. Die wirksame Schneidenlänge des Stahles ist dabei in der Anfangsstellung am rechten Ende der Kurve am größten, in der linken Endstellung bei *d* am kleinsten.

Ist die zu drehende Kurve ein Kreisbogenstück, so ist die Einrichtung mit einer um einen festen Mittelpunkt schwingenden Zugstange einfacher als ein Lineal; am besten hinsichtlich der Spanabtrennung aber ist hier immer ein Radiendrehapparat nach Fig. 98. Ist die Kurve kein Kreisbogen, so kommt nur das Lineal in Frage.

Beim Arbeiten nach *a*, wo die Schneide des Formstahles die gleiche Form hat wie der auszuschneidende Teil am Werkstück, schruppt man, wenn das Werkstückmaterial recht hart oder die Bearbeitungszugabe sehr bedeutend ist, mit einem gewöhnlichen Schruppstahl die Form nach Augenmaß oder Blechschablone vor und benutzt dann erst den Formstahl. In seiner einfachsten Gestalt ist der Formstahl als Hohlkehlenstahl, zum Abrunden von Kanten usw. in jeder Werkstatt bekannt, bei langgestreckten Kurven wird er bis zu 150 und 200 mm Schneidlänge ausgeführt und dann stets als besondere Stahlplatte auf einen gewöhnlichen schmiedeisernen Halter aufgeschraubt oder aufgeschweißt.

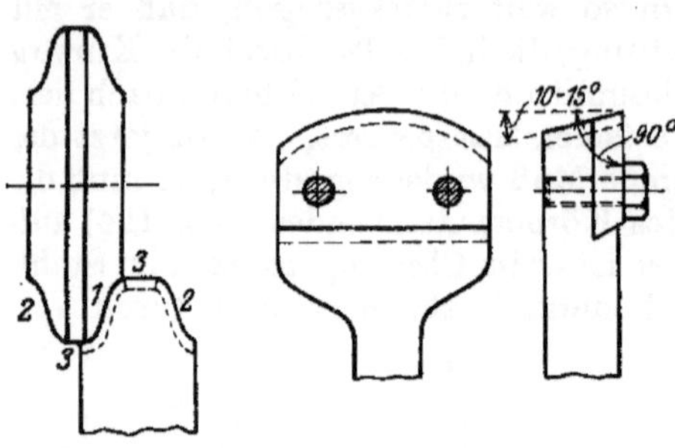

Fig. 126. Fig. 127.

Fig. 126 zeigt ein einfaches Fassonmesser zum Ausdrehen eines Zahnradfräsers. Mit Schneide 1 arbeitet man die rechte Franke, mit Schneide 2 die linke Flanke, mit Schneide 3 den zylindrischen Teil aus.

In Fig. 127 ist ein Formstahl, mit aufgeschraubter Schneide dargestellt.

Den Formstählen gibt man einen Schnittwinkel von 90° und einen Anstellungswinkel von 10—15°; da sie beim Nachschleifen ihre Form stets beibehalten müssen, dürfen sie nur an der oberen horizontalen Fläche nachgeschliffen werden. Breiten Formstählen gibt man zum Schruppen der harten Gußhaut oder Preßhaut (bei Messing) Spanbrechernuten, um den Span leichter zu entfernen und damit die Stahlschneide zu schonen. Ein solcher »Krustenschrupper«, wie ihn die Dreher nennen, gestattet meist einen bedeutend größeren Vorschub zu nehmen als ein Stahl mit ununterbrochener Schneide. Leider sieht man das Prinzip der Spanbrechung durch Nuten meist nur bei Walzenfräsern und Fräsmessern und nur wenig bei Formstählen, obwohl es hier doch die gleichen Vorteile hat.

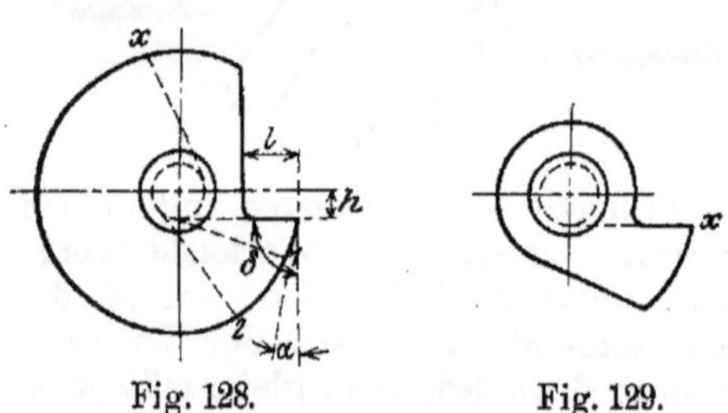

Fig. 128. Fig. 129.

Bei der Verwendung von Formstählen ist, wenn es auf Genauigkeit ankommt, zu beachten, daß die untere Auflagefläche des Meißelschaftes sauber eben ist, was meistens nicht in dem für diese Fälle erforderlichen Maße der Fall ist. Will man sich vor Profilverzerrung schützen, ist es immer richtig, die untere Auflagefläche planzuschleifen oder überzuhobeln.

Eine besondere Gattung Formstähle sind die Rundstähle (Schneidscheiben), die eine große Bedeutung für die Massenfabrikation auf Revolverbänken und Automaten erlangt haben. Ihr besonderer Vorzug ist, daß sie eine ganz bedeutend größere Ausnutzung zulassen, weil sie als Rotationskörper viel öfter und viel leichter mit unbedingter Genauigkeit nachgeschliffen werden können als die bisherigen Stähle.

So kann der Stahl Fig. 128 immer und immer wieder nachgeschliffen werden bis auf das Reststück Fig. 129. Die Länge l der Ausfräsung muß derart bemessen sein, daß der Span genügend Platz zum Aufrollen hat (Fig. 128), sonst staucht er sich und die Scheibe arbeitet schlecht.

Die Schneidkante darf nicht durch den Mittelpunkt gehen, weil sonst ein Anstellungswinkel $\alpha = 0$ entstehen, der Stahl also schlecht schneiden würde, sondern sie muß um ein gewisses Maß h (Fig. 128) unter Mitte liegen, weil dadurch der Anstellungswinkel α entsteht, der um so größer wird, je größer h ist. Den Schnittwinkel δ macht man wie bei allen Formstählen 90°, weil dann die Herstellung und besonders das Nachschleifen einfach werden. Das Nachschleifen hat so zu geschehen, daß die Schnittfläche tangential an einem Kreise mit der Unterhöhung h als Radius liegt (s. die punktierten Linien 1, 2 ... x in Fig. 128). Will man den Stahl noch leichter schneidend machen, dann muß man der Schnittebene noch eine Neigung geben, weil hierdurch ein leichterer Spanabfluß entsteht und auch der Kraftverbrauch geringer wird (Fig. 130).

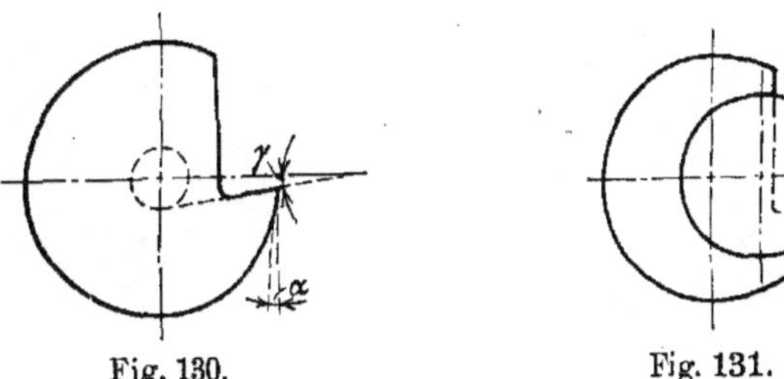

Fig. 130. Fig. 131.

Die Unterhöhung h macht man 3—10 mm, je nach der Größe der Schneidscheibe bzw. Maschine, meist ist sie 4 mm. Denn es ist klar, daß bei demselben Unterschnitt h von zwei verschieden großen Rundstählen die Schneidkante des größeren Stahles auch eine größere Lebensdauer hat als die des kleineren (Fig. 131).

Die Einstellung der Schneidscheibe gegenüber dem Werkstück hat so zu geschehen, daß die Schneidkante AB (s. Fig. 134) auf Spitzenhöhe steht, die Achse der Schneidscheibe muß also um den Unterschnitt h über der Achse des Werkstückes stehen.

Liegt die Aufgabe vor, aus Rundmaterial Drehstücke mit stufenweise abnehmendem Durchmesser genau lehrenhaltig in Mengen herzustellen, bei denen somit die Drehstückstufen genau zylindrisch und von stets gleichen Durchmessern sein müssen, so könnte man diese Aufgabe lösen, indem man als Werkzeug ein Stichelhaus mit einem Stahl für jeden Drehstückdurchmesser und einen Stahl für jede Schräge benutzen würde. Es ist aber sehr schwierig, einen derartig zusammengesetzten Mehrfachstahlhalter mit genügender Genauigkeit herzustellen und die einzelnen Stähle nach dem Nachschleifen immer wieder durch zeitraubendes Probieren genau einzustellen.

Die zweite Möglichkeit wäre die Benutzung eines runden Formstahles. Da hierbei die Zustellung (der Vorschub) senkrecht zur Drehbankspindel erfolgen muß, können leicht Ungenauigkeiten in den Durchmessern der verschiedenen Werkstücke entstehen durch die ungleichmäßige Kraft, mit welcher der Arbeiter gegen den Anschlag drückt, durch verschiedene Dauer des Verweilens des Rundstahles in der äußersten Arbeitsstellung (am Anschlag) und durch die wechselnde Beschaffenheit des zu bearbeitenden Materials, Umstände, welche auf die Spanabnahme im letzten Teil der Bearbeitung, welcher die genauen Maße ergeben soll, von Einfluß sind.

Will man diese Unvollkommenheiten vermeiden, so muß die Zustellung parallel zur Achse des Werkstückes geschehen, und um dies ausführen zu können, muß der Rundstahl hinterdreht sein, wie dies in Fig. 132 durch die Steigung s angedeutet ist. Ein derartig hinterdrehter Rundstahl mit zur Drehbankspindel parallelem Vorschub ergibt mit Sicherheit genau zylindrische Drehstücke bzw. Drehstückstufen von stets gleichen Durchmessern, eignet sich also vorzüglich für die Herstellung stets lehrenhaltiger Drehstücke durch weniger geübte Arbeitskräfte. Das Einstellen nach jedesmaligem Schleifen geschieht

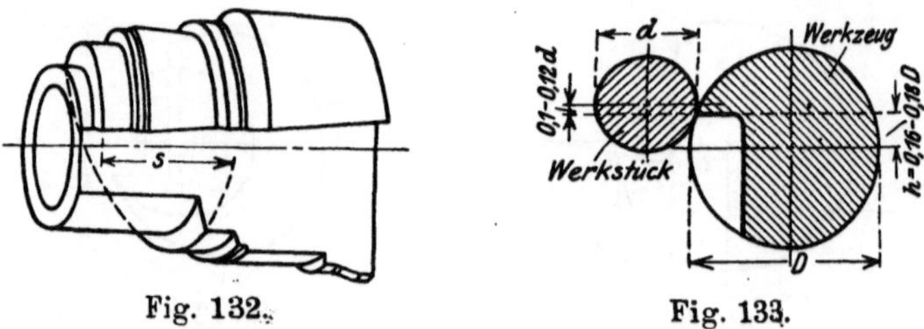

Fig. 132. Fig. 133.

ohne Probieren, indem man eine schneidende Ecke des Rundstahles in richtige Höhe einstellt[1]).

Die Schneidkante dieses Rundstahles kann wie bei den vorerwähnten Rundstählen auf Spitzenhöhe eingestellt werden, man kann sie aber auch etwas überhöht einstellen wie bei den gewöhnlichen Schruppstählen, und zwar erhält man günstige Schnittverhältnisse bei einer Überhöhung von $0{,}1\,d - 0{,}12\,d$ (s. Fig. 133). Bei Werkstücken mit großen Durchmesserunterschieden bedingt die Einhaltung dieser Überhöhung ein Schräglegen der Schleifebene, die Einhaltung von h ein Schräglegen der Werkzeugachse gegen die Spindelachse. Damit die Schneidkanten gut schneiden, muß das Werkzeug schraubenförmig hinterdreht werden. Diese Hinterdrehung s (auf den ganzen Umfang bezogen, s. Fig. 132) beträgt zweckmäßig $\sim {}^1/_2$ des größten Werkzeugdurchmessers, es ergibt sich dann in den Schneiden ein guter Keilwinkel (etwa 70°).

Die genaue Form der Schneide dreht man nach einer Lehre, welche nach einem Musterstück des herzustellenden Teiles angefertigt wird. Man schneidet dieses Muster nach der zur Achse schräg liegenden Ebene, in welche die Schneidkanten zu liegen kommen sollen, durch und stellt nach der Schnittfigur die Lehre her.

1) Dieser Stahl wurde meines Wissens in den Werkstätten der Firma Dreyer, Rosenkranz & Droop, Hannover, zum ersten Male ausgeführt.

Schwierigkeiten bei der Herstellung eines Rundstahles macht die Gestaltung des Profiles. Zur Erzeugung dieses Profiles am Rundstahl muß ein Drehstahl bereitgestellt werden, der die positive Form des Arbeitsstückes besitzt. Dieser Originalstahl darf aber zur Erzeugung des endgültigen Profils nicht in Spitzenhöhe angesetzt werden, da sonst ein verzerrtes Profil entstehen würde, sondern er muß um den Unterschnitt h unter Spitzenhöhe gestellt werden. In dieser Stellung kann aber der Stahl nicht richtige Späne schneiden, sondern nur schaben, und die Schnittgeschwindigkeit kann nur sehr gering genommen werden. Man setzt den Originalstahl deshalb für das Ausschruppen des Profils doch auf Spitzenhöhe, wodurch zunächst das Profil verzerrt wird, und gibt ihm erst beim Schlichten die richtige Stellung um h unter der Mitte, wodurch die Verzerrung des Profils, die ohnedies meist eine nur geringe ist, wieder korrigiert und die richtige Form erhalten wird. Hat die

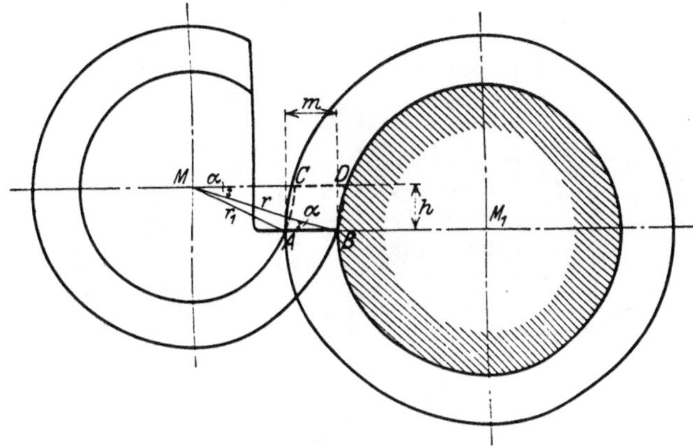

Fig. 134.

Profilverzerrung nichts zu sagen, was in den meisten Fällen zutreffen wird, so kann der Originalstahl in seiner ersten Stellung auf Spitzenhöhe verbleiben. Bis etwa $\alpha = 5°$ ist die Verzerrung ganz belanglos.

Das verzerrte Profil CD (Fig. 134) berechnet sich aus

$$CD = r - r_1,$$

wobei

$$r_1^2 = m^2 + r^2 - 2\,mr\cos\alpha,$$

$$r_1 = \sqrt{m^2 + r^2 - 2\,mr\cos\alpha},$$

$$\sin\alpha = \frac{h}{r}.$$

Darf bei der Herstellung der Schneidscheibe absolut nicht die geringste Profilverzerrung eintreten — das ist bei den Gewindeschneidscheiben der Fall, die den Vorzug haben, daß sie sich schließlich billiger stellen als die bei Fig. 194 besprochenen Gewindestähle, die wohl als durch Fräsen hergestellt, unmittelbar billiger im Verkauf sind, aber eine um etwa den dritten Teil geringere Ausnutzung zulassen als die Schneidscheiben — so geht man so vor, daß man die durch die Unterhöhung entstehende Profilverkürzung gleich bei der Herstellung berücksichtigt. Man hat also zuerst einen gewöhnlichen Formstahl herzustellen, der nicht das gegebene Profil AB des Werkstückes hat, sondern das verzerrte Profil CD besitzen muß, damit er bei Herstellung der Schneidscheibe auf Spitzenhöhe M gestellt werden kann (s. Fig. 134).

Das gesuchte Profil für den Formstahl, mit dem die Schneidscheibe hergestellt werden muß, findet man am einfachsten und schnellsten auf

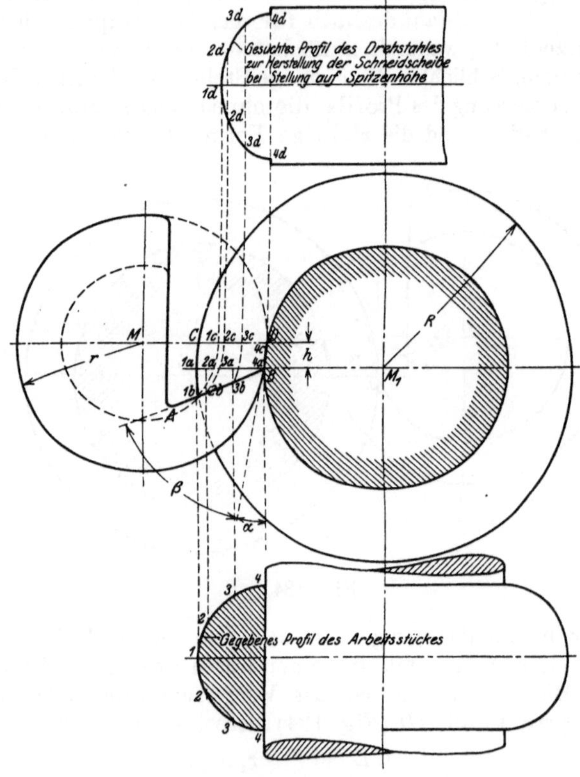

Fig. 135.

graphischem Wege, wie dies in Fig. 135 gezeigt ist für den Fall, daß das mit der Schneidescheibe zu drehende Arbeitsstück ein halbkreisförmiges Profil erhalten soll und die Schnittfläche A B der Schneidscheibe nicht wagrecht, sondern schräg im Winkel β steht des besseren Schnittes wegen (s. a. Fig. 130).

Man projiziert die Punkte 1, 2, 3, 4 des auf das Arbeitsstück aufzubringenden Halbkreisprofiles auf die Mittelachse des Werkstückes und erhält so die Punkte $1a$, $2a$, $3a$ und $4a$, dann schlägt man um M_1 Kreise mit den Radien $M_1\,1a$, $M_2\,2a$ und $M_3\,3a$ bis zu den Schnittpunkten $1b$, $2b$, $3b$ mit der Schneidkante AB der Schneidscheibe, beschreibt um

M Kreisbögen mit den Radien *M* 1*b*, *M* 2*b*, *M* 3*b* und *M* 4*b* bis zum Schnitt mit der Mittelachse der Schneidscheibe in 1*c*, 2*c*, 3*c* und 4*c* und erhält so den höchsten Achsenschnitt des verkürzten Profiles *CD* auf Mitte Schneidscheibe. Projiziert man nun diese Punkte auf die Symmetrieachse der Schneidscheibe bzw. des Drehstahles und überträgt die Profilbreiten 22, 33 und 44 des Werkstückes auf den Loten zur Symmetrieachse ab, so hat man das gesuchte verzerrte Profil, das der bei Herstellung der Schneidscheibe auf Spitzenhöhe eingestellte Drehstahl haben muß.

Fig. 136.

Hat man eine größere Anzahl Schneidscheiben herzustellen, so benutzt man statt des gewöhnlichen Formstahles besser eine andere Gewindeschneidscheibe mit dem entsprechenden verkürzten Profil, die wiederum mit einer entsprechenden Schneidscheibe hergestellt wurde. Die Ermittelung der verkürzten Profile dieser beiden Originalschneidscheiben zur Herstellung der endgültigen Schneidscheibe ist dann weiter nichts als die zweifache Anwendung der in Fig. 135 durchgeführten Profilkonstruktion. Handelt es sich dabei um Gewindeschneidscheiben (s. Fig. 136), so sind natürlich die Flankenwinkel des Gewindeprofiles und die Profilnormalhöhen an allen drei Schneidscheiben unter sich verschieden.

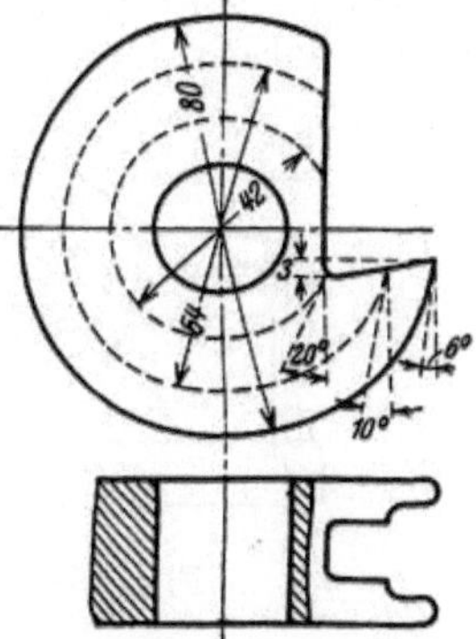

Fig. 137.

Vergleicht man den Rundstahl mit dem gewöhnlichen Profilstahl, hinsichtlich der für solchen Vergleich maßgeblichen Gesichtspunkte, nämlich

1. Schneidfähigkeit,
2. leichtes Schleifen,
3. stabile einstellbare Einspannung,
4. Herstellung,
5. Ausnutzungsgrenze des Stahles,

so wissen wir, was Punkt 5 anbelangt, schon, daß die Schneidscheibe eine bedeutend bessere Ausnutzung des Stahles ermöglicht.

Hinsichtlich der Schneidfähigkeit erkennt man aus Fig. 137, wenn also eine Schneidscheibe mit Hinterschleifwinkel einem entsprechenden gewöhnlichen Profilstahl von gleichem Hinterschliff entgegengestellt wird, daß bei beiden Arten der Hinterschleifwinkel konstant bleibt, beim geraden Profilstahl auch der Anstellungswinkel, während beim Rundstahl der letztere sich nach der Mitte zu vergrößert.

Bezüglich Schneidfähigkeit ist also der gewöhnliche gerade Profilstahl vorteilhafter als die Schneidscheibe.

Wie schon gesagt, muß beim Nachschleifen der Schneidscheibe darauf geachtet werden, daß der ursprüngliche Winkel stets erhalten bleibt, was dann der Fall ist, wenn die Schnittfläche tangential an einem Kreis vom Radius h liegt. Bei anderem Nachschleifen würde sich die Profilnormalhöhe verändern, man muß sich deshalb eine Schleiflehre anfertigen, um stets im ursprünglichen Winkel nachzuschleifen. Dagegen läßt sich ein gewöhnlicher, gerader Formstahl leicht von Hand nachschleifen.

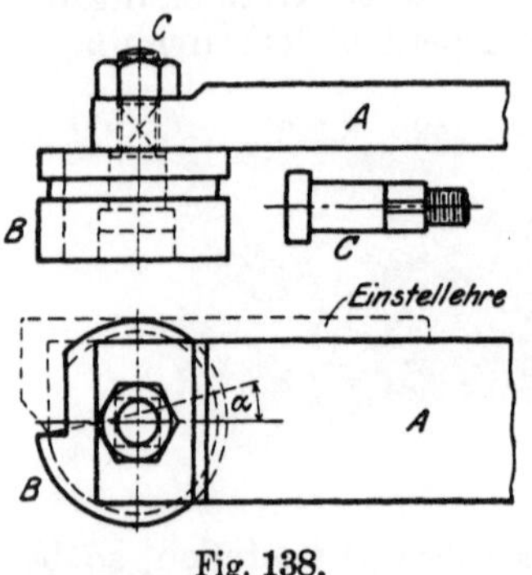

Fig. 138.

Die Rundstähle werden in besonderen Stahlhaltern gehalten, wie ein solcher in Fig. 138 dargestellt ist. A ist der Halter für den Rundstahl B, der auf einem Bolzen C gehalten wird. Die Seite des Werkzeuges, die dem Halter zugewandt ist, besitzt gewöhnlich noch konzentrische Eindrehungen, die das Werkzeug am Verdrehen verhindern sollen, wenn schwere Formschnitte genommen werden. Besser ist es, das Verdrehen durch Zahnung zu verhindern. Um die Schneidkante der Schneidscheibe in der richtigen Lage zur Auflagefläche des Halters einzustellen, damit diese immer in der genau richtigen Stellung zur Spitzenhöhe der Bank steht, ist eine Einstellehre zu benutzen (s. Fig. 138).

Für Gewindeschneidscheiben ist es besser, den Stahlhalter federnd zu gestalten, um ein Ausreißen der Gewindegänge zu verhüten und ein glattes, sauberes Gewinde zu bekommen.

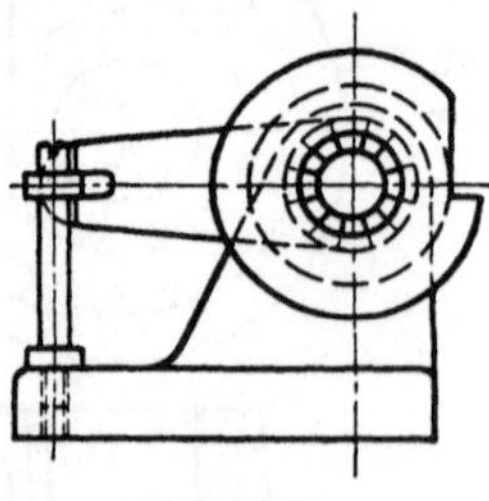
Fig. 139.

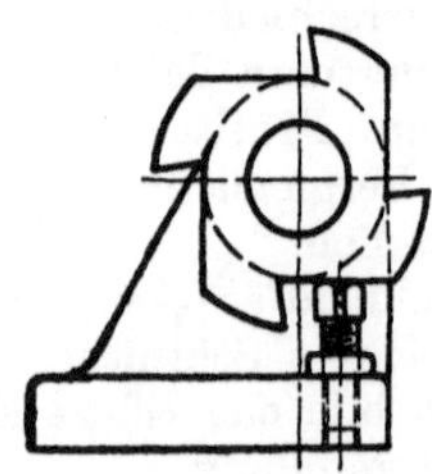
Fig. 140.

Eine solide Einspannung der Schneidscheibe zeigt auch Fig. 139. Der Stahl hat hier an der Seite Rillen, ebenso die eine Seite des Armes. Diese Rillen sind gegenüber der glatten Anlage in Fig. 138 immer zu empfehlen, wenngleich sie teurer sind.

Eine andere Befestigung mit Einstellung zeigt Fig. 140. Die Schneidscheibe hat hier vier Einschnitte; wenn die eine Seite stumpf ist, kann die nächste eingestellt werden, ohne die Scheibe zum Schleifen herauszunehmen. Diese Schneidscheibe hat den Nachteil, daß das meiste

Material durch die vier Einschnitte verloren geht. Eine weitere Art der Einspannung zeigt Fig. 141.

Es ist wohl ohne weiteren Nachweis klar, daß die Einspannung des geraden Profilstahles eine einfachere und stabilere ist als die des Rundstahles.

Erwägt man, daß zur Herstellung der Schneidscheibe ein Originalstahl notwendig ist, so ergibt sich auch hier der Vorzug des geraden Stahles, so daß mit Ausnahme von Punkt 5 für die übrigen vier Punkte seine Überlegenheit über die Schneidscheibe dargetan ist.

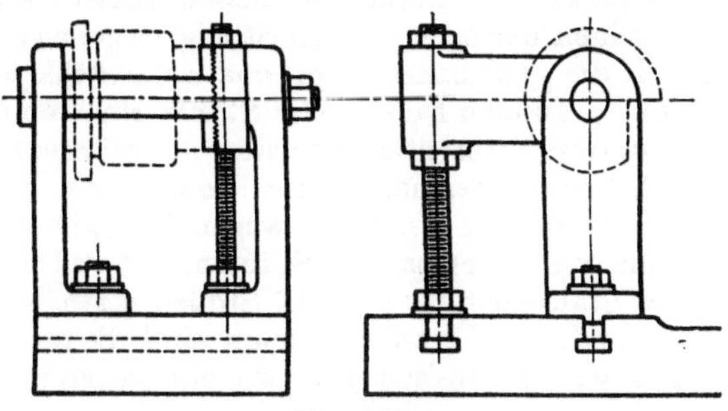

Fig. 141.

Beim Bearbeiten von Rotguß führt man die Schneidscheibe ohne Unterhöhung aus, so daß die Schnittfläche also durch den Mittelpunkt der Schneidscheibe geht. Bei hartem Messing wie überhaupt bei allen Materialien, die hart und spröde sind, gibt man ihr einen negativen Anstellwinkel von $\alpha = 5°$ (s. Fig. 138).

Gibt man, um leichter schneiden zu können, der Schneidscheibe die Form Fig. 130, so mache man den Winkel γ

für Maschinenstahl	$\gamma = 15°$,
» Werkzeugstahl	$\gamma = 8-10°$,
» Schmiedeisen	$\gamma = 12°$,
» Kupfer	$\gamma = 25-30°$.

Dies sind die äußersten Grenzen, besonders für Bearbeitung von Guß und Stahl bleibe man wesentlich unter diesen Grenzen, weil sonst der Stahl unruhig arbeitet. Nur bei weichen Materialien, wie Kupfer, muß γ groß gemacht werden, sogar bis 40°.

Stahlhalter für Außendrehstähle.

Sie werden benutzt, um am teuren Werkzeugstahl zu sparen, und haben daher ihre eigentliche Bedeutung mit der Einführung des teuren Schnellstahles erhalten. Den Halter macht man aus gewöhnlichem Maschinenstahl, Flußeisen oder bei stärkerer Beanspruchung auch Stahlguß, und setzt nur ein ganz kurzes Stück Schnellstahl ein, das in seiner ganzen Länge gehärtet ist und dadurch ohne Neuhärten durch einfaches Nachschleifen an der Stirnseite bis auf ein kleines, zum Einspannen notwendiges Stück aufgebraucht werden kann. Der Arbeitsstahl ist deswegen durchweg vierkantig, da bei runden Stählen schon in kurzer Zeit eine neue Schneide durch allseitiges Herausschleifen oder Ausschmieden hergestellt und der Stahl dabei neu gehärtet werden muß. Auch verlangen runde Stähle, da sie durch den Schnittdruck je nach der Schneidenform mehr oder weniger auf Verdrehung beansprucht werden, eine viel sicherere Einspannung als die prismatischen Stähle, die naturgemäß durch ihre Querschnittsform schon an sich gegen solche Verdrehung geschützt sind. Runde Stähle haben nur den Vorteil, daß man den Stahl beim Einspannen im Halter beliebig drehen und dadurch die Schnittwinkel verändern kann, ohne den Stahl neu schleifen zu müssen. Dieser Vorteil ist aber gegenüber den Vorzügen der prismatischen Stähle als gering zu erachten, weshalb denn auch die Stahlhalter für prismatische Stähle die weitaus größere Verbreitung gefunden haben. Die Stähle sind von der Stange fertig abgeschnitten, ihre Aufbereitung erfordert nur sehr geringe Kosten.

Für schwere Arbeiten, besonders wenn noch starke Stöße dabei auftreten, versagen oftmals die Stahlhalter wegen des geringeren Wärmeableitungsvermögens gegenüber massiven Stählen, und weil das im Halter eingespannte kurze Stahlstück naturgemäß Stößen gegenüber empfindlicher ist. Von besonderem Vorteil wiederum sind die Stahlhalter bei Arbeitsstücken mit weiten Ausladungen, wo ein massiver Stahl sehr teuer würde.

Seitdem man aber gelernt hat, die Stahlschneide in der Weise herzustellen, daß man auf massive Schäfte aus billigem Flußeisen vorn ein kleines Schnellstahlplättchen aufschweißt, haben die Stahlhalter für das Außendrehen auf der gewöhnlichen Drehbank wieder an Bedeutung verloren, nur für das Revolverdrehen und das Innendrehen sind ihnen ihre Vorzüge ungeschmälert erhalten geblieben.

Ein Stahlhalter muß genügend kräftig sein, um beim Arbeiten mit schweren Schnitten nicht zu zittern, er muß den Arbeitsstahl selbst sicher zu lagern gestatten, um ein Zurückweichen oder Erzittern des Stahles zu verhüten, der Stahl muß im Stahlhalter leicht auf Höhe einzustellen sein und vor allem, er soll dem Stahl gleich die richtige Schräge geben, damit dieser ohne weiteres durch den Halter den geeigneten Schnittwinkel erhält, der dadurch am Stahl nicht mehr angeschliffen zu werden braucht. Dieser letzten Forderung genügen sehr viele der käuflichen Stahlhalter in der Weise, daß sie den Stahl schief halten, wie in Fig. 142 deutlich zu sehen ist, was aber

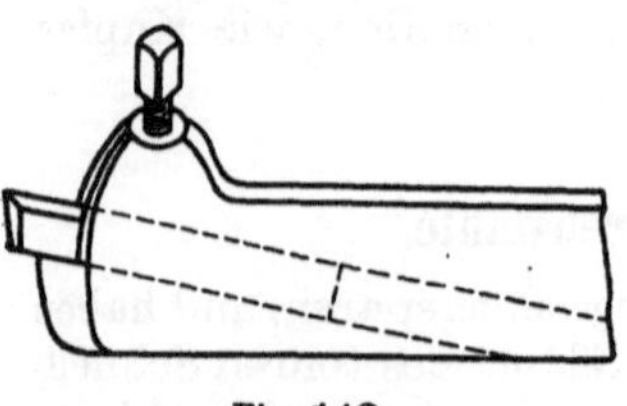
Fig. 142.

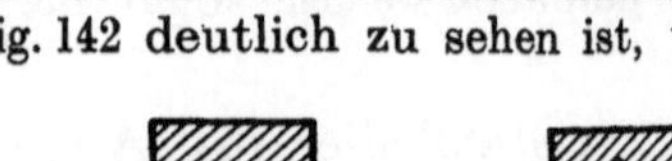
Fig. 143. Fig. 144.

grundfalsch ist, denn der Stahl erhält ja dadurch gerade einen ausgesprochenen »Schnabel«, wie dies früher auseinandergesetzt wurde. Der Stahl muß im Gegenteil horizontal im Halter liegen und das Vierkantloch muß die Stellung Fig. 143 im Halter haben, nicht wie üblich Fig. 144, damit der Stahl den Seitenschleifwinkel erhält. Der Stahlhalter darf, wie dies bei manchen Ausführungen für Abstechstähle der Fall ist, keine Gewalt zum Verschieben des Stahles im Halter erfordern und darf nicht so ausgebildet sein, daß die Schneide des Stahles zu hoch liegt, so daß sie auf der gewöhnlichen Drehbank nicht auf Spitzenhöhe eingestellt werden kann.

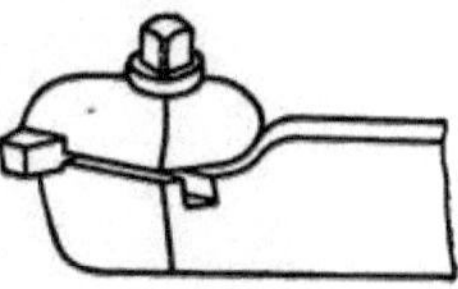
Fig. 145.

Entsprechend ihrer Aufgabe gibt es eine ganze Menge praktischer und oft auch unpraktischer Stahlhalter, es sollte sich aber jede Werkstatt wie bei den Schneidenformen eine weise Beschränkung auferlegen und mit möglichst wenigen Konstruktionen auszukommen suchen. Fig. 142 zeigt einen Drehstahlhalter, aus Stahl geschmiedet und gehärtet, der für Schrupp-, Schlicht-, rechte und linke Seitenstähle gleich gut geeignet ist. Die auf Höhe einstellbaren Stähle werden durch eine Raupenschraube sicher festgehalten und sind in der Richtung des Schnittdruckes durch eine kräftige Nase unterstützt, um ein Zurückweichen oder Vibrieren des Stahles zu verhindern. Fig. 145 stellt einen doppelseitigen Drehstahlhalter für rechte und linke Seitenstähle dar, Fig. 146 einen einfachen, linksgekröpften Stahlhalter mit Unterstützungsnase, Fig. 147 einen rechtsgekröpften mit Stütznase. Alle Stähle der voraufgeführten Stahlhalter liegen schief in den Haltern, was aber, wie vorhin erwähnt, nicht richtig ist.

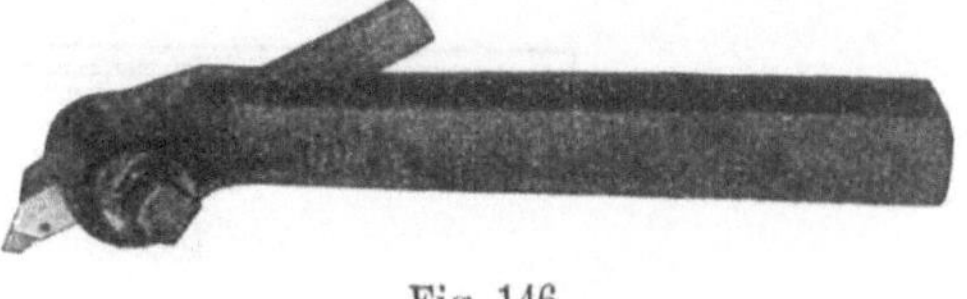
Fig. 146.

Fig. 147.

Soll der Stahl im Halter schwenkbar sein, so verwendet man einen Halter nach Fig. 148. Durch ein Stichelhaus, dessen Konus mittels Druckschraube in den Halter und damit der Stahl gegen eine Auflegeplatte, die an der Unterseite gezahnt ist und in die Zähne des Halters eingreift, gepreßt wird, kann der Stahl in jeder beliebigen Stellung im Kreise festgestellt werden.

Fig. 148.

Man trifft auch Stahlhalter nach Fig. 149. Sie haben gebogene Messer, die im Halter ganz kurz gespannt bis nahe an die Schneide unterstützt sind. Die Schneide ändert mit dem Vor- oder Zurückschieben des Stahles ihre Höhe, kann also gegenüber dem Werkstück sehr leicht eingestellt werden. Mit diesem Verschieben ändert sich aber auch stets der Ansatzwinkel der Schneide und dieser Nachteil neben der

Bogenform des Stahles läßt sie nicht gerade als sehr praktisch erscheinen. Einen Stahlhalter für Stähle mit rundem Querschnitt zeigt Fig. 150. Er besteht aus zwei scharnierförmig miteinander verbundenen, exzentrisch durchbohrten Teilen. Die Bohrung ist von den vier Seiten-

Fig. 149.

flächen verschieden weit entfernt, wodurch man das Messer auf vier verschiedene Höhenlagen bringen kann. Eine solidere Festspannung des Stahles, die wie erwähnt bei diesen Stählen von besonderer Wichtigkeit ist, erreicht man, wenn man ihn durch eine Klemmpatrone in ganzer Ausdehnung in dem massiven durchbohrten Halter festklemmt. Wird

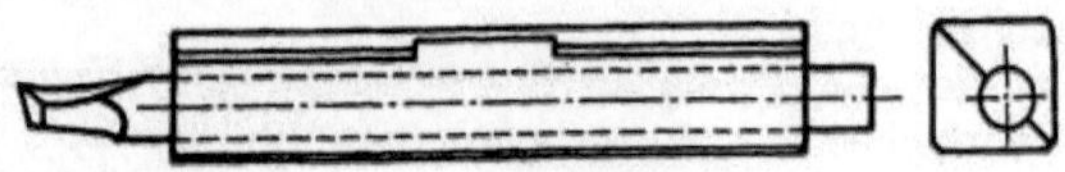

Fig. 150.

die Klemmpatrone noch exzentrisch gebohrt, so kann der Stahl gleichzeitig in der Höhe noch in den Grenzen der Exzentrizität durch Verdrehen der Patrone eingestellt werden.

Ein Abstechstahlhalter ist in Fig. 151 abgebildet. Er wird auch rechts- und linksgekröpft ausgeführt. Der Stahl ist hier konisch gewalzt und wird nur an der Stirnseite nachgeschliffen.

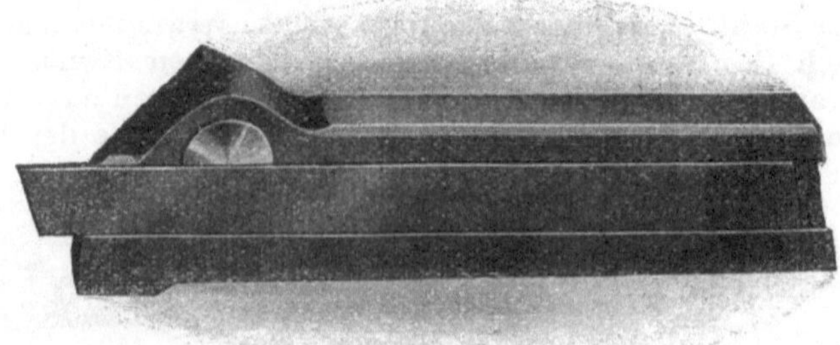

Fig 151.

Für Rundstähle sind Halter schon vorhin gezeigt. Für Revolverdrehen und Gewindeschneiden werden solche später behandelt.

Ein federnder Stahlhalter für Schlichtstähle wurde schon in Fig. 118 angegeben.

Bei Massenfabrikation spielen auch die Mehrfachstahlhalter eine Rolle, sie greifen das Werkstück mit mehreren Stählen gleichzeitig an. Hauptsächlich auf den Revolverbänken ist ihr Feld, die neuzeitliche Werkstatt strebt ihnen aber auch auf der gewöhnlichen Drehbank nach. Es dürfen im Mehrfachstahlhalter immer nur so viel Stähle auf ein Werkstück angestellt werden, als die Starrheit des Stückes selbst gestattet, und immer dürfen sie nur eine Bearbeitungsart gleichzeitig ausführen. Mit ihnen gleichzeitig zu schruppen und zu schlichten ist, wenn es auf unbedingte Genauigkeit und tadellose Sauberkeit ankommt, falsch, solche Arbeitsweise kann keine genaue Arbeit liefern. Hierin unterscheidet sich das Drehen mit Mehrfachstahlhalter grundsätzlich vom »Vielfachdrehen«, wo das zwischen Spitzen gespannte Werkstück auf verschiedene Durchmesser oder Kegelansätze durch eine Reihe selbständiger Stähle gleichzeitig gedreht wird, wie das bei der Lo-Swing-Drehbank der Fall ist, bei der die Werkzeuge mittels zweier Schlitten

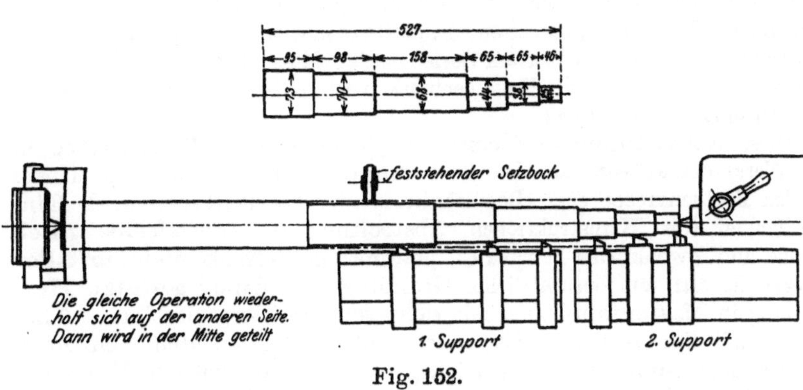

Fig. 152.

auf der ganzen Drehlänge an jedem beliebigen Punkte einstellbar sind. Der erste Stahl wird auf den größten zu drehenden Durchmesser eingestellt und bearbeitet diesen in einem Schnitt fertig, während die anderen Stähle nach und nach in Tätigkeit treten und die kleineren Durchmesser bearbeiten. Hat der erste Stahl seine Arbeit beendet, so ist das betreffende Stück auf einer Seite fertig, es wird umgespannt, die Bank neu eingerichtet und die andere Seite in ähnlicher Weise bearbeitet. Dem Vorschruppen folgt das Winkeligdrehen der Ansätze und das Unterdrehen für die Schleifarbeit, welche Arbeiten ebenfalls mit entsprechend eingesetzten Nutenstählen auf der Wellendrehbank ausgeführt werden. Es ist dadurch möglich, abgesetzte Wellen in $^1/_{10}$ der Zeit zu bearbeiten als auf einer gewöhnlichen Drehbank. Fig. 152 veranschaulicht den Vorgang.

Mehrfachstahlhalter finden steigende Anwendung beim Massendrehen, und ihrer Verwendung stehen meist auch keine besonderen Hindernisse entgegen. Im Gegensatze hierzu ist ihr Gebrauch in der Hobelei mit großen Schwierigkeiten verknüpft, in den meisten Fällen überhaupt unmöglich. Schon der in der Literatur vielfach zu findende

Doppelstahlhalter für Vor- und Rückwärtshobeln bewährt sich in der Praxis nicht, da beim Rückwärtshobeln der Querbalken der Hobelmaschine von den Ständern abgehoben wird, ein Umstand, der bei längerem Gebrauch des Doppelstahlhalters auf den schließenden Gang und damit die Genauigkeit und Brauchbarkeit der Maschine von nachteiligstem Einfluß ist. Da die beiden Stähle nebeneinander eingespannt sind, müssen sie um den Vorschub voneinander entfernt sein.

Stähle und Stahlhalter für Revolverdrehen.

Die Revolverbank hat alle die Arbeiten zu übernehmen, die in so großer Anzahl auszuführen sind, daß der ständige Wechsel der Werkzeuge und das stets erneute Ausmessen des Werkstückes, wie das beim Arbeiten auf der gewöhnlichen Drehbank eine Notwendigkeit ist, zu unbequem, zeitraubend und teuer wird. Sie hat der Drehbank immer mehr Arbeiten abgenommen und es dahin gebracht, daß man Drehbänke nur noch für Schrupparbeiten, Einzelfabrikation und Spezialarbeiten verwendet. Sobald es sich um Serien- oder Massenfabrikation handelt, kommt fast nur noch die Revolverbank und bei Großmassenfabrikation der Automat in Betracht.

Diese Entwicklung stellt einen der bedeutsamsten Fortschritte in der Werkstattsarbeit dar. Die Vorbedingungen zur Ausnutzung dieses großen Fortschrittes sind: Beschränkung der Fabrikattypen und Einheitlichkeit der Konstruktionen, Absteckung des Arbeitsfeldes nach Größe und Zweck des Fabrikates, planmäßige Vervollkommnung aller Einzelteile auf wissenschaftlicher Grundlage und darauf gestützt Herstellung in Massenfabrikation mit richtiger Arbeitsorganisation. Alles das schafft eine Reihe vielfältiger schwieriger Einzelarbeiten. Einheitliche Bauart zunächst ist erst möglich, wenn die sprunghafte Entwicklung, die Liebhabereien aufgehört haben und die Konstruktion durch sichere Erfahrung abgeklärt ist. Jetzt erst kann an die Ausbildung von Normaltypen geschritten und die richtige Form für die Beanspruchungen und die Massenverteilung, sowie die beste Herstellung für den jeweiligen Zweck gesucht werden. Hier liegt ein unabsehbares, immer weiter entwicklungsfähiges Gebiet. Die erreichte Einheitlichkeit der Bauart der Fabrikate ist eine Vorfrucht dieser Bemühungen. Auf Grund dieser mühevollen Vorarbeit kann erst zur Normalisierung der Maschinenteile geschritten werden. Ein schwer sich rächender Fehler aber ist es, an überlebten, wenn auch noch so bewährten Konstruktionen festzuhalten, und ein noch schwererer Fehler ist es, Unreifes normalisieren zu wollen. In diesen folgenschweren Entscheidungen liegen die Gefahren. Die Hindernisse der Normalisierung liegen bei uns in Liebhabereien der Käufer, die die Fabrikation beeinflussen, statt umgekehrt.

Nach richtiger Normalisierung kann zur planmäßigen Herstellung der Teile geschritten werden mit dem Ziele: Zeit und Kosten zu sparen, Genauigkeit und Qualität zu erhöhen[1]). Das ist nur möglich durch

[1]) s. »Das Problem moderner Werkstattsarbeit und Werkstattsführung« in der Zeitschrift »Die Werkzeugmaschine«, 19. Jahrgang, aus der Feder des Verfassers.

richtig organisierte Massenfabrikation unter ausgedehntester Verwendung der Revolverbank und des Automaten. Jedoch kann man diese Bänke verschieden benutzen: zu der erwähnten Vervollkommnung und gleichzeitigen Kostenverminderung oder zur billigen Massenherstellung allein, wie dies leider bei vielen Maschinen geschieht, die den Markt füllen. In der Beseitigung dieser in jeder Massenfabrikation lauernden Gefahr zeigt sich die Tüchtigkeit des Werkstattleiters.

Trotzdem kann die gewöhnliche Drehbank bei bestimmten Massengegenständen mit der Revolverbank erfolgreich konkurrieren. Immer ist die Revolverbank der gewöhnlichen Drehbank überlegen, wenn profilierte, mit Gewinde versehene oder gebohrte Teile mit vielen verhältnismäßig kurzen Einzeloperationen zu bearbeiten sind, wie das bei den meisten Stangen- und Futterarbeiten der Fall ist. Sind aber sehr große Massen von Drehteilen mit wenigen, aber langen Einzeloperationen in der Hauptsache lang zu drehen, so leistet die Drehbank mehr als die Revolverbank. Ebenfalls bei ausgesprochenen Spitzenarbeiten oder langen Gewindebolzen, denn grundsätzlich ist, wie schon früher ausgesprochen wurde, das Aufspannen zwischen Spitzen das schnellste bekannte Verfahren, um die Werkstücke zu wechseln. und auch das genaueste Verfahren, um hintereinander Späne abzuheben, die sowohl miteinander als auch mit einem vorher gebohrten Loch genau konzentrisch sind.

Ebenso darf der Halbautomat, der allgemein in der Leistungsfähigkeit gegenüber der Revolverbank dadurch überlegen ist, daß nicht ein, sondern mehrere Arbeitsstücke gleichzeitig von ihm bearbeitet werden, und daß das Auswechseln der Arbeitsstücke nicht nach, sondern während des Arbeitens erfolgt, mithin die Bearbeitungszeit nicht beeinflußt wird, durchaus nicht kritiklos der Revolverbank vorgezogen werden, auch wenn die wirtschaftlichen Faktoren, die für den Halbautomat maßgebend sind, vorhanden sind, also Massenartikel, welche in mehreren hundert Stücken von gleicher Form und Größe zu bearbeiten sind. Denn nur dann ist der Halbautomat hier die richtige Maschine, wenn an die Genauigkeit und Sauberkeit des Produktes keine besonders hohen Anforderungen gestellt werden. Wohl kann auf einem erstklassig ausgeführten Halbautomaten auch tadellose Arbeit hergestellt werden, nur werden die Stücke dann bei genauer Kalkulation teurer als auf einer Revolverbank. Trotzdem sind aber die sogenannten Schmiernuten beim Rücklauf des Werkzeuges nie zu vermeiden, was dem Arbeitsstück stets ein unschönes Aussehen gibt. Außerdem arbeitet die Revolverbank relativ schneller, da die Bewegungen schneller ausgeführt werden, die Vorschübe und Werkzeuge besser kontrolliert und die Maschine vor dem Einspannen eines neuen Stückes nicht so lange leer stehen muß, wie dies beim Halbautomaten der Fall ist, wo der Arbeiter mehrere Maschinen bedient. Die Bedienung mehrerer Maschinen durch einen Mann ist nur angebracht bei Ganzautomaten, aber selten bei andern Werkzeugmaschinen, denn in einem mit modernen Maschinen ausgerüsteten Betrieb spielt der Arbeitslohn eine untergeordnete Rolle, die Unkosten für Maschine und Werkzeug sind ausschlaggebend, weshalb solche auch richtig ausgenutzt werden sollen. Daraus erklärt sich die Tatsache, daß manche Fabrik die Halbautomaten gegen Revolverbänke vertauscht hat, und zwar sowohl im Interesse höherer Produktion als auch höherer Genauigkeit des Produktes.

Ebenso wie man Fräsmaschinen in wagrechter und senkrechter Bauart herstellt, ist auch die Konstruktion der Revolverbänke der Form der darauf herzustellenden Stücke entsprechend gestaltet worden, zum Teil unter dem Gesichtspunkte, die Grenzen für ihre Anwendungsmöglichkeiten besonders nach der Richtung der kleinen Stückzahlen hin zu erweitern, ohne dadurch die Wirtschaftlichkeit bei großen Mengen zu beeinträchtigen. Arbeitsstücke, die eine vorwiegend zentrale Bearbeitung erfordern, verlangen eine Revolverbank, auf der die Werkzeughalter zentrisch zum Arbeitsstück stehen, während bei solchen Stücken, die in der Hauptsache eine Außenbearbeitung erfordern, der Revolverkopf seitlich stehen muß und so das Werkstück im Reitstock aufgenommen werden kann. Allerdings kann man sich auch an einer Revolverbank mit zentralem Revolverkopf in gewissem Maße helfen, wenn längere Arbeitsstücke zu bearbeiten sind, indem man ein Werkzeugloch des Revolverkopfes mit einer Spitze versieht und nur mit dem Vierkantrevolver auf dem Quersupport arbeitet. Aber man begibt sich durch solche Benutzung des Revolverkopfes als Reitstock des Vorteils, die große Zahl der im Revolverkopf ohne Mühe unterzubringenden Werkzeuge auszunutzen. Sind die für die Revolverbank mit seitlich stehendem Revolver und Reitstock in Betracht kommenden Werkstücke, also abgesetzte Wellen u. dgl. gegeben, so ist diese Bank wohl nicht zu übertreffen in ihrer Leistungsfähigkeit, sie stellt gleichzeitig den besten Ausdruck des oben gekennzeichneten Strebens nach Erweiterung der Anwendungsmöglichkeiten in der Richtung der kleinen Stückzahlen dar.

Von den Maschinen mit zentral stehendem Revolverkopf ist die mit senkrecht gelagertem Revolverkopf für Bearbeitung verhältnismäßig kurzer Stücke im Futter bzw. von der Stange am Platze. Zur Bearbeitung langer Teile werden bei diesen Bänken aber weit ausladende, verwickelte Werkzeuge nötig, wobei es meist noch notwendig ist, mit Brillen zu arbeiten, was wiederum das Einstellen und Einrichten viel schwieriger macht. Hier sind dann die Bänke mit wagrecht gelagertem Kopf die gegebenen, die meist eine noch größere Anzahl Werkzeuge unterbringen können, so daß man, je nachdem das Arbeitsstück beschaffen ist, bis zu fünf Werkzeuge gleichzeitig arbeiten lassen kann.

Die Revolverbank ist an eine wirtschaftliche Bedingung gebunden, die große Stückzahl des zu bearbeitenden Teils; sie verlangt also, wie schon erörtert, Normalisierung und Spezialisierung, noch viel mehr aber der Automat, dem durch diese wirtschaftliche Bedingung ziemlich enge Grenzen gesetzt sind. Daraus ergibt sich für beide Maschinengattungen als erste Notwendigkeit: sie dürfen niemals still stehen, ihre Werkzeuge müssen aus dem besten Schnellstahl gefertigt sein, damit sie möglichst wenig Nachschliff oder Auswechselung erfordern, weil nach jedem Nachschliff die Anschläge neu eingestellt werden müssen, was einen bedeutenden Zeitverlust verursacht. Damit die Werkzeugschneide auch die längstmögliche Zeit ihre Schärfe beibehält, muß das Material der Arbeitsstücke einwandfrei sein, also bei Guß dicht und vor allem sand- und schlackenfrei, und beim gezogenen Stangenmaterial dürfen keine besonderen Güteunterschiede zwischen der Oberflächenschicht und dem Kern vorhanden sein. Infolge des Ziehens wird die Stange bei der Herstellung an ihrer Oberfläche immer etwas härter und auch besser als im Kern und dieser Unterschied ist gar nicht selten ein so erheblicher, daß man für das Abdrehen der äußeren Schicht eine geringere Schnittgeschwindigkeit nehmen müßte, um die Schneide nicht vorzeitig abzustumpfen. Es ist nur zu empfehlen, von allen eingehenden Ladungen an Stangenmaterial mit dem Skleroskop Stichproben auf Härte außen und nach dem Kern zu zu machen und bei unzulässigen Unterschieden das Material zurückzuweisen. Geringere Unterschiede sind stets vorhanden und auch nicht zu vermeiden, in der Verwendung gezogenen Materials liegt eben stets eine gewisse Gefahr; mit welch großen Unterschieden in der Qualität zu rechnen ist, zeigen die Untersuchungsergebnisse zweier Stäbe derselben Lieferung, wo die eine Stange 65 kg Festigkeit, 58 kg Streckgrenze, 11% Dehnung, 36% Kontraktion, 0,4 Kerbzähigkeit und die andere Stange 52 kg Festigkeit, 50 kg Streckgrenze, 9% Dehnung, 50% Kontraktion und 1,4 Kerbzähigkeit aufwies.

Ferner muß das Stangenmaterial genau maßhaltig sein, da die Spannpatronen nur geringere Toleranzen erlauben, es ist schon sehr viel, wenn manche Konstruktionen Unterschiede im Materialdurchmesser von + 2 und — 1 mm noch spannen können. Mit der Genauigkeit, besonders des runden Stangenmaterials ist es aber wie mit der Homogenität oft nicht besonders bestellt. Daher auch Stichproben auf Maßhaltigkeit nehmen, man kann Toleranzen bis $\pm 0{,}025$ mm fordern!

Beim Revolverdrehen suche man mit möglichst einfachen Stählen, wie sie auch an der Drehbank gebraucht werden, auszukommen. Die Stähle unterliegen dabei hinsichtlich Ausbildung ihrer Schneide ganz den gleichen Bedingungen und Forderungen, wie diese schon früher entwickelt wurden. Neuartig sind eigentlich nur der Tangentialschruppstahl und der Tangentialschälstahl. Außer diesen Normalstählen wird man aber meist noch eine Reihe Spezialstähle, das sind Fassonmesser, nötig haben, für die das unter »Formstähle« auf S. 149 und folgende gesagte Geltung behält. Dabei wird man für langgestreckte und komplizierte Profile stets suchen, statt einer einzigen Schneide eine zusammengesetzte zu verwenden, bei der das Profil unterteilt ist, und das Messer sich entsprechend dieser Zerlegung aus mehreren seitlich aneinandergereihten Schneiden zusammensetzt. Wo irgend möglich, gebe man dem Profil solche Formen, daß man einzelne der nebeneinandergereihten Messer auch für andere und möglichst viele Profile verwenden kann.

Hinsichtlich der Einfachheit der Normalwerkzeuge ist die Revolverbank mit horizontal gelagertem Revolverkopf im Vorteil gegenüber der mit vertikalem Revolver, weil dort die einzelnen Arbeiten infolge der zahlreichen Löcher im Revolverkopf leichter so verteilt werden können, daß jedes einzelne der gleichzeitig arbeitenden Werkzeuge nur wenig Schnittstellen erhält und daher in der Regel aus ganz gewöhnlichen

Drehstählen bestehen kann, die leicht nachzuschleifen und auszuwechseln sind.

Dementsprechend sind die Stähle und besonders die Stahlhalter der beiden Revolverarten mehr oder weniger voneinander verschieden, der Revolver mit horizontaler Achse weist eine ganze Reihe Stähle mit rundem Schaftquerschnitt auf, die beim Vertikalrevolver gänzlich fehlen können.

Vor dem eigentlichen Abdrehen ist bei Stangenarbeit immer eine Vorstufe zu erledigen: das Einstellen auf Länge, und in manchen Fällen kommt noch eine zweite hinzu: das Zentrieren. Es kommen also zum Außendrehen außer den eigentlichen Stählen noch in Betracht:

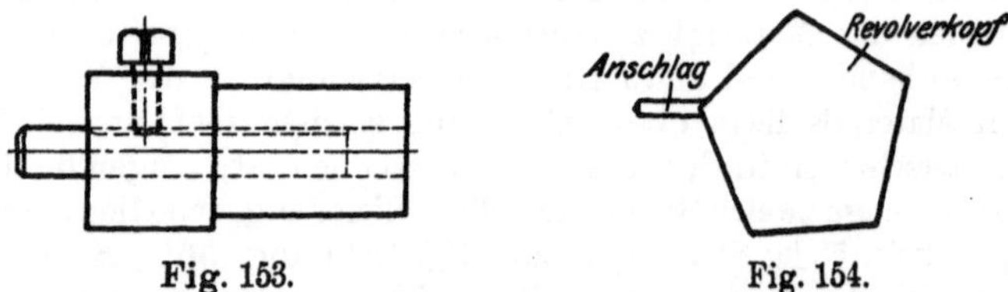

Fig. 153. Fig. 154.

Der Anschlag, um die Stange auf die gewünschte Länge einzustellen (Fig. 153). Es ist meist ein einfacher Halter, der in ein Loch des Revolverkopfes gesteckt wird und in dem der Anschlagstift durch Klemmschraube festgehalten wird. Da hierdurch jedoch schon ein Loch des Revolverkopfes für die nachfolgenden Operationen besetzt ist, ist es zweckmäßiger, den Anschlagstift einfach mit Gewinde auf einer Revolverkopfkante einzuschrauben (Fig. 154).

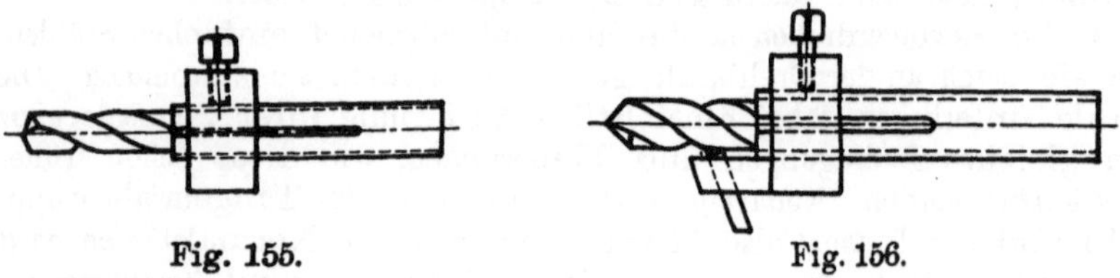

Fig. 155. Fig. 156.

Sind Löcher in volles Material zu bohren, so muß das Arbeitsstück vorher mit dem in Fig. 155 gezeigten Zentrierbohrer zentriert werden, um ein Verlaufen des nachfolgenden Spiralbohrers zu vermeiden. Der Zentrierbohrer hat zylindrischen Schaft, mit dem er in dem geschlitzten Halter durch den übergeschobenen Ring und die Druckschraube festgeklemmt wird. In diesem Halter kann er also leicht ausgewechselt werden und der Halter kann dann auch noch zur Aufnahme von Anschlägen, Führungsdornen, Hohlspitzen usw. verwendet werden. Um auch gleich den beim Ausbohren des Loches entstehenden Grat am Bohrloch wegzunehmen, wird der Bohrerhalter Fig. 156 verwendet, bei dem das übergeschobene Klemmstück vorn eine kräftige Nase hat, die einen kleinen Fasestahl zum Wegnehmen des Grates trägt.

Muß das Werkstück später auf einer Spitzendrehbank, Schleifmaschine usw. weiter bearbeitet werden, so hat das Zentrieren im Anbohren eines Körners zu bestehen. Hierzu nimmt man den kombinierten Zentrierbohrer Fig. 157, der die Anbohrung und die Versenkung des Körners in einem Arbeitsgang herstellt. Aufgenommen wird dieser Bohrer von dem Bohrfutter mit Spannbüchse Fig. 158, bei dem durch die Überwurfmutter und die konische geschlitzte Spannbüchse der Bohrer zentriert und festgeklemmt wird. Soll bei diesem Zentrieren auch gleich die Stirnfläche mit abgedreht werden, so benutzt man das Werkzeug Fig. 159, welches gleichzeitig anbohrt, den Körner ansenkt und die Stirnfläche anfräst.

Fig. 157.

Immer, wenn ein Arbeitsstück viele Operationen durchzumachen hat und daher die Werkzeuglöcher des Revolverkopfes stark belegt sind, muß man schon beim Zentrieren danach trachten, gleichzeitig andere Operationen damit zu kombinieren. Fig. 159, wo gleichzeitig mit dem Zentrieren ein Abfräsen der Stirnfläche stattfindet, ist ein Beispiel.

Fig. 158.

Statt dessen kann man auch, wenn man den Zentrierbohrer Fig. 157 verwenden will, durch ein seitlich angebrachtes Messer beim Ankörnen die Stirnfläche mit abdrehen (Fig. 160). Übt die dabei auftretende seitliche Wirkung auf den Zentrierbohrer unzulässig ein, so muß auf jeder Seite des Bohrers ein Messer angeordnet und der Werkzeughalter dementsprechend gestaltet werden.

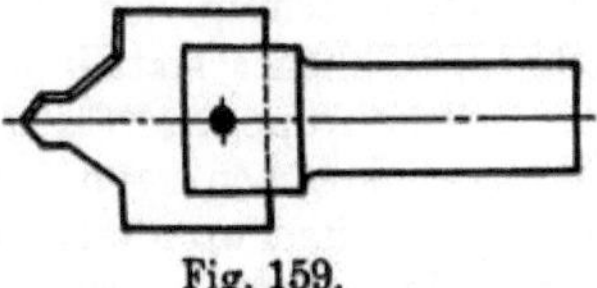

Fig. 159.

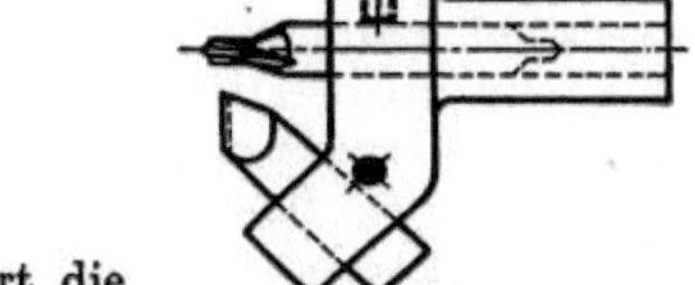

Fig. 160.

An eigentlichen Stählen erfordert die Revolverbank mit vertikal gelagertem Revolverkopf bei Stangenarbeit:

Den Abstechstahl Fig. 161, der im allgemeinen denselben Bedingungen unterliegt wie bei der Drehbank, für den daher das auf S 131 unter »Abstechstähle« Gesagte auch hier Geltung behält. Zum Einspannen wird der Stahlhalter Fig. 151 verwendet. Das Nachschleifen erfolgt meist nur an der vorderen Kante, so daß der Stahl so lange benutzt werden kann, als er im Stahlhalter festzuspannen ist.

Damit bei dem auf das Abstechen folgenden Überschruppen des

Werkstückes in seiner Längsrichtung der Schruppstahl nicht sofort die volle Spantiefe zu nehmen hat und auch die Stange leichter in die Führungen des Stahlhalters, die entweder V-förmig gestaltet sind oder aus Stahlrollen bestehen (s. unten), eintreten kann, muß das Abstechende der Stange zugespitzt werden (s. Fig. 162). In diesem Falle muß der Abstechstahl die Form Fig. 161 haben, wobei er beim Einstechen durch die unter 30° stehende Schneidkante gleichzeitig das Arbeitsstück zuspitzt. Muß das Arbeitsstück nach dem Abstechen zentriert werden und ist das Abschrägen durch den Abstechstahl aus irgendwelchen Gründen nicht tunlich, so kann es gleichzeitig mit dem Zentrieren geschehen, indem dann der Stahlhalter Fig. 160 seitlich einen Stahl mit der in Fig. 163 gezeichneten Schneide trägt.

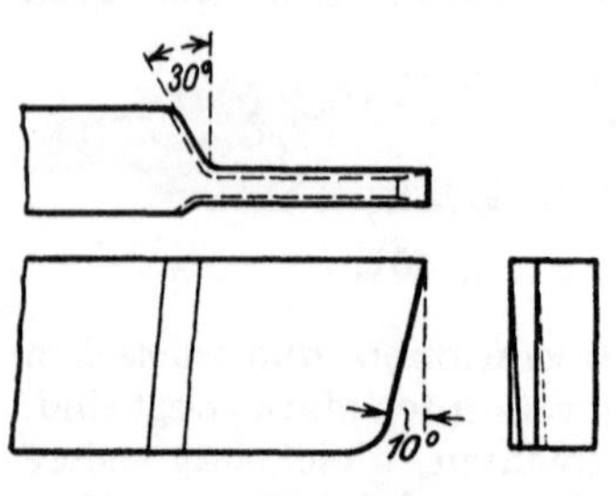

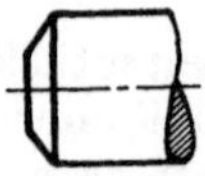

Fig. 161.

Fig. 162.

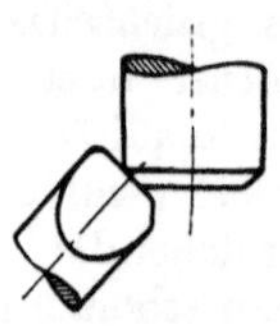

Fig. 163.

Den Schruppstahl (Fig. 164). Diese Form ist in neuester Zeit ersetzt worden durch den Tangentialstahl (Fig. 165), der auf der Weltausstellung in Brüssel 1910 auf einem Loewe-Automaten im Betrieb zu sehen war. Bei ihm sind zwei Kanten stets unter Schnitt, und zwar die eine parallel zur Werkstückachse, die andere senkrecht dazu. Bei schweren Spänen ordnet man besser die erstere nicht parallel, sondern etwas schräg zur Achse des Werkstückes an, wodurch der Schnitt allmählicher stattfindet. Der Tangentialstahl schneidet sauberer als der Schruppstahl Fig. 164, wodurch die Schlichtoperation ganz in Wegfall kommen kann, besonders wenn er in einem Halter mit Rollenführung arbeitet, wo die Rollen noch ihrerseits das Werkstück glätten. Das sauberere Schneiden des Tangentialstahles rührt abgesehen von den nachfolgend aufgeführten Gründen auch daher, daß er bei harten Stellen infolge seiner tangentialen Lage am Werkstück nicht so leicht abfedert, der Durchmesser des Arbeitsstückes also nur ganz wenig geändert wird. Wie aus Fig. 165 zu ersehen ist, fällt der Schnittdruck a in die Achse des Stahles, ruft also keine Biegungsbeanspruchung, sondern die viel günstigere Druckbeanspruchung hervor und verursacht daher kein Erzittern der Stahlschneide, ergibt also ein ruhigeres Arbeiten, so daß

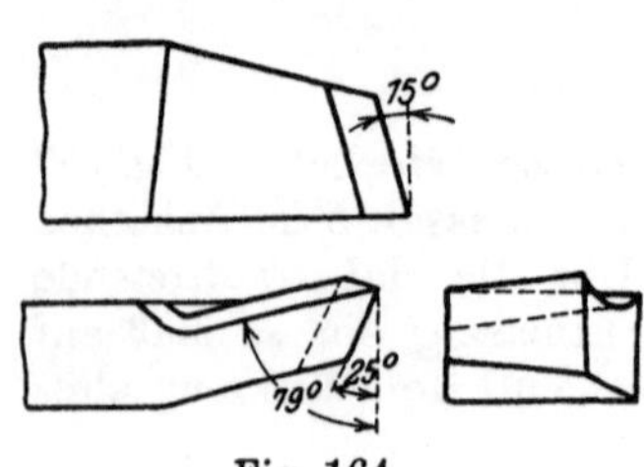

Fig. 164.

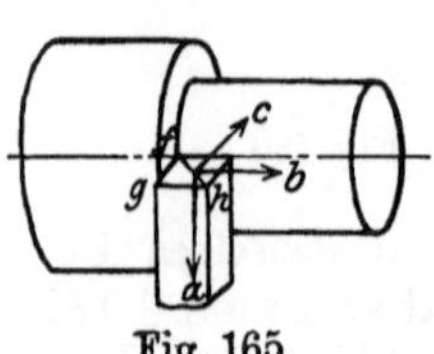

Fig. 165.

das beim Schruppen auf der Revolverbank so gern auftretende Rattern nicht zu befürchten ist. Die tangentiale Stellung des Stahles läßt nur einen sehr geringen Anstellungswinkel zu, und da der Schnittwinkel 90° ist, ergibt dies einen großen Keilwinkel. Dieses und der relativ geringe Querdruck c, der das Werkstück auf Biegung beansprucht, erlauben mit starken Spänen anzugreifen, auch wenn das Stück ziemlich schwach im Durchmesser ist. Die Fläche fgh ist hinterschliffen, um den Späneabfluß zu erleichtern.

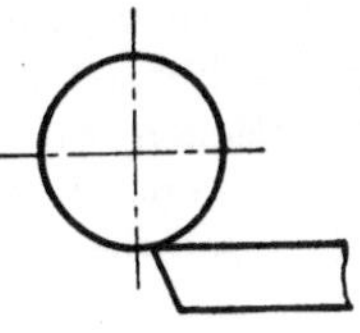

Fig. 166.

Die Überlegenheit der Tangentenschneide hat De Leeuw auch für den Fräser nachgewiesen, indem er feststellte, daß ein Fräser mit tangential angeordneten Zähnen etwa 50% mehr an Material zerspant als ein Fräser mit radial stehenden Zähnen.

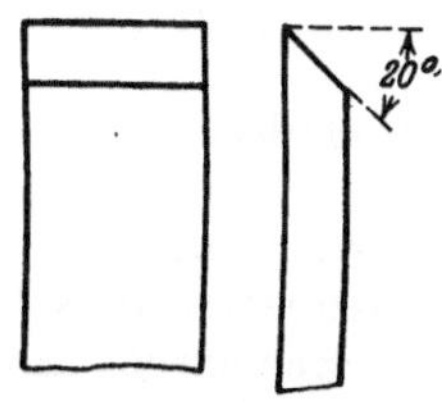

Fig. 167.

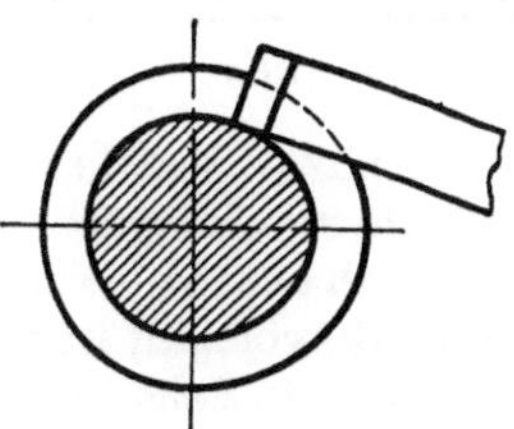

Fig. 168.

Der Tangentialschruppstahl Fig. 165 wird bei harten Materialien, Gußeisen, Schmiedeisen usw. gebraucht. Bei weichen Materialien, wie Messing, Kupfer usw. verwendet man den Tangentialschälstahl nach Fig. 166.

Der Schruppstahl kann natürlich auch die für die gewöhnliche Drehbank aufgestellte Schneide nach Fig. 54 haben. Ein sehr leistungsfähiger Schruppstahl ist auch der nach Fig. 167, der außerdem noch sehr einfach herzustellen ist. Fig. 168 zeigt seine Stellung beim Arbeiten, als Stahlhalter dient der nach Fig. 180.

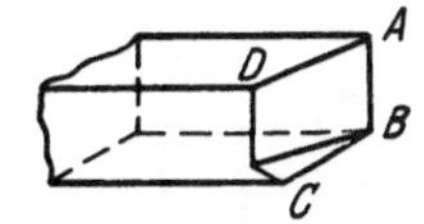

In neuester Zeit ist noch ein Schruppstahl Fig. 169 aufgekommen, der außer schruppen auch gleichzeitig schlichten soll. AB ist die eigentliche Schneidkante, die den Schruppspan abhebt, während BC das Schlichten des abgedrehten Durchmessers besorgen soll. Auf den ersten Blick ist die Schwäche dieses Stahles zu erkennen, seine komplizierte Schneidenform. Diese macht die Herstellung teuer und das Nachschleifen schwierig. Nur zu leicht wird er dabei verschliffen und erfüllt dann seinen Zweck nicht mehr. Eine andere unangenehme Eigenschaft ist die besondere Einstellung, die er nötig hat, und die gerade den vielfach nur angelernten Revolverdrehern Schwierigkeiten macht. Diese Nachteile

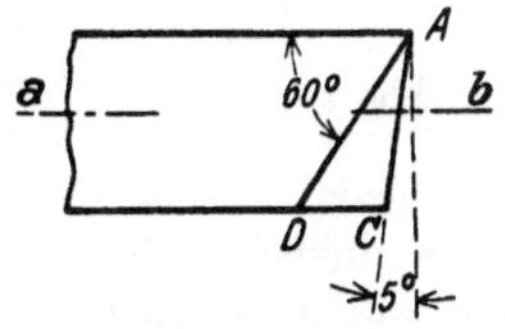

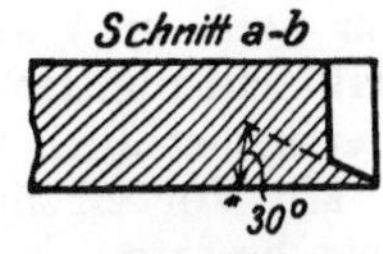

Fig. 169.

lassen seinen Vorzug des gleichzeitigen Schlichtens so sehr in den Hintergrund treten, daß die meisten Revolverdreher ihn nur ungern zur Hand nehmen.

Viel zu wenig beachtet als Schruppstahl ist der Senker (Fig. 170), der bei kurzen zu schruppenden Längen und auch zum Abdrehen von Stirnflächen an Naben mit Bohrung mit Vorteil verwendet werden kann. Je nach dem zu bearbeitenden Material macht man seine Schneidzähne gerade oder schräg. Durch ein über die Zähne geschobenes

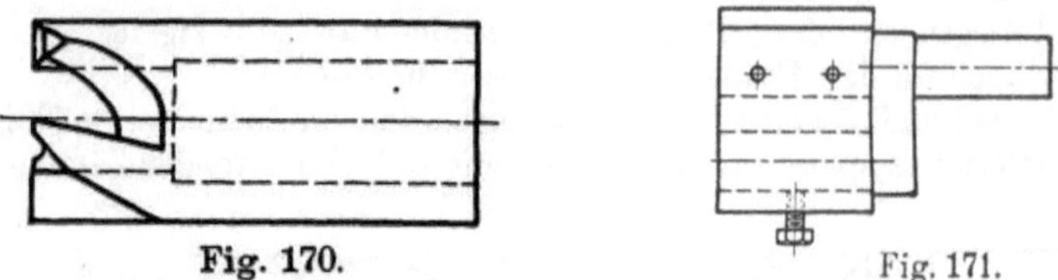

Fig. 170. Fig. 171.

Schellenband kann man kleine Unterschiede in dem abzudrehenden Durchmesser hervorbringen.

Den Schlichtstahl, der im allgemeinen die Schneide wie Fig. 112 haben kann. Gewöhnlich ist aber beim Revolverdrehen ein Schlichten gar nicht nötig, da beim Überschruppen die Gegenführung im Stahlhalter, besonders wenn sie durch Rollen bewirkt wird, das Stück genügend glättet. Es liegt in der Natur der Revolverdreherei, daß genau maßhaltige Stücke nur sehr schwer zu erreichen sind, jede Revolverbank bringt ab und zu Stücke hervor, die nicht maßhaltig sind. Breitschlichtstähle nach Fig. 115 werden auf der Revolverbank nicht angewandt, auch für Guß nicht, weil das meist schwache Werkstück sonst zu stark vibrieren würde.

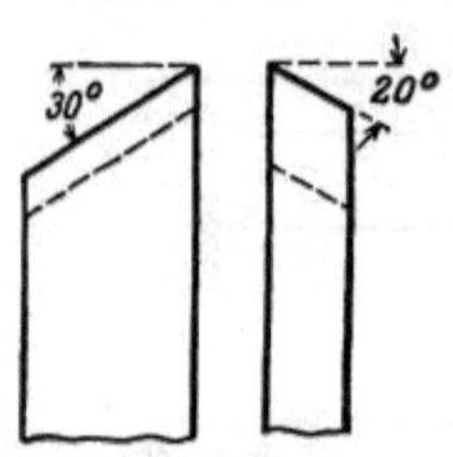

Fig. 172.

Für größere Genauigkeit verwendet man ein Egalisierwerkzeug nach Fig. 171.

Als weiteres Werkzeug zum Außendrehen wäre noch zu erwähnen der Seitenstahl (Fig. 172), wie er beim Kantenbrechen z. B. von Schraubenköpfen gebraucht wird.

Ausgedehnte Anwendung auf der Revolverbank finden die Profilstähle, insbesondere auch die Rundstähle, da sie, wie schon bei den Formstählen gesagt wurde, hauptsächlich für Massenfabrikation in Betracht kommen. Dort ist schon alles Wissenswerte angeführt, hier wäre nur noch zu erwähnen, daß bei Schneidscheiben es vorkommen kann, daß man mehrere Scheiben hintereinander benutzen muß, um das Profil fertigzustellen, weil eine einzige Scheibe zu sehr angestrengt würde. Mit Vorteil gibt man hier der ersten Scheibe, die das gröbste Schruppen besorgt, ein Profil, das nicht ein ununterbrochener Linienzug, sondern in mehrere einzelne Teile zerstückelt ist, was das Ausschruppen sehr erleichtert. Die von einer solchen Schneidscheibe mit unterteilter Fasson hergestellten einzelnen Stufen werden dann von der letzten Scheibe, dem Schlichtmesser, wieder beseitigt.

Wo möglich, verbindet man die Schlichtschneidscheibe gleichzeitig mit dem Abstechstahl, wobei natürlich das Abstechen nicht eher erfolgen darf, als bis das Profil fertiggestellt ist.

Schließlich ist zum Außendrehen noch das Abfräsen von Stirnflächen als Plandrehen durch Fräsmesser zu rechnen. In Bohrstangen eingespannt, verwendet man sie auch zum Ausdrehen von Bohrungen. Sie sind später bei den Werkzeugen zum Ausbohren behandelt und es sei hier darauf verwiesen. Aus den Fig. 182 und 183 ist ihr Gebrauch leicht zu ersehen.

Die Stahlhalter der Revolverbank sind gegenüber denen der gewöhnlichen Drehbank sehr viel komplizierter und mannigfaltiger. Es gilt hier oft der Grundsatz, statt der einfacheren Spezialstahlhalter nachstellbare Halter zu verwenden, um bei ähnlichen Werkstücken mit veränderten Dimensionen den gleichen Halter benutzen zu können, wodurch dieselben mehr ausgenutzt werden und die Ausrüstung der Maschine nicht so kostspielig wird. Aus diesem Streben heraus sind in neuerer Zeit Stahlhalter mit einem besonderen Schlitten mit Seitenbewegung entstanden, die kleinere Dreharbeiten mit Quervorschub ausführen, wozu man sonst einen Stahl im Quersupport der Maschine nötig hat.

Für die Längeneinstellung und das Zentrieren mit den dabei üblichen Kombinationen sind die üblichen Stahlhalter schon erörtert.

Die Stahlhalter für die Abstechstähle werden, wenn solche überhaupt zur Anwendung kommen, was außer bei Rundstählen nicht unbedingt erforderlich ist, im Quersupport der Revolverbank eingespannt. Ebenso wird meist für die Profil- und Rundstähle bzw. deren Stahlhalter dieser Quersupport benutzt. Alle anderen Stahlhalter haben ihren Platz im Revolverkopf.

Einen Stahlhalter für Schneidscheiben zeigt Fig. 138, einen solchen für Vierkantabstechstähle Fig. 151. Statt des letzteren wird auch oft die Ausführung Fig. 173 verwendet.

Fig. 173.

Die Stahlhalter, die im Revolverkopf ihren Platz haben, haben entweder einen Zapfen oder einen Flansch zur Befestigung im bzw. am Revolverkopf. Sie müssen genügend starr sein, sollen also nicht zu sehr über die Stirnfläche des Revolverkopfes überhängen, weil sonst leicht Erzittern eintritt. Stets sind sie durchbohrt, so daß lange Arbeitsstücke beim Abdrehen in diese Bohrung eintreten und nötigenfalls durch den ganzen Revolverkopf hindurchtreten können, wenn der letztere sechskantig oder rund ist. Meist kann man in der Bohrung auch noch irgendein anderes Werkzeug einsetzen, um gleichzeitig mit dem Überdrehen eine andere Operation, wie Zentrieren, Ankörnen, Abfräsen der Stirnfläche, Ausbohren usw. vorzunehmen. So wird z. B. bei dem Stahlhalter Fig. 164 gleichzeitig mit dem Überschruppen das Arbeitsstück durch den im hohlen Zapfen eingesetzten Spiralbohrer ausgebohrt.

Stahlhalter zum Außendrehen für Schruppen oder Schlichten. Die einfachste Form eines solchen zeigt Fig. 174. Der Stahlgußkasten sitzt auf einem durchbohrten Schaft, in dem man wenn nötig Bohrer usw. unterbringen kann. Durch den beim Überdrehen stets auftretenden Querdruck auf das Arbeitsstück sucht dieses dem Stahl auszuweichen, und um dies zu verhindern, muß das Werkstück abgestützt werden, was durch V-förmige Führungen (Fig. 175), die durch einen Schlitz nachstellbar sind, um für verschiedene Durchmesser verwertet werden zu können, geschieht. Statt der Nachstellung durch Schlitz hat man auch zwei zugeschärfte Stahlschienen, die ein V-förmiges Gegenlager bilden und auf einem Bolzen verstellt werden (Fig. 176). Viel besser ist es jedoch, den Stahldruck durch zwei gehärtete Stahlrollen aufzunehmen, die eine viel geringere Reibung haben und durch ihre harte Oberfläche das Arbeitsstück glätten, so daß meistens ein Schlichten desselben überflüssig ist. Bei den V-förmigen Gegenhaltern kann es leicht vorkommen, daß die Backen sich erhitzen und aufrauhen, was bei Rollen nicht zu befürchten ist, weil man leicht an jeder Rolle einen Spanabnehmer anordnen kann, der sich bei Einstellung der Rollen mitbewegt, also immer in Berührung mit ihnen bleibt und das Anhaften von Spänen auf dem Rollenumfang verhindert. Natürlich müssen die Rollen einstellbar sein, und jede Rolle hat einen besonderen Halter mit unabhängiger Regulierung oder es sind, besonders bei kleineren, einfachen Haltern beide Rollen auf einer einzigen Platte montiert, die durch zwei Druckschrauben angedrückt wird und bei der eine Klemmschraube den Halter festklemmt.

Fig. 174.

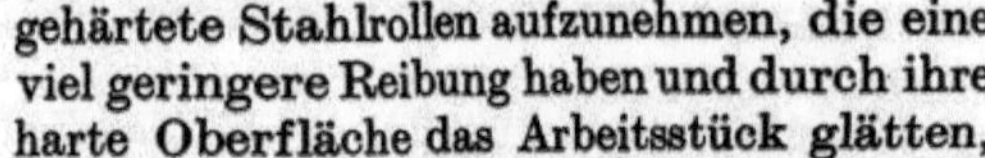

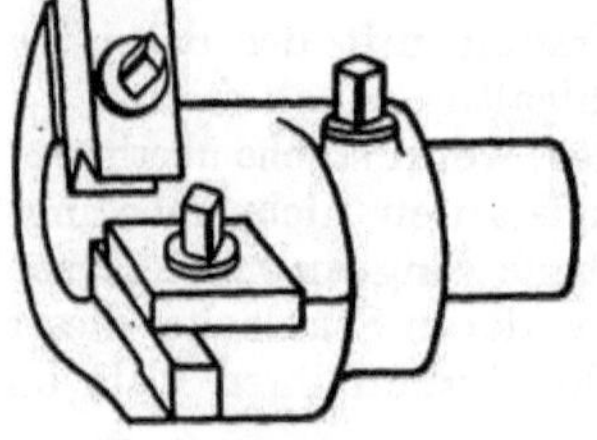

Fig. 175.

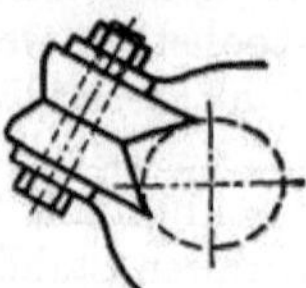

Fig. 176.

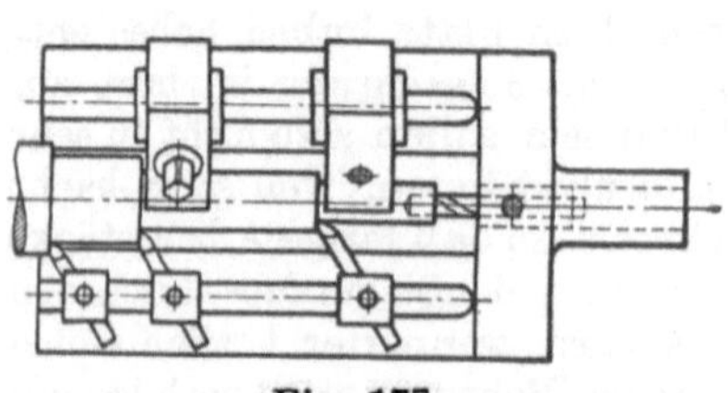

Fig. 177.

Einen **Mehrfachstahlhalter** zum Überdrehen mit drei Stählen zeigt Fig. 177. Der aus Stahlguß bestehende Kasten besitzt zwei ⊥-Nuten, die mit drei Stichelhäusern mit Stählen und zwei V-förmigen Gegenführungen ausgestattet sind. Es ist nicht für jeden Stahl immer eine Gegenführung erforderlich, wenn zwei Stähle nahe beieinander liegen, wie in Fig. 177, genügt für diese ein einziger Gegenhalter. Kommen noch mehr Stähle in Frage, so nimmt man, wenn der Raum beschränkt ist, als erste Gegenführung Rollen, für die folgenden aber V-Führungen, weil diese weniger Platz beanspruchen. Ebenso ist es bei einer größeren Anzahl von Stählen des besseren Unterbringens im Stahlhalter oft nötig, einen Teil der Stähle auf der hinteren Seite des Stahlhalters anzuordnen, so daß also diese Stähle mit der Schneidkante nach unten zu liegen kommen. In solchen Fällen sind, besonders für stärkere Drehdurchmesser und wenn die Anzahl Stähle vorn und hinten gleich ist, keine Gegenführungen notwendig. Die Stichelhäuser sind drehbar, so daß das hintere auch für einen Fase- oder Formstahl verwendet werden kann. Der Schaft ist durchbohrt und im vorliegenden Falle mit Spiralbohrer besetzt, der das Stück gleichzeitig mit dem Überdrehen ausbohrt und durch Vierkantschraube im Schaft festgespannt ist.

Fig. 178.

Fig. 179.

Fig. 178 veranschaulicht einen Mehrfachstahlhalter mit Rollenführung, der seiner Größe wegen mit Flansch am Revolverkopf festgeschraubt wird. Der Flansch besitzt eine große Aussparung, damit nicht nur das Arbeitsstück hindurch in den Revolverkopf treten kann, sondern daß auch Bohrwerkzeuge usw. durch die Aussparung hindurch am gleichen Revolverkopfloch angebracht werden können.

Einen Tangentialstahlhalter mit Rollenführung für den in Fig. 165 gezeigten Tangentialstahl stellt Fig. 179 dar.

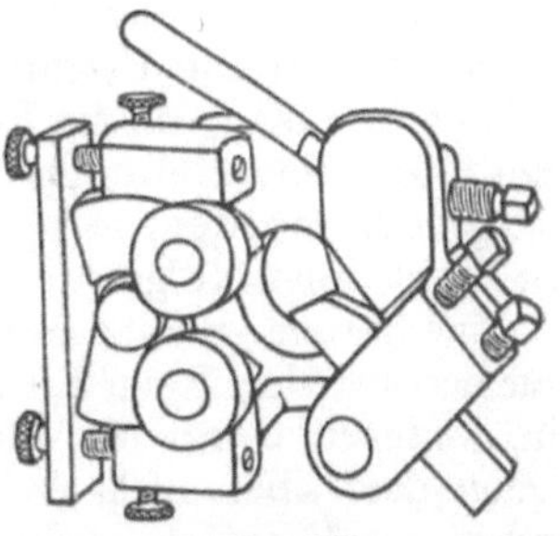

Fig. 180.

Einen sehr praktischen Stahlhalter zum Außendrehen gibt die Fig. 180. Die Rollen sind an schwingenden Backenklauen angebaut, die durch einen Bügel und zwei Schrauben einstellbar sind. Der Stahl ist in einem Block mit breiter Aussparung eingespannt, so daß er genügend seitlich eingestellt werden kann, um den Rollen vorauszugehen oder zu folgen. Der Block dreht sich auf einem Bolzen und wird durch einen exzentrischen Hebel in seiner Stellung gehalten. Durch die rechts oben sichtbare horizontale Schraube wird der Block und damit der Stahl nach dem Werkstück zu- oder von demselben abgestellt, also der Stahl auf Maß gestellt. Außer dieser Feineinstellung für den Stahl ist noch durch den exzentrischen Hebel die Möglichkeit geboten, den Stahl schnell zurückzuziehen, was immer von Vorteil ist, wenn das Überdrehen beendet ist und der Revolverkopf seine rückläufige Bewegung ausführt, weil dann der Stahl auf dem Arbeitsstück nicht den leidigen Riß hinterlassen kann. Beim Transportieren über Erhöhungen ist das plötzliche Abheben des Stahles Erfordernis. Um schnell und sicher den Stahl wieder in die ursprüngliche Stellung zurückbringen zu können, ist eine in der Abbildung nicht sichtbare konisch zulaufende Nase hinter dem Block, gegen die der exzentrische Hebel anschlägt.

Dieser Stahlhalter ist sehr kurz gebaut, so daß das Langdrehen mit einer Quersupportoperation zusammenfallen kann, ohne daß die Quersupportwerkzeuge behindert werden. Macht man die Aussparung im Block nach vorn zu offen, so kann man mit dem Stahl bis an eine Schulter des Arbeitsstückes herandrehen. Der Stahl für diesen Halter hat die Form Fig. 164 oder 167.

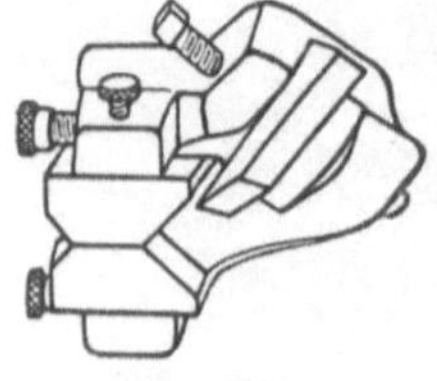
Fig. 181.

In Fig. 181 ist ein Stahlhalter mit Seitenstahl zum Abfasen wiedergegeben.

Beim Außendrehen ist der Stahl in der Längsrichtung im Stahlhalter so einzustellen, daß er beim ersten Span immer der Gegenführung etwas vorauseilt. Würde man die umgekehrte Regel einhalten, so würde etwaiger Schlag im Arbeitsstück durch das Abdrehen nicht verschwinden, höchstens etwas verringert werden. Zu Beginn des Überschruppens wird eine Zone angedreht auf eine solche Strecke, daß die Rollen eben anschnäbeln, dann, um das etwa noch vorhandene geringfügige Unrundlaufen ganz zu beseitigen, ein schwacher Schabeschnitt genommen und dann erst läßt man das angedrehte Stück in die Rollenführung eintreten und das eigentliche Überdrehen beginnt. Meist ist ein weiterer Schnitt nicht mehr nötig, da die Rollen das Stück glätten. Muß aber infolge zu großer Materialzugabe am Arbeitsstück zwei- oder mehreremal übergedreht werden, so müssen die Rollen vorweg gesetzt werden und der Stahl ihnen folgen.

Eine Stange, welche zu stark oder zu krumm ist, um mit dem Bleihammer auf der Revolverbank gerichtet zu werden, sticht man leicht ein, wodurch dann das Richten ohne besondere Mühe erfolgt. Die Stange darf aber nicht zu tief eingedreht werden, damit beim Überdrehen der Einstich wieder verschwindet.

Die bisherigen Beispiele zeigten die Stähle in einer Ebene parallel zur Drehebene des Revolverkopfes eingestellt. Bei dieser Stellung können infolge unvollkommener Schaltung des Revolverkopfes leicht kleine Unterschiede im Drehdurchmesser auftreten. Richtiger ist es immer, den Stahlhalter so auszubilden, daß die Stähle senkrecht zur

Drehebene des Revolverkopfes stehen, weil dann die geschilderten Abweichungen nicht so leicht entstehen können.

Es wurde oben gesagt, daß man für Profilarbeiten den Fassonstahl meist in den Quersupport der Revolverbank einspannt. Der Quersupport ist möglichst für solche Arbeiten freizuhalten, bei denen ein großer Schnittdruck auftritt, weil er infolge seiner starren Konstruktion eine sicherere Einspannung erlaubt und das gefährliche Vibrieren des Stahles ausschließt. Zu solchen Arbeiten gehört das Drehen komplizierter Profile, die einen breiten Fassonstahl erfordern, oder wenn man das Profil mit mehr als einem Formstahl herstellen will.

Für einfachere, schlanke Profile kann man aber auch den Revolverkopf benutzen, in den dann ein entsprechender Stahlhalter eingespannt wird. Das Leitlineal wird auf dem Quersupport untergebracht, das Vorderteil des Halters ist schwenkbar und wird durch eine Feder mit dem im Vorderteil eingespannten Stahl gegen das Kopierlineal gedrückt, wodurch beim Vorgehen des Revolverkopfes die Fasson aus dem Arbeitsstück herausgedreht wird. Natürlich muß hier die Gegenführung dem Stahl vorausgehen, um stets an dem noch zylindrischen Teile des Arbeitsstückes zu gleiten.

Bei Futterstücken oder Schmiedestücken, die einzeln eingespannt werden müssen, hat man oft quer zur Achse liegende Flächen zu drehen. Ist der Quersupport für andere Arbeiten belegt, muß also dieses Plandrehen vom Revolverkopf aus geschehen, so setzt man am Revolverkopf eine einfache Bohrstange ein, in die ein Fräsmesser eingespannt ist zum Abfräsen der Fläche, wenn diese direkt an der Bohrung liegt. Das vordere Ende der Bohrstange führt sich dabei in der in einer voraufgegangenen Operation fertiggestellten Bohrung bzw. in einer in die hohle Hauptspindel eingesetzte Führungsbüchse, die am besten noch mit Kugellager ausgerüstet ist. Mit solchen Fräsarbeiten zum Planflächen von Naben usw. lassen sich durch Kombinierung verschiedener Stähle, Bohrer u. dgl. in einem Stahlhalter eine Menge Chuckingarbeiten, wie allerlei Deckel, Zahnräder, Kegelräder usw. ausführen. Einen derartigen Stahlhalter mit Bohrstange und mehreren Stichelhäusern zeigt Fig. 182. Nach Erledigung des Abfräsens der Nabenstirnfläche wird das Fräsmesser entfernt und die Bohrstange übernimmt die Aufgabe, als Führungsschaft für die jetzt in Aktion tretenden Stähle zu dienen.

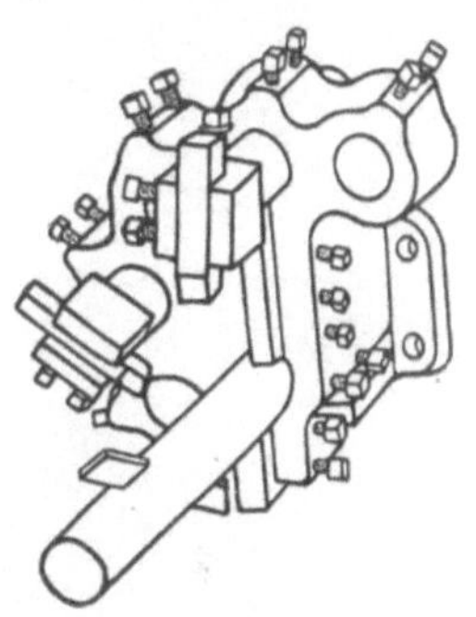

Fig. 182.

Um Querflächen in größerem Abstande von der Bohrung abzufräsen, ist das Fräsmesser im entsprechenden Abstand vom Führungsschaft im Stahlhalter selbst anzuordnen. Um diese Fräsmesser in entsprechenden Grenzen verschieben zu können, geht man noch einen Schritt weiter und macht die Stichelhäuser, die die Fräsmesser aufnehmen, verstellbar, wie dies die Fig. 183 zeigt. Der Führungsschaft ist wieder als Bohrstange ausgebildet, das unterste Stichelhaus kann schief gestellt werden zum Abdrehen konischer Flächen, das mittlere ist mit Quervorschub ausgestattet und das obere erlaubt eine Verschiebung in der Längsrichtung. Man kann also mit diesem Stahlhalter eine Menge verschiedener Arbeiten gleichzeitig ausführen.

Bei allen Arbeiten zum Plandrehen bzw. -fräsen muß der Stahlhalter stets den Führungsschaft haben.

Die Stähle und Stahlhalter zum Innendrehen und zum Gewindeschneiden sind später besprochen.

Ob es sich um die gewöhnliche Revolverbank handelt, bei der stets das Arbeitsstück die Schnittbewegung ausführt, während die Werkzeuge stillstehen, oder um den Automat, bei dem die Arbeitsstücke stillstehen und die Werkzeuge die Schnittbewegung ausführen, stets ist es notwendig und von größter Wichtigkeit, für alle sich wiederholen-den Arbeiten nach dem ersten mit besonderer Sorgfalt vorzunehmenden Einstellen der Bank alle Daten in Einstellungsplänen niederzulegen, um bei jeder Wiederholung die Einstellung der Maschine auf das Mindestmaß zu verkürzen. Die erstmalige Einstellung ist besonders beim Automaten eine schwierige Arbeit, die viel Werkstattserfahrung und ein gründliches Verständnis aller Anwendungsmöglichkeiten dieser Maschine erfordert. Sie muß sorgfältig vorher bedacht werden unter dem Gesichtspunkt, möglichst viel Werkzeuge gleichzeitig arbeiten zu lassen und die Arbeit zwischen Kopf- und Seitenwerkzeugen gleichmäßig zu verteilen, so daß die Herstellung verwickelter Kontrollehren erspart wird und einfache Lehren Verwendung finden können.

Fig. 183.

Solch ein Einstellungsplan muß eine Skizze mit Maßen des Arbeitsstückes enthalten, einen Verteilungsplan der Werkzeuge auf die numerierten Löcher des Revolverkopfes, sämtliche für die Einstellung der Werkzeuge und der zugehörigen Anschläge erforderlichen Maße und eine Tafel der einzelnen Arbeiten in richtiger Reihenfolge mit Angabe der Zeit, Schnittgeschwindigkeit und des Vorschubes für jede einzelne Arbeit.

Außer dem Einstellungsplan sollte noch ein Leistungskontrollbuch geführt werden, in das in entsprechenden Rubriken die tägliche Leistung einer Bank für die Dauer eines Jahres täglich vermerkt wird. Wird die normale im Einstellungsplan festgelegte Leistung einmal nicht erreicht, so muß im Kontrollbuch in besonders für die möglichen Ursachen des Stillstandes vorgesehenen Spalten, wie Einstellung, Reparatur, Mangel an Material, an Arbeit oder an Werkzeug, dieses angezeigt werden, und man hat sofort eine Handhabe, etwaigen Mißständen zu begegnen und die Leistung dauernd zu kontrollieren.

Ein sehr wichtiger Punkt bei der Revolverbankarbeit und noch mehr bei Automatenarbeit, der besonders bei Massenfabrikation nicht geringen Schwierigkeiten begegnet, ist die Kontrolle der Fabrikate. Es ist nach dem Gesagten selbstverständlich, daß nach erfolgtem Einrichten der Bank die ersten darauf fertiggestellten Arbeitsstücke einer sorgfältigen Revision unterzogen werden müssen. Damit ist aber noch lange keine Gewähr gegeben, daß nun alle weiteren Arbeitsstücke auch genau und maßhaltig ausfallen werden, besonders dann, wenn es sich um Gewindeschneidarbeiten handelt. Abnutzung der Werkzeuge, unsachgemäße Schmierung und eine Reihe anderer Faktoren sind ständig an der Arbeit, Genauigkeit und Sauberkeit zu verringern. Jedes Arbeitsstück sofort nach Abspannen zu kontrollieren, ist in den meisten Fällen ganz unmöglich, die Arbeit würde dadurch viel zu teuer. Eine Kontrolle in gewissen Zeiträumen ist ebenfalls noch unvollkommen. Ein sehr gutes, wenn auch nicht überall anwendbares Hilfsmittel ist die Selbstprüfung, indem man die Einrichtungen, Einspannvorrichtungen und Bohrlehren für Stücke, die noch anderen nachfolgenden Arbeiten unterworfen sind, so gestaltet, daß sie die Verwendung mangelhaft vorbearbeiteter Gegenstände von vornherein nicht zulassen. Soll dieses Arbeitsprinzip aber wirksam sein, so muß die Fabrikation sich in der Weise abwickeln, daß die auf die Revolverbank folgende Bank pro Zeiteinheit ebensoviel wie die Revolverbank leistet, oder wenigstens, da dies in der Praxis kaum zu erreichen ist, eine so geringe Minderleistung aufweist, daß an der Revolverbank sich ein nur geringfügiger Vorrat ansammeln kann. Auf diese Weise muß ein mangelhaftes Arbeiten der Revolverbank sich sofort oder doch so frühzeitig anzeigen, daß größerer Ausschuß vermieden wird. Allerdings ist es bei der Verschiedenheit der Leistungsfähigkeit der Werkzeugmaschinen meist recht schwierig, in vielen Fällen überhaupt unmöglich, die Fabrikation unter den geschilderten Gesichtspunkt zu stellen, immer aber bedarf es hierzu graphischer Arbeitspläne[1]).

Gewindestähle.

Das Gewindeschneiden ist eine der wichtigsten Operationen, die in der Werkstatt auftreten, es bildet in den meisten Fällen das Rückgrat der an einem Arbeitsstück vorgenommenen Arbeitsausführungen. Auf dem Gewinde beruht gewöhnlich der »Halt«, und wenn das Gewinde verdorben, ist auch die Haltbarkeit illusorisch. Da überdies das Gewindeschneiden sehr oft die Schlußoperation in der Arbeitsfolge am Werkstück ist, so wird der Schaden durch verdorbenes Gewinde noch empfindlicher.

Die Richtigkeit und Güte eines Gewindes hängt von vielen Größen ab, deren jede einzelne nicht nur an sich wichtig ist, sondern auch in

[1]) s. Hippler, W.: »Beschäftigungsgrad und Leistungsfähigkeit der Werkstatt und deren Steigerung durch graphische Arbeitspläne« in der Zeitschrift »Die Werkzeugmaschine«, 19. Jahrgang, S. 28.

ihrem Verhältnis zu den anderen, es gehört daher das Gewindeschneiden im engeren Sinne zu den schwierigsten und feinsten Werkstattsarbeiten, das nur geschickten, erfahrenen Arbeitern übertragen werden kann und auch dann wiederum nur eine sachgemäße Erledigung finden kann, wenn unbedingt erstklassige Werkzeuge verwendet werden. Andrerseits aber ist wiederum die eigentliche Schraubenherstellung an sich die größte und überall auf der Welt verbreitetste Massenfabrikation, wobei nur angelernte Leute und ausschließlich selbsttätige oder halbselbsttätige Maschinen verwendet werden. Die Ansprüche an die Genauigkeit des Gewindes, um eine theoretisch vollkommene Austauschbarkeit als den springenden Punkt bei der Gewindeherstellung zu gewährleisten, sind so vielseitig und so hoch, daß es bis heute unmöglich ist, wirklich genau passende Gewinde herzustellen, so daß sich die Werkstatt darauf beschränken muß, ein befriedigendes Passen der Gewinde zu erzielen, d. h. die Toleranzen in den Größenabmessungen auf so enge Grenzen zu beschränken, daß Schrauben und Gewindebohrer jederzeit, auch beim Auftreten der Grenzfälle, also dem ungünstigsten Zusammentreffen der weitesten Grenzen nach beiden Richtungen hin, in die entsprechenden Muttern und Schneideisen hineingehen, mit anderen Worten, daß das größte zulässige Bolzengewinde noch in das kleinste Muttergewinde paßt, und wiederum das größte zulässige Muttergewinde auf dem kleinsten Bolzengewinde nicht wackelt, und so praktisch die Austauschbarkeit der Gewinde gesichert ist. Aber auch unter diesem Gesichtspunkt ist die Gewindeherstellung noch schwierig genug, es muß aus wirtschaftlichen Gründen beim Gewindeschneiden daher immer das Bestreben obwalten, die Ansprüche nicht höher zu schrauben, als der Verwendungszweck es erfordert, denn wenn die Grenzen zu klein sind, würde die Austauschbarkeit gefährdet und die Arbeit ganz unverhältnismäßig teuer.

Ein Gewinde ist dann richtig, wenn Außen-, Flanken- und Kerndurchmesser, Steigung, Form und Stellung der Gewindegänge richtig sind. Die vielfach herrschende Meinung, daß ein Gewinde schon richtig sei, wenn nur Kern- und Außendurchmesser sowie Steigung normal sind, ist sehr unvollständig, die wichtigsten Maße sind Steigung und Flankenmaß, das sind die Durchmesser, die quer über die Flanken gemessen werden. Jede Schraube soll nur an den Flanken des Gewindes tragen, der Außen- und Kerndurchmesser haben mit dem wirklichen Passen wenig zu tun, sie dürfen bei Bolzen nur nicht größer sein als ihre Nennmaßwerte, d. h. beide Durchmesser müssen am größten zulässigen Bolzengewinde immer noch kleiner sein als beim kleinsten Muttergewinde. Sind aber die Flankenmaße nicht verhältnismäßig gleich und stimmen der Winkel und die Steigung der Gewindegänge bei Bolzen und Mutter nicht genau überein, so kann eine richtige Passung nicht erreicht werden.

Die Notwendigkeit, den Gewindewinkel genau zu messen, hat dazu geführt, von einem Teildurchmesser, dem sog. Flankendurchmesser zu sprechen, etwa wie beim Zahnrad vom Teilkreisdurchmesser. Beim Whitworth-Gewinde mit seinen gleichmäßig abgerundeten Ecken und beim Löwenherz-Gewinde mit seinen gleichmäßig abgeflachten Ecken,

Gewindetabellen mit Flankenmaß.

Whitworth-Gewinde					SI-Gewinde					
					Abrundung		1/16	1/18	1/20	
Bolzendurchmesser engl. Zoll	Bolzendurchmesser mm	Gänge auf 1 engl. Zoll	Kerndurchmesser d mm	Flankenmaß F mm	Bolzendurchmesser mm	Steigung mm	Kerndurchmesser[1] mm	Kerndurchmesser[1] mm	Kerndurchmesser[1] mm	Flankenmaß F mm
1/8	3,175	40	2,362	2,768	3	0,55	2,2267	2,233	2,238	2,64
5/32	3,969	32	2,953	3,461	3 1/2	0,55	2,7267	2,733	2,738	3,14
3/16	4,762	24	3,407	4,085	4	0,7	3,0158	3,023	3,030	3,55
7/32	5,556	24	4,201	4,879	4 1/2	0,7	3,5158	3,523	3,530	4,05
1/4	6,350	20	4,724	5,537	5	0,85	3,8049	3,814	3,822	4,45
5/16	7,937	18	6,130	7,034	6	1	4,5940	4,605	4,614	5,35
3/8	9,525	16	7,492	8,509	7	1	5,5940	5,605	5,614	6,35
7/16	11,112	14	8,789	9,950	8	1,25	6,2430	6,256	6,268	7,19
1/2	12,700	12	9,989	11,345	9	1,25	7,243	7,256	7,268	8,19
9/16	14,287	12	11,577	12,932	10	1,5	7,891	7,907	7,922	9,02
5/8	15,875	11	12,918	14,397	11	1,5	8,891	8,907	8,922	9,52
11/16	17,462	11	14,505	15,984	12	1,75	9,540	9,559	9,575	10,86
3/4	19,050	10	15,797	17,424	14	2	11,188	11,210	11,229	12,7
13/16	20,637	10	17,384	19,010	16	2	13,188	12,210	13,229	14,7
7/8	22,225	9	18,610	20,418	18	2,5	14,486	14,512	14,536	16,37
15/16	23,812	9	20,198	22,005	20	2,5	16,486	16,512	16,536	18,37
1	25,400	8	21,334	23,367	22	2,5	18,486	18,512	18,536	20,37
1 1/8	28,574	7	23,928	26,251	24	3	19,782	19,815	19,843	22,05
1 1/4	31,749	7	27,103	29,426	27	3	22,782	22,815	19,843	25,05
1 3/8	34,924	6	29,503	32,214	30	3,5	25,080	25,117	25,150	27,73
1 1/2	38,099	6	32,678	35,389	33	3,5	28,080	28,117	28,150	30,73
1 5/8	41,274	5	34,769	38,022	36	4	30,376	30,420	30,458	33,4
1 3/4	44,449	5	37,944	41,197	39	4	33,376	33,420	30,458	36,4
1 7/8	47,624	4,5	40,396	44,010	42	4,5	35,673	35,722	35,765	39,07
2	50,799	4,5	43,571	47,185	45	4,5	38,721	38,722	35,765	42,07
					48	5	40,970	41,025	41,072	44,75

Tab. 6.

die beide kein Spiel in den Ecken zwischen Mutter und Bolzen haben, ist der Flankendurchmesser = Kerndurchmesser + Gewindetiefe, dagegen beim SI-Gewinde mit seinem Spiel zwischen der Gewindespitze des einen Teiles und der Tiefe des anderen Teiles ist der Flankendurchmesser F die Entfernung der Mitten der voll ausgeschnitten gedachten Gewindetiefen (s. Fig. 184). In der Tabelle 6 sind die Flankendurchmesser für Whitworth- und SI-Gewinde ausgerechnet. Der Flankendurchmesser bestimmt nicht nur die Entfernung der mittleren Flanke von der Achse, sondern auch

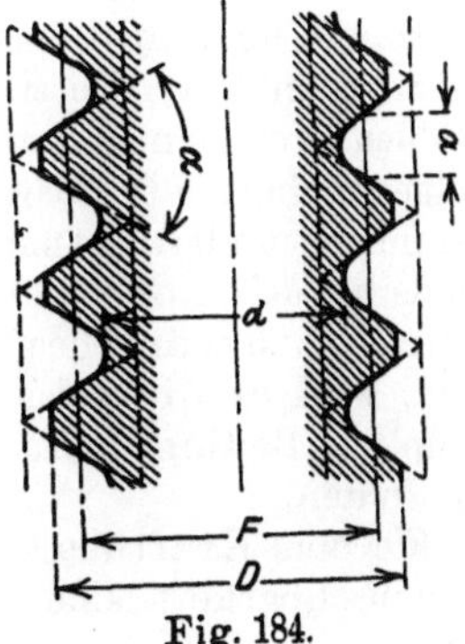

Fig. 184.

[1]) Der Kerndurchmesser ist gleich dem Außendurchmesser abzüglich zweimal der Summe von Berührungs- und Ausrundungstiefe, oder in Formel ausgedrückt: $K = D - 2$ (Berührungstiefe + Ausrundungstiefe).

den Abstand a der Flanke von ihrer Nebenflanke. Es ist jetzt auch ersichtlich, warum der Flankendurchmesser neben der Steigung das wichtigste Maß ist und der Kern- und Außendurchmesser nur eine untergeordnete Bedeutung haben, denn es kann ein Gewinde richtige Kern- und Außendurchmesser und auch richtigen Flankenwinkel α haben und doch falsch sein, wenn der Flankendurchmesser F und der Flankenabstand a nicht richtig ausgeführt sind.

Für die Kraftübertragung kommt nur die Flanke in Betracht, sie ist der tragende Teil am Gewinde. Dieser Bedeutung entsprechend verlangt sie eine hohe Genauigkeit der Herstellung, so daß die Flankendurchmesser beim größten Muttergewinde bzw. beim kleinsten Bolzengewinde nur wenige Hundertstel Millimeter voneinander abweichen dürfen. Im Mittel soll der Unterschied vom theoretischen Flankendurchmesser nach oben und unten je $^1/_{100}$ mm sein. Da in den meisten Fällen Bolzen- und Muttergewinde getrennt auf verschiedenen Maschinen bzw. mit verschiedenen Mitteln hergestellt werden, kommt es leicht vor, daß Bolzen- und Muttergewinde nicht gleiche Flankenwinkel erhalten, so daß das Tragen nur auf den schwachen Zahnspitzen des einen Teiles stattfindet. Oder es treten aus dem gleichen Grunde der getrennten Herstellung Unterschiede in der Steigung der beiden Gewinde auf, dann tragen nur zwei Gänge an den Flanken, das eine Gewinde geht mit den ersten Gängen frei auf das andere, setzt sich aber schon nach einigen Umdrehungen fest. Die ganze Kraftübertragung geschieht nur auf einen Gang. Wir werden im Laufe der folgenden Erörterungen noch eingehender auf diese und andere Fehler und ihre Ursachen zurückkommen, jedenfalls aber dürften schon die bisherigen Betrachtungen zur Genüge bewiesen haben, ein wie schwieriges Gebiet das Gewindeschneiden ist, daß auch im günstigsten Falle immer eine Vielheit kleiner Fehler vorhanden sein wird, auf die man durch richtige geschickte Bemessung der Toleranzen Rücksicht zu nehmen hat, wenn man gleichzeitig sauberes Passen und Austauschbarkeit erreichen will. Die Gewindeherstellung ist für die Werkstatt ein um so schwierigeres Problem, als sie oft noch mit einer ganzen Reihe verschiedener Gewindesysteme zu arbeiten hat, die eine solche Menge von Schablonen, Fräsern und Stählen erfordern, daß in ihnen oft ein Kapital von vielen tausenden Mark aufgespeichert ist. Darum ist die Normalisierung der Gewindesysteme, der immer noch nicht nur technische und wirtschaftliche Schwierigkeiten, sondern auch noch engherzig geschäftliche Interessen entgegenstehen, sehnlichst zu wünschen, aber selbst wenn sie einmal durchgeführt sein wird, wird es nicht leicht sein, den mannigfaltigen und vielfach verknüpften Bedingungen der Gewindemessung und -herstellung gerecht zu werden.

Für eine Kraftübertragung sowohl als auch für genaues Passen und Austauschbarkeit sind Außen- und Kerndurchmesser von keiner Bedeutung, so daß es gar keinen Zweck hat, wenn das Whitworth- und Löwenherz-Gewinde vorschreiben, daß in den Ecken zwischen Mutter- und Bolzengewinde kein Spiel vorhanden sein soll. Die Begründung, daß diese Gewinde dadurch dampfdicht seien, ist hinfällig, da ein solch genau passendes Gewinde in den Spitzen drängen, also nur dichtes Passen vortäuschen würde, während es in Wirklichkeit in den Flanken Luft hat. Denn ein Gewinde, das außer an den Flanken auch in den Spitzen genau dicht paßt, herzustellen, ist praktisch fast unmöglich, daher vom wirtschaftlichen Standpunkt aus unsinnig. In der Tat werden auch von den Werkzeugfabriken die Werkzeuge für diese Gewinde für ein wenn auch geringes Spiel hergestellt, um der Gefahr des Drängens in den Spitzen vorzubeugen. Wenn dann trotzdem einmal solch ein Gewinde dampfdicht hält, so sind es Unterschiede in der Steigung, die das bewirken. Für die Werkstatt ist es am richtigsten, den Kerndurchmesser des Bolzens kleiner als den des Muttergewindes und den Außendurchmesser des Muttergewindes etwas größer als den Außendurchmesser des Bolzengewindes zu machen, wie das beim SI-Gewinde Vorschrift ist. Die Werkzeugfabriken vergrößern den theoretischen Kerndurchmesser der Mutter um etwa $^1/_4$ der normalen einfachen Gewindetiefe, wobei dann also die Mutter nur $^7/_8$ der normalen doppelten Gewindetiefe erhält. Für den größten Außendurchmesser der Mutter hat man zu beachten, daß die Gewindespitzen nicht zu fein, zu scharf werden dürfen, weil solches Gewinde zu empfindlich würde und beim Gewindebohrer zu unzulässiger Abnutzung oder direkter Beschädigung führen würde. Wie schon erörtert, ist für die Austauschbarkeit neben dem Flankenmaß ganz besonders die Steigung zu beachten. Später wird darüber noch näher gesprochen, hier sei nur erwähnt, daß man Steigungsunterschiede zwischen + $^2/_{100}$ und $-^3/_{100}$ mm pro Zoll Gewindelänge zuläßt.

Die bisherigen Erörterungen lassen erkennen, daß eine solch schwierige Arbeit wie das Gewindeschneiden auch ein kompliziertes Meßverfahren erfordern muß, das in allen seinen Einzelheiten zu schildern hier nicht der Platz ist, es gehört in das Gebiet: Messen und Kontrollieren. Es bezeugt wiederum die Schwierigkeit des Gewindeschneidens die Tatsache, daß für die Gewindeherstellung die Lösung der Grenzlehrfrage bis jetzt noch nicht gefunden ist, daß es praktisch einwandfreie Grenzlehren für Gewinde noch nicht gibt. Die normale Werkstatt, die die Schraubenherstellung nicht als Spezialität betreibt, behilft sich in der Hauptsache mit den Gewindedornen und -ringen und Gewindeschablonen. Die letzteren messen nur die Steigung und das Gewindeprofil. Da die erstere durch die Schneideisen und Gewindeschneidköpfe oder die Leitpindeln von vornherein gegeben ist, so kommt während der Arbeit fast nur das Prüfen von Gewindeform und Durchmesser in Frage, da diese sich wegen der Werkzeugbenutzung und -verstellung ändern können. Es ist aber mit diesem einfachen Meßsystem nur auszukommen, wenn der Grundsatz befolgt wird, alle erforderlichen Gewindeschneidwerkzeuge, Gewindestahl, Strehler, Schneideisen und Gewindebohrer von einer Spezialwerkzeugfabrik fertig zu beziehen. Dieser Grundsatz ist für die normale Werkstatt der einzig vernünftige, von dem nur aus zwingenden Gründen abgewichen werden sollte. Man wird dabei hinsichtlich sicheren Passens und Austauschbarkeit der Gewinde um so besser fahren, je strenger man sich an diesen Grundsatz hält und nicht Stähle und Backen von einer Werkzeugfirma und Bohrer von einer anderen bezieht, es ist immer für ein hindernisloses Herstellen richtiger Gewinde von Vorteil, sich alle Werkzeuge, möglichst auch die Toleranzlehren, von ein und derselben Firma zu beschaffen.

Fig. 185.

Wo dagegen die Gewindeherstellung in größerem Maßstabe betrieben wird, muß das Bereich der Meßmittel um die Mikrometerschraube oder die Meßmaschine oder bei wilden Gewinden genau kalibrierte Drähte zum Messen des Flankendurchmessers, besondere Apparate zum Messen der Steigung und Einspannvorrichtungen zum richtigen Halten der Schablonen für das Messen der Flankenwinkel, der Abrundungen bzw. Abflachungen und ihrer Stellung zur Gewindeachse, Kugeltaster usw. erweitert werden. Für das Messen von Trapezgewinde kommt noch die Gewindeschieblehre hinzu.

Die Grundlagen für eine austauschbare Schraubenherstellung sind:

1. Werkzeuglehren, mit denen die Abmessungen der benutzten Werkzeuge untersucht werden. Denn die Werkzeuge, wie Gewindestahl, Schneideisen, Gewindebohrer usw., sind sowohl durch den Herstellungs-

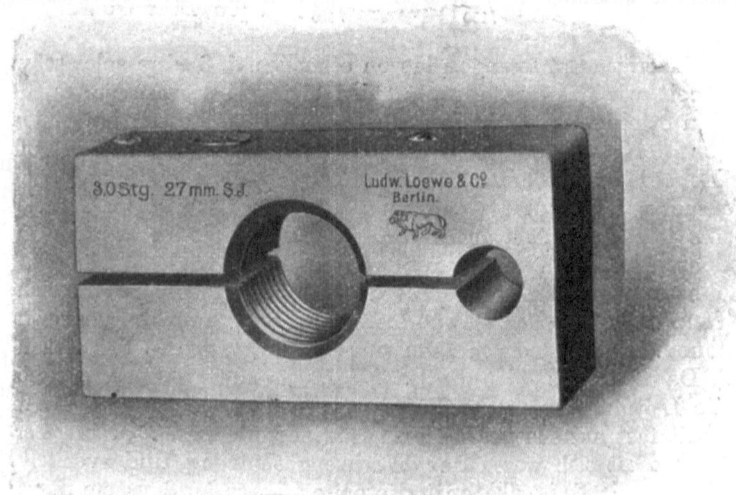

Fig. 186.

prozeß, hauptsächlich durch das Härten, als auch durch den Arbeitsprozeß, durch die Abnutzung, Veränderungen in ihrer ursprünglichen Genauigkeit unterworfen, die wieder ausgeglichen werden müssen. Hierzu sind eine ganze Reihe genauester Lehren und Meßeinrichtungen erforderlich.

2. Arbeitslehren, welche das Gewinde am Arbeitsstück prüfen. Als solche kommen in Betracht die Gewindelehrmutter Fig. 185, mit der das Bolzengewinde durch Einschrauben in die Lehrmutter geprüft wird, oder die nachstellbare Gewindelehrmutter Fig. 186, mit

Fig. 187.

der sich kleine, durch Abnutzung entstandene Differenzen ausgleichen lassen. Manche Firmen ersetzen zur Schonung der Lehrmutter diese durch eine selbstangefertigte, mit einem guten Gewindebohrer geschnittene Mutter, die von Zeit zu Zeit mit einem Lehrdorn kontrolliert wird, doch möchte ich solche Sparsamkeit als hier unangebracht nicht empfehlen. Will man jedoch aus irgend einem Grunde auf solche selbstangefertigte Lehren nicht verzichten, so lege man allen Wert auf eine richtige Härtung. Im IV. Kapitel ist ausführlich darauf eingegangen. Für das Messen des Muttergewindes hat man Gewindelehrdorne (Fig. 187), die an dem einen Ende Gewinde zum Messen des Gewindes und am anderen einen Kaliberdorn für den Kerndurchmesser haben. Auch diesen ersetzen manche Werkstätten durch einen selbstangefertigten Dorn, der durch die Lehrmutter Fig. 185 geprüft wird. Eine andere zweckmäßige Grenzlehre zeigt Fig. 188. Sie ist nichts anderes als eine doppelte Lehrmutter, mit zwei glatten Löchern für den zulässigen größten und kleinsten Außendurchmesser der Schraube, und zwei Gewindelöchern mit dem größten und kleinsten zulässigen Durchmesser bei richtiger Steigung. An und für sich leistet aber diese Lehre auch nicht mehr als die gewöhnliche Lehrmutter.

Fig. 188.

Es ist klar, daß das an sich sehr einfache Prüfungsverfahren mit Lehrmutter und Lehrdorn für hochgeschraubte Ansprüche nicht ganz zuverlässig ist, weil sie über die Steigung und Form des Gewindes nichts aussagen, beide prüfen nur, ob die Steigung normal ist, sind also nur sicher, wenn die Abweichungen der Steigung und Gewindeform in bestimmten Grenzen bleiben. Der Lehrdorn paßt in ein Muttergewinde ohne Wackeln hinein, wenn er nur entweder auf dem Grund, auf der Gewindespitze oder auf der Flanke trägt. Die Lehrmutter wird auf einem Bolzengewinde, dessen Profil zu stumpf ist, ohne Schlottern passen, wenn Steigung und Kerndurchmesser richtig sind. Eine normale Mutter würde wohl auf einen solchen Bolzen passen, beim Anziehen aber müssen sich ihre Zähne verbiegen. Wird diese Mutter wieder gelöst und auf einen anderen Bolzen geschraubt, so paßt sie schlecht oder gar nicht.

Die Mängel der beschriebenen Lehren können, wenigstens für das Bolzengewinde und wenn das Muttergewinde mit Gewindebohrer geschnitten wurde, indirekt auch für das Muttergewinde, behoben werden durch Toleranzlehren, wenn auch durchaus nicht vollkommen, denn bei den vielen Größen, die noch untereinander verkettet sind, kann die

Fig. 189.

Toleranzlehre nicht alle erfassen und ihr daher nicht die Bedeutung zukommen als für Wellen und Bohrungen. Eine solche Toleranzschraubenlehre, die Außen- und Kerndurchmesser, Steigung und Form des Gewindes statt durch eine umschließende Mutter nach Art der Rachenlehren mit offenen Meßbacken mißt, ist in Fig. 189 dargestellt. In den glatten Rachen *c* darf sich die Schraube nicht einführen lassen,

Fig. 190.

sonst ist sie zu schwach. Hingegen muß sie sich durch die Zähne des Rachens *a* zwanglos durchführen lassen. Läßt sich die Schraube vorn bei *a* nicht, dagegen seitlich bei *b* einführen, so stimmt wohl der Außendurchmesser des Gewindes, aber das Gewinde ist unrichtig. Wo der Fehler zu suchen ist, in der Steigung oder der Gewindeform, läßt sich durch Visieren des Gewindes in den am Rachen *c* außen angebrachten Zähnen feststellen. Diese Lehre gibt also ebenfalls nur

Grenzmaße für den Außendurchmesser, doch ist sie immerhin praktisch, da sie die Grenzlehre für den Außendurchmesser mit der Gewindelehre vereinigt. Es muß eben wieder betont werden, daß es bis heute noch keine Lehre gibt, die völlig genügte.

Neben diesen Lehren benutzt man noch Gewindeschablonen (Fig. 190), mit denen man durch Visieren Steigung und Gewindeprofil kontrolliert.

Mit den vorgeführten Arbeitslehren kann eine Werkstatt, die die Gewindeherstellung nicht im großen Maßstabe betreibt und normale Ansprüche an die Genauigkeit stellt, gut auskommen.

3. Revisionslehren, welche die praktische Brauchbarkeit der Gewinde untersuchen, also keine Einzelheiten messen. Als solche verwendet man die voraufgeführten Arbeitslehren, nur daß sie hier nicht in die Hand des schaffenden Arbeiters gegeben sind, sondern im Revisionsraum ihren Platz haben.

4. Kontrollehren, mit denen periodisch die Richtigkeit der vorhergehenden Lehren nachkontrolliert wird. Sie sind mit höchster Genauigkeit hergestellt und nicht gehärtet. Für den gewöhnlichen Fall genügt die Normalgewindelehre Fig. 191, mit der man den Arbeits- oder Revisionslehrdorn Fig. 187 in der Weise kontrolliert, daß man mittels Kugeltaster die Kern-, Flanken- und Außendurchmesser beider Dorne vergleicht.

Fig. 191.

Bezieht man, was für den gewöhnlichen Fall das richtigste ist, Schrauben und Muttern von einer Spezialfabrik, so sende man dieser Arbeits- und Revisionslehren zur Darnacharbeitung ein und prüfe nach Eingang der Schrauben selbst noch mit Revisionslehren nach.

Die Werkzeuge, die zum Gewindeschneiden benutzt werden, sind: das Schneideisen, der Gewindebohrer, der durch die Leitspindel zwangläufig bewegte Gewindestahl und der Gewindefräser.

Mit dem Schneideisen schneidet man aus dem Vollen Gewinde bis 16 mm ϕ bzw. $^5/_8''$ in Stahl, bis 20 mm bzw. $^3/_4''$ in Schmiedeisen, bis 25 mm bzw. 1″ in Rotguß, bis 32 mm bzw. $1^1/_4''$ in Messing, bis 50 mm ϕ und Steigungen bis $2^1/_2$ mm in Gußeisen. Doch kommt Gußeisen im Sinne des Gewindesystems selten zur Anwendung, die Größe des Durchmessers fällt auch nicht so sehr hier ins Gewicht, weil auf dem größeren Durchmesser auch eine größere Zahl Schneidzähne geschaffen werden können. Jedenfalls aber kommt für den größten mit dem Schneideisen herzustellenden Gewindedurchmesser neben dem Material die Steigung des Gewindes und die Durchzugskraft der Maschine in Betracht, so daß man z. B. bei weichem, nicht zu zähem Schmiedeisen und genügend kräftiger Bank auch bis 25 mm ϕ bzw. 1″[1]) gehen kann. Besonders

---

[1]) Wenn nicht besonders bemerkt, ist stets von Whitworth-Gewinde die Rede.

aber die Beschaffenheit des Materials spielt beim Gewindeschneiden mit Schneideisen eine besondere Rolle. So läßt sich Gewinde über 1″ auf Flußeisen mit Schneideisen selten sauber herstellen, die Gänge reißen meist aus; man muß dann Schweißeisen benutzen.

Für unbedingt genaues Gewinde, oder wenn Durchmesser und Steigung des Gewindes so groß sind, daß Schneideisen oder Gewindebohrer nicht mehr angewandt werden können, kommen nur Maschinen in Betracht, bei denen entweder das Werkzeug oder das Arbeitsstück durch eine genaue Originalspindel — Leitspindel — bewegt wird. Diese Maschinen sind die Drehbank, die automatische Gewindedrehbank und die Gewindefräsmaschine, die beiden letzteren kommen dabei nur für Mengenanfertigung in Frage. Die beiden ersteren arbeiten mit dem Gewindedrehstahl, das Gewindeschneiden erfordert für beide die gleiche Zeit, nur daß die automatische Gewindedrehbank ihre Arbeit, mit der gleichzeitig in bestimmten Fällen, z. B. bei Anfertigung von Gewindebohrern, ein Hinterdrehen verkettet sein kann, vollkommen selbsttätig verrichtet, so daß ein Arbeiter mehrere Maschinen bedienen kann. Die letztere benutzt als Schneidwerkzeug den Gewindefräser.

Der Gewindedrehstahl ist hinsichtlich Form und Stellung zum Arbeitsstück als ein richtiger Profilstahl an folgende Vorschriften gebunden. Er muß dem Gewindeprofil entsprechen, also eine ganz bestimmte Form haben, er muß in der Höhe so eingespannt werden, daß er genau auf Spitzenhöhe steht, sein Profil muß richtig zur Mittelachse des Werkstückes stehen und beim Schneiden großer Steigungen muß die Richtung der Schneide im Steigungswinkel des zu schneidenden Gewindes liegen.

Die am schwierigsten zu erfüllende Vorschrift ist die erste, das richtige Profil. Die Werkstätten, die sich ihre Gewindedrehstähle selbst anfertigen, schleifen den Flankenwinkel *s* (Fig. 192), der beim Whitworth-Gewinde = 55°, beim SI-Gewinde = 60°, beim Löwenherz-Gewinde = 53° 8′, beim Trapezgewinde = 29° (Acme-Gewinde) beträgt, nach

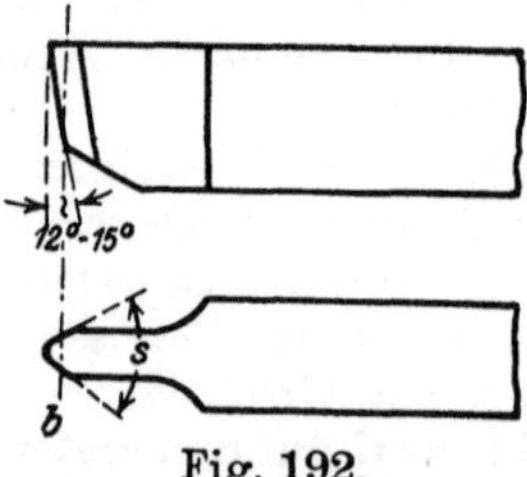

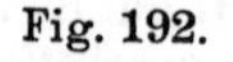

Fig. 192.

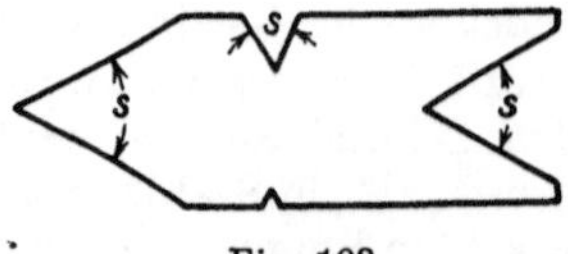

Fig. 193.

den käuflichen Gewindelehren Fig. 193; das richtig zugeschliffene Messer muß genau in den Einschnitt passen. Bei den vielen Größen, die für ein richtiges Gewinde maßgebend sind, und der peinlichen Genauigkeit, die zur richtigen Erstellung dieser Größen erforderlich ist, kann dieses Verfahren nur als ein sehr ungenügendes bezeichnet werden, mit dem wirklich austauschbare Arbeit nicht zu erreichen ist. Einmal ist die Genauigkeit, mit der der Flankenwinkel durch die Gewindelehre auf den Stahl übertragen werden kann, eine unzureichnde, sodann werden die Abrundungen bzw. Abflachungen, wie sie den verschiedenen Gewindesystemen zukommen und die innerhalb eines bestimmten Systems wieder von den Steigungen abhängen und sich mit diesen ändern, gar nicht berücksichtigt, sondern nach Gefühl hergestellt. Will man richtiges, passendes Gewinde schneiden, so ist für das gewählte System für jede Steigung ein besonderer Stahl nötig, da mit dieser sich auch die Gewindetiefe, Abrundung und Abflachung ändern, während die Größe des Gewindedurchmessers keine Rolle spielt. Bei SI-Gewinde kommt weiter noch in Frage, ob der Stahl für Schraubenbolzen oder für Gewindebohrer

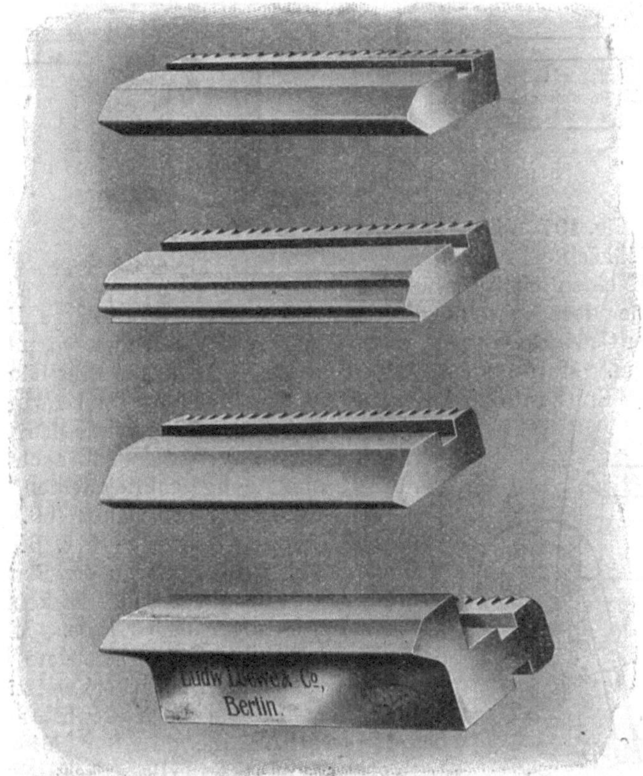

Fig. 194.

bestimmt ist, da die Gewindeform mit Rücksicht auf das Spiel zwischen Bolzen und Mutter für beide Fälle verschieden ist.

Es sollten deshalb Gewindestähle, die nach dem gekennzeichneten Verfahren hergestellt wurden, nur zum Vorschruppen des Gewindes benutzt werden, wo die genaue Form noch keine besondere Rolle spielt. Zum Fertigdrehen aber und in modern arbeitenden Werkstätten überhaupt nur, müssen genau gearbeitete, in Spezialwerkzeugfabriken durch mechanische Formenübertragung gewonnene Stähle in Anwendung kommen, denn die Herstellung eines richtigen Gewindestahles ist eine schwierige, umständliche und größte Genauigkeit erfordernde Arbeit, die von der gewöhnlichen Werkstatt in rationeller Weise gar nicht geleistet werden kann. Sie ist weiter unten bei Besprechung des Strehlers ausführlich beschrieben.

Solche allen Anforderungen entsprechende Gewindestähle sind in Fig. 194 in normaler, einseitiger und gekröpfter Ausführung gezeigt, die letzteren beiden dienen dazu, um Gewinde bis dicht an einen Bund, auch bei größeren Durchmesserunterschieden, zu schneiden (s. Fig. 195 u. 196).

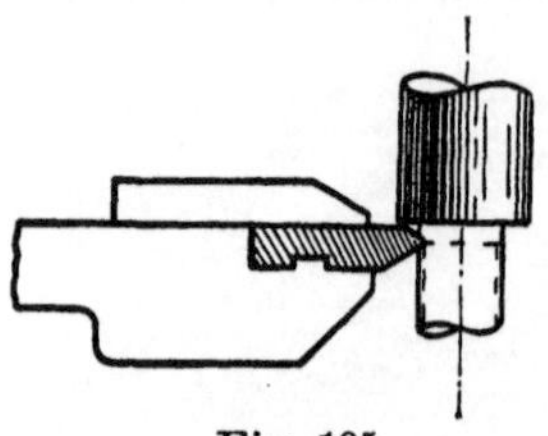

Fig. 195.

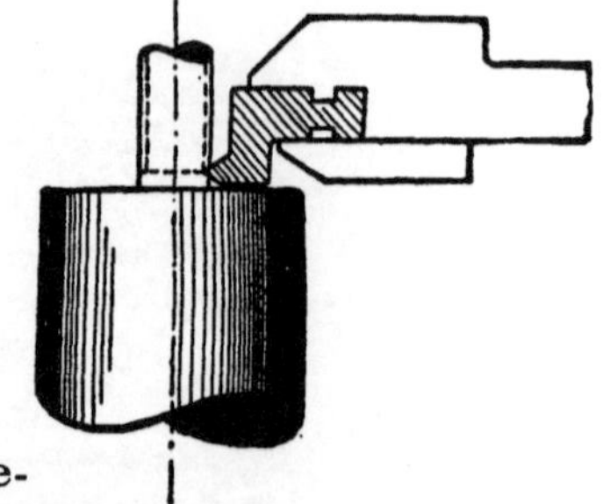

Fig. 196.

Wie Fig. 197 zeigt, haben diese Gewindestähle einen Anstellungswinkel von 15° und einen Schnittwinkel von 90°. Je kleiner der Anstellungswinkel, auf desto größere Länge liegt der Stahl im Gewindegang an, was, wie wir später sehen werden, nachteilig sein kann. Man geht deshalb nicht unter 10°. Die Brustfläche muß genau in Spitzenhöhe liegen, da sie den genauen Flankenwinkel hat. In jeder anderen Stellung würde das Gewinde verzerrt, der Stahl darf deshalb auch nur an der Brustfläche nachgeschliffen werden, wenn er sein richtiges Profil beibehalten soll. In der senkrechten Schnittebene $a-b$ z. B. ist der Gewindewinkel größer als an der Brustfläche und die Abrundung der Spitze ist kein Kreisbogen mehr, sondern eine Ellipse. Man muß daher zum Nachschleifen besondere Schleifmaschinen verwenden (s. später) und zum Einspannen der Stähle beim Gewindeschneiden besondere Halter, die dem Stahl die richtige Lage geben, so daß seine Brustfläche stets durch die Drehachse geht.

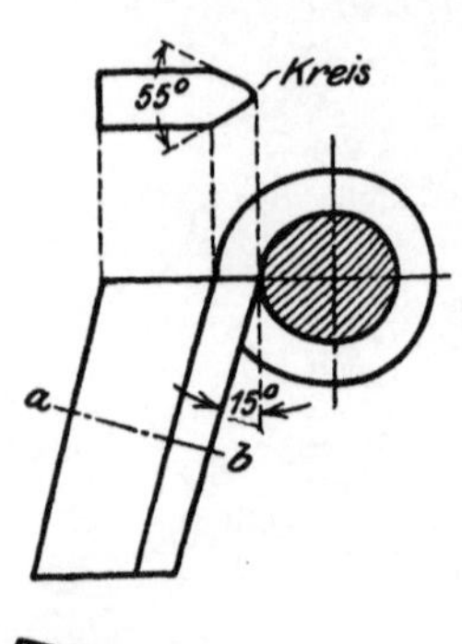

Fig. 197.

Einen solchen Stahlhalter mit Stahl zeigt Fig. 198. Der Stahl ist so gefaßt, daß seine Brustfläche mit der unteren Auflagefläche des Halters parallel läuft. Bei wagrechter Einspannung des Halters hat der Stahl den Anstellungswinkel von 15°. Um das Einstellen des Stahles genau auf Spitzenhöhe zu erleichtern, ist der Stahl hinten gezahnt und kann durch die eingelassene Schlitzschraube, die zu diesem Zweck mit Ringzähnen versehen ist, höher oder tiefer gestellt werden.

Die Brustfläche des Stahles hat das genaue Gewindeprofil, wie es den Normalien entspricht. Beim Whitworth-Gewinde weicht man von den Vorschriften der Normalien ab, indem man die Spitze des Gewindestahles etwas über das genaue Profil hinaus verlängert, um beim geschnittenen Gewinde etwas Luft zwischen den Spitzen an Bolzen und Mutter zu erzeugen, damit das Gewinde in den Spitzen nicht drängen kann und das Anliegen der Gewindeflanken gewährleistet ist.

Der Stahl darf, wie Fig. 197 erkennen läßt, weder einen Hinterschleif- noch einen Seitenschleifwinkel haben, da sonst die Brustfläche ein verzerrtes Profil bekommen würde. Trotzdem findet man in Werkstätten, die ihre Gewindestähle selbst anfertigen, oft einen Hinterschleifwinkel, gewöhnlich für Gußeisen 1°, Schmiedeisen 3°. Das ist natürlich falsch und hat auch gar keinen Zweck, eher ist es gerechtfertigt, dem Stahl einen geringen Seitenschleifwinkel zu geben. Solch ein Stahl schneidet dann nur mit der einen auf Schnitt stehenden Flanke, während er mit der andern mehr schabt. Der Grund zu diesem Vorgehen ist, daß der richtige Gewindestahl Fig. 197 durch den gleichzeitigen Angriff der beiden Flanken mit dem Zustellen eine immer stärkere Pressung erfährt, wodurch die Seitenflächen des Gewindes leicht etwas rauh werden. Um nun ein sauberes Gewinde zu bekommen, wird der auf Schnitt geschliffene Stahl nach jedem Arbeitsgang nicht nur in der Tiefenrichtung zugestellt, sondern auch durch den Obersupport in der Vorschubrichtung, also in der Längsrichtung etwas verstellt, so daß nur die Stahlspitze und die auf Schnitt stehende Flanke zum Angriff kommen. Durch die leichtere Spanabtrennung infolge des seitlichen Hinterschliffs der arbeitenden Flanke und die geringere Pressung infolge der nur leicht schabenden Tätigkeit der andern Flanke wird das Gewinde sauberer und der Stahl behält länger seine Schärfe. Aber durch das verzerrte Profil des Stahles wird das Gewinde ebenfalls verzerrt, es können deshalb solche auf Schnitt stehenden Stähle nur zum Vordrehen, wo man stärkere Schnitte nehmen will, gebraucht werden. Übrigens erreicht man auch mit dem richtigen Gewindestahl Fig. 197 ein saubereres Gewinde und eine Schonung der einen Schneide, wenn man nach der beschriebenen Weise mit dem Zustellen gleichzeitig eine kleine Längsverschiebung vornimmt. Es setzt diese Arbeitsweise aber immer ziemliche Geschicklichkeit des Drehers voraus, damit er den Stahl nicht zu weit in der Längsrichtung verschiebt, damit der verfügbare Raum für den auszuschneidenden Gewindegang nicht überschritten wird, was beim Trapezgewinde leicht vorkommen kann.

Fig. 198.

Der gleiche Zweck wird richtiger und vollkommener erreicht, besonders bei tiefen Gewinden, wenn der Stahl abwechselnd links und rechts an der Gewindeflanke zum Schnitt gebracht wird und erst beim

Schlichten an beiden Seiten gleichmäßig zur Anlage kommt. Man stellt nach paarmaligem Durchschneiden den Stahl nicht mehr zu, sondern bringt ihn in die vorherige Stellung, verschiebt ihn seitlich um einen kleinen Betrag und schneidet durch. Für den nächsten Durchgang verschiebt man seitlich nach der entgegengesetzten Richtung den Stahl um den doppelten Betrag. Dann stellt man ihn durch Zurückkurbeln um den einfachen Betrag wieder auf Mittellage ein, stellt den Stahl in der Tiefe zu und schneidet das Gewinde im Grunde tiefer. Diesen Vorgang wiederholt man öfters.

Statt der Stahlhalter nach Fig. 198 sind auch federnde Halter auf dem Markt, indessen ist ihr Gebrauch aus dem schon bei den Schlichtstählen erörterten Grunde nicht besonders zu empfehlen.

Nach richtiger Höheneinstellung muß der Stahl noch die richtige Stellung zur Mittelachse des Werkstückes haben, sonst wird das Gewinde schief. Sogar an Gewindebohrern, die nicht von Spezialfabriken bezogen, sondern in der eigenen Werkzeugmacherei hergestellt wurden, kann man dies manchmal feststellen. Geht die mit einem solchen Bohrer geschnittene Mutter nicht auf das Bolzengewinde, so schneidet man den Bohrer auch noch von der andern Seite durch. Geht es nun, so schneidet man an einem weiteren Stück den Bohrer zweimal von der gleichen Seite durch. Geht es hierbei, so ist der Bohrer stumpf. Geht es nicht, sondern erst beim Nachschneiden von der andern Seite, so liegen die Gänge schief, der Bohrer ist Ausschuß.

Um ein richtig stehendes Gewinde zu schneiden, bedient man sich der Gewindelehre Fig. 193 zum Einstellen des Stahles. Im allgemeinen geht bei den Spitzgewinden der Steigungswinkel des Gewindes nicht über $4^3/_4{}^\circ$, und bis zu dieser Grenze ist es zulässig und der Einfachheit wegen geboten, den Stahl so einzustellen, daß die Symmetrielinie seines Profils senkrecht zur Drehachse steht. Um den Stahl in dieser Weise richtig anzusetzen, legt man nach Fig. 199 die Lehre mit der Längsseite, wo keine Einschnitte sind, gegen den abgedrehten Schraubenbolzen und richtet den Stahl nach dem Einschnitt aus. Durch Anlegen der Lehre nach einer Spitzenseite kann die richtige Stahlstellung nochmals kontrolliert werden.

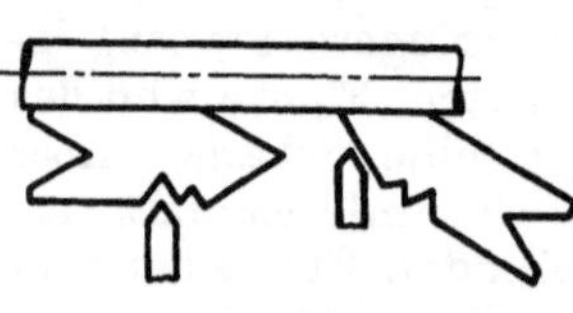

Fig. 199.

Strenggenommen müßte bei dieser Stahlstellung der Rücken der Schneide sich einseitig an der Gewindeflanke reiben, der Stahl müßte, damit der Rücken nach beiden Seiten gleichmäßig frei im Gewinde geht, nach unten zu entsprechend der Gewindesteigung schräg stehen. Diese Schräge des Stahles ist abhängig in erster Linie von der Gewindesteigung, dann aber auch vom Durchmesser des Gewindes. Je größer der Gewindedurchmesser, je geringer die Stahlschräge und umgekehrt, bei gleicher Steigung. Bei der geringen Steigung der Spitzgewinde jedoch und weil infolge des großen Anstellungswinkels der Stahl nur auf ein kurzes Stück im Gewindegang liegt, hat die senkrechte Stellung des Stahles praktisch keinerlei Nachteile. Will man aber doch den Stahl schräg anarbeiten, so mache man die Schräge an der einen Seite 10° an der anderen 3°. Es verliert dann aber der Stahl beim Nachschleifen sein richtiges Profil.

Von 4° aufwärts ist es jedoch vorteilhaft, diesen Umstand zu berücksichtigen, was häufig dadurch geschieht, daß der Stahl etwas schräg angeschliffen wird (Fig. 200). Da es aber für die Werkstatt nicht leicht ist, das richtige Maß der Zuschrägung zu erwischen, benutzt man den in Fig. 201 gezeigten einstellbaren Stahlhalter. Der Stahl ist hier in einem federnden Halterkopf befestigt, letzterer kann durch eine Skala genau nach dem Steigungswinkel des Gewindes schräg gestellt werden. Das Nachschleifen des Stahles darf natürlich nur in der Nullstellung des Halterkopfes geschehen.

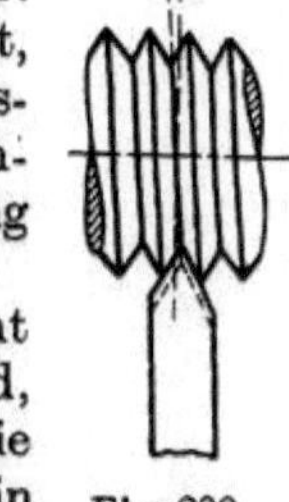

Fig. 200.

Es darf aber bei dieser Schrägstellung des Stahles nicht übersehen werden, daß wohl das Gewinde sauberer wird, weil beide Flanken gleich gut schneiden, jedoch auch die Gewindeform verzerrt ausfällt. Denn richtig wird ein Gewinde immer nur, wenn die Stahlbrust in der axialen Schnittebene des Gewindes liegt. Wir werden nachher bei Betrachtung des Flach- und Trapezgewindes auf diesen Punkt noch näher eingehen. Die Schrägstellung nach Art der Fig. 201 kann somit nur für Gewinde in Betracht kommen, das nicht sehr genau zu sein braucht.

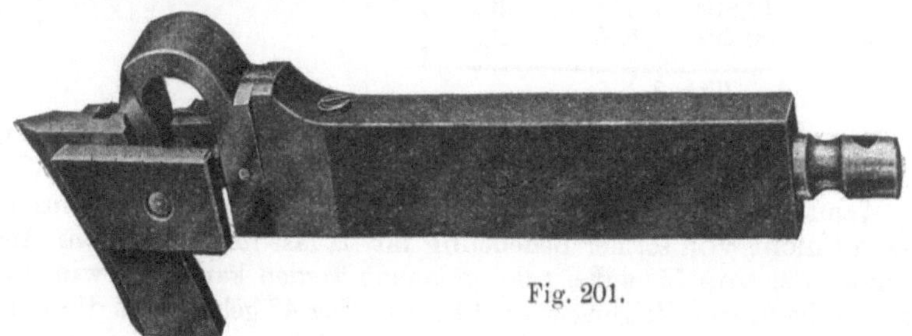
Fig. 201.

Der Steigungswinkel α, nach welchem der Stahl schräg zu stellen ist, berechnet sich bei Spitzgewinde nach dem Flankendurchmesser.

Ist F = Flankendurchmesser in mm,
D = Außen » » »
K = Kern » » »
S = Steigung des Gewindes in mm,

so ist für Whitworth-Gewinde $F = \frac{D + K}{2}$ und für SI-Gewinde $F = D - 0{,}6495 \cdot S$. Der Steigungswinkel bestimmt sich aus

$$\operatorname{tg} \alpha = \frac{S}{F \cdot 3{,}14}.$$

In den Tabellen 7 und 8 sind die Steigungswinkel für Whitworth- und SI-Gewinde ausgerechnet.

Whitworth-Gewinde.

Bolzen ϕ engl. Zoll	Bolzen ϕ mm	Steigung mm	Steigungswinkel Grad
1/8	3,175	0,635	4 1/4
5/32	3,969	0,795	4 1/4
3/16	4,762	1,058	4 3/4
7/32	5,556	1,058	4
1/4	6,35	1,27	4 1/4
5/16	7,937	1,41	3 1/2
3/8	9,525	1,59	3 1/2
7/16	11,112	1,815	3 1/2
1/2	12,7	2,12	3 1/2
9/16	14,287	2,12	3
5/8	15,875	2,31	2 3/4
11/16	17,462	2,31	2 3/4
3/4	19,05	2,54	2 3/4
13/16	20,637	2,54	2 1/2
7/8	22,225	2,82	2 1/2
15/16	23,812	2,82	2 1/4
1	25,4	3,175	2 1/2
1 1/8	28,574	3,63	2 1/2
1 1/4	31,749	3,63	2 1/4
1 3/8	34,924	4,23	2 1/2
1 1/2	38,099	4,23	2 1/4
1 5/8	41,274	5,08	2 1/2
1 3/4	44,449	5,08	2 1/4
1 7/8	47,624	5,64	2 1/4
2	50,799	5,64	2 1/4

Tab. 7.

SI-Gewinde.

Bolzen ϕ mm	Steigung mm	Steigungswinkel Grad
6	1	3 1/2
7	1	2 3/4
8	1,25	3 1/4
9	1,25	2 3/4
10	1,5	3
11	1,5	2 3/4
12	1,75	3
14	2	2 3/4
16	2	2 1/2
18	2,5	2 3/4
20	2,5	2 1/2
22	2,5	2 1/4
24	3	2 1/2
27	3	2 1/4
30	3,5	2 1/4
33	3,5	2
36	4	2 1/4
39	4	2
42	4,5	2
45	4,5	2
48	5	2

Tab. 8.

Es ist übrigens bei Anwendung des SI-Gewindes empfehlenswert, die ungeraden Durchmesser 7, 9, 11 wegzulassen.

Wenn beim Schneiden von Spitzgewinde die Schrägstellung des Stahles nicht von solcher Bedeutung ist, ja fast immer bei dem Anstellungswinkel von 15° außer acht gelassen werden kann, da, wie Tab. 7 und 8 zeigen, der Steigungswinkel kaum über 4° geht, so ist die Schrägstellung von um so größerer Bedeutung bei Flach- und Trapezgewinde, hauptsächlich bei mehrgängigem, wo Steigungswinkel von 45° und mehr vorkommen. Hier muß unbedingt der Stahl entsprechend dem Steigungswinkel schräg angearbeitet werden, da er sonst im Gewinde nicht frei gehen, sondern anstoßen und an einer Seite schlecht schneiden würde. Gleichzeitig muß noch, wie die Fig. 202—204 erkennen lassen, der Querschnitt nach unten zu verjüngt werden, da ein gleichstarker, rechteckiger Stahl trotz reichlichen Anstellungswinkels in der Flanke reiben und pressen würde.

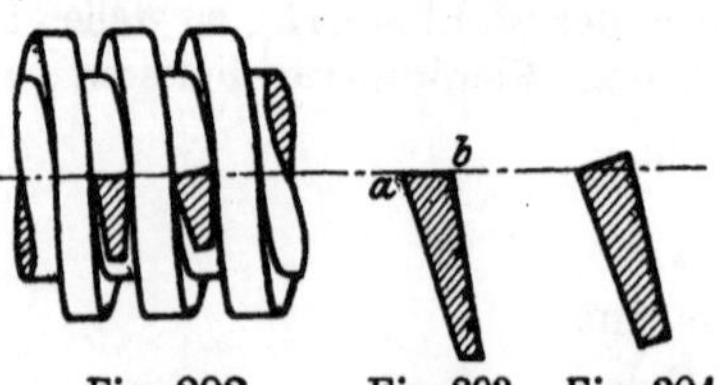

Fig. 202. Fig. 203. Fig. 204.

Für das Schneiden solcher Gewinde kommen nun zwei Stellungen der Schneidkante in Betracht, die Stellung nach Fig. 203, wo die Schneidkante parallel zur Schraubenachse liegt, und die Stellung nach Fig. 204, wo die Schneidkante rechtwinklig zur mittleren Schraubenlinie steht. Die erstere Anordnung hat den Vorteil, daß das Profil des Schneidzahnes die Form der Gewindelücke erhält, also geradlinige, leicht herstellbare Kanten hat, dagegen den Nachteil, daß der Stahl nur an der einen Seite bei *a* einen günstigen Schnittwinkel erhält, an der andern Seite bei *b* dagegen mehr schabt als schneidet (Fig. 203). Bei großen Steigungen besonders auf kleinen Durchmessern wird die Seite mit dem günstigen Schnittwinkel verhältnismäßig spitz und daher schwach. Ferner wirkt der Stahldruck außerhalb der Symmetrieachse, beansprucht also die Schneide auf Verdrehung. Die zweite Anordnung hat den Vorteil, daß an beiden Gewindeflanken gleich günstige Schnittwinkel erzielt werden (Fig. 204), der Stahl also besser schneidet und kräftiger ausfällt, infolge des Zusammenfallens von Stahldruck und Symmetrieachse keine Verdrehungsbeanspruchung vorliegt. Sie hat aber den empfindlichen Nachteil, daß das Profil des Schneidzahnes nicht das genaue Gewindeprofil haben darf, da letzteres in der Richtung der Mittelachse des Arbeitsstückes gemessen wird, sondern schmäler sein muß. Das Profil des Schneidzahnes muß also hier rechnerisch oder graphisch bestimmt werden und ist, da es, wie wir gleich sehen werden, keine geradlinigen, sondern gekrümmte Kanten hat, schwieriger herzustellen. Ein weiterer Nachteil ist, daß ein erheblicher Teil des Schnittdruckes sich auf Leitspindel und Wechselräder fortpflanzt, denn der Stahldruck zerlegt sich hier in zwei Komponenten, eine senkrecht zur Schneide und eine in der Richtung der Leitspindel, so daß die Leitspindel den Stahldruck mit zu überwinden hat, und das infolge des einseitigen Angriffs der Leitspindel an der Schloßplatte schon vorhandene bedeutende Eckmoment noch mehr vergrößert wird. Die Leitspindel wird dadurch sehr angestrengt, bei einem Steigungswinkel des Gewindes von 45° werden beide Komponenten gleich. Die Leitspindel unterliegt derselben Beanspruchung wie die Hauptspindel.

Bei Anordnung des Stahles mit horizontaler, zur Schraubenachse paralleler Schneide nach Fig. 203 hat man, da sein Profil einfach die genaue Form der Gewindelücke erhält, nur die Schräge zu bestimmen, nach der der Stahl entsprechend dem Steigungswinkel des Gewindes anzuarbeiten ist (Fig. 205). Da nun der Gewindegang nicht einen bestimmten Winkel als Neigung hat, dieser vielmehr an jedem Punkte der Gewindeflanke ein anderer ist, so muß der Steigungswinkel des Gewindes im Kern- und am Außendurchmesser bestimmt werden, da der Stahl offenbar innerhalb der Grenzen beider Winkel schräg anzuarbeiten ist.

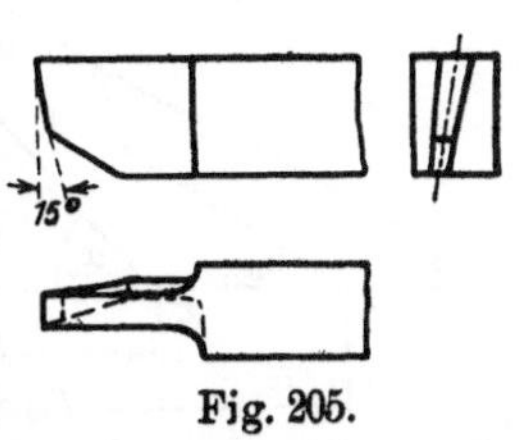

Fig. 205.

Die beiden Steigungswinkel findet man am einfachsten und schnellsten durch das graphische Verfahren, indem man die beiden Steigungsdreiecke für den Kern- und Außendurchmesser aufzeichnet, so, daß beide Dreiecke symmetrisch zur Schraubenachse liegen. In Fig. 206 ist, wenn D_a = Außendurchmesser, D_i = Innendurchmesser, s = Steigung und t = Gewindebreite bzw. Gewindelücke, für rechtsgängiges Flachgewinde

$$AB = D_a \pi,$$
$$BC = s,$$
α_a = Steigungswinkel am äußeren Durchmesser,
$$DE = D_i \pi,$$
$$EF = s,$$
α_i = Steigungswinkel am inneren Durchmesser,

somit ist DF die Grenzlinie für die Schräge der einen Stahlkante und die im Abstande t gezogene Parallele zu AB die Grenzlinie für die Schräge der anderen Stahlkante. Wie schon bei Fig. 202 bis 204 betont, muß der durch die beiden Grenzlinien festgelegte Querschnitt sich nach unten hin zwecks Freigehens im Gewindegang verjüngen, wie das auch aus Fig. 206 zu ersehen ist.

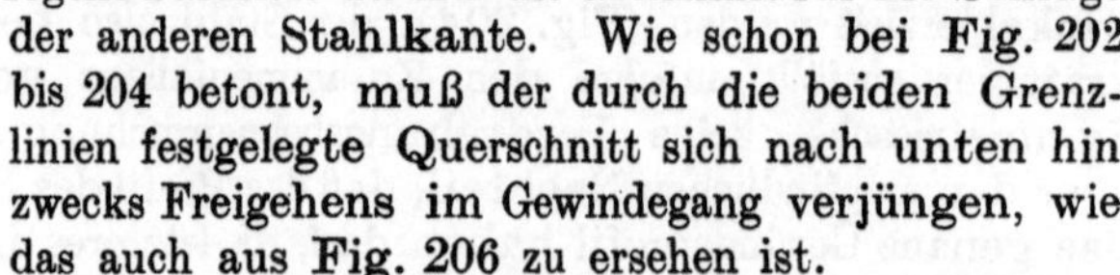

Fig. 206.

Bei Anordnung des Stahles mit zum Verlauf der Steigungslinie senkrechter Schneidkante nach Fig. 204 muß das Profil des Stahles, um im Achsenschnitt der Schraube geradlinige Flanken zu erzeugen, selbst leicht gekrümmte Kanten erhalten. Denn nur bei dem nach Fig. 203 erzeugten Gewinde entstehen gerade Flanken im axialen Schnittprofil; während nach Fig. 204 im Schnitt senkrecht zur Steigung gerade Flanken entstehen, im axialen Schnittprofil dagegen Kurven für die Flanken. Um auch hier im Axialschnitt gerade Flanken zu erhalten, müssen die Schneidkanten des Stahles die entsprechende Kurvenform erhalten.

Des weiteren darf beim Arbeiten mit zum Gewindegang senkrecht stehender Schneidkante nach Fig. 204 die Brustfläche des Stahles nicht wie bei Fig. 203 die

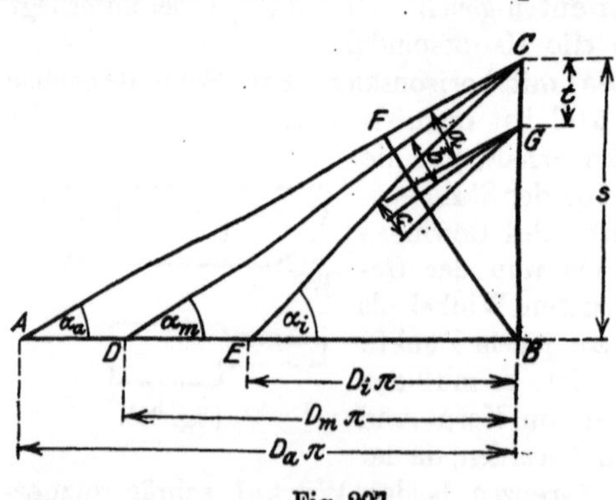

Fig. 207.

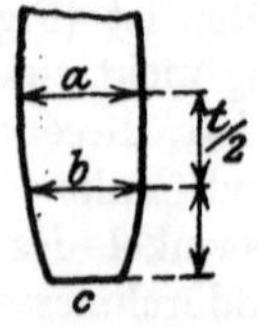

Fig. 208.

genaue Form der Gewindelücke bekommen, sondern sie muß einmal an und für sich schmäler gehalten sein, zum andern erhält sie überhaupt eine von der Lücke ganz verschiedene Form entsprechend den verschiedenen Schraubenlinienneigungen außen und am Kern. Um also Flachgewinde zu schneiden, d. h. ein Gewinde zu schneiden, das im

Achsenschnitt rechteckig ist, also am Außen- und am Kerndurchmesser gleiche Breite hat, muß die Form der Brustfläche vom Rechteck abweichen (Fig. 208).

Die Form der Brustfläche läßt sich am einfachsten wieder graphisch ermitteln, und dies ist nach Fig. 207 und 208 für Flachgewinde durchgeführt wie folgt. Die Schneidkante soll senkrecht zum Gewindegang stehen, da dieser aber überall eine andere Neigung hat, so muß die Schneide senkrecht zur mittleren Schraubenlinie, die sich wieder aus dem Steigungsdreieck findet, stehen. Ist D_m = Durchmesser der mittleren Schraubenlinie, so ergibt das Steigungsdreieck Fig. 207 deren Steigungswinkel α_m und die abgewickelte Schraubenlinie CD. Die Stahlschneide soll nun senkrecht hierzu stehen, sie hat also die Richtung $BF \perp CD$. Zieht man nun durch G im Abstand der Gewindelücke $= t$ die Parallelen zu den Schraubenlinien CA, CD und CE, so stellen die Abstände a, b und c dieser Parallelen von den Schraubenlinien die Stahlbreiten für den Kern-, mittleren und Außendurchmesser dar (Fig. 208).

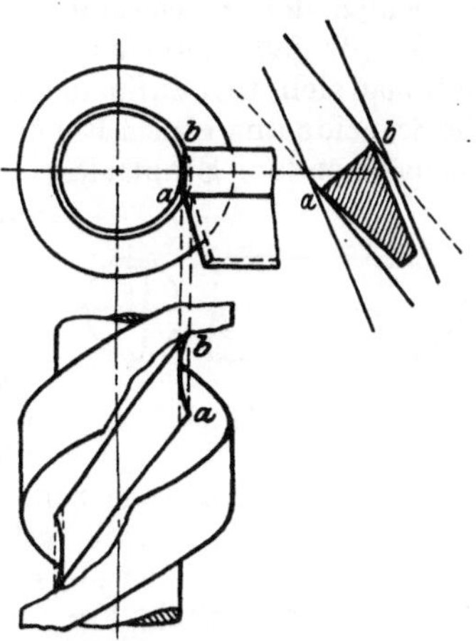

Fig. 209.

Der Kern einer mit diesem Stahl geschnittenen Schraube erhält nicht die normale zylindrische Form, sondern eine gewölbte, der Stahl müßte, um die zylindrische Form zu erzeugen, an der den Grund schneidenden Kante c eine konkave Form erhalten. Da hierdurch aber die Herstellung des Stahles noch schwieriger würde, sieht man davon ab und läßt die Schneidkante gerade wie in Fig. 208, um so mehr, als der Unterschied von keiner Bedeutung ist und außerdem das Muttergewinde im Grunde nicht anliegt. Die gewölbte Form des Kernes ist in Fig. 209 zeichnerisch entwickelt durch Projizieren der Gewindelücke im Seiten- und Grundriß. Beim Arbeiten des Stahles nach Fig. 203 fällt dieser Übelstand ebenfalls weg; zusammenfassend kann somit gesagt werden, daß nur mit dem Stahl, dessen Schneidkante parallel zur Schraubenachse liegt (Fig. 203) ein genaues Gewinde geschnitten werden kann.

Die schräge Anarbeitung des Stahles wird wieder, genau wie in Fig. 206 geschildert, ermittelt.

Ist schon die Herstellung eines derartigen Formstahles eine umständliche, so wird die Sache beim Schneiden des zugehörigen Muttergewindes noch schwieriger, da die Schneidkante des Innendrehstahles ebenfalls senkrecht zur mittleren Schraubenlinie eingestellt werden muß. Es ist deshalb einfacher und für jeden Fall zu empfehlen, das Gewinde mit dem Stahl Fig. 203, also mit zur Schraubenachse paralleler Schneide zu schneiden und den einen ungünstigen Schnittwinkel mit in Kauf zu nehmen. Sind Genauigkeit und Sauberkeit des Gewindes von besonderem Wert, so teilt man am besten die Arbeit in zwei Operationen auf, das Schruppen und Schlichten. Zum Schruppen nimmt man den senkrecht zum Gewindegang gestellten Stahl (Fig. 204 bzw. 208), dessen Profil so viel schmäler gehalten ist, daß er noch etwa 0,4—0,5 mm Material stehen läßt für das Schlichten. Zum Schlichten verwendet man dann den Stahl mit parallel zur Schraubenachse liegender Schneidkante (Fig. 203 bzw. 206). Durch den schwachen Span des Schlichtstahles erfährt dieser nur sehr wenig Abnutzung, das Gewinde wird also genauer; der schwache Span fließt leichter ab, er reibt sich nicht so an den Wänden der engen Schraubennut, begünstigt also die Erreichung sauberer Arbeit. Für starke Gewinde, wo viel herauszuschruppen ist, verwendet man zum Schruppen Stähle, die schmaler als die Lücke sind und rechts und links jede Flanke besonders bearbeiten, um als letzte Operation zum Schlichten den Formstahl nach Fig. 203 zu gebrauchen.

Da für jede Steigung ein besonderer Stahl vorhanden sein muß, hilft man sich, um an Stählen zu sparen, oft derart, daß man nach Fig. 210 die Schneide aus einem Rundstahl herausschleift und den Stahl in einem entsprechenden Stahlhalter (Fig. 150) so verdreht, daß die Schneide entsprechend dem Steigungswinkel des Gewindes schräg zu stehen kommt. Man umgeht dadurch das besondere schräge Anarbeiten nach dem Steigungswinkel, das Gewinde wird aber nicht richtig. Denn durch das Einstellen entsprechend dem Steigungswinkel kommt die Schneidkante in die senkrechte Lage zum Gewindegang wie bei Fig. 204, es müßte daher das Schneidprofil gekrümmte Flanken nach Fig. 208 haben. Wenn aber an die Genauigkeit des Gewindes keine Ansprüche gestellt werden, ist der Stahl Fig. 210 praktisch und angebracht.

Fig. 210.

Während die Stähle Fig. 194—197 für Spitzgewinde nur an der Brustfläche nachgeschliffen werden dürfen, hat man den Stahl Fig. 203 für Flachgewinde selbstverständlich nur an der Kopfseite nachzuschleifen, um die Schnittbreite nicht zu verringern. Der Stahl Fig. 204 bzw. 208 aber verliert durch Nachschleifen in jedem Falle seine ursprüngliche Form, ob man ihn nun an der Kopffläche oder der Brustfläche nachschleift, ein weiterer sehr empfindlicher Nachteil dieses Stahles.

Für die Stähle zum Schneiden von Trapezgewinde gilt ganz das Gleiche wie für Flachgewinde. Man hat auch hier wieder in jedem Falle die Schneide entsprechend dem Steigungswinkel schräg anzuarbeiten nach Fig. 206. Ordnet man die Schneidkante nach Fig. 203 parallel zur Schraubenachse an, so erhält das Schneidprofil die genaue Form der Gewindelücke, also die Schneidkanten den Winkel 29°, da das Trapezgewinde fast durchweg mit einem Flankenwinkel von 29° ausgeführt wird, seltener mit 30°. Ordnet man die Schneidkante senkrecht zum Gewindegang nach Fig. 204, so muß das Profil der Stahlbrust wieder leicht gekrümmte Kanten, die nach Fig. 207 zu bestimmen sind, erhalten, damit die Gewindeflanken geradlinig werden.

Das Schneiden sowohl von Flachgewinde wie Trapezgewinde auf der Drehbank erfordert einen Dreher, der über seine Arbeit Herr ist, besonders wenn es sich um lange, verhältnismäßig dünne Spindeln handelt. Ob nun Flach- oder Trapezgewinde zu schneiden ist, immer ist es ratsam, die Spindel nach dem Außenüberdrehen wegen der dabei auftretenden ziemlich starken Erwärmung erst erkalten zu lassen, bevor mit dem Gewindeschneiden begonnen wird. Während des Gewindeschneidens selbst wird die Wärmeentwicklung um so größer, je kleiner bei gleichem Durchmesser die Steigung ist, und da diese Wärmewirkungen das Resultat der Arbeit sehr erschweren bzw. ganz in Frage stellen können, so ersetzt man bei kleinen Steigungen das Flachgewinde durch Trapezgewinde, das vermöge seines kräftigeren Gewindequerschnittes den Wärmewirkungen besser widersteht. Daher haben die Leitspindeln der Drehbänke, die meist $^1/_2$" Steigung besitzen, alle Trapezgewinde. Nur bei grober Steigung läßt sich Flachgewinde ebenso gut schneiden wie Trapezgewinde. Beim Innengewinde ist es umgekehrt, hier ist Flachgewinde immer leichter als Trapezgewinde zu schneiden. Durch das Auftreten der in den weitaus meisten Fällen der Drehbank überlegenen Gewindefräsmaschine, auf die wir später noch zurückkommen werden, ist das Flachgewinde für grobes Gewinde noch weiter in den Hintergrund gedrängt, weil die Gewindefräsmaschine nur Trapezgewinde, kein Flachgewinde zu erstellen vermag.

Wird die oben verlangte Vorsicht, die Spindel nach dem Außenüberdrehen erst erkalten zu lassen, in manchen Fällen unterlassen werden können, so darf sie aber auf keinen Fall unterbleiben nach dem Vor- bzw. vor dem Fertigschneiden des Gewindes. Ein tüchtiger Dreher holt beim Vorschneiden verhältnismäßig starke Späne heraus, und schon bei solchen bis 1 mm Schnittiefe wird eine derartig starke Erwärmung hervorgerufen, daß der Reitstock infolge der dadurch auftretenden Längenänderung der Spindel von Zeit zu Zeit nachgestellt werden muß. Würde man sofort fertigschneiden, so würde eine längere Spindel Ausschuß, nach dem Fertigschneiden und Erkalten würde sich zeigen, daß das Gewinde nur in der Mittengegend der Spindel ungefähr stimmt, dagegen nach den beiden Enden hin der Gewindebalken zu schmal geworden ist, bei langen Spindeln mitunter um 1—3 mm, und zwar erfolgt die Schmälerung des Gewindebalkens am einen Ende der Spindel auf der entgegengesetzten Seite als am anderen Ende. Man kann dies schon während des Schneidens am Span beobachten, indem z. B. die linke Gewindeflanke des einen Spindelendes einen kleinen Absatz zeigt, der sich am anderen Spindelende dann an der rechten Flanke bemerkbar macht. Wie beim Abwalzfräsen der Stirnräder und beim Fräsen der Schneckenräder der Fertigschnitt ohne Unterbrechung durchgeführt werden muß, weil sonst unbedingt Teilungsfehler entstehen, so muß sich der Dreher beim Flach- oder Trapezgewindeschneiden so einrichten, daß er mit dem Vorschneiden bis Ende Schicht fertig ist, damit die heiß gewordene Spindel über Nacht erkalten kann. Da sich ferner jede längere Spindel beim Vorschneiden durch die Wärmeentwicklung und die im Werkstück enthaltene Materialspannung, die durch die Wärme noch ungünstig beeinflußt wird, wirft und zwar um so mehr, je weicher und ungleicher das Material ist, ferner infolge der durch den Schnittdruck veranlaßten Durchfederung der Spindel, die bei nicht genügender Abstützung mittels Lünette die Spindel in der Mitte stärker werden läßt als an den Enden, muß die Spindel vor dem Fertigschnitt unbedingt gerichtet werden, bis alle Verbiegungen und Spannungen verschwunden sind.

Die meisten Dreher drehen die Spindel vor dem Schneiden des Gewindes im Durchmesser auf Fertigmaß. Besser ist es aber, den Außendurchmesser nur vorzudrehen und erst nach Fertigstellung des Gewindes ihn unter Zuhilfenahme der Leitspindel auf Maß fertig zu drehen. Hinter der Lünette wird ein Breitschlichtstahl eingespannt, dessen Schneide so breit ist, daß sie über zwei Gänge faßt, und die Leitspindel eingeschaltet. Das Fertigdrehen auf diese Weise geht bedeutend schneller vonstatten und führt bei langen Spindeln zu ganz bedeutender Zeitersparnis gegenüber der ersten Art mit Zugspindel, weil der Vorschub viel größer, nämlich gleich der Steigung, ist.

Beim Flach- und Trapezgewinde, besonders bei letzterem, wird der An- und Auslaufgewindebalken stets etwas breiter infolge der Federung des Stahles und des nicht absoluten Schließendgehens des Schlittens. Beim Ansetzen des Stahles wird die Flanke a, beim Auslauf die Flanke b etwas stärker (*Fig. 211*), so daß eine Mutter, die sonst schließend auf das Gewinde gehen würde, nicht aufzubringen ist, weil die beiden dicken Gänge dies verhindern. Man schneidet deshalb beiderseits stets einen Gang mehr auf und dreht nach Fertigstellung des Gewindes die zugegebenen Gänge wieder ab. Manche Dreher geben nur am Anlauf einen Gang zu und stemmen sich beim Auslauf gegen den Schlitten, um so ein Breiterwerden des Auslaufbalkens zu verhindern. Daß das kein einwandfreies Verfahren ist, leuchtet ohne weiteres ein. Der Anlaufbalken wird stets breiter, der Auslaufbalken nur, wenn der Stahlauslauf frei ist wie bei Fig. 211.

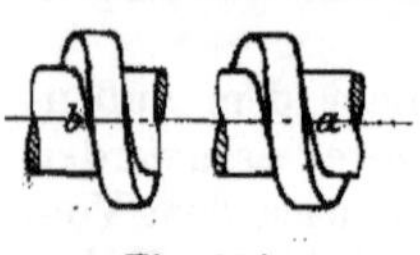

Fig. 211.

Beim Schneiden von Trapezgewinde gehen die Dreher je nach Tüchtigkeit und Erfahrung verschieden vor. Manche stechen mit einem entsprechenden Flachgewindestahl ein und schneiden dann mit Maßtrapezstahl fertig. Das hat zwei Nachteile, das Vorschneiden mit dem Flachstahl (Einstechstahl) erwärmt die Spindel stark, das Fertigschneiden mit Maßtrapezstahl, der mit seinem ganzen Profil schneidet, verursacht Einhaken (Einschnappen) des Stahles; ferner kann die Abnutzung des Stahles nicht ohne weiteres ausgeglichen werden. Bei schwachen Gewinden macht das Einstechen mit dem gewöhnlichen Flachstahl nach Fig. 109 obendrein noch Schwierigkeiten, indem die schmale Schneide leicht abbricht. Man kommt beim Einstechen immer schneller und leichter zum Ziel, wenn man die Schneidkante halbrund ausführt, wie dies schon bei den Abstechstählen angeführt wurde. Man kann dann einen bedeutend stärkeren Span herausholen. Zur Umgehung des zweiten Nachteiles wählen geschickte Dreher den richtigen

Weg, daß sie nicht mit Maßstahl schlichten, sondern mit einem schmäleren Trapezstahl, der nur mit einer Flanke schneidet, also infolge seiner geringeren Schnittbelastung nicht so leicht einschnappt, wobei sie erst die eine, dann die andere Flanke fertig schneiden wie bei Spitzgewinde. Diese Art des Fertigschneidens hat noch den Vorzug, daß die Stahlabnutzung durch entsprechende Nachstellung des Oberschlittens ausgeglichen werden kann.

Ein dritter Weg ist der gleiche wie beim Drehen einer Schnecke und kann demgemäß nur bei groben Teilungen in Frage kommen. Die Lücke wird mit einem entsprechenden gewöhnlichen Schruppstahl ausgeschruppt, wobei natürlich der Oberschlitten entsprechend dem Konstruktionswinkel des Gewindes verdreht sein muß (Fig. 213). Bei gleicher Stellung des Obersupportes schlichtet man auch mit einem normalen Schlichtstahl, wobei man am besten, nachdem die eine Flanke geschlichtet, die Spindel umkehrt, weil man dann den Oberschlitten nicht in die entgegengesetzte Stellung zu verdrehen braucht und dadurch das Gewinde genauer wird. Oder man besorgt das Fertigdrehen mit einem einseitig arbeitenden Formstahl (Fig. 212) und dreht ebenfalls die Spindel wieder um.

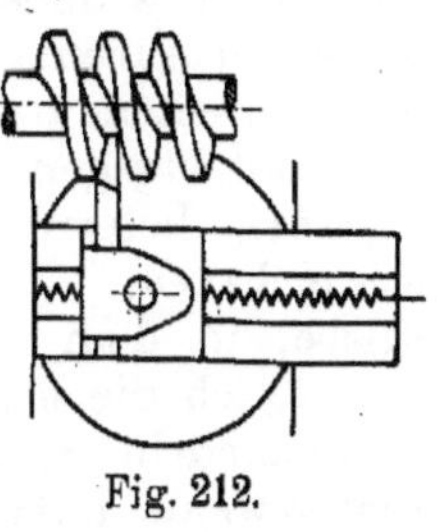

Fig. 212.

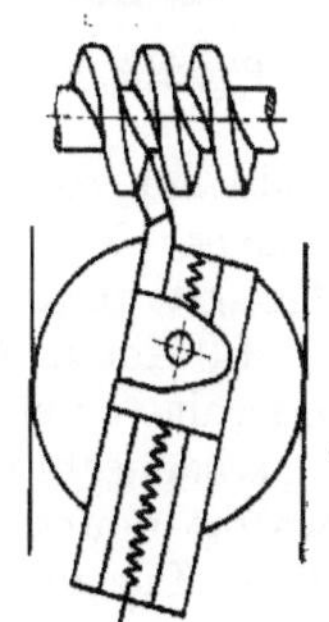

Fig. 213.

Indessen können diese Verfahren nur für grobe Trapezgewinde, die schon der Schnecke ähneln, Anwendung finden und auch da nicht, wenn die Spindel verhältnismäßig lang ist, weil das Umkehren derselben wegen der Lünettenlagerung nicht ratsam ist.

Das beste und schnellste Verfahren für normale Trapezgewinde dürfte daher, falls ein Vorstechen mit dem Einstechstahl mit halbrunder Schneide infolge der dabei auftretenden großen Erwärmung nicht in Frage kommen kann, folgendes sein. Einstechen einer schwachen Rille von der Länge a (Fig. 214) mit entsprechendem Einstechstahl, dann mit schmalem Trapezstahl abwechselnd links und rechts einstechen, wie Fig. 214 zeigt, bis zum Grund, wodurch der Stahl nur vorn Schnittarbeit zu leisten hat, an den Seiten aber nur ganz wenig, wodurch sich die Spindel nicht so stark erwärmt. Zum Schluß mit Maßtrapezstahl fertig schneiden.

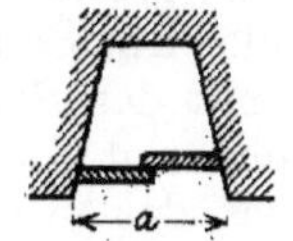

Fig. 214.

Das Flachgewinde ist, wie schon erwähnt, schwerer zu schneiden als Trapezgewinde, nur bei grobem Gewinde, wo die Spindel beim Schneiden fast kalt bleibt, läßt sich Flachgewinde ebenso genau schneiden wie Trapezgewinde. Man sticht bei Flachgewinde mit entsprechend schmalem Stahl ein und schneidet mit Maßstahl nach Fig. 203 fertig. Um beim Fertigschnitt ein Einschnappen des Stahles zu verhindern, gibt man nur der Schneidkante die volle Breite und verjüngt die Stahlbreite nach hinten genau wie beim Abstechstahl Fig. 109, was aber zur Folge hat, daß die spitzen Ecken der Schneide gern ins Material einreißen und die Gewindeflanke riefig und unsauber machen. Um dies zu vermeiden, gibt man dem Schlichtstahl 2—3 mm lange Seitenkanten, die schlichtend wirken (Fig. 215).

Das versetzte Schneiden beim Einstechen nach Fig. 214 läßt sich bei Flachgewinde kaum anwenden, der Einstechstahl würde zu schmal sein müssen und abbrechen. Die Zustellung des Stahles kann ebenfalls nie so stark sein wie beim Trapezgewinde, wenn man saubere Flanken haben will. Sehr leistungsfähig im Flachgewindeschneiden sind die selbsttätigen amerikanischen Automatic-Bänke, die mit zwei Stählen gleichzeitig arbeiten, und zwar schneidet der Vorstechstahl nur vor, der Fertigstahl dagegen auch an beiden Seiten. Jedoch können sie nur Flachgewinde liefern, bei Trapezgewinde würde der Fertigstahl unweigerlich einhaken.

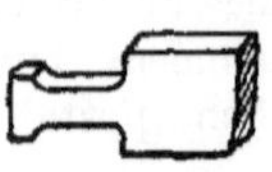

Fig. 215.

In einem Großbetriebe, in dem viele amerikanische Werkzeugmaschinen arbeiten, machte ich die auffallende Beobachtung, daß die amerikanischen Transportspindeln meist linkes Gewinde aufwiesen, wo die deutschen Rechtsgewinde hatten. Eine genauere Verfolgung dieser Tatsache führte zu der Erkenntnis, daß bei den amerikanischen Maschinen der Sinnfälligkeit der Bewegungen durchwegs Rechnung getragen war, während die deutschen nach verschiedenen Sinnfälligkeitsgesetzen arbeiteten. Dieses Durcheinander an den deutschen Maschinen ist aber ein großer Nachteil für die Werkstatt, sobald der Arbeiter seine Bank, an der er eingearbeitet, mit einer anderen vertauschen muß, macht er durch falsches Kurbeln erst mehrmals Ausschuß, bis er sich an die neue Bank gewöhnt hat.

Eine Arbeit, die in sehr vielen Werkstätten mit wenig Sachkenntnis erledigt wird, ist das Schneiden von Schnecken und daher rührt dann der schlechte Ruf, das Schneckengetriebe sei ein Kraftfresser, während doch in erster Linie die mangelhafte Werkstattsarbeit an dem großen Kraftverbrauch die Hauptschuld trägt. Eine wirklich sachgemäß und richtig geschnittene Schnecke hat gar keinen so schlechten Wirkungsgrad. Ein Schneckengetriebe ist nur dann richtig, wenn der axiale Schnitt der Schnecke eine Zahnstange mit geraden Flanken darstellt. Dann zeigt der Mittelschnitt des Schneckenrades das Bild eines Stirnrades, das mit der Zahnstange im Eingriff steht.

In der Praxis wird die Zahnstange der Evolvente im Achsenschnitt der Schnecke zugrunde gelegt, der Flankenwinkel ist meist 29 oder 30°, Zahnkopf- und Zahnfußhöhe der Zahnstange entsprechend bemessen mit einem Unterschied beider von 0,16 Modul. Für mehrgängige Schnecken hat dies jedoch ungünstige Zahnquerschnitte zur Folge, weshalb man für Kopf- und Fußhöhe nicht die Teilung im Achsenschnitt, sondern senkrecht zur Gangrichtung (Normalteilung) zugrunde legt, so daß Kopf- und Fußhöhe vom Steigungswinkel abhängig werden und das Schneckengetriebe als Schraubenräderpaar mit gekreuzten Achsen angesehen werden kann. Mehrgängige Schnecken müssen als Schraubenräder berechnet werden, d. h. die Bestimmung des Steigungswinkels und der von demselben abhängigen Dimensionen darf nicht, wie dies so häufig geschieht, aus den beiden gegebenen Daten, dem Teilkreisdurchmesser und der Steigung der Schnecke, erfolgen.

Da das Schneckenrad jetzt meist nach dem Modulsystem geschnitten wird, so muß auch die Schnecke mit Modulteilung geschnitten werden, es ist aber nicht richtig, die Steigung der Schnecke nach Modul zu bezeichnen, wie dies in der Praxis üblich ist, also wenn z. B. das Schneckenrad mit der Teilung Modul 3 geschnitten ist, die Steigung der eingängigen Schnecke mit Mod. 3, die der zweigängigen Schnecke mit Mod. 6, die der dreigängigen mit Mod. 9 usw., weil dies nicht die Steigung, sondern die Normalteilung ist. Bei kleineren Steigungswinkeln, wie z. B. bei eingängigen Schnecken, ist der Unterschied zwischen der Steigung und der Normalteilung ziemlich unbedeutend, bei mehrgängigen Schnecken aber fällt er so stark ins Gewicht, daß bei derart falsch berechneten Schneckengetrieben von einem richtigen Eingriff keine Rede mehr sein kann. Solche mehrgängige Schneckengetriebe müssen unbedingt als Schraubenräder berechnet werden, und da zeigt sich denn nicht selten, daß die derart berechnete Steigung gegenüber der in üblicher Weise berechneten Unterschiede von 1 mm und sogar noch mehr aufweist, was rückwirkend wieder zu größerem Raddurchmesser führt. Wenn dann in der Werkstatt beim Einbau des Schneckengetriebes sich natürlich ernsthafte Schwierigkeiten ergeben und dasselbe nach Fertigstellung der Bohrungen für die Wellenlagerungen nicht zum Eingriff gebracht werden kann, so wird natürlich der Werkstatt die Schuld in die Schuhe geschoben, obwohl man vielleicht nicht den geringsten Herstellungsfehler finden kann.

Vielfach wird für die Teilung des Schneckengetriebes auch noch das Zollmaß genommen, weil die meisten Drehbänke noch Leitspindeln mit Zollteilung haben und daher die Berechnung der Wechselräder zum Schneiden der Schnecke auf der Drehbank einfach ist. Bei mehrgängigen Schnecken müssen die Wechselräder das Weiterteilen von einem Gang zum andern ermöglichen; noch einfacher ist es, die Steigung so zu wählen, daß das Weiterteilen mit dem Klappschloß direkt auf der Leitspindel vorgenommen werden kann.

Gehen wir nun näher auf die Herstellung der Schnecke ein. Es gibt die verschiedensten Wege dafür, aber nicht alle sind einwandfrei. Man kann die Schnecke auf der Drehbank schneiden mit Formstahl einseitig nach Fig. 212, oder mit Maßstahl beiderseits schneidend, oder mit einem Stahl, der in der Flankenrichtung zugestellt wird (Fig. 213); auf der Schneckenfräsmaschine mit Scheiben- und mit Fingerfräser. Zum Ausschruppen auf der Drehbank nimmt man nicht, wie so oft zu sehen, den regelrechten Einstechstahl, sondern einen Spitzstahl mit kräftig abgerundeter Spitze.

Bei gewöhnlicher Teilung, also nicht großer Zahnhöhe, ist das Fertigschneiden auf der Drehbank mit dem einseitig arbeitenden Formstahl nach Fig. 212 der einfachste Weg, der eine richtige Schnecke gewährleistet. Nach dem Fertigschneiden der einen Flanke wird am besten die Schnecke, wie beim Schneiden des Trapezgewindes schon erörtert, umgekehrt, um ohne Schwierigkeit genaue Symmetrie der Flanken zu erreichen, da der Stahl unverändert in seiner Stellung stehen bleibt. Bei grober Teilung wird aber die von dem einseitigen Formstahl zu bewältigende Spanlänge zu groß, was ein Einhaken oder Abdrängen des Stahles bewirken kann. Man nimmt dann den gewöhnlichen Stahl mit in der Flankenrichtung verdrehtem Oberschlitten nach Fig. 213 und kehrt ebenfalls die Schnecke um. Das zweite Verfahren ergibt eine ebenso genaue Schnecke, dauert jedoch länger. Selbstredend müssen beide Stähle genau auf Spitzenhöhe eingestellt werden, sonst wird die Schnecke falsch, die Zahnflanke im Achsenschnitt wird keine gerade Linie, sondern eine Kurve. Eine weitere Forderung für genaue Arbeit ist, wie das auch schon aus dem erwähnten Umspannen der Schnecke folgt, Stahlwechsel möglichst zu vermeiden, weil durch Aus- und Wiedereinspannen des Stahles immer Fehler entstehen. Um diese Fehler zu vermeiden oder doch möglichst zu verringern, schlichtet man bei mehrgängigen Schnecken, wo der Stahl zum Schlichten aller Flanken, ohne ihn zu schleifen, nicht ausreicht, die eine Flanke aller Gänge in einer gewissen Reihenfolge. Beim Umkehren der Schnecke wird der Stahl geschliffen und nun mit dem Gang zu schlichten begonnen, mit dem man bei der anderen Flanke aufgehört hat.

Die Schnecke mit Maßstahl mit senkrecht zur Gangrichtung stehender Schneide nach Fig. 204 zu schneiden, ist nur dann richtig, wenn bezüglich Schneidenform die früher darüber entwickelten Forderungen erfüllt sind. Der schwierigeren Herstellung der Schneidenform wegen ist dieses Verfahren überhaupt als überflüssig zu bezeichnen.

Beim Fräsen der Schnecke auf der Schneckenfräsmaschine mit dem Scheibenfräser muß aus den an Hand der Fig. 203–208 entwickelten Gründen der Fräser kurvenförmige Schneidflanken haben, also als Formfräser ausgebildet sein. Ist dieser Scheibenfräser noch hinterdreht, so ist er nur für den Anfangszustand, solange er noch nicht nachgeschliffen wurde, richtig, denn er ist immer nur für den bei der Entwicklung des Profils zugrunde gelegten Durchmesser richtig. Wird er durch Nachschleifen kleiner im Durchmesser, so wird die Flanke der Schnecke eine andere, trotzdem das Profil der Fräserschneiden das gleiche geblieben ist. Mit dem erwähnten Scheibenfräser eine genaue Schnecke zu schneiden ist also nur unter den erörterten bestimmten Voraussetzungen möglich, also unwirtschaftlich. Dazu kommt noch, daß bei mehrgängigen Schnecken, also solchen mit großem Steigungswinkel, ein Fräserprofil notwendig werden kann, das ungünstige Schnittwinkel ergibt. Man hat deshalb den Formfräser in neuerer Zeit durch den feingezahnten Scheibenfräser mit geraden, versetzt stehenden Schneidflanken ersetzt, der seiner größeren Schneidenzahl und günstigen Schnittwinkel wegen leistungsfähiger ist (s. Fig. 246). Dieser Fräser aber schneidet, was aus den früheren Betrachtungen über das Schneiden von Flach- und Trapezgewinde hervorgeht, keinen geraden, sondern gewundene Schneckenflanken, denn seine Kanten beschreiben Kegelmantelflächen.

Deshalb darf zur Herstellung einer genauen Schnecke die Schneckenfräsmaschine nur zum Ausschruppen verwendet werden, das Fertigdrehen muß auf der Drehbank geschehen. In den meisten Werkstätten, die über Schneckenfräsmaschinen verfügen, wird der Fehler gemacht, daß die Schnecken auf dieser Maschine fix und fertig gefräst werden, es ist dann kein Wunder, wenn das Schneckengetriebe einen schlechten Wirkungsgrad aufweist und bald unzulässige Abnutzung sich einstellt. Beim Ausschruppen auf der Schneckenfräsmaschine ist übrigens Vorsicht notwendig, namentlich bei Schnecken mit großem Steigungswinkel, da infolge der gewundenen Schneckenflanken die rotierende Schneide des Fräsers die Gewindefläche verschneidet je nach dem Steigungswinkel und dem Fsäserdurchmesser. Daher läßt sich auf der Schneckenfräsmaschine auch kein Flachgewinde schneiden.

An Schneckenfräsmaschinen, die mit Rücksicht auf kräftigen Fräserantrieb eine nach hinten schiefstehende Fräserachse haben, zeigt der erwähnte Scheibenfräser mit geraden - Flanken zwei zueinander verschiedene Kegelmäntel. Dadurch werden die beiden Flanken der Lücke unsymmetrisch. Bei steilgängigen Schnecken kann man das ohne weiteres sehen, wenn man eine Schablone rechtwinklig zur Gangrichtung in die Lücke feilt und die Schablone in der Lücke umdreht.

Schließlich kann eine Schnecke noch hergestellt werden mittels zylindrischen Finger- und mittels konischen Zapfenfräsers auf der Schneckenfräsmaschine. Beide Verfahren sind jedoch nicht leistungsfähig genug. Beim Fingerfräser muß jede der beiden Flanken an der Schnecke für sich fertiggestellt werden, die erzeugende Schneide muß genau durch das Schneckenmittel gehen. Beim konischen Zapfenfräser mit geraden Schneiden entsteht eine Schnecke, die dem beim Drehen mit einem zur Gangrichtung senkrecht stehenden Maßstahl oben Gesagten entspricht. Wenn die Schnecke im Achsenschnitt gerade Flanken haben soll, muß der Fräser entsprechend profilierte Schneidkanten bekommen.

Stahlschnecken werden oft gehärtet, besonders wenn sie mit Schneckenrädern von Guß zusammenlaufen sollen. Da sich beim Härten aber die Schnecke verzieht, muß sie mit der einseitig konischen Tellerscheibe nachgeschliffen werden. Auch hier dreht man nach Fertigschleifen der einen Flanke die Schnecke um.

Für einen richtigen Eingriff der Schnecke ist noch zu beachten — das wird auf dem Konstruktionsbüro meist übersehen —, daß die Schnecke niemals länger ausgeführt werden darf als der zum Schneiden des Rades verwendete Schneckenradfräser, weil sonst die Schnecke im Rad mit ihren Gangenden wie ein Fräser wirkt und mitunter sogar direkt Späne herausarbeitet.

Ferner darf der Durchmesser der Schnecke nicht größer sein als der Durchmesser des Schneckenradfräsers. Der Konstrukteur muß bei Festlegung der Dimensionen der Schnecke sich nach den vorhandenen Schneckenradfräsern richten, es empfiehlt sich dabei, den Schneckendurchmesser etwas kleiner zu nehmen, etwa 1—2%. Die Eingriffsfläche wird dadurch bei der ersten Ausführung etwas schmäler und der spezifische Flächendruck erhöht. Diesem kleinen Nachteil, der sich aber bereits nach kurzem Einlaufen von selbst aufhebt, steht der Vorteil gegenüber, daß später, wenn der Schneckenradfräser durch wiederholtes Nachschleifen wegen seiner hinterdrehten Flanken im Durchmesser kleiner geworden ist, eine Vergrößerung des Schneckenraddurchmessers, da der Stich meist nicht verändert werden kann, nicht notwendig wird. Da Schnecke und Schneckenraddurchmesser im Teilkreisdurchmesser genau gleich sein müssen, so wird der Eingriff der Schnecke mit dem Schneckenrad, das mit einem mehrfach nachgeschliffenen Schneckenradfräser geschnitten wurde, nicht mehr einwandfrei. Das wird zu oft übersehen, wenn in der Werkstatt beim Zusammenbau Mängel sich einstellen, man glaubt dann, die Werkstatt habe ungenau gearbeitet. Deshalb müssen die Durchmesser der vorhandenen Schneckenradfräser in gewissen Zeiträumen kontrolliert werden.

Fig. 216.

Aus all dem Voraufgesagten ergibt sich, daß bei der Konstruktion und noch mehr bei der Herstellung in der Werkstatt mit Sachkenntnis und äußerster Sorgfalt vorgegangen werden muß, es ist, wenn sich dann beim Einbau oder Arbeiten Unzuträglichkeiten einstellen, gar nicht so leicht, all die versteckten Fehler aufzufinden, die daran schuld sind.

Zum Kontrollieren der Lückenweite bei Flachgewinde nimmt man kalibrierte zylindrische Stifte. Sie müssen sich unter leichtem Druck schließend bis auf den Gewindegrund einführen lassen und frei in der Lücke stecken bleiben. Gleichzeitig dienen sie als Tiefenmaß zum Überprüfen der Gewindetiefe.

Das Schneiden von Spitzgewinde mit dem Stahl Fig. 198 bzw. den Stählen Fig. 194 geht sehr langsam vor sich, denn die Zustellung beträgt nur einige Zehntel-Millimeter, ferner ist der einschneidige Zahn verhältnismäßig großer Abnutzung unterworfen. Dies hat zur Einführung des mehrschneidigen Gewindestahles, des Strehlers, geführt.

Solche Gewindestrehler sind in Fig. 216 gezeigt. Die Teilung der Zähne muß natürlich gleich derjenigen des zu schneidenden Gewindes sein. Die vorderen, zuerst zum Schnitt gelangenden Zähne sind stufenweise ein wenig abgeflacht, so daß der folgende Zahn immer etwas tiefer schneidet als der vorhergehende und erst der letzte Zahn das volle Gewindeprofil ausschneidet.

Diese Strehler bleiben länger scharf als der einzahnige Stahl Fig. 198, weil sich die Abnutzung auf mehrere Schneiden verteilt, ferner geht die ganze Arbeit schneller vor sich, weil mit dem Strehler naturgemäß ein viel stärkerer Span genommen werden kann.

Für jede Steigung bzw. Gangzahl des Gewindes ist ein besonderer Strehler nötig. Der Anstellungswinkel ist wieder 15°.

Strehler werden sowohl für Spitz- als auch Flachgewinde angewandt, und besonders im letzteren Falle sind sie geeignet, der Gefahr des seitlichen Ausbiegens der Gewindegänge, die bei Einzelstahl mitunter auftritt, vorzubeugen. Sie haben aber den Nachteil, daß viele Schmiedeeisen- und Stahlsorten ihre Anwendung nicht vertragen, indem das Gewinde leicht ausreißt, nur bei Bronze tritt dieser Übelstand nicht

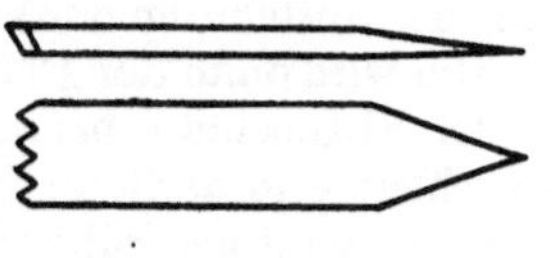

Fig. 217.

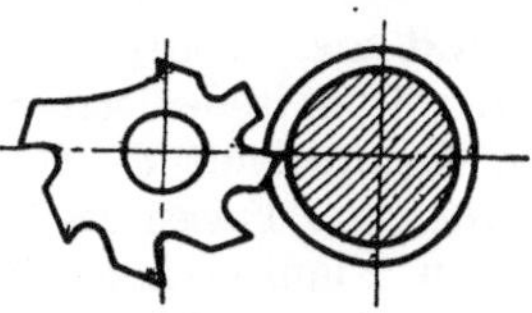

Fig. 218.

auf. Wenn an die Genauigkeit des Gewindes hohe Ansprüche gestellt werden müssen, ist der Strehler zum Fertigschneiden nicht zu gebrauchen, da es nicht möglich ist, die Teilung der Zähne des Strehlers ganz genau zu halten, beim Härten treten immer Differenzen, wenn auch noch so geringe, auf. Sehr genaues Gewinde darf daher nur mit dem Strehler vorgeschnitten werden und muß mit dem Einzelstahl Fig. 198 fertiggeschnitten werden.

Die erwähnten Nachteile des Strehlers nach Fig. 138 haben es mit sich gebracht, daß in manchen Werkstätten seine Verwendung als überwundener Standpunkt betrachtet wird, was aber seiner Vorzüge wegen nicht gerechtfertigt ist. Man hat dann nur Strehler zum Abrunden der scharfen Spitzen des bereits ziemlich fertiggeschnittenen spitzen Gewindes nach Fig. 217.

Zu erwähnen wäre hier noch ein mehrschneidiger Gewindestahl in Form eines hinterdrehten Fräsers (Fig. 218), dessen Schneiden um ein bestimmtes Maß vom Mittelpunkt weiter abrücken. Die Anordnung ist gleichbedeutend mit einer Verlegung der Spananstellung in das Werkzeug. Meines Wissens hat dieses Werkzeug jedoch keine nennenswerte Verbreitung erlangen können.

Bei Besprechung des einzahnigen Gewindestahles wurde die Forderung erhoben, denselben möglichst bei Spezialwerkzeugfabriken zu kaufen, da seine Herstellung für die gewöhnliche Werkstatt zu umständlich und teuer wird. Das gleiche gilt natürlich auch für den Strehler, indessen können, besonders in großen Werkstätten, öfter Umstände eintreten, die die Herstellung eines Gewindestahles oder eines Strehlers notwendig machen, und daher sei hier die Fabrikation eines Strehlers für Whitworth-Gewinde näher beschrieben.

Ist man gezwungen, sich auf die einfachste Weise zu helfen, so stellt man die Gewindezähne mittels eines entsprechenden Gewindebohrers her, indem man den Strehler in den Stahlhalter einspannt und ihn durch Einschalten der Leitspindel mehrmals an dem zwischen den beiden Drehbankkörnern gehaltenen Gewindebohrer vorbeiführt, bis die Zähne die erforderliche Tiefe haben.

Diese Art der Herstellung ist aber nur als Notbehelf zu betrachten, eine sachgemäße Herstellung kann nur durch Fräsen oder auch (bei SI-Gewinde) durch Hobeln erfolgen. Dieses Fräsen ist jedoch nicht so einfach, es kann erst auf Umwegen, die das Verfahren sehr verteuern und bei nicht sachgemäßer und peinlich genauer Arbeit eine Quelle von Fehlern werden, geschehen.

Bei Fig. 197 wurde schon dargetan, daß das Querschnittsprofil $a-b$ nicht mehr den richtigen Flankenwinkel 55° besitzt, sondern einen größeren, und zwar um so größer, je größer der Anstellungswinkel gewählt wird. Meist ist der letztere 15° und hierfür wird dann der Flankenwinkel im Querschnitt $a-b = 56° 40'$. Bei SI-Gewinde beträgt er 61° 44'. Der zum Fräsen des Whitworth-Strehlers erforderliche Fräser muß also den Flankenwinkel 56° 40' besitzen, er wird als Rillenfräser mit im Steigungswinkel des Strehlers aufgeschnittenen Gewindegängen ausgeführt, es zerlegt sich demgemäß unsere Aufgabe, einen Strehler

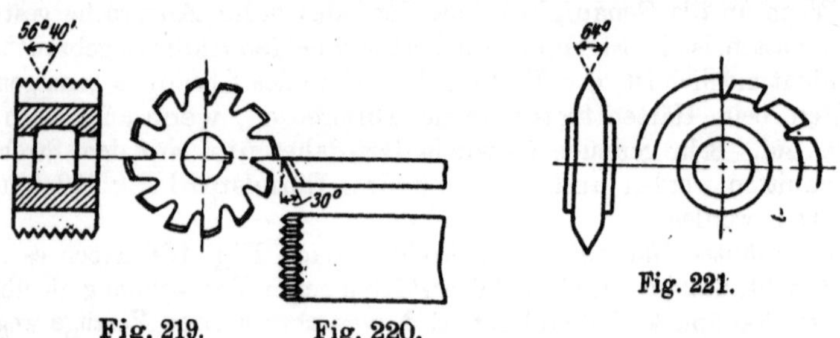

Fig. 219. Fig. 220. Fig. 221.

zu fräsen, in drei Unteraufgaben, und zwar rückwärts gehend: Herstellung eines Rillenfräsers (Fig. 219) mit dem Flankenwinkel 56° 40', eines Hinterdrehstahles (Fig. 220) zum Schneiden dieses Fräsers und eines weiteren Fräsers (Fig. 221) zum Fräsen der Zähne des Hinterdrehstahles.

Nimmt man für den Hinterdrehstahl Fig. 220 den Anstellungswinkel zu $\alpha = 30°$, so berechnet sich der Flankenwinkel, den der zum Fräsen dieses Hinterdrehstahles erforderliche Fräser Fig. 221 haben muß, aus Fig. 222 wie folgt:

Gegeben: $\alpha = 30°$; $\beta = 56° 40'$; e werde genommen zu $e = 100$ mm. Gesucht: γ. Es ist

$$f = e \cdot \cos\alpha = 100 \cdot 0{,}86603 = 86{,}603,$$

$$\operatorname{tg}\frac{\beta}{2} = \frac{g}{100} = 0{,}53920,$$

$$g = 100 \cdot 0{,}53920 = 53{,}920,$$

$$\operatorname{tg}\frac{\gamma}{2} = \frac{g}{f} = \frac{53{,}920}{86{,}603} = 0{,}623,$$

$$\frac{\gamma}{2} = 32^\circ,$$

$$\gamma = 64^\circ.$$

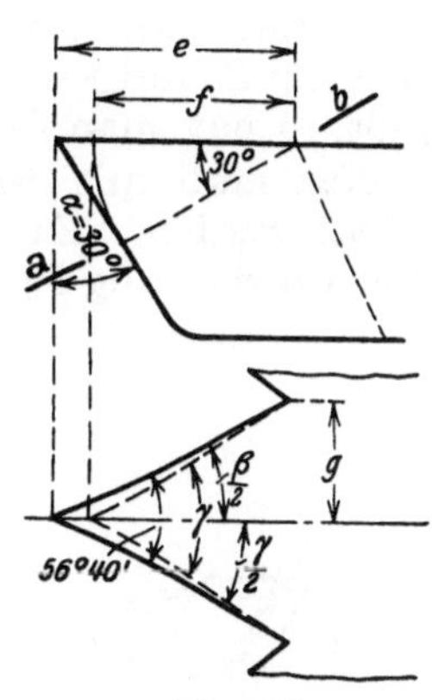

Fig. 222.

Um nun bei Anfertigung des Fräsers Fig. 221 dessen Flankenwinkel 64° genau herstellen zu können, bedient man sich einer Vorrichtung, bestehend aus zwei gehärteten und genau auf Maß geschliffenen Stahlscheiben mit den Durchmessern $2\,R$ und $2\,r$ (Fig. 223), die auf einer Unterlage befestigt sind so, daß die große Scheibe verstellt werden kann. Nun besteht die Aufgabe, die verschiebbare große Scheibe in einen solchen Abstand m von der kleinen Scheibe zu bringen, daß eine an die beiden Scheiben angelegte Schmiege den Winkel 64° bildet. Die Entfernung m berechnet sich, wenn $R = 60$ und $r = 15$ mm genommen wird,

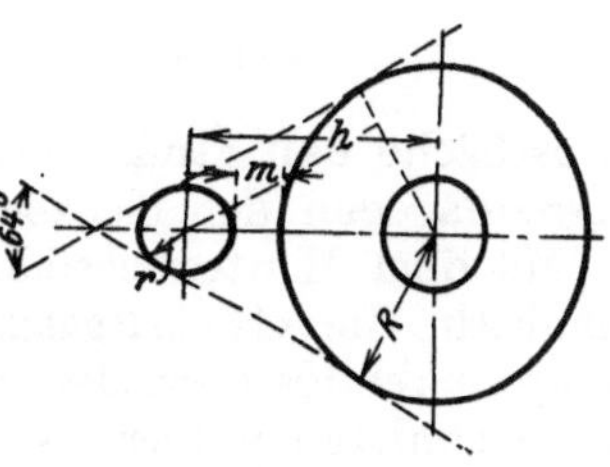

Fig. 223.

$$\frac{\gamma}{2} = 32^\circ,$$

$$\sin\frac{\gamma}{2} = \frac{R-r}{h},$$

$$h = \frac{R-r}{\sin\frac{\gamma}{2}},$$

$$m = h - (R+r),$$

$$m = \frac{R-r}{\sin\frac{\gamma}{2}} - (R+r),$$

$$m = \frac{60-15}{0{,}52992} - (60+15),$$

$$m = \frac{45}{0{,}52992} - 75 = 10 \text{ mm}.$$

Fertigt man sich ein Stichmaß von 10 mm Länge an und verstellt die große Scheibe so, daß das Stichmaß genau zwischen beide Scheiben paßt, so hat man den Winkel 64° genau.

Nun muß mit dem Fräser Fig. 221 der Hinterdrehstahl Fig. 220 gefräst werden. Zu diesem Zwecke wird der Hinterdrehstahl in der Spannvorrichtung Fig. 224 eingespannt und der Tisch der Fräsmaschine jedesmal, nachdem ein Zahn fertig gefräst ist, um die Steigung bzw. Teilung des verlangten Strehlers verschoben. Da dieses Teilen äußerst genau erfolgen muß, muß die Tischspindel des Quersupports der Fräsmaschine mit einem Teilapparat ausgerüstet werden, der ähnlich dem Universalteilkopf eine Teilscheibe trägt, mit der die den verschiedenen Gangzahlen des Gewindes entsprechenden Teilungen eingestellt werden können. Der fertige Hinterdrehstahl hat nun an seiner Brustfläche den Flankenwinkel 56° 40′, in der senkrechten Querschnittsebene dagegen den Flankenwinkel 64°.

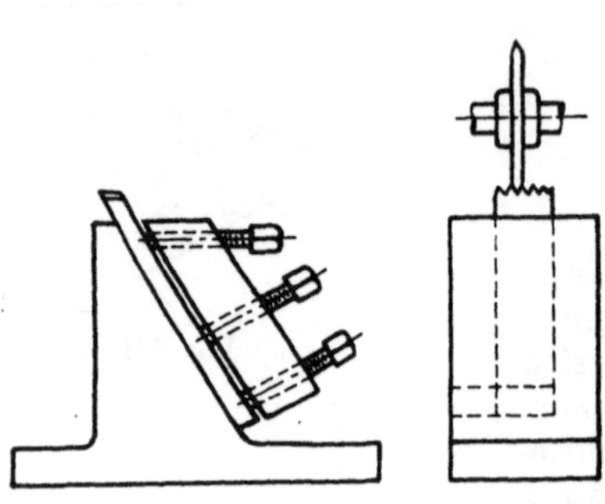

Fig. 224.

Mit dem Hinterdrehstahl wird nun schließlich der Rillenfräser geschnitten, die Gewindegänge des Rillenfräsers müssen dabei im Steigungswinkel des Gewindes, für das der herzustellende Strehler bestimmt ist, geschnitten werden. Wollte man sich für das gesamte Whitworth-Gewinde die Strehler dazu herstellen, so hätte man also 34 verschiedene Rillenfräser von $2^3/_4$ bis 62 Gängen auf 1″ und zur Herstellung dieser Fräser wiederum 34 Hinterdrehstähle nötig. Daraus geht deutlich hervor, wie unrationell für die normale Werkstatt die Selbstherstellung der Strehler und analog auch der einzahnigen Gewindestähle ist.

Bei der Herstellung des Rillenfräsers Fig. 219 kommt noch ein erschwerender Umstand hinzu, das Verziehen der Gewindegänge beim Härten, das eine ungenaue Teilung der Gänge zur Folge hat. Der Stahl wird, wie das später bei Fig. 249 noch näher erörtert ist, beim Härten meist kürzer und im Durchmesser dicker; man muß dieser Eigenschaft dadurch Rechnung tragen, daß man ihn von vornherein mit einer größeren Steigung schneidet, entweder mittels eines Korrektionsapparates, welcher der Leitspindel eine kleine Zusatzbewegung erteilt, oder durch Benutzung des Konuslineals der Drehbank unter gleichzeitiger seitlicher Verschiebung der Reitstockspitze, wie das bei Fig. 249 beschrieben ist. Zur Vermeidung des Reißens beim Härten wendet man am besten die Stufenhärtung in drei hintereinander stehenden Bädern an.

Bei der Herstellung von SI-Gewindestrehlern kommen folgende Operationen in Betracht[1]).

[1]) s. O. Eckelt: »Moderne Arbeits- und Meßmethoden für die Herstellung richtiger Gewinde des Systems International SI« in W. T., 1907, S. 3.

Herstellung eines Originaldreiecks aus gehärtetem Gußstahl, welches als Lehre und als Werkzeug dient. Von den drei Ecken dieses Dreiecks, dessen Winkel = 60° sind, ist die eine spitz, eine abgerundet und eine abgeflacht. Jedes Dreieck gilt wegen der Größe dieser Abflachung und Abrundung nur für einen bestimmten Schraubendurchmesser.

Die Herstellung dieses Dreiecks erfolgt durch Aufspannen des vorgearbeiteten, gehärteten und auf richtige Stärke geschliffenen Dreiecks auf ein Meisterdreieck, das auf dem Tisch einer Planschleifmaschine nacheinander auf seine drei Seiten gelegt wird, so daß die drei Seiten des Gewindedreiecks einzeln geschliffen werden.

Das Schleifen der abzuflachenden und der abzurundenden Ecke erfolgt auf einer Planschleifmaschine mit Feineinstellung, nachdem vorher die Höhe des Dreiecks geometrisch oder trigonometrisch genau gemessen worden ist. Das Abrunden geschieht auf einer kleinen Spezialschleifmaschine mit horizontaler Schleifspindel, wobei das Dreieck an der Stirnseite der Schleifscheibe in dem genau eingestellten Radius vorbeigeschwenkt wird.

Herstellung des einzelnen Schneidzahnes. Die Zahnlücke wird zunächst mittels eines ungefähr passenden Stahles vorgehobelt. Für die Fertigbearbeitung wird das gehärtete Gewindedreieck benutzt, das aber natürlich nur eine schabende, keine eigentlich schneidende Wirkung ausüben kann. Für die Anstellung dieses Dreiecks ist zu bedenken, daß der Gewindestahl beim Schneiden einen Anstellungswinkel von 15° besitzt, so daß sich das richtige Lückenprofil nicht senkrecht zu seiner Längsrichtung vorfindet, sondern in seiner horizontalen Ebene, die mit 15° gegen den senkrechten Schnitt geneigt ist. Deshalb muß das Gewindedreieck beim Schaben ebenfalls unter 15° Neigung angestellt werden.

Die Weiterteilung der zu hobelnden Strehlerzähne erfolgt auf der zum Hobeln benutzten Shapingmaschine, die eine genaue Schaltspindel nebst Teilmechanismus hat.

Aus Vorstehendem geht hervor, daß die Herstellung der Gewindestähle für SI-Gewinde noch höhere Anforderungen an die Betriebseinrichtungen der Werkstatt stellt als beim Whitworth-Gewinde und daher an eine wirtschaftliche Herstellung in der gewöhnlichen Werkstatt gar nicht gedacht werden kann.

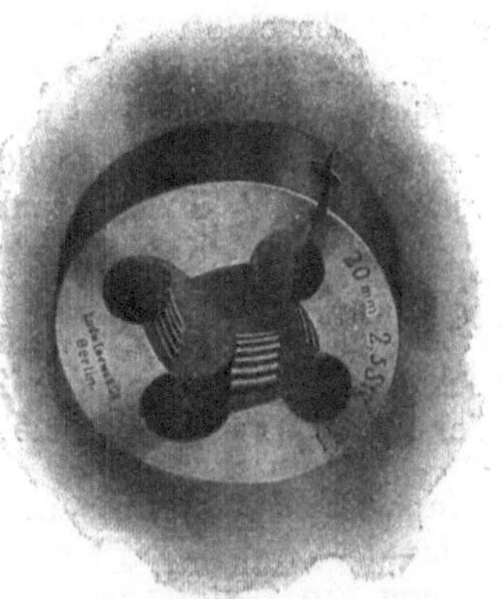

Fig. 225.

Als ein Strehler anzusehen ist auch das Schneideisen, das zum Gewindeschneiden vornehmlich auf der Revolverbank, weniger auf der Drehbank benutzt wird (Fig. 225), nur verlaufen die Zähne nicht geradlinig, sondern im Kreis. Es gehört zu denjenigen Werkzeugen, die in der Werkstatt oft die größten Unannehmlichkeiten bereiten, das Gewinde am Werkstück reißt aus oder die Zähne des

Schneideisens platzen aus. Es ist eben nicht leicht, ein richtiges Schneideisen herzustellen, selbst von Werkzeugfabriken kann man mitunter Schneideisen erhalten, die den Bedingungen, die an ein solches gestellt werden müssen, nur mangelhaft entsprechen. Um so mehr ist davor zu warnen, wenn Fabriken, die mit dem Werkzeugbau nichts zu tun haben, sich ihre Schneideisen in der eigenen Werkzeugmacherei herstellen, es dürfte in solchen kaum einen Werkzeugmacher geben, der ein Schneideisen richtig herstellen kann.

Die Schneideisen werden meistens rund und zwecks geringen Einstellens an einer Seite geschlitzt ausgeführt, wie Fig. 225 zeigt; für manche Fälle führt man sie quadratisch und geschlossen wie in Fig. 226 aus. Die runden Schneideisen werden immer in einer dazu passenden Kapsel gehalten (Fig. 227) und an der Schlitzstelle durch eine Stellschraube eingestellt, um geringe Differenzen im Gewindedurchmesser ausgleichen zu können. Die Verstellung nach innen geschieht beim Lösen dieser Schraube entweder durch die Federkraft des Schneideisens selbst oder

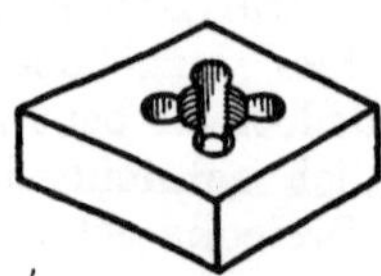

Fig. 226.

Fig. 227.

durch die beiden seitlichen Schrauben. Die Kapsel ermöglicht auch, das Schneideisen, wenn es auf den gewünschten Gewindedurchmesser eingestellt ist, im Halter auszuwechseln, so daß man nicht zu jedem Schneideisen einen besonderen Halter nötig hat.

Für die zu wählenden Abmessungen kann als Anhalt dienen, daß der äußere Durchmesser nicht weniger als $2^1/_2$mal so viel vom Durchmesser der zu schneidenden Schraube sein, die Backendicke nicht weniger als $1^1/_4$ des Schraubendurchmessers betragen soll. Jedenfalls ist die Dicke möglichst groß zu halten, um ein in der Steigung passendes Gewinde zu erzielen. Auch der Querschnitt des federnden Teiles muß kräftig genug gehalten werden, damit die Schneidbacken selbst dann nicht abfedern, wenn die Zähne stumpf geworden sind. Geschieht dies einmal, so wird sich stets ein ausgerissenes oder schlechtes Gewinde zeigen.

Um schneiden zu können, muß das Schneideisen an den Stirnflächen Anschnitt erhalten, am besten auf beiden Seiten, damit es nach jeder Richtung hin benutzt werden kann. Der Anschnitt richtet sich nach der Ganghöhe, er ist bei kleiner Ganghöhe geringer zu halten als bei großer. Im Mittel dürfte es genügen, den Anschnitt auf die ersten zwei Gänge auszudehnen, wenn das Gewinde nicht bis an einen Bund geschnitten werden muß.

Die Spanlöcher müssen genügend groß sein, um den Spänen leichten Eintritt zu gewähren und dem beim Gewindeschneiden zum Kühlen und Schmieren gebrauchten Öl zu ermöglichen, sie leicht zu entfernen. Man trifft aber oft Schneidbacken mit zu kleinen Spanlöchern. Für die Größe der Spanlöcher sind folgende Gesichtspunkte maßgebend. Bei Herstellung des Schneideisens wird zuerst das Gewindeloch gebohrt und Gewinde mit einem Backenbohrer vorgeschnitten, der noch ca. 0,2 mm Material für den Nachschneider stehen läßt, wodurch ein glattes, sauberes Gewinde entsteht. Nun werden die vier Spanlöcher gebohrt, und zwar in solchem Abstand vom Gewindeloch, daß zwischen diesem und dem Spanloch noch ein Steg von etwa 0,3 mm stehen bleibt, der dann mit der Feile beseitigt wird. Würde man mit den Spanlöchern näher an das Gewindeloch heranrücken, so müßte vor dem Bohren des Spanloches das Gewindeloch durch einen Gewindestift ausgefüllt werden, damit beim Bohren des Spanloches der Bohrer immer im vollen Material arbeitet und sich nicht einseitig verläuft. Solche Spanlöcher wären aber nicht genügend groß, sie würden sich zu leicht mit Spänen verstopfen

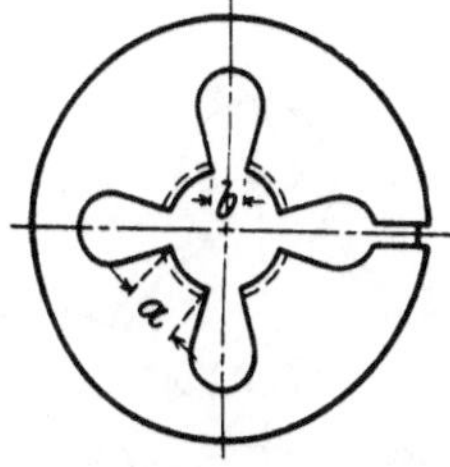

Fig. 228.

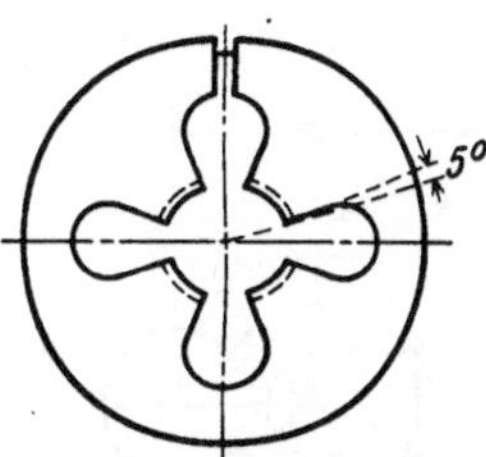

Fig. 229.

und dadurch, besonders bei sehr zähem Schraubenmaterial, Veranlassung zum Ausbrechen der Zähne geben. Nach Durchfeilen des oben erwähnten Steges sind die Schneidkanten so zu feilen, daß je zwei gegenüberliegende eine gerade Linie bilden, die durch den Mittelpunkt des Schneideisens geht (Fig. 228). Durch die Forderung, daß die entstandenen Spanfurchen *b* kleiner sein müssen als die Führungen *a*, ist nun im Verein mit dem vorigen Gesichtspunkt die Größe des Spanloches genügend bestimmt. Die Führung *a* muß größer sein als die Furche *b*, weil sonst das Schneideisen nicht genügend Berührung mit dem zu schneidenden Bolzen haben würde, es würde zittern und unsauberes Gewinde erzeugen.

Vielfach wird behauptet, daß man statt der radialen Schneidkanten (Fig. 228) mit solchen, die über der Mitte stehen, etwa 5° (Fig. 229), ein besseres Schneiden erzielt. Solche Schneideisen sind aber etwas teurer in der Herstellung. Schneideisen, die ausschließlich für Messing, Bronze, Deltametall und andere Kupferlegierungen verwendet werden, gibt man Schneidkanten mit negativer Neigung.

Nachstehend ist noch eine Tab. 9 gegeben, mit deren Hilfe auch günstige Schnittwinkel zu erreichen sind.

Bedeutet *A* den Durchmesser des Schneideisengewindes (Fig. 230 und 231), dann schlägt man mit den zu *A* gehörenden, in der Tabelle angegebenen Durchmessern *B* und *D* Kreise und auf dem äußeren von

A Gewinde ⌀	Nach Fig.	B	C	D
1/8″	230	8	5	1,8
3/16″	»	8,5	5	2,2
1/4″	»	9	5	2,6
5/16″	231	12	6	2,7
3/8″	»	14	7	3
7/16″	»	16	8	3,7
1/2″	»	18	9	4,3
5/8″	»	21,5	10	5
3/4″	»	22,5	10	6
7/8″	»	27	12	6,8
1″	»	30	14	7,6
1 1/8″	»	34	15	8,4
1 1/4″	»	37	16	10
1 3/8″	»	41	18	11
1 1/2″	»	45	20	12

Tab. 9.

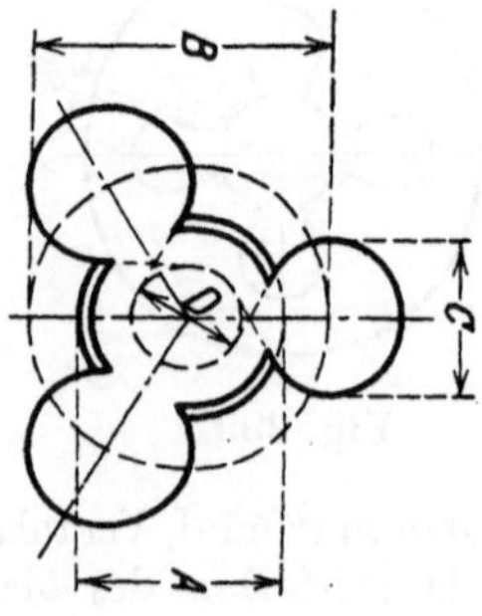

Fig. 230.

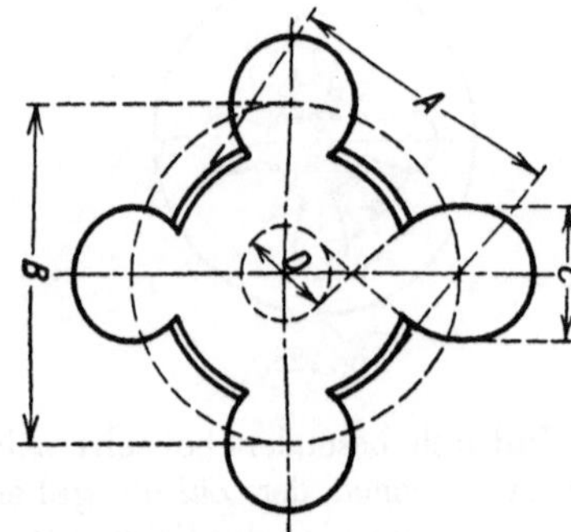

Fig. 231.

beiden wiederum drei bzw. vier Kreisbögen mit den Durchmessern *C*, deren Enden man an dem inneren Kreis *D* tangieren läßt und somit die zu ermittelnden Schnittwinkel erhält.

Bei tiefen Gewinden nimmt man ein Schneideisen zum Vorschneiden, ein zweites zum Fertigschneiden. Die Vorschneider sind meist nicht verstellbar, die Fertigschneider sind immer durch Aufschlitzen verstellbar gemacht (Fig. 227). Die ersteren sind mittels Backenbohrer von der genauen Größe des zu erzeugenden Gewindes geschnitten, für die letzteren hingegen muß der Backenbohrer etwas größer sein; denn das Schließen des Schneideisens bis zur richtigen Größe gibt den Schneiden etwas Spielraum, der das Gewindeschneiden erleichtert. Für Gewinde bis 1/4″ macht man den Backenbohrer um 0,127 mm größer, von 1/4—7/16″ um 0,178 mm, von 7/16—5/8″ um 0,2 mm und von 5/8—1″ um 0,254 bis 0,3 mm. Bei diesen Werten ergibt sich der richtige Spielraum. Außerdem liegt schon beim Härten die Möglichkeit vor, daß sich das Schneideisen zusammenzieht. War das Gewinde vorher größer geschnitten, so wird man immer noch den korrekten Durchmesser erreichen.

Beim Aufschlitzen des Schneideisens ist zu beachten, daß dies von der Mitte nach außen zu geschieht, so, daß zunächst am äußeren Rande ein kleiner Steg stehen gelassen wird, damit das Schneideisen beim Härten nicht krumm wird oder reißt (s. Fig. 228 und 229). Nach dem Härten und Anlassen wird der Steg mit einer dünnen Schmirgelscheibe entfernt.

Besondere Schwierigkeiten bei der Herstellung bietet der Anschnitt, weil zu beachten ist, daß jeder erste Zahn eine gleiche Spanstärke nehmen soll, um die Belastung aller Zähne gleichmäßig zu halten.

Die federnden Schneideisen (Fig. 232) sind in vielen Werkstätten unbekannt. Die vier Schneidlappen erzeugen eine starke nach außen gerichtete Federkraft, die durch einen umgelegten Klemmring eingestellt wird, und mit dem gleichzeitig das Schneideisen auf den richtigen Durchmesser eingestellt wird. Bei größeren Ausführungen versieht man den Klemmring ebenso wie die Lappen mit konischem Gewinde, so daß durch Aufschrauben des Ringes auch das Schneideisen verkleinert wird.

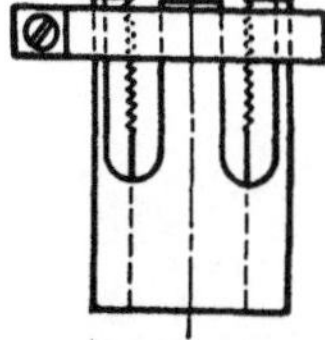

Fig. 232.

Der Vorteil der federnden Schneideisen gegenüber den vorherigen ist, daß sie sich leicht nachschärfen lassen, indem man eine messerartige Schleifscheibe zwischen die Schneidlippen bringt. Die vollen Schneideisen dagegen müssen, um nachgeschärft werden zu können, ausgeglüht und nachgefeilt werden, weshalb man die kleinen oft lieber ersetzt als nachschärft.

Das bisher Gesagte läßt ohne weiteres darauf schließen, daß das Schneideisen ein wenig vollkommenes Werkzeug ist, daß die Gewinde, die mit ihm erzeugt werden, viel ungenauer sein müssen als die mit einem korrekten Gewindestahl auf der Drehbank geschnittenen. Durch seine schwierige Herstellung ist das Schneideisen fast nie ohne Fehler im Gewinde und diese Ungenauigkeiten werden noch verstärkt durch den Arbeitsvorgang selbst, der meist eine Verlängerung oder Verkürzung der Steigung — bis zu $^2/_{10}$ mm auf 1″ und mehr — der Schraube zur Folge hat. Je nach dem Druck, mit dem das Schneideisen auf den Schraubenbolzen aufgesetzt wird, wird sich das Gewinde des Schneideisens nicht genau auf die Schraube übertragen, es wird verlängertes oder verkürztes Gewinde erzeugt.

Weiter kommt beim Schneideisen das Schraubenmaterial viel mehr zur Geltung als beim Gewindestahl. Am besten läßt sich Messing und Rotguß mit Schneideisen schneiden, während Schmiedeeisen oft Schwierigkeiten macht. So läßt sich Flußeisen meist nur bis 1″ Durchmesser noch schneiden, darüber muß Schweißeisen verwendet werden. Der Grund liegt darin, daß das Eisen beim Arbeiten mit Schneideisen ziemlich stark aufträgt, wodurch nicht nur ein erheblicher Mehrverbrauch an Antriebskraft nötig wird, sondern auch infolge des dabei auftretenden Drängens die Gewindegänge an der Schraube ausreißen oder bestenfalls sehr unsauber ausfallen. Um dies zu verhindern, müssen die Schraubenbolzen auf einen kleineren Durchmesser gedreht werden, und zwar im allgemeinen um etwa $^2/_{10}$ der Gangtiefe kleiner als der theoretische

Außendurchmesser der Schraube. Die Verminderung der Festigkeit ist praktisch ganz belanglos, ebenso die Verkleinerung der Flankenfläche des Gewindes, dagegen wird die Maschinenleistung erheblich größer, das Gewinde wird sauberer. Sehr oft kann man beobachten, daß dieser Forderung nicht entsprochen ist, besonders bei Stangenmaterial, dessen Durchmesser gar nicht selten beträchtlich größer ist, als er nach obigem sein dürfte. Dadurch verstopfen sich nicht nur die Spanlöcher, sondern die Zähne des Schneideisens werden durch die starken Späne zu sehr beansprucht und brechen aus.

Über den Anwendungsbereich des Schneideisens ist schon auf S. 187 einiges gesagt. Hier ist noch nachzutragen, daß man außer auf Revolverbänken und Gewindeschneidmaschinen das Schneideisen auch auf der Leitspindeldrehbank verwendet, wenngleich nur in außergewöhnlichen Fällen, weil sich die Drehbank für diesen Zweck wenig

Fig. 233.

eignet. Es werden dann gewöhnlich von Hand mit dem Schneideisen einige Gänge angeschnitten und die Drehbank dann eingerückt. Je nach Material und Steigung wird mit ein oder zwei Schneideisen (zum Vor- und Nachschneiden) geschnitten. Die Geschicklichkeit des Arbeiters spielt dabei eine ziemliche Rolle insofern, als das genaue Laufen der Gewindegänge davon abhängig ist, daß der Arbeiter das Schneideisen beim Anschneiden richtig hält. Da dies für größere Schneideisen schwierig wird, muß man Gewinde über 1″ mit dem Gewindestahl vorschneiden. Das Fertigschneiden bzw. Regulieren mit Schneideisen hat dann eigentlich nur den Zweck, den Arbeitsvorgang zu beschleunigen, da ein Fertigschneiden mit dem Gewindestahl mehr Zeit und größere Aufmerksamkeit des Drehers erfordert; sodann ist durch das Regulieren mit Schneideisen die Möglichkeit gegeben, schnell und ohne Mühe die einzelnen Schrauben in bezug auf Steigung und Durchmesser gleichmäßig zu erhalten. Man wendet auf der Drehbank dieses Verfahren des Vorschneidens mit Stahl und Regulieren durch Schneideisen bis zu

Durchmessern von 2" an, darüber hinaus wird das letztere zu teuer und auch unhandlich. Bei ganz genauen Gewinden wie Gewindekaliber, Gewindebohrer usw. darf niemals das Schneideisen gebraucht werden, weil es hauptsächlich infolge des Härtevorganges keine genaue Steigung hat.

Fig. 234.

Auf der Schraubenschneidmaschine ist das Schneideisen zum großen Teil verdrängt worden durch eingesetzte Backen, und so sind ihm als Hauptgebiet nur die Revolverbank und der Automat verblieben. Auch hier arbeitet man wieder bei größeren Durchmessern, über 1" mit Vor- und Nachschneideisen. Über $1^1/_4$" bis 2" und besonders bei hartem Material schneidet man auch mit dem Stahl vor und reguliert durch Schneideisen. Der Stahl wird dabei zwangläufig geführt entweder mittels Patrone durch den Leitapparat (Fig. 233), bei weichen Metallen, wie Messing, Rotguß, oder mittels Leitspindel, die den Quersupport bewegt (Fig. 234), bei härteren Materialien wie Stahl, harte Bronze, Gußeisen usw.

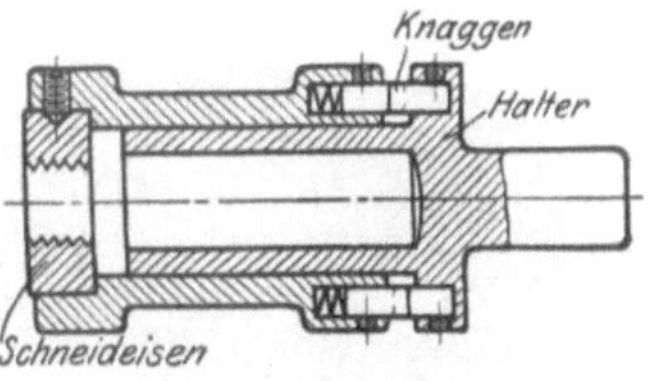

Fig. 235.

Für den Gebrauch auf der Revolverbank und dem Automat werden die Schneideisen in besondere selbstauslösende Gewindeschneidköpfe gespannt (Fig. 235), die vom Revolverkopf stets in richtiger zentraler Lage gehalten werden, so daß beim Anschneiden eine besondere Geschicklichkeit nicht erforderlich ist. In dem lose aufgesteckten Vorderteil ist das Schneideisen gehalten durch Spitzschrauben, die gleichzeitig das Regulieren des Gewindedurchmessers gestatten. Der Bund des Halters hat zwei feste Knaggen, die sich gegen zwei im Vorderteil angebrachte federnde Knaggen legen, wodurch ein Drehen des Vorderteiles während des Schneidens verhindert wird (s. a. Fig. 236). Der Handvorschub des Revolverschlittens erfolgt ungefähr der Steigung des zu schneidenden Gewindes entsprechend bis kurz vor das Ende des Gewindes, wo durch Anschlag der Vorschub des Revolverkopfes beendet wird. Durch das Drehen des Werkstückes wird das Vorderteil mit dem Schneideisen durch die Gewindesteigung noch ein kurzes Stück weiterbewegt, bis die schrägen Endflächen der Knaggen aneinander vorbeigleiten können (Fig. 237) und das Werkstück das Schneideisen mit dem Vorderteil mitnimmt. Beide drehen sich auf dem Halter, wobei infolge der Schräge die im Vorderteil sitzenden Knaggen beim Vorbeigleiten an den festen Knaggen in das Vorderteil hineinfedern. Das Gewinde ist jetzt auf die erforderliche Länge geschnitten, und um das Schneideisen vom Werkstück herunter zu bekommen, muß das Werkstück rückwärts laufen, also die Drehrichtung der Arbeitsspindel umgeschaltet werden, wobei die federnden Knaggen einen sanften Übergang beim Umschalten ermöglichen. Nach dem Umschalten legen sich die federnden Knaggen rückwärts gegen die festen, das Vorderteil kann sich nicht mehr drehen, das Schneideisen muß sich vom Werkstück abschrauben, wobei der Revolverkopf von Hand ungefähr der Gewindesteigung entsprechend rückwärts bewegt wird.

Fig. 236.

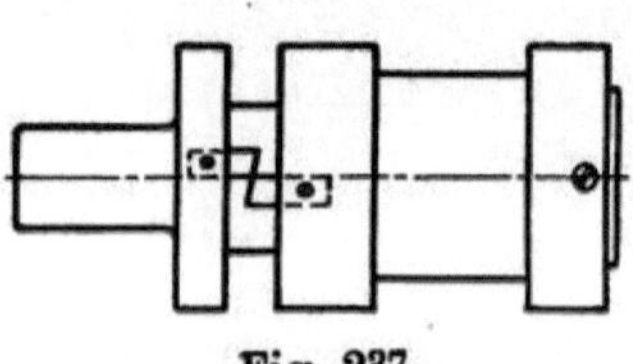
Fig. 237.

Für das Schneiden von Linksgewinde müssen die Knaggen gegen solche mit entgegengesetzter Abschrägung ausgewechselt werden. Für das Arbeiten mit zwei Schneideisen zum Vor- und Nachschneiden ist das Vorderteil auf dem Halter auswechselbar, so daß bloß ein Halter vonnöten ist. Das Nachschneideisen wird bei stillstehendem Werkstück von Hand so weit wie möglich auf das vorgeschnittene Gewinde geschraubt, um die Gewindegänge richtig zu treffen, erst dann wird die Maschine eingerückt.

Fig. 238.

Um in dem beschriebenen Gewindeschneidkopf auch Schneideisen von kleinerem Durchmesser verwenden zu können, benutzt man Kapseln (Fig. 238), mittels deren man das in ihnen festgeklemmte und durch Spitzschrauben eingestellte Schneideisen auswechseln kann, ohne es zu verstellen.

Die Umschaltung des Drehsinnes des Werkstückes und der Rücklauf des Schneideisens bedeuten einen Zeitverlust, der um so empfindlicher ist, als auf der Revolverbank immer Massenanfertigung in Frage kommt. Zudem ist bei automatischen Fassonbänken eine Umschaltung nicht möglich, weil bei diesen die Arbeitsspindel nur eine Drehrichtung hat. Diese Erwägungen und der schon angeführte empfindliche Nachteil des Schneideisens, daß es beim Nachschärfen vorher ausgeglüht und nachgefeilt werden muß, haben zur Einführung der selbstöffnenden Gewindeschneidköpfe mit eingesetzten Schneidbacken geführt.

Die eingesetzten Schneidbacken sind leichter nachzuschleifen und können viel stärkere Späne bewältigen, haben also eine größere Leistung. Es gibt zwei Ausführungen: die Backen sind am Stirnende mit Zähnen versehen und werden in den Schneidkopf eingesetzt (Fig. 239 und 242), oder die Backen sind längs einer Seitenfläche gefräst (Fig. 244) und werden vor dem Schneidkopf angeordnet (Fig. 243).

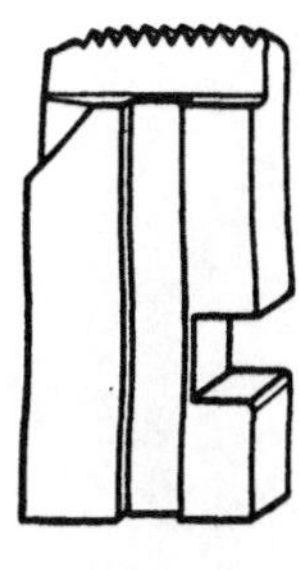

Fig. 239.

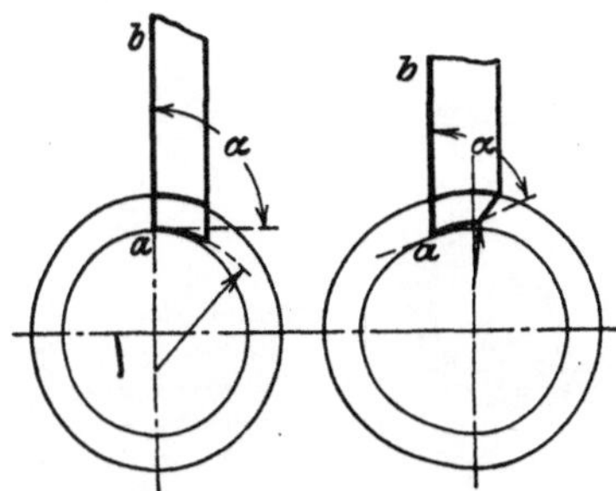

Fig. 240. Fig. 241.

Die einzelnen, voneinander unabhängigen Backen sind leichter herzustellen als die Schneideisen und einfach und schnell ohne Ausglühen nachzuschleifen, ein Vorteil, der hoch anzuschlagen ist, weil ein ursprünglich richtig hergestelltes und gut arbeitendes Schneidwerkzeug durch das Ausglühen und Wiederhärten niemals besser wird, meist schlechter, besonders was Genauigkeit der Steigung anbelangt, und nur zu leicht Ausschußwerkstücke liefert. Das Gewinde der Backen Fig. 239 wird durch einen Backenbohrer erzeugt, dessen Durchmesser um etwa $^1/_2$ Gewindetiefe größer ist als der des herzustellenden Gewindes, wenn die Schneidflächen der Backen nach Fig. 240 radial durch den Mittelpunkt gehen, und um etwa $^1/_2$ Gewindetiefe kleiner ist, wenn diese nach Fig. 241 vor der radialen Ebene liegen. Dadurch schneiden die Backen frei. Der Schnittwinkel ist im ersten Falle 90°, im zweiten Falle $< 90°$, die Backen nach Fig. 241 schneiden also besser. Die Schneidbacken haben, da sie beim Stumpfwerden stets nur parallel zur Brustfläche $a—b$ nachgeschliffen werden dürfen, den empfindlichen Nachteil, daß sich bei jedem Nachschleifen der Schnittwinkel ändert, und zwar wird er bei Fig. 240 immer größer und bei Fig. 241 ebenfalls, wodurch die Backen nach jedem Nachschliff schlechter schneiden. Auch lassen sie nur eine relativ geringe Ausnutzung zu, da sie nach mehrmaligem Nachschliff bald zu schwach werden.

Einen selbstöffnenden Gewindeschneidkopf für die Backen Fig. 239 zeigt Fig. 242. Der Hauptvorteil eines selbstöffnenden Gewindeschneidkopfes ist die große Zeitersparnis und der saubere Schnitt. Sobald der Anschlag des Revolverkopfes die Bewegung des Schneidkopfes in axialer Richtung verhindert, öffnen sich die Backen selbsttätig und geben das Werkstück vollständig frei. Daraus ergibt sich der besondere Vorzug gegenüber dem Gewindeschneidkopf mit Schneideisen, daß die Maschine für den Ablauf des Werkzeuges vom Arbeitsstück nicht umgeschaltet zu werden braucht, sondern man kann den Schneidkopf schnell über das Gewinde zurückziehen, ohne

Fig. 242.

dieses zu beschädigen, ein weiterer sehr schätzbarer Vorteil, denn nur zu leicht kommt es vor, daß das Schneideisen beim Ablauf das Gewinde beschädigt. Das Einstellen der Backen auf den gewünschten Gewindedurchmesser erfolgt mit Hilfe eines Musterbolzens, eines Lehrdornes oder nach einer Skala. Das Schließen der Backen geschieht leicht und schnell entweder von Hand oder selbsttätig. Schrauben bis $^5/_8''$ schneidet man mit einem Schnitt, darüber nimmt man zwei Schnitte. Durch Umlegen eines kleinen Hebels lassen sich die Backen für den Schrupp- und Schlichtschnitt augenblicklich verstellen. Auf automatischen Revolverbänken sieht man jedoch von einem Vor- und Nachschneiden des Gewindes ab, da beim zweiten Schnitt in den seltensten Fällen ein richtiges Anschneiden des vorgeschnittenen Gewindeganges zu erzielen wäre. Der Schneidkopf ist ferner durchbohrt, um Gewinde von beliebiger Länge schneiden zu können. Eine Hauptsache bei jedem Gewindeschneidkopf ist die solide Lagerung der Backen im Kopf, sie sollen nicht nur seitlich gut geführt sein, sondern auch in axialer Richtung vollkommen fest sitzen, was für das dauernde Schneiden von genauem Gewinde von einschneidender Bedeutung ist.

Alle Gewindeschneidköpfe nach Fig. 242, also mit Backen im Kopf, haben den Nachteil, daß durch die innenliegenden Backen die Späneabfuhr während des Schneidens nicht leicht ist, die Späne sammeln sich oft im Kopf an, fließen nicht genügend nach außen und können durch die Stauung zwischen Werkstück und Backe geraten und das Gewinde verderben. Besonders bei mehrfach nachgeschliffenen Backen kommt dies vor.

Fig. 243.

Dieser Nachteil, die schon erwähnte geringe Ausnutzungsmöglichkeit seiner Backen nach mehrmaligem Nachschleifen, die nach jedem Nachschleifen sich ungünstiger gestaltenden Schnittwinkel, die leicht unsauberes Gewinde zur Folge haben, und der Umstand, daß der Schnittwinkel jeweils dem Material anzupassen ist, wenn die Backen Schweiß- oder Flußeisen oder Stahl schneiden, dies aber bei den erwähnten Backen nicht gut auszuführen ist, haben den Gewindeschneidkopf mit tangential schwingbaren Backen gezeitigt (Fig. 243), dessen Schneidbacken also nicht in, sondern vor dem Kopf angeordnet sind.

Fig. 244.

Das Gewinde der Schneidbacken ist demzufolge nicht am Stirnende, wie bei Fig. 239, eingeschnitten, sondern an der Längsseite der Backe eingefräst (Fig. 244), so daß die Backe sehr einfach und leicht nachgeschliffen werden kann, und dies kann sehr viel öfter geschehen, bis die Backe aufgebraucht ist, als bei Fig. 239. Auch läßt sich bei der Backe Fig. 244 jeder beliebige Schnittwinkel leicht herstellen, so daß die Backe ohne weiteres für Schweiß- oder Flußeisen oder Stahl oder Bronze geschliffen werden kann, ein sehr in die Wagschale fallender Vorzug. Denn Flußeisen braucht einen Stahl mit geringer Zuschärfung, während zähe Bronze eine größere Zuschärfung verlangt, wenn die Backe schneiden und nicht das Material bzw. die Gänge ausreißen soll, welche Gefahr bei den Backen Fig. 239 besonders nach mehrmaligem Nachschleifen besteht. Die tangentiale Angriffsrichtung der Backen Fig. 244 bietet gegenüber der diagonalen Richtung der Backen Fig. 239 ähnliche Vorzüge, wie sie der unter »Stähle und Stahlhalter für Revolverdrehen« aufgeführte Tangentialstahl bietet, man kann wesentlich stärkere Späne nehmen, und der Schnitt wird trotz der verhältnismäßig großen Stärke der Späne ein wesentlich glatterer.

Wie Fig. 244 erkennen läßt, hat die Backe an der Vorderseite eine schräg nach dem ersten Zahne gehende Fläche, die beim Anschneiden als Drehstahl wirkt. Es darf daher im Gegensatz zum Schneideisen und zur Backe Fig. 239 der Durchmesser des zu schneidenden Werkstückes größer sein als der äußere Gewindedurchmesser, da die schräge Fläche das Übermaß an Material wegnimmt und das Werkstück auf den für den Angriff des ersten Zahnes erforderlichen Durchmesser abdreht. Es erübrigt sich dadurch ein sonst etwa notwendiges vorheriges Abdrehen, das z. B. beim Einschneiden von Gewinde in Sechskantmaterial mit den Backen Fig. 239 unvermeidlich ist.

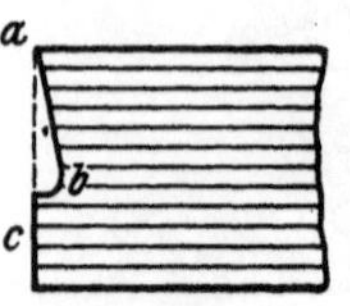

Fig. 245.

Die Schnittkante bildet mit der vorderen Längskante nicht einen rechten Winkel, sondern einen solchen von 92°, den sog. Führungswinkel (Fig. 245). Das hat zur Folge, daß nur die ersten Zähne in der Schnittlinie liegen, die letzten aber ein wenig über derselben vorstehen und dadurch nicht mehr schneiden, sondern nur wie eine Mutter in dem seitens der vorderen Zähne erzeugten Gewinde laufen und dadurch die Steigung gleichmäßig halten. Die Schneidkante *c*, die die Schlichtzähne trägt, muß mit *a* in einer Flucht liegen (Fig. 245), bei grobem Gewinde aber muß *a* gegenüber *c* etwas zurückstehen, aber nur wenig (0,5—1 mm), sonst reißen die Schlichtzähne in das zu schneidende Gewinde ein. Diese Aufteilung der Zähne in schneidende und als Leitgewinde dienende Zähne soll noch dadurch unterstützt werden, daß, wie Fig. 244 zeigt, die schneidenden Zähne einen Hinterschliff erhalten, die Leitzähne aber keinen. Wenn die Zweckmäßigkeit einer solchen Maßnahme auch nicht geleugnet werden soll, so kann nach meinen Beobachtungen doch der Hinterschliff ohne Schaden auf alle Zähne ausgedehnt werden, wodurch das Nachschleifen der Backe auf den Schnittwinkel 108° noch einfacher wird. Das Nachschleifen muß unter Benutzung der Lehre Fig. 246 geschehen. Der Hinterschliff der Schneidzähne muß für weiches Material größer sein als für hartes. Starker Hinterschliff erzeugt einen Lockenspan, geringer Hinterschliff einen Brockenspan, es ist daher wichtig, den richtigen Hinterschliff zu treffen, denn ein Brockenspan ist in diesem Falle nicht gut, weil er sich leicht einklemmt und frißt, genau wie beim Gewindebohrer, der auch keine langen Lockenspäne machen darf, die sich sonst rollen und die Nuten verstopfen würden. Umgekehrt aber darf der Hinterschliff auch nicht zu gering sein, sonst schneidet die Backe nicht, sondern quetscht.

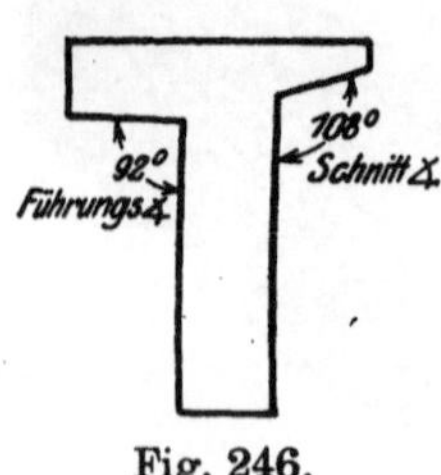

Fig. 246.

Die Anstellung zum Schnitt erfolgt durch eine kurze Drehbewegung der tangential schwingbaren Backen (Fig. 243). Die Backen können durch eine Stellschraube im Backenhalter einzeln eingestellt werden, außerdem können durch eine besondere Feineinstellung alle vier Backen gleichzeitig nach einer Skala verstellt und so auf den Gewindedurchmesser eingestellt werden. Durch einen an der Maschine angebrachten Anschlag öffnen sich nach erfolgtem Schneiden die Backen selbsttätig und der fertige Bolzen kann herausgenommen werden. Es erfüllt also dieser Schneidkopf ganz die gleichen Bedingungen wie der Fig. 242, nur in einem Punkte ist er gegen diesen im Nachteil, er ist nicht so einfach und unmittelbar für einen zweiten Schnitt einzustellen, wie dies bei Fig. 242 durch Umlegen eines Hebels möglich ist. Gewinde bis 2″ können in einem Schnitt so sauber hergestellt werden, daß sie weitgehenden Ansprüchen genügen, darüber müssen zwei Schnitte angewendet werden, und es kann dies bei Massenherstellung nur in der Weise geschehen, daß erst bei sämtlichen Schrauben der erste und dann bei allen der zweite Schnitt genommen wird. Dagegen hat der Schneidkopf Fig. 243 den großen Vorteil, daß die Späne infolge der Anordnung der Backen vor dem Kopf und der geschlossenen Bauart leicht nach vorn abfließen können und so die Sauberkeit des Gewindes in keiner Weise beeinträchtigen.

Alle Gewindeschneidbacken, sowohl nach Fig. 239 als nach Fig. 244 sind Strehler, wie das Schneideisen als sternförmig angeordneter Strehler zu betrachten ist, sie teilen daher auch mehr oder weniger die Nachteile des Strehlers, daß sie für die Herstellung von Präzisionsgewinde nicht zu gebrauchen sind.

Konisches Gewinde wird auf der Drehbank durch seitliches Verstellen des Reitstockes und falls die Bewegung desselben nicht ausreicht, durch Konusapparat geschnitten. Auf der Revolverbank kommt nur letzterer in Frage. In beiden Fällen kann der mehrgängige Strehler zum Vorschneiden und der Einzelstahl zum Nachschneiden benutzt werden.

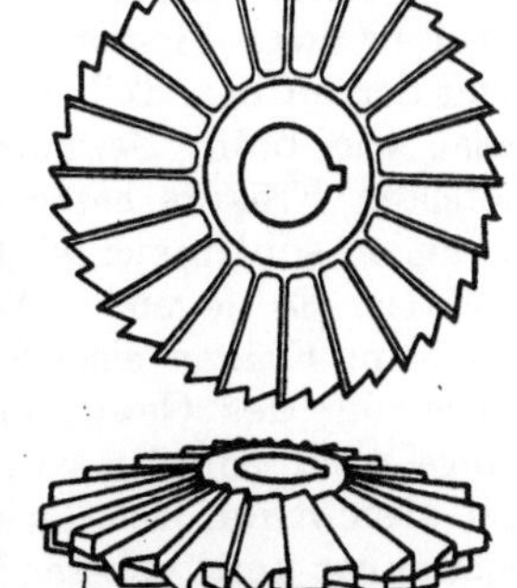

Fig. 247.

Die erörterten Schwierigkeiten beim Gewindeschneiden auf der Drehbank, die einen tüchtigen Dreher und eine gute Drehbank erfordern, haben zu einem neuen Gewindeschneidverfahren geführt, dem G e w i n d e f r ä s e n auf einer Spezialmaschine, der Gewindefräsmaschine, und zwar gibt es hierin zwei Methoden: das Fräsen mit einem unter dem Steigungswinkel des Gewindes schräg stehenden Scheibenfräser (Fig. 247), und das Fräsen mit dem zur Achse des Werkstückes parallelen Rillenfräser. Während aber mit dem Scheibenfräser alle im Bereich der Möglichkeit des Fräsens liegenden Gewinde — es lassen sich nur Trapez- und Spitzgewinde fräsen, nicht aber Flachgewinde — gefräst werden können, ist die zweite Methode nur für begrenzte, ziemlich kurze Gewinde anwendbar, denn der Rillenfräser muß mindestens so viel Gewindegänge besitzen, als die Anzahl der Gänge des zu fräsenden Gewindestückes beträgt. Der Rillenfräser ist hinterdreht und seine Zähne sind rillenförmig, also parallel zur Längsachse und nicht im Steigungswinkel des Gewindes stehend, das gefräste Gewinde wird daher im Profil nicht ganz korrekt. Um trotz der rillenförmigen Gänge des Fräsers auf dem Arbeitsstück Gewinde zu bekommen, muß der Fräser durch die Leitspindel um die Ganghöhe + einer kleinen Auslaufstrecke vorgeschoben werden, wobei gleichzeitig das Werkstück eine einzige Umdrehung + eine kurze der Auslaufstrecke entsprechende Zusatzdrehung macht. Daraus geht hervor, daß hinsichtlich Leistung die zweite Methode der ersten um ein mehrfaches überlegen ist, indessen ist sie, wie schon betont, nur auf kurze Gewindestücke beschränkt, weil sonst der Rillenfräser zu lang und damit zu kostspielig würde. Schließlich haftet dem zweiten Verfahren noch ein rein technischer Mangel an, indem zum Schluß, nach Beendigung des Fräsens, sich an der betreffenden Stelle des Werkstückes ein wenn auch ganz geringer Ansatz bildet.

Die erste Methode des Fräsens mit dem Scheibenfräser ist der Beschränkung hinsichtlich der Länge des zu fräsenden Gewindes nicht unterworfen, aber hier können nur Trapez- und Spitzgewinde geschnitten werden. Die Leistung steht bedeutend hinter der zweiten Methode zurück, ist aber im allgemeinen doch etwa viermal so groß wie die der Drehbank. Doch nicht in allen Fällen ist sie der Drehbank überlegen, selbst nicht unter Berücksichtigung des Umstandes, daß zum Bedienen der Gewindefräsmaschine ein ungelernter Mann genügt und dieser vier Maschinen gleichzeitig bedienen kann, nämlich bei feinem Spitzgewinde. Hier ist die Drehbank in wirtschaftlicher Hinsicht überlegen; je größer aber der Querschnitt der Gewindelücke ist, desto eher ist die Fräsmaschine überlegen. Bei Trapezgewinde ist sie es immer, bei Spitzgewinde aber wird die Rechnung zu entscheiden haben, wem der Vorzug gebührt.

Der Scheibenfräser (Fig. 247) wird im Steigungswinkel des zu fräsenden Gewindes eingestellt, die Breite des Fräserzahnes entspricht also nicht der halben Teilung des Gewindes, sondern sie muß schmäler sein, genau wie beim Gewindestahl Fig. 204. Die Abwälzung des schräggestellten Fräsers hat eine Verzerrung des Gewindeganges zur Folge, die um so schlimmer wird, je größer die Steigung und je tiefer das Gewinde ist. Es liegen hier Verhältnisse vor wie beim Gewindestahl Fig. 204 und beim Fräsen einer Schnecke auf der Schneckenfräsmaschine. Die Verzerrung des Gewindeprofiles als in dem Fräsverfahren begründeter Mangel wird von den Vertretern dieses Verfahrens meist ganz übersehen oder absichtlich verschwiegen, für Genaugewinde darf dieser Nachteil nicht außer acht gelassen werden, Leitspindeln z. B. und Schneckenradfräser dürfen auf der Gewindefräsmaschine nur ausgeschruppt werden, während die Fertigstellung auf der Drehbank mit dem Schlichtstahl erfolgen muß.

Zur Erreichung eines glatten, sauberen Schnittes wird der Scheibenfräser mit versetzten Zähnen ausgeführt, so daß alle Zähne seitlich nur eine Schneidkante haben mit Ausnahme eines einzigen Zahnes, der zwei seitliche Schneiden besitzt und in der Stärke der zu fräsenden Lücke, senkrecht zur Gangrichtung gemessen, entspricht. Dieser Zahn dient als Kontrollzahn. Zum Schleifen eines derartigen Gewindefräsers ist allerdings eine besondere Spezialschleifmaschine erforderlich. Wie bei Fig. 211 gezeigt, tritt die Verstärkung des ersten und letzten Gewindebalkens auch beim Fräsen auf, und daher müssen sie auch nachträglich weggedreht werden.

Es wird so oft behauptet, daß beim Gewindefräsen meist eine solch starke Erwärmung der zu schneidenden Spindel auftrete, daß man gezwungen sei, die Spindel auf der Drehbank fertig zu schneiden, um die durch die Erwärmung hervorgerufenen Ungenauigkeiten in der Gewindesteigung wieder zu entfernen. Vielfach vorgenommene, oft wiederholte Kontrollmessungen mit einem Schrupp- und einem Schlichtschnitt gefräster Gewindespindeln haben mich jedoch überzeugt, daß das behauptete Übel nicht in irgendwie störendem Maße vorhanden ist, es zeigte sich eine Ungenauigkeit von durchschnittlich $^1/_{200}$ mm auf 1000 mm Länge.

Beim Schneiden von Flach- und Trapezgewinde auf der Drehbank zeigt sich bei Material mit harter Kruste oft das sog. »Schlängeln« des Gewindes, indem durch die auftretende Wärme ein Verziehen des Materials eintritt, das sich darin äußert, daß die Gewindebalken bald nach rechts, bald nach links vom Stahl ausweichen, sich »schlängeln«. Auch beim Gewindeschneiden auf der Revolverbank mittels Schneideisen ist das Schlängeln oft am Schneideisen sehr gut zu sehen, hier tritt es infolge der harten äußeren Ziehschicht des gezogenen Rundeisens besonders leicht auf. Meine Beobachtungen hatten bisher das Ergebnis, daß dieser Übelstand beim Gewindefräsen mittels des Fräsers Fig. 247 noch leichter in die Erscheinung tritt als beim Schneiden auf der Drehbank.

Auch auf der Kopfbank kann, was vielen nicht bekannt ist, Gewinde geschnitten werden, und zwar mittels einer endlosen kurzkalibrierten Kette und der der Gewindesteigung entsprechenden Sätze Kettenräder. Die Supportspindel kann dabei beliebige Steigung haben.

Über die Schmierung beim Gewindeschneiden ist schon auf S. 135 das Erforderliche gesagt, das natürlich auch für Gewindeschneiden auf der Drehbank und der Gewindeschneidmaschine gilt. Nicht nur für die Sauberkeit der Arbeit und insbesondere den Kraftverbrauch ist die Wahl eines geeigneten Schmiermittels von Bedeutung, sondern beim Gebrauch von Schneideisen und Schneidbacken ist das Gelingen der Arbeit zum nicht geringen Teil von der sachgemäßen Schmierung abhängig. Maschinenöl ist hier geradezu gefährlich, es ist besser, trocken zu schneiden als mit diesem Schmiermittel. Auch von Mineralöl sehe man ab, Seifenwasser ist besser als dieses. Das wasserlösliche Bohröl ist beim Arbeiten mit Schneideisen und Schneidbacken ein gutes Schmiermittel, am besten aber ist immer Rüböl (Lardöl), bei harten Materialien, wie Stahl und Stahlguß, ist es überhaupt das ausschließlich in Betracht kommende Schmiermittel. Immer aber muß die Flüssigkeit in reichlichem Strome zugeführt werden, besonders bei Schneideisen, damit die Späne aus den Spanlöchern fortgeschwemmt werden.

Besondere Schwierigkeiten für das Passen zweier Gewinde entsteht, wenn das mit Gewinde versehene Werkstück gehärtet werden muß. Werkzeugstahl erfährt bekanntlich durch das Härten in seiner Längenausdehnung eine Verkürzung und im Querschnitt eine Vergrößerung derart, daß größere Durchmesser eine geringere und kleinere Durchmesser eine größere Verkürzung erfahren. Nicht unbedingt ist ein Verkürzen die Regel, manchmal, wenn auch sehr selten, hat das Härten eine Verlängerung in der Walzrichtung zur Folge. Die auftretende Verkürzung ist bei ein und demselben Stück konstant, meist auch bei ein und derselben Stahlstange, doch braucht dies nicht der Fall zu sein. Bei jeder weiteren Härtung eines Stückes tritt eine neue Schrumpfung auf, die jedesmal etwas kleiner ist als die vorhergegangene. Diese Erscheinungen treten bei Gußstahl stärker auf als bei Schnellaufstahl, sie betragen bei ersterem etwa 0,03—0,05 mm auf 1″ Länge. Bei Schnellstahl sind sie wesentlich geringer, so daß sie meist vernachlässigt werden können.

Um nun in solchen Fällen ein zum Schluß genaues Gewinde zu erhalten, muß beim Schneiden die Steigung um so viel vergrößert werden, als der Verkürzung nach dem Härten entspricht. Es muß deshalb durch den Versuch vorher die Schrumpfung des betreffenden Stahlstückes nach dem Härten festgestellt werden. Zu diesem Zweck werden von dem zur Verwendung kommenden Stahl von mehreren Stangen je ein Stück von 105 mm Länge abgeschnitten, ein Span überdreht und dann die Stirnseiten peinlich genau auf 100 mm Länge abgeschliffen. Die so vorgearbeiteten Stahlstücke werden dann genau wie zu härtende Schneidbohrer behandelt, also gehärtet und angelassen. Nachdem dieselben dann noch einige Zeit liegen gelassen, um alle Spannung zu beseitigen, werden sie wieder gemessen und die Längenänderung mit größtmöglicher Genauigkeit festgestellt. Um den festgestellten Betrag ist nun das Gewinde in der Steigung länger zu schneiden. Bei Massenfabrikation verwendet man in solchen Fällen (z. B. Anfertigung der Gewindebohrer) an der betreffenden Maschine Leitspindeln, welche eine verlängerte Steigung aufweisen. Für gewöhnliche Verhältnisse aber hilft man sich in der Weise, daß man das Leitlineal des Konusapparates an der Drehbank um einen bestimmten, durch Rechnung zu ermittelnden Winkel verdreht und die Achse des Werkstückes auf den gleichen Winkel einstellt, wozu der Reitstock entsprechend verstellt wird. Um das dadurch bewirkte ungünstige Anliegen der Körner zu umgehen, führt man die Spitzen kugelig aus.

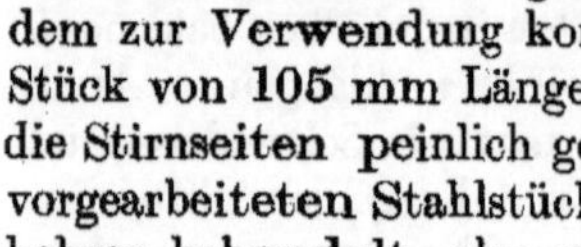

Fig. 248.

Das Verfahren gründet sich auf die geometrische Aufgabe, eine Gerade in eine Anzahl gleicher Teile zu teilen. AC (Fig. 248) ist die Summe der verlängerten Steigungen des Werkstückes, AB die Summe der gleichen Anzahl Steigungen der Leitspindel. Der Winkel α, unter dem das Konuslineal einzustellen ist, ergibt sich aus

$$\cos\alpha = \frac{AB}{AC}$$

und die Verstellung des Reitstockes aus

$$BC = \sqrt{\overline{AC}^2 - \overline{AB}^2}\,.$$

Ist z. B. die ganze Länge eines herzustellenden Gewindebohrers 180 mm, und ist durch die erwähnten Versuche die Verkürzung durch das Härten auf 0,3 mm festgestellt, so ergibt sich die Verstellung der Reitstockspitze zu

$$BC = \sqrt{180{,}3^2 - 180^2} = 10{,}3 \text{ mm}\,.$$

Das Konuslineal ist nun ebenfalls so viel zu verstellen, daß der eingespannte Bohrer mit demselben genau parallel läuft.

Das Drehherz muß gekröpft sein derart, daß sein Berührungspunkt mit dem Mitnehmerstift senkrecht zur Achse des Bohrers über der Kugel der Drehbankspitze liegt (Fig. 249).

Stahlsorten, bei denen solche Differenzen nach dem Härten nicht auftreten, gibt es nicht, jedoch hat man heute schon Stahlmarken, bei denen sie so gering sind, daß sie praktisch vernachlässigt werden können.

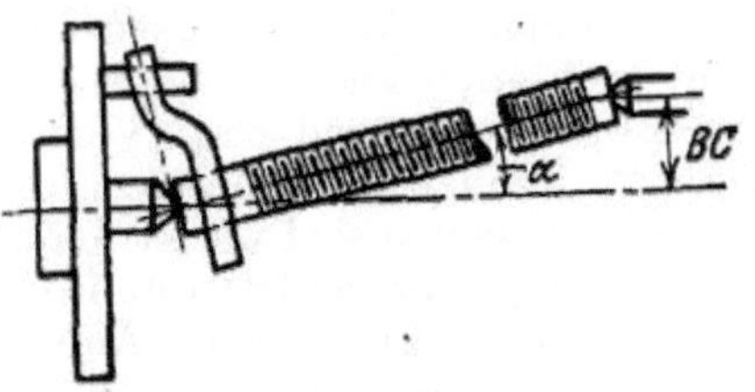

Fig. 249.

Ein diffiziler Punkt ist das Schneiden langer, genauer Gewindespindeln, das einen sehr erfahrenen tüchtigen Dreher erfordert. Die Leitspindeln der Drehbänke sind oft durchaus nicht ganz genau, die meisten sind in der Steigung zu kurz, manchmal bis zu 0,4 mm auf 1 m Länge. Die Verkürzung rührt daher, daß beim Schneiden des Gewindes auf eine solche Spindel eine beträchtliche Wärme auftritt und nach dem Erkalten die Spindel schrumpft.

Die Längenausdehnung infolge der auftretenden Erwärmung berechnet sich aus $\lambda = a \cdot l \cdot t$, für Stahl $a = 11$ und $t = 25°$ C. würde sich also eine Stahlspindel von 1 m Länge beim Schneiden um 0,27 mm verlängern bzw. beim Erkalten verkürzen. Dieser Fehler wird noch verstärkt, wenn die Leitspindel der Drehbank nicht vollkommen genau geschnitten ist, was eben meistens der Fall ist. Es ist deshalb für das Schneiden genauen Gewindes allererste Bedingung eine kräftige Kühlung, die die Wärmeentwicklung bis auf etwa 5° C. eindämmt.

Ist festgestellt, daß die Leitspindel der Drehbank Differenzen in der Steigung aufweist, und man steht vor der Aufgabe, trotzdem ein ganz genaues Gewinde schneiden zu müssen, dann muß entsprechend der vorhandenen Verkürzung der Leitspindel diese beim Schneiden eine Beschleunigung ihrer Drehbewegung erhalten. Weist z. B. eine Leitspindel mit $^1/_2$″ Steigung eine Verkürzung von 0,3 mm auf 1 m oder 0,0036 mm auf einen Gang auf, so muß bei einer Umdrehung die Leitspindel um

$$\frac{0{,}0036}{12{,}7} = 0{,}0003 \text{ Umdrehungen}$$

beschleunigt werden. Diese sehr geringe Beschleunigung wird erreicht durch Aufstecken abnormaler Wechselräder mit nahe beieinander liegenden Zähnezahlen.

Hat die Leitspindel 79 Gänge, so müßte ihre genaue Länge $79 \cdot 12{,}7 = 1003{,}3$ mm betragen, bei der Steigungsdifferenz von 0,3 mm aber wird ihre wirkliche Länge $1003{,}3 - 0{,}3 = 1003$ mm sein. Durch Verwendung der Wechselräder $\frac{50}{51} \cdot \frac{50}{49}$ erhält man ein ganz genaues Gewinde, denn

$$1003 \cdot \frac{50}{51} \cdot \frac{50}{49} = 1003{,}3.$$

Ähnlich liegen die Verhältnisse, wenn auf einem Werkzeugstahl Gewinde aufgeschnitten werden soll, bei welchem durch das Härten nicht eine Verkürzung, sondern eine Verlängerung stattfindet. In diesem Falle könnte man sich mit der vorhin beschriebenen Methode nicht helfen, da man mit Hilfe des Konuslineals nur länger, aber nicht kürzer schneiden kann. Diesen Übelstand beseitigt man durch Verwendung entsprechender Wechselräder, mit denen man ohne Anwendung eines Konuslineals und ohne Verstellung der Reitstockspitze sowohl länger als auch kürzer schneiden kann.

Die Vorarbeiten sind wieder genau dieselben. Es wird die Längenveränderung pro 100 mm festgestellt und hierauf ausgerechnet, wieviel dieselbe auf einen Gang beträgt. An einem Beispiel sei dies näher erklärt.

Gewindesteigung	Wechselräder			
	a	b	c	d
0,997709	32	65	60	94
0,997979	50	85	70	131
0,998203	40	73	70	122
0,998428	40	53	50	120
0,998689	40	70	60	109
0,998876	30	75	70	89
0,999017	50	45	32	113
0,999126	45	66	60	130
0,999344	40	50	48	122
0,999606	32	77	75	99
0,999775	40	78	70	114
0,999891	32	62	72	118
1,000000	60	45	30	127
1,000143	66	54	25	97
1,000225	70	66	30	101
1,000315	40	69	50	92
1,000375	70	62	24	86
1,000525	75	70	25	85
1,000788	40	81	60	94
1,000946	50	65	50	122
1,000985	48	58	40	105
1,001126	40	74	70	120
1,001367	45	58	50	123
1,001637	50	70	53	120
1,001999	50	97	60	98

Tab. 10.

Es sollen Schneidbohrer mit genauer Steigung von 1 mm hergestellt werden. Durch oben beschriebene Versuche ist die Verkürzung durch das Härten auf 0,1367 mm pro 100 mm festgestellt. Auf einen Gang beträgt demnach die Verkürzung 0,001367 mm, es ist also jeder Gang um diesen Betrag länger zu schneiden. Die zu schneidende Steigung ist somit nicht 1 mm, sondern 1,001367 mm. In Tab. 10 ist nun eine Tabelle wiedergegeben, in welcher für alle vorkommenden Werte die zugehörigen Räder ausgerechnet sind, mit deren Hilfe man in allen Fällen auskommen kann. Die hierbei verwendete Drehbank hat eine Leitspindel von acht Gang auf 1″ und es wurden auf ihr mit Hilfe dieser einfachen Einrichtung alle Gewindebohrer in Zoll und Millimeter geschnitten.

Die Herstellung auf diese Weise gestaltet sich einfacher und billiger.

Innendrehstähle.

Eine der wichtigsten Aufgaben in der Metallbearbeitung bildet unstreitig das Bohren genauer und sauberer Löcher; gerade dieser Arbeitsvorgang erfordert große Aufmerksamkeit und Sorgfalt, hängt doch in den meisten Fällen das sichere und zuverlässige Arbeiten der wichtigsten Organe einer Maschine von einem genauen Zusammenpassen von Welle und Lager ab. Dabei ist es für das zuverlässige Arbeiten dieser Organe nicht genug, den Arbeitsvorgang des Ausbohrens richtig durchzuführen, es muß auch die nötige Sachkenntnis und praktische Erfahrung mit einhergehen. So ist es z. B. für gußeiserne Bohrungen eine häufig auftretende Erscheinung, daß die Welle angefressen wird, sobald man die Drehzahl über etwa 400 pro Min. steigert. Für diese Fälle darf die Bohrung nicht aus Gußeisen sein, es muß Bronze oder Weißmetall angewandt werden. Weiter ist bei Gußeisen zu beachten, daß es leicht Saugstellen bekommt, in die Poren dieser schadhaften Stellen sich Bohrspäne setzen, die später durch das Schmieröl herausgespült werden und geradezu verheerende Wirkung haben können. Das alles muß schon von vornherein bei der Konstruktion berücksichtigt werden, sonst hilft alle Sorgfalt bei der Fabrikation nichts. Immer ist für die Werkstatt das Ausbohren eines genauen Loches eine schwierigere Aufgabe als das Außendrehen, und es ist daher den Werkzeugen jede mögliche Sorgfalt zu schenken, um so mehr, als etwa 40% aller in der Metallbearbeitung vorkommenden Arbeiten die Herstellung genauer Bohrungen darstellen.

Das Prinzip des rotierenden Arbeitsstückes bei feststehenden Werkzeugen bietet eine bessere Gewähr für genaue Löcher als das bei den Bohrmaschinen zur Anwendung kommende umgekehrte Verfahren mit kreisendem Werkzeug, indem im ersteren Falle immer ein gerades Loch erzielt wird, selbst wenn sich im Material harte Stellen befinden, während man auf der Bohrmaschine in solchen Fällen häufig ein schiefes Loch erhält. Noch genauere Löcher erzielt man mit einer Kombination beider Verfahren, wenn sowohl Werkstück als auch Werkzeug sich gleichzeitig drehen, jedoch stößt die praktische Ausführung bislang noch auf Schwierigkeiten.

Der Kreislauf, den beim sich drehenden Werkzeug der Schnittwiderstand macht, hat ein elastisches Nachgeben des Werkstückes in der gleichen Reihenfolge zur Folge, nicht nur, wenn nur eine Schneide seitwärts von der Drehachse des Werkzeuges vorhanden ist, sondern auch, wenngleich weniger, bei mehreren gleichen um die Werkzeugachse gleichförmig verteilten Schneiden, wegen der praktischen Unmöglichkeit, jede Schneide genau gleich zu belasten. Selbst beim gewöhnlichen Lochbohrer sind Schwingungen des Werkstückes im Takt der Bohrerdrehungen zu beobachten. Wenn für die dabei zur Verwendung kommenden Stähle die gleichen Grundsätze für die Ausbildung der Schneide maßgebend sind wie für die nachher zu besprechenden Stähle, so treten doch noch Nebenforderungen auf, auf die hier nicht eingegangen werden kann, weil diese Werkzeuge nicht mehr als Dreh-, sondern als Bohrwerkzeuge zu gelten haben, wie die sie betätigenden Maschinen nicht mehr zu den Drehbänken, sondern zu den Bohrmaschinen gerechnet werden. Soweit sie indessen auch der Drehbank eigen sind, werden sie hier ausführlich behandelt.

Die Schneiden der Innendrehstähle (Bohrmeißel) unterliegen im allgemeinen ganz denselben Bedingungen wie die Außendrehstähle, und tatsächlich kann man öfter beobachten, daß der Dreher, wenn er gerade keinen Bohrstahl zur Hand hat, bei kürzeren Bohrungen einen Außenschruppstahl nimmt. Gleichwohl kommen noch einige Gesichtspunkte hinzu, die meist äußerste Beschränkung des Raumes, wodurch der Schaft im Verhältnis zur Arbeitsleistung schwach sein muß und daher der Stahl starke Neigung zum Federn erhält, Schwierigkeiten, die noch dadurch erhöht werden, daß die Entfernung der Schneidkante vom Schaft eine größere wird, als bei den Außendrehstählen. Schließlich ist die Spanabführung meist nicht so leicht zu bewältigen, ein Umstand, dem in allen Fällen die größte Beachtung zu schenken ist. Es muß deshalb der Schneide des Innendrehstahles größere Aufmerksamkeit geschenkt werden, gleichwohl ist mit Innendrehstählen niemals so genaue Arbeit zu liefern wie mit Außendrehstählen. Es ist jedenfalls sehr schwer, zwei gleiche austauschbare Bohrungen mit dem Bohrstahl herzustellen, man muß schon zur Reibahle greifen.

Die an sich schon beim Bohrstahl infolge seines schwachen Querschnittes vorhandene Federung macht sich in vielen Fällen sehr unangenehm bemerkbar, z. B. beim Ausdrehen von Dampf- oder Gasmaschinenzylindern. Eine harte Stelle im Guß drückt den Stahl beiseite, so daß eine Wölbung entsteht, eine weiche Stelle dagegen läßt den Stahl zu tief einschneiden und es entsteht eine Höhlung. Durch den Einfluß des ersten Fehlers werden die Kolbenringe beim Vorbeigehen stoßweise zusammengedrückt, der zweite hat Undichtigkeiten zur Folge. Da wo die Kanäle in die Bohrung münden, hakt der Stahl ein, seine Kanten können abbrechen. Um diese Fehler zu mildern, ist man gezwungen, an Stelle eines starken mehrere schwache Späne zu nehmen. Völlig ausschalten kann man sie nur durch Verwendung der Reibahle oder besser noch durch Ausschleifen.

Man darf daher beim Innendrehen mit der Geschwindigkeit und

Spantiefe nie so hoch gehen wie beim Außendrehen, dagegen verwende man grundsätzlich hohen Vorschub. Bei genauen Bohrungen sind aber Vorschubdrehmarken sorgfältig zu vermeiden, da sie sich schnell abnutzen und die Passung von Loch und Welle beeinträchtigen und dann, weil sie ihrer schraubenförmigen Gestalt wegen das Öl aus dem Lager wegleiten.

Die richtigste Form eines Innendrehstahles zum Schruppen zeigt Fig. 250. In der Vorschubrichtung der Hinterschliff, an den beiden Ecken gut abgerundet. Der Span geht bei dieser Schneide in die Bohrung hinein, d. h. nach der Mitte der Bohrung zu, er kann sich dadurch nicht stauchen und einzwängen und diese Spanführung ist von größter Wichtigkeit besonders bei Schmiedeeisen, Stahl und Stahlguß, da hier der Span lang ist, sich aufrollt und bei falscher Führung zwischen Wandung und Stahl klemmt und die Arbeit verdirbt. Bei plötzlich auftretenden größeren Schnittdrücken wird der Stahl von der Wandung abgedrückt, es ist also keine Gefahr, daß er ins Material einreißt.

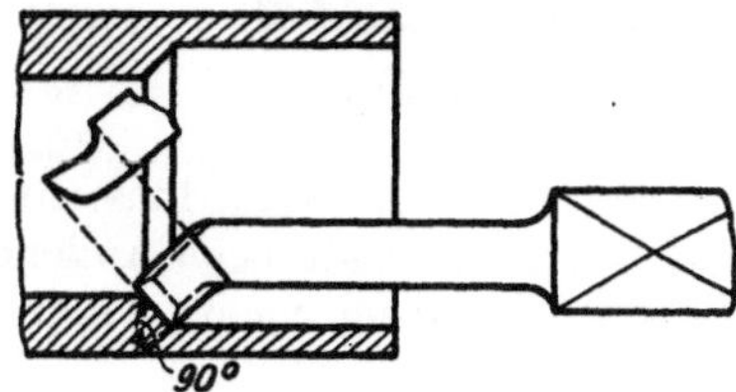

Fig. 250.

Eine zweite Form ist in Fig. 251 dargestellt. Sie zum Ausdrehen der Längswandung zu benutzen ist nicht richtig, da hier der Span zwischen Stahl und Wandung gekeilt wird und der Stahl dadurch stark zittert

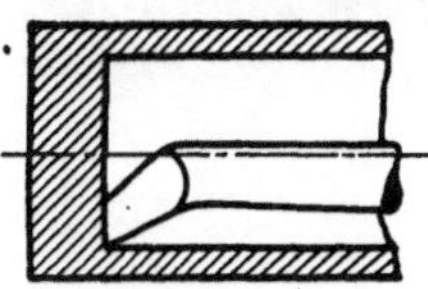
Fig. 251.

Fig. 252.

und starkes Geräusch verursacht, dieses sichere Zeichen technisch unvollkommener Arbeitsvorgänge. Man wird diesen Stahl nur benutzen zum Abdrehen der Stirnwand, dabei vom Mittelpunkt nach außen zu gehend.

Eine dritte Form zeigt Fig. 252. Sie sollte grundsätzlich vermieden werden, denn nicht nur wird der Span zwischen Stahl und Wandung gekeilt, sondern der Stahl hat das stete Bestreben, ins Material einzureißen. Wenn in Fällen, wo die Oberfläche eine besonders harte Kruste aufweist, seine Verwendung damit gerechtfertigt wird, daß er die harte Schicht leicht absprengt, so ist dem entgegenzuhalten, daß die harte Kruste den Stahl nach Fig. 253 aushöhlen und ihn dadurch noch mehr ins Material eindrücken und womöglich abbrechen wird.

Fig. 253.

Es wird vielfach behauptet, daß beim Innendrehen der Stahl ein wenig unter Spitzenhöhe stehen müsse, weil er dann den Span leichter abtrenne. Dem kann nicht zugestimmt werden, der Stahl muß vielmehr etwas über Mitte stehen, er wird dann durch den Schnittdruck etwas abwärts gedrückt, so daß er auf Mitte zu stehen kommt und in dieser Stellung während des Arbeitens verharrt, da er in dieser Stellung nicht in das Material gerät. Hingegen bei Stellung unter Mitte federt er durch den Schnittdruck in das Material hinein und bleibt dadurch stets im Prozeß mit dem Arbeitsstück.

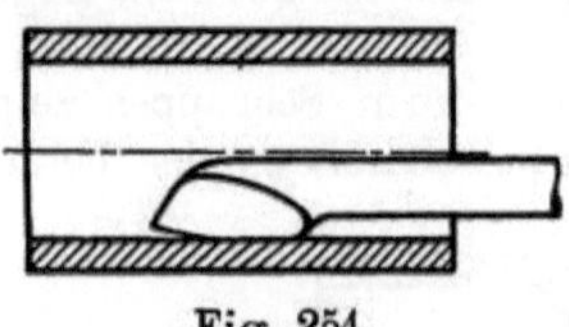

Fig. 254.

Den Hinterschliff macht man gewöhnlich 13—16°, den Anstellungswinkel 9—10° und den seitlichen Ansatzwinkel 13° für Stahl. Für Guß macht man den Anstellwinkel 10°, den Keilwinkel 70°. Sonst gilt für den Innendrehstahl hinsichtlich Ausbildung der Schneide sinngemäß das gleiche wie beim Außendrehstahl, wie überhaupt die Schneide Fig. 250 eigentlich nichts anderes ist als die in Fig. 87 gezeigte.

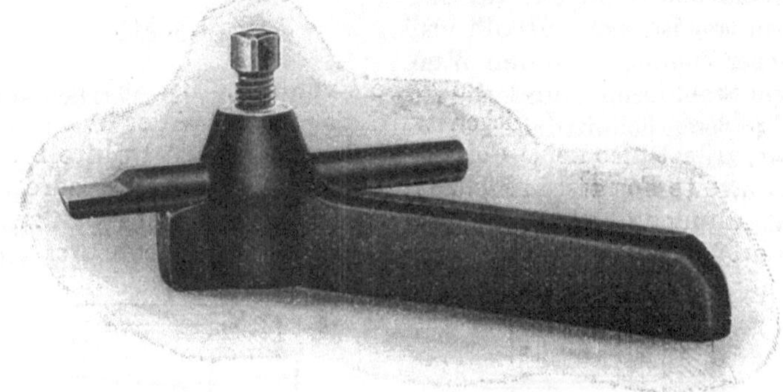

Fig. 255.

Ebenso ist für die Schlichtschneide dasselbe maßgebend wie beim Außendrehen, Schnittkante parallel zur Drehrichtung (Fig. 254), und regelrechter Hinterschleifwinkel. Indessen muß man schon vorsichtiger sein als beim Außenschlichten, weil der Schlichtstahl sich infolge der ungünstigen Einspannung eher abdrückt, und das wiederum um so eher, je breiter die Schlichtschneide ist.

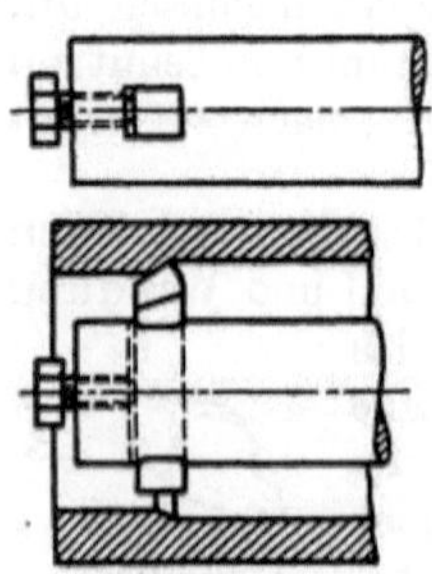

Fig. 256.

Die Innendrehstähle haben meist rechteckigen Querschnitt und sind vorn rund ausgeschmiedet (Fig. 250), um in der Bohrung Platz zu haben. Oder sie haben durchweg runden Querschnitt, so daß sie beim Einspannen beliebig gedreht werden können, also die Höhenlage des Schnittpunktes und der Anstellungs- und Schnittwinkel den Bedürfnissen angepaßt werden können. Des runden Querschnittes wegen macht aber eine solide Einspannung Schwierigkeiten, man muß Stahlhalter benutzen, wie solcher in Fig. 255 dargestellt ist. Er ist jedoch nur für kurze und große Bohrungen zu verwenden, für längere kleine Bohrungen würde der Halter nicht in die Bohrung gehen, der Stahl müßte also sehr lang werden. Das bedeutet aber eine große Materialverschwendung, und da kleine lange Bohrungen zum Bearbeiten auf der Drehbank der weitaus häufigere Fall ist, haben die Stahlhalter für Innendrehstähle eine noch größere Bedeutung als für Außenstähle.

Wegen des meist beschränkten Durchmessers der Bohrungen und der größeren Länge sind die Stahlhalter als sog. Bohrstangen auszubilden, in die ein kurzes Stück Stahl eingesetzt wird. Fig. 256 zeigt eine Bohrstange, die einen Vierkantstahl trägt, der durch Schraube gehalten ist und nachgestellt werden kann. Als Druckschraube verwende man solche mit Vier- oder Sechskantkopf, nicht Raupenschrauben. Der Stahl selbst soll möglichst großen Querschnitt haben, um die Wärme gut abzuleiten und schwerere Vorschübe zu ertragen. Natürlich darf der Querschnitt der Bohrstange durch den Stahl nicht unzulässig geschwächt werden. Im übrigen gelten auch hier die gleichen Grundsätze wie beim Außendrehen.

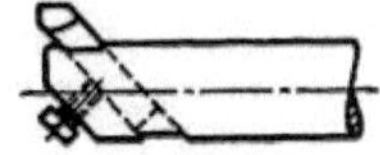

Fig. 257.

Die Ausführung Fig. 256 ist jedoch nur für durchgehende Bohrungen zu gebrauchen, für Sacklöcher muß der Stahl schräg gestellt werden, so,

Fig. 258.

daß seine Schneide in der Schnittrichtung weiter vorsteht als die Bohrstange oder der Kopf der Stellschraube (Fig. 257). Natürlich ist durch das weitere Herausstehen des Stahles aus der Bohrstange diese Konstruktion eher zum Zittern geneigt als die in Fig. 256. Sowohl bei Fig. 256 wie 257 wird der Schnittdruck durch die Bohrstange aufgenommen, was für ein gutes Arbeiten sehr von Bedeutung ist. Ausführungen, bei denen der Schnittdruck durch Nachstellschrauben aufgefangen wird, sind nie zuverlässig.

Fig. 259.

Für starke Vorschübe eignet sich der Stahlhalter Fig. 258, bei dem die Bohrstange in einer Klemmhülse ruht, die von der Spannklaue des Support festgehalten wird. Der Stahl wird in der Bohrstange durch eine aufgeschraubte Hülse festgehalten. Um den Stahl auch in der Höhe leicht einstellen zu können, wird der Halter auch nach Fig. 259 ausgeführt.

Die bisherigen Konstruktionen verlangen für die Verstellung und das Festspannen des Stahles das Herausnehmen der Bohrstange. Fig. 260 zeigt eine Ausführung, bei der das Einstellen des Stahles auf einen anderen Durchmesser durch eine Feststellvorrichtung außerhalb des Bohrbereiches von außen erfolgen kann.

Fig. 260.

Stahlhalter für Revolverdrehen. Die Stähle zum Innendrehen auf der Revolverbank sind die gleichen wie auf der Drehbank, ebenso zum Teil auch die Bohrstangen. Letztere sind, um in der Bohrung gleichzeitig verschiedene Ausdrehungen, Schultern u. dgl. herstellen zu können, auch mit mehreren Stählen ausgerüstet. Oft wird auch eine Büchse in die Hauptspindel eingesetzt, in der sich das genau auf Maß geschliffene Ende der Bohrstange führt, um diese vor dem starken Zittern und Durchbiegen zu schützen, denn die vorbehandelten Bohrstangen haben alle den Nachteil, daß sie sich einseitig durchbiegen.

Ist die Bohrung groß, so würden, wenn der Revolverkopf selbst nicht quer verschiebbar ist, was nicht zu empfehlen ist, die Stähle zu weit aus der Bohrstange herausstehen, also sehr an Starrheit verlieren. Es wird in solchem Falle dann die Praxis geübt, auf die Bohrstange einen besonderen Bohrkopf aufzusetzen (Fig. 261). Statt dessen verwendet man auch den Stahlhalter Figur 262. Der Querschlitten ist verschiebbar, um den Drehdurchmesser einzustellen. Der Schlitten trägt außerdem noch ein verdrehbares und in der Querrichtung verschiebbares Stichelhaus zum Einspannen eines zweiten Stahles für das Fasen von Bohrungen während oder nach der Arbeit des Ausbohrstahles.

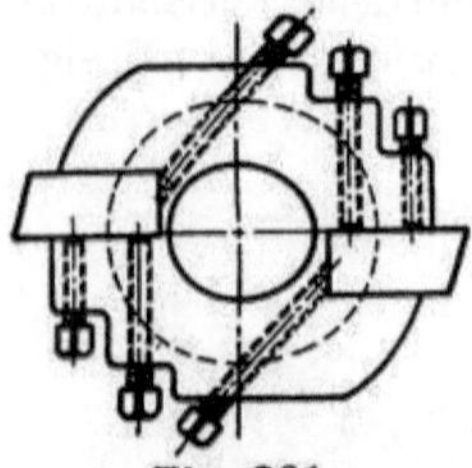

Fig. 261.

Das Hinterstechen von Bohrungen, Einstechen von Ringnuten und Plandrehen ist auf der Drehbank einfach durch Verschieben des Supports in radialer Richtung zu erledigen. Auf gleiche Weise ist diese Arbeit auf der Revolverbank auszuführen, wenn der Stahl in den Quersupport eingespannt werden kann. Meist ist dieser aber anderweitig besetzt, und es müssen dann diese Operationen vom Revolverkopf aus geschehen. Der Revolverkopf ist aber meist nicht quer verschiebbar, und wenn er es ist, so ist diese Querverschiebung dazu nicht sonderlich geeignet. Man bedient sich zur Ausführung der genannten Operationen des Stahlhalters Fig. 263. Der Schlitten kann zwei Bohrstangen und einen kleinen Fasestahl aufnehmen. Nach Feststellen des Schlittens mittels der als Anschläge dienenden Stellschrauben kann dieser Stahlhalter auch zum Ausbohren benutzt werden. Er bewährt sich besonders bei komplizierteren Einstichen, da die Feinfühligkeit des durch Handhebel, Trieb und Zahnstange bewegten leichten Schlittens nicht leicht zu übertreffen ist.

Fig. 262.

Ziemlich allgemein herrscht die Praxis, daß zugleich hinter dem Bohrstahl ein Fräsmesser (Fig. 264) folgt, um die Stirnfläche der Bohrung abzudrehen. Das Messer wird einfach in einem Schlitz der Bohrstange durch einen Keil gehalten. Bei harten Gußkrusten führt man die Schneide auch gezahnt aus, wodurch der Span gebrochen wird und das Messer besser schneidet. Fig. 265 zeigt solch ein gezahntes Schruppmesser, wobei zu beachten ist, daß die Zähne der einen Schneide gegenüber denen der andern versetzt sein müssen.

Fig. 263.

Ein Hakenmesser zum Anschneiden von Warzen ist in Fig. 266 wiedergegeben, in Tab. 11 seine Dimensionen. Ganz besonders häufig werden diese Messer zum Anschneiden von Warzen benutzt, wie sie an Gußstücken leider zu viel angebracht werden. Man suche solche Warzen nach Möglichkeit zu vermeiden, denn sie verteuern die Fabrikate. Ungleiche und unsauber aussehende Warzen erfordern viel Nacharbeit. Auch für die Gießerei sind Warzen nicht angenehm, da sie meist lose am Modell sitzen, eingezogen werden müssen und dadurch die Arbeit erschweren. Eingezogene Warzen versetzen sich leicht.

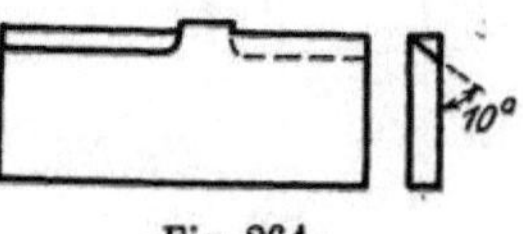

Fig. 264.

Tabelle für Hakenmesser.

Stangen-durchmesser	A	B	C	D	E	F
16	4	22	42	8	10	2
18	4	26 2	52	10	12	2
20	5	28.5	62	10	14	3
25	5	32,8	75	12	15	3
30	6	38	85	14	16	4
35	8	42,3	100	16	18	4
40	8	47,6	110	18	20	5
45	10	52,9	120	20	22	5

Tabelle für Keile.

Stangen-durchmesser	A	G	H
16	4	8,4	22
18	4	9,4	26
20	5	9,5	30
25	5	10,7	38
30	6	10,8	46
35	8	12,9	54
40	8	14	60
45	10	16,1	65

Tab. 11.

a	b	c	d	e	f
10	4,2	13	4	12	20
13, 16	5,2	18	5	17	26, 32
19, 20, 23	6,2	22	6	20	38, 45
25, 26, 29	7,2	25	7	23	50, 56
30	7,2	25	7	23	56
32, 36, 39	10,2	44	10	40	60, 66, 70

Tab. 12.

Das Anschneiden gerader Flächen für den Muttersitz ist das Bessere und Billigere, es macht das Fabrikat nicht unschön, dieses wird dadurch nur veredelt.

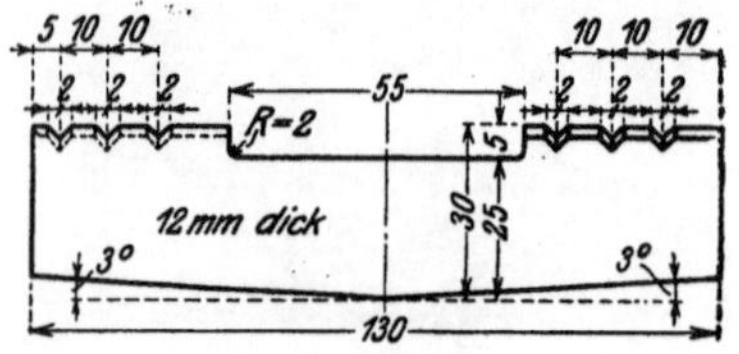

Fig. 265.

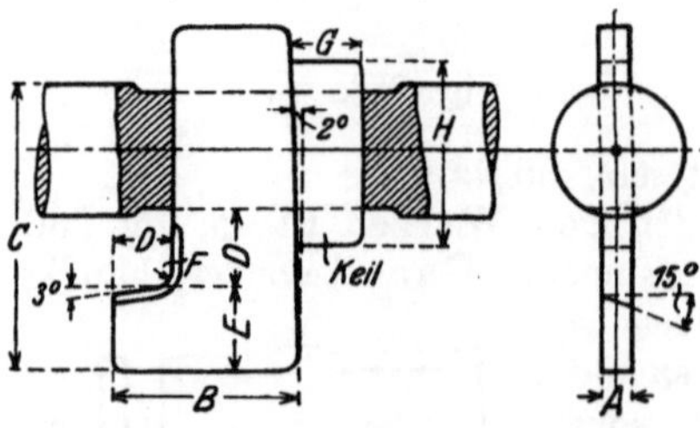

Fig. 266.

Fig. 267 zeigt ein links- und ein rechtsschneidendes Fräsmesser, auch Anschläger genannt, und seine Befestigung in der Stange, die hier ohne Keil erfolgt und nur zwecks symmetrischer Stellung des Messers durch zwei Vorsprünge über die Stange greift. Tab. 12 gibt seine Dimensionen für die Stangendurchmesser 10—39 mm ϕ.

Da es, wie schon erwähnt, sehr schwer und daher teuer ist, zwei gleiche austauschbare Bohrungen auf der Drehbank allein mit dem Bohrstahl herzustellen, so ist für die Erstellung mehrerer austauschbarer Bohrungen stets die Revolverbank oder das Vertikalbohrwerk (Karussellbohrwerk) die gegebene Maschine, wenn außer der Bohrung noch andere Flächen zu bearbeiten sind. Kommt dagegen nur allein die Herstellung der Bohrungen in Frage, etwa weil man die Arbeitsstücke dann auf dem Dorn fertigdrehen will, so ist die Vertikalbohrmaschine (Säulenbohrmaschine) noch in Betracht zu ziehen. Indessen erfordert aber hier das jedesmalige Auswechseln der Werkzeuge ziemlich viel Zeit, es ist daher für das Erstellen einer Anzahl gleicher genau maßhaltiger Bohrungen noch immer am wirtschaftlichsten, wenn man eine einfache, ältere Drehbank durch Aufsetzen eines Revolverkopfes auf den Support dafür einrichtet. Man kann auf solche Weise bei Serienfabrikation Bohrungen billiger herstellen als auf jeder der vorerwähnten Maschinen und hat noch den Vorteil gegenüber der Säulenbohrmaschine, daß bei vollgegossenen Löchern beim ersten Gang mit dem Spiralbohrer die Späne leichter abfließen können.

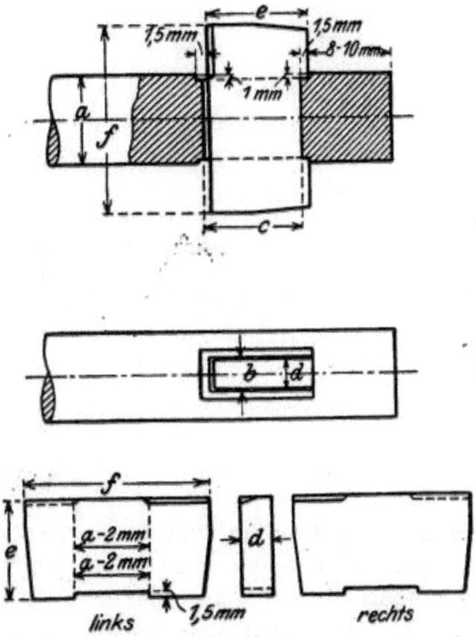

Fig. 267.

Im Folgenden ist das Erstellen genau maßhaltiger Bohrungen ausführlich behandelt.

Bei Löchern aus dem Vollen:

Erste Operation: Vorbohren mit einem entsprechend schwächeren Spiralbohrer. Da der Spiralbohrer kein schlagfreies Loch erzeugt, muß als zweite Operation der Schlag durch Aufbohren mit dem Bohrstahl beseitigt werden. Man könnte gleich bei dieser zweiten Operation mit dem Bohrstahl die Bohrung auf das für den Gebrauch der Vorreibahle (Festreibahle) notwendige Untermaß bringen, das im allgemeinen bei einem Lochdurchmesser von

10-20	21-40	41-100 mm
0,2	0,25	0,3 »

beträgt, jedoch würde das eine ziemliche Geschicklichkeit des Drehers und immerhin mehr Zeit erfordern, es würde überhaupt dem Prinzip der Revolverdreharbeit widersprechen, bei der die Genauigkeit nicht durch den Mann, sondern unabhängig von diesem durch das Werkzeug gegeben werden soll. Daher läßt man als dritte Operation den **Aufstecksenker** mit Untermaß (Fig. 268) durchschneiden und erhält so ohne weiteres Zutun das für

Fig. 268.

die nachfolgende Vorreibahle erforderliche Untermaß. Die Einhaltung dieses Untermaßes ist von großer Wichtigkeit, wird es überschritten, so kann die Vorreibahle den zu starken Span nicht bewältigen, ihre Zähne springen aus oder sie platzt ganz durch, zum mindesten aber

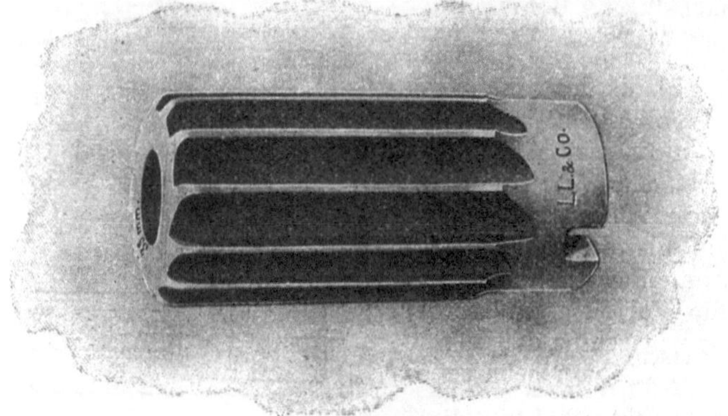

Fig. 269.

wird das Loch rauh und sehr unsauber, die vierte Operation ist das Durchgehen mit der erwähnten Vorreibahle (Festreibahle, Fig. 269), das Vorreiben, und als fünfte und letzte Operation folgt das Fertigreiben mit der Fertigreibahle (verstellbare Reibahle, Fig. 270).

Fig. 270.

Während die Werkzeuge bis einschließlich der vierten Operation sämtlich fest eingespannt sind, ist die Fertigreibahle fast durchweg pendelnd aufgehängt. Fig. 271 zeigt ein solches Pendelfutter. Damit

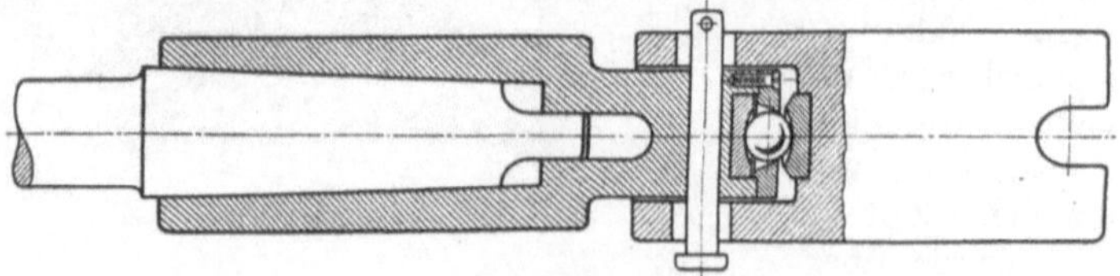

Fig. 271.

es sich auch bei schrägstehender Reibahle stets zentriert, ist als Druckpunkt eine Kugel mit Pfanne vorgesehen. Andere Zentrierungen, z. B. mittels Körnerspitzen, wie bei Fig. 272, sind meist unzulänglich. Durch die pendelnde Aufhängung soll ein Fehler vermieden werden, der dadurch entstehen könnte, daß die Reibahlenmitte nicht genau mit der Bohrung zusammenfällt; in der pendelnden Führung aber kann sie dem vorgeriebenen Loche folgen. Indessen kann man dies wohl kaum als Gewähr für eine genaue Durchführung der Reibahle ansehen, denn hätte die Bohrung von den vorhergehenden Operationen noch etwas

Fig. 272.

Schlag, so würde die Pendelreibahle diesem Schlage folgen, also das Loch schief bohren.

Ein anderer Nachteil des Pendelns ist bei Revolverbänken, daß bei größeren Durchmessern die Reibahle infolge ihres Gewichtes nach unten drückt, die unteren Schneidklingen fassen zuerst an, das Loch wird exzentrisch. Man muß daher in solchen Fällen die Kante des Loches etwas abschrägen, bevor man die Reibahle ansetzt, oder man muß die Reibahle sorgfältig von Hand in das Loch einführen, oder man benutzt einen Führungszapfen an der Reibahle, der sich in einer, am besten mit Kugellager ausgerüsteten, in die hohle Hauptspindel eingesetzten Führungsbüchse führt. Auch die Vorreibahle sollte möglichst immer in dieser Weise geführt werden, das Arbeiten mit solchen »Schwanzreibahlen« ist leider noch viel zu wenig gebräuchlich.

Die verstellbare Reibahle wird mittels Kaliberring auf das endgültige Maß, und wenn die Passung in die Bohrung gelegt ist wie beim Meßsystem nach normaler Welle, auf die entsprechende Passung eingestellt. Sie muß dann aber beim Gebrauch sehr vorsichtig behandelt werden, darf insbesondere nicht beim Ablegen auf den Werkzeugtisch hingeworfen werden, wie das meist geschieht, weil sie sich dadurch leicht verstellt.

Nur bei ganz kurzen Bohrungen bohrt man als erste Operation gleich mit dem Spiralbohrer durch, bei einigermaßen längeren Bohrungen, bei denen der Spiralbohrer ziemlich lang sein muß, würde sich

Fig. 273.

beim vorausgehenden Zentrieren (Anbohren) mit diesem Spiralbohrer derselbe zu leicht verlaufen. Es geht in diesen Fällen dann das Zentrieren mit einem ganz kurzen Spiralbohrer als erste Operation voraus. Bei Nabenstirnflächen von Riemenscheiben, Rädern usw., bei Augen, die bearbeitet sein sollen, folgt als letzte Operation nach dem Fertigreiben noch das Abfräsen mit dem Nabenfräser Fig. 267 oder dem Zapfensenker Fig. 273. In beiden Fällen muß das dem Anschlagmesser vorausgehende Kopfstück der Bohrstange sich in der fertigen Bohrung schließend führen, was durch Aufsetzen von Rotgußbüchsen geschieht. Da nun aber der Revolverkopf mit vertikaler Achse nicht mehr als sechs Operationen erlaubt, so muß auf eine der zwei Operationen, die erste oder die sechste, verzichtet werden. Bei den Trommelrevolvern mit horizontaler Achse dagegen können noch mehr Operationen zur Anwendung kommen.

In manchen Werkstätten wird auch die Praxis geübt, den Senker nicht auf den Ausbohrstahl folgen zu lassen, sondern gleich auf den Spiralbohrer, also folgende Reihe zu nehmen: Erste Operation: Zentrieren, zweite Operation: Vorbohren mit Spiralbohrer, dritte Operation: Bohrung aufsenken mit Senker, vierte Operation: Ausdrehen mit Bohrstahl auf das für die Reibahle nötige Untermaß, fünfte Operation: Vorreiben mit Festreibahle, sechste Operation: Fertigreiben mit verstellbarer Reibahle. Dieser Verlegung des Senkers vor den Ausbohrstahl liegt die Absicht zugrunde, den durch den Spiralbohrer erzeugten Schlag im Loch möglichst restlos zu beseitigen, was mit dem Bohrstahl nicht so sicher zu erreichen ist, weil der einseitig angreifende Bohrstahl an der Schlagseite bei starkem Schlag abgedrückt wird, also noch etwas Schlag stehen läßt. Der mehrschneidige Senker, der zudem nur von vorn schneidet und noch obendrein außen an seinem Umfang geführt wird, widersteht dem Abdrängen bedeutend besser. Indessen gibt auch der Senker keine völlige Sicherheit auf restlose Beseitigung des Schlages, andrerseits kann er so starke Späne wie der Ausbohrstahl nicht bewältigen, und das Bohren auf Untermaß mit dem Stahl statt dem Senker ist, wie schon gesagt, nicht so einfach und sicher, besonders wenn man die leichte Abnutzung des Stahles berücksichtigt, so daß bei größerer Stückzahl leicht der Augenblick eintreten kann, wo die Vorreibahle zu starken Span bekommt und Schaden leidet. Welche Reihenfolge man auch wählt, immer darf man beim Eingehen mit dem Senker diesen zuerst nur mit ganz geringem Vorschub heranführen, im Augenblick des Anfassens muß man den Vorschub sogar etwas ruhen lassen, damit der Senker sich gleichmäßig in das Material einarbeiten kann, senkt dann eine kurze Zone mit dem schwachen Vorschub aus und erst dann geht man mit dem vollen Vorschub durch. Nur bei Einhaltung dieser Vorsichtsmaßregel kann man auf ein schlagfreies Loch rechnen. Leider wird man in der Praxis beobachten können, daß in den Werkstätten gar kein Wert auf diese Vorschrift gelegt wird. Das ist übrigens noch den Grund mit, warum manche den Senker vor den Bohrstahl verlegen, einn wird das Anbohren mit dem Senker nicht in der eben geschilderten Weise ausgeführt, so bleibt auch beim Senker Schlag in der Bohrung, den der nachfolgende Stahl wegnehmen soll und hier auch leichter kann, da der Schlag jetzt nicht so stark ist. Will man mit dem Senker größere Schnittiefen nehmen, so muß überhaupt vorher mit dem Bohrstahl eine entsprechend lange Führung, etwa 10 mm, für den Senker ausgebohrt werden, um Sicherheit gegen Schlag zu bekommen. Es darf aber nicht vergessen werden, daß beim Senker die Schnittiefe immer nur $^1/_5$—$^2/_5$

der Zahnhöhe betragen darf, der übrige Teil der Zahnhöhe muß für das Abgleiten des Spanes frei bleiben.

Bei größeren Löchern, etwa von 40 mm ab, ersetzen manche Firmen den Senker durch Bohrstangen, die im Futter oder der Hauptspindel geführt sind.

Bei vorgegossenen Löchern:

Hier ist eine genaue Bohrung nicht so leicht zu bekommen wie beim Loch aus dem Vollen. Würde man analog wie vorhin vorgehen, also mit dem Bohrstahl — der Spiralbohrer kommt hier überhaupt nicht in Frage — den Schlag ausbohren, darauf den Senker, Vor- und Fertigreibahle folgen lassen, so würde man in den meisten Fällen, bei starkem Schlag stets, auf Schwierigkeiten stoßen. Der Ausbohrstahl wird durch den Schlag abgedrückt, erzeugt eine unrunde Bohrung, desgleichen bei auftretenden harten Stellen im Material. Auch der Senker wird, da er ebenfalls nicht imstande ist, einen vorhandenen Schlag vollständig zu beseitigen, diesen Nachteil nicht beheben, und die Reibahle ist erst recht kein Werkzeug dazu, das fertige Loch behält also, wenn auch vielleicht geringen Schlag. Aus dem vorhin Gesagten geht hervor, daß sich an diesen Verhältnissen im Prinzip nichts ändert, wenn erst der Senker und dann der Ausbohrstahl genommen werden. Es ist eben gar nicht so leicht, eine einwandfreie Bohrung zu erzeugen, in nur zu vielen Werkstätten kann man die Beobachtung machen, daß über die Voraussetzungen und Bedingungen dafür die widersprechendsten Ansichten bestehen und vor allem, daß man sich über dieselben von seiten der Betriebsingenieure und Meister überhaupt nicht klar ist und sich über dieses Problem auch noch nie den Kopf zerbrochen hat. Eine völlig einwandfreie, allein zuverlässige Methode gibt es auch nicht, doch kommen ganz bestimmte Werkzeuge immer wieder in Betracht, und zwar kommen zu den für Löcher aus dem Vollen genannten Werkzeugen noch das Quer- bzw. Maßmesser, der Hohlbohrer und der Kanonenbohrer hinzu. Die Wahl dieser Werkzeuge hängt von einer Reihe von Umständen ab, und diese sollen, wo nötig, in Anlehnung an das Lochbohren auf dem Horizontalbohrwerk, eingehend hier betrachtet werden.

Den bisherigen Innendrehstählen haftet der Nachteil an, daß sie beim Gebrauch in den Bohrstangen einseitig federn, die Bohrstange drückt sich nach der Bohrungsmitte zu ab. Diesen Übelstand vermeidet das Quermesser Fig. 274. Dasselbe dient nur zum Ausbohren von Löchern, die noch mit der Reibahle ausgerieben werden, es schneidet daher nur vorn und vermag hier ziemlich kräftige Späne zu nehmen. Die beiden Seitenflächen schneiden nicht, sie dienen nur zur Führung im Loch. Da beim Schneiden mit diesem Messer eine starke Wärmeentwicklung auftritt, erstreckt sich die Führung nur auf den vorderen Teil der Seitenflächen, nach hinten zu gehen sie etwas konisch, damit infolge der Wärmeausdehnung kein Klemmen in der Bohrung eintritt.

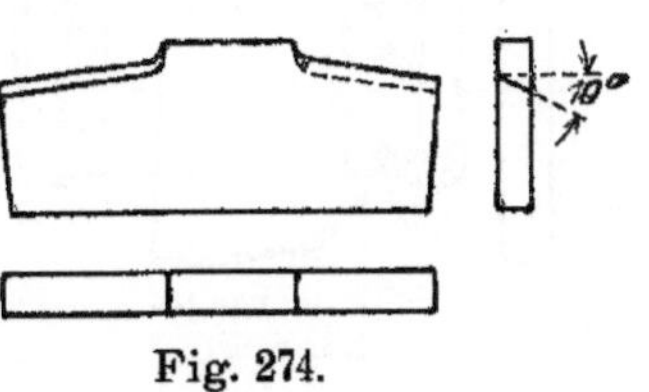

Fig. 274.

Stangen-durchmesser	Schlitz		Messer		Messerlänge bzw. Bohrung	Keil	
a	b	c	d	e	f	g	h
10–15	5,2	22	5	17	22, 27, 32, 36	5	20
16–20	6,2	25	6	20	32, 38, 40, 42, 45	5	25
21–28	7,2	28	7	23	42, 50, 55, 60	5	26
29–50	10,2	46	10	40	55, 58, 60, 62, 65, 70	6	35–40

Tab. 13.

Fig. 275 zeigt solche Quermesser für Rechts- und Linksschnitt und ihre Befestigung in der Bohrstange mittels Keil, Tab. 13 gibt die Stärkeverhältnisse. Die gerade stehenden Schneidkanten fassen den Span in seiner vollen Stärke, während die schrägstehenden Schnittkanten in Fig. 274 analog der schrägen Schneide des normalen Schruppstahles den Span allmählich abtrennen, was bekanntlich vorteilhafter ist.

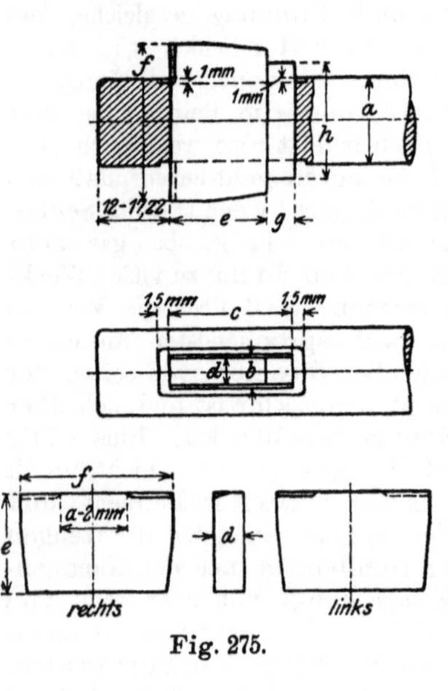

Fig. 275.

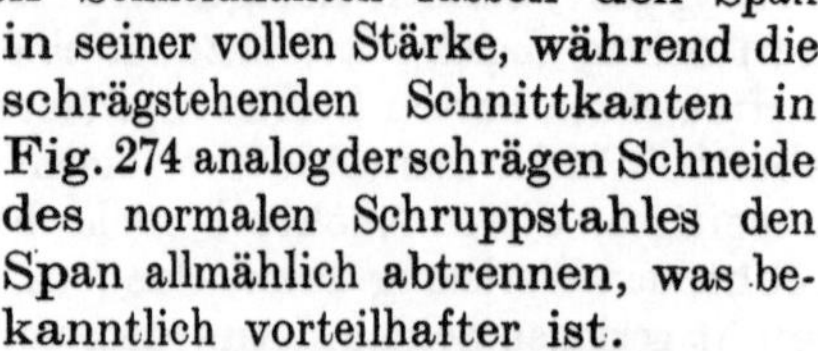

Soll das Quermesser gleichzeitig die Bohrung auf Maß schlichten, so muß es auch an den Seitenflächen schneiden, man nennt es dann Maßmesser. Solch ein Messer nimmt vorn den Schruppspan (Fig. 276), auf der sehr schwach konischen Strecke a den Schlichtspan, schneidet also auf der Strecke c. Die Endstrecke b hat genau parallele Schneiden vom Durchmesser der herzustellenden Bohrung, sie hat nur ein ganz leichtes Schaben zu besorgen bzw. überhaupt nicht zu schneiden. Dadurch braucht die Strecke b nicht nachgeschliffen zu werden, sondern nur die Strecke c, das Messer behält also so lange seinen äußeren Durchmesser bzw. bohrt so lange auf genauen Durchmesser, als noch ein Stück der Strecke b vorhanden ist.

Fig. 276.

Die meisten Messer, die man in der Werkstatt findet, entsprechen aber nicht diesen Gesichtspunkten, sie sind gewöhnlich nach Fig. 277 ausgebildet. In dieser Ausführung vermag das Messer keine größeren Späne zu nehmen, es kann bloß schlichten. Denn es hat in der Vorschubrichtung keine richtige Schneide; damit es besser schneiden kann, schrägt man seine Schneide nach dem Span zu ab nach Fig. 278, so daß $a-b$ die eigentlich schneidende Kante abgibt, während $b-c$ mehr schlichtet. Aber auch dann ist diese Art Quermesser noch unvollkommen genug. Sein größter Nachteil aber ist, daß sein Durchmesser nicht gut konstant gehalten werden kann. Wenn man auch Schnellstahl verwendet, so ist die Beanspruchung doch eine sehr hohe, und es dauert nicht lange, so ist die Bohrung je nach der Härte des Werkstückmaterials um $^2/_{100}-^5/_{100}$ kleiner geworden als zu Beginn der Arbeit, austauschbare Werkstücke sind nicht zu erreichen.

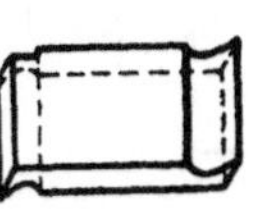

Fig. 277.

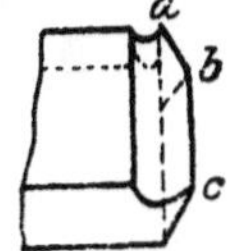

Fig. 278.

Das Quermesser Fig. 276 und noch mehr das in Fig. 277 haben die unangenehme Eigenschaft, daß sie den Unebenheiten im Loche folgen, und wenn auch die Bohrung in jedem Falle rund und von gleichem Durchmesser wird, so ist doch keine Gewähr gegeben, daß die Bohrung auch gerade wird. Harte Stellen im Material z. B. werden durch sie noch stärker markiert als durch den gewöhnlichen Stahl, sie haben beim Ausweichen einer harten Stelle große Neigung, an der entgegengesetzten Seite ins Material einzuhaken, ebenso an Stellen, wo Kanäle in die Bohrung einmünden. Dieser Neigung wirkt man entgegen, indem man die parallelen Schneidkanten (in Fig. 276 die Strecke b) auf 1—2 mm ohne Unterschnitt, also bogenförmig, und dann erst mit etwa 3—5° Unterschnitt ausführt oder noch besser, indem man ihnen den exzentrischen Hinterschliff gibt, wie es Fig. 276 zeigt, der sich für jedes Material bewährt. Meist sieht man den einfachen Freischliff nach Fig. 279 angewendet, der aber nicht gut ist, weil die Schneidkanten nicht genügend unterstützt sind, wodurch das Messer zittert und das Einhaken gefördert wird. Auch ist die Gebrauchsfähigkeit durch geringes Nachschleifen nicht so groß. Zu wenig Freischliff hat schlechtes Schneiden und Pressen auf die Wandungen des Werkstückes zur Folge, die Bohrung wird unsauber, ja es kommt gar durch die Erwärmung zum Festklemmen.

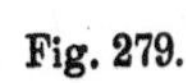

Fig. 279.

Zum Schruppen gibt man den Schneidkanten einen Hinterschleifwinkel wie in Fig. 277, zum Schlichten läßt man diesen fehlen.

Die Abwägung der drei in Fig. 274 bzw. 275, 276 und 277 bzw. 278 gezeichneten Quermesser ergibt, daß Fig. 277 und 278 als den Anforderungen nicht entsprechend zurückzuweisen sind. Mit Messer Fig. 276 kann wohl ein vorgegossenes, noch rohes Loch ausgebohrt werden, infolge der unter 15° schrägstehenden Schruppschneiden treten aber seitlich wirkende Kräfte auf, die ein Abdrängen des Messers aus der Achsenrichtung bewirken, wenn die Bohrung einseitig mehr wegzudrehendes Fleisch aufweist als auf der Gegenseite, d. h. Schlag hat, mit anderen Worten, das Messer Fig. 276 kann einen in der Bohrung vorhandenen Schlag nicht völlig beseitigen. Man muß zu diesem Zwecke wieder auf das Messer Fig. 275 zurückgreifen, das wegen seiner geraden Schneidkanten keinen seitlichen Druck bekommt, und damit gleichzeitig die Bohrung sauberer, d. h. glatter wird, müssen seine Außenkanten ebenfalls Schnitt erhalten, wie das in Fig. 280 gezeigt ist. Tab. 14 gibt die entsprechenden Dimensionen. Weitere Ausführungen solcher

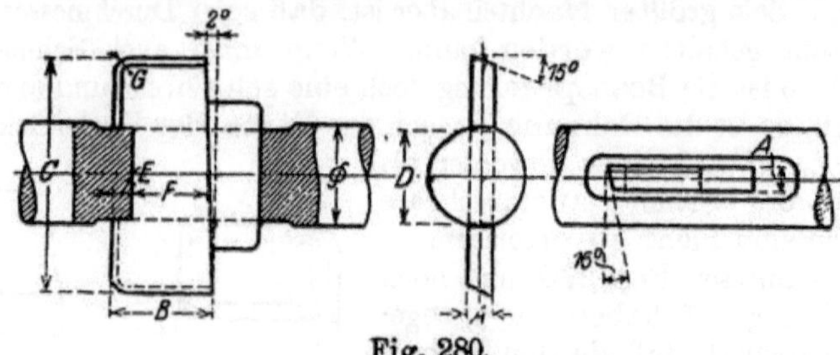

Fig. 280.

Messer und ihrer Bohrstangen zeigen Fig. 281 und 282, mit ihnen werden zwei hintereinander liegende Bohrungen gleichzeitig ausgebohrt. Dementsprechend sind der Senker und die Vorreibahle ebenfalls gleich auf

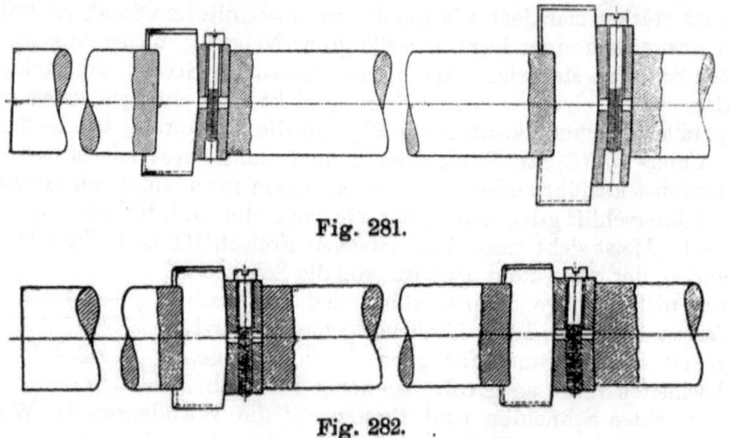
Fig. 281.

Fig. 282.

eine Bohrstange aufgesetzt (Fig. 283). Diese Fälle kommen vor allem auf dem Horizontalbohrwerk vor, aber auch in der Dreherei, auf den Gisholt-Revolverbänken z. B., treten sie unausgesetzt auf. Das Schwanz-

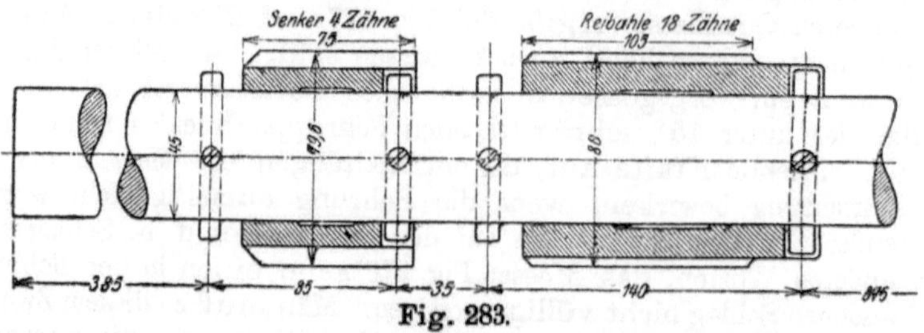

Fig. 283.

ende der Bohrspindel führt sich dabei in einer genau passenden Büchse der hohlen Hauptspindel, besser noch ist es, wenn die Büchse mit einem

Stangen-durchmesser	A	D	E	F	G													
16	4	15	3	13	2	B	16,4	16,4	16,4	16,5	16,5	16,5	16,6	16,6				
						C	24	25	26	28	30	32	34	35				
18	4	17	3	15	2	B	18,5	18,5	18,6	18,6	18,6	18,7	18,7	18,7	18,8	18,8	18,8	18,8
						C	30	32	34	35	36	38	40	42	44	45	46	48
20	5	18	3	17	3	B	20,6	20,6	20,7	20,7	20,7	20,8	20,8	20,8	20,8	20,9	21	21
						C	35	36	38	40	42	44	45	46	48	50	55	60
25	5	23	4	19	4	B	23,8	23,8	23,8	23,8	23,9	24	24	24,1	24,2	24,3		
						C	44	45	46	48	50	55	60	65	70	75		
30	6	28	5	22	4	B	27,9	28	28	28,1	28,2	28,3	28,4	28,5				
						C	50	55	60	65	70	75	80	85				
35	8	33	5	24	4	B	30,1	30,2	30,3	30,4	30,5	30,6	30,7	30,7				
						C	65	70	75	80	85	90	95	100				
40	8	37	6	27	5	B	34,2	34,3	34,4	34,5	34,6	34,7	34,7	34,9				
						C	70	75	80	85	90	95	100	110				
45	10	42	6	30	5	B	37,3	37,4	37,5	37,6	37,7	37,7	37,9	38,1				
						C	75	80	85	90	95	100	110	120				

Tab. 14.

Kugellager ausgerüstet ist. Zum Schruppen werden die Messer Fig. 280 bis 282 auch gezahnt ausgeführt nach Fig. 284, entsprechend den Messern Fig. 265.

Nach Betrachtung dieser Quermesser können wir nun in eine Erörterung über das Ausbohren eines vorgegossenen Loches eintreten.

Erste Operation ist das Vorbohren des rohen Loches, zweite Operation das Aufsenken mit dem Senker, dritte Operation das Vorreiben mit der Festreibahle, vierte Operation das Fertigreiben auf Maß mit der verstellbaren Reibahle. Das Aufsenken und Ausreiben bietet nichts Neues, der Schwerpunkt für ein gutes Gelingen der Arbeit, d. h. Erzielung einer genauen schlagfreien Bohrung, liegt im Vorbohren. Es entsteht hier die Frage, soll mit dem gewöhnlichen Bohrstahl oder mit dem Quermesser und mit welchem, gearbeitet werden. Ob man nun den Stahl oder das Messer wählt, für beide gilt, daß, wenn das Loch stark einseitig gegossen ist, zweimal hindurchgegangen werden muß.

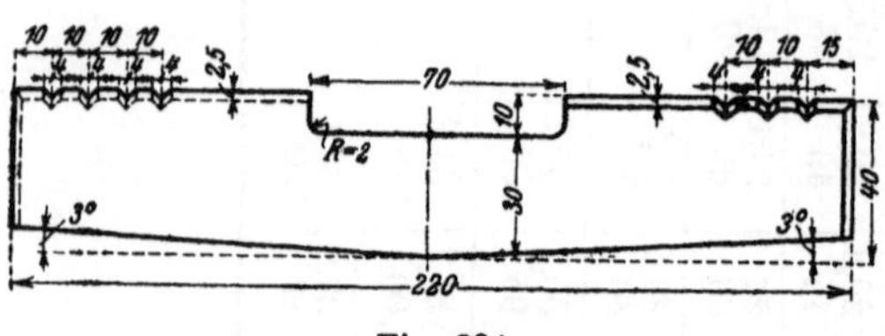

Fig. 284.

Nimmt man den Bohrstahl, so wird, was schon oben ausgeführt wurde, der Stahl abgedrückt, wenn das Loch einseitig gegossen ist. Kommen noch harte Stellen in der Bohrung hinzu, so wird er an diesen Stellen wiederum abgedrückt, die Bohrung bekommt hier einen Buckel, sie wird unrund. Schließlich kann bei längeren Bohrungen infolge der Abnutzung des Stahles die Bohrung nach hinten zu konisch werden. Dagegen zieht der Bohrstahl nicht so leicht schief, die Bohrung wird immer zentrisch zur Achse. Auch braucht man nicht, wie das beim Quermesser notwendig ist, die Stirnfläche der rohen Bohrung vorher mit dem Fräsmesser Fig. 264 abzuschlagen, da bei der schrägen Schneidkante des Bohrstahles diese nicht auf einmal auf die harte Gußkruste auftrifft.

Benutzt man ein Quermesser (in manchen Werkstätten auch Zweischneider genannt), so darf nur die Ausführung Fig. 275 oder 280—282 verwendet werden. Würde man Fig. 276 wählen, so würde bei einseitiger Bohrung der Schlag in der Bohrung noch zum Teil verbleiben. Kommt aber eine harte Stelle im Loch, dann versucht das Quermesser Fig. 280 ebenfalls auszuweichen wie der Bohrstahl, es erzeugt an der harten Stelle einen Buckel und an der gegenüberliegenden Stelle ein Loch, es liegt die Gefahr vor, daß durch das einmal aus seiner Achsenrichtung gedrängte Quermesser die Bohrung schief wird. Dagegen wird die Bohrung, auch wenn sie schief ausfällt, immer rund, im Gegensatz zum Bohrstahl, bei dem die Bohrung schwerlich schief, dagegen leicht unrund wird.

Würde man zum Vorbohren das Quermesser Fig. 275 nehmen, so würde eine harte Stelle das Messer nicht abdrücken können, weil die Führungsflächen am Umfang ein Ausweichen nach der entgegengesetzten

Seite verhindern. Die Bohrung würde allerdings nicht so sauber glatt wie beim Messer Fig. 280, weil es außen am Umfange nicht schneidet, das wird aber in unserem Falle auch gar nicht verlangt. Demnach ist dieses Messer das beste für unsere Aufgabe, denn es wird weder vom Schlag noch von einer harten Stelle beeinflußt oder doch weit weniger als die bisher besprochenen Mittel.

Vor dem Ausbohren mit dem Quermesser muß die Stirnseite der Bohrung mit dem Fräsmesser Fig. 264 abgeschlagen werden, damit das Quermesser keine Kruste zu entfernen hat und dabei stumpf wird. Bei sehr harter Kruste muß diesem Fräsmesser das in Fig. 265 gezeigte mit Zähnen vorausgehen.

Es darf somit endgültig folgende Arbeitsreihe für das Ausbohren des vorgegossenen Loches als im allgemeinen beste angesehen werden. Erste Operation: Abfräsen der Stirnfläche mit Fräsmesser Fig. 264. Zweite Operation: Vorbohren mit dem Quermesser Fig. 275. Dritte Operation: Aussenken mit Senker. Vierte Operation: Vorreiben mit Festreibahle. Fünfte Operation: Fertigreiben mit der pendelnden verstellbaren Reibahle.

Von Wichtigkeit ist die richtige Einstellung der Quermesser in der Bohrstange, damit das Messer nicht zu groß bohrt. In den Fig. 275, 276, 280, 281 und 282 ist die symmetrische Stellung des Messers dadurch gesichert, daß es schließend über die Bohrstange greift. Indessen nimmt kein Zweischneider beiderseits einen gleichstarken Span, auch wenn es, wie es Bedingung ist, auf der Bohrstange geschliffen wurde; die Schneide, die nach unten, also auf dem Kopfe steht, nimmt stets einen etwas größeren Span, genau wie beim Arbeiten auf dem Horizontalbohrwerk, wo das Quermesser auf der Seite, nach der sich die Spindel dreht, ebenfalls einen stärkeren Span schneidet.

Die gleichen Verhältnisse liegen vor, wenn eine Bohrung mit zwei gegenüberstehend eingespannten Drehstählen ausgebohrt wird, wie das bei mittelgroßen Bohrungen notwendig werden kann, wenn ein Quermesser schon zu groß würde, ein Bohrkopf aber noch zu klein. Stehen die beiden Stähle in radialer Richtung gleich weit vor, also auf einem Kreis, und ebenso in achsialer Richtung, so nimmt der auf dem Kopf stehende Stahl bei sich drehendem Arbeitsstück einen stärkeren Span als der andere und sucht den Stahlhalter dadurch nach der Gegenseite abzudrücken. Abgesehen von diesem Übelstand hat dies das Gute, daß der auf dem Kopf stehende Stahl durch seinen stärkeren Span das Werkstück nach unten drückt und dadurch die Bank ruhiger arbeitet, besonders wenn das Werkstück noch in einer Lünette läuft.

Aus diesem Grunde, und weil man es gern hat, bei zwei gleichzeitig arbeitenden Schneiden die eine schruppen und die andere schlichten zu lassen, läßt man den auf dem Kopf stehenden Stahl in axialer Richtung etwas voreilen, so daß er schruppt, und der andere Stahl mehr schlichtet. Den geringen Schlag, den der voreilende Stahl infolge des stärkeren Spanes und des Abdrückbestrebens stehen läßt in der Bohrung, nimmt der andere Stahl, der schlichtet, wieder weg. Der letztere muß dabei in radialer Richtung um ein geringes gegen den ersteren vorgestellt werden.

Schwieriger wird natürlich noch die Aufgabe, eine genaue Bohrung herzustellen, wenn es sich um mehrere in einer Flucht liegende Bohrungen handelt, wie das im Werkzeugmaschinenbau täglich vorkommt. Man ist dabei nicht nur von der Genauigkeit der verwendeten Arbeitsmaschinen und Werkzeuge abhängig, sondern in hohem Maße von der Beschaffenheit des zu bohrenden Materials, der Form der Gußstücke, vor allem von der Sachkunde des bedienenden Arbeiters. Dieser muß genau wissen, wie stark die Spannschrauben zum Aufspannen des Stückes auf der Bank angezogen werden dürfen, wo sie gefahrlos für die Güte der Arbeit anzubringen sind, in welchem Falle vor dem letzten Schlichtschnitt die Spannschrauben gelöst werden müssen, um alle schädlichen Verbiegungen des Arbeitsstückes zu vermeiden. Er muß wissen, ob es zweckmäßig ist, in einer Sitzung vor- und fertig zu bohren, oder ob ein Ausruhen des Gußstückes nach Entfernung der Gußhaut geboten ist. Wenn irgend möglich, sollten bei solchen mehrfachen Lagerungen in einer Flucht die Bohrungen alle gleich groß gewählt werden, weil es schwerer ist, zwei oder mehr Bohrungen in einem Stück genau konzentrisch mit verschiedenen Maßen herzustellen als mit dem gleichen Maß.

Zu den schwierigsten Aufgaben der Werkstatt aber gehört es, wenn mehrere in einer Flucht liegende Bohrungen herzustellen sind, bei denen die eine Hälfte z. B. aus Guß, die andere z. B. aus Stahlguß besteht. In solchen Fällen sieht man von vorgegossenen Löchern ganz ab und geht dann so vor, daß man zuerst mit drei Spiralbohrern vorbohrt, z. B. bei einem 35er Loch das erste Drittel der Länge mit einem 25er Spiralbohrer, das zweite Drittel mit dem 30er Spiralbohrer, schließlich mit einem 32er Spiralbohrer; dann folgen Quermesser, Senker und Reibahlen. Der erste 25er Spiralbohrer muß so kurz sein, daß er nicht so leicht verlaufen kann.

Ebenfalls eine schwierige Aufgabe ist das Ausbohren von längeren Spindeln, z. B. Hauptspindeln der Drehbank, wenn keine Spezialhohlbohrbank zur Verfügung steht. Da geht fast jeder Dreher anders vor, in ein und derselben Werkstätte kann man oft die verschiedensten, in sehr vielen Fällen recht umständlichen Verfahren sehen, es zeigt sich hier so recht die mangelnde Führung der Werkstatt, infolge der wenig gründlichen Sachkenntnis vieler Betriebsleiter auf dem Gebiete der Werkzeuge und ihrer Anwendung.

Wenn z. B. ein Dreher die Aufgabe, eine Drehbankspindel hohl zu bohren, in der Weise bewältigt, daß er mit dem Spitzbohrer vorbohrt, mit dem Quermesser, hinter dem als Führung ein Holzring oder zwei Holzbacken mit Messingblechbeschlag sitzen, nachbohrt, dann mit einem Ausbohrstahl, hinter dem zum Schutze gegen Abdrängen wiederum vier Holzbacken mit Blechbelag aufgesetzt sind, durchschneidet und zum Schluß einen Schlichtstahl mit vier hölzernen Führungsbacken anwendet, so ist das ein recht umständliches Verfahren, das trotzdem keinen Anspruch auf besondere Genauigkeit machen kann.

Hätte der Dreher nach dem Spitzbohrer das Quermesser Fig. 275, dann Senker und Reibahlen verwendet, so würde er schneller und besser zum Ziele gekommen sein. Die letzteren lassen sich ohne Schwierigkeit auf die Reitstockpinole aufsetzen. Bei langen Bohrungen wird man dabei sowohl beim Quermesser, als auch beim Senker und bei der Festreibahle keine fliegenden Bohrstangen gebrauchen, sondern die Bohrstange am einen Ende im Reitstockkonus lagern, mit dem anderen Ende sie in einer genau passenden Büchse der hohlen Drehspindel führen.

Ist die Bohrung im Durchmesser groß und Senker und Reibahlen von der Größe nicht vorhanden (die Werkzeugfabriken halten im allgemeinen bis 100 mm ⌀ auf Lager), so geht man in folgender Weise vor: Man bohrt mit einem Spiralbohrer vor, der so viel kleiner im Durchmesser sein muß, daß trotz des fast unausbleiblichen Verlaufens des Bohrers infolge der stets vorhandenen Ungleichmäßigkeit in der Homogenität des Materials, die gerade im Kern am schlimmsten ist, noch genügend Material für die nachfolgende Bearbeitung stehen bleibt. Die nächste Bearbeitung wird dann bis zum Schluß allein mit entsprechenden Quermessern durchgeführt, also auch das Ausreiben. Ist für das Reiben auch die Reibahle das geeignetste und leistungsfähigste Instrument, so ist der beste Ersatz für sie, wenn sie aus irgendeinem Grunde nicht gebraucht werden kann, immer der Zweischneider Fig. 280. Am besten ist dabei die Bohrstange wieder im Reitstock und in der Hohlspindel der Drehbank gelagert. Bei entsprechend großen Bohrungen ersetzt man natürlich das bisherige Quermesser durch zwei oder vier in einem entsprechenden Bohrkopf eingesetzte Messer, wie das viel im Automobilbau auf Großrevolverbänken (Gisholt-Revolverbänken) anzutreffen ist.

Nach dem Spiralbohrer folgt also die Bohrstange, die zwei Quermesser trägt, und zwar ist das erste ein solches nach Fig. 275, das den Schlag aus der Bohrung nimmt (*a* Fig. 285). Hinter ihm sitzt ein Holzring, in dessen Mantel Silberdrähte eingepreßt sind, um die Abnutzung des Holzringes möglichst zu verhindern, und der die Aufgabe hat, ein Ausweichen der Stange durch Federung zu verhindern. Auf den Holzring folgt das zweite Quermesser nach Fig. 275 (*b* Fig. 285), das die mit Messer *a* um etwa 10 mm im Durchmesser kleiner aufgebohrte Bohrung auf etwa $^3/_{10}$ mm Untermaß erweitert. Zum Fertigbohren werden die beiden Quermesser ausgewechselt gegen zwei solche nach Fig. 280 (Zweischneider) vom genauen Durchmesser der endgültig verlangten Bohrung, die durch ihre Schneiden außen am Umfange und infolge des geringen vorhandenen Untermaßes der Bohrung ein sauber glattes und schlagfreies Loch erzeugen. Der Holzring wird beim Fertigbohren ebenfalls ausgewechselt gegen einen solchen von Vulkanfiber, dessen Bohrung bis 1 mm größer gehalten ist als die Bohrstange, damit sich der Ring leicht nach der Bohrung einstellen kann. Die Abnutzung des Zweischneiders bei *a* und die dadurch entstandene Verengung der Bohrung wird vom Zweischneider bei *b* wieder beseitigt, man erhält somit eine genau maßhaltige, zentrische Bohrung.

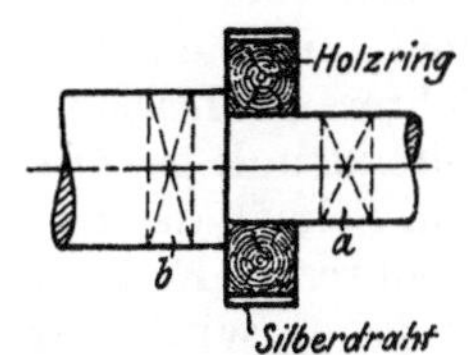

Fig. 285.

Richtiger noch ist es, das Loch statt mit Spiralbohrer und den beiden

Quermessern Fig. 275 einen richtigen Hohlbohrkopf mit eingesetzten Messern zu benutzen unter Anwendung einer genügend kräftigen Ölspülung oder Seifenwasserspülung oder mit Druckluftspülung. Es muß dann immer erst eine entsprechend lange Führungszone für den Hohlbohrkopf mit dem Ausbohrstahl vorgebohrt werden. Zu diesem Hohlbohren mit stehenbleibendem Kern muß eine Spezialhohlbohrbank benutzt werden, doch kann man sich ganz gut auch eine Drehbank von entsprechender Bettlänge dazu einrichten, sofern sie nur die für das Hohlbohren mit Hohlbohrkopf erforderlichen geringen Vorschübe (der kleinste Vorschub ist im Mittel 0,01 mm pro Umdrehung) hergibt. Auch darf das Material nicht zu ungleichmäßig in seiner Beschaffenheit sein, bei zu weichen Stellen haken sonst die Messer sofort ein und brechen ab oder reißen den ganzen Bohrkopf auf. Die Spänchen müssen möglichst fein sein, höchstens 1 mm breit und 1 mm dick, die Messer müssen so bemessen sein, daß sie richtigen Grus erzeugen. Nur wenig stärkere Späne können die Messer abbrechen.

Noch schwieriger als große Löcher sind kleine zu bohren, wenn es sich um Genauigkeit handelt und das Loch verhältnismäßig lang ist. Soll z. B. ein genau gerades Loch von genau 15 mm Durchmesser und 1000 mm Länge hergestellt werden, so scheiden Senker und Reibahle aus, Spitzbohrer ebenfalls, er verläuft sich zu leicht. Hier muß zu den Spezialbohrern mit Ölzuführungskanälen gegriffen werden, wie sie von einigen Firmen hergestellt werden. Die Arbeit wird am besten auf einer Bohrbank gemacht. Da diese Bohrer aber keine saubere, glatte Bohrung ergeben, auch keine besondere Gewähr gegen schiefes Bohren bieten, muß noch mit einem Kanonenbohrer fertiggebohrt werden. Ein Bohrwerkzeug arbeitet um so besser und genauer, je mehr Schneidlippen es hat, aber nichts kann hinsichtlich Genauigkeit und Sauberkeit einen Bohrer mit einer einfachen Schneidkante übertreffen, die am Ende des Bohrers rechtwinklig schneidet, an der Seite aber gar nicht, so daß der Seitendruck ganz wegfällt. Daher ist der Kanonenbohrer mit geschliffenem Schaft das beste Werkzeug, um ein vorgebohrtes Loch genau aufzubohren. Er kann aber nur für kleinere Löcher Verwendung finden, für große wird er zu schwer und teuer. Sein empfindlichster Nachteil ist seine geringe Leistungsfähigkeit, er kann nur kleine Späne bewältigen und muß in kurzen Zeiträumen aus dem Loch zurückgezogen werden zur Entfernung der Späne. Dabei darf man aber nicht in den Fehler verfallen, zu feine Späne zu nehmen, weil sich sonst der Spänegrus leicht zwischen Bohrer und Loch setzt und Riefen einreißt. Der erzeugte Span soll ein feiner Lockenspan sein von höchstens 3 mm Stärke, im Gegensatz zu den vorhin erwähnten Spezialbohrern und dem Hohlbohrkopf, für die ein möglichst kleiner Brockenspan, also Grus, Bedingung ist, weil sich dieser Grus am leichtesten durch die Druckspülung herausspülen läßt. Um solch kleine Brockenspänchen (Mehlspäne) zu erhalten, zahnt man die Schneiden wie bei Fig. 284. Schon früher wurde darauf hingewiesen, daß vor dem Durchgehen mit einem Kanonenbohrer ein Stück mit dem Bohrstahl ausgebohrt werden muß zur Führung des Kanonenbohrers.

Vielfach wird auch die Praxis geübt, größere Bohrungen, von 30 mm an aufwärts mit einem abgesetzten Spitzbohrer nach Fig. 286 gleich fertig zu bohren. Der vordere Durchmesser (41 mm) nimmt den Hauptspan, der äußere Durchmesser (46 mm) nimmt den schwachen Span ($2^1/_2$ mm), der die endgültige Bohrung herstellt. Je nach Durchmesser und Material wird mit einem Vorschub von 0,2—0,4 mm gebohrt. Beim Anbohren muß der Vorschub erst von Hand langsam betätigt werden, und zwar so lange, bis der Bohrer seitlich Führung hat. Auf die Ausführung der Spitze ist besonders Wert zu legen, sie darf nicht zu breit sein. Breite Spitzen erzeugen, da sie weniger schneiden, einen verhältnismäßig hohen Druck, der zum Bruch führen kann. Abgesehen davon, daß dieser Bohrer wie jeder Spitzbohrer sich leicht verläuft, also schief bohrt, ist seine Herstellung und besonders das Nachschleifen nicht einfach, er ist also ziemlich teuer, und bei nicht genauem Nachschleifen ist er nicht imstande, ein genaues Loch zu erzeugen.

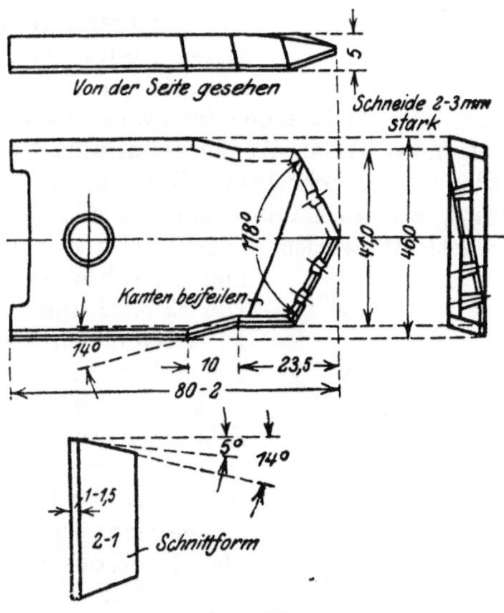

Fig. 286.

Spanbrechernuten sind nur für sprödes Material (Gußeisen, Bronze) am Platze, bei zähem Material sind sie dagegen oft nachteilig, weil sie leicht ein Verschlingen der Späne und dadurch ein Verstopfen der Bohrung herbeiführen können.

Beim Ausbohren auf dem Horizontalbohrwerk ist, wenn die Bohrstange in zwei festen Lagern geführt werden kann, was immer anzustreben ist, die Einschaltung eines elastischen Zwischengliedes zwischen Bohrspindel und Bohrstange ratsam, um die Einstellung der Bohrspindel auf Lochmitte von einer peinlichen Genauigkeit unabhängig zu gestalten. Bohrt man aber bloß unter Verwendung einer Lünette, so ist zu beachten, daß sich das Lünettenlager, besonders bei fliegender Anordnung, beim Schruppschnitt stets etwas senkt, es muß daher vor dem Schlichtschnitt das Arbeitsstück gelockert, neu ausgerichtet und wieder festgespannt werden.

Bei Bohrlehrenarbeit unter der Säulenbohrmaschine, also unter Verwendung auswechselbarer Bohrbüchsen, geht man in gleicher Weise vor, wie beim Bohren aus dem Vollen beschrieben. Erste Operation: Spiralbohrer, zweite Operation: Senker, dritte Operation: Vorreibahle, vierte Operation: Fertigreibahle. Im Gegensatz zu früher macht man aber hier die Vor- und Fertigreibahle pendelnd. Statt des Senkers kann man auch einen Minusspiralbohrer anwenden, es kommt dieser Fall hauptsächlich dann in Frage, wenn die Führung des Senkers durch Bohrbüchse Schwierigkeiten bereitet. Braucht das Loch nicht gerieben zu werden, soll aber doch sauber glatt sein, so muß stets in dieser Art gearbeitet werden, d. h. Vorbohren mit einem etwa 5 mm kleineren Spiralbohrer, Fertigbohren mit dem Maßspiralbohrer.

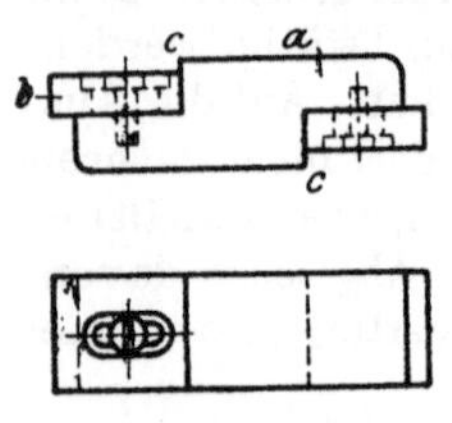

Fig. 287.

Ein Nachteil, der dem Zweischneider Fig. 280 eigen ist, ist der, daß die Abnutzung seiner beiden Außenkanten durch Nachschleifen nicht gut ausgeglichen werden kann, man muß sie dann auf den nächst kleineren Durchmesser herunterschleifen oder sie durch Hämmern strecken. Diesen Übelstand hat man durch das Kreismesser zu verringern versucht, es hat indessen keinen festen Boden gewinnen können, weil seine Einspannung und das Nachschleifen Schwierigkeiten macht.

Um die Nachstellung des Zweischneiders zu erreichen, hilft man sich in folgender Weise: Auf ein schmiedeisernes Flacheisenstück *a* (Fig. 287) werden zwei Schnellstahlplättchen *b*, nachstellbar durch länglichen Schlitz, aufgeschraubt. Müssen die Schneiden infolge Nachschleifens nachgestellt werden, so geschieht dies durch Lösen der Schräubchen und Zwischenlegen von Papier an den Stellen *c*. Die Einstellung geschieht mittels Rachenlehre. Diese nachstellbaren Quermesser sind zwar teurer, haben sich aber vorzüglich bewährt.

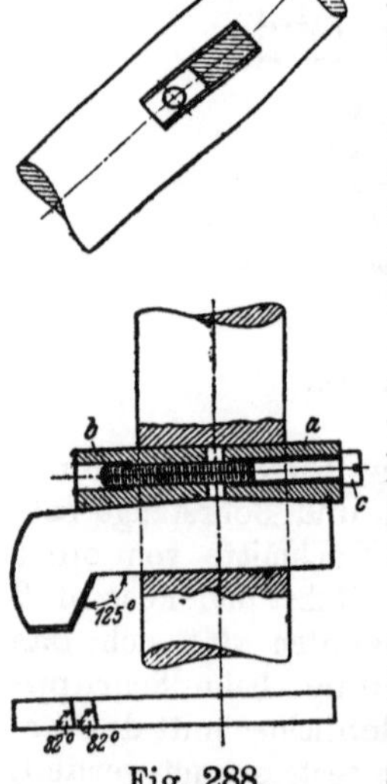

Fig. 288.

Die Quermesser leisten infolge ihrer zwei Schneiden mehr als der gewöhnliche Ausbohrstahl, sie müssen die für ein ruhiges Arbeiten nötige Stärke besitzen, die aber, um die Bohrstange nicht zu sehr zu schwächen, beschränkt ist. Hat das Werkstück schwache Wandungen, z. B. Automobilzylinder, so ist bei Fig. 280 die Breite ebenfalls beschränkt, da ein breites Messer ebenso verbiegend auf die Wandungen einwirkt wie eine harte Stelle. Doch dürfen in solchen Fällen die Schneiden auch nicht zu schmal gehalten werden, weil sonst die Bohrung nicht genau gerade wird.

Von Wichtigkeit ist die richtige Einstellung der Quermesser in der Bohrstange, damit das Messer nicht zu groß bohrt. In Fig. 280, 281 und 282 ist die symmetrische Stellung des Messers dadurch gesichert, daß das Messer schließend über die Bohrstange greift. Bei der üblichen Befestigung durch Keil (Fig. 280) zieht sich aber das Messer beim Verkeilen leicht schief, auch dient das Schlagen mit dem Hammer beim Verkeilen nicht gerade der Genauigkeit der Bohrstange. Deshalb ist die Befestigung mittels stählerner Keilstücke nach Fig. 288 (s. a. Fig. 281 und 282) entschieden vorzuziehen. Die Keilstücke *a* und *b* werden durch die Schraube c angezogen, es braucht beim Verkeilen nicht geschlagen zu werden und das Messer verzieht sich nicht. Bei Herstellung der Keilstücke ist zu beachten, daß sie erst nach der Bearbeitung durchgesägt werden dürfen. Beim Vertikalbohren kleinerer und mittelgroßer Löcher auf der Karussellbank können die Zweischneider, wenn nur ein schwacher Span in Betracht kommt oder zu schlichten ist, die Messer einfach lose eingesetzt werden, damit sie sich von selbst einstellen können.

Fig. 289 gibt normalisierte Bohrstangen, Tab. 15 die Stärken. Es ist sehr zu bedauern und zum mindesten verwunderlich, daß selbst in erstklassigen deutschen Betrieben, in denen der Normalisierungsgedanke, was die Fabrikate und Konstruktionsteile anbelangt, bis ins letzte durchgeführt ist, solche Normalien in Drehstählen, Quermessern, Bohrstangen usw. usw. noch immer fehlen. Und doch sind gerade hier Ersparnisse nach den verschiedensten Richtungen hin zu machen, die die durch normalisierte Konstruktionsteile um ein bedeutendes übertreffen und dabei die leichte Übersicht und Beherrschung der Fabrikation für

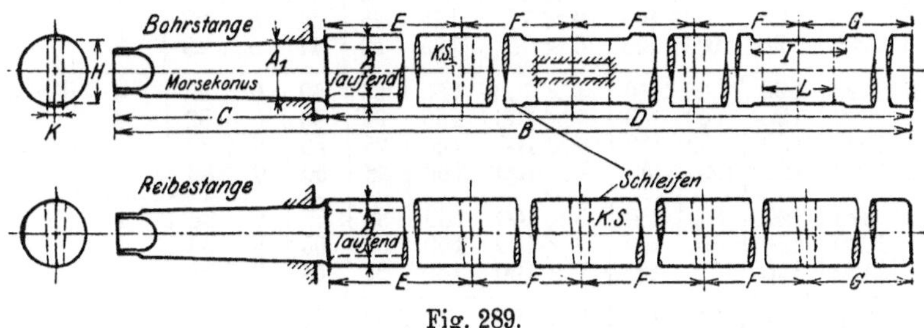

Fig. 289.

Betriebsingenieur und Meister so sehr erleichtern. Die Normalisierung der Werkzeuge gehört ja auch zur Voraussetzung für das Taylor-System, aber wo findet man normalisierte Drehstähle, Bohrstangen usw.? Wie viele Fabrikanten und Betriebsleiter dürfte es wohl geben, die sich klar gemacht haben, was für ein Segen durch die Ausdehnung des Normalisierungsgedankens auf die erwähnten Werkzeuge dem Werke erwachsen würde? Vielfach ist es noch üblich, daß jeder Meister einer Abteilung seine Werkzeuge bestellt, wie er es für richtig hält, dadurch werden erst recht viele gleiche oder ähnliche Werkzeuge in den verschiedenen Abteilungen aufbewahrt und nicht dem Wert entsprechend ausgenutzt.

Allerdings wird auch da, wo er längst Fuß gefaßt hat, der Normalisierungsgedanke noch immer zu oft von den Konstrukteuren nicht richtig aufgefaßt, es kommt nicht nur darauf an, bestimmte Maße festzulegen, z. B. bestimmte Bohrungen, sondern vor allem ihre Anzahl einzuschränken und die festgelegten Werte möglichst in ein bestimmtes Gesetz zu bringen. Betrachtet man sich die Normalien über Bohrungen, so findet man bei den allermeisten Firmen bis z. B. 30 mm Durchmesser die Maße um 1 mm wachsend, von da bis 50 mm um 2—3 mm; unter solchen Umständen braucht dann die Werkstatt eine ungeheure Menge Bohrer, Senker, Reibahlen, Quermesser, Bohrstangen, Bohrbüchsen,

A	A_1	B	C	D	E	F	G	H	I	K	L	Morse-K.	Kon. Stift
16	17,8	578	78	500	100	4 × 75	100	15	32	4	21	2	K. S. 3—22/26
16	17,8	678	78	600	100	5 × 75	125	15	32	4	21	2	» » »
16	17,8	778	78	700	100	7 × 75	75	15	32	4	21	2	» » »
16	17,8	878	78	800	100	8 × 75	100	15	32	4	21	2	» » »
16	17,8	978	78	900	100	9 × 75	125	15	32	4	21	2	» » »
18	23,8	596	96	500	100	4 × 75	100	17	36	4	24	3	K. S. 4—30
18	23,8	696	96	600	100	5 × 75	125	17	36	4	24	3	» » »
18	23,8	796	96	700	100	7 × 75	75	17	36	4	24	3	» » »
18	23,8	896	96	800	100	8 × 75	100	17	36	4	24	3	» » »
18	23,8	996	96	900	100	9 × 75	125	17	36	4	24	3	» » »
20	23,8	696	96	600	100	5 × 75	125	18	38	5	26	3	K. S. 5—36
20	23,8	796	96	700	100	7 × 75	75	18	38	5	26	3	» » »
20	23,8	896	96	800	100	8 × 75	100	18	38	5	26	3	» » »
20	23,8	996	96	900	100	9 × 75	125	18	38	5	26	3	» » »
25	23,8	796	96	700	100	7 × 75	75	23	44	5	29	3	K. S. 5—42
25	23,8	896	96	800	100	8 × 75	100	23	44	5	29	3	» » »
25	23,8	996	96	900	100	9 × 75	125	23	44	5	29	3	» » »
25	23,8	1096	96	1000	125	10 × 75	125	23	44	5	29	3	» » »
30	31,2	820	120	700	150	4 × 100	150	28	50	6	32	4	K. S. 6,5—50/55
30	31,2	920	120	800	150	5 × 100	150	28	50	6	32	4	» » »
30	31,2	1020	120	900	150	6 × 100	150	28	50	6	32	4	» » »
30	31,2	1120	120	1000	150	7 × 100	150	28	50	6	32	4	» » »
35	31,2	920	120	800	150	5 × 100	150	33	55	8	36	4	K. S. 8—65
35	31,2	1020	120	900	150	6 × 100	150	33	55	8	36	4	» » »
35	31,2	1120	120	1000	150	7 × 100	150	33	55	8	36	4	» » »
40	44,4	953	153	800	150	5 × 100	150	37	60	8	40	5	K. S. 8—75
40	44,4	1153	153	1000	150	7 × 100	150	37	60	8	40	5	» » »
40	44,4	1353	153	1200	150	9 × 100	150	37	60	8	40	5	» » »
45	44,4	1153	153	1000	150	6 × 125	100	42	65	10	45	5	K. S. 10—85
45	44,4	1353	153	1200	150	7 × 125	175	42	65	10	45	5	» » »

Tab. 15.

Dorne und Toleranzlehren, der Zweck der Normalisierung ist nicht erreicht. Man darf eben nicht einfach Tafeln der Normen aufstellen, weil sich in diese leicht Fehler einschleichen können, die nachher nicht mehr zu erkennen sind, sondern die Normen sollen nach einer gesetzmäßigen Reihe, z. B. einer geometrischen Reihe, aufgestellt werden, die jederzeit die Möglichkeit bietet, die erwähnten Fehler richtig zu stellen, weil eine verläßliche Grundlage vorhanden ist.

Eine richtige Normalisierung der Bohrungen, von denen wiederum die Normalisierung der Bohrstangen, Quermesser, Bohrbüchsen, Dorne usw. abhängig ist, soll nur von einer bestimmten Grundlage abhängige Abstufungen aufweisen, so z. B., daß nur Abstufungen von den Grundzahlen 2, 5, 8 und 10 vorkommen. Dieser Satz ist der billigste und reicht für alle vorkommenden Dimensionen bei den Maschinenkonstruktionen aus. Dadurch wird die Anzahl der Bohrungen, und was so wichtig ist, die Anzahl der in der Werkzeugausgabe vorrätig zu haltenden Werkzeuge bedeutend eingeschränkt. Wie wenig Zusammenhang zwischen Konstruktion und Fabrikation aber in vielen Fabriken noch immer herrscht, beweisen Fälle, wo auf den Konstruktionsbüros Abstufungen der Durchmesser von 2 zu 2 mm steigend verwendet werden mußten, dagegen in der Werkstatt Aufspanndorne und Werkzeuge mit 5 und 7 mm Durchmesser und andere in Benutzung waren. Die Einrichtungen und Werkzeuge erstreckten sich in diesen Fällen auf 2, 4, 5, 6, 7, 8 und 10 mm Durchmesser. Man sieht daraus, daß statt vier verschiedener Durchmesser (2, 5, 8 und 10) in dem nicht richtig durchdachten Falle sieben Dimensionen (2, 4, 5, 6, 7, 8 und 10) bei Steigung der Durchmesser um 10 mm gebraucht wurden.

Wie ungeheuer der Werkzeugpark vermehrt wird, kann man beurteilen, wenn z. B. in einer Fabrik die Werkzeuge für Durchmesser bis zu 80 mm benötigt werden. Bei richtiger Behandlung (2, 5, 8 und 10) braucht man $4 \cdot 8 = 32$ verschiedene Dimensionen, dagegen bei falscher Grundlage (2, 4, 5, 6, 7, 8 und 10) sind $7 \cdot 8 = 56$ verschiedene Werkzeuge notwendig.

Wenn es die Konstruktionen zulassen, sollte man die Durchmesser noch weiter einschränken, indem man das Gesetz vorschreibt: für Bohrungen von 12—40 mm muß der Durchmesser ein Vielfaches von 4 sein, unter 20 mm Durchmesser ist ausnahmsweise noch 14 und 18 mm gestattet, von 40—80 mm muß der Durchmesser ein Vielfaches von 5, über 80 mm Durchmesser ein Vielfaches von 10 sein. Erst wenn eine Normalisierung nach diesen Zielen strebt, hat sie das innerste Wesen derselben begriffen. Der allgemeine Grundsatz muß sein: Weitestgehende Verringerung der Sortenzahl zugunsten einer Vergrößerung der lagerhaltigen Bestände in wenigen Sorten.

Wie einschneidend und segensreich eine in diesem Geiste durchgeführte Normalisierung wirkt, sei hier nur an einem Beispiele gezeigt. Die Bestrebungen des erst seit kurzem ins Leben gerufenen »Normalienausschusses für den deutschen Maschinenbau« nach Normalisierung der konischen Stifte, der Spiralbohrerdurchmesser, der Werkzeugvierkante, der Bohrungen, Keil- und Mitnehmernuten für Fräser, der Befestigungskegel für Werkzeuge usw. haben bis jetzt zur Festlegung der konischen Stifte geführt. Man vergegenwärtige sich nun, daß allein infolge der Tatsache, daß sich die gesamte deutsche Industrie auf Vorschlag des Arbeitsausschusses entschlossen hat, für Stiftreibahlen nur die Konizität 1 : 50 anzunehmen, die Werkzeugindustrie von all den Stiftreibahlen 1 : 48, 3 : 100 usw. entlastet worden ist und dies sehr bald seinen wohltuenden Einfluß auf alle Werkstätten des Maschinenbaues ausüben wird. Nach dem vorhin erwähnten Prinzip sind die Durchmesser der konischen Stifte nach einer geometrischen Reihe geordnet.

Übrigens sei hier noch auf einen Fehler aufmerksam gemacht, der wohl noch in den allermeisten Werken besteht. Dem Arbeiter in der Werkstatt die Normalientabelle in die Hand zu geben ist falsch, dazu ist die Normaltabelle mit ihren den Arbeiter verwirrenden Zahlenreihen nicht die richtige Aufmachung, er wird, da er sich obendrein diese Zahlen im Kopfe in die Normalzeichnung übertragen muß, fortwährend irr und unsicher. Um sicher zu gehen, skizziert er die Zeichnung auf irgend einem Stück Papier ab und trägt die entsprechenden Zahlen der Tabelle in seine Skizze ein. Abgesehen davon, daß er dabei leicht Fehler macht, nimmt diese Arbeit dem Arbeiter viel Zeit weg. Oft aber bringt er die Skizze überhaupt nicht richtig zustande und läuft dann zum Meister, damit dieser ihm die Skizze anfertige. Die Werkstatt darf daher keine Zahlentabellen bekommen, ihr dürfen nur fertige Zeichnungen mit den eingetragenen Zahlenmaßen gegeben werden, solche mit eingeschriebenen Buchstabenmaßen und danebenstehender Zahlentabelle sind wohl Arbeitsvorlagen für das technische Büro, aber nicht für die Werkstatt.

Nicht so einfach ist auch das Ausdrehen größerer Hohlkehlen, das Material kann nicht mit einem vollen Messer fortgenommen werden, weil dasselbe zu stark beansprucht würde. Besonders weit in der Bohrung liegende Hohlkehlen sind schwierig herzustellen, da man hier die Arbeitsstelle nicht sehen kann. Am besten verfährt man hier folgendermaßen: Zuerst wird mit dem Innendrehstahl die Hohlkehle vorgestochen, bei *a* (Fig. 290), dem Endpunkt des Radius, bei welchem derselbe in die Gerade übergeht, wird begonnen. Der erste Schnitt von der Spanstärke *b* wird so weit fortgenommen, bis der äußerste Punkt der Schneide die Hohlkehle erreicht hat, die Länge des Schnittes ist *c*. Nun wird die nächste Spanstärke *d* angesetzt und bis zur Hohlkehle fortgenommen, die Schnittlänge ist *e*. So geht es fort bis zum Berührungspunkt *f* der Hohlkehle mit der Geraden. Die Größe der Spanstärken und Schnittlängen erhält man in der Weise, daß man auf einer Schablone der Hohlkehle (Fig. 291) den Radiusmittelpunkt *m* mit dem Übergangspunkten *a* und *f* durch Linien verbindet. Auf dem Schenkel *m f* trägt man die Spanstärken ab und zieht durch die Punkte Parallelen.

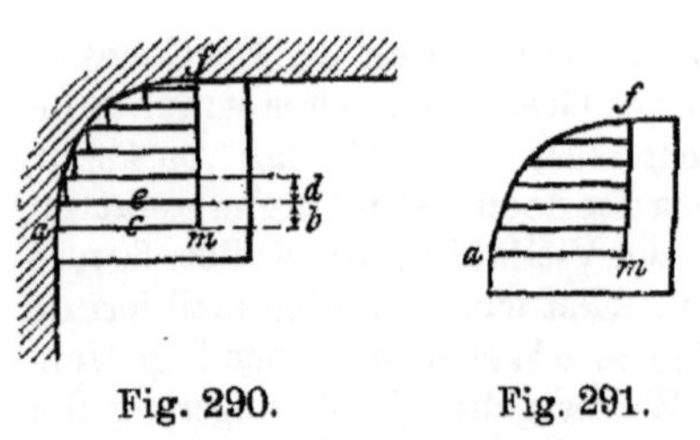

Fig. 290. Fig. 291.

Das Einstellen an der Maschine geht folgendermaßen vor sich: Die Werkzeugschneide wird auf die vordere Kante der Bohrung eingestellt, die Supportstellung wird auf dem Bett durch einen Riß markiert. Nun wird der Support auf die Länge von der anderen Kante bis zum Punkt *f* verschoben, was auf dem Bett von dem Riß der ersten Supportstellung an abgemessen wird. Jetzt wird der Obersupport bis zum Punkt *m* verschoben und die Spanstärke *b* eingestellt; diese wird vom Ausgangspunkt *m*, der ebenfalls festgelegt wurde, gemessen. Die erste Schnittlänge läßt man jetzt ziehen, die vom Riß des Punktes *f* aus auf dem Bett abgemessen wird; dies wiederholt sich bis zum Punkt *f*. Alle Abmessungen werden von der Schablone abgemessen. Die stehengebliebenen Ecken werden mit einem vollen Messer mit Spanbrechernuten weggenommen, der letzte Schnitt erfolgt mit einem gleichen Messer ohne Spanbrechernuten.

Im vorigen war die Rede von der Herstellung einer genauen Bohrung, in der heutigen Werkstatt mit ihrem Zug nach Serien- und Massenfabrikation kommt oft die Aufgabe vor, zwei oder mehrere in einer Ebene liegende Bohrungen nicht nur an sich genau, sondern vor allem in genauem Abstande voneinander zu bohren. Meist tritt dieser Fall bei Bohrlehren auf, wo die verschiedenen Entfernungen der Bohrungen oft mit einer Genauigkeit von $^1/_{100}$ mm eingehalten werden müssen. Da sieht man denn in solchem Falle in den allermeisten Werkstätten die gewöhnlichen Arbeitsmethoden angewandt, Anreißen der Mittelpunkte auf der Reißplatte, Ankörnern und Ausdrehen der Bohrungen auf der Drehbank oder auf dem Horizontalbohrwerk. Allenfalls nimmt man noch beim Anreißen oder, falls dies möglich ist, beim Aufspannen des Werkstückes Endmaße (Meßklötze) zu Hilfe. Auf diese Art ist aber eine unbedingt genaue Entfernung nicht zu erreichen und es wird dann mit allerhand unerlaubten Mitteln nachgeholfen, um schließlich nach vieler Mühe und Zeitverlust zum Ziele zu kommen. Und doch gibt es ein Verfahren, die sog. Knopfmethode, durch die man mit einfachen, in jeder Werkstatt herzustellenden Hilfsmitteln Bohrungen herstellen kann, deren Entfernungen bis zu $^1/_{100}$ mm genau stimmen. Aber so alt die Knopfmethode ist, so ist sie doch, wie schon gesagt, in den wenigsten Werkstätten bekannt, und daher soll sie hier näher beschrieben werden.

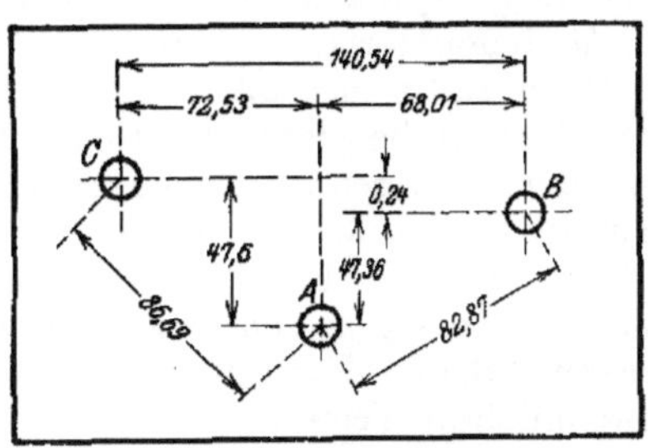

Fig. 292.

Es liege die Aufgabe vor, eine Bohrlehre für einen Räderkasten herzustellen, dessen drei Bohrungen *A*, *B* und *C* Zahnräder tragen, die mit der größten Genauigkeit kämmen sollen.

An der Bohrlehre Fig. 292 werden die drei Mittel *A B* und *C* auf der Reißplatte so genau wie möglich angerissen. Am genauesten geschieht dies unter Zuhilfenahme von Endmaßen, denn das Verstellen der Reißnadel hat immer Ungenauigkeiten zur Folge, die dann wegfallen, da sich die einzelnen Lochabstände bequem durch Unterbauen von Endmaßkombinationen ermitteln lassen und der Parallelreißer nicht verstellt zu werden braucht.

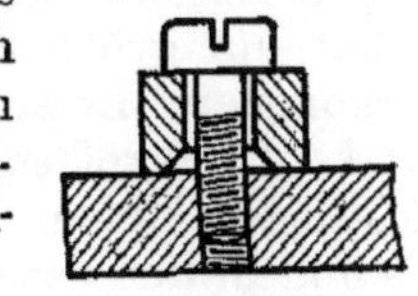
Fig. 293.

Im vorliegenden Falle mußte man erst den horizontalen Riß für Loch *A* ziehen und zu diesem Zweck die Endmaßkombination 47,5 unter das Werkstück bauen. Zum Anreißen des Loches *B* wird diese Kombination durch eine von 0,24 mm ersetzt, während beim Anreißen des Loches *C* das Werkstück unmittelbar auf der Reißplatte steht.

In gleicher Weise zieht man die Risse senkrecht dazu. Nun körnt man die Risse, bohrt ein Loch, z. B. bei *C*, für $^1/_4$"-Gewinde und schneidet in das Loch Gewinde (Fig. 293). Darauf stellt man kleine Scheiben, sog. Knöpfe, aus gehärtetem Stahl her, die im Durchmesser sehr genau geschliffen sind und am besten eine runde Zahl als Durchmesser haben, z. B. 20 oder 30 mm. Ihr Loch ist 2 mm größer als der Durchmesser des in die Bohrlehre gebohrten Gewindes. Weiter stellt man sich $^1/_4$"-Schrauben nach Fig. 293 mit großem Kopfdurchmesser her, die dazu dienen, die Scheiben festzuspannen. Die Scheiben bricht man auf der Unterseite ihrer Bohrung stark, um eine möglichst schmale Aufsatzfläche zu bekommen. Mit dieser Schraube schraubt man die Scheibe nur so fest auf die Bohrlehre bei *C* auf, daß die Scheibe durch leichtes Klopfen noch verschoben werden kann. In der gleichen Weise verfährt man mit den Löchern *A* und *B*. Mittels Mikrometer werden nun die drei Ringe durch Klopfen mit dem Hammer so lange ausgerichtet, bis die Mittenentfernungen auf $^1/_{100}$ mm genau stimmen.

Dann zieht man alle Schrauben fest an, nimmt die Bohrlehre auf die Planscheibe einer Drehbank und zentriert sie mittels Fühlhebel nach dem äußeren Durchmesser der Scheibe, z. B. bei *C*. Jetzt entfernt man die Schraube und Scheibe, bohrt mit dem Drehstahl das Loch *C* auf den genauen Durchmesser fertig aus, falls man es nicht vorzieht, das Loch fertig zu schleifen. In gleicher Weise verfährt man für die übrigen Löcher *A* und *B* und erreicht so eine Genauigkeit, die mit dem gewöhnlichen Verfahren nicht erreicht werden kann.

Es gibt noch eine zweite Methode zum Festlegen der drei Punkte *A*, *B* und *C* untereinander, die in der Verwendung tangierender, genau geschliffener Scheiben von ganz bestimmten Durchmessern besteht. Die Scheibendurchmesser ergeben sich nach der Regel: »Der kleinste Abstand der Bohrungen wird durch den Berührungspunkt der entsprechenden zwei Scheiben in zwei Teile geteilt, deren Unterschied genau so groß ist wie derjenige der übrigen beiden Abstände«. Doch hat diese Methode keinen Vorteil gegenüber der vorigen, und daher kann hier von einer Beschreibung derselben abgesehen werden.

Daß diese Methoden noch so wenig bekannt sind, ist sicherlich zu verwundern, wenn man bedenkt, daß die größten Ersparnisse sich mit Hilfe richtig durchdachter Bohr-, Fräs-, Hobel- und Aufspannvorrichtungen erzielen lassen, von denen die Bohrvorrichtungen, wo es, wie erwähnt, auf größte Genauigkeit der Lochabstände ankommt, am meisten vorkommen. Es ist bekannt, daß die großen und modern eingerichteten Werke ihre größten Erfolge den Vorrichtungen verdanken. Denn Vorrichtungen liefern ein tadelloses, genaues und auswechselbares Erzeugnis und haben dazu den Vorteil, daß ungelernte oder angelernte Leute damit fabrizieren können.

Vorrichtungen sind aber die kostspieligsten Einrichtungen einer Fabrik, und gerade darin zeigt sich, daß es auf den Betriebsleiter in erster Linie ankommt. Eine Ersparnis, die man durch einen billigen Betriebsleiter scheinbar macht, rächt sich vielfältig im Betriebe. Denn die Verringerung der Unkosten läßt sich nur erreichen, wenn die leitenden Personen Normalien, Organisation, Werkzeuge, Betriebseinrichtungen und die Werkzeugmaschinen vollkommen beherrschen.

In der heutigen Werkstatt fehlt es, was den genaueren Gang der Fabrikation und deren detaillierte Ausführung anbelangt, noch immer auffallend an der Führung der Meister und Arbeiter durch den Betriebsleiter. Von Taylor ist diese Führung durch Herstellungsbeschreibungen, Arbeitsverteilungsblätter und Unterweisungskarten bis zur letzten Konsequenz ausgebildet worden, und wenn für die Mehrzahl der Fälle eine derart weitgehende Unterweisung als zu kostspielig angesehen werden darf, so muß doch auch bei uns das Prinzip der Führung durch den Leiter mehr als bisher in den Vordergrund gerückt werden. Die Fabrikationsmethoden für alle öfter wiederkehrenden Arbeitsstücke müssen zeichnerisch und schriftlich so festgelegt werden, daß jeder Werkstattsmann, auch ein fremder, ohne weiteres ein klares Bild empfängt, in welcher Weise und mit welchen Mitteln die Fabrikation des Stückes vor sich ging bzw. vor sich zu gehen hat, welche Aufspannvorrichtungen, Lehren, Werkzeuge und evtl. Werkzeugmaschinen für den Bearbeitungsgang vorhanden sind.

Die Werkstätten, in denen die Herstellungsmethoden solcherart festgelegt sind, die somit soweit in ihrer Arbeit geführt werden, daß sie gar nicht vom bisher erprobten Wege abweichen können, sind heute noch recht selten. Obwohl Herstellungskosten und Genauigkeit eines Stückes in hohem Maße von der Reihenfolge der einzelnen auszuführenden Arbeiten abhängen, ist es doch meist noch so, daß man es dem Arbeiter und Meister überläßt, sich die beste Bearbeitungsweise auszudenken. Alles hängt noch von der Gewissenhaftigkeit der Meister ab, nicht selten verfallen die für einen Arbeitsgang besonders angefertigten Vorrichtungen und Werkzeuge der Vergessenheit anheim, besonders wenn ein neuer Meister oder Arbeiter für den betreffenden Arbeitsgang in Betracht kommt, der von dem Vorhandensein dieser Sachen ja keine Kenntnis haben kann. Derartige oft in irgend einem stillen Winkel trauernde Vorrichtungen gehören geradezu zu den stehenden Übeln vieler Werkstätten, besonders solcher, wo ein reger Stellenwechsel der Werkstattsbeamten stattfindet. Jeder neu eingetretene Meister führt eine andere Herstellungsmethode ein, und es ist für den, der einmal mit der Fackel kräftig in die Werkstatt hineinleuchtet, durchaus nichts absonderliches, wenn er findet, daß manche Werkstattsabteilung gegenüber den seinerzeit vom Vorrichtungsbüro konstruierten Vorrichtungen und Werkzeugen so vollständig von der Bahn abgewichen ist, daß sie gar nichts mehr davon benutzt, ohne jegliche Spezialvorrichtung arbeitet oder sich mit selbstgeschaffenen, meist unzulänglichen Vorrichtungen behilft. In der Nachkalkulation wird dieser Rückgang, wenn dadurch nicht grobe Preiserhöhungen eintreten, meist nicht bemerkt oder nicht zur Kenntnis des Betriebsleiters gebracht.

Wenn solche Zustände von vornherein unmöglich gemacht werden sollen, so muß vor allem die Akkordkarte einen Hinweis auf die zu benutzende Vorrichtung usw. tragen, etwa durch den Vordruck: »Hierzu Vorrichtung Nr. . . . . «, »Werkzeuge nach Liste Nr. . . . . «. Damit ist dann sowohl dem Meister als auch dem Arbeiter der Weg vorgezeichnet. Dazu aber muß wiederum der die Akkorde ausschreibende Beamte den genauen Herstellungsgang mit allen Vorrichtungen und Werkzeugen kennen, welche Kenntnis er sich ohne Herumfragen nur verschaffen kann, wenn die einzelnen Arbeitsstufen des Werkstückes durch »Arbeitspläne« in sog. »Herstellungslisten« dargestellt sind. Diese Arbeitspläne brauchen durchaus nicht, wie das zum Charakteristikum des Taylorsystems gehört, auch die Handgriffe und deren Zeiten zu enthalten, sie sollen die Arbeiten nur in ihren Grundzügen vorschreiben.

Ergänzt man diese Operationspläne noch durch photographische Abbildungen des Werkstückes, der Vorrichtungen und Werkzeuge, etwa

Fig. 294. Drehbank-Räderplatte. Links unbearbeitet, rechts bearbeitet.

wie dies die Fig. 294—299[1]) zeigen, so gibt die Herstellungsliste ein vorzügliches Bild der Fabrikationsmethode des betreffenden Werkstückes bzw. der ganzen Maschine, die von allen beteiligten Instanzen stets gern und mit Vorteil zu Rate gezogen wird, weil sie überall die notwendige Auskunft gibt. Durch sie wird der Werkstatt jetzt der Weg gewiesen

Fig. 295. Räderplatte mit den Fräswerkzeugen.

zu rationeller, intensiver Fabrikation, von der sie gar nicht mehr abgehen kann.

Es ist aber nicht konsequent, wenn den Werkstattsleuten in dieser Weise die Herstellung eines Arbeitsstückes vorgeschrieben wird, diese

[1]) Die Fig. 294—299 sind aus Miethe, Die Technik im XX. Jahrhundert, Verlag von Georg Westermann, Braunschweig, entnommen.

Vorschriften nicht aber auch bis in die Werkzeugmacherei hineingetragen werden. Wieviel Werke, die eine moderne Organisation besitzen, machen mit dieser Organisation vor der Werkzeugmacherei und Werkzeugausgabe Halt, teils absichtlich, weil sie die besonderen Schwierigkeiten dieser Abteilungen organisatorisch nicht zu meistern vermögen, teils

Fig. 296. Einspannvorrichtung, Werkzeuge und Führungsbüchsen zu Fig. 295.

unbeabsichtigt, weil sie diese Abteilungen nach alter Gewohnheit als Aschenbrödel betrachten, die beim Organisieren einfach vergessen worden sind. Bei der grundlegenden Bedeutung der Werkzeugmacherei

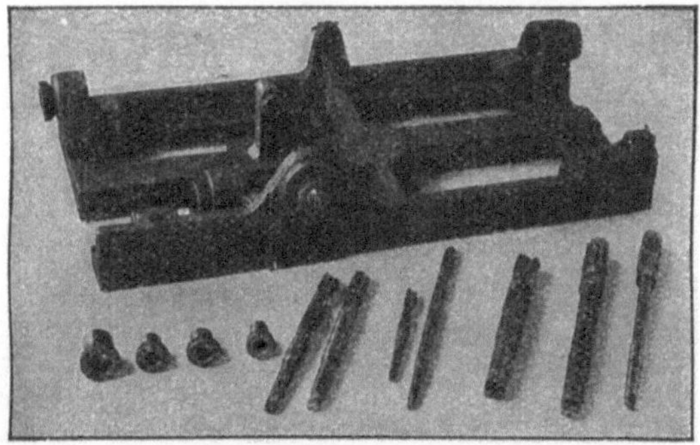

Fig. 297. Einspannvorrichtung und Bohrwerkzeuge zur zweiten Operation der Räderplatte Fig. 295.

genügt es keinesfalls, durch eine ihr übergebene Werkzeugliste ihr zu sagen, welche Werkzeuge man für den vorliegenden Arbeitsgang braucht, mehr als in jeder anderen Abteilung ist es gerade hier notwendig, die richtige Herstellung eines richtigen Werkzeuges in allen Einzelheiten einschließlich des Härtens, durch vorgeschriebene Arbeitspläne sicher zu stellen.

Wie die Wissenschaft heute auf dem Gebiete der Werkzeuge immer weiter vorzudringen sucht, wie es dabei aufblitzt und dieses oder jenes Werkzeug von den Strahlen der Wissenschaft getroffen wird, wie durch die wissenschaftliche Durchdringung der Wert der Werkzeuge und der Arbeit gewachsen ist und weiter wächst, das zu beherrschen und zu verfolgen kann man vom Werkzeugmeister und noch weniger vom

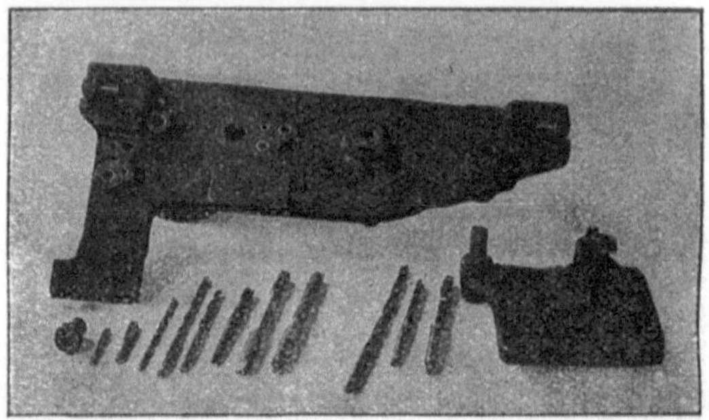

Fig. 298. Einspannvorrichtung zur dritten Bohroperation der Räderplatte Fig. 295.

Werkzeugmacher nicht verlangen. Es muß ihnen der Weg gewiesen werden, sie müssen durch Herstellungspläne mit Zeichnung des Werkzeuges und Angabe aller zu beachtenden Einzelheiten bei der Herstellung des Werkzeuges geführt werden. Das ist gerade hier außerordentlich wichtig, nur auf diesem Wege erhält man immer ein richtiges Werkzeug, hebt man den Wirkungsgrad der nachfolgenden Werkstattsarbeit. Der

Fig. 299. Einspannvorrichtung zur letzten Bohroperation der Räderplatte Fig. 295.

Segen solcher Herstellungsvorschriften für die Werkzeugmacherei kann gar nicht genug hervorgehoben werden. So z. B. ist das Schmieden, Aufschweißen, Härten und Schleifen des Schruppstahles in allen Einzelheiten genau festzulegen. Man beobachte nur einmal, wieviel Fehler von der Werkzeugmacherei auf diesem verhältnismäßig kurzen und einfachen Wege gemacht werden, und man wird die Notwendigkeit einer Anweisung durch Herstellungspläne sofort einsehen.

Durch die Arbeitspläne erlangt die ganze Fabrikation eine wohltuende Festigkeit, Ruhe und Stetigkeit, die so vielen Werkstätten abgehen, ohne daß dadurch der fabrizierende Organismus verknöchert und jeglicher Fortschritt und Verbesserung niedergehalten zu werden braucht, so wenig, wie das im Sinne des Normalisierungsgedankens liegt. Schließlich bieten sie dem Betriebsleiter bei der Abgabe von Lieferterminen eine äußerst wichtige Stütze. Er ist nach Einsicht der betreffenden Listen sofort über alle Einzelheiten des Fabrikationsganges orientiert, wie sie sich überhaupt mit der Zeit immer mehr zum Nachschlagewerk und Lexikon für alle beteiligten Beamten auswachsen werden.

Gewindestähle. Die Stähle zum Innengewindeschneiden kommen in zwei Grundformen vor, der Hakenform und der Kreisform. Die erstere kommt nur in Betracht für das gewöhnliche Spitzgewinde (Fig. 300), die letztere wird für die normalen Gewinde mit Abrundungen verwendet. Die Schneide des Spitzstahles Fig. 300 muß senkrecht zur Drehachse und genau auf Spitzenhöhe stehen. Man kann sehr häufig beobachten, daß die Gewindegänge schief stehen, weil der Stahl schief geschliffen oder schief eingestellt wurde. Das Einstellen geschieht mit Hilfe der unter Fig. 199 erwähnten Gewindelehren, wie Fig. 301 zeigt. Hat das Gewinde nur geringe Steigung, so kann die Schneide beiderseits symmetrisch unterschliffen sein, also der seitliche Ansatzwinkel beiderseits gleich sein. Die Brustfläche darf wie beim Außengewinde keinerlei Hinterschliff haben, ihre Ebene muß durch die Drehachse gehen. Der Anstellungswinkel wird 9—15° genommen. Bei dem symmetrischen Unterschliff kann der Stahl für Rechts- und Linksgewinde benutzt werden. Bei einigermaßen größerer Steigung muß aber der Stahl genau wie beim Außengewinde nach dem mittleren Steigungswinkel schräg geschliffen werden, damit er im Gewinde frei geht.

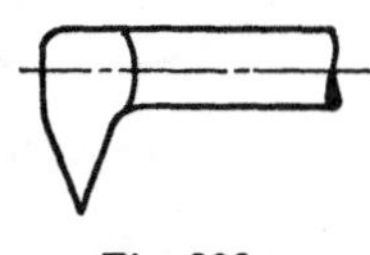
Fig. 300.

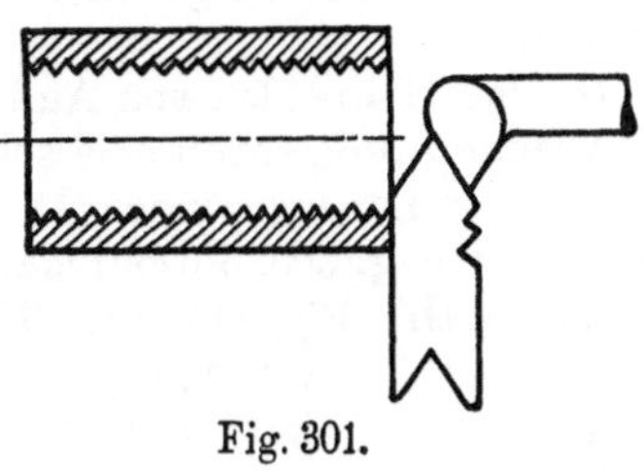
Fig. 301.

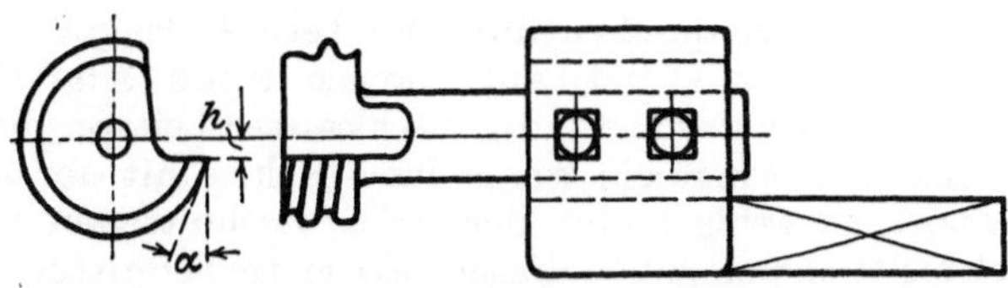

Fig. 302.

Für Gewinde mit Abrundungen hat man Rundstähle nach Fig. 302, für die natürlich das bei den Rundstählen auf S. 152 u. f. Gesagte gilt. Auch hier liegt die Schnittfläche des Stahles zur Erzielung eines günstigen Schnittwinkels tangential zu einem Kreise von etwa 1—3 mm Radius.

Das Gewindeprofil kann sowohl ring- bzw. rillenförmig als auch in der Steigung des zu schneidenden Gewindes auf den Stahl aufgeschnitten werden. Letzteres ist am Platze beim Schneiden von Gewinden von etwa 30 mm Durchmesser und darunter, bei einem Steigungswinkel von 2° und darüber.

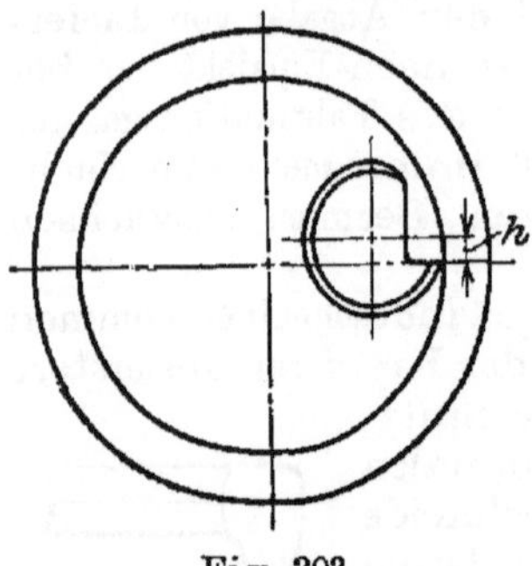

Fig. 303.

Die Schneidkante des Stahles muß natürlich wieder genau auf Spitzenhöhe stehen (Fig. 303).

Zum Vorschneiden benutzt man auch hier wieder Strehler, sog. Innenstrehler, denen man am besten eine etwas konische Überdrehung der ersten Gänge gibt, weil die dadurch bewirkte Spanverteilung das Schneiden erleichtert (Fig. 304). Die Steigung des auf den Strehlerstahl aufgeschnittenen Gewindes muß natürlich der des zu schneidenden Gewindes gleich sein. Da nun, wie Fig. 303 erkennen läßt, der Durchmesser des Strehlers stets kleiner sein muß als der Durchmesser des zu schneidenden Gewindes, so ist bei gleicher Steigung der Steigungswinkel des Strehlers stets größer als der des zu schneidenden Gewindes, was besonders bei den üblichen großen Verschiedenheiten der Durchmesser ungünstige Schnittverhältnisse zur Folge hat, indem die Schnittwinkel an der einen Flanke größer als 90° und an der anderen kleiner als 90° werden.

Ist das Schneiden von Außengewinde, wenn es allen Anforderungen entsprechen soll, schon eine schwierige Aufgabe, so erst recht das Herstellen von Innengewinde. Die meisten Werkstätten benutzen nur den Spitzstahl Fig. 300, obwohl man gute Ergebnisse nur mit dem gedrehten Gewindestahl Fig. 302 bzw. 304 erreicht. Schon beim Außengewinde wurde angeführt, daß man bei tiefen Gewinden den Stahl abwechselnd links und rechts an der Gewindeflanke schneiden läßt, weil bei gleichzeitigem Schneiden der ganzen Gewindenut infolge der großen Pressung leicht die Flanken ausreißen. Beim Innengewindeschneiden ist nun aber das einseitige Schneiden nicht so einfach durchzuführen wie beim Außengewinde. Man muß hier zuerst auf normale Weise eine Gewindefurche schneiden, also mit vollständig geschlossener Leitspindelmutter. Dann öffnet man die letztere ein wenig durch Halten mit der Hand so, daß der Support ein wenig hinter der vorher geschnittenen Gewindefurche zurückbleibt und nimmt in dieser Weise einige Schnitte. Schließlich schließt man bei den letzten Schnitten die Leitspindelmutter wieder allmählich.

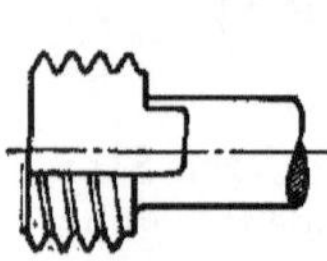
Fig. 304.

Es muß überhaupt betont werden, daß das vollkommene Schließen der Leitspindelmutter für die Genauigkeit des Gewindes sowohl bei Außen- als auch Innengewinde eine Rolle spielt, insofern als ein nicht völliges Schließen durch ungenügenden Druck sich sofort auf das Gewinde bzw. die Steigung überträgt; so manches unvollkommene Gewinde hat hierin seine Ursache.

Bei älteren Bänken, deren Hauptspindel nicht mehr schließend in ihren Lagern geht, tritt beim Innengewindeschneiden gern Ruppeln der Bank auf, das ein sauberes Schneiden unmöglich macht. Ein Notbehelf gegen dieses Übel ist, das Gewinde dann nicht von vorn nach hinten, sondern umgekehrt zu schneiden, es verschwindet dann meist das Ruppeln. Auch beim Innengewindefräsen auf der Gewindefräsmaschine, z. B. mittels eines Rillenfräsers, erreicht man ein sauberes Gewinde, wenn man von hinten nach vorn schneidet.

Bei Gewinden, die außen und innen auf der Drehbank geschnitten werden und an deren gutes Passen besondere Ansprüche gestellt werden müssen, ist es ein Gebot der Vernunft, sowohl das Außen- als auch das Innengewinde auf derselben Bank zu schneiden. Die etwa vorhandenen Ungenauigkeiten der Leitspindel, die schon früher erörtert wurden und zu denen noch die durch ungleiche Abnutzung hinzukommen, übertragen sich dann auf beide Gewinde, wodurch das genaue Passen erleichtert wird.

Als Innengewindestrehler anzusehen ist auch der Gewindebohrer Fig. 305, der, ähnlich dem Schneideisen für Außengewinde, zwei Aufgaben dient, dem Schneiden von Gewinde in vorgebohrte Löcher oder dem Regulieren von bereits fertig geschnittenem Gewinde. Die überwiegende Mehrzahl der Innengewinde wird mit ihm hergestellt, denn man soll das Schneiden von Innengewinde mit dem Gewindestahl möglichst umgehen, sofern das Gewinde noch mit dem Gewindebohrer hergestellt werden kann. Will man daher nicht fortwährend mit schlecht passenden Gewinden oder gar verdorbenen Gewinden zu tun haben, so muß man ganz besondere Sorgfalt legen auf sachgemäße, richtige Herstellung und Gebrauch des Gewindebohrers, und das ist nicht leicht, da hier wieder eine ganze Anzahl Faktoren mitsprechen, Steigung, Gewindewinkel, Flankenmaß, Größe des vorgebohrten Loches, Schneidwinkel, Form und Anzahl der Längsnuten, Schmiermittel, Zahl der Gänge, welche die Schneidarbeit übernehmen müssen, Veränderungen des Materials durch das Härten und die Abnutzung des Bohrers. Die Herstellung der Gewindebohrer ist demnach nicht leicht, sie erfordert viel Kenntnisse und Geschick und wird um so schwieriger, je geringer man die Toleranz hält zwischen dem kleinsten Gewindebohrer und der größten Schraube bzw. dem größten Gewindebohrer und der kleinsten Schraube, damit diese im Gewindeloch nicht wackelt. Die Grenzen dieser Abweichungen nicht zu eng zu ziehen, ist ein Gebot wirtschaftlicher Fabrikation, und man kann wohl sagen, daß die Gewindebohrer mit einer Genauigkeit von 1—2 Hundertsteln im Durchmesser und etwa 2 Hundertsteln auf 1″ in der Steigung hergestellt werden können, ohne daß besondere Schwierigkeiten dabei auftreten und der Herstellungspreis zu hoch wird. — Ein

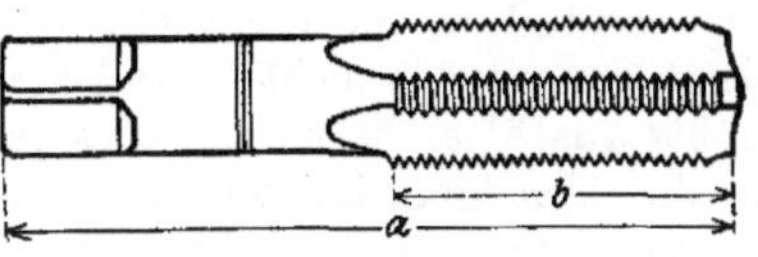

Fig. 305.

gutes Passen der Schrauben erreicht man bei Zugrundelegung nachstehender Toleranzen:

Für alle Sorten Gewindebohrer in der Steigung

bis	$^1/_2''$ Durchmesser	$+^3/_{100}-^7/_{100}$	mm	auf 1″ Gewindelänge.
über	$^1/_2''$ »	$+^3/_{100}-^8/_{100}$	»	

Für Maschinenmuttergewindebohrer im Außen- und Flankendurchmesser

bis	$^1/_2''$	Durchmesser	$^3/_{100}-^7/_{100}$	mm,
$^5/_8$ »	1″	»	$^3/_{100}-^8/_{100}$	»
$1^1/_8$ »	$1^5/_8''$	»	$^4/_{100}-^1/_{10}$	»
$1^3/_4$ »	2″	»	$^6/_{100}-^{15}/_{100}$	»
$2^1/_4$ »	3″	»	$^8/_{100}-^{18}/_{100}$	»

Für alle übrigen Bohrer im Außen-, Kern- und Flankendurchmesser

bis	$^1/_2''$	Durchmesser	$^3/_{100}-^7/_{100}$	mm,
$^1/_2$ »	1″	»	$^3/_{100}-^8/_{100}$	»
über	1″	»	$^3/_{100}-^1/_{10}$	»

Um die durch das Härten auftretenden Veränderungen in der Steigung wieder auszugleichen, muß der Bohrer von vornherein mit verlängerter Steigung geschnitten werden, wie das auf S. 226 angegeben wurde. Es sei darauf hingewiesen, daß dadurch eine ganz genaue Steigung trotzdem nicht erreicht wird, da die Schrumpfung des Stahles genau genommen nicht überall gleich ist, sondern immer etwas unregelmäßig ausfällt. Es kommt dies jedoch praktisch nicht zur Bedeutung, da die Unregelmäßigkeit äußerst minimal ist. Die Veränderung im Durchmesser, die nach früherem fast durchweg in einer Vergrößerung sich geltend macht, kann besonders bei Schnellstahlgang unberücksichtigt bleiben, da das geringe Übermaß und die geringe Unregelmäßigkeit in der Steigung sich in der Weise teilweise aufheben, daß das mit dem Bohrer geschnittene Muttergewinde doch noch auf ein genau geschnittenes Bolzengewinde geht. Es liegen dann die obersten und untersten Flanken des Muttergewindes an denen des Bolzengewindes an, die zwischenliegenden Flanken aber haben Luft. Wie die Hohlbohrer dürfen auch die Gewindebohrer keine langen Lockenspäne erzeugen, weil diese sich rollen, die Nuten verstopfen und dadurch das Gewinde unsauber machen, ja sogar den Bohrer abbrechen können. Daher muß der Schneidwinkel ziemlich groß gemacht werden. Den Anstellwinkel macht man gleich Null, so daß der Gewindezahn mit seiner ganzen Breite als Führung dienen kann.

Neben der Steigung und dem Durchmesser erleidet auch das Zahnprofil durch das Härten Änderungen, der Zahn schneidet infolgedessen eine größere Gewindelücke. Beim Schneiden drängt der Bohrer, das Gewinde des Werkstückes schneidet sich auf, d. h. es streckt sich nach innen, weil durch den ziemlich großen Schneidwinkel des Gewindebohrers, wie ihn die Rücksicht auf die Spanbildung erfordert, das Material vor den Schneiden gestaucht und nach dem Kern hin verschoben wird, wodurch das Loch verkleinert wird. Aus diesem Grunde müssen, wie schon auf S. 215 angeführt wurde, die Bolzen, die mit Schneideisen geschnitten werden, etwas kleiner im Durchmesser gedreht werden. Zur Vermeidung des Drängens in den Gewindespitzen beim Whitworth-Gewinde, das bekanntlich kein Spiel in den Spitzen vorsieht, gibt man ihm doch ein solches, indem man den Schneidbacken nach dem Kerndurchmesser zu eine etwas höhere Spitze gibt und den Außendurchmesser der Gewindebohrer etwas größer hält, als der Durchmesser des fertigen Außengewindes sein soll.

Diese Vorgänge verlangen für das einwandfreie Schneiden des Gewindebohrers in erster Linie, daß das mit Gewinde zu versehende Loch größer gebohrt wird, als der Kerndurchmesser des Gewindebohrers beträgt, und zwar um etwa 0,15—0,3 mm. Gewinde, die mit dem Stahl auf der Drehbank geschnitten werden, erhalten ein Loch gleich dem Kerndurchmesser der Schraube. Die Werkzeugfirmen halten besondere Gewindelochspiralbohrer, die aus Tab. 16 zu ersehen sind.

Der Unkenntnis dieser Vorgänge entspringt der wenn auch seltener anzutreffende Gebrauch, das Loch entgegengesetzt der Vorschrift kleiner zu bohren, als der Kerndurchmesser des Gewindebohrers beträgt. In diesem Falle wirken die ersten Gänge des Gewindebohrers als Reibahle, sie müssen erst das Loch auf den erforderlichen Durchmesser aufräumen, bevor die letzten Gänge das Gewinde anschneiden können. Die Folgen sind neben dem übergroßen Kraftverbrauch kurze und schwache Gewindegänge, in sehr vielen Fällen noch Bruch des Gewindebohrers in dem Augenblick, wo er zu schneiden beginnt.

Mitunter trifft man auch den Brauch, die Bohrung gleich dem Kerndurchmesser zu machen. Auch das ist nicht genügend, da das durch den Schneidvorgang gestauchte Material auf den Grund des Gewindebohrers drückt, ihn klemmt, die Gänge des zu schneidenden Gewindes werden vorn gequetscht und reißen aus oder der Bohrer bricht ab.

Es wurde schon früher darauf hingewiesen, daß für die Güte und Anlage des Gewindes die Flanke maßgebend ist, nicht der Kern- und Außendurchmesser, es genügen daher in den allermeisten Fällen 80% der Gewindetiefe als Anlage vollständig, so daß für das Bohren zu enger Gewindelöcher kein Anlaß vorliegt. Ist aus irgendeinem Grunde aber die volle Gewindetiefe erwünscht, so müssen, um das Abwürgen der Gewindespitzen und evtl. Bohrerbruch zu vermeiden, Vor-, Mittel- und Nachschneider benutzt werden, wie das weiter unten behandelt ist.

Die in Tab. 16 aufgeführten Spiralbohrer gelten für Materialien von normaler Härte. Für weiche zähe Materialien, wie Kupfer usw., müssen die Durchmesser größer gewählt werden. Zu groß gebohrte Löcher ergeben ein unsauberes Gewinde, nicht nur ist die erforderliche Gewindehöhe nicht vorhanden, die Gewindespitzen werden auch nicht wie bei einem richtigen Loche ausgeschnitten, sondern sie werden durch das Drängen des Materials durch Umlegen der beiden Flanken an der Spitze erzeugt, also mehr durch Quetschen als durch Schneiden hergestellt. Ein solches Gewinde hat also keine regelrechte Spitze und zeigt auf dieser eine Rille als Folge der erwähnten Umlegung.

Wir haben gesehen, daß der richtige Durchmesser des mit Gewinde zu versehenden Loches ein wichtiger Punkt beim Gewindeschneiden

Bohrtabellen.

Für die Bohrungen von Muttern nach der Whitworth-Tabelle.

Bolzenstärke . . . . engl. Zoll	1/16	3/32	1/8	5/32	3/16	1/4	5/16	3/8	7/16	1/2	9/16	5/8
Kerndurchmesser . . . . . . mm	1,05	1,70	2,36	2,95	3,40	4,72	6,13	7,49	8,79	9,99	11,58	12,92
Es passen hierzu Spiralbohrer »	1,10	1,80	2,45	3,05	3,50	4,90	6,30	7,70	9	10,25	11,75	13
Bolzenstärke . . . . engl. Zoll	3/4	7/8	1	1 1/8	1 1/4	1 3/8	1 1/2	1 5/8	1 3/4	1 7/8	2	
Kerndurchmesser . . . . . . mm	15,80	18,61	21,33	23,93	27,10	29,50	32,68	34,77	37,94	40,40	43,57	
Es passen hierzu Spiralbohrer »	16	19	21,50	24,50	27,50	30	33	35,50	38,50	41	44	

Für die Bohrungen von Muttern nach der Tabelle für Internationales Gewinde (SI).

Bolzenstärke . . . . mm	3	3,50	4	4,50	5	6	7	8	9	10	11	12
Kerndurchmesser . . . . »	2,23	2,78	3,09	3,59	3,90	4,70	5,70	6,38	7,38	8,06	9,06	9,82
Es passen hierzu Spiralbohrer . »	2,30	2,80	3,20	3,70	4	4,80	5,80	6,50	7,50	8,20	9,20	10
Bolzenstärke . . . . mm	14	16	18	20	22	24	27	30	33	36	39	42
Kerndurchmesser . . . . »	11,40	13,40	14,76	16,76	18,76	20,10	23,10	25,46	28,46	30,80	33,80	36,16
Es passen hierzu Spiralbohrer . »	11,70	13,70	15	17	19	20,50	23,50	25,50	28,50	31	34	36,50
Bolzenstärke . . . . mm	45	48	52	56	60	64	68	72	76	80		
Kerndurchmesser . . . . »	39,16	41,50	45,50	48,86	52,86	56,20	60,20	63,56	67,56	70,90		
Es passen hierzu Spiralbohrer . »	39,50	42	46	49	53	57	61	64	68	71		

Tab. 16.

mit Gewindebohrer ist. Insbesondere auch der Kraftverbrauch wird bei einer Verkleinerung nur um wenige Hundertstel Millimeter im Durchmesser sehr erheblich gesteigert, der Bohrer kommt in Gefahr, abzubrechen.

Was nun den Gewindebohrer selbst anbelangt, so ist der Schnittwinkel und damit die Schnittfähigkeit von der Form der Längsnute des Bohrers abhängig. Harte Werkstückmaterialien erfordern einen stumpferen Schneidwinkel als weiche. Aus wirtschaftlichen Gründen wählt man den Schneidwinkel so, daß er möglichst vielen Materialien gerecht wird, und nur für weiche zähe Materialien, wie Kupfer, geht man von diesem Grundsatze ab und gibt dem Bohrer den entsprechenden spitzen Schneidwinkel.

Als Nutenform kommen nun grundsätzlich zwei Ausführungen in Betracht, die aus Fig. 306 zu ersehen sind, die gleichmäßig gewölbte Form a, bei der die Vorder- und Rückseite der Zähne gleichmäßig auf Schnitt steht, der Bohrer also nach beiden Drehrichtungen hin schneidet, und die Form b, wo nur die Vorderseite der Zähne schneidet, während die Rückseite infolge des stumpfen Winkels keine oder nur wenig Schneidarbeit leisten kann. Eine Abart der Nutenform b ist diejenige c, bei der die Schneidkante noch mehr als in b auf Schnitt steht, also mehr hakenförmig ausgebildet ist. Es sei gleich hier erwähnt, daß diese letztere Nutenform für gewöhnliche Fälle zu verwerfen ist, weil ihre Schneide einen langen lockenförmigen Span erzeugt, der sich beim Zusammenrollen einklemmt und das Abbrechen des Bohrers zur Folge haben kann. Sie ist höchstens für Guß zu gebrauchen, weil es hier nur kurze Späne gibt, doch erzeugt sie auch hier meist unsauberes Gewinde. Dagegen ist sie die richtige Form für Kupfer und alle weichen zähen Materialien.

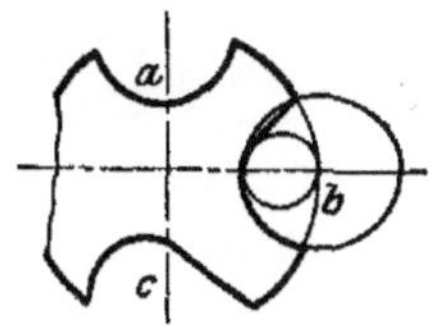

Fig. 306.

Auch die Form a ist nicht für alle Fälle brauchbar, nur für solche, wo ein Rückwärtsdrehen des Bohrers nicht in Frage kommt, wie bei durchgehenden Löchern. Wenn sie auch den Vorzug hat, daß beim Rückwärtsdrehen die Späne nicht so leicht zwischen Bohrerzähne und Gewindezähne geklemmt werden können, so besitzt sie wieder den Nachteil, daß die Zähne auch beim Rückdrehen schneiden und dadurch in vielen Fällen das eben fertiggestellte Gewinde wieder verschneiden. Es ist weiter von Wichtigkeit, daß die Wölbung nicht zu flach gewählt wird, sonst treibt der Bohrer infolge der schlechten Schnittwinkel das Material vor sich her, wobei sich dann oftmals so viel zusammengedrücktes, nicht abgetrenntes Material ansammelt, daß es weiterem Zusammendrücken Widerstand leistet, was den Bruch des Bohrers zur Folge hat.

Die beste Nutenform ist b, die an der Vorderseite der Zähne den gleichen Schnittwinkel hat wie a, an der Rückseite dagegen einen stumpfen, damit der Bohrer beim Rückdrehen nicht schneidet. Für Sacklöcher kann also eine andere Form als b nicht in Betracht kommen. Weiter gibt sie dem Zahn eine größere Widerstandskraft als bei Form a, der Bohrer verzieht sich beim Härten also nicht so leicht. Er schneidet frei und erzeugt kurze und leicht sich kräuselnde Späne, die sich unter der Einwirkung der nachfolgenden Späne oder des Schmiermittels leicht aus den Nuten herausschieben. Schließlich braucht er bedeutend weniger Antriebskraft als ein solcher mit Nutenform *a*.

Nur in einem Falle scheidet Form *b* aus, beim Backengewindebohrer für Schneidkluppen, der nur Form *a* zuläßt (Fig. 307). Die Backen für Schneidkluppen werden im Gegensatz zu den Schneidbacken, deren Gewinde in einem Niederschneiden fertiggestellt wird, durch wiederholtes Niederschneiden in beiden Drehrichtungen mit Gewinde versehen. Der Gewindebohrer für Schneidbacken hat dementsprechend dieselben Durchmesser wie das damit hergestellte Bolzengewinde, während der Gewindebohrer für Kluppenbacken um die doppelte Gewindetiefe größer sein muß als der Durchmesser des herzustellenden Gewindes.

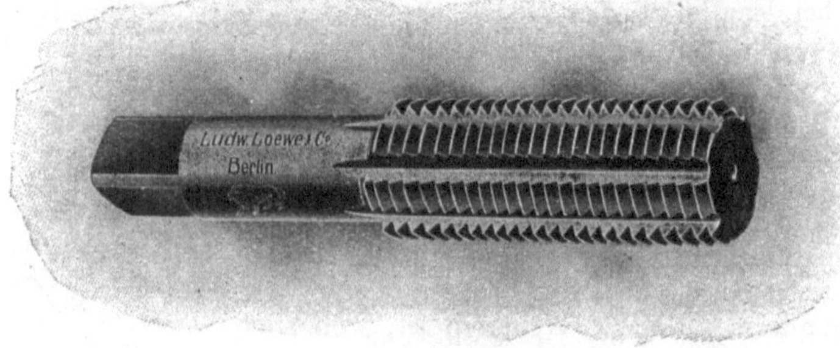

Fig. 307.

Neben der Form der Längsnuten kommt noch deren Tiefe und Anzahl in Betracht. Hinsichtlich ersterer beobachtet man die Regel, daß die Länge des Zahnrückens möglichst gleich halbe Nutenbreite betragen soll, also bei vier Nuten gleich $^1/_{12}$ des Umfanges, oder auch man macht den Zahnrücken $^1/_{16}$ und die Nut $^3/_{16}$ des Umfanges breit bei vier Nuten. Maßgebend für die Größenverhältnisse ist immer, daß der Zahnrücken weder zu kurz gemacht werden, um nicht zu wenig Führung für den Bohrer zu bekommen, noch zu lang werden darf, weil mit seiner Länge die Reibung wächst und damit der Kraftverbrauch und die verschmälerten Nuten nicht genügend Raum für Späne und Schmiermaterial geben. Die Nutentiefe macht man $^1/_2$ Ganghöhe (Steigung) + Gewindetiefe. Die Anzahl der Nuten beträgt drei bis fünf, für kleine Durchmesser drei, für größere vier. Die letztere Zahl wird am meisten gebraucht, denn erstens ist ein Bohrer mit vier Nuten bzw. Zahnrücken besser geführt, schneidet also sauberer als ein solcher mit drei, und verläuft sich nicht so leicht, zweitens hat die gerade Anzahl Nuten den Vorteil, daß der Außendurchmesser des Bohrers einfach zu messen ist. Noch besser geführt ist natürlich der Bohrer mit fünf Nuten, doch schwächt die größere Anzahl den Querschnitt des Bohrers schon in unzulässiger Weise, weshalb man nur bis vier geht mit einer einzigen Ausnahme, des schon erwähnten Backengewindebohrers für Kluppenbacken. Da diese Kluppenbacken stets eine gerade Anzahl Spannuten besitzen, muß man dem Backenbohrer eine ungerade Anzahl Nuten geben, und zwar fünf, damit der Bohrer in jeder beliebigen Stellung gut geführt ist. Die Schneideisengewindebohrer erhalten nur vier Nuten (Fig. 308).

Noch genug Werkstätten gibt es, wo man an dem Satze festhält, daß ein Gewindebohrer (ebenso die Reibahle) stets eine ungerade Nutenzahl haben müsse, also drei statt vier Nuten. Man behauptet, ein Bohrer mit drei Nuten sauge sich nicht so leicht fest im Loch, wenn er abgenutzt ist, wie der mit vier Nuten, er könne also, wenn er durch die Abnutzung Neigung zum Drücken habe, leichter zurückgedreht werden als ein solcher mit vier Nuten. Wie bei der Reibahle ist diese Meinung auch für den Gewindebohrer in neuerer Zeit widerlegt.

Wie beim Drehen und Schleifen entstehen auch beim Gewindeschneiden oft Rattermarken, die von Grat, der durch die Schneidkanten des Bohrers beim Arbeiten aufgeworfen wird, herrühren. Dieser Grat an den Gewindespitzen des Bohrers stellt sich leicht ein bei zu engen Gewindelöchern und bei schwer zu bearbeitendem Material, er ist ein

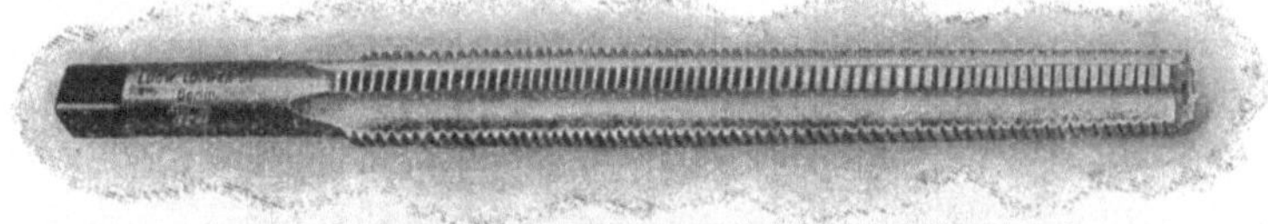

Fig. 308.

Hauptfeind des Bohrers, er macht ihn, falls er nicht sofort abgeschliffen wird, in kurzer Zeit unbrauchbar und führt zu Ausschußarbeit, weil er bewirkt, daß der Bohrer breite und rohe Späne nimmt und von einer Seite auf die andere gedrückt wird.

Um die Reibung zu vermindern und dadurch ein leichteres Schneiden der Zähne herbeizuführen, werden die Gewindebohrer noch immer von vielen Firmen hinterdreht oder hinterfeilt. Dieses Hinterarbeiten erstreckt sich in den allermeisten Fällen außen auf den Zahnrücken, wird aber mitunter auch auf den Zahngrund und die Flanken ausgedehnt. Welche Art man auch wählt, mit Ausnahme des Muttergewindebohrers ist jede Hinterarbeitung von Übel. Ist der Rücken hinterarbeitet, so ist die Führung des Bohrers ungenügend, da die Berührung der Zähne mit dem Umfang des zu schneidenden Gewindes nur in einem schmalen Streifen erfolgt, und diese Berührung wird noch mangelhafter, wenn neben dem Rücken gleichzeitig die Flanken hinterarbeitet sind. Beim Nachschleifen wird der Bohrerdurchmesser kleiner, weshalb man ein kurzes Stück des Rückens zylindrisch läßt, etwa $^1/_3$ der Rückenlänge, wodurch der Bohrer bis zu dieser Länge nachgeschliffen werden kann, ohne im Durchmesser zu verlieren. Bei hinterarbeiteten Flanken verliert der Zahn durch Nachschleifen sein ursprüngliches Profil, das geschnittene Gewinde wird ungenau, da für das Passen eines Gewindes die Flankenmaße in erster Linie maßgebend sind. Denselben Übelstand hat das Hinterarbeiten des Zahngrundes, das Nachschleifen verkleinert den Kerndurchmesser und vergrößert die Gewindetiefe.

Zu diesen Übelständen kommt noch hinzu, daß Bohrer, die nach Fertigstellung des Gewindes im Loch zurückgedreht werden müssen, wie bei allen Sacklöchern, beim Zurückdrehen das Gewinde leicht verderben, weil die Späne sich in dem durch die Hinterarbeitung geschaffenen freien Raum einklemmen.

Fig. 309.

Es sollten deshalb alle zylindrischen Gewindebohrer niemals und in keinerlei Weise hinterarbeitet sein, ausgenommen die Muttergewindebohrer (Fig. 309). Da diese das Gewinde in einem Durchgang fertigstellen müssen, haben sie einen ziemlich langen konischen Teil (mit zylindrischem Kern), der das Gewinde ausschruppt und einen zylindrischen Teil, der das Gewinde schlichtet. Sie werden nicht zurückgedreht, man gibt ihnen etwas hinterfeilte Zahnrücken am zylindrischen

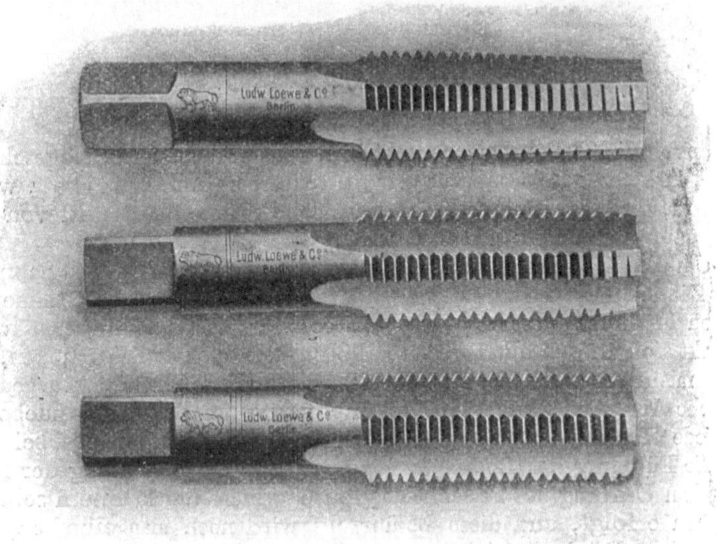

Fig. 310.

Teil, seltener nur am konischen Teil, aber so, daß noch ein verhältnismäßig breites Stück des Rückens zylindrisch verbleibt, um den Bohrer noch gut zu führen und ihn mehrmals nachschleifen zu können, ohne seinen Durchmesser zu verringern.

Bohrer mit konischem Gewinde — nicht konische Vorschneider von zylindrischen Bohrern — müssen natürlich auf der ganzen Länge des Zahnrückens hinterarbeitet sein, weil sonst die hintere Kante am Zahne höher liegen würde als die vordere Schneidkante und der Bohrer dadurch überhaupt nicht schneiden könnte.

In den seltensten Fällen — ausgenommen beim Schneideisengewindebohrer und beim Muttergewindebohrer — genügt für durchgehende Löcher das Durchschneiden eines einzigen Bohrers, um ein sauberes, auf volle Tiefe ausgeschnittenes Gewinde zu erhalten. Es sind fast durchweg zwei Bohrer notwendig, die beide gleiche Kerndurchmesser haben, der Vorschneider hat dagegen außen abgestumpftes Gewinde, desgleichen auch der Fertigschneider in seinem unteren Teil, während der obere Teil den richtigen Außendurchmesser und das richtige volle Profil hat. Grundsatz ist immer, den Gewindebohrer wegen der oben erörterten Gefahren niemals rückwärts zu drehen. Bei harten Werkstückmaterialien kommt es leicht vor, daß der Fertigbohrer abbricht, es kann dies aber durchweg vermieden werden, wenn man den Bohrer vorn auf eine kurze Strecke konisch zuschleift.

Für Sacklöcher genügen in vielen Fällen auch zwei Bohrer nicht mehr, es muß ein Satz von drei Bohrern, Vor-, Mittel- und Fertigschneider, zur Anwendung kommen (Fig. 310). Wie im vorigen Falle, sind auch hier alle Kerndurchmesser gleich, während die Außendurchmesser wieder verschieden sind, der Vorschneider hat sehr stark abgestumpftes, der Mittelschneider weniger stark abgestumpftes und der Fertigschneider das volle Gewindeprofil. Über 2″ engl. bzw. über 52 mm nach SI nimmt man vier Bohrer.

Die äußeren Durchmesser der drei Bohrer bemißt man so, daß der Vorschneider außen um $^5/_{12}$ der Gewindetiefe größer als der Kerndurchmesser, der Mittelschneider um $^4/_{12}$ der Gewindetiefe außen größer als der äußere Durchmesser des Vorschneiders und der Nachschneider wiederum um $^3/_{12}$ der Gewindetiefe außen dicker wird, als der Mittelschneider außen ist. Also z. B. für zylindrische Grundbohrer 1″ engl. wird, da die Gewindetiefe $t = 4{,}07$ ist,

der äußere Durchmesser des Vorschneiders $=$ Kerndurchmesser $+ \,^5/_{12}\, t$
$= 21{,}33 + \,^5/_{12} \cdot 4{,}07 = 21{,}33 + 1{,}696 =$ 23,026 mm,

» » » » Mittelschneiders $= 23{,}026 + \,^4/_{12} \cdot 4{,}07 =$ $23{,}026 = 1{,}3568 = 24{,}3828$ mm,

» » » » Nachschneiders $= 24{,}3828 + \,^3/_{12} \cdot 4{,}07 =$ $24{,}3828 + 1{,}0176 = 25{,}4004$ mm.

In Tab. 17 und 18 sind die Durchmesser, ganze Längen und Gewindelängen (s. Fig. 305) für Whitworth und SI-Gewinde eingetragen.

Besteht der Bohrersatz nur aus zwei Stück, so stuft man die äußeren Durchmesser des Vor- und Fertigschneiders im Verhältnis $^3/_5$ und $^2/_5$ der Gewindetiefe ab.

Der Vorschneider ist stets auf die Länge von einigen Gängen konisch gehalten, der Mittelschneider ebenso, aber nur auf etwa die halbe Länge des Vorschneiders, beim Nachschneider fällt diese Konizität weg, nur eine kleine Fasenabschrägung am Gewindeanschnitt ist hier vonnöten. Jedoch ist der Nachschneider nicht vollständig zylindrisch, sondern, um ihn leichter schneidend zu machen und ihm eine größere Lebensdauer zu geben, wird er bei seinem Anschnitt auf eine Länge von mindestens dem Gewindedurchmesser etwas stärker gehalten und zwar bis 1/2″ um

Zylindrische Grundbohrer für Whitworth-Gewinde.

engl. Zoll	Äußerer Gewindedurchmesser Vorschneider mm	Mittelschneider mm	Nachschneider mm	Ganze Länge a mm	Gewinde-Länge b mm
1/4	5,4	5,94	6,35	57	32
5/16	6,89	7,49	7,94	64	35
3/8	8,33	9	9,52	70	36
7/16	9,75	10,53	11,11	76	38
1/2	11,12	12,03	12,7	83	40
5/8	14,15	15,14	15,87	96	46
3/4	17,16	18,24	19,05	108	52
7/8	20,12	21,32	22,22	121	58
1	23,03	24,39	25,4	134	64
1 1/4	29,04	30,6	31,75	159	70
1 1/2	34,94	36,75	38,1	184	78
2	46,58	48,99	50,8	235	94

Tab. 17.

Zylindrische Grundbohrer für SI-Gewinde.

Äußerer Gewindedurchmesser Vorschneider mm	Mittelschneider mm	Nachschneider mm	Ganze Länge a mm	Gewinde-Länge b mm
5,20	5,7	6	56	28
7	7,6	8	64	32
8,8	9,5	10	72	36
10,6	11,4	12	80	42
12,4	13,3	14	88	44
14,4	15,3	16	96	48
16	17,2	18	104	50
18	19,2	20	112	52
20	21,2	22	120	58
21,6	23	24	128	62
24,6	26	27	140	64
27,2	29	30	152	68
30,2	32	33	164	70
32,7	34.6	36	176	74
35,7	37,6	39	188	78
38,3	40,1	42	200	82
41,3	43,1	45	212	86
44	46,4	48	224	90
48	50,4	52	240	94

Tab. 18.

0,05 mm und von 9/16″ an um 0,075 mm, der übrige Teil der Gewindelänge verläuft dann, sich allmählich verjüngend so, daß am Halse das genaue Durchmessermaß vorhanden ist.

Bei einem Nachschneider für 5/8″ engl. z. B. wird, da der Durchmesser 15,87 mm ist, der Anschnitt auf eine Länge von mindestens

16 mm, also etwa 20 mm, zylindrisch und um 0,075 mm im Durchmesser stärker gehalten, also auf 15,95 mm Durchmesser. Die restlichen 26 mm verjüngen sich von 15,95 auf 15,87 mm Durchmesser derart, daß letzteres Maß am Halse erreicht wird.

Es gibt auch einstellbare bzw. nachstellbare Gewindebohrer, jedoch nur für verhältnismäßig große Durchmesser, von 40 mm an aufwärts.

Wenn das Gewinde der Sacklöcher nicht bis auf den Grund zu gehen braucht, kommt man bei Stahl auch schon mit zwei Bohrern, einem Vor- und einem Fertigschneider, aus, bei weicheren Metallen, wie Messing bis 40 mm Durchmesser, genügt schon ein Bohrer. Muß aber das Gewinde bis auf den Grund gehen, so sind immer drei Bohrer, Vor-, Mittel- und Nachschneider, notwendig. Bei im Verhältnis zum Durchmesser sehr kurzen Bohrungen muß man das Gewinde mit dem Gewindestahl vorschneiden und mit einem Bohrer, der einen sehr kurzen Anschnitt von etwa einem Gang hat, regulieren.

Für Flach- und Trapezgewinde hat man ebenfalls Gewindebohrer, und zwar verwendet man bis etwa 16 mm Durchmesser, je nach Material, Steigung und Gewindelänge zwei bis vier Bohrer. Größere Gewinde schneidet man mit dem Stahl vor und mit dem Bohrer nach. Die große Flankenreibung verursacht oft ein Pfeifen und Brummen sowie evtl. ein Festklemmen der Bohrer. Die im Handel gebräuchlichen Flach- oder Trapezgewindebohrer sind auf Bohrmaschinen deshalb nicht ohne weiteres zu verwenden. Man vermeidet dies dadurch, daß man für die einzelnen Vorschneider die Querschnittsbreite der Zähne verringert, so daß der erste Bohrer die schmalsten Zähne und der Fertigschneider die richtige Zahnbreite hat. Dadurch kommen nur die Spitzen der Schneidflächen zur Wirkung, die Flanken jedes folgenden Vorbohrers haben freien Lauf, wodurch nicht nur der Kraftverbrauch verringert wird und Bohrerbrüche vermieden werden, sondern auch die Schnittgeschwindigkeit erheblich gesteigert werden kann. Mit einer Gewindefräsmaschine lassen sich die Bohrer nach der beschriebenen Methode sehr leicht erzeugen. Für die Flachgewindebohrer — Trapezgewindebohrer sind sehr wenig gebräuchlich — gibt es keine bestimmten Normalien, der äußere Durchmesser für Vor-, Mittel- und Nachschneider wird genau wie bei den Spitzgewindebohrern abgestuft, also im Verhältnis $^5/_{12}$, $^4/_{12}$ und $^3/_{12}$ der Gewindetiefe. Den konischen Anschnitt hält man etwas länger als bei Spitzgewindebohrern, die Gewindelänge ist meist die Hälfte der ganzen Länge.

Beim Schneiden von Gewinde in Gußeisen darf nicht übersehen werden, daß alle Gewindebohrer sich auf dem Zahnrücken abschleifen, wenn die Schneidlippen nicht gut scharf gehalten werden. Um hier also die Maßhaltigkeit des Bohrers zu sichern, muß er stets zur rechten Zeit geschärft werden.

Die Gefahr vorzeitiger Abnutzung ist bei der Wahl des Materials, aus dem der Bohrer hergestellt werden soll, von besonderer Bedeutung. Es hat sich herausgestellt, daß Schnellstahl, obwohl er nicht nur infolge seiner größeren Schneidhaltigkeit und insbesondere auch wegen seiner geringeren Schrumpfungserscheinungen das gegebene Material wäre, hier doch gegen den Werkzeuggußstahl im Nachteil ist. Schnellstahl hat durch seine hohe Härtehitze immer eine entkohlte, weiche Oberflächenschicht, Schnellstahlgewindebohrer nützen sich also anfangs auf dem Zahnrücken, d. h. im Durchmesser, schnell ab, ja es kommt infolge der weichen Schicht auf den Zahnflanken beim Arbeiten zu Deformationen, wodurch unsauberes Gewinde entsteht. Beide, Abnutzung im Durchmesser und Deformation des Zahnes, können aber nicht berichtigt werden, da Gewindebohrer nur an der Brustfläche nachgeschliffen werden dürfen.

Eine heikle Aufgabe bildet das Entfernen abgebrochener Gewindebohrer. Meist glüht man mit einer Stichflamme den Bohrer aus, bohrt in den weich gemachten Bohrer ein Loch, das vierkantig aufgedornt wird, und dreht den Bohrer mit einem Vierkantdorn heraus. Wenn aber die Umgebung des Bohrers die Erhitzung durch die Stichflamme nicht verträgt, so feilt man sich an das eine Ende eines Rundeisens je nach der Anzahl der Längsnuten des Bohrers die entsprechende Anzahl Nasen vom Querschnitt der Nuten und dreht damit den Bohrer heraus.

In der Werkstatt erfolgt die Kontrolle der Gewindebohrer gewöhnlich derart, daß ein Muttergewinde geschnitten und in dieses der entsprechende Gewindelehrdorn (Fig. 187) eingepaßt wird, ebenso wie ein Schneideisen derart kontrolliert wird, daß mit ihm eine Probeschraube geschnitten wird, die in die Lehrmutter (Fig. 185) eingepaßt wird. Dann vergleicht man noch Gewindeform und Steigung des Bohrers und der Probeschraube mit der Gewindeschablone (Fig. 190).

Falsch ist es, wenn man Gewindebohrer nicht indirekt, wie vorbeschrieben, sondern direkt mit der Lehrmutter (Fig. 185) kontrollieren will, denn der Bohrer hat einen größeren Außendurchmesser als das Gewinde der Lehrmutter, da, wie schon früher auseinandergesetzt, die zugehörige Schraube in den Gewindespitzen Spiel hat.

Für eine genauere Kontrolle der Gewindebohrer sind obige Verfahren nicht zureichend, es muß mit Kugeltaster, Mikrometerschraube und Formschablonen gearbeitet werden. Denn es kann bei obigen Verfahren vorkommen, daß die Kontrollehren passen, und trotzdem die geschnittene Schraube und der Gewindebohrer größere Abweichungen in der Steigung aufweisen, wenn diese Abweichung nach Größe und Richtung die gleiche ist, in welchem Falle die Schraube im Muttergewinde wackelt, oder die Steigungsdifferenz ist der Richtung nach gleich, nicht aber der Größe nach, die Passung bewegt sich dann zwischen Wackeln und Schwergehen, oder schließlich, wenn die Differenz nach beider Hinsicht verschieden ist, wobei die Passung sich bewegt vom Leichthineingehen bis zum Nichthineingehen.

Besondere Aufmerksamkeit beim Gewindeschneiden mit dem Gewindebohrer verdient die Wahl des Schmiermittels, denn dieses beeinflußt stark den Kraftverbrauch der Maschine und die Gefahr des Abbrechens der Bohrer. Es wurde schon an anderer Stelle gesagt, daß niemals Maschinenöl verwendet werden darf, sonst wird der Bohrer heiß, das Gewinde frißt und der Bohrer bricht ab. Bei Gußeisen nehme man eine Mischung von Wachs und Talg (90% Talg, 10% Wachs), bei Flußeisen und Messing Seifenwasser oder wasserlösliches Bohröl, für Stahl Rüb- oder Lardöl. Billiger als Rüböl ist eine Mischung: 2 l Rüböl und $^1/_2$ kg kristallisierte Soda auf 10 l kochendes Wasser, das gute Resultate bei Stahl und Stahlguß gibt. Bei hartem Stahl gibt auch Petroleum sehr gute Resultate. Die besten Ergebnisse in allen Fällen erzielt man mit Preßluft, die alle Späne lockert und ausbläst und den Bohrer besser kühlt als die andern Schmiermittel.

Es braucht wohl kein Wort darüber verloren zu werden, daß man die Gewindebohrer niemals in der eigenen Werkzeugmacherei anfertigen, sondern sie stets von einer guten Spezialfirma beziehen sollte. Auch hier beschränke man sich möglichst nur auf eine Firma, denn die Bohrer verschiedener Herkunft weisen stets Verschiedenheiten in den für das Passen der Gewinde maßgebenden Größen auf, schon weil die Toleranzen der verschiedenen Firmen oft stark verschieden sind. Wir haben schon früher gesehen, daß die Werkzeugfirmen die Gewindebohrer und Schneideisen beim Whitworth-System für ein geringes Spiel in den Spitzen zwischen Bolzen- und Muttergewinde herstellen, dessen Größe jede Firma nach ihrem Ermessen wählt; ferner unterliegt die Größe der Abrundungen der Spitzen des SI-Gewindes dem Ermessen der betreffenden Firmen. Es werden also die Außendurchmesser von Bohrern verschiedener Herkunft voneinander abweichen und das gute Passen der Gewinde wird gefährdet, besonders noch, wenn auch die Schneideisen wieder anderer Herkunft sind als die Gewindebohrer. Viele Unannehmlichkeiten und Störungen im Gange der Fabrikation könnten sich die Werkstätten ersparen, wenn sie sämtliche Werkzeuge für Gewindeschneiden vom Gewindestahl bis zum Gewindebohrer nur von der gleichen Spezialfirma beziehen würden. Bei Anfertigung der Bohrer in der eigenen Werkstatt kann man mitunter auch beobachten, daß das Vierkant am Ende des Bohrers nicht genau zentrisch sitzt, der Bohrer bohrt dann größer.

Innengewinde werden mit dem Gewindestahl geschnitten von etwa 90 mm Durchmesser an aufwärts oder bei wilden Gewinden, die nur in so geringer Anzahl herzustellen sind, daß sich die besondere Anfertigung eines Gewindebohrers nicht lohnt. Fig. 302 zeigt einen Stahlhalter, der eine zylindrische, geschlitzte Spannhülse zum Anziehen des Stahles hat.

Bei geringeren Durchmessern wendet man möglichst den Gewindebohrer an, entweder ausschließlich oder nur zum Regulieren des mit einem Stahl vorgeschnittenen Gewindes, besonders wenn Austauschbarkeit Bedingung ist. Auf der Drehbank kann Gewinde mit dem Bohrer nur bei durchgehenden Löchern geschnitten werden, bei Sacklöchern muß die Bank still stehen und von Hand geschnitten werden. Genau laufendes Gewinde wird mit dem Stahl vorgeschnitten und mit dem Bohrer, evtl. einem verstellbaren Bohrer, reguliert.

In weitestgehendem Maße herangezogen wird auch die Bohrmaschine zum Schneiden mit Gewindebohrer. Bei Sacklöchern muß entweder die Maschine umsteuerbar sein und zum Schutz gegen Bruch des Bohrers beim Aufstoßen auf dem Grund des Loches eine Sicherungskupplung (Fig. 311) zwischengeschaltet werden. Sobald das Gewinde bis auf den

Grund geschnitten ist, löst sich diese Kupplung selbsttätig aus. Diese Auslösung wird je nach dem Gewindedurchmesser durch eine auf eine starke Spiralfeder wirkende Mutter geregelt; eine Feineinstellung auf dem Schaft zeigt die richtige Einstellung an. Im Innern ist ein federnd eingebauter Gewindezapfen, der herausgezogen werden kann, auf ihn wird der mit Gewinde versehene Gewindebohrer aufgeschraubt. Beim

Fig. 311.

Arbeiten zieht sich der Gewindezapfen mit dem Bohrer aus der Vorrichtung selbsttätig heraus, so daß ein Nachstellen der Bohrspindel während des Arbeitens nicht erforderlich ist.

Hat die Bohrmaschine kein Wendegetriebe für den Rücklauf, so muß ein reversierender Schneidkopf mit Reibungskupplung zum Schutz gegen Bruch des Bohrers eingeschaltet werden (Fig. 312). Nach Er-

Fig. 312.

reichung der durch einen verstellbaren Anschlag eingestellten Schnitttiefe wird selbsttätig eine Kupplung ausgelöst und dadurch der Gewindebohrer stillgesetzt. Durch Anheben der Spindel erhält dann der Gewindebohrer mit Hilfe der im Innern des Gehäuses angebrachten Räderübersetzung doppelt beschleunigten Rücklauf zum schnellen Herausdrehen des Bohrers.

Auf der Revolverbank wird mehr als auf der Drehbank Gewinde

mit dem Gewindebohrer geschnitten, da die dafür benutzten Halter ihre zentrale Lage nicht verlieren können, daher keine besondere Geschicklichkeit vom Arbeiter verlangt wird. Je nach Material, Durchmesser, Steigung, der Gewindelänge wird mit einem oder mehreren Bohrern (Vor- und Fertigschneider) gearbeitet. Von 30—100 mm Durchmesser wird meist mit dem Stahl vorgeschnitten und mit dem Bohrer reguliert. Bei kleineren Gewinden unter 16 mm wird nur der Gewindebohrer verwendet, weil der Stahl einen zu kleinen Querschnitt erhalten und daher wenig widerstandsfähig sein würde. Über 90 mm würden Gewindebohrer zu schwer und unhandlich, das Gewinde wird dann nur mit dem Stahl geschnitten. Die Vorrichtungen zum Gewindeschneiden mit dem Stahl sind der Leitapparat oder die Gewindeschneideinrichtung am Quersupport.

Zur Aufnahme des Bohrers dient die in einen Schneideisenkopf eingesetzte Büchse, in deren Bohrung der zylindrische Teil des Bohrers faßt, während das Vierkant in ihren Mitnehmerschlitz hineinragt (Fig. 313).

Fig. 313.

Auf den Automaten verwendet man nur Bohrer mit konischem Schaft, zu deren Aufnahme einfache Büchsen mit Innenkonus dienen, die in den Schneideisenkopf eingesetzt werden.

Wie das Außengewinde, so kann auch Innengewinde auf der Gewindefräsmaschine gefräst werden. Wie bereits erwähnt, wird das Gewinde sauberer, wenn man von hinten nach vorn schneidet. Näher darauf einzugehen ist hier nicht der Platz, da der Vorgang kein Drehen ist.

Wie durch vernünftige Normalisierung der Durchmesser und Bohrungen ein großer Wert an Spiralbohrern, Reibahlen, Senkern, Dornen, Bohrstangen, Büchsen, Kaliber und Rachenlehren erspart werden kann, so geht diese Ersparnis noch weiter bei Gewindebohrern, Schneideisen, Gewindelehren usw. Es ist nicht nötig, daß 3/16″, 7/32″, 1/4″, 5/16″, 3/8″, 7/16″, 1/2″, 9/16″, 5/8″, 11/16″, 3/4″, 7/8″, 1″, 1 1/4″, 1 3/8″, 1 1/2″ verwendet werden, sondern man kann gut mit 1/4″, 3/8″, 1/2″, 5/8″, 3/4″, 7/8″, 1″, 1 1/4″ und 1 1/2″ auskommen.

VI. Herstellung der Drehwerkzeuge.

Die Herstellung der vorauf behandelten Werkzeuge eingehender zu besprechen, kann nicht geschehen, ohne vorher die allgemeinen Grundlagen und Gesichtspunkte für den Werkzeugstahl, seine Behandlung und Härtung festzulegen.

Wie sich zwischen Durchschlagskraft der Geschosse und Wider standsfähigkeit der Panzerplatten ein langjähriger Kampf abspielte, so wird seit langem ein heißer technologischer Kampf zwischen Werkstück und Werkzeug um die Überlegenheit geführt, Wurde das Werkstück härter, so versagte das bisherige Werkzeug entweder nach kurzem Gebrauch oder konnte überhaupt nicht zum Angriff gebracht werden. Die Folge davon war, daß die Stahlwerke immer wieder trachteten, für die Werkzeuge einen Stahl von besserer Qualität zu erzeugen, als für die Werkstücke, und es hat gerade dieser Kampf nicht wenig dazu beigetragen, die deutsche Industrie zur Qualitätsarbeit zu erziehen, zu dem Bewußtsein, daß nur qualitative Arbeit einen dauernden Erfolg auf den Märkten des In- und Auslandes verspricht, daß das Qualitätsprinzip die sicherste Grundlage auch für den weiteren Fortschritt bildet.

Die Härterei ist ein Gebiet, auf dem sich für den Betriebsleiter das Wort »Wissen ist Macht« besonders bewahrheitet, und es ist der Zweck dieser Zeilen, ihm zur Erlangung dieses »praktischen Wissens«, soweit es die Drehwerkzeuge anbelangt, Fingerzeige zu geben, denn wenn auch alle Kenntnisse in der bitteren Schule der Erfahrung teuer erkauft werden, so dürften sie ihn doch vor den vielerlei Fehlern beim Härten bewahren, stützen sie sich doch auf eigene Erfahrung.

Es ist sonderbar, daß der Werkzeugstahl, dieses »Mädchen für alles«, bis heute sein innerstes Wesen uns hat verbergen können, und es sei daher von einer eingehenden theoretischen Erläuterung abgesehen und nur das Notwendigste gesagt. Das Thema ist hier vornehmlich vom praktisch-wirtschaftlichen Standpunkt aus aufgefaßt und beleuchtet.

Die Analyse allein ist für die Beurteilung der Leistungsfähigkeit der Werkzeugstähle sehr unzuverlässig: man darf daraus, daß zwei Stähle analytisch genau dieselben Werte ergeben, durchaus nicht den Schluß ziehen, daß diese beiden nun auch in ihrer Leistung gleichwertig sind, Nicht nur das Vorhandensein eines gewissen Prozentsatzes dieser oder jener Legierungskomponente oder deren Verhältnis zueinander ist für die Leistung und die so wichtige Gleichmäßigkeit der Stähle maßgebend, es spielen vor allen Dingen noch mit, in welcher Form die Legierungskomponenten beim Einschmelzen des Stahles diesem beigefügt wurden, und die Temperatur, bei der dies geschah.

Zwei Stücke Stahl, die von derselben Stange abgetrennt und nach Schablone zwei genau gleiche Schneidformen erhielten, brauchen deswegen noch nicht die gleiche Leistung zu zeigen, denn es kommt immer darauf an, bei welcher Temperatur geschmidet wurde, ob nach dem Schmieden noch geglüht wurde oder nicht, und vor allen Dingen, wie gehärtet wurde. Geringe Unterschiede schon beim Härten können die Nutzleistung des Stahles auf der Maschine sehr erheblich beeinflussen. Für einen rationellen, intensiven Werkstattsbetrieb ist die unbedingte Gleichmäßigkeit der gehärteten Stähle aber ein notwendiges Erfordernis, ja für die wissenschaftliche Betriebsleitung ist diese Gleichmäßigkeit eines der Fundamente und es ist damit wieder die große Wichtigkeit eines eingehenden Studiums der Härtetechnik und ihre Beherrschung für den Betriebsleiter dargetan: eine sachgemäß eingerichtete und gehandhabte Härterei ist eine Lebensfrage für den Betrieb.

Wenn ich noch besonders den Grundsatz aufstellen möchte, möglichst wenig Werkzeuge selbst anfertigen, sondern bei Spezialfirmen bestellen, so darf daraus keinesfalls die Folgerung gezogen werden, daß damit der Wert und die Wichtigkeit der eigenen Härterei eingeschränkt werden dürfen, die Härterei als Lebensfrage für den Betrieb behält unter allen Umständen Geltung.

Man kann drei Zeitabschnitte in der Herstellung des Werkzeugstahles unterscheiden:

1. Gewöhnliche Kohlenstoffstähle (Werkzeuggußstähle),
2. selbsthärtende Stähle (naturharte Stähle, Lufthärtner),
3. Schnellaufstähle.

Bis 1894 reichte die Zeit der Kohlenstoffstähle (gewöhnliche Werkzeugstähle, Tiegelgußstahlstähle). Sie gehören ihrer Herstellung nach zu den Flußstählen, ihre Eigenschaften, insbesondere ihre Härtbarkeit sind fast nur durch ihren Gehalt an Kohlenstoff bestimmt. Sie werden ausschließlich durch Umschmelzen in verschlossenen Tiegeln hergestellt und unter dem Hammer und dem Walzwerk gut durchgearbeitet. In neuester Zeit wird dieser Tiegelgußstahl für Werkzeuge durch den Elektrostahl ersetzt.

Von 1894 bis 1900 währte die Ära der naturharten Stähle (selbsthärtende Stähle). Diese sind ebenfalls Tiegelstähle, bei denen aber der Kohlenstoff mit einem ziemlichen Betrage von Wolfram zur Erzielung gewisser Eigenschaften legiert ist. Man bezeichnet sie deshalb als legierte Stähle.

Durch diesen Zusatz von Wolfram im Zusammenhang mit einem etwas höheren Zusatz von Mangan erhält der gewonnene Stahl eine größere Leistungsfähigkeit und insbesondere die merkwürdige Eigenschaft, bei langsamer Abkühlung an der Luft, also durch einfaches Weglegen nach der Warmbehandlung, die gleiche Härte anzunehmen wie die im Wasser abgekühlten Kohlenstoffstähle. Daher die Bezeichnung »naturharte«, »selbsthärtende« oder »luftgehärtete« Stähle. Auch Mushet-Stähle werden sie genannt, weil sie von dem Engländer Robert Mushet erfunden wurden.

Der Mushet-Stahl wurde früher viel benutzt und wird auch heute noch für komplizierte Schnitte und ähnliche Werkzeuge mit 8 bis 10% Wolfram und 2 bis 4% Chrom genommen, weil er wenig zundert und durch und durch hart ist. Sonst aber ist er für Schneidzwecke fast völlig verdrängt durch den Schnellaufstahl.

Im Jahre 1900 traten auf der Pariser Weltausstellung die Amerikaner Taylor und White mit ihrem Schnellaufstahl auf, der durch seine Leistungen die industrielle Welt geradezu überraschte und den bis dahin bekannten Werkzeuggußstahl und Mushet-Stahl weit hinter sich ließ. Das Geheimnis dieses Schnellstahles wurde bald gelüftet, und nun entbrannte ein langjähriger Legierungskampf zwischen den Stahlwerken, der bis heute zwar noch nicht ausgefochten ist, aber immerhin dazu geführt hat, daß heute jedes Stahlwerk seine Marke für »Schnellarbeit« besitzt.

Die Hauptrollen bei diesem Stahl spielen die Beimengungen Chrom, Wolfram und Vanadium, denen sich in jüngster Zeit noch Kobalt hinzugesellt hat (Kobaltstahl), die der Eisen-Kohlenstoff-Lösung in solcher Menge beigefügt sind, daß, um einen Ausdruck Böhlers zu gebrauchen, Schnellaufstahl heute kaum noch als Stahl, sondern vielmehr als eine Legierung zu bezeichnen ist, die bis zu 35% andere Bestandteile als das, was man sich unter Stahl früher vorstellte, enthalten kann. Daher auch die Bezeichnung »hochlegierter« Stahl.

Wie durch den Schnellstahl der Mushet-Stahl fast völlig verdrängt wurde, so sind durch ersteren auch die Kohlenstoffstähle sehr zurückgedrängt worden, aber bei weitem nicht in dem starken Maße, besonders größere und komplizierte Werkzeuge fertigt man nach wie vor aus Kohlenstoffstahl der Billigkeit halber.

Nach dieser allgemeinen Kennzeichnung des Werkzeugstahles sei nun etwas näher auf seine Beschaffenheit und Eigenschaften in dem für den Praktiker gebotenen Umfange eingegangen.

Kohlenstoffstähle.

Der Kohlenstoffstahl besteht in der Hauptsache aus reinem Eisen und aus darin aufgelöstem Kohlenstoff, wobei der Gehalt des letzteren je nach der Stahlsorte zwischen 0,5 und 1,6% liegt. Der Kohlenstoff ist maßgebend für die Auswahl, denn Härte und Festigkeit nehmen mit steigendem Gehalt (wenigstens bis zu 1%) zu, allerdings Dehnung und Zähigkeit ab.

Das Kleingefüge besteht bei etwa 0,9% Kohlenstoffgehalt (eutektische Stähle) aus lamellarem Perlit, einem innigen Gemenge von Ferrit und Eisenkarbid.

Bei weniger als 0,9% Kohlenstoffgehalt (untereutektische Stähle) aus Perlit und Ferrit, bei mehr als 0,9% Kohlenstoffgehalt (übereutektische Stähle) aus Perlit und Zementit.

Härte, aber auch Sprödigkeit nimmt mit dem Zementitgehalt zu, da Zementit der härteste aller Bestandteile ist und die Perlitkörner meist netzartig umgibt.

Bekanntlich nimmt Eisen den Kohlenstoff erst bei Glühtemperatur auf, und zwar um so mehr, je höher die Temperatur ist. Flüssiges Eisen kann bis etwa 6% Kohlenstoff enthalten. Beim Abkühlen scheidet ein Teil des Kohlenstoffes in Form von Graphit aus, und zwar findet diese Graphitausscheidung bei einer Temperatur von etwa 1100° C. statt, also nach dem Erstarren des Eisens. Beim weiteren Abkühlen des kohlenstoffhaltigen Eisens, das in diesem Zustande mit dem Namen »feste Eisenkohlenstofflösung« bezeichnet sei, scheidet sich kein reiner Kohlenstoff mehr aus, sondern das Zementit. Diese Zementitausscheidung dauert an, bis die ganze Eisenkohlenstoffmasse nur noch etwa 700° C. warm ist, und wobei zugleich in der festen Eisenkohlenstofflösung nur noch etwa 9% Kohlenstoff enthalten sind.

Die 0,9%ige Kohlenstoffmischung wird eutektische Lösung oder Eutiktum genannt und verwandelt sich bei weiterer Abkühlung in ein lamellares Gefüge aus Zementit und Ferrit, das Perlit genannt wird. Den Wärmegrad, bei dem die Perlitbildung stattfindet, bezeichnet man als den kritischen Punkt oder Umwandlungspunkt oder auch Verfeinerungszustand.

Es ist von größter Wichtigkeit, daß man das Verhalten des Stahles in den kritischen Stadien kennt, und es ist bekannt, daß die Beurteilung der kritischen Temperatur beim Erwärmen der Stähle die Hauptschwierigkeit in dem Problem der Härtung bildet.

Da der Werkzeugstahl nur 0,5—1,6% Kohlenstoff enthält, so findet keine Graphitausscheidung statt, sondern bei langsamer Abkühlung nur diejenige von Zement. Wird der Stahl, der über 700° C. warm ist, rasch abgekühlt, so kann sich weder Zementit noch Perlit bilden, und die gesamte feste Eisenkohlenstofflösung erstarrt unter Bildung von Kristallen. Ist die Temperatur der eutektischen Lösung nur wenig höher als der Umwandlungspunkt, so bildet sich bei rascher Abkühlung (Abschrecken) das Martensit. Bei höherer Temperatur bildet sich neben Martensit das sprödere und grobkristallinische Austenit. Die Bildung von Austenit nimmt nicht nur mit der Abschreckungstemperatur, sondern auch mit dem Kohlenstoffgehalte zu, weshalb eutektische und übereutektische Stähle nicht über den kritischen Punkt erwärmt werden sollen. Untereutektische Stähle neigen weniger zur Austenitbildung und ertragen ohne wesentliche Beeinträchtigung der Güte eine höhere Abschreckungstemperatur. Bei geringem Kohlenstoffgehalt muß der Stahl über 700° C. erwärmt werden, um die höchste Härte zu erzielen,

Das glasharte, jedoch spröde Martensit bzw. Austenitgefüge verwandelt sich durch Erwärmen über 200° C. in ein weicheres, aber zäheres Gefüge, weshalb die Werkzeuge angelassen werden.

Schnellaufstähle.

Die Schnellaufstähle enthalten als Beimischung zur Eisenkohlenstofflösung noch Stoffe, durch deren Einfluß die Anlaßwirkung erst bei höherer Temperatur einsetzt. Da bei der Spanabhebung Wärme entsteht, die die Schneidkante erweicht, wenn die für den verwendeten Werkzeugstahl zutreffende Anlaßtemperatur erreicht ist, so gestatten die Schnellstähle eine größere Schnittgeschwindigkeit und behalten ihre Schneidfähigkeit länger bei.

Die wichtigste Eigenschaft der Schnellstähle ist also ihre Härtebeständigkeit. Die Härte nimmt bei höherer Temperatur nur langsam ab, sowohl im gewöhnlichen Zustand als besonders im abgeschreckten aus Weißglut. Dabei ist sie bei Zimmertemperatur etwas geringer als die richtig gehärteter übereutektischer Kohlenstoffstähle. Während aber diese mit wechselnder Temperatur rasch ihre Härte verlieren, und zwar schon bei etwa 300°, behält der abgeschreckte Schnellstahl sie bis etwa 700°, d. h. bis zur dunklen Rotglut ziemlich unverändert bei.

Die Umwandlung in Perlitgefüge vollzieht sich beim Schnellstahl viel langsamer als beim Kohlenstoffstahl, und in den meisten Fällen ist bei Kühlung in einem Luftstrome die Geschwindigkeit der Temperaturabnahme genügend rasch, um eine Härtung zu erzielen. Naturharte Stähle (Mushet-Stahl) benötigen, wie schon früher gesagt, keinen Luftstrom, da das gewöhnliche Erkalten sich bei ihnen viel rascher vollzieht als die Perlitbildung. Deshalb werden die letzteren Stahlsorten als martensitische bezeichnet im Gegensatz zu den perlitischen, die, um hart zu werden, einer raschen Abkühlung bedürfen.

Der Schnellstahl ist legiert aus Eisen, Kohlenstoff, Chrom (2–6%), Wolfram (14–20%), Vanadium (bis 1%) und neuerdings Kobalt (bis 5%).

Die Natur dieser Schnellstähle ist eine völlig andere als jene aller übrigen in der Technik bisher verwendeten Stähle. Es gibt kein Metall, das so sehr von der Art der Behandlung abhängt wie der Schnellstahl, und es besteht ein großer Unterschied zwischen dem das Eisen gleichförmig durchdringenden Kohlenstoff des Gußstahles und dem Chrom und Wolfram der Schnellstähle, die sich lange nicht so leicht zwischen die Eisenmoleküle lagern, wie dies die Kohlenstoffteilchen tun. Deshalb ist auch das Härten von Schnellstahl eine viel schwierigere Sache als beim Kohlenstoffstahl, deshalb sind auch die Fragen, ob man mit Schnellstählen schlichten darf, ob man sie mit Wasser oder trocken schleifen muß, immer noch nicht restlos gelöst.

Untersuchungen am ungehärteten Stahl.

Zu den Fehlern am ungehärteten Stahl gehören:

Längsrisse. Diese haben ihre Ursache zumeist in sogenannten Lunkern, das sind durch Gaseinschlüsse entstandene innere Hohlräume, welche bei der Verarbeitung des Stahles zusammengedrückt und in die Länge gezerrt werden, so daß sie sich manchmal durch eine ganze Reihe von Stäben aus ein und demselben Block hindurchziehen können. Bei dicken Stäben tritt der Lunker seltener zutage, und man kann ihn hier nur wahrnehmen, wenn man den Bruch des Stabes freilegt. Die Untersuchung auf Lunker erfolgt durch den sog. Blaubruch, indem man die ausgeschmiedeten Knüppel in der Länge je nach der beabsichtigten Stärke und Dicke der Fertigdimensionen warm einkerbt und dann die einzelnen Teile bei etwa 350° C. abschlägt. In dieser Temperatur besitzt der Stahl ein sehr hohes Maß an Sprödigkeit und es treten deshalb beim Bruch in derselben innere Fehler, wie Risse, leichter zutage als wie sonst. Blaubruch nennt man diese Prozedur, weil hierbei die Bruchflächen blau anlaufen. Die Flächen des Lunkers zeigen ein dunkles Bruchaussehen und sind glatt.

Querrisse, welche senkrecht zur Längsachse verlaufen. Diese entstehen meistens durch Schmieden des Stahles in zu niedriger Temperatur. Innere, örtlich begrenzte Ungänzen von unregelmäßigem Verlauf entstehen beim Schneiden namentlich harten Stahles, wenn der Kern des Stahles nicht genügende Wärme hat und deshalb zu hart ist, um sich den Hammerschlägen zu fügen. Das Gefüge des Stahles wird auf diese Weise im Inneren zertrümmert und von einer äußeren ganzen Schicht eingeschlossen, so daß man den Fehler nicht ohne weiteres bemerken kann.

Nähte. Diese entstehen beim Walzen durch Austreten des Stahles aus den Kalibern. Werden sie in den Stahl hineingewalzt, so gibt dies unangenehme Erscheinungen bei der Verarbeitung des Stahles zu Werkzeugen, wenn der Stahl nicht tief genug abgedreht ist.

Abweichungen von den vorbeschriebenen Abmessungen. Als Fehler, oder zum mindesten als Nachlässigkeit ist auch ein Abweichen in den Abmessungen des Stahles im einzelnen Stabe über die zulässigen Grenzen zu bezeichnen. Mathematisch genau läßt sich ja ein Stahl nicht schmieden oder walzen, es ist deshalb eine gewisse Abweichung in den Maßen zulässig. Die zulässige Abweichung in den Maßen beträgt bei geschmiedetem Rundstahl und Quadratstahl etwa 5%, bei Flachstahl etwa 5% für die Breite und 2–3% in der Stärke, bei gewalztem Stahl beträgt die zulässige Abweichung nur etwa 2 bis 3%.

Das Bruchaussehen des ungehärteten Stahles läßt in seltenen Fällen einen sicheren Schluß auf die Qualität und Härte des Stahles zu, da es durch mancherlei Einflüsse, die von Fall zu Fall verschieden sein können, bestimmt wird. Bei gleichen Verhältnissen ist das Korn des Stahles um so feiner, je höher der Kohlenstoffgehalt desselben ist, und umgekehrt.

Durch verschiedenartige Behandlung kann man aber bei ein und demselben Stahl Verschiedenheiten im Korn erzielen. Wird Stahl z. B. in hoher Temperatur geschmiedet, so wird das Korn feiner. Wird er geglüht und langsam erkalten gelassen, so wird das Korn grob. Da sich bei vorgenannten Operationen eine Anzahl Abstufungen beobachten lassen, so kann man dadurch bei ein und derselben Stahlsorte die verschiedensten Grade im Korn erzielen.

Man unterscheidet allgemein das »kristallinische« und das »schuppige« Bruchgefüge. Ersteres entsteht, wenn die Trennung nach Kristallspaltflächen erfolgt, letzteres während des Fließens in einem bestimmten Fließzustande. Das kristallinische Bruchgefüge läßt sich wieder abstufen in grobkristallinisch, feinkristallinisch, grobkörnig, feinkörnig bis amorph, sammetartig oder glasartig.

Auch die Farbe des Bruches ist von verschiedenen Faktoren abhängig. Das Bruchgefüge mittelharten, unlegierten Stahles erscheint hellblaugrau in mattem Glanz; ist der Stahl verglüht oder verbrannt, erscheint die Färbung weiß glitzernd. Dasselbe ist auch der Fall bei hohem Arsengehalt; bei hohem Phosphorgehalt bleibt ein Stich ins Bläuliche.

Von großem Einfluß auf Größe der Kristallflächen sowie Farbe sind die Legierungsbestandteile des Eisens. Hoher Siliziumgehalt hat ein weißliches, Mangan ein mattblaugraues Bruchaussehen zur Folge, insbesondere bei gehärteten Teilen. Molybdän, Chrom, Wolfram verfeinern das Korn und geben dem Bruchaussehen einen satten, sammetartigen Glanz. — Wirken mehrere Legierungsbestandteile nebeneinander, so kann das Bruchaussehen oft durch verhältnismäßig kleine Mengen, besonders Wolfram, stark verändert, »verschönert« werden und zu argen Täuschungen Anlaß geben.

Es ist hieraus zu ersehen, daß die Beurteilung eines Materials nach dem Bruchaussehen so gut wie unmöglich wird, wenn nicht die Legierung und die Art der Herbeiführung des Bruches bekannt ist. Es wird wohl heute noch in Stahlwerken die Qualität einer Charge neben der Analyse nach dem Bruchaussehen kleiner Probeblöckchen taxiert; diese Blöcke werden aber immer unter denselben Bedingungen gebrochen und vermögen dann dem geübten Auge wertvolle Aufschlüsse zu geben.

Die Verarbeitbarkeit der Kohlenstoffstähle.

Schmieden und Schweißen. Man schmiedet immer wegen der geringeren Formänderungsarbeit und der leichten Bildsamkeit bei höheren Temperaturen. Grenze durch den Kohlenstoffgehalt:

1,4—1,1% nicht über 800—900° C.,
1—0,8% » » 900—1000° C.

Zum Schweißen verwendet man am besten nur Stahl mit weniger als 0,8% Kohlenstoff, da bei höher gekohltem die höhere Schweißtemperatur so hoch liegt, daß der Stahl verbrennen würde.

Drehen, Hobeln, Fräsen. Nur ungehärtet möglich. Drehen und Hobeln um so leichter, je weicher der Stahl, je weniger Kohlenstoffgehalt. Höher gekohlter Stahl daher stets geglüht zu verwenden, besonders zum Schruppen. Beim Fräsen setzt geglühter Stahl leicht am Fräser an, so daß die Arbeitsfläche weniger sauber wird.

Gewindeschneiden. Ist bei geglühtem, höher gekohltem Stahl nicht möglich, weil der Stahl schmiert, man muß hierfür ungeglühten Stahl nehmen.

Bohren. Um gehärteten Stahl zu bohren, benützt man Kampfer und Terpentin an Stelle des Öls als Bohrmittel, mit dem man Stahl, der sich sonst unter keinen Verhältnissen bohren läßt, bohren kann.

Schleifen und Polieren. Schleifen kann man geglühten, ungeglühten und gehärteten Stahl. Je härter der Stahl, desto sauberer wird die Oberfläche, besonders beim Hochglanzpolieren (mittels Kupfer, Bleidorn usw.) das vollkommen nur beim gehärteten Stahl gelingt.

Verarbeitbarkeit der Schnellstähle.

Festigkeit, Dehnung und Zähigkeit der Schnellstähle sind ziemlich hoch, die Verarbeitbarkeit schwieriger als die der Kohlenstoffstähle, doch in jeder Hinsicht möglich. Der metallische Glanz bearbeiteter Flächen ist bei Schnellstahl meist matter als bei Kohlenstoffstählen.

Für feine Formdreharbeiten, also für Formstähle mit feinsten Schneiden an Revolverbänken und Automaten, für Gewindebohrer usw., wo dauernd gute Arbeit zu leisten ist, nimmt man Sonderstähle, die neben 1,2—1,4% Kohlenstoff 3—4% Wolfram enthalten. Schnelldrehstahl würde für solch feine Schneiden sofort stumpf. Auch für Gewindebohrer eignet sich Schnellaufstahl nicht gut, was schon auf S. 275 besprochen wurde, oft auch nicht für Reibahlen, weil die Schnellstähle auf der Oberfläche eine dünne, entkohlte Schicht besitzen, die sich trotz sorgfältigen Anwärmens nicht ganz vermeiden läßt. Die viel stärkere Erhitzung des Schnellstahles beim Härten bringt es eben mit sich, daß der äußersten Oberfläche der Kohlenstoff zum Teil entzogen wird und dadurch eine dünne Oberflächenschicht entsteht, die meist mit der Feile angegriffen werden kann. Diese schadet nichts, wenn es sich um Werkzeuge handelt, deren Schneiden allseitig scharf geschliffen werden können, z. B. bei Spiralbohrern.

Vorbereitung zum Härten.

Die Oberfläche der vom Stahlwerk kommenden Stange ist meist entkohlt und muß daher besonders dort, wo sich die Arbeitspartien befinden, von dieser Oberfläche befreit werden. Falls ein Werkzeug, dessen endgültiger Durchmesser 15 mm zu betragen hat, aus rundem Stahl herzustellen ist, muß man eine Stange verwenden, deren Durchmesser mindestens 1,5 mm größer ist, sonst würde seine äußere Schicht nicht hart genug sein. Beim Körnen des runden Stahles muß das Körnloch möglichst am Mittelpunkt der Stange sein, um überall vom Umfang eine gleiche Menge entkohlten Stahles zu entfernen. Falls die Stange exzentrisch gekörnt ist, würde man vielleicht die ganze entkohlte Schicht und selbst etwas guten Stahl von einer Seite abdrehen, während von der andern Seite nur ein Teil davon entfernt würde. Als Folge davon wird das Werkzeug, vielleicht eine Reibahle, auf der einen Seite hart, auf der andern Seite weich werden.

Stauchen darf man niemals den Werkzeugstahl. Muß der Stahl gerichtet werden, so darf dies nur warm geschehen, niemals kalt, da das betreffende Stück beim nachfolgenden Härten immer in dieselbe Richtung zurückgeht. Nach dem Warmrichten glühe man das Stück noch aus und lasse es langsam im Lösch erkalten. Beachtet man das nicht, kann man fast sicher auf Ausschuß beim Härten rechnen.

Sehr oft kann man bemerken, daß zur Anfertigung irgendeines Werkzeuges ein gerade zur Hand liegendes Stück Gußstahl genommen wird, ohne sich erst zu fragen, ob dasselbe sich auch für das Werkzeug eignet. Die Stahlwerke bemühen sich, durch vielfache Abstufungen den besonderen Anforderungen Rechnung zu tragen, was übrigens auch aus den Härteskalen der Stahlwerke hervorgeht, man kann also schon hieraus ersehen, daß sich nicht jede Stahlsorte für irgendein Werkzeug eignet, sondern daß jede Werkzeugart einen speziell für sie geeigneten Stahl erfordert. In vollem Umfange gilt dies für den gewöhnlichen Werkzeugstahl, während es für die neuen Schnellstähle gelungen ist, im Durchschnitt dieselben für fast alle Werkzeuge passend herzustellen.

Ein weiterer Fehler, der in mangelhaft geleiteten Werkstätten heute nicht selten vorkommt, ist die Verwechslung von gewöhnlichen Werkzeugstählen (Kohlenstoffstählen) mit Schnelldrehstählen. Es passiert in solchen Betrieben öfter, daß ein Kohlenstoffstahl als Schnellaufstahl gehärtet wird, und es ist dann die ganze Arbeit umsonst gewesen, weil das Werkzeug natürlich verbrannt ist und nicht mehr verwendet werden kann. Der Stahl hat gar keine Festigkeit mehr, die Schneidkante bröckelt ab, das Bruchaussehen ist koksartig. Umgekehrt kommt es vor, daß ein Schnellstahl als Gußstahl gehärtet wird, es genügt dann die Härtetemperatur nicht, dem Stahl gute Härte zu geben, man muß dann den Stahl nochmals auf die ihm zugehörende viel höhere Temperatur erwärmen und ihn entsprechend behandeln, um die richtige Härte zu erzielen. Von beiden Fällen ist der erste der weitaus unangenehmste, aber auch der zweite ist teuer und sollte nicht vorkommen.

Von besonderer Wichtigkeit für die Brauchbarkeit des späteren Werkzeuges ist die Art und Weise der Abtrennung des Stahlstückes von der Stange. Wo es irgend angängig ist, soll die Trennung mittels Kaltsäge oder Abstechmaschine vorgenommen werden. Unter keinen Umständen darf man die Stahlstange an einer Seite ein wenig einkerben und dann mit dem Hammer entzweischlagen, weil hierdurch leicht Risse entstehen, die oft dem Auge gar nicht erkennbar sind, sich dann aber in der Feinbehandlung erweitern oder sich erst nach vollendeter Härtung oder gar erst beim Arbeiten bemerkbar machen, so daß die ganze für die Werkzeugherstellung aufgewendete Arbeit vergebens war. Läßt sich das Absägen nicht ausführen, so muß der Stahl an der Trennungsstelle gut warm gemacht und mit einem scharfen Warmschrotmeißel durchgeschrotet werden, oder, was besser sein würde, der an der Trennungsstelle erhitzte Stahl wird von allen Seiten tief eingekerbt, an einer trockenen Stelle in ruhiger Luft erkalten gelassen und dann durch einen leichten Schlag entzweigehauen, wobei man evtl. am Bruch fehlerhafte Stangen erkennen kann, was bei dem vorhergenannten Verfahren, dem völligen Durchschroten, nicht möglich ist.

Es darf dabei nicht übersehen werden, daß nicht nur das abgetrennte, zu verarbeitende Stahlstück an seinem warmen Ende vor starker Luftbewegung und bei Schnellstahl insbesondere vor Berührung mit Wasser zu schützen ist (Schnellaufstahl darf im warmen Zustande nicht mit Wasser in Berührung kommen), sondern auch das warme Ende der Stange. Man mache sich zur Regel, immer an der Trennungsstelle von der Stange beim abgeschlagenen Stück die Schneide herzurichten.

Man kann sehr oft bemerken, daß von den vorbereitenden Prozeduren manche aus Bequemlichkeit, Sparsamkeit oder Eile entweder gar nicht oder doch nur mangelhaft ausgeführt werden. Zu diesen gehören meist das Ausglühen vor dem Härten und das Reinigen vor dem Härten. Es sollte als allgemeine Regel gelten, daß jedes bessere Werkzeug vor der Härtung sorgsam zu säubern ist. Es geschieht dies am einfachsten durch ein zehnminutliches Kochen der Werkzeuge in einer konzentrierten Sodalösung, wonach sie mit einem sauberen, nicht öligen Lappen abgewischt werden. Für die einfachen Drehstähle ist das natürlich nicht nötig.

Mit dem erwähnten Ausglühen treten wir in die eigentliche Warmbehandlung des Stahles ein. Man unterscheidet zwei Gruppen in der Warmbehandlung:

1. das Ausglühen zur Erreichung des günstigsten Zustandes für die weitere mechanische Verarbeitung,
2. das Erhitzen mit nachfolgendem Abschrecken, Anlassen oder Vergüten (also das eigentliche Härten).

1. Das Ausglühen.

Es hat den Zweck, die vom Schmieden des Rohstahles im Stahlwerk herrührenden Spannungen zu beseitigen und weiter den Stahl für die Verarbeitung zum Werkzeug weich zu machen. Die Stahlwerke liefern den Rohstahl geglüht oder ungeglüht, es empfiehlt sich daher, besonders natürlich für Schnelldrehstahl, denselben nur in geglühtem Zustande zu benutzen. Es ist ein Irrtum, zu glauben, daß die Spannungen, die durch den Schmiede- und Walzprozeß im Stahlwerk in die Rohstahlstange gekommen sind, durch die Erwärmung behufs Schmiedung und Härtung, also durch die Warmbehandlung unter 2. wieder ausgelöst werden, so daß ein Ausglühen, wenn die für die mechanische Verarbeitung auf kaltem Wege erforderliche Weichheit des Stahles dies nicht besonders verlangt, unnötig sei oder aus den vorhin genannten Gründen der Sparsamkeit und Bequemlichkeit ohne Gefahr unterbleiben könne. Durch die unter 2. erforderliche Feuerbehandlung werden vorhandene Spannungen nicht beseitigt, sondern erst noch erhöht.

Das Ausglühen geschieht in folgender Weise:

Man macht in weniger sorgfältig geleiteten Werkstätten den Stahl im offenen Schmiedefeuer warm und läßt ihn dann einfach an der Luft erkalten, was nur von sehr mangelhaftem Erfolg ist, oder man läßt ihn allenfalls, was besser ist, in warmem Lösch oder Sand auskühlen. Beide Verfahren sind unzureichend, das richtige Ausglühen wird folgendermaßen vorgenommen: Kleine Gegenstände von beschränkter Anzahl packt man in eine eiserne Kiste oder ein Rohrstück, umgibt sie von allen Seiten mit zerkleinerter Holzkohle oder lufttrocknen Kalksteinen oder auch Gußspänen so, daß kein Stahl den andern berührt und alle Teile gut umbettet sind, verschließt den Deckel der Kiste durch feuerfesten Ton luftdicht und gibt die Kiste in das Feuer, besser aber in den Glühofen. Nachdem gut durchgeglüht ist (bei Schnellstahl rund 1050°, 9—10 Stunden lang), wird das Feuer abgestellt und die Kiste in dem Ofen auskühlen gelassen, aus dem sie erst genommen wird, nachdem er kalt ist. Dieses Verfahren ist sehr zuverlässig, ergibt weiche und gleichmäßig durchgeglühte Stähle, aber es ist sehr teuer. Ein schneller wirkendes und daher billigeres Verfahren ist: Man packt die Stähle unmittelbar in den Glühofen, einen auf den andern, erhitzt so lange, bis alle Stähle die Ofentemperatur angenommen haben (bei Schnellstahl 950° 5 Stunden lang). Dann wird das Feuer abgestellt, sämtliche Zugänge zum Ofen an der Feuerstelle, an den Zügen usw. sorgfältig abgesperrt und die Stähle im Ofen abkühlen gelassen. Da die Stähle nicht verpackt sind, geht das Abkühlen wie schon das Erwärmen viel schneller vor sich. Große Stahlstücke werden nur nach letzterer Methode ausgeglüht.

Das Erhitzen des Stahles beim Ausglühen hat immer bis kurz unter oder über den Umwandlungspunkt zu erfolgen, also:

für Kohlenstoffstahl	650—750° C.,
» naturharten Stahl	700—800° C.,
» Schnellstahl	800—850° C. und mehr je nach Legierung.

Den wichtigsten Punkt in der Herstellung des Werkzeuges bildet

2. das Härten.

Eine ungeheuere Zeit wurde im Laufe der Jahre für die Untersuchung der Vorgänge beim Härten aufgewendet. Es muß betont werden, daß die Erfindung des Schnellstahles durch Taylor-White nicht im Entdecken der neuen chemischen Zusammensetzung bestand — Schnellstahl wurde schon Jahrhunderte vorher in den Hütten von Toledo als »Damaszener Stahl« fabriziert —, sondern im Auffinden eines ganz bestimmten Härteverfahrens. Diese Tatsache beleuchtet von neuem die außerordentliche Wichtigkeit des Härteprozesses. Ungenügende Leistungen des Werkzeuges werden zumeist in der Qualität des Stahles gesucht, anstatt zuerst die Härtungsmethoden einer Prüfung zu unterziehen, wodurch die Übelstände in den meisten Fällen aufgedeckt würden. Hinsichtlich der Härtung des Schnellstahles haben sich die Ansichten gewandelt. Als die Verwendung des Schnellstahles noch in den Kinderschuhen steckte, gab es fast so viel Härtevorschriften als Schnellstahlmarken. Man legte damals der Art der Abschreckung höhere Bedeutung bei als der Erwärmung. Wenn man auch heute das Abschrecken durchaus nicht als nebensächlich betrachtet, so gilt doch jetzt mit Recht die richtig ausgeführte Erhitzung als das Wesentliche der Schnellstahlhärtung.

Die Operation des Härtens besteht im wesentlichen, wie schon gesagt, aus zwei Vorgängen, und zwar

a) dem Erwärmen zum Härten,
b) der Abkühlung, das ist der eigentlichen Härtung und dem in den meisten Fällen damit verbundenen Anlassen.

Der schwierigere der beiden Teile ist der erstere.

a) Das Anwärmen.

Als Richtschnur für das Erhitzen des Stahles zum Härten diene, daß die Erwärmung vom kalten Zustande bis zum handwarmen äußerst langsam erfolgt. Bis fast 400° C., also etwa bis zu dem Zeitpunkt, an welchem die Anlauffarben schon wieder verschwunden sind, muß ebenfalls noch vorsichtig erwärmt werden. Von dann ab bringe man die Temperatur so schnell als möglich auf diejenige, die man zum Härten braucht. Betreffs der endgültigen Härtetemperatur gilt, daß Stahl mit geringerem Kohlenstoffgehalt stärker erwärmt werden muß als solcher mit höherem Kohlenstoffgehalt. Die Erhitzung beträgt:

für Kohlenstoffstähle 700— 800°,
» legierte Stähle 750— 900°,
» Schnellstähle 1150—1300°.

Genau das gleiche über die Erwärmung gilt auch, wenn sie zum Schmieden des Stahles dienen soll. Hier gilt als Hauptregel besonders für Schnellstahl möglichst wenig Schmiedearbeit zur Herrichtung des Werkzeuges. Kann man ohne zu schmieden durch Bohren, Drehen, Absägen, Schleifen usw. zum Ziele kommen, so lasse man den Stahl, wie er gegeben ist, deshalb das schon empfohlene Kaltabsägen von der Stange, das Herausschleifen der Schneidform beim Drehstahl anstatt der früher üblichen Zurichtung durch Schmieden. Je mehr der Schmied den Stahl in Behandlung nimmt, desto schlechter wird meist die Qualität des Stahles. Nebenbei ist das Herausschleifen der Schneide direkt aus der vollen Stange beim Drehstahl auch billiger. Es ist dabei zu beachten, daß an der Stelle, wo die Schneide in den Meißelschaft übergeht, durch den Absatz manche Schleifscheiben, wie die Tassenscheiben, leicht beschädigt werden, weshalb solche Stähle stets auf der zylindrischen Oberfläche der Scheibe, nicht auf der ebenen Oberfläche geschliffen werden sollen. Muß aber geschmiedet werden, soll es rasch mit schnell aufeinanderfolgenden mittelschweren Schlägen geschehen, um Wiedererwärmen des Stahles nach Möglichkeit zu vermeiden. Erwärmen zum Schmieden zu höherer Temperatur führt leicht Zertrümmerung des Stahles herbei. Man schmiede nie zu kalt. In keinem Falle darf die Schmiedehitze gleichzeitig auch Härtehitze sein, man muß vielmehr immer zuvor wieder glühen und dann erst zum Abkühlen schreiten.

Die Erhitzung behufs Schmieden des Stahles wird heute noch vielfach im gewöhnlichen Schmiedefeuer vorgenommen. Dasselbe muß dann vor allem tief sein, mit Holzkohle oder reinem Gaskoks befeuert werden, nie aber mit frischer Steinkohle. Stets ist darauf zu achten, daß der Stahl niemals von der Gebläseluft direkt getroffen wird. Beim Schmieden selbst vermeide man Zugluft.

Wie für das Schmieden benutzt man zum Erwärmen für das Härten auch noch oft das Schmiedefeuer, und es gelten natürlich sinngemäß dafür dieselben Regeln. Doch muß man Werkstätten, in denen man heute noch andere Werkzeuge als höchstens einfach geformte Drehstähle im offenen Schmiedefeuer erwärmt, als direkt rückständig bezeichnen, besonders wenn Schnellstahl in Betracht kommt. Das Wesentliche beim Schnellstahl ist, daß er zum Härten auf volle Weißglut bis kurz vor dem Zerfallpunkt erwärmt werden muß, also auf eine Temperatur, die alle vorher bekannten Stähle rettungslos zerstören würde. Wenn man nun auch besonders in der Nähe der Gebläseluft 1300° erreichen kann, so kann man im offenen Schmiedefeuer weder die Temperatur exakt messen, noch diese Temperatur gleichmäßig auf irgendeinen nennenswerten Raum erstrecken.

Bei den Drehstählen soll nur der vordere Teil gehärtet werden, und zwar möglichst nur ein kleiner, unmittelbar zur Arbeit kommender Teil. Bei Erwärmung im Schmiedefeuer wird der obigen Vorschrift dadurch zu entsprechen gesucht, daß die Vorwärmung bei geringerem Wind und nicht zu nahe der Düse erfolgt, während zum endgültigen schnellen Erhitzen starker Wind gegeben wird und der Stahl möglichst in die Düsenhitze gebracht wird. Hierbei wird er sorgsam mit Kohle zugedeckt, damit die hohe Hitzeentwicklung auch wirklich stattfindet. Das Erraten des Zeitpunktes, in dem der Stahl die richtige Hitze erreicht, ist von der Übung des Härters abhängig, ein Beobachten der Glühhitze ist schon für das Auge schwierig; mit dem Pyrometer ganz unmöglich. Freilich zieht der Härter in kurzen Abständen den Stahl aus der Glut, um sich von dem erreichten Hitzegrad zu überzeugen, aber das ist kein Vorteil. Wenn der Vorgang auch noch so kurze Zeit dauert, so findet doch eine Unterbrechung der Erhitzung, ja sogar eine nachteilige Abkühlung statt, die das erstrebte Ziel, möglichst rasche Erreichung der hohen Temperatur, nicht vollkommen erreichen läßt. Die mangelnde Beobachtungsmöglichkeit bringt es mit sich, daß der Stahl oft nach Erreichung der verlangten Temperatur noch einige Zeit im Feuer bleibt, und wenn diese auch nur kurz ist, so genügt sie doch, den Stahl wieder weicher zu machen.

Bei komplizierten Werkzeugen ist die Erwärmung zum Härten, auch wenn es sich um gewöhnlichen Werkzeugstahl handelt, für den eine Temperatur bis höchstens 850° ausreicht, im offenen Feuer unbedingt zu verwerfen, da eine gleichmäßige Durchwärmung im offenen Feuer auch bei größter Sorgfalt und Sicherheit nicht möglich ist, da man einen solchen Versuch mit dem Verlust des teueren Werkzeuges bezahlen würde.

In einem fortgeschrittenen Betriebe erwärmt man heute den Stahl zum Härten nur noch in Muffelöfen oder in Öfen mit Flüssigkeitsbädern, die durch Gas, Öl, Elektrizität oder auch Kohlen erwärmt werden. Als Flüssigkeiten dienen Metalle (Blei) nur für Temperaturen bis etwa 900°, Salze (Chlorbarium, Chlornatrium, Chlorkalzium) für Temperaturen bis 1300°. Salze erwärmen langsamer als Metalle und verhindern das oberflächliche Oxydieren beim Herausnehmen aus dem Bade durch Bildung einer dünnen Salzkruste.

Der Muffelofen mit Gasfeuerung hat wohl die höchste Verbreitung gefunden, und zwar als eigentlicher Muffelofen für fein ausgearbeitete Werkzeuge mit scharfen Kanten und als Plattenofen für gröbere Werkzeuge und hauptsächlich zum Einsatzhärten, es haftet ihm jedoch eine Reihe von Nachteilen an, vor allem der, daß die Wahrscheinlichkeit für die Gleichmäßigkeit der Temperatur mit der Größe des Ofens und mit der Höhe der Temperatur abnimmt. Daraus, daß die Stahlwerke zum Härten von Fräsern im Muffelofen Einpackung derselben vor schreiben, ist zu folgern, daß er nicht das Vertrauen genießt, welches seine Fabrikanten ihm zuschreiben. Man wählt bei Vorschrift der Einpackungen von zwei Übeln das kleinere, da andernfalls Zundern und besonders bei großen Stücken die Gefahr ungleichmäßiger Erwärmung sowie auch ein Überhitzen der feinen Schneiden und Kanten zu leicht gegeben ist.

In neuerer Zeit haben die kleinen transportablen Gasöfen nach Fig. 314 zum Härten der Stähle ausgedehnte Verwendung gefunden. Sie werden von den betreffenden Firmen als vorteilhaft selbst für größere Stahlquerschnitte, die den Glühraum zum größten Teil ausfüllen, angepriesen, meist aus Unkenntnis der Verkäufer, deren Leiter keine weitergehenden Fachkenntnisse in der Härterei besitzen. Diese kleinen transportablen Öfen sind aber nur für kleine Revolverstähle und Einsatzstählchen geeignet, für normale Drehstähle von 10 mm Durchmesser aufwärts taugen sie nicht, weil infolge des kleinen Glühraumes beim Einlegen des Stahles die Temperatur zu stark sinkt und der Stahl daher niemals auf die erforderliche hohe Härtehitze gebracht werden kann (wenn nicht besonders vermerkt, ist im folgenden stets von Schnellstahl die Rede). Ihre weite Verbreitung zeigt, wie sehr es noch immer in den Kreisen der Betriebsingenieure an der so notwendigen Sachkenntnis in der Werkzeugbehandlung fehlt, die ganze Dreharbeit wird in ihrem Wirkungsgrad herabgedrückt, weil die Stähle nicht die genügende Härte haben, es gehen alljährlich ganz respektable Summen dadurch verloren. Beim Ankauf eines Härtofens ist erste Notwendigkeit ein genügend großer Glühraum, die Öfen Fig. 314 können nur für kleine Stählchen in Frage kommen.

Fig. 314.

Die Skalagasmesser, die den Gasverbrauch messen sollen, können, wenn auch nur in beschränktem Maße, die Pyrometer ersetzen.

Das Erwärmen in geschmolzenen Salzen ist, obwohl es unstreitig die beste Methode zum Härten ist, noch zu wenig bekannt. Verwendung finden vorzugsweise Salze, welche einen ziemlich hohen Schmelzpunkt haben, mit solchen gemischt, welche Kohlenstoffverbindungen darstellen und deshalb eine zementierende Wirkung ausüben. Sie werden also dort besonders in Frage kommen, wo aus hartem Stahl hergestellte Gegenstände zu härten sind, und wobei die Möglichkeit vorliegt, daß der im Interesse einer leichteren Bearbeitung vorher geglühte Stahl beim Glühen oberflächlich mehr oder weniger entkohlt wurde, welcher Mangel durch die kohlenstoffzuführende Wirkung des Salzbades wieder aufgehoben wird.

Ein weiterer Vorteil im Erwärmen des Salzbades ist, daß die auf diese Weise behandelten Gegenstände ihr schönes, blankes Aussehen behalten, also nicht schwarz werden.

Es gibt Salzbäder mit Erwärmung durch Außenheizung und solche mit elektrischer Heizung, welch letztere die unbedingt beste, aber auch teuerste Erwärmungsmethode für das Härten darstellt, besonders für Schnellstahl. Von einer genaueren Beschreibung des Ofens mit elektrisch geheiztem Schmelzbad soll hier abgesehen werden, derselbe ist ausführlich in der Elektrotechnischen Zeitschrift 1908, Heft 32 besprochen.

Welche Erwärmungsmethode man zum Härten aber auch anwendet, man wird nie eine sachgemäße Härtung erzielen, wenn man, wie in so vielen Betrieben, die Beurteilung der Temperatur, die ja, wie im voraufgegangenen betont, für das Gelingen der Härtung mit hauptausschlaggebend ist, nach der Farbe vornimmt. Ein Überschreiten der richtigen Härtetemperatur um etwa 30° kann schon verhängnisvoll sein, es müssen also die verlangten Temperaturen mit einer Toleranz von höchstens plus 30° C. eingestellt werden können. Es gibt aber nur wenig Leute, die genügend Übung haben, um überhaupt Schätzungen abzugeben, besonders wenn Temperaturen über 1000° in Frage kommen und veränderliche Lichtbedingungen im Härteraum selbst herrschen. Um solchen Veränderungen vorzubeugen, schreibt man noch heute Halbdunkel für den Härteraum vor, was aber für die Sauberkeit, die für eine gute Härtung unerläßlich ist, nicht gerade von Vorteil ist.

Daher ist heute die Temperaturmessung mittels besonderer Apparate unentbehrlich, und man kann dann auch den Härteraum hell und luftig anlegen. Temperaturen bis 400° können mit Quecksilberthermometer gemessen werden; für höhere Temperaturen benutzt man das Pyrometer, oder wo dieses sich zu wenig lohnt, den billigeren Segerkegel.

b) Das Abkühlen.

Es geschieht durch Flüssigkeiten, Luft oder auch feste Metalle (eiserne Platten) deren Abschreckwirkung auf ihrer spezifischen Wärme, Verdampfungswärme, Wärmeleitung und Dünnflüssigkeit beruht und mit diesen Größen wächst. Sie wächst auch mit der Reinheit der Werkstückoberfläche. Bei Stahl ein und derselben Zusammensetzung kann man also Härteeffekte mannigfaltigster Art erzielen durch Modifikationen in der Operation des Abschreckens. Je intensiver das Abkühlungsmittel wirkt, um so höher ist die erzielte Härte. Die Anwendung des jeweilig geeignetsten Bades ist eines der ersten Gesichtspunkte zum Vermeiden von Ausschuß.

Der Intensität nach rangieren die Abkühlungsmittel des Stahles unter Voraussetzung einer gleichen Temperatur wie folgt:

1. Druckwasser mit Zusatz von Kochsalz,
2. Wasser mit Zusatz von Kochsalz (5%) oder Schwefelsäure (2—3%) oder Ameisensäure,
3. Seewasser,
4. reines, weiches Wasser,
5. Talg,
6. Rüböl,
7. Petroleum,
8. Fischtran,
9. Druckluft,
10. atmosphärische Luft.

Man benutzt öfter auch Quecksilber, um kleinere, dünnere Werkzeuge außerordentlich hart zu machen. Dasselbe härtet aber nur schärfer als Wasser, wenn man in viel Quecksilber ablöschen kann, sonst nicht.

Alkohol härtet nicht, ebenso Seifenlaugen oder mit Seife verunreinigtes Wasser.

Alle vorher angeführten Abschreckmittel kommen für die Kohlenstoffstähle in Betracht, für Schnellstahl dürfen aber nur die unter 5—10 aufgeführten Mittel gebraucht werden, da Schnellstahl im warmen Zustande nicht mit Wasser in Berührung kommen darf, er würde sofort reißen. Bezüglich der Abschreckeinrichtungen ist man im Gegensatz zu den Erhitzungseinrichtungen beim Schnellstahl überhaupt besser daran als beim Kohlenstoffstahl.

Das gewöhnlich in Anwendung kommende Mittel ist reines Wasser von 18—20° C. Je älter dabei das Wasser ist, desto besser und gleichmäßiger wird das Härtegut. Wo sehr scharfe Härte nötig ist, wendet man es in kälterer Temperatur an. Genügt eine mildere Härte, so nimmt man die unter 5—8 angegebenen Mittel ebenso bei komplizierten Werkzeugen. Will man letztere doch in Wasser härten, so macht man einen Zusatz von Kalkmilch oder auch fetthaltigem Lehm, welche Beimengungen das zu härtende Stück in dem Momente des Eintauchens überziehen. Dadurch erfolgt eine langsamere Abkühlung, da das Wasser nicht direkt auf das Stück einwirken kann. Statt Kalkmilch oder Lehm nimmt man auch Öl, jedoch wird hier meist der Fehler gemacht, daß an Öl gespart wird und die aufgegossene Ölschicht viel zu dünn ist, somit den gewünschten Zweck nicht herbeiführen kann. Die Ölschicht muß mindestens 10 cm hoch sein. Bei zu dünner Ölschicht, wie 2—3 cm, kommt es gar nicht so selten vor, daß das Härtegut reißt, wie überhaupt gesagt werden muß, daß diese Bäder mit Ölschicht oder Kalkmilch bzw. Lehm immerhin als Notbehelf anzusprechen sind.

Ein ideales Härtebad hätte man, wenn sich Wasser mit Öl in jeder gewünschten Zusammensetzung vermischen ließe. Man hätte noch die Möglichkeit, durch Säuren oder Salze nachzuhelfen, wo die Wirkung verschärft werden müßte. Ein Bad, das diesem nahe kommt, ist das Glyzerinbad. Schon Thallner hat darauf aufmerksam gemacht, trotzdem ist es in Maschinenfabriken noch wenig bekannt. Glyzerin läßt sich beliebig mit Wasser vermischen, man kann ihm Salze und Säure zusetzen und sich daraus ein Bad machen, wie man es für seine Zwecke braucht. Man kann daher sagen, daß das Glyzerinbad bis jetzt das beste, einfachste und sicherste ist, in dem bei sachrichtiger Behandlung des Härtegutes kaum etwas krepiert. Es ist sehr verwunderlich, daß dieses Bad noch so wenig in Gebrauch ist. Man fügt dem Wasser ungefähr bis zu einem Drittel Glyzerin bei, letztere Mischung erzeugt bereits eine sehr milde Härtung.

Welche Zusammensetzung aber auch das Bad immer hat, stets muß dafür gesorgt sein, daß es seine Temperatur beibehält und sie nicht durch das Abkühlen einer Anzahl erhitzter Werkstücke erhöht. Nur dann ist es möglich, gleichmäßige Ergebnisse zu erzielen.

Einer der wichtigsten Punkte, in dem viel gefehlt wird, und dem eine Menge Ausschuß zuzuschreiben ist, ist die Abkühlungszeit. Es ist eine weit verbreitete Ansicht, daß nur solche Stücke die größte Härte bekommen, die ganz im Wasser verbleiben, also nicht mehr aus ihm genommen werden. Im Wasser bis zur dunklen Braunglut abgekühlte und dann im Ölbad völlig ausgekühlte Stücke werden genau so hart, als wenn man sie bis zum völligen Erkalten im Wasser behalten hätte. Im letzteren Falle ist, besonders bei größeren Stücken, die Gefahr des Rostens im Wasser oder des Reißens nach Stunden, Tagen, ja selbst nach Wochen, äußerst groß, während beim Auskühlenlassen in Öl nichts verderben kann, vorausgesetzt, daß Wasser- und Ölbad nahe beisammen stehen, so daß nur ein Moment nötig ist zur Überführung. Den kritischen Moment zur Herausnahme des Stückes aus dem Wasser und Überführung ins Ölbad erkennt der geübte Härter neben der Stärke des zischenden Tones an dem klingenden Geräusch im Wasser.

Beim Hineinbringen der erwärmten Gegenstände in das Kühlbad ist nach folgenden Grundsätzen zu verfahren: Das Bad muß nahe genug am Ofen sein, damit man mit dem glühenden Stück nicht erst unnötig Luft durchschneiden muß. Es ist aber ganz verkehrt, die Überführung vom Ofen in das Bad mit besonderer Hast zu bewerkstelligen, wie das oft gemacht wird. Man lasse im Gegenteil das erhitzte Stück einige Sekunden temperieren, und man wird weniger Reißen und Verziehen zu befürchten haben. Nur ganz dünne Sachen verlangen eine gewisse Hast.

Beim Eintauchen sollen die kleinsten Flächen wagrecht, die größten senkrecht liegen, um ein Verziehen des Gegenstandes zu vermeiden. Bei stark vorspringenden Ecken, Schneiden und Kanten müssen die starken Teile zuerst eingebracht werden.

Bei der teilweisen Härtung z. B. von Gewindebohrern, wo also das Schaftende weich bleibt, ist hauptsächlich darauf zu sehen, daß die Härtegrenze nicht auf einer Linie erfolgt.

Da hierbei die Spannungsstrahlen einen stumpfen Winkel durch den Querschnitt des Werkzeuges bilden, so entstehen Gefügetrennungen, weil der Widerstand kleiner ist als die Spannung. Derartige Werkzeuge taucht man so tief in das Wasser, als sie fixiert werden sollen, und bewegt sie zuckend etwas auf und ab. Unter Beachtung dieser Vorsichtsmaßregel gehen die weichen und gehärteten Teile vom Schaftende allmählich ineinander über, die Spannungsstrahlen bilden spitze Winkel und ein Zerreißen ist ausgeschlossen.

Wo sich die beanspruchten Teile an beiden Enden befinden, wie z. B. an Toleranzkaliberbolzen, bedient man sich am besten eines Gasrohres, welches über die rauhbleibende Stelle geschoben und mit Lehm ausgestopft wird. Der Lehm darf aber nicht unmittelbar mit dem Gasrohr abschneiden, sondern muß konisch verlaufen, um den Übergang zur Härte nicht auf eine Linie zu verlegen, was sonst leicht zum glatten Abbrechen beim nachherigen Arbeiten führen könnte. Die Härtung erfolgt am besten durch zwei Strahlen des Abkühlmittels, wovon je einer auf jedes der beiden beanspruchten Teile auftrifft.

Gegenstände mit verhältnismäßig schwachen Ansätzen, wenn nur der schwache Teil zu härten ist, werden am starken Teile zweckmäßig in Lehm verpackt.

Bei der Ganzhärtung gilt sinngemäß dasselbe wie bei der teilweisen Härtung, nur daß hier das Härtegut nicht bloß teilweise, sondern ganz und gar abgekühlt wird.

Die bisher geschilderten Verfahren zum Abkühlen des Härtegutes sind die gebräuchlichsten, je nach den Umständen wird man jedoch dieselben variieren müssen, wenn man gute Erfolge haben will. In vielen Fällen, besonders bei größeren und dickeren Sachen, wird sicherer Schaden verhütet, wenn man nur so lange im Härtebad abkühlt, bis jedes Zischen aufhört, aber auch nicht länger. Sofort bringt man das Stück so rasch wie möglich ins Feuer oder in den Ofen zurück, wo es so lange verbleibt, bis von außen eine entsprechende Erwärmung stattgefunden hat, die noch etwas über 200° C. hinausgehen kann, ohne daß sich da schon eine Anlaßfarbe zeigt. Dadurch wird die Sprödigkeit außen gemildert, und die Wärme, die zurückgedrängt im Kern eingeschlossen war, kann nun keinen Schaden mehr anrichten. Würde man aber zu früh den Gegenstand aus dem Bad nehmen, so treibt die rückströmende, noch vorhandene Hitze das Stück auseinander, es springt sofort beim späteren Gebrauch.

Bei kleineren Sachen mit ungleichem Querschnitt wendet man mit Vorteil die kombinierte Härtung an, indem man sie vom Feuer aus zuerst in Öl taucht und dann erst ins Wasser bringt.

Es würde zu weit führen, wollte ich auf alle die unzähligen Möglichkeiten zur Erzielung einer richtigen gefahrlosen Härtung, z. B. das zentrische Durchbohren großer zylindrischer oder konischer Werkstücke zwecks gleichmäßiger Abkühlung, das Einpressen dünner Platten, wie Kreissägen, Schlitzfräser im Glühzustand zwischen gekühlte, gußeiserne Platten zum Verhindern des Werfens usw., aufzuführen. Zu jedem Stahl und jeder Form des Härtegutes gehört Studium und praktische Erfahrung, ein Schablonisieren, mit einem Mittel alles kurieren wollen, gibt es auf diesem Gebiete nicht.

Nach den Grundsätzen über das Eintauchen des Härtegutes in das Bad spielt die Bewegung desselben im Bad eine große Rolle. Man bewege lange Gegenstände, wie Bohrer, Spindeln usw. nie in wagrechter Richtung, sondern langsam auf und nieder und höchstens nur ganz leicht und allmählich nach der Seite hin bei gleichzeitigem Drehen, um kaltes Kühlwasser zu erreichen und Dampfschichtbildung zu verhindern. Nichtbeachtung dieser wichtigen Regel würde unbedingt Verziehen des Stückes zur Folge haben.

Weiter sind noch einige Vorsichtsmaßregeln zu beachten, gegen die sehr oft gesündigt wird. Ganz zu härtende Stücke, wie Schnittplatten, Kaliberringe usw. fasse man nicht mit der Zange an, sondern hänge dieselben an einen dünnen Haken. Mit der Zange kühlt man das Stück bei den Anlagestellen schon vorher bedeutend ab. Da sich nun das Volumen der anderen Teile beim Eintauchen wesentlich vergrößert, die Anlagestellen aber zurückbleiben, so zerreißt das Gefüge infolge der entstandenen scharfen Härtegrenzen. Muß man dennoch eine Zange gebrauchen, so wähle man eine solche mit zwei schwachen Schenkeln, besser noch mit zwei Schneiden oder Spitzen, und wärme dieselben vorher dunkelrot an.

Die wenigsten Gegenstände wird man ohne weiteres ins Bad werfen dürfen, denn da, wo dieselben glatt auf dem Boden liegen, bleiben sie naturgemäß weich.

Es ist schon gesagt worden, daß Schnellaufstahl nicht in Wasser, sondern nur im Luftstrom oder Öl, Talg, Tran oder Petroleum abgekühlt werden darf. Die Abkühlung des Schnellstahles in diesen nicht so scharf wirkenden Bädern ist also viel einfacher und leichter als beim Kohlenstahl, ganz im Gegensatz zur Erhitzung, die wie schon erwähnt, beim ersteren viel schwieriger ist als beim letzteren. Nach dem Auftreten des Schnellstahles wird die Abkühlung ausschließlich im Luftstrom des Gebläses vorgenommen, und es wird dies auch heute noch in den meisten Härtereien so gemacht. Die Abkühlung in Öl, Talg, Tran und besonders Petroleum ist aber entschieden besser. Schon die Vorschrift der Hüttenwerke, wie bei Drehstählen der Luftstrom auf die Nase des Stahles auftreffen muß, um korrekt zu wirken, läßt erkennen, daß die Möglichkeit nicht sachgemäßer Wirkung des Gebläsewindes leicht gegeben ist.

c) Das Anlassen.

Es geschieht nach dem Abschrecken zur Beseitigung von Spannungen und Sprödigkeit, die ein Verziehen und Reißen oder Ausplatzen zur Folge haben, oder zur Erhöhung der Zähigkeit. Die Zähigkeit muß um so größer sein, je wechselnder die Beanspruchung ist, doch kann größere Zähigkeit durch Anlassen nur auf Kosten der Härte erlangt werden.

Hat sich ein Werkzeug beim Abkühlen durch unsachgemäße Ausführung dieser Prozedur oder aus sonst einem Grunde geworfen und verzogen, so verbindet man den Vorgang des Richtens mit demjenigen des Anlassens, und zwar erfolgt das Richten in der höchsten angewendeten Anlaßtemperatur. Man bedient sich bei langen schweren Gegenständen des Richthammers oder der Richtpresse.

Da die für das Richten zur Verfügung stehende Zeit eine kurz bemessene ist, so erfordert es eine nicht geringe Sachkenntnis und Geschicklichkeit. Dünne, lange Gegenstände, z. B. Bohrer, richtet man mit der Schraubenpresse, Werkzeuge aus Kohlenstoffstahl werden fast ausnahmslos, um die Härte zu mildern oder auf einen bestimmten Grad zu fixieren, angelassen.

Bei Werkzeugen aus Schnellstahl ist es fast durchweg üblich, die einfachen, wie Dreh- und Hobelstähle, nicht anzulassen. Ich schreibe das Anlassen, das ja bis zu 400° erfolgen kann, ohne daß dadurch die Schnittfähigkeit des Stahles beeinträchtigt wird, für alle Werkzeuge, auch die einfachsten, vor, weil hierdurch das Risiko von Material- und Arbeitsverlust infolge etwa vorhandener Spannungen nach Möglichkeit verringert wird.

Das Anlassen kann auf dreierlei Weise erfolgen:

1. Anlassen von innen, dadurch, daß man das Werkzeug beim Härten nicht vollständig abkühlt und es durch Vordringen der inneren Wärme anlaufen läßt. Ist der gewünschte Grad des Anlassens erreicht, was durch die Anlauffarben zu erkennen ist, so wird das Stück in das Kühlbad gebracht und darin vollständig abgekühlt.

Dieses Verfahren wendet man nur bei einfach geformten kleineren Werkzeugen wie Dreh- und Hobelstählen, Meißeln, Stempeln usw. an, weil es etwas unsicher in der Beurteilung der Anlauffarben ist. Mehr zu empfehlen ist

2. Anlassen von außen, d. h. durch dem völlig erkalteten Werkzeuge von außen zugeführte Wärme, weil hier die Anlauffarben langsamer und gleichmäßiger erscheinen und man sie sicherer fixieren kann, oder falls die Wärme durch besondere Bäder, sog. Anlaßbäder zugeführt wird, man die Anlaßtemperatur direkt durch Thermometer oder Pyrometer messen kann.

Die Erwärmung von außen kann geschehen am offenen, schwach glimmenden Holzkohlenfeuer, wobei dasselbe aber zur Erkennung der Anlauffarbe nicht rußen darf. Man kann auch eine Blechtafel auf das Feuer legen und darauf anwärmen.

Vielfach macht man ein größeres Stück Eisen rotwarm und legt darauf das anzulassende Stück unter öfterem Wenden, oder läßt es, wenn es kleinere Dimensionen hat, auf der schwach geneigten Platte abrollen. Auch mit der Gasflamme kann man anlassen. Immer aber darf das Anlassen nicht zu rasch erfolgen, damit sich die Wärme gleichmäßig verteilen kann.

Heiße Sandbäder werden vielfach benutzt, weil man damit bei reiner, blanker Ware schöne deutliche Anlauffarben erhält. Mit diesem Bad können Teile bequem an verschiedenen Stellen verschieden hoch angelassen werden. Derartige Werkzeuge werden zu dem Zwecke mit dem Schaft nach unten in den Sand gesteckt, aus dem sie so ungefähr ein Drittel herausragen. Je näher der Teil des Werkzeuges der eisernen Platte, von der aus der Sand erhitzt wird, ist, um so höher wird er angelassen. Der Kopf des Werkzeuges kann auf diese Weise blau angelassen, also weich werden, der Hals dunkelgelb, also mittelhart, und die arbeitende Stirnfläche hellgelb, also gut hart. Beim Anlassen im heißen Sandbad dürfen die Stücke jedoch nach Beendigung des Anlassens nicht im Wasser abgekühlt werden, sondern sie müssen im trockenen, aber nicht erhitzten Sande erkalten.

Wenn auch der Schluß auf den Anlaßgrad nach der Anlaßfarbe mehr Berechtigung hat als die Schätzung der Temperatur nach der Farbe bei der Warmbehandlung des Stahles, so sind die Anlauffarben doch nicht durchaus zuverlässig, da sie auch von der Zeit abhängen, insbesondere aber von der Zusammensetzung des Stahles und dann noch von seiner Härte. Bei weichem Stahl erscheinen die Anlauffarben bei etwas höherer Temperatur als bei harten.

Wegen dieses Übelstandes benutzt man in modernen Betrieben zum Anlassen besondere Anlaßbäder, besonders bei größeren und wertvolleren Werkzeugen. Die Zusammensetzung des Anlaßbades ist im Vergleich zum Härtebad von geringerer Bedeutung. Als Anlaßbäder könnte man die auf S. 292 aufgeführten Bäder für das Erhitzen des Stahles benutzen, es ist aber entschieden richtiger, von deren Verwendung zum Anlassen abzusehen und besondere Anlaßbäder aufzustellen.

Am meisten ist das Ölanlaßbad in Gebrauch. Die beiden Hauptpunkte, die bei einem Ölanlaßofen beachtet werden müssen, sind:

1. Das Bad muß überall die gleiche Temperatur haben.
2. Die angelassenen Teile müssen so lange im Bade bleiben, bis sie durch und durch die Temperatur des Öles angenommen haben.

Da hierbei Anlauffarben am Stahle nicht auftreten, muß die Anlaßtemperatur mit dem Thermometer gemessen werden. Das Thermometer darf natürlich nicht gegen die Wand oder den Boden des Ofens anliegen. Wenn die Teile aus dem Ölbade nach Erreichung der Anlaßtemperatur herausgenommen worden sind, taucht man sie in kaustische Soda und hinterher in heißes Wasser, wodurch alles Öl, das an den Teilen hängen bleibt, entfernt wird. Das Ölbad kann natürlich nur für Anlassen auf niedrige Temperaturen verwendet werden, da der Entflammungspunkt des Öles schon bei etwa 350° C. liegt.

Bei höheren Anlaßtemperaturen nimmt man das Bleibad. Da es unmöglich ist, die Teile mit dem Blei zu erhitzen, so bleibt nichts anderes übrig, als sie in das auf die gewünschte Höhe erhitzte Blei einzutauchen und sie genügend lange darin zu lassen. Wenn verschiedentlich behauptet wird, daß es leichter sei in einem Bleibad als in einem Ölbad eine gleichmäßige Wärme zu halten, so ist dies ein Irrtum. Da das Blei weniger leicht anläuft, so ist bei ihm die Verschiedenheit der Temperaturen an verschiedenen Stellen größer als beim Öl.

Statt Blei benutzt man gern auch Salz, und zwar in einer Mischung von Kali- und Natriumsalpeter. Dessen Schmelzpunkt liegt bei etwa 800°. Taucht man nun die kalten Teile in das flüssige Salz hinein, so überziehen sie sich mit einer dünnen Salzkruste, die, wenn die Teile 300° warm geworden sind, schmilzt. Würde man jetzt gleich die Teile aus dem Bad herausnehmen, so würden sie, wenigstens die starken Teile, noch nicht durch und durch die gleiche Temperatur haben. Will man die Teile auf höhere Temperaturen anlassen, so muß man sie längere Zeit im Bade lassen und die Temperatur mit einem Pyrometer messen.

Beim Blei- sowie beim Salzbad ist das Bedenkliche, daß man die Teile gleich in so hohe Temperaturen hineinbringen muß, während man beim Ölbad die Teile in das kalte Öl hineinlegt und erst dann das Bad bis zur gewünschten Temperatur erhitzt.

Wenn man für ein Anlassen auf niedrige Temperaturen ein Ölbad nicht zur Verfügung hat, so können Legierungen von Blei und Zinn mit Vorteil benutzt werden. Man kann diese beiden Metalle in solchem Verhältnis legieren, daß sie bei bestimmten Temperaturen schmelzen. Derartige Legierungen machen dann ein Messen der Temperaturen unnötig.

Fehler beim Härten und Anlassen.

Aus dem Vorhergegangenen ist zu Genüge ersichtlich, eine wie schwierige Kunst das Härten des Stahles ist. Bei der Schwierigkeit des Härtens können durch unsachgemäßes Vorgehen leicht Fehler begangen werden, welche sich entweder in mangelhafter Leistungsfähigkeit des Werkzeuges oder auch im Reißen desselben namentlich an Ecken und Kanten oder auch im ganzen Querschnitt äußern. Man ist bei Unkenntnis über die Ursachen dieser Mängel leicht geneigt, der Qualität des Stahles die Schuld beizumessen, geht darin aber meist fehl, vorausgesetzt, daß es sich um Stahl handelt, welcher von einer als gewissenhaft bekannten Werkzeugstahlfabrik zu angemessenem Preise bezogen wurde. Es seien deshalb die hauptsächlichsten Ursachen der Mängel gehärteter Werkzeuge im Nachstehenden beleuchtet, sowie über die zu deren Vermeidung zu treffenden vorbeugenden Maßregeln, ferner, wenn im gehärteten Werkzeuge bereits vorhanden, zu deren möglichster Abhilfe einige Winke erteilt.

1. Das gehärtete Werkzeug zeigt keine genügende Härte, es wird beim Arbeiten nach kurzer Zeit stumpf, die Schneide legt sich um, bricht aber nicht aus. Ein solches Werkzeug ist entweder aus zu weichem Stahl angefertigt, oder das Werkzeug ist aus zu niedriger Temperatur gehärtet. Im ersteren Falle ist ein Stahl geeigneterer Härte anzuwenden, im anderen die Härtung zu wiederholen, wobei man den Stahl höher erwärmt. Ist man darüber im unklaren, welche Temperatur bei dem betreffenden Stahl zu beobachten ist, so macht man eine Härteprobe nach den im I. Kapitel unter »Ermittlung der richtigen Härtetemperatur« gegebenen Vorschriften.

2. Der Stahl nimmt keine Härte an, an der Oberfläche oder den hervorspringenden Teilen derselben. Solchem Stahl ist durch zu lange Dauer in der Erwärmung ein Teil seines Kohlenstoffes an der Oberfläche entzogen, er ist verglüht oder verbraten. Dies kann sowohl in der Erwärmung zum Härten, als auch bereits in einem etwas vorhergegangenen Glühprozeß, sehr selten aber, was allerdings als eine grobe Fahrlässigkeit zu bezeichnen wäre, beim Schmieden oder Walzen des Stahles in der Werkzeugstahlfabrik geschehen sein. Werkzeuge aus Stahl mit ganz oder teilweise entkohlter Oberfläche kann man mit Vorsicht dadurch wieder gebrauchsfähig machen, daß man sich eines Härtemittels bedient, bestehend aus drei Teilen Horn oder gemahlener Hufspäne, einem Teil Blutlaugensalz und einem Zehntel Salpeter. Dieses Pulver wird aufgestreut in leichter Rotwärme oder auf einzelne Partien etwas davon aufgetragen, wieder erwärmt und dann abgekühlt. Besser jedoch als dieses einfache Verfahren ist das Einpacken und Glühen in kohlenstoffzuführenden Substanzen (zerkleinerte Holzkohle oder Lederkohle).

3. Das gehärtete Werkzeug ist spröde, es bricht bei der Arbeit aus und zeigt keine Schneidhaltigkeit. Ein derartiges Werkzeug ist bei der Erwärmung zum Härten zu hoch erwärmt worden, der Stahl ist überhitzt worden. Überhitzter Stahl zeigt ein grobkristallinisches,

glasiges Korn, bei Stahl, welcher nur an den oberflächlichen Partien überhitzt wurde, zeichnen sich die überhitzten glitzernden Ränder deutlich von dem feinen Bruch des nicht überhitzten Kernes ab. An normal gehärtetem Stahl ist überhaupt kein Korn in strengerem Sinne wahrzunehmen, sondern ein gleichmäßig, mattfarbig sammetartiger Bruch.

Wurde der Stahl bereits beim Schmieden bzw. Glühen überhitzt, so muß der betreffende Teil, wenn dies die Form des Werkzeuges zuläßt (z. B. Drehstähle, Schrotmeißel), durch nochmaliges Glühen in richtiger Temperatur bearbeitet werden, wodurch das Gefüge teilweise seine feinkörnige Beschaffenheit wiedererhält, vorteilhafter ist es in jedem Falle, wenn das überhitzte Stück abgeschlagen und eine neue Schneide angeschmiedet wird.

Stark überhitzter Stahl erhält aber durch nochmaliges Glühen in richtiger Temperatur seine vorherige Beschaffenheit nicht mehr, man muß ihn vielmehr, um ihm dieselbe wiederzugeben, regenerieren. Derartige Regenerierungsmittel sind: Hornspäne, Knochenmehl, schwarze Seife, Tran, Harz, blausaures Kali und Wagenschmiere.

4. Das Werkzeug zeigt bereits nach der Erwärmung noch vor dem Härten Risse, es zeigt eine abblätternde, rauhe Oberfläche, beim Härten reißt es, der Bruch des Stahles ist sehr grob, beinahe roheisenartig. Die feinen Risse laufen meist ineinander. Solcher Stahl ist verbrannt worden, er ist weit über die zulässige Grenze erhitzt worden. Mit verbranntem Stahl ist im Gegensatz zum überhitzten Stahl nichts mehr anzufangen, er muß zum Schrott geworfen werden.

5. Das Werkzeug zeigt an den vorspringenden Ecken und Kanten Risse, welche bogenförmig verlaufen. Solche Werkzeuge sind an den Kanten höher erwärmt worden, als wie der Kern desselben, oder sie sind an diesen Stellen überhitzt worden. Man beugt diesem Fehler vor, indem bei Werkzeugen mit vorspringenden Kanten die Erhitzung in der Muffel oder in der Einpackung vorgenommen wird. Hat man mangels dieser Einrichtung die Erwärmung ohne weitere Umstände im offenen Feuer vorgenommen, so hat man stets das Risiko des Reißens der Werkzeuge zu übernehmen, man verschmiere dann wenigstens die vorstehenden Ecken mit Lehm, Glaserkitt oder Härteteig. Die Verschmierung hilft beim plötzlichen Abkühlen mit, Hitze zu übernehmen, und bewirkt dadurch, daß eine mehr gleichmäßige Abkühlung des ganzen Stückes auf einmal erfolgt.

6. Das Werkzeug reißt während des Härtens oder kurz nach demselben seinem Querschnitt nach in zwei oder mehrere Teile. Ein derartiges Vorkommnis kann verschiedene Ursachen haben: a) wenn das Werkzeug auf der einen Seite höher erwärmt wurde als wie auf der anderen, so entstehen hierdurch bei der Erwärmung bereits Materialspannungen, welche beim nachfolgenden plötzlichen Abkühlen sich um so mehr steigern, je unregelmäßiger die Erwärmung war. Der weniger erwärmte Teil kühlt rascher ab, in jener inneren Stelle, wo der bereits abgekühlte Teil und der noch warme Teil zusammenstoßen, haben die Spannungen ihren Sitz, und von dort aus erfolgt auch das Reißen.

b) Wenn das Werkzeug zwar gleichmäßig erwärmt aber nicht gleichmäßig abgekühlt wurde, so erfolgt das Reißen ebenso wie unter a) angegeben. Lange, dünne Gegenstände, wie z. B. Bohrer, krümmen sich meist nach der Seite, wo die Abkühlung eine stärkere war, während dicke, kurze Stücke, z. B. Fräser, wo die Materialspannungen eine Verkrümmung nicht herbeiführen können, reißen.

Um Spannungen, die von innen heraus wirken, nach Möglichkeit zu vermeiden, empfiehlt es sich, wenn die Konstruktion des Werkzeuges dies zuläßt, dasselbe in seinem Kern auszubohren und ferner, wenn dasselbe ungleichen Querschnittes ist, die Wandstärke durch geeignete Bohrungen auszugleichen.

c) Wenn das gehärtete Werkzeug quer durchreißt, obwohl die Erwärmung eine richtige war, die Abkühlung auch gleichmäßig erfolgte, rührt dies davon her, daß die Abkühlung zu intensiv erfolgte, und das Werkzeug nicht genügend angelassen wurde, die vorhandenen Spannungen sich also nicht ausgleichen konnten. Derartige Mißerfolge kommen namentlich bei komplizierten Werkzeugen aus hartem Stahl vor.

7. Das gehärtete Werkzeug zeigt in seiner Längsrichtung Risse. Die aufeinanderliegenden Bruchflächen zeigen ein dunkelgefärbtes Aussehen, sie sind oxydiert. In solchen Fällen lag der Fehler im Stahl, dem bereits früher erwähnten Lunker. Solche Längsrisse fallen immer dunkel, oxydiert aus, während Risse durch Wasserhärtung herbeigeführt, sich an Roststellen erkennen lassen. Härterisse, auch wenn sie längs verlaufen, fallen nicht dunkel oxydiert aus. War die Lunkerbildung keine starke und hatte der Stahl größeren Querschnitt, so geht der Riß nicht durch und durch und das Werkzeug geht erst bei der Beanspruchung zu Bruch.

8. Das Werkzeug zeigt senkrecht zur Arbeitsfläche liegende Risse, welche bei flachen Werkzeugen kreuz und quer verlaufen. Solche Werkzeuge sind zu wenig tief gehärtet, so daß bei der Beanspruchung die gehärtete Bahn nicht widerstehen kann und durch Nachgeben des dahinterliegenden weichen Materials eingedrückt wird. Dem Fehler ist nach Feststellung seiner Ursache leicht abzuhelfen.

9. Es blättern Teile des Werkzeuges infolge von muschelartig oberflächlich verlaufenden Rissen ab. Es rührt dies daher, daß der gehärtete Stahl beim Anschleifen zu scharf an den Schleifstein gedrückt wurde. Infolge der hierbei entstehenden starken Reibung wird der Stahl an seiner Oberfläche erhitzt, und durch die hieraus sich ergebenden Spannungen erfolgt, namentlich bei harten Stählen, das Ausbrechen in vorgenannter Weise.

Das Verbrennen auf diese Weise ist deshalb so gefährlich, weil es meistens erst beim Arbeiten des Werkzeuges auf der Maschine erkannt wird. Der rohe Vorschliff erfolgt vor der Härtung, der Fertigschliff am besten auf Sandstein, unter allen Umständen jedoch unter einem Überschuß an Wasserzufuhr äußerst sorgsam.

Beim Schleifen verdorbener Stähle können dieselben jedoch durch Abschleifen einer 2—5 mm starken Schicht wieder hergestellt werden, da die Verbrennung meistens nicht tiefer in den Stahl eingedrungen ist.

Den vorentwickelten, allgemeinen Gesichtspunkten für die Behandlung und das Härten des Werkzeugstahles mangelt bei der ungeheuren Vielseitigkeit dieses Problems natürlich jegliche Vollständigkeit. Die so nötige Kenntnis und Erfahrung auf diesem Gebiete kann nur durch fortgesetztes praktisches Arbeiten in demselben und unablässiges Suchen und Probieren gewonnen werden, bei jedem Mißerfolg soll man nachforschen, auf was solcher zurückzuführen ist, kein Stück sollte man fortlegen, das krepiert ist, ohne die Ursache zu ermitteln. Dadurch lernt man Fehler vermeiden. Indes was verdorben ist, bleibt verdorben, da heilt kein Härtemittel.

Die Frage, ob man Schnellstähle trocken oder naß schleifen soll, war anfangs lange strittig und ist eigentlich auch bis heute noch nicht einwandfrei geklärt. Die gegen den Naßschliff gebrachten Einwände gründen sich darauf, daß erhitzter Schnellstahl bei Abkühlung durch Wasser zur Rißbildung neigt. Im großen ganzen ist aber diese Frage heute dahin entschieden, daß der Naßschliff immer vorzuziehen ist, nur muß die Regel eingehalten werden, den Stahl beim Schleifen nicht zu erhitzen, also ihn nicht gegen die Schleifscheibe zu drücken, sondern ihn leicht an derselben vorbeizuführen. Damit aber der Stahl nicht gegen die Scheibe gepreßt werden muß, muß die Schleifscheibe die richtige Qualität haben, sie muß freischneiden, nicht reibend wirken, also scharfkantiges Korn haben und weich sein, d. h. weiche Bindung haben. Man darf wohl sagen, daß beim Naßschliff und Überschreiten des zulässigen Anpreßdruckes die Gefahr der Rißbildung größer ist als beim Trockenschliff, daß aber die Grenze für den zulässigen Anpreßdruck durch den Naßschliff erhöht und der Schliff selbst sauberer wird.

Der hohe Preis des Schnellstahles hat zum Aufschweißen kurzer Stücke auf gewöhnliche schmiedeiserne Schäfte geführt[1]). Dieses Verfahren als »Rosner-Verfahren« von Amerika kommend hinzustellen, wie das in der Literatur vielfach zu finden ist, ist nicht richtig, es ist in Deutschland schon vor dem Auftauchen des Rosner-Verfahrens bekannt und angewendet worden. Wenn anfangs sich statt des Aufschweißens das Auflöten eingeführt hatte und auch heute noch in sehr vielen Werkstätten im Gebrauch ist, so ist dies dem Umstande zuzuschreiben, daß die betreffenden Werkstätten nicht über ein brauchbares Schweißpulver verfügen.

Beim Lötverfahren muß die Lötstelle am schmiedeisernen Schaft und dem Schnellstahlplättchen sauber befeilt werden, dann dünnes Kupferblech aufgelegt und dieses mit dem Eisenschaft durch Bindedraht festgebunden werden. Wird dann der Stahl auf Weißglut erhitzt, so ist stets die Gefahr, daß das Kupfer, das schon viel früher, bei 1080° C. schmilzt, verläuft und man daher gezwungen ist, den Stahl schon aus dem Feuer zu nehmen, sobald der Schmelzpunkt des Kupfers erreicht ist. Dann aber hat das Schnellstahlplättchen nicht die richtige Härte, es ist zu weich. Ein wiederholtes Härten ist beim Auflötverfahren nicht

[1]) s. Hippler, W., »Aufgelötete oder aufgeschweißte Stähle« in Zeitschrift »Die Werkzeugmaschine«, 18. Jahrg., S. 659.

möglich, der Stahl muß von Grund auf neu gemacht werden. Ist es aber einmal gelungen, dem Stahl die richtige Härte zu geben, was äußerst selten vorkommt, so stellt sich oft Federn des Stahlplättchens ein, weil sich zwischen Stahl und Eisenschaft eine weiche, wenn auch sehr dünne Kupferschicht befindet.

Das Schweißverfahren liefert ein in jeder Hinsicht einwandfreies Ergebnis, wenn es richtig ausgeführt wird, die richtige Ausführung aber bietet keinerlei Schwierigkeiten. Um das Stahlplättchen in seiner Stärke gleichmäßig zu lassen, muß schon der Schaft entsprechend vorgeschliffen oder vorgeschmiedet sein — das Schmieden des eisernen Schaftes hat ja keinerlei Nachteile — also wenn die Schneide einen stark hohlen, gewölbten Seitenschleifwinkel haben soll, soll nicht etwa die Schweißstelle am Schaft eben geschliffen werden und die Höhlung nur aus der Oberseite des Stahlplättchens herausgeschliffen werden, sondern die entsprechende Höhlung muß schon am Eisenschaft vorhanden sein, und das Stahlplättchen muß vor dem Abhauen oder Absägen von der Stange nach dieser Höhlung gebogen werden, so daß an der Oberfläche des Plättchens keinerlei Form herausgeschliffen zu werden braucht und es durchweg die gleiche Dicke behält. Nur ein leichtes Sauberschleifen zum Glätten der Oberfläche darf vorgenommen werden. Für das Schweißen wird nun das Stahlplättchen langsam auf Hellrotglut erwärmt, der Eisenschaft dagegen nur rotwarm gemacht. Dann werden beide Teile aus dem Ofen genommen, die Schweißflächen mit einer Drahtbürste schnell gereinigt, mit dem Schweißpulver bestreut, das Plättchen aufgelegt und beide Teile im Ofen so weit erhitzt, daß das Plättchen auf die erforderliche Weißglut kommt. Sehr oft kann man nun sehen, daß bei der ersten Erhitzung beide Teile, Schaft und Plättchen, zur gleichen Zeit in den Ofen kommen, so daß also das Plättchen beim Herausnehmen die gleiche Hitze hat wie der Eisenschaft, also nur rotwarm ist. Bei der zweiten Erhitzung ist dann das Plättchen nicht auf Weißglut zu bringen, weil der Schaft schon viel früher anfängt abzuschmoren, das Plättchen erhält nach dem Abschrecken nicht die richtige Härte. In der Werkstatt klagt man dann, daß aufgeschweißte Stähle nicht so gut stehen wie massive, und glaubt, daß dieser Übelstand allgemein dem Schweißverfahren eigen sei, während er nur der unrichtigen Erwärmung zuzuschreiben ist. Das Plättchen muß unbedingt so viel früher ins Feuer kommen, daß es bei der zweiten Erhitzung auf volle Weißglut gebracht werden kann und der Eisenschaft dabei höchstens weißwarm geworden ist. Zwei leichte Schläge mit dem Hammer, bei hohler Schneide mit dem Kehlhammer, genügen dann, um eine durchaus solide Verbindung zwischen Eisen und Schnellstahl herzustellen, so daß auch bei schweren Schnitten und nicht allzu starken Stößen, wie sie mitunter beim Ansetzen auf großen Hobelmaschinen auftreten, das Plättchen nicht abplatzt. Die Bahn des Kehlhammers muß eine flachere Rundung haben als die Höhlung des Plättchens, damit sich der Hammer nur vorn und am Ende des Plättchens aufsetzt, sonst wird die Schweißung leicht unzuverlässig, das Plättchen kommt nur in der Mitte zum Aufliegen, die beiden Enden aber klappen durch den Schlag ab und schweißen nicht. Sofort, nachdem die zwei Schläge getan, wird die Schneide in Öl, Talg oder Petroleum usw. abgeschreckt und die Schneide kann nun saubergeschliffen werden. Statt den Hammer zu benutzen ist es besser, eine Presse oder einen senkrecht gestellten Schraubstock zu verwenden, weil hier das Zusammenpressen ohne Stoß und kräftiger geschehen kann.

Das Hauptmittel zum Erfolg ist natürlich ein gutes Schweißpulver. Ein solches stellt man sich selbst her nach folgendem Rezept: Boraxpulver in der Pfanne über dem Feuer flüssig machen und nach dem Erkalten wieder zu Pulver zerstampfen. Feine Gußstahlspäne (von der Fräsmaschine aus der Werkzeugmacherei) durch Glühen über dem Feuer vom Öl befreien und dann ebenfalls zu Pulver zerstoßen. Beide Pulver nach gleichen Gewichtsteilen mischen und das Schweißpulver ist fertig. Ein richtiges Schweißpulver muß derart gut schweißen, daß bei starken Stößen eher der Schaft abreißt als das Stahlplättchen abplatzt. Dieser Forderung vermag das vorgenannte Pulver nicht ganz zu entsprechen, man verwende deshalb besser folgendes Rezept: 45 g Borax und 5 g Soda, beides im Feuer flüssig machen und dann zu Pulver zerstoßen und mischen mit 50 g chemisch reiner Feilspäne, 5 g gestoßenes Glas, 5 g Braunstein und 5 g Harz.

Falls ein Nachhärten erforderlich, kann dasselbe unbekümmert um die Schweißstelle beliebig oft wiederholt werden.

Die Verwendung von aufgeschweißten Stählen bedeutet gegenüber den massiven eine Ersparnis von 30–40%.

Das Vor- und Fertigschleifen geschieht heute zentralisiert in der Werkzeugmacherei, und zwar das Fertigschleifen auf Spezialschleifmaschinen mit Winkelanstellung (Gisholt-Schleifmaschine). Der Dreher erhält stumpfe Stähle gegen scharfe umgetauscht.

Es muß immer wieder darauf hingewiesen werden, daß es eine von den wichtigsten Aufgaben der Betriebsleitung ist, für sachgemäße Anfertigung richtig geformter, gehärteter und genau geschliffener Werkzeugstähle zu sorgen und sie stets gebrauchsfertig auf Vorrat zu halten. Leider verkennen immer noch so viele Fabrikleitungen den Nutzen einer solchen Einrichtung. Da trifft man nicht gerade selten Arbeiter, die vollständig unbrauchbare Werkzeuge benutzen, weil ihnen die Beschaffung neuer Stähle Schwierigkeiten bereitet, oder weil sie weder Gelegenheit noch Neigung haben, ihre Stähle instand zu halten. Andere dagegen wissen auf ihre Weise den Vorteil eines reichhaltigen Werkzeuglagers sehr zu schätzen und sammeln an ihrem Platze eifrig alles nur irgend Erreichbare an, wodurch wiederum die Betriebsleitung gezwungen ist, bedeutend mehr Stähle anzuschaffen, als der Anzahl der Werkzeugmaschinen und dem wirklichen Bedürfnis der Arbeiter entsprechen würde.

Allerdings stößt man bei der Neueinführung von »Normalschneiden« für Drehstähle und der Vorschrift, dieselben in einer besonderen Schleifabteilung nach ein und demselben Muster schärfen zu lassen, auf recht erheblichen Widerstand der Arbeiter. Wo jeder Dreher sich noch seine Stähle selbst schleift, findet man für ein und dieselbe Arbeitsoperation eine wahre »Musterkarte« verschiedener Schneidenformen.

Stähle, bei deren Härtung und Schleifen nicht sachgemäß vorgegangen wurde, kommen meist erst nach dem ersten Anschliff auf ihre volle Leistung. In den seltensten Fällen bleibt die Leistung der Stähle nach jedem beliebigen Nachschliff die gleiche, infolge der Ungleichmäßigkeit des Materials leisten viele Stähle nach dem ersten Anschliff das höchste und fallen dann mit jedem weiteren Anschliff in der Leistung, und wieder gibt es Stähle, die erst nach mehrfachem Anschliff allmählich auf die Höchstleistung kommen.

Wo keine Gisholt-Schleifmaschine vorhanden, schleift man die Stähle nach Schablonen (Fig. 315), deren Gebrauch die Fig. 316—317 zeigen.

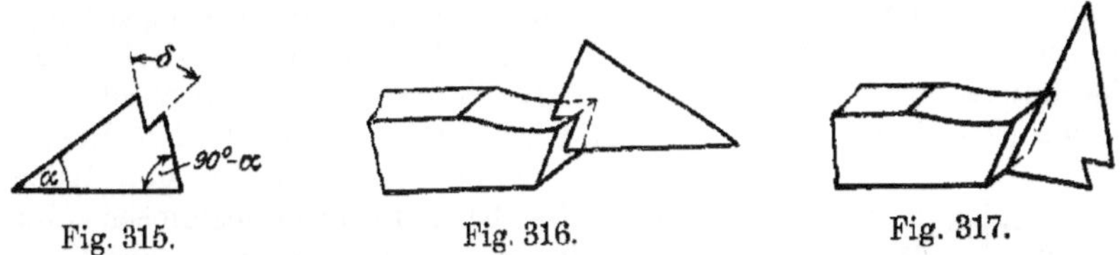

Fig. 315. Fig. 316. Fig. 317.

δ ist der Schnittwinkel, $\measuredangle a$ dient zur Einstellung des Stahles auf der Drehbank, er beträgt in Fig. 87 z. B. 30°, der dritte Winkel ist $90° - a$, wobei a der Anstellungswinkel ist. Richtiger ist es, die Lehren so einzurichten, daß die obere Schaftfläche des Stahles als Anschlag, als Ausgangsfläche für den Gebrauch der Lehren dient.

Das Schleifen vor dem Härten geschieht trocken, das Fertigschleifen nach dem Härten stets naß.

Immerhin gehört zum Schleifen der Stähle mit den Blechlehren eine gewisse Sicherheit und Aufmerksamkeit, besonders wenn es sich um Gewindestähle, die man aus irgendeinem Grunde selbst herstellen will, handelt. Eine Schleiflehre, bei der der Stahl immer gleichmäßig nachgeschliffen werden kann, ist Fig. 318. Hier ist die Blechschablone durch eine Stahlplatte ersetzt, die so lang ist, daß sie über die ganze Breite der Schleifscheibe hinweggeht und sich bequem auf einem Schleifsupport befestigen läßt. Diese Platte besitzt eine Anzahl Nuten von wechselnder Breite, Tiefe und Laufrichtung, worin der zu schleifende Stahl eingelegt wird zum Schleifen. Die Breite und Tiefe der Nuten richtet sich nach den in der Werkstatt gebräuchlichen Stählen, die Richtung der Nuten ist so zu wählen, daß man jeden Stahl in zwei, höchstens drei Operationen fertig schleifen kann.

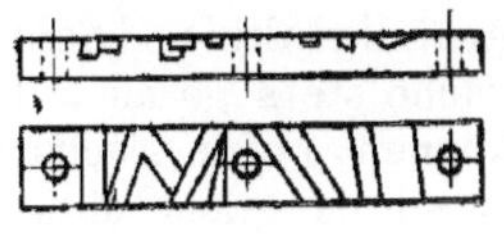

Fig. 318.

In einer nach neuzeitlichen Gesichtspunkten arbeitenden Werkstatt wird man die Stähle klassifizieren und jeden Stahl mit einem besonderen Kennzeichen versehen, das über Klasse, Schneidenform, Kröpfung und deren Richtung Aufschluß gibt. Für diese Kennzeichen wird man sich ein klares System tabellarisch zusammenstellen, um ein möglichst schnelles Herausfinden der gewünschten Stähle zu ermöglichen. Jede Stahlbestellung an die Werkzeugmacherei oder Werkzeugausgabe trägt für die einzelnen Stücke nur dieses Kennzeichen, welches die Querschnittsabmessungen des Schaftes sowie die Form und Richtung der Schneide genau festlegt. Auch sämtliche Lehren, Schablonen und evtl. Gesenke für die Fabrikation der Stähle tragen in Übereinstimmung mit der Stählezusammenstellung die jeweilig in Betracht kommenden Kennzeichen.

Es ist weiter sehr zu empfehlen, eine Sammlung aller in der Werkstatt zugelassenen, vorschriftsmäßigen Stähle auf einer Tafel befestigt in der Werkzeugmacherei auszustellen und daneben auf einer zweiten Tafel die zugehörigen Lehren und Schablonen.

Schwierigkeiten bereitet oft die Herstellung der Schneidscheiben, schon beim Härten, als die volle Scheibe stark zu Spannungen neigt. Um dies zu verhindern, gibt man ihr mittels Schlitzfräser drei radiale Einschnitte, durch welche sich beim Härten die Spannungen ausgleichen können (Fig. 319). Da die Seitenflächen des Stahles nach dem Härten geschliffen werden müssen, wenn man gute Arbeit haben will, dies aber nur schwer geschehen kann, wenn man den Ausschnitt vorher ausfräst, so wird der Ausschnitt in vielen Werkstätten nach dem Härten und Seitenschleifen vollständig herausgeschliffen, eine langwierige Arbeit, bei der nur zu leicht der Stahl wieder ausglüht. Es ist daher immer das beste, vor dem Härten für den Ausschnitt einen Querschnitt nach Fig. 319 herzustellen, den Stahl dann zu härten, seitlich zu schleifen und dann durch Eintreiben eines Keiles in den Querschlitz den Ausschnitt herauszubrechen und diesen dann mit der Schmirgelscheibe fertig zu machen.

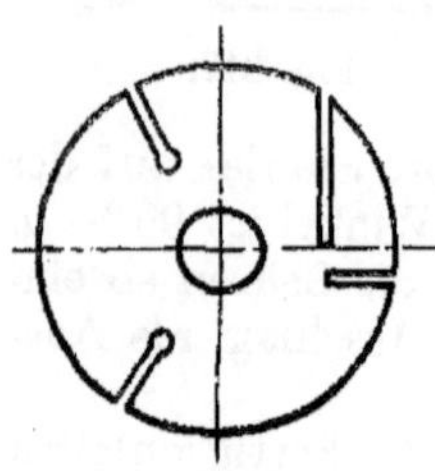

Fig. 319.

Beim Schleifen der Gewindestähle und Strehler wird verlangt, daß Anstellwinkel und Schnittwinkel nicht verändert werden und die Schnittfläche stets genau radial zum Arbeitsstück bleibt. Diese Forderungen können beim Nachschleifen auf der gewöhnlichen Werkzeugschleifmaschine nicht ohne weiteres eingehalten werden, man hat deshalb zum Schleifen dieser Stähle Spezialschleifmaschinen, mit denen die genannten Forderungen leicht und mühelos erfüllt werden können.

Zum Schlusse sei noch auf die Herstellung und Härtung der Gewindekaliber näher eingegangen. Aus den früheren Erörterungen über diese Lehren geht hervor, daß man sie am richtigsten von Spezialwerkzeugfabriken fertig bezieht. Indessen kann schon einmal der Fall eintreten, daß man die eine oder andere Lehre ausnahmsweise selbst anfertigen muß, und da muß dann mit der nötigen Sorgfalt und Sachkenntnis verfahren werden, wenn die Lehre, z. B. der Gewindelehrdorn Fig. 187, nicht oval werden und seine Größe beibehalten, also weder an Volumen zu- noch abnehmen soll.

Während man die glatten Meßkaliber zum Messen von Bohrungen statt aus Werkzeugstahl aus Billigkeitsgründen auch aus weichem Flußeisen von etwa 0,1—0,15% Kohlenstoff, 0,4—0,6% Mangan, 0,2—0,3% Silizium, 0,02% Phosphor und 0,02% Schwefel herstellt und sie dann im Einsatz härtet, darf für Gewindekaliber nur Werkzeugstahl verwendet werden, und zwar möglichst solcher, der sich beim Härten nicht verzieht. Die Analyse eines solchen Gußstahles ist: 1,3—1,45% Kohlenstoff, 0,2—0,3% Silizium, 0,2—0,4% Mangan, 0,01—0,02% Schwefel und 0,01—0,02% Phosphor. Dieses Material muß nach dem Härten in Petroleum abgekühlt werden; will man indessen Öl gebrauchen, so verwende man einen Gußstahl mit 0,96% Kohlenstoff, 0,19% Silizium, 1,20% Mangan, 0,03% Schwefel, 0,02% Phosphor.

Um den Gußstahl leicht und gut bearbeiten zu können und auch zugleich ein Verziehen der Kaliber bei der Härtung möglichst zu vermeiden, ist der Stahl vom Stahlwerk gut geglüht zu beziehen. Trotzdem empfiehlt es sich, die Kaliber nach dem Vordrehen, und zwar vor dem Einschneiden des fertigen Gewindes, nochmals gut auszuglühen, um dem Verziehen des Gewindes beim Härten so viel als möglich vorzubeugen. Die Kaliber werden zu diesem Zweck in einem Muffelofen langsam und gleichmäßig auf 650—700° C. (dunkle Rotglut) erhitzt, sodann wird der Ofen abgestellt und mit den darin befindlichen Kalibern erkalten gelassen. Ist dieses Erkalten im Ofen nicht gut möglich, so werden die Kaliber rasch in feine, trockene Asche, Sand oder Holzkohlenpulver vergraben, um darin langsam zu erkalten.

Auf die solcherart ausgeglühten Gewindekaliberdorne und -ringe wird nun das Gewinde aufgeschnitten. Dabei muß der Kaliberring auf beiden Seiten gerade an dem Gewinde des Kaliberbolzens nur höchstens einen halben Gewindegang anfassen. Die derart bearbeiten Kaliber werden nun in folgender Weise gehärtet. Um den Grundsatz: langsam vorwärmen und dann schnell auf endgültige Härtehitze bringen, möglichst einwandfrei durchzuführen, benutzt man Härteöfen mit besonderem Vorwärmeraum oder, wenn solche nicht vorhanden, zwei Härteöfen. In dem einen Ofen werden die Kaliber auf 650° C. (dunkle Rotglut) vorgewärmt und wandern dann in den anderen Ofen, wo sie auf die volle Härtetemperatur von etwa 800° C. gebracht werden. Die Überführung vom einen in den andern Ofen muß rasch geschehen. Haben die Kaliber die Härtetemperatur erreicht, so sind sie sofort in gut mit fließendem Wasser gekühltem Petroleum durch senkrechtes Auf- und Niedertauchen energisch abzuschrecken. Abkühlen in Öl oder Walfischtran ist nicht so gut.

Zur Entspannung werden die Kaliber dann noch im Ölbade bei 250° C. angelassen.

Wenn sich erst in allen beteiligten Kreisen die Erkenntnis Bahn gebrochen haben wird, daß die richtige Formgebung der Werkzeuge und ihre sachgemäße Instandhaltung die Gestehungskosten weit mehr günstig beeinflussen als man gemeinhin denkt, daß Schnittgeschwindigkeit, Vorschub, Spantiefe usw. auf die Lebensdauer der Schneidwerkzeuge und damit auf deren Leistung in tiefgehendster Weise einwirken, daß erst das Aufsuchen, Festlegen und Ausnützen der Werkzeugmaschinen nach wissenschaftlichen Grundsätzen an Stelle des bisherigen, auf bloße Erfahrungen und Beobachtungen sich stützenden Gebrauches, zu einer rationelleren Arbeitsverteilung entsprechend dem Arbeitsvermögen der Bank führt und die objektive und materielle Seite des Arbeitsproblems, die Lohnfrage, befriedigend zu lösen ermöglicht, daß nur das geschickte Zusammenwirken all dieser Faktoren die Fundamente für eine energische Schnelligkeitssteigerung, für eine Verschärfung und Intensivierung des Arbeitstempos abgibt und dadurch der Geldwert des Arbeitsproduktes in wirksamster Weise verringert wird, dann wird eine Neuordnung der Grundsätze und Arbeitsweise der Dreherei kommen in dem Sinne, wie es dieses Buch erstrebt. Gedankenlosigkeit und Gewohnheit, beide gestützt auf das Gesetz der Trägheit, allem Fortschritte feind, spielen hier noch immer eine große Rolle. Sie halten einmal eingeführte Verfahren und Gebräuche inne, auch wenn diese nicht mehr zu verstehen sind, die nicht nur einzelne treffen, sondern die technische Auffassung der ganzen Werkstatt irreführen.

Die Dreherei muß noch vielmehr unter dem Gesetz des Wirkungsgrades stehen als bisher, denn nur aus den Ersparnissen im und durch den inneren Betrieb, die Fabrikation, wird künftighin noch der Gewinn herauszuholen sein, nicht aber aus dem äußeren Betrieb, dem Verkauf.

Sachverzeichnis.

Abfall 52, 56.
Abkühlung 294.
Abmessungen 54, 116, 285.
Abstechstahl 131.
Abstufung 52, 57.
Abstufungsfaktor 53.
Abstumpfung 11, 21.
Analyse 280.
Anlassen 4, 298.
Anschlag 168.
Anschläger 236.
Anstellwinkel 77, 86.
Arbeitsbeispiele 108.
Arbeitspläne 259.
Arbeitsverteilung 48.
Arithmetische Reihe 52, 54
Aufbau 50.
Aufbiegungswiderstand 81, 92.
Aufschweißen 305.
Aufstecksenker 237.
Ausbringung 21, 23, 25.
Ausglühen 289.
Ausnutzung 10, 30.
Außendrehstahl 80.
Auswahl 77.

Beanspruchung 61.
Berechnung 51.
Bewegung 297.
Bleibad 300.
Bogenschneide 104.
Bohren 47, 229.
Bohrstahl 230.
Bohrstange 233, 253.
Bohrvorschub 45.
Bolzendrehbank 138.
Breitschlichten 137.
Brinellsche Kugeldruckprobe 3.
Bruch 285.
Brustfläche 81.

Dehnung 44.
Dorn 112.
Drehleistung 11, 15.
Drehstahl 80.
Drehzahl 34.
Drehzahldiagramm 34.
Drehzahlkurve 57.
Drehzahltabelle 35.
Druckknopfsteuerung 43.
Durchzugskraft 72.

Einhaken 86.
Einschnappen 86, 89.
Einspannen 113.
Einstechstahl 131.
Einstellung 33, 42.
Einstellungsplan 178.
Elastizität 2.
Elastizitätsmodul 44.
Elektrischer Antrieb 67.
Elektromotor 67.
Energieverbrauch 12.
Erhitzen 290.

Fassondrehen s. Formdrehen.
Fehler 301.
Feinschlichten 137.
Feldschwächung 67.
Fertigreibahle 238.
Fertigschneider 273.
Festigkeit 78.
Festreibahle 238.
Fett 63.
Flachgewinde 194, 199, 201.
Flankenmaß 180.
Formdrehen 124.
Formstahl 149.
Forschung 9.
Fräsen 223.
Fräsmesser 235.
Funkenprobe 6.
Futterarbeit 142.

Garantie 75.
Geometrische Reihe 52.
Geschwindigkeitsabfall 52, 56, 60, 67.
Geschwindigkeitsabstufung 52.
Gewindebohrer 265.
Gewindefräsen 223.
Gewindekaliber 184.
Gewindeschablone 187.
Gewindeschneidkopf 217.
Gewindestahl 188.
Gewindestrehler 206.
Gisholtstahl 120.
Gleichmäßigkeit 2.
Glühfarbe 6.
Grenzdrehzahl 56.
Gruppensprung 55.
Gußstahl 282.

Härten 290.
Härtekurve 3.
Härtetemperatur 3.
Haken s. Einhaken.
Hakenmesser 235.
Halbautomat 165.
Halbrundschneide 104.
Hartgußstahl 122.
Hauptantrieb 52.
Hauptschneide 80.
Hinterdrehen 154.
Hinterschleifwinkel 85.
Hohlkehle 256.
Hyperbel 46.

Innenbohren 56.
Innendrehstahl 229.
Innenstrehler 264.

Kanonenbohrer 250.
Karussellbank 56.
Keil 80.
Keilwinkel 87.
Knopfmethode 257.
Kohlenstoffgehalt 282.
Kohlenstoffstahl 282.
Konischdrehen 146.
Kopffläche 81.
Kopfstahl 121, 128, 133.
Korn 285.
Kräftespiel 80.
Kraftverbrauch 60.
Kraftweg 51.
Kritische Temperatur 3
Kruste 117, 118.
Kühlung 134, 142, 276.
Kugeldruckprobe 3.
Kugelstahl 124.

Längsrisse 284.
Lebensdauer 19.
Lehrdorn 185.
Lehrmutter 185.
Leistungsabfall 65.
Leistungsgarantie 72.
Loch 267.
Löten 304.

Logarithmisches Diagramm 54.

Markierung 56.
Massenfabrikation 50.
Maßmesser 242.
Materialkonstante 44.
Mehrfachstahlhalter 163.
Meißelwinkel 87.
Messerstahl 129.
Messung 3.
Muffelofen 292.

Nabenfräser 240.
Nachschleifen 99.
Nähte 284.
Nebenschneide 80.
Normalisierung 49, 253.
Normalstumpfung 21.
Nortongetriebe 70.
Nutenform 269.

Pendelfutter 238.
Pilzstahl 124.
Plandrehen 127.
Planvorschub 127.
Polieren 286.
Probestück 78.
Profil 195.
Prüfung 76.
Pyrometer 3.
Pyroskop 3.

Quermesser 241.
Querschnitt 62.
Quotient 52.

Radiusstahl 124.
Rädervorgelege 55.
Rattern 89.
Rechenschieber 10, 42.
Reguliermotor 67.
Revolverbank 164.
Richten 287.
Riemen 61.
Riemenfett 63.
Riemenpflege 63.
Riemenzug 61.
Ritzel 52.
Rückenfläche 81.
Rundstahl 152.
Rutschen 62.

Sägediagramm 34.
Saugen 89.
Schaft 116.
Schaltantrieb 69.
Schleifwinkel 85, 88.
Schlichtstähle 136.
Schmierung 225, 276.
Schnabel 93.
Schnecke 202.
Schneidbacken 219.
Schneideisen 211.
Schneidscheibe 152.
Schneidwinkel 85.
Schnellschnittanzeiger 42.
Schnellstahl 283.
Schnittbogen 81.
Schnittgeschwindigkeit 31.
Schnittregel 27.
Schnittiefe 38.
Schnittwiderstand 81.
Schnittwinkel 90.
Schnittzeit 10.
Schruppbank 29.
Schruppstahl 115.
Schweißpulver 306.
Seitenschleifwinkel 91.
Seitenschneide 80.
Seitenstahl 100.
Senker 237.
Skleroskop 3.
Span 82.
Spanquerschnitt 42.
Spanwinkel s. Schleifwinkel.
Spezifischer Energieverbrauch 12.
Spezifischer Schnittdruck 12.
Spindel 141.
Spitzenhöhe 96.
Spitzstahl 123.
Stahlhalter 159, 164, 232.
Stahlsorten 5.
Steigung 226.
Steigungswinkel 193.
Strehler 206.
Stündliche Spanleistung 70.
Stufenscheibe 57.

Tangentialstahl 170.
Taylorschneide 104.
Temperatur 2.
Tourenzahl s. Drehzahl.
Transmission 69.
Trapezgewinde 198.
Trennung 288.

Überhöhung 98.
Übersetzung 55.
Umbau 70.
Umfangskraft 61.
Umlaufzahl s. Drehzahl.
Umschlingungsbogen 57.
Universaldrehbank 27.
Unterhöhung 153.
Untermaß 237.
Untersuchung 50.

Verarbeitbarkeit 286.
Vergleichsversuch 76.
Versuche 19.
Versuchsstück 78.
Verwechselung 5.
Vorbereitung 287.
Vorgelege 55.
Vorreibahle 238.
Vorschneider 273.
Vorschub 38.
Vorschubkraft 62, 84.

Wachsende Geschwindigkeit 76.
Wärme 11.
Warze 235.
Welle 108.
Wendepolmotor 67.
Werkzeuglisten 259.
Winkel 85.
Wirtschaftliche Geschwindigkeit 16.
Wirtschaftlichkeit 51.

Zahnmarkierung 56.
Zapfensenker 240.
Zentrierbohrer 168.
Zentrieren 168.
Zugbeanspruchung 61.
Zurichtung 78.
Zuschärfungswinkel 87.
Zweischneider 246.

Druck von Breitkopf & Härtel in Leipzig.